引信试验鉴定工程与实践

FUZE TEST APPRAISAL ENGINEERING AND PRACTICE

主编　纪永祥　赵　新
主审　范革平　张海林

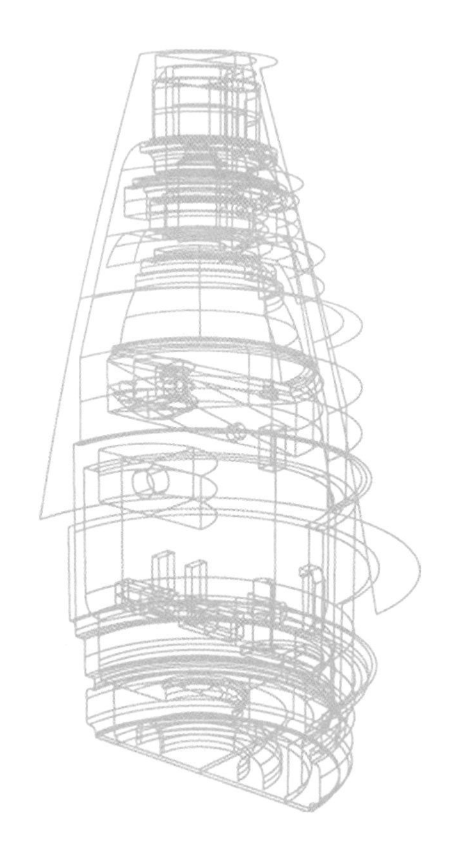

北京理工大学出版社
BEIJING INSTITUTE OF TECHNOLOGY PRESS

内 容 简 介

本书为中国华阴兵器试验中心引信专业的学术论文集，从方法创新、方法改进、仿真应用、故障分析、理念探索、试验设计、性能底数七个方面阐述了多年来的工作总结，内容既有对具体试验案例的分析处理、对试验方法的探讨改进，也有对试验鉴定思想的总结和展望，以及对试验管理的思考与实践。

本书可供常规兵器领域相关从业人员参考借鉴。

图书在版编目（CIP）数据

引信试验鉴定工程与实践／纪永祥，赵新主编. --北京：北京理工大学出版社，2021.8

ISBN 978-7-5763-0222-6

Ⅰ.①引…　Ⅱ.①纪…②赵…　Ⅲ.①引信-鉴定试验-研究　Ⅳ.①TJ430.6

中国版本图书馆 CIP 数据核字（2021）第 173350 号

出版发行／北京理工大学出版社有限责任公司
社　　址／北京市海淀区中关村南大街 5 号
邮　　编／100081
电　　话／（010）68914775（总编室）
　　　　　（010）82562903（教材售后服务热线）
　　　　　（010）68944723（其他图书服务热线）
网　　址／http：//www.bitpress.com.cn
经　　销／全国各地新华书店
印　　刷／三河市华骏印务包装有限公司
开　　本／787 毫米×1092 毫米　1/16
印　　张／36
字　　数／845 千字
版　　次／2021 年 8 月第 1 版　2021 年 8 月第 1 次印刷
定　　价／188.00 元

责任编辑／张鑫星
文案编辑／张鑫星
责任校对／周瑞红
责任印制／李志强

编 委 会

主　　编：纪永祥　赵　新

主　　审：范革平　张海林

编　　委：刘社锋　刘　刚　罗熙斌

撖彦成　杨伟涛　王　侠

陈　众　陈维波　张　晶

序

在长达半个世纪的历史进程中，中国华阴兵器试验中心在常规兵器试验鉴定的各个方面取得了一系列重要成果，向党和人民交上了一份满意的答卷。我作为一名亲历者，倍感骄傲自豪。早在20世纪90年代，我有幸在技术总体室直接组织和参与引信鉴定任务，深知引信技术复杂，安全性要求非常高，实际操作相当危险。参加引信试验任务还是需要有一股子革命加拼命劲头的，否则很难把事情干好。值得骄傲的是，我们的工作成效经受住了历史的考验。

理论是行动的先导。科研试验成就的取得，离不开科研试验理论的正确指导，必须不断总结经验，规范试验方法，才能真正按照战斗力的标准，把性能鉴定试验工作做好。固化成果、提升能力的重要途径，就是撰写论文，固化已有的成果，对出现的专业技术问题进行深层次的分析，可以对试验鉴定的发展起到了很好的促进。这些年，我们整理出版了一些专家的论文集，如《常规武器试验工程与实践——肖崇光学术论文集》，成果固化效果不错。因此当他们把已经整理好的《引信试验鉴定工程与实践》论文集给我看，并且让我写序时，我欣然应允。

编纂论文集真是很不容易。在信息化时代飞速发展的今天，每个人都希望可以通过互联网查找到所需要的资料，可是我们装备鉴定技术需要检索的信息，就不可能在网上轻易获得了，既有保密的原因，也有搜集论文原稿不容易的因素，特别是很多20世纪撰写发表的论文、研究成果，由于当时的技术条件，很多是油墨印刷、文本存放，分散在各个论文作者手中，能够保留下来就很不容易，更不要说专业梳理和整理了。通过书籍的形式，把已有理论、方法固化起来，把已有的经验总结归纳起来，是利在当代、功在千秋的好事。

祝论文集能够受到大家的喜欢，同时也祝引信专业发展越来越好。

以此为序。

2020. 12. 20

温故而知新『代序』

GENERAL PREFACE

当今时代，是一个创新的年代，一个技术飞速发展的年代。但是，无论是多么高精尖的新技术，没有一个会是凭空出现的，无一不是在当时的技术基础上，积累、融合、变异、突破而成的。温故而知新。我个人就喜欢从一些技术故纸堆里，翻捡出一些技术故事，特别是那些技术概念的发展沿革、技术实现路径的曲折回环、难题破解的精妙一瞬，总让我对技术的历史性有了更深的感悟，对新事物背后的技术规律生出自己的小见地。我相信，喜欢广泛占有技术资料、清晰掌握曾经的技术实现路径的人，才是真正的技术有心人，才能够清醒面对、冷静处理好出现在眼前的纷繁复杂技术局面。

常规兵器试验鉴定能力的发展，总是伴随着常规兵器的技术发展而前行的，既不可能大幅超前，也不允许过于滞后。在我们靶场几十年的试验鉴定工程实践中，围绕着各种新型装备的性能把关、难题攻关、技术服务，形成了大量的鉴定理念、考核思路、测试方法，同样也经历了大量的曲折和失利。这些工程实践经验，散布在各种测试报告、试验报告中，沉积在各个时期的技术论文、研究成果中，还有的存储在工程技术人员的头脑中或个人笔记本内，就像一颗颗璀璨的明珠，等待着被有效利用。

感谢著作本书的专家群体，把自己的实践成果无私奉献出来。更要感谢纪永祥高工率领的编著组的各位同事、同行，付出了大量的努力，发掘、收集技术素材，取得了很好的成效。但正因为这些素材来自第一线，翔实而可信，故而更加珍贵。

把本书推荐给从事常规兵器科研设计、制造、测试以及鉴定岗位上的工程技术人员，相信会对各位所从事的工作大有启迪和帮助。

2021. 2. 8

PREFACE

前言

中国华阴兵器试验中心组建初期，在试验手段、试验方法等方面是一穷二白的，通过白手起家，经过50多年的建设发展，在试验方法、试验设施、测试手段等方面取得了长足发展，在同行业口碑渐起，试验能力不断提升，为常规兵器鉴定事业发展做出巨大贡献。50多年来共完成各类引信的定型、鉴定200余种以及大量的研制性试验任务，亲眼见证了我国引信从无到有、从仿制仿研到自主研发，一直到形成我国自己的引信系列频谱，所定型、鉴定过的引信适配迫击炮弹、中大口径榴弹、火箭弹、单兵武器弹药，海军舰炮弹药、空军航炮弹药等，取得多项第一，建设了国内第一个引信多功能试验塔架（当时国内第一高度），完成了我国第一个对空无线电引信的定型，研究建立了国内第一个用于弹药/引信长贮评定方法与技术标准，这些第一的取得是几代引信试验人大胆实践、勇于探索、开拓创新、不断进取的结果。经过50多年的发展，引信专业形成了比较完备的试验体系、技术、方法及理论。

引信专业是个涉及机、光、电三大一级学科的技术专业。引信承担着发射安全、飞行安全、目标识别（含光电干扰识别、目标抗力识别），并按设定的规则输出爆炸或点火信号。因此，引信在常规兵器中，承担着保证我方阵地与部队安全，并克敌制胜的重要使命。

随着科学技术的发展，科技又促进了世界军事技术的发展，而引信技术则处于发展速度最快的行列之一，其特征是：更新速度最快，应用新技术成分多。同时，引信技术的快速发展，又促进了试验鉴定技术的发展，对试验鉴定技术提出了新要求，并升华了要求的内涵。一个例子是当航炮弹药出现安全性严重事故时，其改进弹药、引信定型给我们提供了难得的机遇，于是产生了用极端最大膛压检验引信安全性，临界发火着速检验引信发火可靠性等。汇总诸如此类这些试验技术并升华，形成了发现其优、发掘其劣的试验技术概念。其功效是：大幅提高了引信安全性评价的准确性、可信性，挖掘了引信的潜在能力，为引信设计缺陷（包括不适应装备系统的缺陷）分析并改进提供方向（甚至方案）。这样，试验鉴定就超越了传统的、旁观者的地位与作用，既促进装备效能的发挥，又大大缩短了引信改进的投入与耗时，于军有利，于工业部门有利。当然，还有利于基地地位的提高，技术人员能力的升华。

在试验鉴定实践过程中，随着时光流逝、人员变迁，论文、成果甚至一些好的想法没有形成完整的资料保存流传，是一件令人非常遗憾可惜的事。以前出现过的产品质量故障等问题，在解决问题中或问题归零后，经常有类似故障以前好像出现过等似曾相识的感觉。事后查阅资料发现，故障定位、解决措施几乎是过去的翻版，我们不停地在重复“昨天的故事”，分析前人分析过的问题，解决前人解决过的问题，甚至还没有前人做得好，造成时间、资源的极大浪费，也影响装备建设发展的规划。把以前在试验鉴定中经验、教训，试验方法的大胆尝试，测试方法的不断创新，鉴定思想的不断升华，总结归纳整理成文集出版，初衷也在于此。

试验鉴定技术的进步，在于思想方法的进步，知识的积累与认知方法创新。在整理资料过程中，发现以时间作为尺度，引信试验鉴定技术纵向对比进步是非常大的，某种程度上达到了量变到质变的飞跃，如以膛压分布极端取值为理念开展的引信安全性试验技术、以解除保险上下限分位数为理论基础的引信炮口保险与解除保险距离试验技术、以近炸引信炸高与试验条件多因素关系为基础的试验设计技术、以多波形多调制样式多干扰样式为基础的引信抗干扰试验技术等。每次的试验设计进步可能都是微小的，但长时间积累下来，铁杵磨针，滴水穿石，进步是巨大的。

很高兴在这本论文集中出现许多年轻人的名字，涉猎了引信试验鉴定领域的方方面面，说明引信鉴定事业的发展不仅可以继承过去，更可以开创未来。不管关注试验鉴定的哪个领域，论文都应该是认识的总结与升华，只要不是抄袭，都是创新。

2021. 4. 1

目录

CONTENTS

第一篇　方法创新

第二篇 方法改进

第三篇 仿真应用

第四篇　故障分析

第五篇　理念探索

第六篇 试验设计

第七篇　性能底数

第一篇

方法创新

引信试验鉴定技术的现状及对策探讨

纪永祥[1]，陈维波[1]，纪红[2]

1. 中国华阴兵器试验中心，陕西华阴 714200；2. 国营 304 厂，山西长治 046012

摘　要：本文分析了目前引信试验鉴定方法中存在的不足，以及可能造成的危害，在此基础上提出了现代引信试验采用仿真试验以及模拟试验的可能性、实用性。

关键词：引信；鉴定；对策

0　引言

随着现代化战争向信息化方向发展，战场对武器系统的信息化要求越来越高，引信作为武器系统中重要的信息处理单元，对高新技术响应速度最快、最敏感。其在体系化发展理念的牵引下，技术的发展空间巨大，技术研究表现得尤为活跃，新型武器弹药的许多功能都是通过采用新技术引信系统来实现的。随着高价值弹药引信的研制和发展，只有不断采用新的试验鉴定方法和技术，才能降低试验消耗，缩短试验周期，提高试验结论的准确性和科学性。因此，积极开展引信试验鉴定技术、试验方法包括测试方法研究探讨，对推动我国武器装备建设又好又快发展，具有积极的推动作用。

1　当前试验鉴定方面的主要差距

目前的试验鉴定理论基本上沿袭了 20 世纪五六十年代苏联的试验鉴定框架体系。这种框架以传统的数理统计理论为基础，基本上是一种验收式的鉴定方法。随着武器系统的不断发展与试验观念的不断改变，这种基本模式开始暴露出诸多问题。近几年，某些已顺利通过定型的引信屡次出现长储后瞎火率较高、瞎火问题严重，这些问题已经严重威胁到弹药使用安全和使用效率，一旦发生战争，必然贻误战机，造成不可挽回的损失。究其原因，传统鉴定理论与方法存在一定缺陷。传统鉴定理论与方法对对象的评估仅停留在对其表象进行数学统计，没有针对具体对象分析其具体的结构特点、工作机理，对其内部缺少深层次的考查，对固有的薄弱环节进行特殊处理有关，出现产品验收过关，问题却没有表露出来的情况，没有对潜在的问题进行预测。

1.1　试验鉴定体系理论技术落后

传统试验鉴定体系化程度不够，往往是针对单项指标的孤立考核，缺少统领指标。单项考核也是立足于经典的假设检验方式进行试验设计，没有统一试验鉴定模型下的理论指导。

目前，研制的武器已经真正从库房走向了训练场、甚至是战场。产品能否过关已经从理论意义上的假设检验演变成实际意义上的问题：产品是否可用、如何用才能发挥其特点、使用时应怎样避开其薄弱环节。定型和鉴定正孕育着一场革命，这场革命来源于实弹训练场上士兵的呼声，来源于对真正管用、好用装备的迫切需求。鉴定的终极目标不再是对照指标条文、依据军标对其进行严格的数学评价，其目标意义应该在于揭示武器的综合性能，回答武器对象能不能用、在什么情况下使用、使用之后能达到何种效果等诸如此类的问题。要解决此类问题，要从试验鉴定的根本观念上找出路，有必要从试验理论上求更新，从试验技术发展上求突破。

1.2 试验模式单一

对于新型引信的定型试验，一般需消耗 200~300 发样本，而对于配多种弹药的通用引信，用弹量更大，如要全面考核某引信的产品性能，用弹需 500 发以上。这么大的用弹量，对于将来新技术、高成本引信来说，是无法接受的。同时，仅仅靠射击试验结果来评估产品的性能，这在大子样试验方法上是合适的。但是，小子样试验鉴定是用弹量的小子样，而不是试验评定用信息的小子样。信息的小子样必将造成试验鉴定结论的不可靠。有必要开发多种试验模式，包括地面试验、动态模拟试验、半实物仿真试验，以达到获取试验信息的大子样，为小子样评定服务。

1.3 信息综合方法贫乏

产品在科研摸底、鉴定、设计定型、生产定型和部队使用中得到的数据，缺乏综合处理手段，造成信息的极大浪费，有必要开发信息综合的方法，把各阶段、多手段获取的试验数据进行一体化处理，对产品进行综合评定。

1.4 试验深度不够

传统的试验，把被试对象看成一个黑箱，没有对其内部动态工作过程进行深入测试和研究，仅仅通过其试验中的外在表现来认识其性能，这种方法使认识趋于表面化、肤浅化，没有揭示产品的固有特性和本质特征，对其真实性能、潜在缺陷不能进行准确评估。有必要研究新的试验手段，开发新的测试方法和设备，对试验过程中的环境参数、目标参数和武器工作参数进行深度测试和深入分析。

上述不足，已经在引信试验工作中逐渐显露出来。如空空导弹和反辐射无人机采用了激光近炸引信，其配属系统复杂，成本极高，定型试验用弹限制在 10 发左右。针对这一形势，我们积极采用新的试验理论和方法，开发新的试验和测试技术，取得了一定成效。相对来讲，这两种激光近炸引信设计简单、功能单一，但仍存在大量试验鉴定问题需要进一步研究。如激光引信信息处理量大，工作过程复杂，受周围环境的影响很大，云团、浓雾、湿气、烟幕、地形、地貌等自然条件对其正常可靠作用可产生干扰。激光近炸引信的抗干扰试验没有成熟的技术，评定标准缺乏，射击试验难以创造相应的试验条件，模拟试验的方法真实性尚不够，不能准确考核引信的真实性能。这些问题，在未来更新型引信试验中将更加突出。

2 现代引信试验鉴定理论体系研究内容

现代引信鉴定技术研究体现在两个方面内容：现代引信鉴定概念、理论研究和未来新技术引信的试验鉴定方法。

首先，在观念上，定型鉴定不应该是单纯的验收式活动，而应该具有揭示性的意义，即要注重预测早期未来战场上，武器性能将会表现得怎样。随着观念的转变，试验目的和重心发生变化。从试验设计上，围绕的主题不限于产品能否过关，更多的在于揭示产品全面性能如何。

另外，根据现代引信的共性和特点，目前试验的重点和难点主要是两大方面，一方面是新探测及复合探测引信的目标探测、炸点控制及终点效应评估，如激光引信、新体制无线电近炸引信和末敏引信等；另一方面是弹道修正引信的修正能力、效率的评估，如一维、二维弹道修正引信等。

当今技术的发展，为试验与鉴定更加趋于真实、准确、客观和有效创造了条件。尤其是计算机技术、虚拟试验技术、数据融合技术的逐步成熟，为试验鉴定理论的进步、技术的创新和手段的完善提供了基础。美国军方靶场建设了大量的模拟试验场、半实物仿真实验室和数学仿真，这些资源在新型号的试验中提供了比飞行试验更多的评估鉴定用数据。SBA（基于仿真的采办）强调仿真贯穿在整个武器系统全寿命周期之中，其中，试验鉴定阶段仿真已经达到最成熟、最逼真的阶段，是鉴定评估的重要依据。美国国防部发布的联合仿真和建模环境——JMASS，为武器型号的设计与试验评估提供了完善的平台。该软件平台一方面提供了武器系统、战场环境等丰富的通用仿真，方便工程级/交战级仿真试验使用；另一方面，构建了研发、试验评估新型号武器系统性能的通用仿真环境，用户可以把自己特定的武器仿真加入进来，进行系统/作战仿真。

在国内，试验鉴定靶场基本上还是以飞行试验考核为主。由于试验消耗越来越大，试验的子样数量越来越小，试验鉴定的风险显著增大。为解决这一问题，试验基地采取了多种方法：如试验一体化试验技术，强调各研制阶段、各种试验手段得到的试验数据进行结合处理，以解决定型试验中试验量少的问题；又如，小子样试验技术、Bayes 估计技术的采用，试图从试验设计取得突破，实现使用尽可能少的消耗获得尽可能多的信息；再如，通过试验点的提取和优化，用少量的试验点，覆盖全部的试验条件，只在各试验点上用最小的子样数进行考核。这些方法各有优势，从不同的技术角度来处理这个问题。但是，这几种方法有一个共同的特点是注重试验的编排，效果有限，并没有从根本上解决增大试验信息量的问题。而仿真试验、模拟试验是解决这一问题的根本途径。

具体地讲，现代引信试验鉴定理论体系研究，应研究如下问题：

2.1 引信系统试验鉴定的理论模型研究和综合性能指标评定

重点研究从指标分析、任务预测、试验设计、性能评估和性能预测的统一模型，建立系统综合指标的描述方法和鉴定方法。

2.2 系统性能预测

目前的鉴定是一种面向指标、回答指标、验证合同的工作模式，对产品的评估给出合格与不合格的简单结论。实际上，研制产品，面向的最终客户是使用装备的战士，试验鉴定应该为战场的武器使用负责，回答管用不管用的问题。经过定型批准的武器，如何使用，其特点是什么，有什么技术上的局限，针对各种目标和多样环境，应该如何使用，以发挥其最大效能，靶场有必要给予回答。

靶场定型试验是武器研制应用周期中一次最为全面的实践活动，试验积累的数据丰富，武器展现的性能充分。对各类试验信息进行开发利用，对武器将要在战场中的表现进行作战想定和性能预测，是我们有能力也是有必要进行的一项任务。

2.3 特殊试验条件及复杂试验环境中武器性能考核

未来的武器，面临的作战条件越来越苛刻，如主动与被动干扰、目标高速机动、对抗等。传统的试验方法受到许多不可控因素的影响和试验手段的制约，无法很好地重现作战条件，实现某些项目的实施和作战效能的考核，必须借助于仿真试验模拟特殊试验条件，弥补现场不足。

许多试验环境现场难以实现或实施消耗巨大，如高原低气压环境、复杂风场环境、恶劣气候和地理环境等。通过虚拟现实技术建立试验环境的仿真，虚拟复杂试验环境，考核武器系统的适应性。

2.4 更新试验方案总体设计

传统的鉴定观念是只承认将靶场实弹飞行的试验结果作为依据，为了全面检验武器性能和取得统计数据，需发射较多的试验弹药。配用近炸引信的弹药成本昂贵，若为了省钱而大量减少试验发数，就会带来靶试结果置信水平的降低。仿真试验正好弥补了这种不足，它的优势是试验信息量大，试验次数不受限制，周期短，消耗很小。利用仿真试验，发展现代鉴定试验理论，可以设计新的鉴定试验总体方案，即主要以仿真试验作为依据来确定导弹的性能，而实弹飞行则只作为仿真真实性的判断手段。这种鉴定模式在国外已经开展得相当普遍。

2.5 开展故障分析与改进产品设计

故障是引信试验中经常发生的问题，进行故障分析于产品研制和鉴定都有很重要的意义。只有对故障进行了正确的分析，搞清失效机理，产品改进设计才能正常进行，故障定位准确，鉴定中才能对故障进行分类，尤其是区分开设计故障和生产故障，为产品可靠性评估提供依据。

利用专家系统开展故障分析可以把专业领域的专家智慧预先集于一体，把试验信息和产品信息综合分析，利用先进的推理、模拟机制，自动开展故障预测、分析、定位、复现等工作，与人工分析结合使用，得到准确、可信的结果。

3 结束语

引信技术的发展，必然推动试验鉴定技术的发展，而试验技术包括测试技术的发展，又会对引信技术的发展起着牵引作用。引信研制、试验鉴定中越来越多地采用仿真试验、模拟试验的方法，我们只有不断更新观念，提高理论水平，才能在未来试验鉴定中，推陈出新，提出更新、更好、科学、合理的方法，服务于武器装备的鉴定，从而推动引信技术的发展和进步。

激光引信试验鉴定技术探讨

纪永祥[1]，纪红[2]，陈维波[1]

1. 中国华阴兵器试验中心，陕西华阴 714200；2. 国营 304 厂，山西长治 046012

摘　要：本文从现代引信试验鉴定技术的理念着手，采用仿真试验、模拟试验的方法，提出了激光引信识别目标能力、环境适应能力的试验评估技术、试验信息融合理论与技术的基本思路及方法，为未来武器试验鉴定提供了参考。

关键词：激光引信；鉴定；技术

0　引言

激光近炸引信，是一种突防能力极高、定距精度优于无线电、毫米波的引信，对于反装甲的导弹、火箭弹等，能有效突破反应装甲、主动反应装甲对破甲的干扰，提高武器系统的毁伤效能，具有广阔的应用前景。国外已将激光引信技术应用于各种导弹（对空、对地、对海导弹等）及一些常规弹药（如航空炸弹、迫弹等）中，并取得了大量成果，有多种型号产品投入使用。美国的空空导弹“猎鹰”AIM-4H、AIM-9L、13-3 漂雷，瑞士、瑞典共同研制的 RBS-70 地空导弹均配用了激光近炸引信。采用激光引信的反坦克导弹的威力将提高 25%~30%。挪威研制的 NF2000 为迫弹用多选择激光近炸引信，采用测定光脉冲往返时间的脉冲定距体制，脉冲重复频率为 500 次/s，具有智能判别电路，可消除烟、尘、雨、雾等各种干扰的作用。国内也对激光探测技术在近炸引信中的应用进行了大量的研究，同时已有部分产品使用激光技术作为探测手段，但它近炸距离远，信息处理关系简单，不能直接作用于攻击目标，目标识别能力低，提取目标信息简单。而目前在常规弹药上研制的激光引信，近炸距离小、目标特性复杂、定距精度高、反应时间短，因此有必要开展其试验方法和技术的研究，促进激光近炸引信的研制和形成新装备。

1　激光引信试验鉴定关键技术研究

在国内，试验鉴定靶场基本上还是以飞行试验考核为主。由于试验消耗越来越大，试验的子样数量越来越小，试验鉴定的风险显著增大。为解决这一问题，试验基地采取了多种方法：如试验一体化试验技术，强调各研制阶段、各种试验手段得到的试验数据进行综合处理，以解决定型试验中试验量少的问题；又如，小子样试验技术、Bayes 估计技术的采用，试图从试验设计取得突破，实现使用尽可能少的消耗获得尽可能多的信息；再如，通过试验点的提取和优化，用少量的试验点，覆盖全部的试验条件，只在各试验点上用最小的子样数进行考核。这些方法各有优势，从不同的技术角度来处理这个问题。但是，这几种方法一个共同的特点是注重试验的编排，效果有限，并没有从根本上解决增大试验信息量的问题。而仿真试验、模拟试验是解决这一问题的根本途径。通过分析，我们认为，激光引信技术的研究，主要从以下三个方面取得突破。

1.1 激光引信识别目标能力理论和试验技术的研究

主要针对激光引信的特点，解决引信识别各类地面、装甲车辆、飞机、导弹等典型目标的能力的研究，建立激光引信识别目标能力理论和试验技术，为以后进行相关试验打下基础。识别能力综合体现在对特定目标的引战配合效率上。

以往武器系统的设计和试验精力主要投放在炮、运载体和发射、飞行、射击精度等问题上，而在引信性能和最终毁伤效率上关注和投入较少，往往导致精度达到一定水平的毁伤性能力说不清楚，或者，成本高昂的武器系统，最终毁伤效果不能与之匹配。

由于试验消耗的限制，武器全系统实弹射击的数量不会很大，尤其是对付真实目标的试验几乎难以实施。对毁伤能力这方面的评估仍然要依据分系统试验结果、地面静态试验结果。问题是仅依赖这些单项结果，并不能说明武器在战场中会有多大的杀伤能力。

我们认为，解决这个问题唯一的办法是通过模型仿真来解决。采取如下 5 个步骤：

（1）从机理上建立合乎原理的、合乎逻辑的引信启动模型、引战配合模型和特定目标的易损性模型。引战配合效率计算模型如图 1 所示。

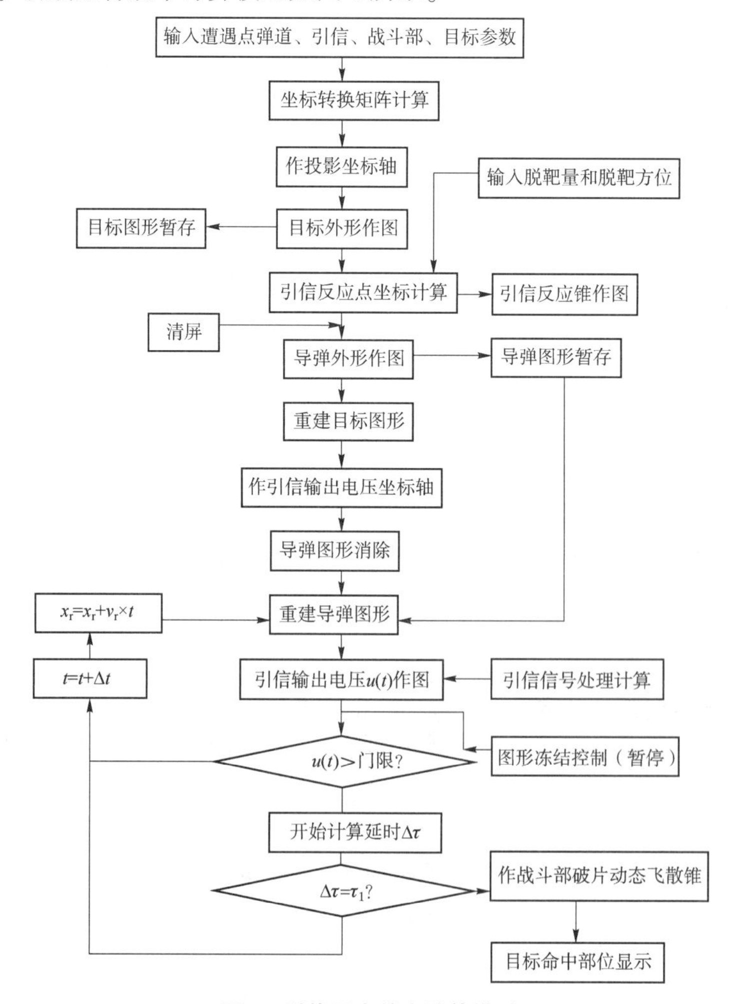

图 1　引战配合效率计算模型

（2）与其他专业建立的射击精度模型、战斗部条件杀伤模型进行对接，组成杀伤概率模型。

（3）根据模型的辨识需求，设计地面静态试验和分系统动态试验，获取必需的数据，对模型进行校验、验证和确认（VV&A）。

（4）设置各种目标条件和交会条件，对模型进行仿真试验，得到系统毁伤能力的预估值。

（5）在实弹定型试验中，设计典型试验条件，对仿真结果进行验收。

1.2 激光引信环境适应能力的试验、评估技术

研究激光引信在各种环境条件，如云雾、雨滴、沙尘、电磁环境、战场环境等条件下，对真实目标的识别能力。

激光引信是兼收并蓄了无线电引信和光学引信的优点而摈弃了其缺点，因此它是一种技术更先进、性能更优良的近感引信。但是激光引信有一个弱点，就是易受空中雨、雪、云雾和其他悬浮物（称为气象环境）的干扰而引发误动作。这是激光引信应用中的关键技术问题。

云雾由微小水滴构成，激光在云雾中既有一定的穿透作用也有各方向的散射。引起激光引信虚警的主要因素是其后向散射的激光能量。薄雾对激光束的后向散射作用甚微，不致引起虚警，而浓雾的影响则不能忽略。虽然雾的后向散射所占激光发射的总分量很小，但在极近距离上其所产生的回波能量却仍然足以使引信启动。

雨滴对激光束应该有散射和反射两种作用，且以反射作用为主。在贴近引信窗口情况下，个别雨滴的反射就有可能造成引信的虚警。

较浓的云雾、较密集的雨滴和战场环境如敌方阵地施放的空中烟幕屏障等环境因素，都有可能造成引信的虚警。但它们在信号的幅度、占据探测系统视野的大小和距离的远近上，与真实目标的状态均有一定的差别，如何能够更准确地判定激光引信抗环境干扰能力，仅仅靠射击试验还不能很好实现，有必要开展半实物仿真和其他模拟试验方法研究。

1.2.1 慢速仿真试验方案

轨道式移动模拟方案如图 2 所示。轨道车按预定速度前进，被试引信按不同的姿态安装在轨道车上，随车载体共同运动。在运动路径的侧方、上方吊设、布设欲攻击的对象模型，干扰地形、地物、云、雾释放设施等，引信和各模拟设备同时工作，测试引信输出信号，分析其工作性能。

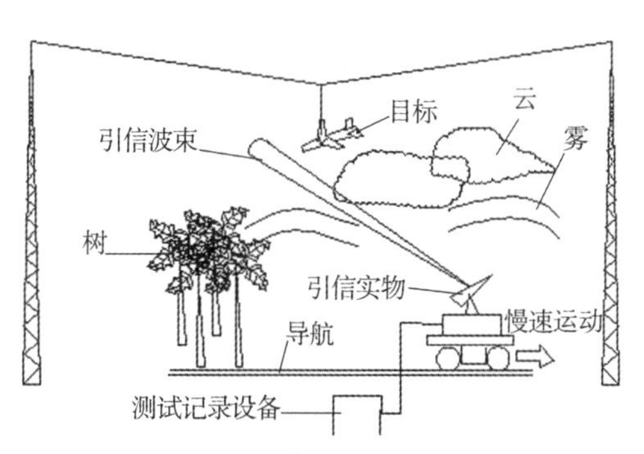

图 2 轨道式移动模拟方案

1.2.2 模拟飞行试验方案

炮射式模拟方案如图 3 所示。在引信塔架中间吊装模拟目标、干扰释放（云、雾、霾

等）设备，在地面上布设模拟各类地形、地貌模拟物。用炮射以一定的初速发射弹丸和引信，穿过目标和干扰物，遥测采集引信工作信号，对引信工作性能进行分析。

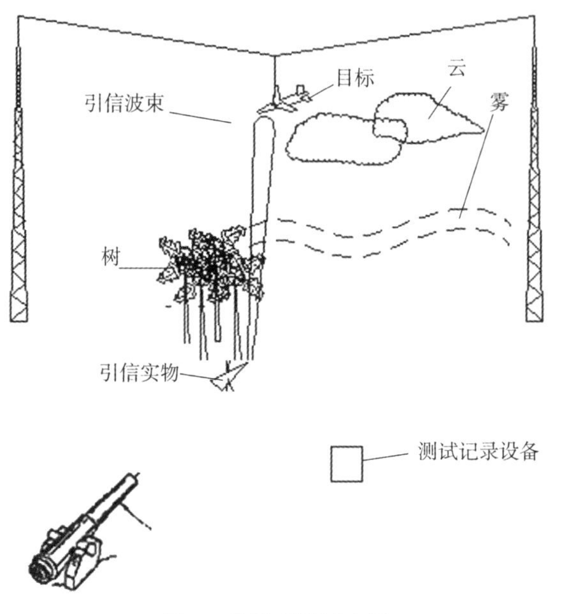

图 3　炮射式模拟方案

1.3　激光引信试验信息融合理论与技术

目前的引信鉴定试验，主要以射击试验为主，而激光引信技术含量高，价格昂贵，进行设计定型试验不可能大量进行实弹射击，而且对引信穿过敌方阵地布设的烟幕屏障时的烟幕浓度等战场环境因素在实弹射击时也不好掌控，组织实施困难，因此开展各类模拟试验，将激光引信的射击试验信息与模拟试验信息融合处理，进行一体化评估。

我们认为，试验信息融合最好的办法就是利用试验数据和理论模型相结合的方法。通过试验和测试，建立各种数据库，并注入半实物仿真系统中，利用理论建立的仿真模型对这些数据进行综合应用，得到引信的性能参数。仿真系统框图如图 4 所示。

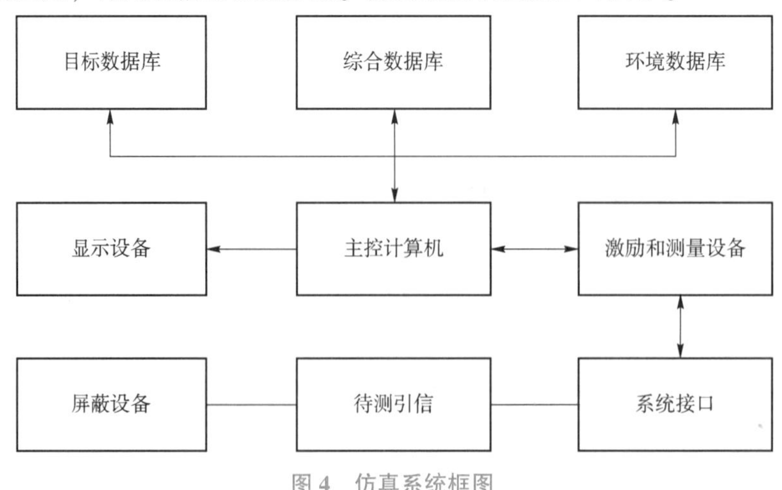

图 4　仿真系统框图

综合数据库包括：目标-环境激光反射数据库，各类干扰及引信识别数据库等。

2 结束语

本文简要介绍了激光引信的优点和发展前景，说明了开展激光试验鉴定方法和技术的紧迫性，同时根据激光引信的特点，建立了针对激光引信的引战配合效率模型和仿真、模拟试验方案，提出了激光引信试验的一些通用技术。针对不同用途的激光引信，还要有具体的试验方法，文中提到的方法仅供参考。

参考文献

[1] 张志鸿，等．防空导弹引信与战斗部配合效率和战斗部设计［M］．北京：中国宇航出版社，1994.

引信贮存寿命试验方法研究

纪永祥[1]，邱有成[1]，李域[2]，刘社锋[1]

1. 中国华阴兵器试验中心，陕西华阴 714200；2. 国营第 5124 厂，河南邓州 474150

摘　要：本文针对引信寿命主要受温湿度耦合作用影响，建立了温湿度耦合寿命模型，提出量化考核引信贮存寿命的程式化试验方法，并通过实弹射击试验结果证明了该方法的正确性和可行性。

关键词：引信；贮存寿命；模型；方法

0　引言

引信长贮年限的考核方法一直是困扰行业多年的难题。近十几年来，随着我军军械弹药装备大量高新技术的应用，各种高新弹药引信大量研制生产并陆续装备部队，个别产品在贮存 5 年左右就出现质量问题，性能明显下降，所以引信在使用定型之前，完成贮存寿命评估是非常必要的。对于引信的贮存寿命指标，在研制总要求中均明确规定，一般是 10 年以上，但目前还无合适的方法进行验收和验证，引信的加速寿命试验技术研究相对落后，尚未形成操作性和通用性强的加速老化方法。针对这一难题，本文基于引信寿命主要受温湿度耦合作用影响，建立了温湿度耦合寿命模型，并且以该模型为理论基础，提出量化考核引信贮存寿命的程式化试验方法。

1　引信长贮试验工作程序

在引信产品设计定型或生产定型阶段，需要用较短的试验时间预测出引信产品的贮存寿命。用加速寿命试验的方法考核引信产品的贮存寿命是否满足战技指标要求，以便于及早发现问题并改进设计，把不利于长期贮存的隐患消灭在产品的研制阶段，这对于提高引信的贮存性能具有重大的现实意义。

加速寿命试验的统一定义为在合理的工程及统计假设的基础上，通过利用与物理失效规律相关的统计模型，在超出正常应力水平的短时间、高应力的加速环境下获得零部件、组件或系统的信息进行转换，得到产品在额定应力水平下特征可复现的数值估计的一种试验方法[1]，具体试验方法可以采取以下步骤进行。

1.1 确定贮存易损件

产品贮存寿命主要取决于产品的结构与功能、产品中对环境最敏感的部件、产品所用材料及生产工艺、材料间的相容性、产品的内部贮存环境等。本程式化方法对易损件的确定，采用相似产品比较法进行，主要考虑结构和功能比较、对环境敏感件比较、材料及生产工艺比较、相容性比较、贮存环节对比、相似性判断等几个方面。

1.2 确定加速应力及应力水平

1.2.1 加速应力类型的确定

在确定加速应力类型时，首先要分析加速寿命对象的实际贮存状态。对引信来讲，实际贮存状态只有密封和不密封两种状态。长期的实践经验表明，弹药、引信在正常的贮存环境下，其影响因素主要是温度和相对湿度。据此，可以确定温度、湿度作为加速应力是比较理想的选择。

1.2.2 加速应力水平的确定

应力类型确定后，要明确加速应力水平。最高应力水平应以不改变失效机理为上限，最低应力水平要使被试样品尽可能出现失效。在确定了最低和最高应力水平后，中间应力水平应适当分散，使得相邻应力水平的间隔比较合理。

1.3 长贮试验模型建立

引信寿命主要受温湿度耦合作用影响，温湿度的耦合作用载体为含水分子的大气，根据分子运动理论及熵增理论，温度越高，则运动频率越高，物质分子能量越大，两者呈正比例关系，所以可得温湿度耦合寿命模型如下：

$$t_z = e^{0.0545(T_j - T_z)} [H_j t_j (T_j - 273) f_j(n)] / [H_z (T_z - 273) f_z(n)] \tag{1}$$

式中，t_j为加速寿命；t_z为自然贮存寿命；加速试验条件下的温度为 T_j，相对湿度为 H_j；自然贮存条件下的自然环境年平均温度为 T_z；年平均相对湿度为 H_z；试件包装或自身结构对环境湿度保留系数为$f_j(n)$（n 为包装级数，$0 \leqslant n \leqslant 4$）；自然贮存条件下的包装或具有封闭式结构对环境湿度保留系数为$f_z(n)$。

特殊地，无包装时，环境湿度全部保留，定义$f(0)=1$。

利用该模型，通过温湿度加速寿命试验可以计算出自然贮存环境下（20 ℃，RH65%）的贮存寿命。

1.4 试验件类型与数量的确定

试验件类型可有两种选择，一种是根据失效机理分析和长贮薄弱环节预示结果，选择技术状态一致的零组件或元件；另一种是全套整机，对于具有相似结构的弹药、引信，如引信采用单独包装并与弹体分离和体积较小的单兵弹药，可采用这种方式。对于全新结构的弹药、引信，是否采用整机试验，需视情况而定，如果机构中有多个新组件需要试验，可按不同的失效机理分别进行独立的寿命试验。

整机试验时应同时投放相同数量的零组件或元件，以满足测试分析和失效判别，为寻找关联性提供参考。

试验件数量根据性能检测需要，同时兼顾试验成本和试验数据的代表性两方面因素的前提下，推荐数量为 30 套或 30 件，对零组件试验每组试件不少于 6 件，整机试验可一次投入。

1.5 加速试验应力及条件确定

为了提高试验效率和加速产品失效，加速试验应力除了按 1.2.2 节内容进行外，也可将步进应力试验换成恒定应力试验，利用式（1），经计算分析，将应力条件及试验时间确定如下：

温度：70 ℃。

相对湿度：85%。

试验时间：54 天或 81 天。

注：54 天对应自然贮存条件 10 年；81 天对应自然贮存条件 15 年。

本程式化方法首推上述应力和时间。

1.6 测试项目与周期

1.6.1 测试项目

测试项目应根据具体试件确定，选取反映试件变化敏感的性能参数、功能性指标和特性指标；无参数测试项目时，则要针对性地设定进行相关测试。

1.6.2 测试周期

弹药、引信产品在正常的贮存条件下性能的衰退过程很缓慢，即使在加速应力条件下，变化也不会很快。因此，兼顾产品相关技术指标和测试工作量，推荐试验中，对参数的测试采取定期试验方式，间隔为 2 周。

1.7 测试要求

（1）按具体试验件规定的技术条件或相关标准、规范要求。

（2）测试环境应满足相关标准、规范要求。

（3）测试仪器精度应满足相关标准、规范要求。

（4）试验件从加速应力状态到正常应力状态进行参数测试时，恢复时间一般为 2~4 h，或根据相关检测标准要求确定。

1.8 失效判据

失效判据是判别产品是否失效的标准，引信产品的真实失效主要是功能性失效，对具体的引信产品以其验收技术条件中规定的试验项目和试验参数为判断引信是否失效的依据。但有些试验结果很难进行量化表达。本程式化方法在研究甄别的基础上，提出引信组件贮存状态下失效及判据，如表 1 所示，试验者可根据具体产品参考使用。

表 1　引信组件贮存影响因素及失效判据

名称	组成材料	贮存状态下的敏感环境应力	应力影响及失效分析	失效判据
引信	金属壳体	湿度	湿度是主要影响因素，在湿度较高的状态下可引起锈蚀。由于尺寸不大，加之金属在此温度范围的线性膨胀系数不大，影响几乎可以忽略	锈蚀穿孔
	非金属风帽	温度	不同非金属的膨胀系数差异较大，若选材不当会造成开裂失效，影响弹阻气动外形	开裂或变形
	电子元器件	温度、湿度	受温湿度影响明显。特别是湿度，受潮时改变了电阻、电流	爆裂或烧毁
	小金属件（惯性发火机构、保险机构等）	湿度	湿度是主要影响因素，在湿度较高的状态下可引起锈蚀。由于尺寸不大，加之金属在此温度范围的线性膨胀系数不大，影响几乎可忽略，但可能卡滞	卡滞
	化学药剂 1（雷管）	温度、湿度	受湿度影响严重，由于受潮而导致瞎火	含水量大于 0.03%
	化学药剂 2（传爆药）	温度、湿度	受湿度影响严重，由于受潮而导致瞎火	含水量大于 3%

1.9　试验

以样品数量为 30 发计，分成 5 组，每组 6 发，依 1.4 节内容实施（70 ℃，RH85%，81 天），按指标 15 年为例，从减小检测年限误差考虑，加速寿命试验周期分别定为 60 天、67 天、74 天、81 天和 88 天，试验后检测相关性能参数或进行实弹射击试验。

1.10　贮存寿命评价

通过 54 天的加速寿命试验，根据温湿度耦合寿命模型计算出的自然贮存环境下的贮存寿命大于 10 年。

通过 81 天的加速寿命试验，根据温湿度耦合寿命模型计算出的自然贮存环境下的贮存寿命大于 15 年。

2　验证试验

选择某型无线电近炸引信 60 发，对其进行温湿度双应力加速寿命试验，试验后进行实弹射击，并和经若干年自然贮存（30 发贮存 17 年，30 发贮存 11 年）的实弹射击试验结果进行比较，将引信作用情况和炸高散布作为测量参数。

从试验结果看，自然贮存引信随着贮存时间的增加，炸高散布范围波动变大，说明引信电子头部件随着贮存时间的延长，其性能有所退化。经加速贮存的无线电引信，随着应力水平和时间的增加，其炸高散布范围也在变大，具有同自然贮存引信基本一致的变化规律。可以肯定，加速贮存引信所施加应力水平和时间引起引信固有性能的变化没有改变其原有的失效机理，这为失效模型有关参数和系数的确定提供了实际的数据支持。从引信作用情况看，自然贮存和加速贮存两者的结果比较接近，也说明了我们建立的温湿度双应力耦合寿命模型和程式化试验方法的正确性和可行性。

3 结论

本文所建立的基于温湿度双应力耦合寿命模型和程式化试验方法，可直接应用于新产品设计定型试验中长贮性能的评价。而常规弹药引信贮存寿命试验方法的研究处于不断发展中，随着弹药装备发展和大量高新技术的应用，需要在实践中不断研究完善。本文介绍的试验程式化方法，在后续的实践中根据产品的具体结构特点，需要不断修改试验方法、调整相关参数，使试验结果更加接近真实，客观反映产品实际，为部队贮存使用提供依据。

参考文献

[1] 费鹤良，王玲玲．产品寿命分析方法［M］．北京：国防工业出版社，1988.
[2] 张亚，赵河明．无线电引信贮存寿命预测方法研究［J］．探测与控制学报，2001，23（4）：26-29.
[3]《弹药引信长贮性能试验技术研究》国防报告．

基于扩展卡尔曼滤波的射程修正落点预测模型①

陈维波，纪永祥，陈战旗

中国华阴兵器试验中心　制导武器试验鉴定仿真技术重点实验室，陕西华阴 714200

摘　要：本文针对一维弹道修正引信修正效能考核采用传统试验方法存在试验条件一致性差、用弹量大的问题，提出了“一弹两用”的试验鉴定方法，建立了扩展卡尔曼滤波和预测的弹道模型，并在试验中进行了验证，结果证明预测得到的弹道精度较高，解决了试验方法中的关键技术难题。

关键词：一维弹道修正引信；一弹两用；扩展卡尔曼滤波

0　引言

为了满足现代战争的需求，精确打击、远程火力压制和远程火力支援弹药将得到大量的应用，而传统的常规炮射弹药不能达到对敌作战的预期效果，弹道修正弹就是在此背景下诞生的一种成本低、精度高、射程远、能批量生产并适合现代战争需要的强力打击弹药，弹道修正弹药在同样毁伤概率条件下，可以减少大量的普通弹药消耗量。而目前将大量生产装备的无控弹药装备弹道修正引信，就可实现简单的弹道修正，大幅提高命中精度或落点散布，其效费比之高是难以估算的，具有重要的军事和经济意义。

在评估一维弹道修正引信的修正能力和修正效率时，目前采用单发交叉对比进行射击试验，利用非修正弹药和修正弹药各自独立射击，对比两种弹药的散布差别，得到修正弹药的修正能力和修正效率。这种试验方法的缺点是两组弹药、交叉射击实施不可能达到试验条件（包括弹药条件）上的一致性，可比性较差，而且存在弹药消耗大、试验成本高的问题，因此本文提出“一弹两用”试验鉴定方法。

1　“一弹两用”试验鉴定方法

对于修正能力和效率的考核，因同一种弹药配用不同引信，传统试验方法采用两总体方差显著性检验，因要与制式弹药比较，故用弹量相当大，并且交叉射击实施不可能达到试验条件上的完全一致性。通过利用对弹道动态过程深度测试和弹药仿真预估的手段，采用“一弹两用”的试验概念，得到修正弹药修正能力和精度改善百分比的量值，对试验结果进行评定。

---

① 该文发表于 2011 年《探测与控制学报》。

“一弹两用”就是射击一发弹丸要获取两条不同弹道，用于两个试验目的或试验项目，两条弹道中一条是阻尼机构工作的修正弹道，另一条是阻尼机构不工作的未修正弹道，如图 1 所示。通常修正弹道是弹丸实际飞行弹道，可以通过测试得到。未修正弹道主要是指修正点后阻尼机构不打开时弹丸的飞行弹道，修正点前的弹道可以通过测试得到，修正点后的弹道可以通过修正点前测得的弹道数据和弹道模型复合外推计算得到。

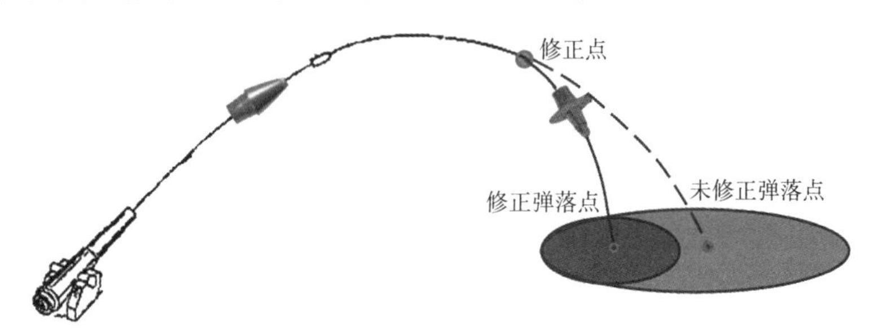

图 1　“一弹两用”方法示意图

上述试验方法实施的关键有以下两点：

（1）修正点前弹道数据的测量精度。

后续未修正的虚拟弹道辨识所需的初始参数来自修正点前的弹道测量数据，故测量获得的弹道参数的精确将直接影响弹道辨识的准确性。

（2）弹道辨识算法的选择。

目前国内自主式弹道测量和辨识技术主要有 3 种：基于弹道最小速度点的速度值及其出现时间的辨识方法；基于速度–时间序列的弹道辨识方法；基于比较名义弹道与实际弹道在上升初始段的水平距离来实现对弹丸射程偏差的预测方法。这 3 种技术都是基于实时性需要而提出的。

在靶场修正能力和效率试验中弹道辨识有其自身特点：①未修正弹道进行辨识所需参数和实际射击的修正弹道参数在阻尼机构打开前是完全相同的，如图 2 所示；②测量数据精度相对弹载设备较高，由此获得的弹道辨识所需影响弹道散布的参数其真实性和准确性也较高；③阻尼机构打开时间点很难测到，由于遥测不易实现，黑匣子又难于回收，弹道测量不易捕获和确定，在阻尼机构工作段弹道没有明显的特征点时，很难判断出准确的阻尼机构打开时间点；④弹道辨识实时性要求不高，靶场试验试后数据处理不要求实时性。

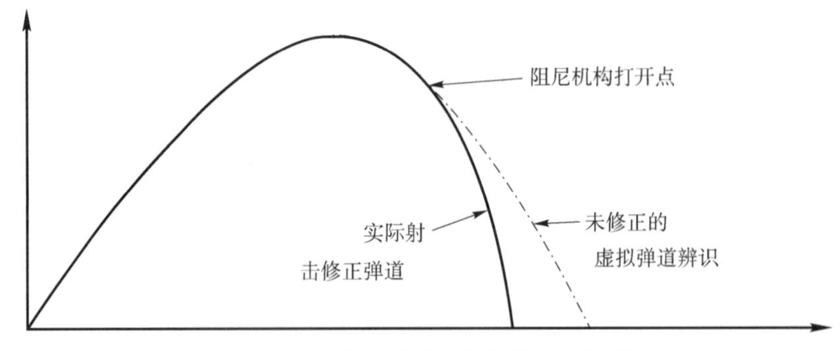

图 2　实际射击弹道与仿真弹道示意图

应用扩展卡尔曼滤波和预测技术，一是可以适用于弹丸飞行这个连续的动态非线性过程；

二是既可以对测量弹道进行滤波提高数据处理精度，又可以对后续弹道预测辨识；三是对阻尼机构打开时间点准确性要求不高，理论上在阻尼机构工作点前任何时间点都可以由弹道滤波转为弹道预测，当然由弹道滤波转为弹道预测的时间点距阻尼机构工作点越近，预测的弹道越准确，但是不要求严格准确的阻尼机构打开时间点；四是未修正测量弹道滤波和未修正虚拟弹道预测辨识所用状态方程相同，虚拟弹道预测所需参数来自滤波后的测量数据或由测量数据计算得到，与弹丸飞行中的实际参数基本相同，辨识出的弹道更准确，更接近实际弹道。

综上所述，用扩展卡尔曼滤波和预测技术处理实际弹道测量参数并进行弹道辨识，结果更准确，精度更高，而且用弹量少。

2 弹道滤波和预测模型

将卡尔曼滤波推广用于非线性系统称为扩展卡尔曼（EKF）滤波。在靶场的弹丸飞行辨识中，遇到的是非线性连续-离散系统，即状态方程是非线性连续方程，观测方程是离散型的。

假定非线性连续-离散系统的状态方程以及观测方程为

状态方程

$$\boldsymbol{X}(t)=f[\boldsymbol{X}(t),\boldsymbol{u}(t),\theta;t]+\boldsymbol{\Gamma}(t)\boldsymbol{w}(t) \tag{1}$$

观测方程

$$\boldsymbol{Y}(k)=h[\boldsymbol{X}(k),\boldsymbol{u}(k),\theta;k]+\boldsymbol{v}(k) \tag{2}$$

式中，$\boldsymbol{w}(t)$和$\boldsymbol{v}(k)$分别是过程噪声和观测噪声，假定为互不相关的零均值高斯白噪声，即

$$\begin{cases}E[\boldsymbol{w}(t)]=0\\E[\boldsymbol{v}(k)]=0\\E[\boldsymbol{w}(t)\boldsymbol{w}^{\mathrm{T}}(\tau)]=Q(t)\delta(t-\tau)\\E[\boldsymbol{w}(t)\boldsymbol{v}^{\mathrm{T}}(k)]=0\\E[\boldsymbol{v}(k)\boldsymbol{v}^{\mathrm{T}}(j)]=R(k)\delta_{kj}\end{cases} \tag{3}$$

式（1）为弹道状态方程，式（2）为观测方程。$\boldsymbol{X}(t)=[v,\theta,x,y,z,p]^{\mathrm{T}}$ 为弹道状态向量，$\boldsymbol{Y}(k)$为第 k 个观测向量，$k=1,2,\cdots,N$，$f=(f_1,f_2,f_3,f_4,f_5,f_6)$为以下弹道方程：

$$\begin{cases}f_1=\dfrac{\mathrm{d}v}{\mathrm{d}t}=-\dfrac{\rho_0 s_{\mathrm{r}}}{2}\cdot\dfrac{H(y)c_{\mathrm{D}}}{m}v^2-g\sin\theta\\f_2=\dfrac{\mathrm{d}\theta}{\mathrm{d}t}=-g\dfrac{\cos\theta}{v}\\f_3=\dfrac{\mathrm{d}y}{\mathrm{d}t}=v\sin\theta\\f_4=\dfrac{\mathrm{d}x}{\mathrm{d}t}=v\cos\theta\\f_5=\dfrac{\mathrm{d}z}{\mathrm{d}t}=0\\f_6=\dfrac{\mathrm{d}p}{\mathrm{d}t}=-\rho g v\sin\theta\end{cases} \tag{4}$$

在靶场试验时，测量的数据有空间坐标(x,y,z)，速度及其分量(v,v_x,v_y,v_z)，计算出的C_D-Ma曲线，气象数据$(\tau,p,\omega_x,\omega_z)$，此时观测向量$\boldsymbol{Y}(k)=[x,y,z,v,p]^{\mathrm{T}}$，观测方程为

$$\boldsymbol{Y}(k)=\boldsymbol{HX}(t)+\boldsymbol{v}(k) \tag{5}$$

观测矩阵$\boldsymbol{H}$为5阶单位阵。

状态预测方程：

$$\frac{\mathrm{d}\hat{\boldsymbol{X}}(t|t_{k-1})}{\mathrm{d}t}=f[\hat{\boldsymbol{X}}(t|t_{k-1}),\boldsymbol{u}(t),\theta,t] \tag{6}$$

状态校正方程：

$$\hat{\boldsymbol{X}}(k|k)=\hat{\boldsymbol{X}}(k|k-1)+\boldsymbol{K}(k)\{\boldsymbol{Y}(k)-h[\hat{\boldsymbol{X}}(k|k-1),\boldsymbol{u}(k),\theta;k]\} \tag{7}$$

误差协方差阵预测方程：

$$\frac{\mathrm{d}}{\mathrm{d}t}\boldsymbol{P}(t|t_{k-1})=\boldsymbol{F}(t)\boldsymbol{P}(t|t_{k-1})+\boldsymbol{P}(t|t_{k-1})\boldsymbol{F}^{\mathrm{T}}(t)+\boldsymbol{\Gamma}(t)\boldsymbol{Q}(t)\boldsymbol{\Gamma}^{\mathrm{T}}(t) \tag{8}$$

式中，

$$\boldsymbol{F}(t)=\left.\frac{\partial f}{\partial \boldsymbol{X}}\right|_{\boldsymbol{X}=\hat{\boldsymbol{X}}(t|t_{k-1})}$$

误差协方差阵校正方程：

$$\boldsymbol{P}(k|k)=[\boldsymbol{I}-\boldsymbol{K}(k)\boldsymbol{H}(k)]\boldsymbol{P}(k|k-1) \tag{9}$$

滤波增益矩阵：

$$\boldsymbol{K}(k)=\boldsymbol{P}(k|k-1)\boldsymbol{H}^{\mathrm{T}}(k)[\boldsymbol{H}(k)\boldsymbol{P}(k|k-1)\boldsymbol{H}^{\mathrm{T}}(k)+\boldsymbol{R}(k)]^{-1} \tag{10}$$

状态向量初值$\hat{\boldsymbol{X}}(t_0|t_0)=\overline{\boldsymbol{X}}(t_0)=[v_0,\theta_0,0,0,0,p_0]^{\mathrm{T}}$，$\boldsymbol{P}(t_0|t_0)=\boldsymbol{P}(t_0)$。

弹丸在飞行过程中受到的对弹着点偏差影响较大的随机扰动主要是气象参数的随机变化造成的，在试验时可以测量不同弹道高度的风速、风向、气温和气压等气象数据，在进行弹道辨识时$v_{\mathrm{r}}=\sqrt{(v_x-\omega_x)^2+v_y^2+(v_z-\omega_z)^2}$。

在应用扩展卡尔曼状态参数估计方法辨识弹道时，关键是准确估计过程噪声和测量噪声特性，如果估计不准确，可能导致系统不稳定，计算结果与实际弹道有较大出入。实际计算时是通过对修正机构工作前的测量弹道过程噪声和测量噪声估计，将其应用于修正点后的弹道预测。

3　试验验证

3.1　验证思路

对修正弹修正能力和效率试验而言，不仅要求弹道辨识结果误差较小，更重要的是辨识弹道落点散布与实际弹道落点散布相一致，否则就会失去了试验意义。故试验验证的思路是：将某型弹一组实际弹道通过设置某一典型时间点作为修正机构工作点，对该时间点后的弹道应用上述方法进行辨识预测，并与实际弹道落点相比较，获取其落点预测误差值；并对实际弹道与预测弹道应用弹道一致性方法进行检验，检查密集度检验结果是否有显著性差异；最后判断预测弹道落点数据能否代替实际弹道落点数据，以考核和鉴定修正弹的修正效果。

3.2 验证试验

一维弹道修正引信7发，配某型火箭弹，装定为不修正状态，在常温条件下，以45°射角对地射击。测试弹丸全弹道速度、空中位置坐标等参数及落点数据。假定修正机构工作时间点为58 s，根据建立的弹道滤波和预测模型及测试数据，可预测得到修正机构不展开时的落点数据。比较预测落点数据和实测落点数据，如表1所示，计算得到落点预测误差不大于射程的0.6‰；预测落点与实际落点应用弹道一致性方法进行检验，密集度检验结果没有显著性差异；预测落点数据可以代替实际落点数据，与修正后的落点数据进行比较，以考核和鉴定修正弹的修正效果。

表1 预测数据与实测落点坐标对比表

射序		1	2	3	4	5	6	7
预测落点坐标/m	X（距离）	15 162	15 499	15 433	15 540	15 365	15 256	15 338
	Y（方向）	−102	−7	−9	−5	−87	−114	−34
实测落点坐标/m	X（距离）	15 170	15 505	15 438	15 534	15 371	15 261	15 342
	Y（方向）	−104	−9	−10	2	−89	−115	−36

4 结论

本文针对评估一维弹道修正引信的修正能力和修正效率时，传统试验方法存在试验条件一致性、可比性较差，试验消耗大的问题，提出了“一弹两用”的试验鉴定方法，建立了扩展卡尔曼滤波和预测的弹道模型。应用了扩展卡尔曼滤波和预测的状态参数估计方法，对修正弹修正机构工作前的实测弹道数据进行滤波，并对修正机构工作后的未修正弹道进行辨识，将预测得到的虚拟弹道和实际飞行弹道进行检验，结果证明预测得到的弹道精度较高，与实际弹道在射程和密集度上无显著性差异，可用于进行一维弹道修正引信修正能力和效率的试验鉴定。

参考文献

[1] 侯宏录，闫帅，刘创．一种炮弹偏差预测方法的精度分析［J］．国外电子测量技术，2008，27（8）：1-5.
[2] 万超，王伟，赵高波．基于速度、加速度测量的炮弹弹道辨识方法［J］．国外电子测量技术，2007，26（9）：16-18.
[3] 王保全，李世义，周国勇，等．基于弹道速度最小点的弹道辨识快速算法［J］．弹箭与制导学报，2002，22（4）：48-52.
[4] 韩子鹏，等．弹箭外弹道学［M］．北京：北京理工大学出版社，2008.
[5] 王晟，杨树兴，张成．基于误差模型和扰动量辨识的射程修正方法［J］．弹道学报，2006，18（1）42-44.
[6] 唐涛，黄永梅．改进的EKF算法在目标跟踪中的应用［J］．光电工程，2005，32（9）：16-18.
[7] 徐国亮，弹道滤波算法研究［J］．指挥控制与仿真，2007，29（1）：24-27.

某型电子时间引信弹道一致性试验方法研究

陈维波，王侠

中国华阴兵器试验中心　制导武器试验鉴定仿真技术重点实验室，陕西华阴 714200

摘　要：本文针对某型电子时间引信弹道一致性试验存在的评定难题，采取扩展卡尔曼滤波技术对雷测弹道数据进行滤波处理，获得较准确的炸点参数，再采用马尔可夫估计的方法对光测数据和处理后的雷测数据进行了二次融合处理，获得了更准确的炸点参数，然后推算得到被试引信的落点数据，与对比引信的落点数据比较，得到试验结果。并在某引信科研试验中对该方法进行了验证，结果表明该方法可用于该引信弹道一致性试验中。

关键词：电子时间引信；弹道一致性；试验方法

0　引言

为适配新弹种，某型电子时间引信需进行弹道一致性等项目的适配性试验。该试验的难点是弹道一致性试验中，被试引信作用方式为空炸作用，而对比引信为对地作用。要获取被试引信的落点坐标，传统的方法是延长引信的装定时间，使引信直至落地不作用。这种方法存在以下问题：①造成大量的未作用弹药，给试验带来极大的安全隐患；②未作用弹药落点不易观测，区分弹序难度大，从而造成试验数据进行射程标准化误差较大；③未作用弹药落点坐标不易寻找，试验效率低。

针对以上问题，采用如下方法完成该试验项目：被试引信对空作用，而对比引信对地作用，分别测量对空作用被试引信的弹道数据和对地作用对比引信的落点数据。利用光、雷测弹道数据的融合处理，得到较准确的弹道参数，然后将推算出的被试引信的虚拟落点坐标作为弹道一致性项目被试弹的落点数据，与对比弹的落点数据比较，得到弹道一致性的试验结果。这样，既可避免传统方法的不足，同时被试引信空中作用情况及炸点时间还可用于引信作用与时间精度等试验项目，从而减少适配性试验用弹量。

1　试验方法设计

要完成上述方法的试验设计，关键是保证推算的被试引信的落点精度问题。主要通过以下几方面来保证：

（1）采用雷达测量系统测试引信的弹道参数，光学测量系统测试炸点坐标及引信作用时间，为复合推算落点坐标提供原始数据支持。

（2）利用扩展卡尔曼滤波模型对雷测数据进行滤波处理，获取较高精度的预测弹道初始参数（即炸点弹道参数）。

(3) 采用马尔可夫估计的方法对光测炸点数据与经初步处理后的精测数据进行二次融合处理，推算得到更高精度的炸点参数。

(4) 被试引信在保证空炸的前提下，装定的引信作用时间尽量接近全弹道飞行时间，以减少复合推算末端弹道的时间，进一步提高推算精度。

2 扩展卡尔曼滤波模型

在靶场的弹丸飞行辨识中，遇到的是非线性连续-离散系统，采用扩展卡尔曼滤波模型对上述过程进行描述，即状态方程是非线性连续方程，观测方程是离散型的。

假定非线性连续-离散系统的状态方程以及观测方程为

状态方程

$$\boldsymbol{X}(t)=f[\boldsymbol{X}(t),\boldsymbol{u}(t),\theta;t]+\boldsymbol{\Gamma}(t)\boldsymbol{w}(t) \tag{1}$$

观测方程

$$\boldsymbol{Y}(k)=h[\boldsymbol{X}(k),\boldsymbol{u}(k),\theta;k]+\boldsymbol{v}(k) \tag{2}$$

式中，$\boldsymbol{w}(t)$和$\boldsymbol{v}(k)$分别是过程噪声和观测噪声；$\boldsymbol{X}(t)=[v,\theta,x,y,z,p]^{\mathrm{T}}$为弹道状态向量，$\boldsymbol{Y}(k)$为第$k$个观测向量，$k=1,2,\cdots,N$，$f=(f_1,f_2,f_3,f_4,f_5,f_6)$为以下弹道方程：

$$\begin{cases} f_1=\dfrac{\mathrm{d}v}{\mathrm{d}t}=-\dfrac{\rho_0 s_{\mathrm{r}}}{2}\cdot\dfrac{H(y)c_{\mathrm{D}}}{m}v^2-g\sin\theta \\ f_2=\dfrac{\mathrm{d}\theta}{\mathrm{d}t}=-g\dfrac{\cos\theta}{v} \\ f_3=\dfrac{\mathrm{d}y}{\mathrm{d}t}=v\sin\theta \\ f_4=\dfrac{\mathrm{d}x}{\mathrm{d}t}=v\cos\theta \\ f_5=\dfrac{\mathrm{d}z}{\mathrm{d}t}=0 \\ f_6=\dfrac{\mathrm{d}p}{\mathrm{d}t}=-\rho g v\sin\theta \end{cases} \tag{3}$$

在靶场试验时，测量的数据有空间坐标(x,y,z)，速度及其分量(v,v_x,v_y,v_z)，计算出的$C_{\mathrm{D}}-Ma$曲线，气象数据$(\tau,p,\omega_x,\omega_z)$，此时观测向量$\boldsymbol{Y}(k)=[x,y,z,v,p]^{\mathrm{T}}$，观测方程为

$$\boldsymbol{Y}(k)=\boldsymbol{H}\boldsymbol{X}(t)+\boldsymbol{v}(k) \tag{4}$$

观测矩阵$\boldsymbol{H}$为5阶单位阵。

采用如下扩展卡尔曼滤波算式，对数据逐点递推，估计弹道轨迹。

状态预测方程：

$$\frac{d\hat{\boldsymbol{X}}(t|t_{k-1})}{\mathrm{d}t}=f[\hat{\boldsymbol{X}}(t|t_{k-1}),\boldsymbol{u}(t),\theta,t] \tag{5}$$

状态校正方程：

$$\hat{\boldsymbol{X}}(k|k)=\hat{\boldsymbol{X}}(k|k-1)+\boldsymbol{K}(k)\{\boldsymbol{Y}(k)-h[\hat{\boldsymbol{X}}(k|k-1),\boldsymbol{u}(k),\theta;k]\} \tag{6}$$

误差协方差阵预测方程：

$$\frac{\mathrm{d}}{\mathrm{d}t}\boldsymbol{P}(t|t_{k-1})=\boldsymbol{F}(t)\boldsymbol{P}(t|t_{k-1})+\boldsymbol{P}(t|t_{k-1})\boldsymbol{F}^{\mathrm{T}}(t)+\boldsymbol{\Gamma}(t)\boldsymbol{Q}(t)\boldsymbol{\Gamma}^{\mathrm{T}}(t) \tag{7}$$

式中，

$$\boldsymbol{F}(t)=\left.\frac{\partial f}{\partial \boldsymbol{X}}\right|_{\boldsymbol{X}=\hat{\boldsymbol{X}}(t|t_{k-1})}$$

误差协方差阵校正方程：

$$\boldsymbol{P}(k|k)=[\boldsymbol{I}-\boldsymbol{K}(k)\boldsymbol{H}(k)]\boldsymbol{P}(k|k-1) \tag{8}$$

滤波增益矩阵：

$$\boldsymbol{K}(k)=\boldsymbol{P}(k|k-1)\boldsymbol{H}^{\mathrm{T}}(k)[\boldsymbol{H}(k)\boldsymbol{P}(k|k-1)\boldsymbol{H}^{\mathrm{T}}(k)+\boldsymbol{R}(k)]^{-1} \tag{9}$$

3 马尔可夫估计方法

测试得到的弹道数据主要有雷达测量系统获取的速度、空中坐标及对应的时间等数据和光测系统获取的炸点坐标及作用时间等数据。

两种测试设备均测有炸点时刻的空中坐标，则应如何合理利用两种测试设备获取的该测量值才能得到更优的结果是必须解决的问题。即数据如何加权，一般估计方法精度不高的原因之一是不分优劣地使用了测量值，如果对不同测量值的质量有所了解，则可用加权的办法分别对待各自测量值，精度高的权重取得大些，精度差的权重取得小些。这就是加权最小二乘估计的思路，即估计 $\hat{\boldsymbol{X}}$ 满足

$$J(\hat{\boldsymbol{X}})=(\boldsymbol{Z}-\boldsymbol{H}\hat{\boldsymbol{X}})^{\mathrm{T}}\boldsymbol{W}(\boldsymbol{Z}-\boldsymbol{H}\hat{\boldsymbol{X}})=\min \tag{10}$$

式中，$\boldsymbol{Z}$ 是测量值；$\boldsymbol{H}$ 是测量矩阵；$\boldsymbol{W}$ 是适当取值的正定加权矩阵。

要使式（10）成立，$\hat{\boldsymbol{X}}$ 应满足

$$\left.\frac{\partial \boldsymbol{J}(\boldsymbol{X})}{\partial \boldsymbol{X}}\right|_{x=\hat{X}}=-\boldsymbol{H}^{\mathrm{T}}(\boldsymbol{W}+\boldsymbol{W}^{\mathrm{T}})(\boldsymbol{Z}-\boldsymbol{H}\hat{\boldsymbol{X}})=0 \tag{11}$$

从中解得

$$\hat{\boldsymbol{X}}=[\boldsymbol{H}^{\mathrm{T}}(\boldsymbol{W}+\boldsymbol{W}^{\mathrm{T}})\boldsymbol{H}]^{-1}\boldsymbol{H}^{\mathrm{T}}(\boldsymbol{W}+\boldsymbol{W}^{\mathrm{T}})\boldsymbol{Z} \tag{12}$$

假设测量误差的均值为0，方差阵为 $\boldsymbol{R}$，若 $\boldsymbol{W}=\boldsymbol{R}^{-1}$，则

$$\hat{\boldsymbol{X}}=(\boldsymbol{H}^{\mathrm{T}}\boldsymbol{R}^{-1}\boldsymbol{H})^{-1}\boldsymbol{H}^{\mathrm{T}}\boldsymbol{R}^{-1}\boldsymbol{Z} \tag{13}$$

式（13）又称马尔可夫估计。

马尔可夫估计的均方误差为

$$E[\tilde{\boldsymbol{X}}\tilde{\boldsymbol{X}}^{\mathrm{T}}]=(\boldsymbol{H}^{\mathrm{T}}\boldsymbol{R}^{-1}\boldsymbol{H})^{-1} \tag{14}$$

马尔可夫估计的均方误差比任何其他加权最小二乘估计的均方误差都要小，是加权最小二乘估计中的最优者，这里不再赘述。

4 仿真分析与应用

4.1 雷测数据的误差处理

为了获取引信空中作用后的虚拟落点坐标，应用扩展卡尔曼滤波方法对引信作用前的测

试数据进行最优估计，获得较高精度的弹丸运动状态参数。距离测量数据在处理前后的误差对比如图 1 所示。

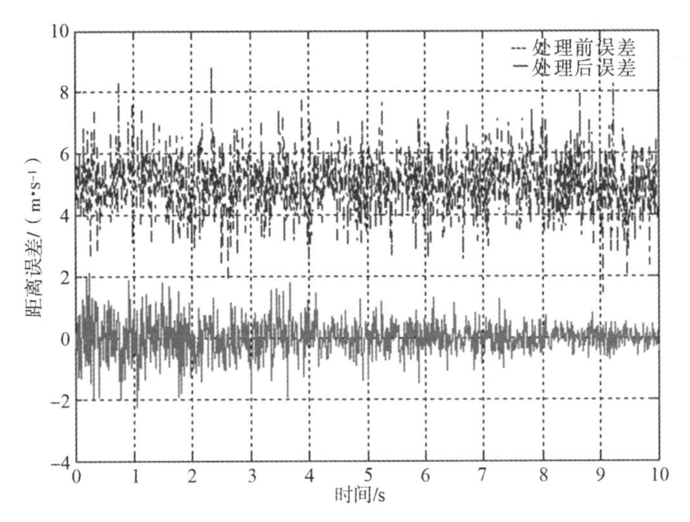

图 1　距离测量数据在处理前后的误差对比

由图 1 中可以看出，测量的距离数据在处理前的随机误差为 1 m，系统误差为 5 m；处理后无系统误差，随机误差为 0. 3 m。

4. 2　光测系统的误差估计

光测设备采用两点交会测量原理，测量误差主要由测角误差造成。设两点交会测量角分别为 α、β，两点距离为 S，测量角误差为 m，根据参考文献，坐标测试误差

$$m_{\mathrm{p}}=\frac{S\cdot m\sqrt{\sin^2\alpha+\sin^2\beta}}{\rho\sin^2(\alpha+\beta)} \tag{15}$$

假设 $\alpha=60°$，$\beta=50°$，$S=1.6$ km，$m=\pm40''$，则 $m_{\mathrm{p}}=0.4$ m。

4. 3　雷、光测数据权重系数分配及处理后误差

已知雷测数据处理后误差为 0. 3 m，光测误差为 0. 4 m，根据马尔可夫估计，光测数据和雷测数据取得的权重系数为

$$\hat{\boldsymbol{X}}=\left(\begin{bmatrix}1 & 1\end{bmatrix}\begin{vmatrix}1/0.4 & 0\\ 0 & 1/0.3\end{vmatrix}\begin{bmatrix}1\\1\end{bmatrix}\right)^{-1}\begin{bmatrix}1 & 1\end{bmatrix}\begin{vmatrix}1/0.4 & 0\\ 0 & 1/0.3\end{vmatrix}\begin{bmatrix}\boldsymbol{Z}_{341}\\ \boldsymbol{Z}_{雷测}\end{bmatrix}=0.43\boldsymbol{Z}_{341}+0.57\boldsymbol{Z}_{雷测} \tag{16}$$

即光测设备数据权重系数为 0. 43，雷测数据权重系数为 0. 57，如图 2 所示。

融合处理后的误差为

$$E(\tilde{\boldsymbol{X}}\tilde{\boldsymbol{X}})=\left(\begin{bmatrix}11\end{bmatrix}\begin{bmatrix}1/0.4 & 0\\ 0 & 1/0.3\end{bmatrix}\begin{bmatrix}1\\1\end{bmatrix}\right)^{-1}=0.17\ (\mathrm{m}) \tag{17}$$

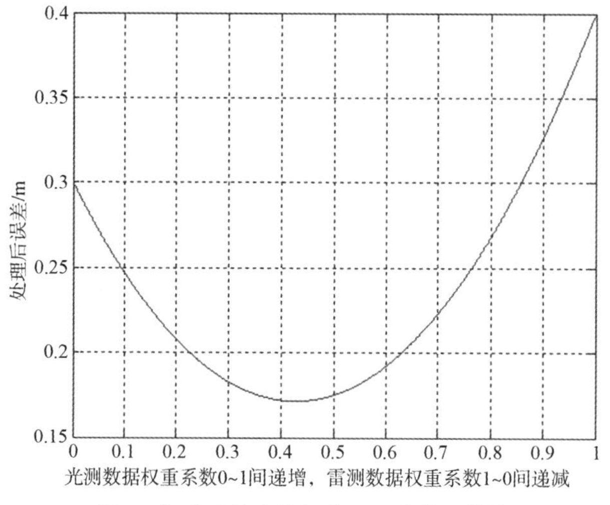

图 2　权重系数变化与处理误差关系曲线

4.4　试验验证

结合某引信科研试验，利用雷达测量系统测试该引信弹道参数，全站仪测量落点坐标，采用扩展卡尔曼滤波方法处理雷测弹道数据后推算其虚拟落点坐标，推算的落点坐标与实测的落点坐标比较，距离偏差不大于 0.02%，根据前述马尔可夫估计的数据融合方法，数据精度还可提高 40%，可见处理后数据精度较高，可以满足该引信弹道一致性试验需求。

5　结束语

针对某型电子时间引信弹道一致性试验存在的评定难题，采取扩展卡尔曼滤波技术对雷测弹道数据进行滤波处理，获得较准确的初始预测参数，然后采取马尔可夫估计的方法对光测设备光测数据和处理后的雷测数据进行了二次融合处理，获得了更准确的初始预测参数。并在某引信科研试验中对该方法进行了验证，试验结果表明该方法可以满足试验需求。该方法的应用不仅解决了该电子时间引信弹道一致性试验的评定难题，同时被试引信空中作用情况及炸点时间还可用于引信作用与时间精度试验项目，从而减少了适配性试验用弹量。

参考文献

[1] 秦永元，张洪钺，汪叔华．卡尔曼滤波与组合导航原理 [M]. 西安：西北工业大学出版社，1998.
[2] 韩子鹏，等．弹箭外弹道学 [M]. 北京：北京理工大学出版社，2008.

多信息存储测试系统设计与试验

杨伟涛[1]，蔚达[2]

1. 中国华阴兵器试验中心，陕西华阴 714200；

2. 南京理工大学机械工程学院，江苏南京 210008

摘　要：本文针对复杂物理环境引信信息获取，设计了一种高冲击、小型化，多物理场，具有识别和采集记录各种物理环境（包括过载、电磁强度、温度等）功能的测试系统。该测试系统包括三轴加速度测试模块、三轴磁感应强度测试模块以及温度测试模块等。三轴加速度测试模块以单片机为核心处理芯片，通过硬件电路和软件程序设计实现了高冲击三维加速度信号的调理，数据采样、存储，数据回读等功能。三轴磁感应强度测试模块以单片机为处理核心，信号运放处理，实现对磁信号调理。温度测试模块采用单片机内置温度传感器实现测温功能。为保证测试系统在高冲击、强磁环境下正常工作，通过调制处理加固测试系统机械壳体，以及强化灌封、加机械滤波垫方式实现抗高冲击，设计电磁屏蔽壳体使整个测试系统封闭，避免孔缝磁场流入对测试系统造成干扰。利用该测试系统进行实验室静态磁场测试和靶场硬目标侵彻试验，试验结果表明，测试系统能够准确记录三维磁感应强度信号与侵彻过程的全弹道三维加速度曲线，在高冲击载荷下能够正常工作，满足测试的需要。

关键词：高冲击；三维加速度；三维磁场强度；实验室静态试验；弹载侵彻试验

0　引言

随着引信向智能化与灵巧化方向发展，越来越多的电子电路被用于控制引信解保、发火等功能。而在发射过程与攻击目标过程中，引信内部元器件往往承受着电磁干扰、高过载冲击、高温等多种物理场的考验，一旦元器件在该过程中由于多物理场的影响而失效，将会导致引信无法完成控制功能，影响战斗部的作战效果[5]。为获得引信在工作过程中的环境特征，需要开展多物理场环境特征的弹载数据回收工作[5]。目前，国外 Forrestal 等人研制的加速度记录装置记录到的最大加速度值为 20 000g[5]；瑞士武器系统与弹药试验中心研制了弹道飞行数据记录器[5]，国内中北大学研制了一种超高 g 值加速度测试装置，成功测试到整个弹道加速度信号，加速度最大值为 45 000g[5]。国内外研究较多的是对于高过载的回收工作，但是较少提及电磁场与温度场特征的数据回收。而电磁场、温度场对于引信的影响也是非常重要的，尤其是电磁炮发射过程与火箭橇发射过程，将会产生巨大的电磁场干扰，影响元器件的正常工作。针对多物理场数据回收，开展弹载数据存储回收装置的研究具有非常重要的工程价值。因此，开展引信测试数据特性分析及防护工作非常重要。

1 总体方案设计

弹载存储测试仪进行回收试验时，使用环境十分恶劣，伴随有数万 g 甚至数十万 g 的高冲击加速度、高频振动信号和高背景噪声，以及强磁及高温环境干扰，为保证测试仪在实际应用环境的可靠使用，测试记录装置需满足抗高冲击过载、低系统功耗、低系统噪声、轻质化、抗强磁干扰以及耐高温等条件。因此，弹载存储记录装置设计主要涉及电路设计和系统防护设计。电路设计主要包括电路硬件设计和软件设计，保证电路部件稳定工作，实现测试采集记录功能；系统防护设计主要包括抗高过载设计和抗电磁干扰设计，保证弹载记录装置在高冲击下仍可生存和可靠作用。

1.1 电路模块设计

1.1.1 三维加速度测试电路设计

三维加速度测试电路模块主要由电源稳压模块、信号采集模块、信号调理模块、MCU 和数据存储与回读部分组成，如图 1 所示。

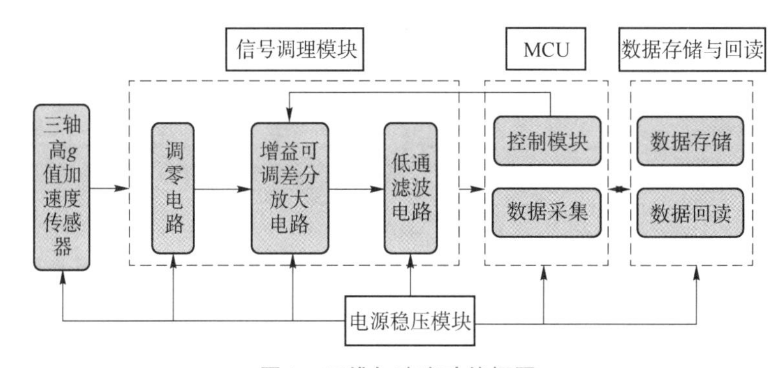

图 1 三维加速度功能框图

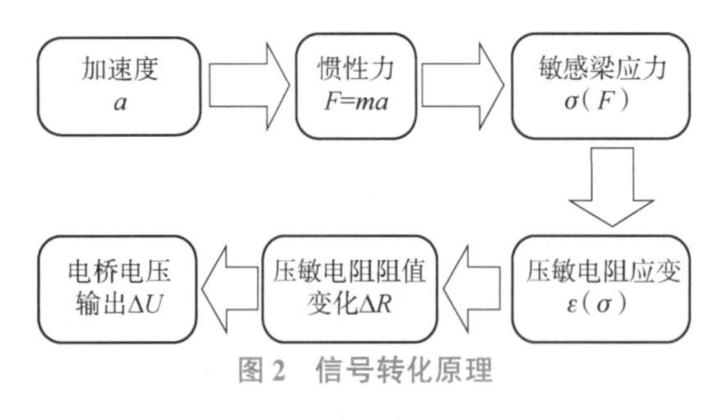

图 2 信号转化原理

信号采集模块由量程 150 000g 的高 g 值三轴加速度传感器感知冲击加速度。在强冲击下，加速度内部敏感梁形变，压敏电阻阻值变化使得电桥输出电压改变，从而将加速度信号转化为电压信号，如图 2 所示。

信号调理模块包括传感器调零电路、后级仪表放大电路和低通滤波电路等。由于传感器实际制作时工艺设备的限制，4 个压敏电阻阻值存在误差，使得 $R_1 \neq R_2 \neq R_3 \neq R_4$，电桥不平衡，故需外部调零，使得 a 与 b 之间未存在冲击变形，输出电压为 0，如图 3 所示。MEMS 压阻式加速度传感器敏感梁在高冲击下变形，产生输出电压只有几十 mV，因此需对输出电压进行放大，选用 AD8426 变增益、双通道、轨对轨仪表放大器，其增益范围：1~1 000，带宽（$G=1$）：1 MHz，共模抑制比（$G=1$）：80 dB（最小值）。弹载存储记录装置在侵彻过程中，弹引之间连接以及弹体固有频率振动会掺杂许多高频信号，为避免 A/D 转换后的信号产生混叠现象，对差分放大的信号进行低通滤波处理。存储模块采用二阶低通滤波器。为使在低通内幅频特性更加平坦，滤波器的设计采用-3 dB，频率为 3 kHz，$Q=0.707$ 的单位增益有源二阶低通滤波器，如图 4 所示。

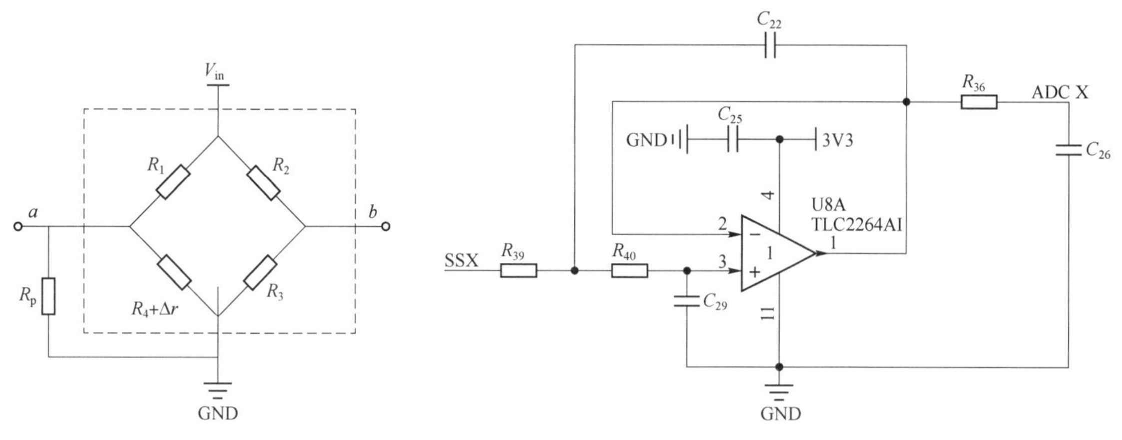

图 3　传感器调零电路　　　　图 4　低通滤波电路

存储测试模块中心控制单元（MCU）用于控制传感器数据的采集、处理、读写等，采用 Silicon Labs 的 C8051F506 芯片，该单片机 12 位 ADC，转换速率可达 200 ks/s，数字外设包括 40 个数字 I/O 口，以及硬件增强型的 UART、SMBus、SPI 串口和 CAN2.0 控制器，便于和其他器件通信。采用外部存储，FM25V10 是采用铁电工艺制作的 1.0 Mb 的非易失性存储器。

1.1.2　三维磁场测试电路设计

三维磁场测试电路由电源模块、数据存储与回读、信号采集模块、MCU 和信号调理模块组成，如图 5 所示。

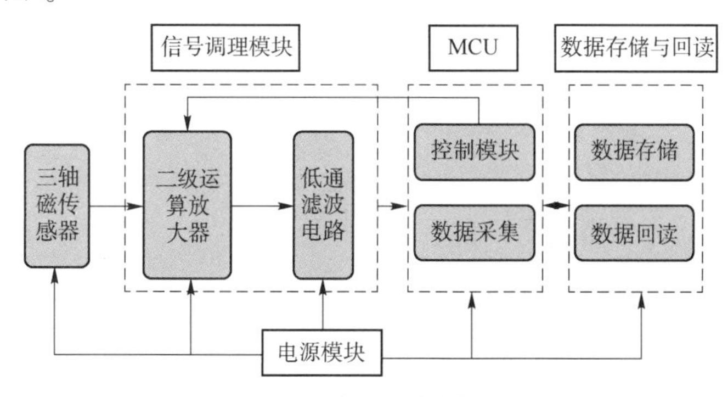

图 5　三维磁场功能框图

信号采集模块采用三轴磁传感器（接口 S+和 S-），通过传感器磁通量变化得到交变信号，如图 6 和图 7 所示。信号处理模块通过二级运算放大器，对电压信号进行放大。其余模块均与三轴加速度模块相同。

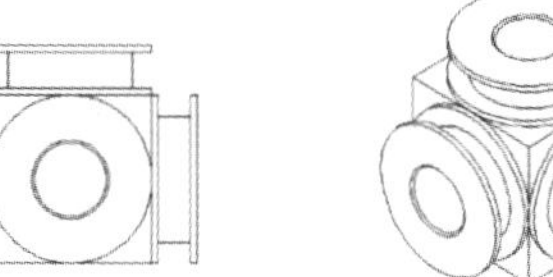

图 6　三轴磁传感器

温度模块采用单电机内部温度传感器，实现测温功能。为保证弹载存储系统可靠作用，多物理参数测试采集、存储相互独立，系统仅以过载作为触发阈值。

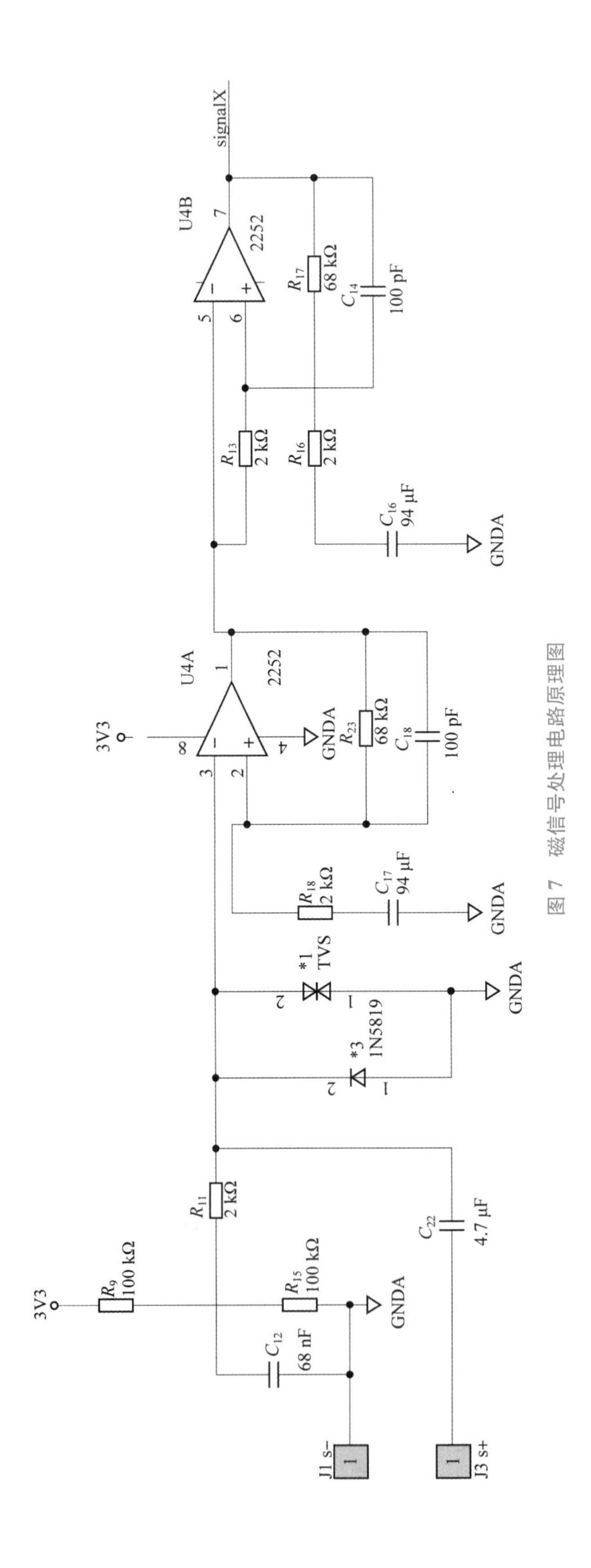

图 7　磁信号处理电路原理图

1.2 软件设计

软件设计包括加速度测试程序、磁场和温度测试程序。程序设计需满足：①系统可休眠；②可进行读写操作；③二次上电系统不可进行写操作，防止擦除原数据。

软件的控制流程图如图 8 所示，三维加速度测试系统与三维磁测试系统同时供电，系统初始化，两系统均对端口进行读写判断。首先，加速度测试系统写操作时，读 Flash 标志

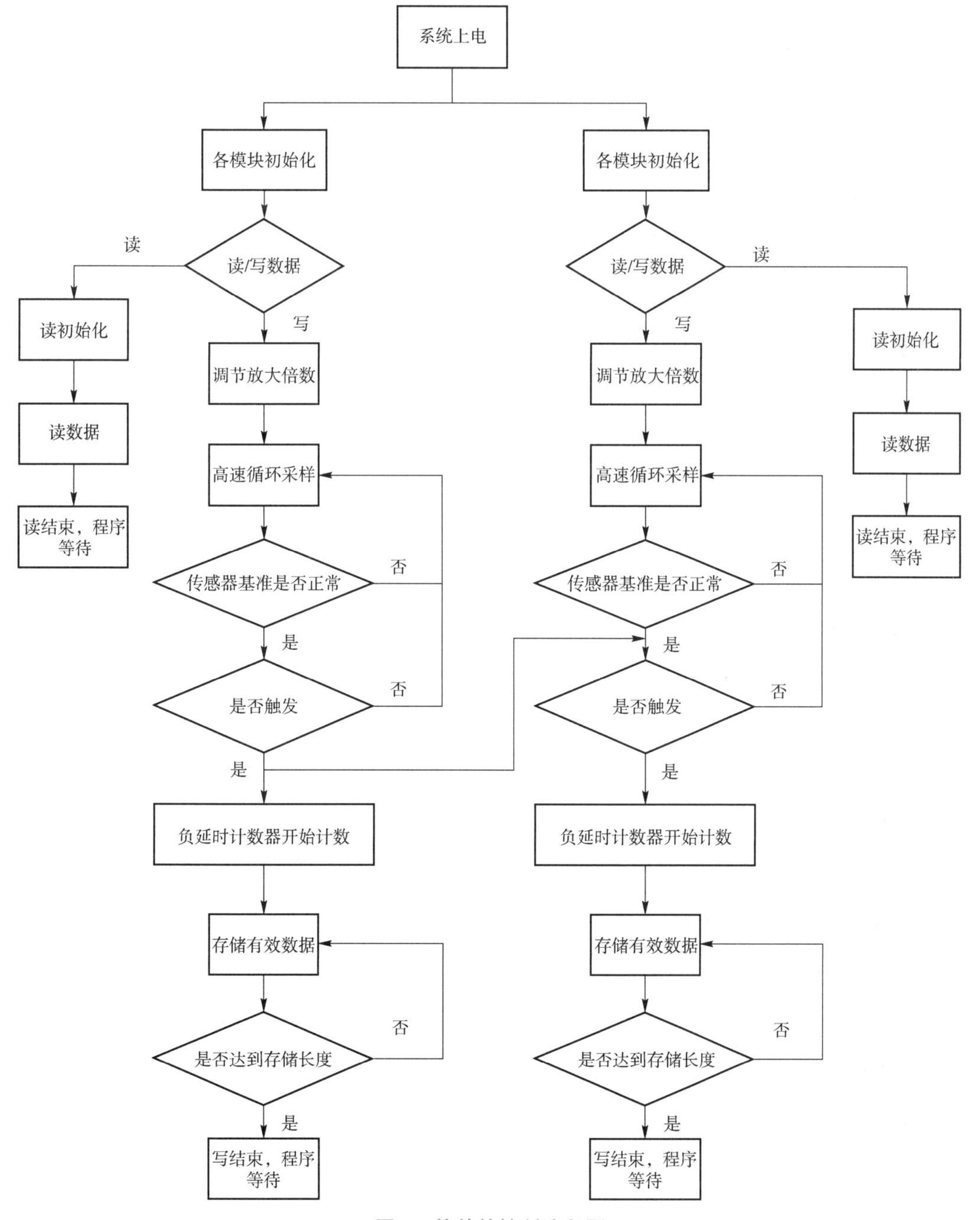

图 8　软件的控制流程图

位，判断是否为第一次记录，防止系统重新供电擦除原数据；同时，MCU 首先通过指令控制数字电位器调节放大倍数，开启 A/D 进行三个通道高速循环采样，选用三轴高 g 值加速度传感器 Z 轴方向（与炮管轴向平行）的膛内发射加速度作为触发信号，若加速度传感器 Z 轴方向输出值连续多次大于设定阈值时，置高外设 I/O 口并作为记录起点，将数据存储到外部存储器中，待数据达到指定长度后，关闭 A/D 模块，并进入系统休眠状态，完成写操作。读操作时，MCU 通过 SPI 将外部存储器数据存入数据缓冲器 SBUF0 中，通过 UART 向 PC 机发送数据，完成读操作。其次，磁与温度测试系统写操作时，读 Flash 标志位，判断是否为第一次记录，防止系统重新供电擦除原数据；开启 A/D 进行四个通道（三个磁信号、一个温度信号）高速循环采样，同时等待加速度测试系统 I/O 口置高，满足条件时，作为记录起点，存储数据，完成写操作。

2 缓冲方案设计

测试系统包括金属外壳、两套独立的测试模块和锂电池供电模块，如图 9 所示。

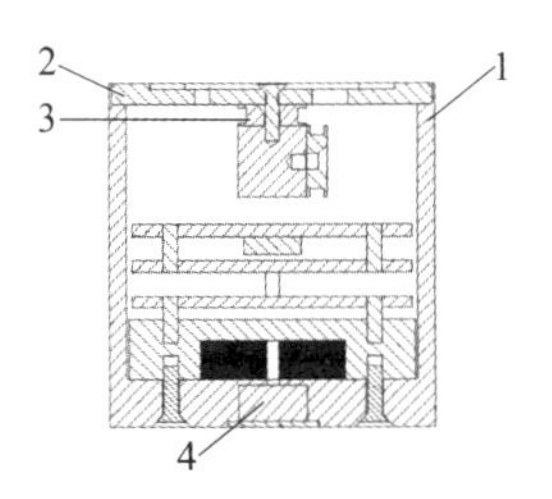

图 9 测试系统安装图

1—45 钢外壳；2—45 钢端盖；3—三轴磁传感器；4—高 g 值三轴加速度传感器

测试仪的保护模块主要由外壳体、薄滤波垫组成，为减轻质量，均采用低密度的 A、B 双组分微泡材料加压保温灌封以保护内部器件。外壳体通过螺纹盖板螺纹拧紧对内部壳体起到固定和保护的作用。

为防止存储测试模块内部典型元器件及机械壳体与高频振动分量发生共振，故需进行机械滤波设计[5]。目前，大部分缓冲材料，例如氟橡胶、聚四氟乙烯、泡沫铝、毛毡垫等均具有一定的缓冲能力。

由应力波的传播规律可知，应力波不同材料的接触界面发生反射与透射，而决定弹性应力波反射率与透射率的主要因素为材料的波阻抗[5]，两种不同材料接触界面处入射波与透射波、反射波的强度及波速关系如下：

$$\begin{cases}\sigma_R=F\cdot\sigma_I\\ v_R=-F\cdot v_I\\ \sigma_T=T\cdot\sigma_I\\ v_T=nT\cdot v_I\end{cases}\tag{1}$$

上式为入射波 σ_I、透射波 σ_T、反射波 σ_R 之间的强度关系。式中，F 为应力波的反射系数：

$$F=\frac{(\rho\cdot c)_1-(\rho\cdot c)_2}{(\rho\cdot c)_1+(\rho\cdot c)_2}\tag{2}$$

T 为应力波的透射系数：

$$T=\frac{2\ (\rho\cdot c)_2}{(\rho\cdot c)_1+(\rho\cdot c)_2} \tag{3}$$

n 为两种不同材料间的波阻抗比：

$$n=\frac{(\rho\cdot c)_1}{(\rho\cdot c)_2} \tag{4}$$

由于撞击杆、入射杆、传感器安装座的材料相同，可近似认为应力波在不同界面处的反射衰减为零，而机械滤波则希望材料在不失效的情况下尽可能减小波阻抗比，增大应力波的反射衰减。基于实验室对聚四氟乙烯垫片在引信缓冲的应用研究，存储测试模块的滤波垫采用聚四氟乙烯垫片。表 1 所示为 45 钢、聚四氟乙烯的材料参数。

表 1　材料参数表

参数	45 钢（外壳体）	聚四氟乙烯（垫片）
E/GPa	210	1. 14～1. 42
$\rho/(\mathrm{g\cdot cm^{-3}})$	7. 8	2. 1～2. 3
$C/(\mathrm{km\cdot s^{-1}})$	5. 20	0. 71～0. 83
$\rho\cdot c(\mathrm{MPa\cdot m^{-1}\cdot s^{-1}})$	40. 5	1. 60～2. 00

由表 1 可知，钢的波阻抗远大于聚四氟乙烯，在 45 钢和聚四氟乙烯界面处，透射系数为

$$T_{\mathrm{PTFE}}=\frac{2\ (\rho\cdot c)_{\mathrm{PTFE}}}{(\rho\cdot c)_{45钢}+(\rho\cdot c)_{\mathrm{PTFE}}}=\frac{2\times1.8}{40.5+1.8}\approx\frac{1}{12}$$

则应力波的透射强度为

$$\sigma_{T_{\mathrm{PTFE}}}=T_{\mathrm{PTFE}}\cdot\sigma_{\mathrm{I}}=\frac{1}{12}\sigma_{\mathrm{I}}$$

由上式理论计算表明，应力波在从 45 钢传递至聚四氟乙烯时，应力波衰减，冲击过程中载荷的突变起到降低冲击幅值的作用，从而达到缓冲目的。

3　实验室静态测试

针对设计的测试系统开展实验室静态测试，霍尔系统产生静态磁场，范围 0～1 T 可调，存储测试装置安装于线圈中间位置中，如图 10 所示。

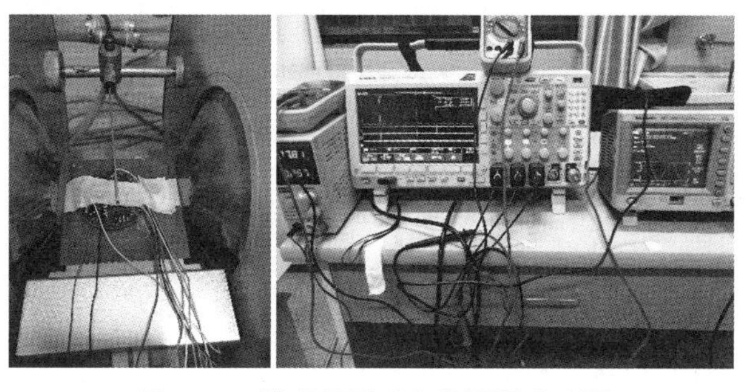

图 10　三维磁场测试安装图及试验图

三轴磁传感器存储测试回读数据显示，Z 轴实测电压值 0.49 V，Y 轴实测电压值 0.14 V，X 轴实测电压值 0.29 V。磁传感器实验室静态标定磁传感器灵敏度为 1.38 T/V，因此，电压转化为磁场强度，Z 轴磁场强度为 6 800 Gs，Y 轴磁场强度为 4 100 Gs，X 轴磁场强度为 1 950 Gs。高斯计实测 Z 轴磁场强度为 6 600 Gs，如图 11 所示，实验误差为 3%。误差原因分析：由于传感器自身安装角度误差，造成磁通变化与高斯计有差别；此外，由于传感器与高斯计安装位置不会完全重叠，也会造成磁通量不同。结果表明，系统可正常测试存储三维磁场强度。由于安装位置原因，Z 轴磁通量最大，磁场强度最大可达 6 800 Gs，Y 轴磁场强度最小，三轴磁场特征信号均可有效采集记录，与高斯计实测值相差甚微，为电磁动态回收试验奠定基础。

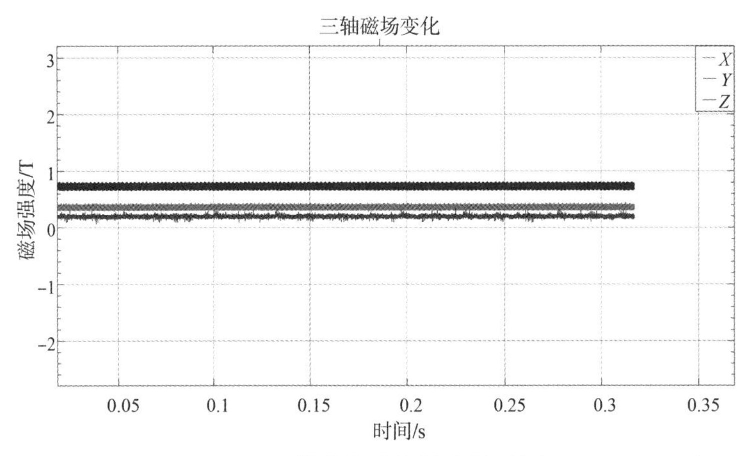

图 11　三轴磁传感器实测磁场强度

4　动态试验

为检验弹载存储系统加速度测试性能，开展某型攻坚弹侵彻试验，试验弹初始速度为 804.2 m/s，炮口距离靶板 40.5 m，侵彻 1.5 m 厚 C30 混凝土靶。采用水平发射方式，试验弹垂直侵彻靶板，实际测得试验弹从出炮口到侵彻靶板自由飞行的时间约为 50.4 ms，弹载存储系统生存完好，数据回收正常，可正确记录并回读。全弹道三维加速度曲线如图 12 所示。

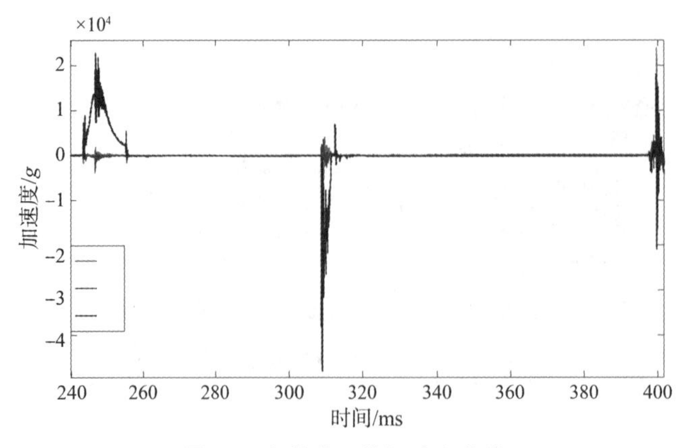

图 12　全弹道三维加速度曲线

弹体工作过程分为膛内加速、侵彻减速以及着地停止等，如图 12 所示。首先，三轴高 g 值加速度传感器检测到试验弹在膛内加速的过程中，Z 轴最大加速度可达 15 000g、Y 轴为 1 250g、X 轴为 1 336g；其次，侵彻过程中，Z 轴最大加速度可达 48 050g，脉宽 3.0 ms，Y 轴与 X 轴峰值分别为 3 455g 与 5 010g。最后，着地停止过程，X 轴峰值为 23 970g，Y 轴峰值为 21 070g，Z 轴峰值为 17 980g。各阶段加速度幅值与脉宽数据如表 2 所示。

表 2　各阶段加速度幅值与脉宽数据

试验参数		幅值/g	脉宽/ms
膛内发射曲线	X	−1 336	—
	Y	−1 250	—
	Z	15 000	12.9
侵彻过程曲线	X	−5 010	—
	Y	3 455	—
	Z	−48 050	3.0
回收过程曲线	X	23 970	0.5
	Y	−21 070	0.9
	Z	17 980	0.3

试验弹在膛内加速的过程中，X、Y、Z 轴的加速度存在较大的振动，分析产生振动的原因：①试验弹在膛内并非理想的直线运动，除了 Z 轴方向高加速度外，X、Y 轴方向也会受到较小的加速度作用，使得试验弹在膛内产生剧烈的振动；②存储测试模块的螺纹盖板未旋紧，电池保护壳体和电路板保护壳体产生剧烈振动。着地停止过程，X 轴峰值为 23 970g，分析是由于着地弹体姿态已经发生改变，所以 X 轴加速度较大。

弹载存储记录系统试验回读三轴加速度信号曲线，侵彻过载峰值可达 48 050g，如图 13 所示。在高冲击下，测试系统正常记录侵彻特征信号。通过波形特征和试验数据分析可知，本次弹载存储测试系统准确记录到了试验弹弹道的三维加速度曲线，试验结果与实际情况较为吻合。

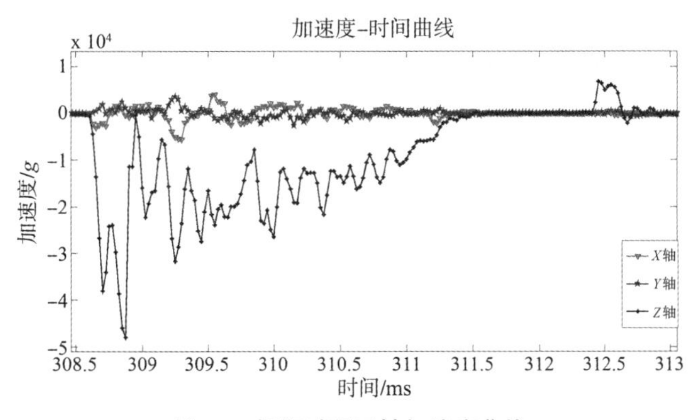

图 13　侵彻过程三轴加速度曲线

5 结论

本文开展复杂物理环境多信息存储测试系统设计与试验，提出多参数测试方法。首先，开展了三维加速度硬件设计，对压阻式加速度传感器输出信号调理，实现电压放大，同时，采用二阶低通滤波电路滤除振动产生的高频分量；其次，开展了三维磁场电路硬件设计，设计了三维磁传感器，实现磁信号向电信号的转化，并对电压信号二次放大；再次，开展了三维加速度测试和三维磁场测试软件设计，以过载信号作为触发，持续达到阈值时作为系统记录的起点，在硬件和软件上保证系统可靠作用，并采用低密度的 A、B 双组分微泡材料加压保温灌封以及增加 PTFE 垫片等缓冲材料提高系统抗高过载能力；最后，开展实验室静态磁场测试与靶场动态过载测试，静态磁场测试 Z 轴磁通量最大，磁场强度可达 0.8 T；动态靶场试验，测试系统在 48 000g 的高过载下，完整生存，存储功能正常，并准确反映过程特征信息，满足设计要求，为多物理参数测试提供参考。

参考文献

[1] 张合．引信与环境［J］．探测与控制学报，2019，41（01）：1-5.

[2] 徐鹏，祖静，范锦彪．高 g 值侵彻加速度测试及其相关技术研究进展［J］．兵工学报，2011，32（6）：739-744.

[3] 何丽灵，高进忠，陈小伟，等．弹体过载硬回收测量技术的实验探讨［J］．爆炸与冲击，2013，33（6）：608-611.

[4] Frabco R J，Platzbecker M R. Miniature penetrator（MINPEN）acceleration recorder development test Sandia national laboratories. Sand98-1172C.

[5] Rothacher T，Giger B. High g ballistic flight data recorder［C］//18th International Symposium on Ballistic. San Antonio，1999：379-386.

[6] 殷强，张合，李豪杰，等．考虑电枢与导轨实际接触状态的电磁轨道炮膛内磁场分析［J］．兵工学报，2019，40（03）：464-472.

[7] 文丰，任峰勇，王强．高冲击随弹测试固态记录器的设计与应用［J］．爆炸与冲击，2009，29（2）：221-224.

[8] 董力科．多层侵彻过载信号获取技术研究［D］．太原：中北大学，2013.

[9] 徐蓬朝，黄惠东，张龙山，等．垫片提高抗冲击能力的应力波衰减机理［J］．探测与控制学报，2012，34（5）：1-6.

[10] 张岳，石庚辰．侵彻硬目标识别技术中的机械滤波［J］．探测与控制学报，2010，32（5）：25-29.

引信作用可靠性的分层 Bayes 评估

刘刚

中国华阴兵器试验中心技术部三室，华阴 714200

摘　要：本文采用分层 Bayes 方法，对如何利用引信验前信息对引信可靠性进行评估，进行了有益的探讨，为科学合理评定引信特别是有改进情况的引信作用可靠性提供依据。

关键词：分层 Bayes；引信作用可靠性；继承因子

0　引言

作用可靠性作为引信性能的关键指标，一直是靶场关注的焦点。多年来，经典统计方法在鉴定试验中占据着主导地位，其主要优点是将试验风险控制在较低的水平。然而，经典方法的主要问题是样本量较多，试验费用较高，而 Bayes 方法可充分利用验前信息（尤其是设计定型前的试验数据），有效减少试验样本量，近年来受到越来越多的重视。

一般来说，研制方在方案阶段、初样机阶段、正样机阶段，都会对引信产品进行大量的验证、鉴定试验，对于靶场来说，以上都属于验前信息，可资利用。然而，考虑到引信研制期间，经常涉及产品参数特别是关键参数的调整、改进，改进前后产品的可靠性数据可能并非服从同一总体，因此，如果不加区分地等同对待，就有可能造成结论的不准确。

本文采用分层 Bayes 方法，对如何利用引信验前信息对引信可靠性进行评估，进行了有益的探讨，为科学合理评定引信作用可靠性提供依据。

1　引信可靠性的传统 Bayes 评估方法

对于引信这样的成败型产品，其可靠性服从二项分布，设引信可靠度 P 的先验密度为 $\pi(P)$，传统的 Bayes 方法采用的先验分布与后验分布为共轭分布，属于 β 分布，如下：

$$\pi(P)=\beta(P/a,b)=\frac{1}{B(a,b)}P^{a-1}(1-P)^{b-1}$$

式中，a、b 为先验分布超参数。

$$B(a,b)=\int_0^1 t^{a-1}(1-t)^{b-1}\mathrm{d}t$$

即可靠度 P 的先验分布为 $\beta(P/a,b)$。

如何对 a、b 进行取值，涉及先验信息的利用，对于 Bayes 评估非常重要。对于引信产品来说，有了先验分布，然后取得现场试验数据 (n,f)，n 为现场试验数，f 为失败数，就可

以得到可靠性 P 的后验分布为

$$\pi(P|f,n-f)=\frac{P^{(n-f+a-1)}(1-P)^{(b+f-1)}}{B(n-f+a,b+f)}$$

即可靠度 P 的后验分布为 $\beta(P/n-f+a,b+f)$。

令 $\int_0^{R_L}\frac{1}{B(n-f+a,f+b)}P^{n-f+a-1}(1-P)^{f+b-1}\mathrm{d}P=\alpha$，即可计算得出引信在 $1-\alpha$ 置信水平下的可靠度置信下限 R_L。

以上分析过程有充分的理论依据，方法成熟，计算方便，然而存在一个问题，即以上方法在验前分布的确定上，只考虑了产品的继承性，忽略了改进后产品的独特性，而具体到引信产品，实际上无论改进有多么微小，其可靠性不可避免存在变数，为试验评估带来不确定性。因此，采用混合 β 分布来体现产品可靠性的继承与变化性质，可能更为合理，以下将展开论述。

2 引信可靠性的分层 Bayes 评估方法

对于分层 Bayes 方法，引入符号 ρ，称之为继承因子，则对应于传统 Bayes 方法先验分布，混合先验分布变化为

$$\pi(P)=\rho\frac{1}{B(a,b)}P^{a-1}(1-P)^{b-1}+(1-\rho) \tag{1}$$

式中，$0\leqslant P\leqslant 1$，$0\leqslant\rho\leqslant 1$。

从式（1）可看出，ρ 意义明确，反映了改进后产品与改进前产品的相似程度，当 ρ 取值较小时，说明产品改进程度较大；相反，当 ρ 取值较大时，说明产品改进程度较小。ρ 的确定需要结合具体的产品实施，可由相关信息综合得出。

根据 Bayes 定理，采用混合先验分布时，引信可靠性后验分布表示为

$$\pi_\rho(P|f,n-f)=\frac{(1-\rho)P^{n-f}(1-P)^f+\rho\dfrac{P^{n-f+a-1}(1-P)^{f+b-1}}{B(a,b)}}{(1-\rho)B(n-f+1,f+1)+\rho\dfrac{B(n-f+a,f+b)}{B(a,b)}} \tag{2}$$

如 ρ 值已知，与传统 Bayes 方法类似，通过对上式积分，即可计算得到引信可靠度置信下限。然而在实践过程中，精确给出 ρ 的难度是相当大的，针对这一问题，可给出 ρ 的统计信息，如认为 ρ 是一个连续型随机变量，服从某种分布，而该分布的概率密度更容易得到，且由于 ρ 的随机性，可以预见，评估结果将更具鲁棒性。本文以均匀分布为例对分层 Bayes 方法进行阐述，则继承因子 ρ 密度函数为

$$\phi(\rho)=\begin{cases}\dfrac{1}{\rho_2-\rho_1}, & \rho_1\leqslant\rho\leqslant\rho_2,0\leqslant\rho\leqslant 1\\ 0, & 其他\end{cases} \tag{3}$$

式中，ρ_1、ρ_2 的取值由改进前后产品的可靠性信息和专家确定。

联立式（1）和式（2），得出可靠度 P 的联合验后密度函数表达式为

$$\pi(P|f,n-f)=\int_0^1\pi_\rho(P|f,n-f)\phi(\rho)\mathrm{d}\rho \tag{4}$$

此时，对式（4）进行积分，得到引信可靠性的置信下限 R_L：

$$\int_0^{R_L} \pi(P \mid f,\ n-f)\,\mathrm{d}P = \alpha$$

3 计算实例

假设某引信在设计定型前进行的可靠性试验数据为总样本量 100 发，瞎火 2 发，随后对该引信进行了一定改进设计，靶场可靠性试验数据为样本量 50 发，瞎火 1 发，则如何对引信可靠性进行评定呢？

不难算出，在 0.9 的置信度下，如采用经典统计方法，引信作用可靠度置信下限为 0.924 4；如采用传统 Bayes 方法，则引信作用可靠度置信下限为 0.975 6。显然，由于忽视了引信验前信息，经典统计方法结论偏于保守，而传统 Bayes 方法虽利用了验前信息，但无法考虑产品改进这一事实，因此结论偏于激进。

如采用本文中介绍的分层 Bayes 方法，假定 ρ 服从均匀分布 $U(0.2, 0.5)$，$\rho_1 = 0.2$，$\rho_2 = 0.5$，此时分层 Bayes 方法可靠度置信下限为 0.96，相对于经典统计方法和传统 Bayes 方法，结论更为合理。

本文中假定 ρ 服从均匀分布，然而，也可选择其他更为合理的分布形式，如具有合适形状参数的 β 分布，这样，本文介绍的方法就有更大的灵活性。

参考文献

[1] 茆诗松. 贝叶斯统计 [M]. 北京：中国统计出版社，1999.
[2] 张士峰，樊树江，张金槐. 成败型产品可靠性的 Bayes 评估 [J]. 兵工学报，2001，22（2）：238-240.
[3] 曹跃云，陈国兵. 基于 Bayes 小子样二项分布单元可靠性评定的仿真方法 [J]. 海军工程大学学报，2007，19（4）：59-62.
[4] 杨新莉，田玉斌. 一次性作用产品可靠度的 Bayes 置信下限 [J]. 北京理工大学学报，2002，22（5）：544-548.

无线电引信抗干扰试验方法研究

刘刚，陈众，王侠

中国华阴兵器试验中心，陕西华阴 714200

摘　要：本文针对无线电引信抗干扰性能试验的现状，分析了无线电引信面临的主要威胁，探讨引信抗干扰性能的评定准则，构建实验室试验方案，并对其中涉及的若干问题进行深入讨论，为考核引信真实抗干扰性能提供思路。

关键词：引信；抗干扰；试验方法

0　引言

当前，无线电引信战术技术指标中对引信抗干扰性能要求的典型描述为：遇同频段干扰机干扰时，正常近炸或转化为触发的通过率不小于×%。从这一指标可衍生出两个内涵：①要有同频干扰机，这对于工作频率较低的无线电引信，基本可以满足要求。但问题在于，引信工作频率存在越来越高的趋势，对干扰机频率要求非常高。②要有能够有效评价引信抵抗同频干扰机的试验方法，但是由于各种原因，国内尚无明确的评定方法和标准。

为解决无线电引信抗干扰存在的困境和矛盾，本文对无线电引信面临的威胁进行分析，并构建了一套实验室试验方案，对引信抗干扰性能进行评估。实践证明，该方法操作性强，有一定可行性。

1　引信抗干扰试验的相关讨论和计算

1.1　无线电引信干扰环境及机理

广义地说，凡是影响无线电引信正常工作的因素都属于干扰，干扰可分为内部干扰和外部干扰。内部干扰是指来自引信本身，主要是指引信工作过程中存在的内部噪声，如电源噪声或弹丸在飞行过程中振动、旋转、章动等过载引起的电路“畸变”，这些现象通常不可完全避免，严重时可引起引信早炸。外部干扰，顾名思义是指来自引信外部的干扰因素。外部干扰可进一步细分为环境干扰和人工干扰两种。环境干扰主要指引信工作过程中云、雨、雪、雷电、地海面杂波、工业辐射等背景因素。一般来说，环境干扰是杂乱无序的，没有特定的规律；而人工干扰具有很强的针对性，目的就是通过释放干扰使得引信完全或部分丧失作战能力。表 1 所示为引信人工干扰的分类。

表 1　引信人工干扰的分类

<table>
<tr><td rowspan="7">人工干扰</td><td rowspan="3">无源干扰</td><td>偶极子云</td></tr>
<tr><td>假目标</td></tr>
<tr><td>改变电介质性能</td></tr>
<tr><td rowspan="4">有源干扰</td><td>扫频干扰</td></tr>
<tr><td>阻塞式干扰</td></tr>
<tr><td>瞄准式干扰</td></tr>
<tr><td>回答式干扰</td></tr>
</table>

相比无源干扰，有源干扰对引信威胁更大，是目前抗干扰研究的主要对象，本文论述内容仅限于人工有源干扰。

1.1.1　人工有源干扰机理

人工有源干扰对无线电引信进行干扰必须满足：①事先侦测出引信的工作频率和信号特征；②产生相应的频率和特征的干扰信号，模拟真实目标的反射信号。只有同时具备以上条件，干扰机才有可能成功“欺骗”引信，获得干扰效果。

本文选取两种典型干扰模式对其干扰机理进行阐述。

扫频干扰：干扰机发射等幅或调制射频信号，其载波频率以一定的速率在较宽频段内按某种规律来回扫描。当干扰机发射频率变化到与引信工作频率接近时，引信自差收发机频率将被迫跳跃变化到干扰信号频率上，进入所谓的“牵引振荡”状态，干扰信号频率继续变化，引信工作频率随之变化。在此“牵引”过程中，引信自差收发机将输出一个脉冲信号，该信号通过引信低频电路推动执行级，就有可能使引信起爆。

回答式干扰：干扰机首先接收到引信工作信号，分析其载波频率，然后经放大、调制后作为模拟目标信号再发射出去。引信接收到干扰信号后，就有可能认为遭遇到真实目标，输出起爆信号，形成早炸。

1.1.2　无线电引信抗干扰准则

在敌我激烈对抗的现代战场上，释放干扰方力求干扰机效能发挥到最大，使对方无线电引信的作用效率降低到最低水平；同时，被干扰方则力求保持引信的战术技术性能，最大限度地发挥毁伤能力。从此观点出发，无线电引信的抗干扰准则可以用武器系统完成任务的效率显著下降到某一限定值时干扰的定量特性来评定。该定量特性，对有源干扰来说就是有源干扰的辐射功率。这是因为干扰机的质量、体积、价格等都和其功率大小有直接关系。也就是说，在一定距离上，为达到干扰无线电引信的某一成功概率，干扰机所需功率越大，引信抗干扰能力就越强；反之，在同等干扰机功率条件下，引信被干扰处所需功率越小，其抗干扰能力越弱。

1.2　引信抗干扰性能实验室试验方案的构建和计算

1.2.1　硬件组成及实施流程

图 1 所示为引信实验室抗干扰试验原理框图。

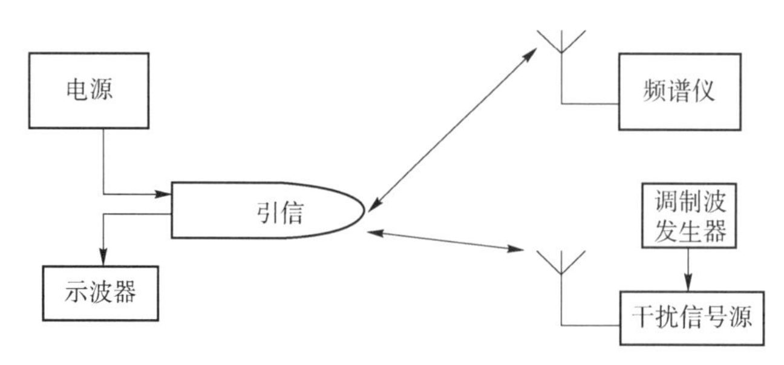

图 1　引信实验室抗干扰试验原理框图

实施过程：在微波暗室中，首先给引信的探测控制系统通电，使引信的信号处理电路处于工作状态，引信开始向空间辐射电磁波，这时和引信相距一定距离的频谱仪接收到引信工作信号，对引信的工作信号进行分析，取得其中的频率信息。根据频谱仪的分析结果，通过人工调节，把干扰信号源的载波频率调到对应的引信工作频率上，这时根据干扰模式的不同，可以通过调制波发生器对干扰信号进行适当的波形调制，调制完成后通过天线辐射出去，最后引信就能接收到含有该干扰特征的信号，示波器对引信输出信号进行监视。如果示波器显示出引信输出点火信号，则说明该干扰信号能够使引信产生非正常作用，干扰成功；反之，则说明引信能够有效抵抗干扰信号，具备抗干扰能力。

1.2.2　相关计算

在 1.1 节讨论内容的基础上，有下列问题值得考虑：

（1）如何确定干扰信号源功率？

①干扰信号源最大功率的计算。

在实际试验中，我们是利用功率谱密度等价的原则进行的。首先在实验室中，固定引信与干扰信号源的距离 R，则干扰信号源在引信处产生的功率谱密度表达式为

$$\Pi = \frac{P}{4\pi R^2} G \tag{1}$$

式中，Π为实验室条件下功率谱密度；P 为干扰信号源辐射功率；G 为干扰信号源天线增益。

与上式类似，实际干扰机在引信处的功率谱密度可表示为

$$\Pi_1 = \frac{P_1}{4\pi R_1^2} G_1 \tag{2}$$

式中，Π_1 为实际条件下功率谱密度；P_1 为干扰机辐射功率；G_1 为干扰机天线增益；R_1 为干扰机与引信之间距离。

令式（1）与式（2）相等，得到

$$P = P_1 \frac{G_1}{G} \frac{R^2}{R_1^2} \tag{3}$$

从式（3）可看出，干扰信号源功率与实际条件下干扰机与引信之间距离的平方成反比。如何选取实际条件下干扰机与引信之间距离呢？我们认为，可主要从实战角度考虑，其最小距离应接近可能使引信毁伤干扰机的距离。把最小干扰距离代入式（3），可算出对应的干扰信号源最大功率。

在实际应用中，还要考虑空气对干扰信号的衰减和损耗效应，尤其是毫米波段无线电信号损耗较大，可在以上公式中用损耗系数等方式反映出来。本文内容以米波引信为例，损耗效应较小，因此暂不考虑。

②干扰信号源最小功率的计算。

对于自差式无线电多普勒引信来说，按照电路分析理论，不管是目标反射回波还是干扰信号，其对引信的影响可认为是外来信号在引信天线回路中产生的附加阻抗，该电阻和电抗分量都会随着距离的变化而进行周期性变化，形成自差机的调制振荡，对其进行检波就可得到多普勒信号。如果干扰信号产生的调制振荡与真实目标类似时，就意味着干扰成功，可能使引信非正常工作。然而，为了防止噪声以及外部干扰的影响，无线电引信一般都需要一个阈值才能启动，称之为高频或低频灵敏度。与高低频灵敏度对应，我们可以计算出有可能使引信启动的最小干扰功率。

可得以下三个公式：

$$\sqrt{2\frac{PG}{4\pi R^2}}\frac{\lambda_0\sqrt{DR_\Sigma}}{\sqrt{\pi}}F(\varphi)=\Delta R_{\Sigma M}I_M \tag{4}$$

$$P_t=\frac{1}{2}I_M^2R_\Sigma \tag{5}$$

$$U_{\Omega M}\frac{R_\Sigma}{\Delta R_{\Sigma M}}=S_a \tag{6}$$

式中，P 为干扰信号源辐射功率；R 为干扰信号源与引信之间的距离；λ_0 为引信工作波长；D 为引信天线方向系数；R_Σ 为引信天线辐射阻抗；$F(\varphi)$ 为引信天线方向性函数；$\Delta R_{\Sigma M}$ 为干扰信号引起的引信阻抗变化电阻分量；I_M 为引信辐射电流振幅；P_t 为引信辐射功率；$U_{\Omega M}$ 为引信低频启动灵敏度；S_a 为引信高频灵敏度。

以上参数除干扰信号源辐射功率 P 外均为已知，因此联立式（4）~式（6）可算出可能使引信启动的最小干扰信号源功率。获得引信电路各具体参数后，代入以上三个方程，可解算得出最小干扰信号源功率。

实际操作中，干扰信号源的功率将被限定在最小和最大功率之间变化，加上适当的调制波形和时间参数，就可以模拟实际干扰机对引信的干扰情况。

（2）如何确定干扰模式?

实际上，目前无线电引信抗干扰的实验室方法与实际战场环境下引信可能遭遇到的干扰方式、技术有着较大区别，原因如下：一方面，在实战情况下，由于引信大都采用远距离接电机构，加上落速较大，这样使得留给敌方干扰装置的反应时间较短，而实验室条件下我们可以设定较长的干扰时间，这实际上是某种程度上的加严考核；另一方面，由于各国装备的引信干扰机参数属于高度机密，不可能针对这些干扰技术来考核引信的抗干扰能力，因此我们只能采用几种目前已知的主要干扰机模式，加上一些必要的计算和分析，进行实验室条件的模拟抗干扰试验。

目前的无线电引信电路都具有抵抗一般干扰信号的能力，对其威胁最大的还是扫频干扰和回答式干扰，在具体的实验室试验中，我们对这两种模式考虑较多。

（3）如何确定对试验结果进行评定?

当干扰功率和干扰模式确定之后，就可以进行实验室试验了。为了达到充分考核的目的，我们还设定干扰周期、循环次数，以大量的反复试验，检验引信抗干扰能力。在干扰信号作用下，检测引信工作情况，每发出一次启动信号，就记为干扰成功一次，最后统计引信被干扰率或通过率。

2 试验验证情况

本文介绍的实验室试验方法在某无线电引信上得到了应用。简要介绍如下：在实验室条件下，分别采用回答式和扫频式干扰模式实施干扰，观察引信启动信号。从试验结果看，引信抗干扰通过率是×%，说明该试验方法是切实可行的。

3 结论

随着高新技术在军事领域的广泛应用，未来战场的电磁环境势必更加复杂，从某种意义上说，未来战场上敌我常规武器毁伤与反毁伤之间的对抗就是引信之间的对抗，无线电引信的抗干扰能力越来越成为引信使命是否能够顺利完成的一项关键指标。但总的来说，目前引信抗干扰性能试验手段与未来战场电磁环境的复杂性相比还有一定差距，特别是真实性还不够，尚有许多问题需进一步深入研究。

参考文献

[1] 崔占忠，宋世和．近感引信原理［M］．北京：北京理工大学出版社，1998.
[2] 张玉铮．近炸引信设计原理［M］．北京：北京理工大学出版社，1996.
[3] 杨亦春．近程探测原理与应用［M］．南京：南京理工大学出版社，1998.

基于 BP 神经网络的引信长贮性能分析

刘社锋

技术部三室

摘　要：本文针对引信产品的长贮性能分析问题，提出可以基于 BP 神经网络理论建立长贮性能评估模型，在充分利用定期抽样试验结果的基础上，利用该模型预计其在以后任意年份点上的贮存可靠度，该方法可以为当前引信长贮性能分析提供参考。

关键词：引信；贮存；神经网络；模型

0　引言

长贮性能是引信产品的重要战技指标之一，对于此项指标的分析考核目前通常采取以下两种方法：一种是自然贮存试验法，该方法虽然真实性好，但试验周期长，不能前瞻性地了解产品性能；另一种是加速寿命试验法，该方法试验周期短，且能前瞻性地了解产品性能，但在真实性方面还有较大的缺陷。针对以上两种方法的不足，本文提出一种新的评估引信长贮性能的方法思路，该方法在较好地确保真实性的同时，大大缩短了试验周期，其主要思路是：对于某型引信，充分利用其在长贮期间短期内各时间点上的定期抽样试验结果，基于 BP 神经网络理论建立长贮性能评估模型，预计以后任意时间点上该引信的性能指标值。

1　模型建立及应用

1.1　BP 神经网络简介

近年来随着神经网络理论的飞速发展，神经网络技术在各科学领域得到越来越广泛的应用。神经网络类型各种各样，可以从不同的角度对生物神经系统进行不同层次的模拟，实现函数逼近、数据聚类、模式分类、优化计算等功能。BP 神经网络（误差反向传播神经网络）就是其中重要的类型之一，它是一种输入信号单向传播的多层前向网络，网络中的每个单元从前层所有单元接收到信号经加权阈值处理后输出到下一层的单元，并且通过终端输出与期望输出之间的误差信号反向传播来修正各连接权和阈值，具有很强的输入/输出映射能力，一旦网络学习训练完毕，就可以用来预计此类问题各种条件下的结果。

1.2 模型的建立

1.2.1 模型背景分析

引信作为一次性使用成败型产品，有着自己的特殊性，工作寿命很短而贮存寿命很长。引信产品从生产出厂到最后战场使用，一般要经过较长的贮存期，在贮存期内由于受到周围各种环境因素的影响，使其性能参数发生变化，从而导致整个系统的功能异常或可靠度降低。从以往的经验来看，贮存期的长短对引信的作用可靠度影响最大，而作用可靠度是引信产品最重要的指标要求之一，所以我们在分析引信的长贮性能时，主要研究引信在规定的贮存条件下，在贮存时间 t 启封使用时的作用可靠度，即引信贮存可靠度（R_t）。

引信产品在贮存期间需要定期进行抽样试验，以判断库存引信当时的质量状况。这样虽然可以实时了解长贮引信的性能参数，但这只限于当时的时间点上，对该引信产品再过若干年甚至数十年后的性能就无法得知了。对此，我们可以充分利用定期抽样试验结果，基于BP 神经网络理论，建立引信长贮性能评估模型，预计后面任意时间点上其贮存可靠度。

一个完整的引信长贮性能评估模型由两部分组成：一是“硬件设施”，即合理的模型结构；二是“软件设施”，即科学的模型算法。因为基于 BP 神经网络理论建立长贮性能评估模型时，考虑到隐含层层数、神经元数目、初始权值等因素，可以建立的模型多种多样，所以必须具体问题具体分析，在此我们以下面的具体问题为例来研究如何建立科学合理的模型，其他条件下模型的建立方法与其类似。假设某引信产品在贮存期间的 6 个时间点上进行了抽样试验，试验结果该引信在各时间点上的作用可靠度分别为 $R_i(i=1,2,\cdots,6$,表示贮存年份点)，基于 BP 神经网络理论，建立该引信长贮性能评估模型，如表 1 所示。

表 1　某引信贮存年份与作用可靠度对应关系表

贮存年份	1	2	3	4	5	6
作用可靠度	0.967 1	0.960 6	0.954 1	0.947 9	0.941 2	0.931 6

1.2.2 模型结构设计

首先，设计引信长贮性能评估模型的结构。

根据已知的抽样试验结果，可建立如表 2 所示的训练样本。

表 2　训练样本

序号	训练样本输入值					期望输出值
1	0.967 1（R_1）	0.960 6（R_2）	0.954 1（R_3）	0.947 9（R_4）	5	0.941 2（R_5）
2	0.967 1（R_1）	0.960 6（R_2）	0.954 1（R_3）	0.947 9（R_4）	6	0.931 6（R_6）
3	0.967 1（R_1）	0.960 6（R_2）	0.954 1（R_3）	0.941 2（R_5）	6	0.931 6（R_6）
4	0.967 1（R_1）	0.954 1（R_3）	0.947 9（R_4）	0.941 2（R_5）	6	0.931 6（R_6）
5	0.960 6（R_2）	0.954 1（R_3）	0.947 9（R_4）	0.941 2（R_5）	6	0.931 6（R_6）

在模型结构的设计过程中，考虑到具有一个对数型隐函数层和线性输出层的三层 BP 神经网络能够逼近任何有理函数，所以建立一个三层对数型函数的 BP 神经网络模型，再综合考虑训练样本、网络复杂程度、模拟精度等因素，隐含层神经元数目取 5 个，学习速率 η 取 0.8，

初始权值取-1~1 的随机数。由于我们总是希望经过尽可能短的试验周期就能够对后面的结果进行预计，对于模型来说就是通过尽可能少的训练样本经训练后就能预计同类问题其他条件下的结果，所以在此不考虑阈值。综上所述，建立的引信长贮性能评估模型结构如图 1 所示。

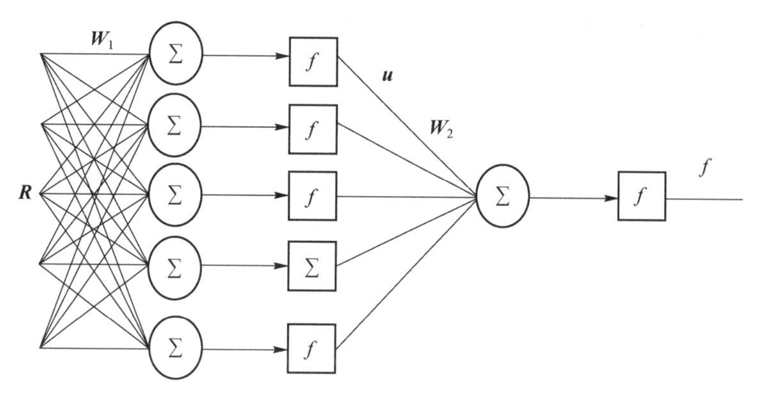

图 1　引信长贮性能评估模型结构图

输入信号： $\boldsymbol{R}=\begin{bmatrix} x_{11} & x_{21} & x_{31} & x_{41} & x_{51} \\ x_{12} & x_{22} & x_{32} & x_{42} & x_{52} \\ x_{13} & x_{23} & x_{33} & x_{43} & x_{53} \\ x_{14} & x_{24} & x_{34} & x_{44} & x_{54} \\ x_{15} & x_{25} & x_{35} & x_{45} & x_{55} \end{bmatrix}$

网络权矩阵：$\boldsymbol{W}_1=\begin{bmatrix} W_{11} & W_{12} & W_{13} & W_{14} & W_{15} \\ W_{21} & W_{22} & W_{23} & W_{24} & W_{25} \\ W_{31} & W_{32} & W_{33} & W_{34} & W_{35} \\ W_{41} & W_{42} & W_{43} & W_{44} & W_{45} \\ W_{51} & W_{52} & W_{53} & W_{54} & W_{55} \end{bmatrix}$

$\boldsymbol{W}_2=[w_1, w_2, w_3, w_4, w_5]$

中间输出： $\boldsymbol{u}=\begin{bmatrix} u_{11} & u_{21} & u_{31} & u_{41} & u_{51} \\ u_{12} & u_{22} & u_{32} & u_{42} & u_{52} \\ u_{13} & u_{23} & u_{33} & u_{43} & u_{53} \\ u_{14} & u_{24} & u_{34} & u_{44} & u_{54} \\ u_{15} & u_{25} & u_{35} & u_{45} & u_{55} \end{bmatrix}$

传递函数： $f(s)=\dfrac{1}{1+\exp(-s)}$

终端输出： $\boldsymbol{Q}=[Q_1, Q_2, Q_3, Q_4, Q_5]$

期望输出： $\boldsymbol{q}=[R_5, R_6, R_6, R_6, R_6]$

误差信号： $\boldsymbol{e}=[e_1, e_2, e_3, e_4, e_5]=\boldsymbol{q}-\boldsymbol{Q}$

误差能量： $E=\dfrac{1}{2}\sum_{i=1}^{5} e_i^2$

1.2.3　模型算法研究

前面我们建立了引信长贮性能评估模型结构，这只完成了工作的第一步，下面还需要一个合适的算法，将训练样本输入模型按照该算法进行若干次迭代计算训练，反复修正连接权值，使终端输出与期望输出尽可能接近。当其误差信号在可接受范围内时，连接权值确定，整个模型建立完毕。

下面研究模型的算法。在以上的引信长贮性能评估模型结构中，工作信号从前向后正向传递，可得

$$u_{ij}=f\left(\sum_{j=1}^{5}W_{ij}\cdot x_{ij}\right),\quad i,j=1,2,3,4,5$$

$$Q_i=f\left(\sum_{j=1}^{5}w_i\cdot u_{ij}\right),\quad i=1,2,3,4,5$$

误差信号从后向前反向传递，逐层修改连接权值，首先推导如何修正网络权矩阵 $\boldsymbol{W}_2$ 中的元素 $w_i(i=1,2,3,4,5)$。

在 BP 算法中权值的修正值与误差对权值的偏微分成正比，即

$$\Delta w_i=\eta\cdot\frac{\partial E}{\partial w_i}$$

式中，η 为学习速率。

而

$$\frac{\partial E}{\partial w_i}=\frac{\partial E}{\partial e_i}\cdot\frac{\partial e_i}{\partial Q_i}\cdot\frac{\partial Q_i}{\partial\left(\sum_{j=1}^{5}w_j\cdot u_{ij}\right)}\cdot\frac{\partial\left(\sum_{j=1}^{5}w_j\cdot u_{ij}\right)}{\partial w_j}=e_i\cdot(-1)\cdot f'\left(\sum_{j=1}^{5}w_j\cdot u_{ij}\right)\cdot u_{ij}$$

$$=-e_i\cdot u_{ij}\cdot f'\left(\sum_{j=1}^{5}w_j\cdot u_{ij}\right)=-e_i\cdot u_{ij}\cdot[Q_i\cdot(1-Q_i)]$$

可得

$$\Delta w_i=-\eta\cdot e_i\cdot u_{ij}\cdot[Q_i\cdot(1-Q_i)]$$

所以在下一次迭代时权值 $w_i(i=1,2,3,4,5)$ 修正为

$$w_i=w_i+\Delta w_i=w_i-\eta\cdot e_i\cdot u_{ij}\cdot[Q_i\cdot(1-Q_i)]$$

接着推导如何修正网络权矩阵 $\boldsymbol{W}_1$ 中的元素 $W_{ij}(i,j=1,2,3,4,5)$：

$$\frac{\partial E}{\partial W_{ij}}=\frac{\partial E}{\partial\left(\sum_{j=1}^{5}W_{ij}\cdot x_{ij}\right)}\cdot\frac{\partial\left(\sum_{j=1}^{5}W_{ij}\cdot x_{ij}\right)}{\partial(W_{ij})}=\frac{\partial E}{\partial\left(\sum_{j=1}^{5}W_{ij}\cdot x_{ij}\right)}\cdot x_{ij}$$

而

$$\frac{\partial E}{\partial\left(\sum_{j=1}^{5}W_{ij}\cdot x_{ij}\right)}=\frac{\partial E}{\partial u_{ij}}\cdot\frac{\partial u_{ij}}{\partial\left(\sum_{j=1}^{5}W_{ij}\cdot x_{ij}\right)}=\frac{\partial E}{\partial u_{ij}}\cdot f'\left(\sum_{j=1}^{5}W_{ij}\cdot x_{ij}\right)$$

$$=Q_i\cdot(1-Q_i)\cdot\frac{\partial E}{\partial u_{ij}}$$

其中，

$$\frac{\partial E}{\partial u_{ij}} = \sum_{i=1}^{5}\left(e_i \cdot \frac{\partial e_i}{\partial u_{ij}}\right) = \sum_{i=1}^{5}\left[e_i \cdot \frac{\partial e_i}{\partial\left(\sum_{j=1}^{5} w_j \cdot u_{ij}\right)} \cdot \frac{\partial\left(\sum_{j=1}^{5} w_j \cdot u_{ij}\right)}{\partial u_{ij}}\right]$$

$$= \sum_{i=1}^{5}\left\{e_i \cdot \left[-f'\left(\sum_{j=1}^{5} w_j \cdot u_{ij}\right)\right] \cdot w_j\right\}$$

$$= -\sum_{i=1}^{5}\left[e_i \cdot u_{ij} \cdot (1 - u_{ij}) \cdot w_j\right]$$

可得

$$\Delta W_{ij} = -\eta \cdot x_{ij} \cdot Q_i \cdot (1 - Q_i) \cdot \sum_{i=1}^{5}\left[e_i \cdot u_{ij} \cdot (1 - u_{ij}) \cdot w_j\right]$$

所以在下一次迭代时权值 $W_{ij}(i,j=1,2,3,4,5)$ 修正为

$$W_{ij} = W_{ij} + \Delta W_{ij} = W_{ij} - \eta \cdot x_{ij} \cdot \left[Q_i \cdot (1 - Q_i)\right] \cdot \sum_{i=1}^{5}\left[e_i \cdot u_{ij} \cdot (1 - u_{ij}) \cdot w_j\right]$$

可以利用以上算法对输入的训练样本进行多次迭代计算，通过权值的不断修正使模型实际输出更接近于期望输出，具体算法流程如图 2 所示。

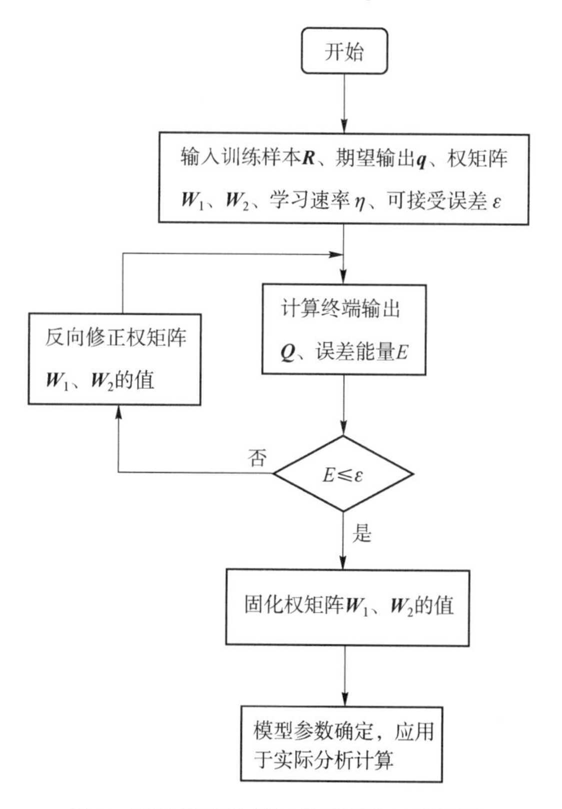

图 2　引信长贮性能评估模型算法流程图

1.3　模型实例应用

将表 2 中的训练样本输入模型，经若干次迭代计算反复修正连接权值，使模型的实际输

出与期望输出的误差能量在容许范围内（$E \leqslant 0.0001$），这时模型中的权矩阵参数确定，可以利用该模型推算出该引信产品在后面任意贮存年份点（j）上启封使用时的作用可靠度 R_j。将样本数据输入模型，计算结果如表 3 所示。

表 3　模型实例应用计算结果

序号	样本输入值					输出值
1	0.967 1（R_1）	0.960 6（R_2）	0.954 1（R_3）	0.947 9（R_4）	10	0.928 8（R_{10}）
2	0.960 6（R_2）	0.954 1（R_3）	0.947 9（R_4）	0.941 2（R_5）	10	0.928 5（R_{10}）
3	0.967 1（R_1）	0.954 1（R_3）	0.947 9（R_4）	0.941 2（R_5）	15	0.883 2（R_{15}）
4	0.954 1（R_3）	0.947 9（R_4）	0.941 2（R_5）	0.931 6（R_6）	15	0.883 4（R_{15}）

从模型的运行结果可以看出，利用模型可以推算出该引信产品在后面任意贮存年份点（j）上启封使用时的作用可靠度 R_j。并且从计算结果看，在不同的输入样本条件下求解的同一输出值之间的误差很小，这也在一定程度上从侧面证明了该模型的正确性与适用性。

2　结束语

本文针对现有的两种引信长贮性能考核方法中，自然贮存试验法周期长、加速寿命试验法真实性差等问题，提出一种新的方法思路，基于 BP 神经网络理论建立长贮性能评估模型，在充分利用近几年抽样试验结果的基础上，预计其在以后任意年份点上的贮存可靠度。该方法采用产品抽样试验结果确保了较好的真实性，利用模型预计大大缩短了试验周期，具有一定的可行性，其方法思路也对其他领域产品的长贮性能分析具有一定的参考价值。由于当前还缺少完整的引信产品贮存可靠度数据，该方法的具体实际验证还需进一步进行。

参考文献

[1] 李明伦．弹药贮存可靠性［M］．北京：清华大学出版社，1996.
[2] 张育贵．人工神经网络导论［M］．北京：中国水利水电出版社，2004.
[3] 陈祥光．人工神经网络技术及应用［M］．北京：中国电力出版社，2003.

引信贮存寿命试验方法探讨

刘社锋，陈维波，丁锋

试验技术部三室

摘　要：本文以无线电引信为例，探讨了一种引信贮存寿命预测试验方法。该方法在不改变引信失效机理的前提下，通过提高应力水平，在短时间内得到引信的失效数据，经过数字方法处理，预测出产品的贮存寿命，为当前引信贮存寿命的实际考核提供参考。

关键词：引信；贮存寿命；方法

0　引言

引信的贮存寿命是引信产品的重要战技指标之一，而此项指标的考核方法过去多采用自然贮存试验的方法，要等到若干年以后才能取得相应的试验数据，因此不能在产品研制和定型阶段及早发现问题、消灭不利于长期贮存的隐患。目前迫切需要一种试验方法，在产品研制和定型阶段，用较短的试验时间预测出产品的贮存寿命。本文探讨了一种加速寿命试验的方法，可以在短时间内考核引信产品的贮存寿命是否满足战技指标要求。不同种类引信的贮存寿命受各种条件的影响不同，本文以无线电引信为例，主要探讨无线电引信贮存寿命试验方法，依此类推，可以为其他类型引信的贮存寿命试验方法研究提供参考。

1　无线电引信贮存寿命试验方法

要想预测无线电引信的贮存寿命，可以通过一种试验使无线电引信在很短的时间内出现失效现象，得到无线电引信的失效数据，对失效数据应用数学方法进行处理，预测出无线电引信的贮存寿命。

当前加速寿命试验方法广泛应用于电子产品的工作寿命试验，而无线电引信产品有自己的特殊性，为一次性使用成败型产品，工作寿命很短而贮存寿命又很长，因此对其进行加速寿命试验不能采用一般的加速寿命试验方法，而应该针对产品的特性采用相应的试验方法，我们应该从以下几个方面加以考虑。

1.1　贮存易损件

无线电引信主要包括电子头部件、火工元件、电源部件、机械部件和塑料元器件等。在进行无线电引信加速寿命试验时，全面检测既很困难也没有必要。可以先通过摸底试验确定无线电引信中哪些部件是贮存易损件，这些部件也就是决定引信贮存寿命的关键件，正式试验时只需对关键件的失效分布规律、失效判据及失效检测方法进行关注。对于一般无线电引信，其电子头部件为贮存易损件。

1.2 影响贮存寿命的环境应力及应力水平

研究影响无线电引信贮存寿命的环境应力，是为了进行加速试验时加大这种应力，促使引信在较短的时间内失效，然后外推至正常应力条件下引信的贮存寿命。长期的实践经验表明，无线电引信在正常的贮存环境下，其影响因素主要是温度和相对湿度。由于引信的贮存环境分为密封状态和非密封状态，对于密封状态尤其是两极密封状态下的引信，相对湿度对其影响不大，主要是温度因素的影响。对于非密封状态的引信，要考虑温度和相对湿度两个因素的影响。所以，在确定应力类型时，首先要分析无线电引信的实际贮存状态，选择那些对产品性能变化影响较大的环境因素作为应力条件。对于密封条件下贮存的产品可选择温度作为应力条件，对于非密封条件下贮存的产品可选择温度和湿度作为应力条件进行加速寿命试验。

加速应力水平的选择是否合适，将直接关系到加速寿命试验的成败和效率。如果选择的应力水平过高，可能会改变产品的失效机理；应力水平过低，又会使试验时间太长，因而失去加速试验的意义。不同种类的引信，其失效模式不同，但对每种引信来说前提条件是不能改变其失效机理，自然贮存试验的失效机理与加速试验的失效机理基本相同。由于存在不能改变失效机理这一条件的制约，加速应力的提高受到了限制。在进行正式试验前，要找出不改变失效机理情况下的最高应力水平，作为制定加速寿命试验方案时选择应力水平的依据。低应力水平选择合理将缩短试验时间，大大提高试验效率。

在确定了最低应力水平 S_1 和最高应力水平 S_k 后，中间的应力水平 $S_2,\cdots,S_{k-1}$ 应适当分散，使得相邻应力水平的间隔比较合理，我们可以对 k 个应力水平 $S_1<S_2<\cdots<S_k$ 按等间隔取值。

1.3 试验中止条件

主要考虑到在这一应力水平下进行加速试验时被试验样品应该出现失效现象。

失效判据是判别产品是否失效的标准，无线电引信以其验收技术条件中所规定的试验项目和试验参数为判断引信是否失效的依据。可以根据具体引信试验应力和引信数量，选择定时或定数截尾试验方法，试验时间为所做加速寿命试验的总时间。对于定数截尾试验，当失效数大于样本量的$\frac{2}{3}$时即可停止试验；对于定时截尾试验加速寿命试验时间可根据产品的指标性能及摸底试验数据来确定。

1.4 数据处理方法

加速寿命试验是建立在一定物理化学基础上的，其随着需要加速的应力类型的不同，而有不同的物理化学模型。针对当前无线电引信的实际贮存状态大多都是密封条件，所以其加速寿命试验以温度作为加速应力变量，采用 Arrhenius 方程：

$$\eta=\Lambda e^{\lambda/KT} \tag{1}$$

式中，η 为寿命；T 为绝对温度；Λ 为常数；λ 为与激活能有关的参数；K 为玻耳兹曼常数。

从理论上讲，根据此方程可以描绘出其加速曲线，该加速曲线代表了加速寿命与加速应力变量之间的关系，借助它可以预测任何一级应力水平下的加速寿命，当然也就可以推出正常应力状态下的寿命。但是式（1）中的 A 值是未知的，对应于不同的引信产品，其对应的 A 值各不相同，在实际应用中可以采用以下办法巧妙地解决这个问题。

1.5 实际应用

在实际应用时，可以选取某一无线电引信作为基准引信进行加速寿命试验，通过对所得到的数据进行计算处理，得到该引信在各个应力水平下的贮存寿命，将此作为求其他无线电引信贮存寿命的基准，通过其他无线电引信与该引信在某应力水平下寿命的比值，可以方便地求出其他引信的贮存寿命。

我们先从狭义上引入加速系数 τ 这个概念。设某引信在标准状态应力水平 T_0 下的贮存寿命为 η_0，在某一应力水平 T 下的贮存寿命为 η，$\tau=\frac{\eta}{\eta_0}$称为该引信在某应力下的加速寿命系数。

$$\tau=\frac{\eta}{\eta_0}=\mathrm{e}^{\frac{\lambda}{K}\left(\frac{1}{T}-\frac{1}{T_0}\right)}$$

如果加速系数 τ 已知，就可以利用它预测另一种应力水平下的贮存寿命。

$$\eta=\eta_0\tau=\eta_0\mathrm{e}^{\frac{\lambda}{K}\left(\frac{1}{T}-\frac{1}{T_0}\right)}$$

下面我们将加速系数 τ 的概念进行推广，得到广义上的加速系数 τ'。设基准引信（与激活能有关的参数为 λ_0）在标准状态应力水平 T_0 下的贮存寿命为 η_0'，另外某无线电引信（与激活能有关的参数为 λ_1）在某一应力水平 T 下的贮存寿命为 η'，$\tau'=\frac{\eta'}{\eta_0'}$称为该引信相对于基准引信在某应力下的加速系数。

$$\tau'=\frac{\eta'}{\eta_0'}=\mathrm{e}^{\frac{1}{K}\left(\frac{\lambda_1}{T}-\frac{\lambda_0}{T_0}\right)}$$

则可得

$$\eta'=\eta_0'\tau'=\eta_0'\mathrm{e}^{\frac{1}{K}\left(\frac{\lambda_1}{T}-\frac{\lambda_0}{T_0}\right)}$$

这样一来，我们在实际工作中只要通过加速寿命试验测得基准无线电引信在各个应力水平下的贮存寿命，就可以利用加速系数 τ'很方便地算出其他某无线电引信的贮存寿命。

2 结束语

本文主要讨论了无线电引信贮存寿命预测试验方法，该试验方法及思路可以为其他类型引信贮存寿命试验方法的研究提供参考。

参考文献

[1] 茆诗松，王玲玲．加速寿命试验［M］．北京：科学出版社，1997.
[2] 戴树森，费鹤良．可靠性试验及其统计分析［M］．北京：国防工业出版社，1984.

杀爆弹近炸引信低炸高数据估算方法探讨

王侠，陈众

总体所

摘　要：本文针对近炸引信试验中低炸高测量困难的问题，从弹丸爆炸后地面形成的弹坑尺寸入手，得出一种推算近炸引信炸高的方法，并结合实例加以验证，以期提高试验数据采集率，降低试验消耗，具有较高的实用价值。

关键词：近炸引信；弹坑尺寸；炸高计算

0　引言

随着探测与控制技术的发展，及其在新体制引信中的应用，近炸引信控制炸高的能力越来越强。炸高控制能力已经成为近炸引信最关键的性能之一，决定了引信对一定目标作战时是否能完成既定作战任务，达到最佳作战效果。而近炸引信炸高控制能力最直接的反映就是对目标近炸时的炸高数据，故炸高测量在近炸引信性能鉴定试验中尤为重要。

目前，场区引信炸高的主要测量设备有 GD-341 炸点测量系统和高速录像系统。两套测量系统相比较，高速录像系统的测量精度较高，但视场较小，对于落点散布较大的弹药，其数据录取率较低，主要应用于低炸高引信的近炸性能试验；GD-341 炸点测量系统的视场较大，数据录取率高，适用于高炸高引信炸点测量，但对低炸高引信测量精度不够，由于作物遮挡等原因，也存在炸高无法判读的情况。在某型无线电近炸引信的设计定型试验中，近炸性能试验射击 75 发，测到 64 发炸高数据，其余几发由于被作物遮挡或者炸点不明显等原因无法准确判读其炸高。对于这部分引信，其到底是近炸作用还是触发作用，如果近炸作用，炸高是否在指标规定的范围内，若无法做出判断，将对该引信的性能评判带来一定的影响。针对这一问题，本文探讨利用杀爆弹丸爆炸时炸点与地面爆痕的空间几何关系对炸高进行估算的方法，较为准确地得到该部分引信的炸高，为产品性能判断提供依据。

1　引信炸高估算方法

引信对地近炸时，杀爆弹作用产生的冲击波和弹丸破片会在地面留下特有的痕迹，根据经验，当炸高不同时，形成的地面痕迹也将随之改变。通过对大量近炸引信弹坑形状的观察，可以判断：弹坑呈漏斗形时，引信为触发；弹坑呈草帽形时，引信为超低炸高近炸

（炸高一般在 0.1~0.4 m）；弹坑呈扇形时，引信为低炸高近炸；引信炸高较高时，地面无明显弹坑。本文主要探讨从扇形弹坑入手，估算低炸高近炸引信炸高的方法。

引信近炸时，头部机构基本沿原来方向飞行，在地面形成头部着点；侧向飞散破片则在地面形成扇形弹坑，其形状如图 1 所示。

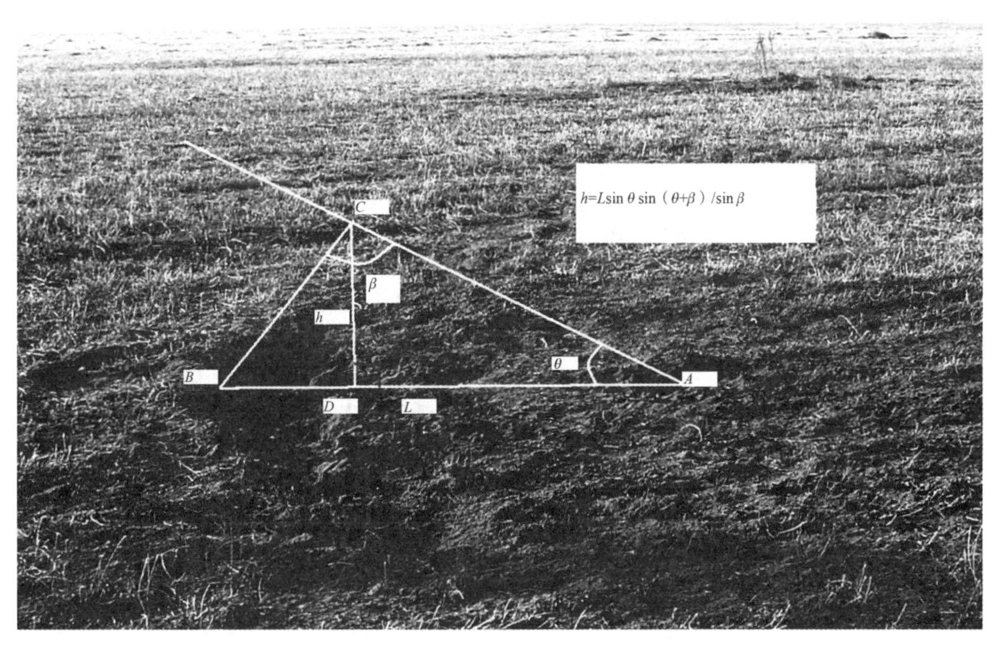

图 1　低炸高近炸引信地面弹坑形状

图 1 中 A 为头部着点，定义为爆痕中心；B 为弹丸爆炸后侧向飞散破片形成的扇形弧顶；C 为弹丸爆炸点。

弹坑尺寸的大小与弹丸种类、落速、落角和地面状况都有关系。现假设落点均为平整的可耕地地面，将图 1 简化为图 2。

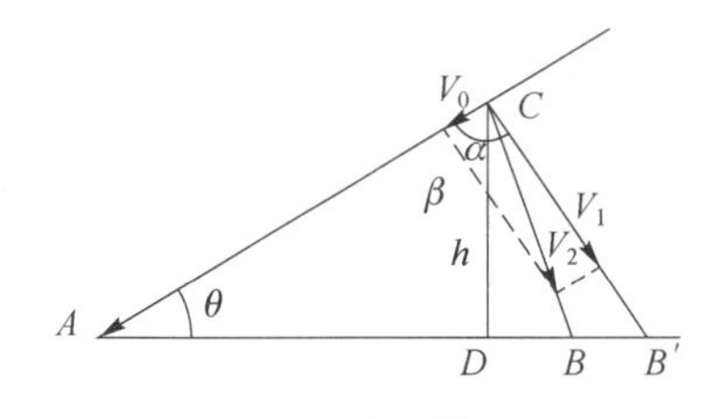

图 2　炸高计算原理

图 2 中头部着点和扇形弧顶的距离 AB，射击后可以直接测量得到；θ 为弹丸落角，V_0 为弹丸落速，θ、V_0可以由射表查得；V_1为弹丸静态爆炸破片飞散初速，α 为弹丸静态爆炸侧向破片飞散角，V_1和 α 可在弹丸静态爆炸试验中实际测试得到；V_2为弹丸动态破片飞散初速，β 为弹丸动态侧向破片飞散角，h 为引信炸高。

由正弦定理得到

$$AB/\sin\beta = CB/\sin\theta$$
$$CD = CB\sin\ (180° - \theta - \beta)$$
$$CB = CD/\sin(\theta + \beta) \tag{1}$$
$$AB/\sin\beta = CD/\sin(\theta + \beta)/\sin\theta$$
$$h = CD = AB\sin\theta\sin(\theta + \beta)/\sin\beta$$

由余弦定理得

$$V_2^2 = V_1^2 + V_0^2 - 2V_1V_0\cos(180° - \alpha)$$

弹丸动态破片飞散初速 V_2 为

$$V_2 = \sqrt{V_1^2 + V_0^2 + 2V_1V_0\cos\alpha} \tag{2}$$

再由正弦定理得到

$$V_1/\sin\beta = V_2/\sin(180° - \alpha)$$
$$\sin\beta = V_1\sin\alpha/V_2$$

弹丸动态侧向破片飞散角 β 为

$$\beta = \arcsin(V_1\sin\alpha/V_2) \tag{3}$$

联立式（1）~式（3）可得引信炸高公式。令 $AB=L$，则

$$h = \frac{L\sin\theta\sin[\theta + \arcsin(V_1\sin\alpha/\sqrt{V_1^2 + V_0^2 + 2V_1V_0\cos\alpha})]}{V_1\sin\alpha/\sqrt{V_1^2 + V_0^2 + 2V_1V_0\cos\alpha}}$$

2 误差分析

对上述引信炸高计算方法加以分析，可能有来自以下几个方面的误差：

（1）在同样的射击条件下，由于装药、弹丸质量和气象等的细微差别，弹丸的落速和落角存在一定的散布，而该方法中落速落角由射表查得，在同一射击条件下默认为一致。

（2）弹丸的静态爆炸破片飞散初速和静态侧向飞散方向角也默认为一致，而每发弹丸都存在微小的差别，所以会造成一定的误差。

（3）由于每发弹着点不同，地面状况不一样，可能同样的威力下留下的弹坑尺寸却不一样，试验时要尽量使一组射弹落弹区域基本一致。

（4）L 测量的准确性。

其中，对炸高估算影响最大的是头部着点和爆痕扇形弧顶的距离 L 的测量，因为炸高较低时弹丸爆炸威力对地冲击强烈，冲击范围大，头部着点和爆痕表征不明显，易误判。

3 估算数据修正

由于上述原因的存在，使估算值与真实值之间有一定的误差，必须对估算值进行修正。利用同组中已测得的炸高数据与其对应的估算值，可以求得平均估算误差，用该值对未测到炸高的估算值进行修正，就可得到较为准确的估算结果，使其更加接近炸高的真实值。同时，还可以用估算炸高与该组最大估算误差来判定该发引信炸高是否在指标的范围之内。

以某型近炸引信为例，由于该引信炸高较低，我们用高速录像系统进行炸高测量，并对未进入视场的引信炸高进行动态估算。某型引信适配性试验炸高数据如表 1 所示。

表 1 某型引信适配性试验炸高数据

射击条件	序号	弹坑尺寸/m	炸高估算值/m	炸高实测值/m	估算误差/m
全装药 20°落角	1	3.45	1.2	未测到	—
	2	3.73	1.3	0.8	0.5
	3	3.38	1.2	0.5	0.7
	4	3.62	1.2	0.7	0.5
	5	3.57	1.2	0.6	0.6
	6	3.80	1.3	0.9	0.4
	7	3.54	1.2	0.6	0.6
	平均值		1.23	0.68	0.55
全装药 35°落角	1	2.25	1.2	0.9	0.3
	2	2.13	1.1	0.8	0.3
	3	2.36	1.2	1.0	0.2
	4	2.54	1.3	1.2	0.1
	5	2.46	1.3	1.1	0.2
	6	3.00	1.6	1.3	0.3
	7	2.18	1.1	未测到	—
	平均值		1.26	1.05	0.23
全装药 45°落角	1	2.30	1.4	未测到	—
	2	2.26	1.3	1.2	0.1
	3	2.20	1.3	1.2	0.1
	4	2.30	1.4	1.3	0.1
	5	2.10	1.2	1.1	0.1
	6	2.00	1.2	1.0	0.2
	7	2.05	1.2	1.1	0.1
	平均值		1.29	1.15	0.12
全装药 55°落角	1	1.65	1.0	1.4	0.4
	2	1.56	0.9	1.3	0.4
	3	1.70	1.0	1.5	0.5
	4	1.55	0.9	1.3	0.4
	5	1.75	1.1	1.6	0.5
	6	1.80	1.1	1.6	0.5
	7	1.65	1.0	1.5	0.5
	平均值		1.00	1.46	0.46
全装药 75°落角	1	1.55	0.7	未测到	—
	2	1.35	0.4	1.8	1.4
	3	2.05	1.3	1.6	0.3
	4	1.90	1.1	1.6	0.5
	5	1.50	0.7	1.8	1.1
	6	1.70	0.9	1.7	0.8
	7	1.60	1.3	1.5	0.2
	平均值		0.95	1.67	0.72

不同射击条件下的平均炸高估算误差如图 3 所示。

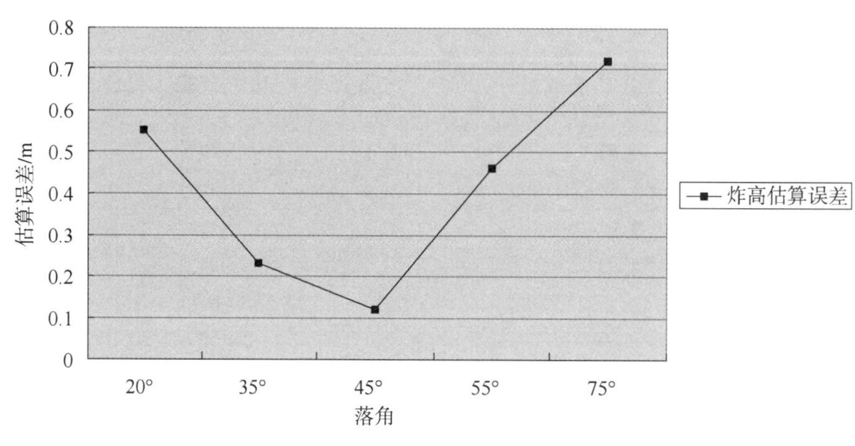

图 3　平均炸高估算误差

从图 3 中可以看出，落角小于 45°时，估算误差随着落角的增加而减小；落角大于 45°时，估算误差随落角的增加而增加。经分析得出，之所以呈现上述规律，是因为小落角时，头部着点受弹丸章动、爆炸冲击等因素的影响与理论头部着点偏差较大；落角过大时，爆炸破片与冲击波形成的爆痕范围大且不明显，导致测量误差增加。

另外，对表 1 数据进行分析，得出当落角在 20°~55°时，炸高估算值与实测值之间存在对应关系，其误差相对一致，能够用平均误差对未测到炸高的估算值进行修正。以 45°落角时的炸高数据为例作图，如图 4 所示。

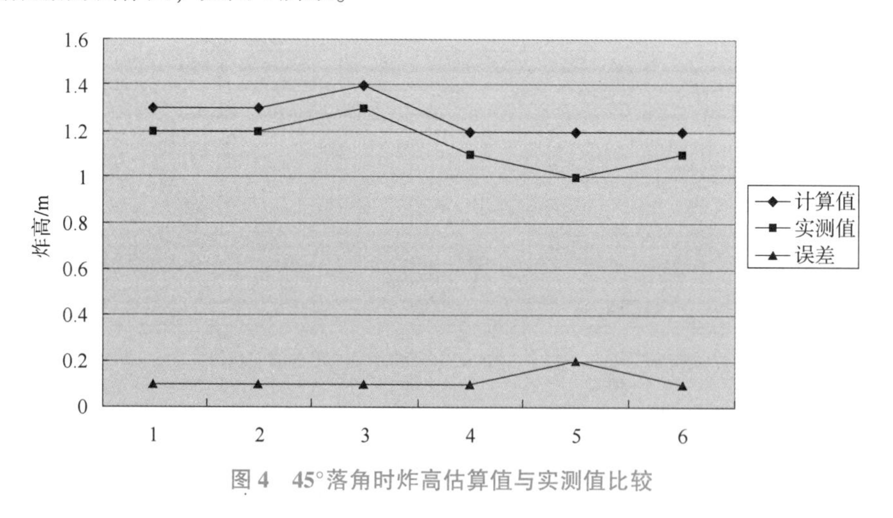

图 4　45°落角时炸高估算值与实测值比较

在落角为 20°~55°时，修正后的炸高估算值与实测值之间的误差≤0. 15 m，能够对漏测炸高做出正确的判断。

当落角为 75°时，弹丸爆炸时形成的弹痕扇形弧顶位置不好判断，L 测量误差较大且不趋于一致，计算值与实测值之间的误差也不趋于一致，如图 5 所示，无法对未测到炸高的估算数据进行修正。

由此可以看出，此方法不适用于落角大于 75°条件下的炸高估算，例如迫击炮弹以 70°以上射角射击时。

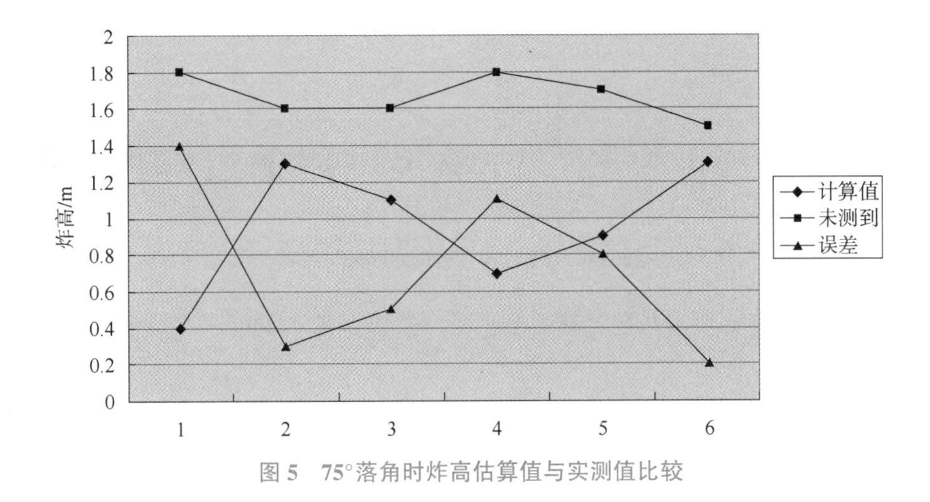

图 5　75°落角时炸高估算值与实测值比较

4　结束语

利用动态炸高估算方法作为 GD-341 炸点测量系统和高速录像两套炸高测量设备的补充，能为近炸引信的近炸性能评定提供参考依据，从而提高试验效率，降低试验消耗，易于操作，具有较高的实用价值。

基于 Bootstrap 的 Elman 神经网络的近炸失效研究

赵新，纪永祥，刘社锋

中国华阴兵器试验中心，陕西华阴 714200

摘　要：本文针对某型引信在试验中存在引信近炸功能失效的现象，提出利用 Bootstrap 方法对试验数据进行重采样提升样本量，获取规律性数据，并利用反向传播神经网络，建立引信近炸失效学习模型，通过对模型的训练，获得较为准确的模型，将测试数据代入模型中，对其准确程度进行验证，确保模型的准确度，为后续该引信近炸功能失效的薄弱条件分析提供模型支撑，并对其他引信的分析提供借鉴。

关键词：Bootstrap；Elman 神经网络；引信；近炸功能失效

0　引言

引信作为弹药的启动装置，对弹药的准确打击、有效命中起到至关重要的作用。新技术条件下，引信的种类和功能不断扩展，为弹药完成各种战术使命提供技术支撑。对近炸引信而言，引信的近炸功能是该引信的核心能力，也是弹药毁伤威力的体现。在某型引信近炸功能试验时，共射击 478 发，近炸功能失效 19 发。虽然近炸功能满足使用要求，但是本着对产品负责、对部队负责的目的，本文提出了对该型引信近炸功能失效进行 Bootstrap Elman 神经网络建模，模拟该引信的射击薄弱环节，为后期部队使用避免在薄弱环节处射击提供技术支撑；同时，为后续其他引信近炸功能试验提供模型方法借鉴[1,2]。

神经网络是一种通过模仿生物的神经网络结构和功能的数学模型，也是一种自适应的计算模型。它通过感知外部信息的变化来改变系统的内部结构，调整相关参数使其满足某种规律。神经网络由许多神经元组成，神经元之间相互联系构成信息处理的庞大网络。假设做一件事情有多种途径，那么神经网络会告知设计者哪一种途径是最佳方式。神经网络的优势在于它是一个能够通过现有数据进行自我学习、总结、归纳，推理产生一个智能识别系统[3-6]。本文利用 Elman 神经网络有监督学习的特点，通过不断计算从样本中学习选择特征参数，对分类器建立判别函数，将被识别的样本进行分类。同时，利用 Bootstrap 方法对试验数据进行重采样[7-9]，产生多组试验数据，展现试验数据的相关特性，为 Elman 神经网络提供更为有效的先验数据，对后验数据进行更为准确的识别分类[10]。

1　Bootstrap 基本理论

Bootstrap 是美国斯坦福大学 Bradle Efron 教授在 1979 年提出的一种精准确定估计值的方

法。其基本思想是根据获得的原始样本复制观测信息，不需进行分布假设或增加新的样本信息，对总体分布特性进行统计推断的一种统计方法。数学描述如下所示[11]：

设 $x=(x_1,\cdots,x_n)$ 是来自分布 F 的一组独立同分布数据，分布 F 的均值为 μ，方差为 σ^2。由均值 $\bar{x}$ 服从分布 $\bar{x}\sim\left(\mu,\dfrac{\sigma^2}{n}\right)$，可知均值的标准差为 $se_F(\bar{x})=\sqrt{\dfrac{\sigma^2}{n}}$。令 F^* 是 F 的一个抽样放回样本组，其中，$x^*=(x_1^*,\cdots,x_n^*)$ 是来自分布 F^* 的一组独立同分布数据，则 $se_F(\bar{x})\approx se_{F^*}(\bar{x}^*)$ 称为 F 的 Bootstrap 估计[12]。

当分布 F 的表达参数无法获知时，不对其进行任何参数假设，直接对其观测数据进行有放回的重抽样，获取一组样本 $\hat{F}$，称该过程为非参数 Bootstrap 估计。数学表示过程为：

（1）先从样本 $(x_1,\cdots,x_n)$ 中抽取容量为 n 的样本 $(\hat{X}_1^1,\cdots,\hat{X}_n^1)$。将样本放回 $(x_1,\cdots,x_n)$ 后再次抽取容量为 n 的样本，重复抽样 m 次，共抽取 m 组样本。

（2）由 $\hat{\theta}_b=T(\hat{X}_n^b)$，$b=1,\cdots,m$，其中，$\hat{\theta}_b$ 是标准差 $\hat{\theta}$ 的 Bootstrap 估计，获取 $(\hat{\theta}_1,\cdots,\hat{\theta}_m)$ 为总体的独立样本。

（3）用上述产生的 m 组 Bootstrap 统计量 $(\hat{\theta}_1,\cdots,\hat{\theta}_m)$，可根据统计获取未知参数 θ 的分布及相关特征值。

2 Elman 神经网络

Elman 神经网络是由 Jeffrey L. Elman 于 1990 年提出的反馈型神经网络。Elman 神经网络主要结构和前馈型神经网络类似，包括输入层、隐藏层以及输出层，不同点在于其在传统的隐藏层基础上增加了一个特殊的隐藏层，一般称为承接层或关联层。承接层从隐藏层中接收反馈信号，每一个隐藏层的神经元都对应一个承接层的神经元节点。关联层的作用是通过联想记忆将上一时刻隐藏层状态以及当前时刻的网络输入一起作为当前隐藏层的输入，类似于状态反馈的机制。对于 Elman 神经网络而言，隐藏层的传递函数为 Sigmoid 函数；承接层和输出层均为线性函数。一个简单的 Elman 神经网络结构如图 1 所示，Elman 神经网络的特点是隐藏层的输出通过承接层的存储并自动关联到隐藏层的输入，这种连接方式会使得模型对历史状态的数据比较敏感，而内部承接层的加入也增加了 Elman 神经网络的动态处理能力[13]。

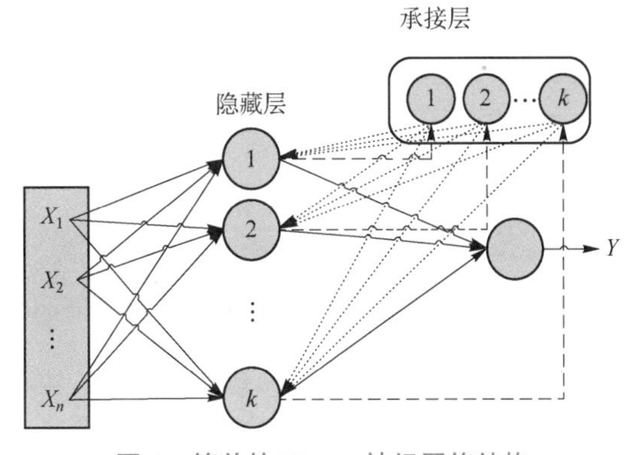

图 1　简单的 Elman 神经网络结构

Elman 神经网络的训练过程：首先初始化各网络层的权值，然后将样本传入输入层并计算输出层输出，再将输入层的输出和承接层的输出传入隐藏层并计算隐藏层的输入，将隐藏层的输出同时传输到输出层和承接层。传递到输出层计算误差，然后反向传播调整权值；而传递到承接层则作为下一次隐藏层的输入。

Elman 神经网络的输入层向量为 n 维的 $\boldsymbol{X}$，即 $\boldsymbol{X}=[x_1,x_2,x_3,\cdots,x_n]^{\mathrm{T}}$；输出层向量为 m 维 $\boldsymbol{Y}$，即 $\boldsymbol{Y}=[y_1,y_2,y_3,\cdots,y_m]^{\mathrm{T}}$；隐藏层的输出向量为 k 维的 $\boldsymbol{U}$，即 $\boldsymbol{U}=[u_1,u_2,u_3,\cdots,u_k]^{\mathrm{T}}$；承接层的输出向量也是 k 维的 $\boldsymbol{U}_{\mathrm{c}}$，即 $\boldsymbol{U}_{\mathrm{c}}=[u_{\mathrm{c}1},u_{\mathrm{c}2},u_{\mathrm{c}3},\cdots,u_{\mathrm{c}k}]^{\mathrm{T}}$；隐藏层到输出层的权值为 $\boldsymbol{w}_1$，输入层到隐藏层的权值为 $\boldsymbol{w}^2$，承接层到隐藏层的权值为 $\boldsymbol{w}^3$；f 表示承接层的激活函数，为 Sigmoid函数，g 表示输出层神经元的激活函数，h 表示隐藏层神经元的激活函数；t 表示神经网络所在的不同时刻；Output 表示某一层的输出，用 a 表示输入层，用 b 表示承接层。

针对输出层，存在 $\boldsymbol{y}(t+1)=g[\mathrm{Output}_m(t+1)]$，而对于 $\mathrm{Output}_m(t+1)$，则计算公式如下：

$$\mathrm{Output}_m(t+1)=\sum w^1(t+1)u_k(t+1)$$

针对隐藏层，存在 $u_k(t+1)=f[\mathrm{Output}_k(t+1)]$，而 $\mathrm{Output}_k(t+1)=\sum w^i(t)v_i(t)$，其中，

$$w^i(t)=\begin{cases}w^2, & i\in a\\ w^3, & i\in b\end{cases}$$

同理，

$$v_i(t)=\begin{cases}x_n(t), & i\in a\\ u_{\mathrm{c}n}(t), & i\in b\end{cases}$$

针对承接层，$\mathrm{Output}_n(t)=\sum\limits_{i\in a\cup b} w^i(t-1)v_i(t-1)$，而 $u_{\mathrm{c}}(t)=h[\mathrm{Output}_n(t)]$，按照上述过程迭代推理即可。需要说明的是，定义的目标函数可以为如下公式：

$$E=\sum_{k=1}^{T}(y_k-y'_k)^2$$

式中，y_k 是 Elman 神经网络的实际输出；y'_k 表示期望模型的输出。

3 建立训练模型

3.1 Bootsrap Elman 神经网络

通过 Bootstrap 重抽样方法，对试验数据进行抽样，增大整体样本量数量，并将其代入 Elman 神经网络流程中，获得 Bootstrap Elman 神经网络流程，如图 2 所示。

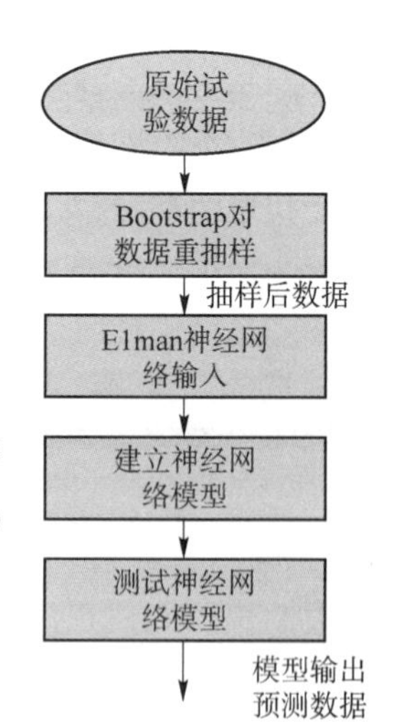

图 2 Bootstrap Elman 神经网络流程

3.2 采样数据

本文对试验中近炸数据特征条件进行采集，通过弹药种类、装药号、弹丸温度、射角、落角、攻击目标、近炸类型和作用情况，对数据分类，整合完成如表 1 所示数据集。

表 1　近炸性能试验情况

弹种	射弹数/发	装药/#	温度/℃	射角/(°)	落角/(°)	炸高		攻击目标	近炸失效/发	
						高炸高/发	低炸高/发		高炸高	低炸高
82 mm 远程杀爆弹	10	0	15	45	46	5	5	可耕地		
	10	4	15	70	75	5	5	可耕地		
	10	6	15	58	66	10		可耕地		
82 mm 预制破片弹	11	4	15	55	61	5	5	可耕地	1	
	21	6	15	45	55	11	9	可耕地		1
	11	6	15	58	66	5	5	可耕地	1	
	11	3	15	75	77	6	5	可耕地		
	11	6	60	45	55	6	5	水面		
	12	4	25	60	66	6	6	沙漠		
	11	2	-40	75	77	5	6	可耕地		
	11	5	15	83	85	4	4	可耕地	2	1
	12	0	25	70	71	7	3	树冠		2
	10	6	15	45	55	5	5	可耕地		
	12	5	25	37	40	4	3	斜坡	3	2
	10	0	25	80	80	4	5	高原	1	
	10	3	25	70	73	4	5	高原	1	
120 mm 迫击炮	12	1	-40	80	80.5	6	6	可耕地		
	12	3	15	65	68	7	4	可耕地		
	12	8	60	44	54	5	5	可耕地	2	
	10	5	15	75	77.5	5	5	可耕地		
	10	全	15	45	55	5	5	可耕地		
	10	全	15	44	54	5	5	可耕地		
	11	全	15	80	82.1	6	5	可耕地	1	
120 mm 预制破片弹	11	全	60	44	54	5	4	可耕地		
	11	2	-40	35	38	6	4	可耕地	1	1
	12	全	-40	70	74	5	5	可耕地	1	1
	11	3	15	60	63	5	5	可耕地	1	
	10	全	15	65	70	5	5	可耕地		
	12	6	15	35	42	6	5	水面	1	
	11	1	15	80	82	6	5	可耕地		
	11	3	15	45	56	5	5	可耕地	1	

续表

弹种	射弹数/发	装药/#	温度/℃	射角/(°)	落角/(°)	炸高		攻击目标	近炸失效/发	
						高炸高/发	低炸高/发		高炸高	低炸高
82 mm 钢珠弹	10	0	-40	74	75	5	5	可耕地		
	11	6	15	60	72	4	5	可耕地	2	
	11	6	60	70	78	6	5	可耕地		
	11	4	-40	50	62	6	5	可耕地		
	11	2	15	45	55	6	5	水面		
	11	2	15	65	71	6	5	可耕地		
	11	4	15	45	58	4	4	可耕地	2	1
82 mm 杀爆燃弹	10	5	15	55	67	5	5	可耕地		
	10	0	-40	74	75	4	5	可耕地	1	
	11	0	60	45	49	5	4	可耕地	1	1
	11	3	-40	50	61	4	5	可耕地	2	
	11	5	15	70	77	6	4	水面		

3.3 模型建立

对采集的试验数据进行简单的处理，将每发弹的射击情况作为单独的输入元素，建立478发的网格数据。通过将数据元素分割为训练数据、测试数据和预测数据，以弹种、装药、温度、射角、落角、炸高和攻击目标等7种条件作为输入，是否近炸功能失效作为输出。Elman 神经网络模型如图3所示。

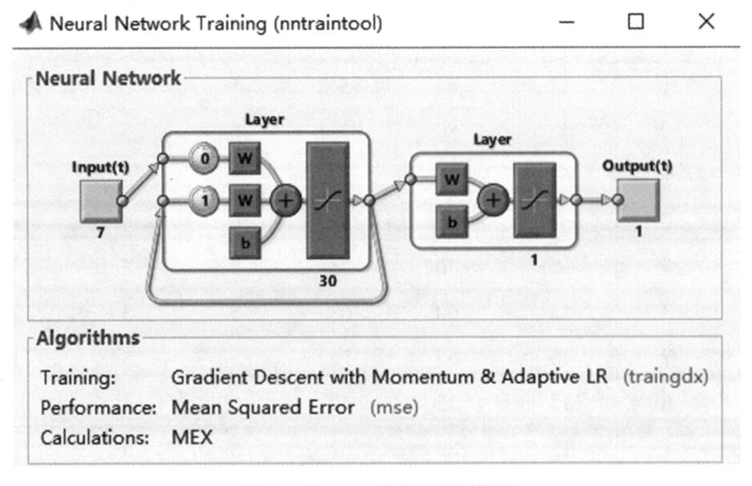

图3 Elman 神经网络模型

4 试验对比

以 350 发近炸数据作为训练量，50 发近炸数据作为测试量，78 发近炸数据作为预测量。分别用 Elman 神经网络和 Bootstrap Elman 神经网络处理、训练数据，试验情况如图 4 所示。

Progress

Epoch:	0	10000 iterations	10000
Time:		0:00:16	
Performance:	3.38	0.224	0.00010000
Gradient:	1.97	0.0594	1.00e-0505
Validation Checks:	0	0	6

（a）

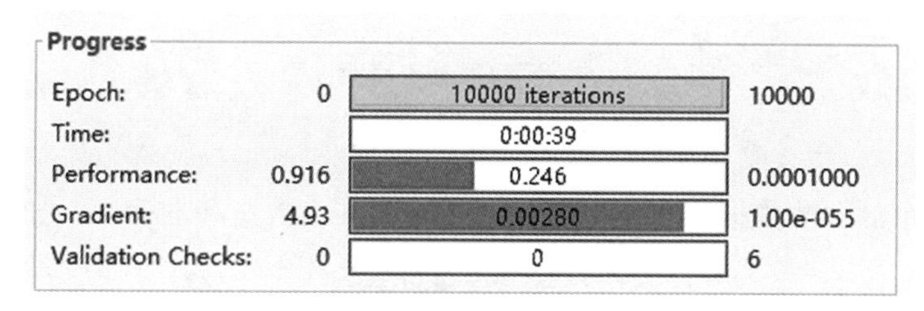

（b）

图 4　试验情况对比

（a）Elman 神经网络试验情况；（b）Bootstrap Elman 神经网络试验情况

试验预测数据的准确度对比情况如图 5 所示。

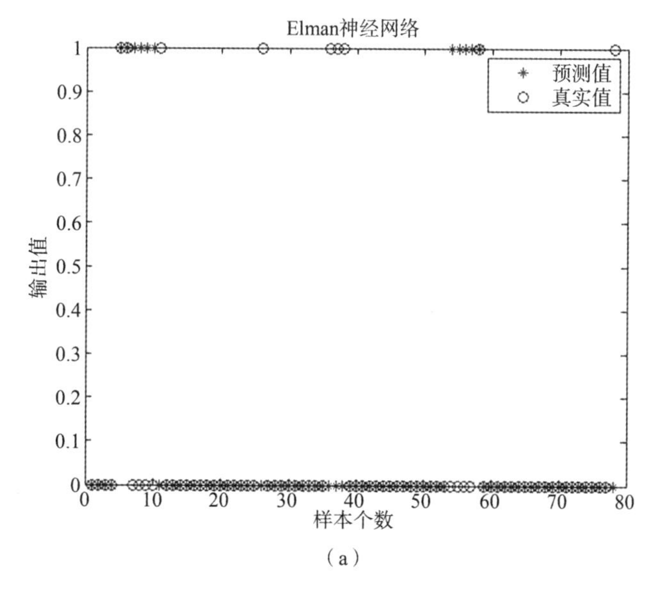

（a）

图 5　试验预测数据准确度对比

（a）Elman 神经网络预测数据准确度

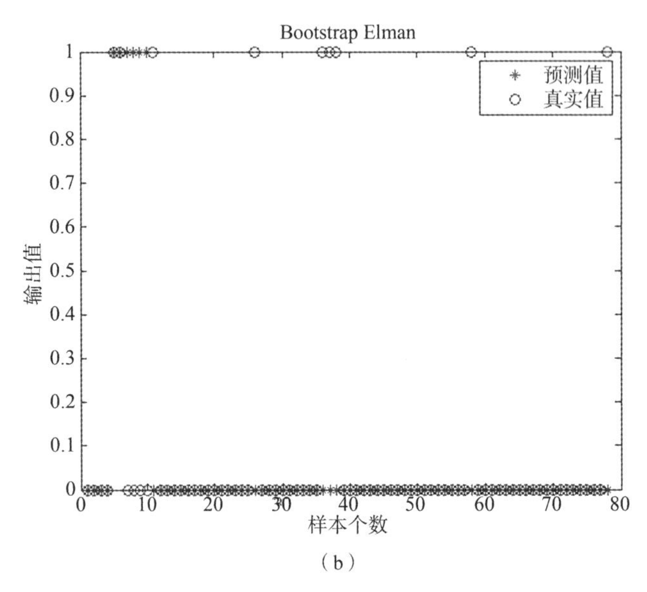

（b）

图 5　试验预测数据准确度对比（续）

（b）Bootstrap Elman 神经网络预测数据准确度

根据图 5 所示的预测数据集和预测值，计算预测准确数量和准确率，如表 2 所示。

表 2　准确数量和准确率

试验方法	准确数量	准确率/%
Elman 神经网络	64	82. 05
Bootstrap Elman 神经网络	67	85. 90

具体近炸失效情况预测数据集和预测值对比如表 3 所示。

表 3　近炸失效情况预测数据集和预测值对比

序号	近炸失效情况																									
	1	2	3	4	5	6	7	8	9	10	11	12	13	14	15	16	17	18	19	20	21	22	23	24	25	26
真值	0	0	0	0	1	1	0	0	0	0	1	0	0	0	0	0	0	0	0	0	0	0	0	0	0	1
Elman 预测	0	0	0	0	1	1	1	1	1	1	0	0	0	0	0	0	0	0	0	0	0	0	0	0	0	0
Bootstrap Elman 预测	0	0	0	0	1	1	1	1	1	1	0	0	0	0	0	0	0	0	0	0	0	0	0	0	0	0

续表

序号	27	28	29	30	31	32	33	34	35	36	37	38	39	40	41	42	43	44	45	46	47	48	49	50	51	52
真值	0	0	0	0	0	0	0	0	0	1	1	1	0	0	0	0	0	0	0	0	0	0	0	0	0	0
Elman 预测	0	0	0	0	0	0	0	0	0	0	0	0	0	0	0	0	0	0	0	0	0	0	0	0	0	0
Bootstrap Elman 预测	0	0	0	0	0	0	0	0	0	0	0	0	0	0	0	0	0	0	0	0	0	0	0	0	0	0

序号	53	54	55	56	57	58	59	60	61	62	63	64	65	66	67	68	69	70	71	72	73	74	75	76	77	78
真值	0	0	0	0	0	1	0	0	0	0	0	0	0	0	0	0	0	0	0	0	0	0	0	0	0	1
Elman 预测	0	1	1	1	1	1	0	0	0	0	0	0	0	0	0	0	0	0	0	0	0	0	0	0	0	0
Bootstrap Elman 预测	0	0	0	0	0	0	0	0	0	0	0	0	0	0	0	0	0	0	0	0	0	0	0	0	0	0

5 结论

本文通过运用 Bootstrap Elman 神经网络，建立神经网络模型，根据模型的训练和测试，对预测数据进行了神经网络预测，获得了预测数据的准确数量和准确率；同时，通过与 Elman 神经网络建立的模型对比，发现该方法提高了预测数据的准确数量和准确率，能够更好地反映引信近炸失效的内在联系。对引信近炸失效在某种条件下产生较多有了初步判定，有一定的指导意义，对后续引信的使用和其他引信的近炸试验提供技术支撑。后续将完善神经网络模型，将输入条件细化，得到更多的输入条件对应关系，提高 Bootstrap Elman 神经网络的预测准确率。

参考文献

[1] 汪仪林，张勤，殷勤业．神经网络在无线电近炸引信信号处理中的应用［J］. 兵工学报，2001，22（2）：169-172.

[2] 郭婧，张合，王晓锋．雨滴对波长 0.532 μm 激光光束的衰减特性［J］. 兵工学报，2011，32（7）：878-883.

[3] 萧辉，杨国来，孙全兆，等．基于自适应神经网络的火炮身管结构优化研究［J］. 兵工学报，2017，38（10）：1873-1880.

[4] 梁传建，杨国来，王晓锋．基于神经网络和遗传算法的火炮结构动力学优化［J］. 兵工学报，2015，35（5）：789-794.

[5] 易怀军，刘宁，张相炎，等．基于优化的非等间隔灰色理论和 BP 神经网络的身管磨损预测［J］. 兵工学报，2016，37（12）：2220-2225.

[6] 刘凡平．神经网络与深度学习应用实践［M］. 北京：电子工业出版社，2018.

高能炸药装药贮存寿命预估模型研究

邱有成，张金，金洁，罗熙斌

技术部二室

摘　要：本文选择质量累积减重百分数作为老化性能评定参数，通过高温加速老化试验和统计分析，研究了某高能炸药的贮存寿命分布规律，在此基础上，建立了贮存寿命预估模型，并对贮存温度下的贮存寿命进行了预估。考虑到大部分高能炸药的老化机理相似，所以该模型具有一定的普遍性，可适用于各种高能炸药贮存寿命的预估。

关键词：高能炸药；质量百分数；老化；贮存寿命；预估

0　引言

炸药作为各种战斗部的爆炸能源，具有长期贮存、一次使用的特点，其贮存寿命及贮存可靠性是一项重要技术指标，所以预估炸药的贮存寿命，对炸药装药战斗部的研制、生产、使用具有极其重要的价值。同时，炸药装药研制定型，需要评定其贮存寿命，在没有充分的现场试验结果时，通过加速贮存试验预估炸药装药使用寿命是一个重要的途径。本文以高温加速贮存试验为基础，用质量减量百分数作为失效判据，通过统计分析，对某高能混合炸药装药的贮存失效分布规律及贮存寿命预估模型进行了研究，力求确定一种适合于高能炸药装药贮存寿命的预估方法。

1　试验

1.1　性能评定参数及试验判据的选择

预测混合物质的贮存寿命，必须首先确定在混合物质中最能反映混合物质使用性能变化的某种性能参数，以性能参数的变化作为判据预估物质的贮存寿命。本文研究的高能混合炸药主要组分由黑索今、铝粉和黏结剂等组成。有关研究表明，由于热分解的作用，炸药的质量累积减量百分数与贮存时间之间存在直接关系。因此，这里把炸药的质量累积减量百分数作为老化性能的评定参数，即无论任何原因引起的炸药失重达到某种临界状态时即认为该炸药失效，其对应的贮存时间作为炸药的贮存寿命。参照美军标 MIL-STD-1751 规定，以炸药失重达 1%时为失效临界点作为试验失效判据。

1.2　试验方法及结果

试验采用恒加应力加速贮存的方法，即在高温环境下同时贮存多个炸药试样，定期取样，跟踪测试炸药热分解过程中质量累积减量百分数的变化，取 70 ℃、75 ℃、80 ℃及 85 ℃4 个温度点作为加速应力水平，每个加速应力水平下，分别采用 8 个试样进行试验。试验得到该炸药装药试样在 4 个不同温度 T 下的贮存寿命，结果如表 1 所示。

表 1　4 个温度点下某炸药装药试样贮存寿命试验结果

T/℃	t/天							
	试样 1	试样 2	试样 3	试样 4	试样 5	试样 6	试样 7	试样 8
70	226	190	210	220	234	216	206	218
75	136	144	137	173	143	154	146	132
80	88	95	66	87	82	78	75	80
85	48	66	58	63	59	55	68	50

2　贮存寿命分布模型

2.1　寿命分布模型假设

在长期贮存过程中，炸药都会或快或慢地发生分解，从而导致内部热量逐渐积累。而高能混合炸药本身含有可燃剂和氧化剂，因而在隔绝氧气的情况下也会发生物理化学反应，而且是多种因素作用的结果，使其质量产生变化，造成失重失效。而失效服从何种失效分布规律，则是贮存寿命预估需要研究的内容。对数正态分布是可靠性寿命研究中一种常用的分布类型，适用于描述受物理化学过程所支配的失效规律。根据炸药装药分解失效的特点，假设该炸药装药在各温度 T_i 下的贮存寿命 t 均服从对数正态分布，其分布密度函数形式为

$$f_i(t)=\frac{1}{\sigma_i t\sqrt{2\pi}}\exp\left[\frac{-(\ln t-\mu_i)^2}{2\sigma_i^2}\right] \tag{1}$$

式中，t 为贮存寿命；μ_i 为寿命 t 的对数均值；σ_i 为寿命 t 的对数标准差。

2.2　贮存寿命分布模型检验

如果寿命 t 服从对数正态分布，则随机变量 $X=\ln t$ 服从正态分布。因此，对寿命 t 的对数正态分布检验可转化为对随机变量 $X=\ln t$ 的正态性检验。设 $t_1,t_2,\cdots,t_n$ 是来自对数正态分布 $LN(\mu,\sigma^2)$ 的一个完全样本，则由变换 $x=\ln t$ 得到 $x_1,x_2,\cdots,x_n$ 是来自正态分布 $N(\mu,\sigma^2)$ 的一个完全样本。建立假设 H_0：样本 $x_1,x_2,\cdots,x_n$ 来自正态分布。根据夏皮诺和威尔克检验法，检验统计量 W 为

$$W=\frac{\left[\sum_{i=1}^{n/2}a_i(x_{n+1-i}-x_i)\right]^2}{\sum_{i=1}^{n}(x_i-\bar{x})^2} \tag{2}$$

式中，$\bar{x}$ 为样本均值；a_i为 W 统计量的系数。

在给定的显著水平 α 下，如果统计量 W 与其分位数 W_α之间满足

$$W > W_\alpha \tag{3}$$

则接受正态假设 H_0，认为样本 $x_1, x_2, \cdots, x_n$是来自正态总体，即认为 $t_1, t_2, \cdots, t_n$来自对数正态分布。否则，拒绝正态性假设 H_0。

取显著性水平 $\alpha = 0.05$，根据试验结果及上述方法，分别对 4 个试验温度下炸药装药试样的寿命对数正态分布假设进行检验，计算结果列于表 2。从表 2 中的计算结果可以看出，4 个贮存试验温度下的炸药装药试样，均满足式（3）。因此，认为 4 个贮存试验温度下该炸药装药的贮存寿命均服从对数正态分布。

表 2　寿命分布模型检验统计量计算结果

检验量	70 ℃	75 ℃	80 ℃	85 ℃
样本量	8	8	8	8
统计量 W	0. 959 2	0. 898 2	0. 976 4	0. 951 8
分位数 W_α	0. 818	0. 818	0. 818	0. 818

2.3　对数标准差相等的检验

2.3.1　寿命分布模型参数估计

对数标准差相等检验是确保贮存寿命分布模型［式（1）］成立的重要保证。为此，首先用各试验温度 T_i下的完全寿命数据估计相应的分布参数，μ_i和 σ_i的无偏估计值由下式确定：

$$\hat{u}_i = \overline{\ln t_i} = \frac{1}{n}\sum_{j=1}^{n} \ln t_{ij} \tag{4}$$

$$\hat{\sigma}_i^{\,2} = \frac{1}{n_i - 1}\sum_{j=1}^{n_i} (\ln t_{ij} - \overline{\ln t_i})^2, \quad i = 1,2,3,\cdots,k \tag{5}$$

利用表 1 列出 4 个温度下该炸药装药各试样的贮存寿命试验结果，由式（4）、式（5）计算得到各温度下的分布参数 μ_i和 σ_i，其结果列于表 3。

表 3　贮存寿命对数正态分布参数估计值

统计量	70 ℃	75 ℃	80 ℃	85 ℃
μ_i	5. 368 9	4. 977 7	4. 393 7	4. 060 1
σ_i	0. 063 3	0. 085 5	0. 111 5	0. 125 2

2.3.2　对数标准差相等的检验

假定在 4 个试验温度下，诸对数标准差 σ_i相等，即假设

$$H_1: \sigma_1 = \sigma_2 = \sigma_3 = \sigma_4$$

根据巴特利特检验法，可取该假设的检验统计量为

$$B=\frac{1}{C}\left[f_{\mathrm{e}}\ln MS_{\mathrm{e}}-\sum_{i=1}^{r}f_{i}\ln\sigma_{i}^{2}\right]\dot{\sim}\chi^{2}(r-1) \tag{6}$$

式中，$C=1+\frac{1}{3(r-1)}\left[\sum_{i=1}^{r}\frac{1}{f_i}-\frac{1}{f_{\mathrm{e}}}\right]$；$MS_{\mathrm{e}}=\sum_{i=1}^{r}\frac{f_i}{f_{\mathrm{e}}}\sigma_i^2$；$r$ 为样本数；f_i、f_{e} 为样本的自由度。

对给定的显著性水平 α，当

$$W=\{B<\chi_{1-\alpha}^{2}(r-1)\} \tag{7}$$

时，接受假设 H_1；否则，拒绝假设 H_1。

采用上述方法得到检验统计量 $B=3.3217<\chi_{0.025}^{2}(4-1)$。因此，在显著性水平 0.025 下，假设 H_1 成立，即认为 4 个对数标准差相等。

3 贮存寿命预估模型

由炸药热分解失效研究得出，在贮存寿命服从对数正态分布的条件下，炸药贮存寿命的对数与贮存温度之间一般呈线性关系。假设该炸药装药的贮存寿命符合下面的线性模型：

$$\ln t=a+bT+\varepsilon \tag{8}$$

式中，a、b 为参数；t 为贮存寿命（天）；T 为绝对温度；ε 为服从正态分布 $N(0,\sigma_1^2)$ 的随机变量。

根据一元线性回归分析理论，对参数 a、b 与 σ^2 进行点估计，得无偏估计值分别为 $\hat{a}=36.3183$，$\hat{b}=-0.09021$，$\hat{\sigma}_1=0.0729$。于是，该炸药装药的贮存寿命预估模型为

$$\ln\hat{t}=36.3183-0.09021T \tag{9}$$

用线性回归假设检验理论，对上述寿命预估模型的正确性进行显著性检验。分析得到，在显著水平 α 取 0.01 条件下，式（9）所描述的该炸药装药的贮存寿命模型线性回归比较显著，因此，该模型是可信的。

由式（9）得到，$T=30$ ℃下 $\hat{u}=\ln\hat{t}=8.985$。于是，常温 30 ℃下该炸药装药的贮存寿命为 21.9 年，其贮存寿命分布密度函数可由式（1）完全确定。图 1 所示为常温 30 ℃下该炸药装药的贮存寿命分布密度曲线。

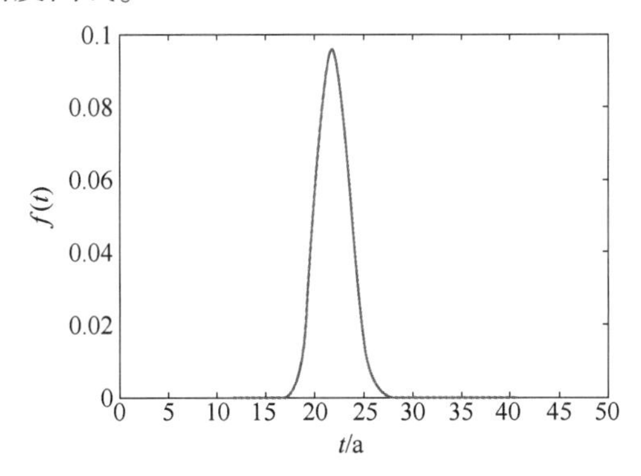

图 1　30 ℃下某炸药装药的贮存寿命分布密度曲线

4 结束语

（1）通过高温加速贮存试验，获得了4个温度点下某炸药装药的多个试样的贮存寿命。

（2）通过对试验数据的统计分析，得出了该炸药装药的贮存寿命服从对数正态分布的分布规律，确定了贮存温度30 ℃下的寿命分布密度函数，建立了贮存寿命预估模型。

（3）由于大多数高能混合炸药的老化机理相似，本模型具有一定普遍性（a、b的值有所不同），可在试验工程上应用。

参考文献

[1] 茆诗松. 统计手册［M］. 北京：科学出版社，2003.
[2] 胡荣祖，等. 热分析动力学［M］. 北京：科学出版社，2001.
[3] 茆诗松，等. 概率论与数理统计教程［M］. 北京：高等教育出版社，2004.

对可靠性统计试验方案在工程应用中的几点看法

邱有成，李建中，何立宇，罗熙斌

中国华阴兵器试验中心，陕西华阴 714200

摘　要：本文针对工程应用中对可靠性统计试验方案理解上的不统一和使用中概念不清的问题，分析了武器装备可靠性指标提法及试验方案中各参数之间的关系，提出了使用方在参数选择、方案应用时应注意的一些问题及笔者的看法。

关键词：可靠性统计试验方案；工程应用

0　引言

武器装备的可靠性是武器系统功能性能稳定性的重要保证，越来越被人们所重视，其可靠性指标也与性能指标一样成为研制方和使用方都非常关注的重要指标。而可靠性试验是装备可靠性工作的一项重要内容。以 MTBF 为指标的武器系统，无论指标提出单位，还是试验鉴定单位都是以可靠性统计试验方案为基础来进行可靠性活动。在可靠性指标中，统计试验方案是其核心内容，如何系统、合理地应用可靠性统计试验方案，论证可靠性指标和进行可靠性试验设计是可靠性工作者都应正确把握的问题。但在工作实践中我们发现，许多武器装备的可靠性指标说法不统一，可靠性试验中对试验参数及相互之间的关系理解不正确，都与可靠性统计试验方案应用有关，主要表现在以下三个方面：

0.1　指标 MTBF 说法不统一

目前武器装备的可靠性用 MTBF 表示时，指标都是直接或间接规定 θ_1 的大小，但说法比较混乱，如 θ_1 是 MTBF 假设值的下限值，是不可接受的 MTBF 值，是 MTBF 的最小允许值，是最低的不可接受水平，最小的可接受水平，使用方可接受的 MTBF 最低要求等。针对同一个指标，给出不同的说法，由于人们理解和看法上的不同而经常自相矛盾和不协调，往往同一个装备试验后结果评价却大不一样，常常造成研制方和使用方对可靠性指标达到情况存在较大分歧。

0.2　试验参数选择针对性不强

制定可靠性试验方案时，照搬型号《研制总要求》的规定或内容，对控制试验周期和预估试验结果的试验参数缺少针对性分析，使试验参数在试验中应有的控制和调节作用降低。

0.3 统计试验方案应用形式化

突出表现为无论可靠性指标 MTBF（θ_1）是高还是低，许多可靠性工作者总是选用大倍数的 θ_1 来控制试验时间，往往造成可靠性预计值低于试验要求值。这种纯粹的可靠性试验，使试验在一定程度上流于形式。

针对以上问题，在可靠性工程中如何科学合理地应用可靠性统计试验方案，规范指标和进行可靠性试验设计，有必要进行研究和斟酌。

1 可靠性指标的几种提法

可靠性指标是进行可靠性试验的直接依据，指标如何提直接关系到对装备可靠性水平的评定，因为同一个装备不同的提法，试验结果会有很大的不同，所以合理地规定可靠性指标及其含义，是对武器装备进行可靠性试验与评定很重要的一环。总结以往的工程实践，我们认为，武器系统以 MTBF 为可靠性指标时按以下三种形式提，比较符合现阶段我国武器装备的发展实际。

1.1 用 MTBF 假设值的下限值为指标

用 MTBF 的假设值作为装备的可靠性指标是目前最为流行的提法，通常是规定假设值的下限值 θ_1 或假设值的上限值 θ_0 作为设计准则和考核依据，而 θ_1 与 θ_0 又是统计试验方案参数，它与弃真、存伪概率、鉴别比、失效数（α、β、d、Y）组成统计试验方案，试验方案通过了，装备达到预期的可靠性要求。所以，不仅 θ_1 与 θ_0 是指标，整个统计试验方案也是指标，通过试验来鉴定 θ_1 与 θ_0 是否被通过是指标的真实含义。但目前指标给出的假设值并没有明确说明是下限、上限还是平均值，从使用方的利益出发以及指标的可操作性考虑和保证装备的 MTBF 最低不低于某一水平，在研制总要求中应对 MTBF 提出明确要求，如果不是特殊装备，一般以假设值的下限值 θ_1 为指标最能体现我国现阶段武器装备的研制水平，既能满足统计试验方案形式要求，又能表明指标含义，也对新武器可靠性设计和试验鉴定有一个明确的指导。

1.2 用 MTBF 的预计值为指标

用 MTBF 的假设值作指标，只是统计意义上的规定，虽然通用性好，但假设的合理性时常受到争议，因为这是一种实际上的脱离系统的数字游戏，缺乏针对性。而用 MTBF 的预计值 θ_p 作为可靠性指标具有一定的可信性，因为 θ_p 一般是按照装备的设计及使用环境、元器件的失效率，用可靠性估计的方法确定的 MTBF 值，尽管 θ_p 不能代表 MTBF 真值范围，但它是工程设计结果，而且在指标论证过程中有相当的数据做支撑，只要方法得当，其合理性是可以接受的。特别是大型电子设备、特种机电装备，采用 θ_p 作为可靠性指标更为适宜。

1.3 用 MTBF 验证值为指标

用 MTBF 验证值 $\hat{\theta}$ 作指标，它既不像 θ_1 与 θ_0 那样是“假设值”，也不像 θ_p 那样是计算出

来的“预计值”。它代表了装备在试验条件下的真值范围。所以，在条件具备时，应首先考虑用验证值作为指标来衡量装备的可靠性，是最有实际意义的。验证值作为指标可参考类似装备，规定指标的大小，因为是试验结果，通常可以在装备的工程样机试验中得到验证。当然，验证值的大小与很多因素有关，在确定这一指标时，也应对试验条件、数据收集及分析处理方法等做出相应的要求与规定。

2 理性选择试验参数

有了明确的可靠性指标后，开展可靠性试验首先要确定试验参数，由生产方风险率 α、使用方风险率 β 和鉴别比 d 组成的试验参数直接关系到试验的效率和结果，如何正确地选取试验参数，以及每个参数对试验的影响和试验参数之间的相互影响有必要进行分析。

2.1 生产方风险率 α

生产方风险率 α，在两类错误中，这一类是较为重要的。因为拒绝了事实上是好的装备，比接收了事实上是坏的装备，在经济上较好些。可靠性试验也不例外，α 大，合格装备被拒收的概率大；α 小，合格装备被拒收的概率小，但做出判断所需要的试验时间比较长，这从抽样方程计算可以看出。如 $\beta=0.1$，$d=3$ 不变，由抽样方程计算：

取 $\alpha=0.3$ 时，总试验时间为 $3.89\theta_1$，做出合格判断的失效数 $Y=1$。

取 $\alpha=0.2$ 时，总试验时间为 $6.68\theta_1$，做出合格判断的失效数 $Y=3$。

取 $\alpha=0.1$ 时，总试验时间为 $9.30\theta_1$，做出合格判断的失效数 $Y=5$。

从保护使用方的利益来说，α 应取大些，但生产方往往是不能接受的；α 取小，需要的信息比较多，有时对生产方也不利。如何平衡这一参数，应针对具体的装备进行具体处理，一般情况下 α 的选取应由生产方和使用方共同协商确定其值的大小。

2.2 使用方风险率 β

使用方风险率 β 不同于 α 那样受限制，但 α 和 β 都严格限制的话，要达到一个接收或拒收的判断，需要很长的试验时间，如规定 $\alpha=0.1$，$d=3$ 不变，由抽样方程计算：

取 $\beta=0.3$ 时，总试验时间为 $3.62\theta_1$，做出合格判断的失效数 $Y=2$。

取 $\beta=0.2$ 时，总试验时间为 $5.40\theta_1$，做出合格判断的失效数 $Y=3$。

取 $\beta=0.1$ 时，总试验时间为 $9.30\theta_1$，做出合格判断的失效数 $Y=5$。

由此不难看出，β 越小，试验时间越长，生产方付出的代价也就越大。当然，试验时间长，试验结果的置信度就越高。

对统计抽样来说，风险率是不可避免的。因此，α、β 并不是越小越好，应选择恰当的 α、β 值。我们在做可靠性试验方案时，应根据各方面的因素综合考虑，确定各方都愿意承担的风险。那种使用代价高昂而精度收效甚微的低效益试验要尽量避免。

2.3 鉴别比 d 的选择

鉴别比 d 与 θ_0和 θ_1紧密相连，d 取大，说明 θ_0与 θ_1差别大，装备的离散性大；d 取小，说明 θ_0与 θ_1差别小，装备的离散性小。但 d 越小，做试验的时间越长。如：

取 $\alpha=\beta=0.1$，$d=2$ 时，总试验时间为 $18.8\theta_1$。

取 $\alpha=\beta=0.1$，$d=3$ 时，总试验时间为 $9.3\theta_1$。

如果不是全验，d 不能取 1，因为理想情况下的抽样曲线是不存在的，一般选择 d 为 2 或 3。

对有些特殊的或大型的武器装备，在制定可靠性试验方案时，d 值可以取得小一些，可以取到 1.5 以下。因为在进行鉴定试验时，研制总要求对试验参数 θ_1 已经或间接确定，如果 d 取大，要求 θ_0 就大，相应的要求可靠性预计值 θ_p 也就要大。对于大型复杂的装备而言，θ_p 要提高是很困难的，为了满足 $\theta_0<\theta_p$ 的要求，宁可多花一些试验时间，把 d 值取得小一点。

根据上述原则确定了 α、β、d 后，要求总的试验时间取决于 θ_1 的大小。θ_1 的大小怎么选择呢？$\theta_1=\theta_0/d$，若 d 已经确定为某一值时，那么 θ_1 的大小取决于 θ_0 的大小，而 θ_0 在数值上又取决于装备的 MTBF 预计值 θ_p 的大小。θ_p 在数值上要求大于或等于 θ_0，以保证在可靠性鉴定时，试验方案以高概率接收装备。

通常装备都应有 θ_p 值，根据 θ_p 的大小合理选择 θ_0 和 d 值，由 θ_0 和 d 就可以确定 θ_1，再看 θ_1 是否满足研制总要求规定。如果不能满足通过则调整 d 或 θ_0 的数值使其满足研制总要求规定，再根据 α、β 的大小就可以确定统计试验方案了。

3 正确看待试验方案各参数之间的关系

可靠性试验方案完全由 α、β、θ_1、θ_0（$d=\theta_0/\theta_1$）确定，各参数之间互为影响，并决定试验的走向和结果。如何协调好它们之间的影响，是可靠性工作者必须要考虑的。

3.1 α、β 大小和试验方案“松”“严”的关系

可靠性验证试验为抽样试验，因此不可避免地要出现两类错误。α 大，即使装备的可靠性水平高，也不能以较高的概率接收；β 大，即使装备的可靠性水平低，仍有一定概率被接收的可能。因此，α 或 β 大，所确定的定时截尾或序贯试验方案，做出判断的信息就少，所需试验时间就短，试验结果的可信度就低，方案变得“松”而“粗”，使以好当坏和以坏当好的概率增大。

相反，α 或 β 小的试验方案，做出判断需进行较长的试验时间，需要的信息多，试验结果的可信度就高，方案变得“严”而“细”，使以好当坏和以坏当好的概率减小。

3.2 d 的大小和试验方案的“松”“严”关系

从可靠性抽样工作特性曲线看，理想的抽样曲线是 $\theta_0=\theta_1$，即 $d=1$ 时的抽样特性曲线，它是一个矩形，当装备的 MTBF 真值大于或等于 θ_0（$\theta_0=\theta_1$）时，装备 100%被接收。MTBF 真值小于 θ_0（$\theta_0=\theta_1$）时，装备 100%被拒收，根本不存在风险。要做到这一点就要 100%全检，这样的方案是“严”而“细”，但在实际试验中是不可能存在的。

随着 d 的增大，试验做出判断的时间就越来越短，做出判断需要的信息就越来越少，试验的结果越不能反映装备的可靠性真值水平。d 越大，说明方案“松”而不“严”。因此我们在制定方案时，必须仔细选择 d，既不能使试验时间拖得很长，又要根据被试装备的状态能反映装备的可靠性水平来选定。

3.3 装备 MTBF 真值 θ 和方案参数 α、β、θ_1、θ_0之间的关系

装备 MTBF 的要求值是一个设计指标，在做鉴定试验前，必须通过可靠性预计确定 θ_p 值。在选择试验方案时，$\theta_p \geqslant \theta_0$，如此根据 θ_p值合理选择 θ_0和 d，由 θ_0和 d 确定 θ_1。

θ_0和 θ_1是试验方案的参数，而不是 MTBF 真值范围。以 α、β、θ_1、θ_0诸参数确定的定时截尾和序贯试验方案及其判定标准，只能判决装备通过与否，不能以高的 α、β、d 确定的方案被通过后，就下装备 MTBF 真值 $\theta \geqslant \theta_0$的结论，这是一种误解。试验方案通过了，只说明假设的 MTBF 上限值 θ_0与下限值 θ_1是成立的，装备的 MTBF 一般不会低于 θ_0和 θ_1的数值。d、α、β 从小到大，试验方案从“严”到“粗”，相应地判决结果和相信程度由高到低。往往同一可靠性水平的装备，大 d、α、β 确定的方案能通过，小 d、α、β 确定的方案可能通不过。就像某种颗粒状的沙子，大孔眼的筛子能通过，而小孔眼的筛子就通不过一样。

4 结束语

本文针对可靠性指标论证及可靠性统计试验方案在工程应用中存在的问题，较为系统地分析了可靠性指标提法和可靠性试验中如何正确使用统计方案，以及方案参数在试验中的地位与作用和相互之间的关系，目的是呼吁可靠性指标体系更加科学合理，纠正工程应用中对统计试验方案在理解上的片面性和搞形式化应用。那种脱离具体武器装备而提出的可靠性指标和进行的可靠性试验，对保证武器系统的可靠性水平是有百害而无一利的。所以，本文上述分析与看法，对开展可靠性指标论证和进行可靠性试验是有实际指导意义的。由于对可靠性理论特别是工程应用研究不深，所论观点仅供同行讨论。

参考文献

[1] 邱有成. 可靠性试验技术 [M]. 北京：国防工业出版社，2003.
[2] 秦荣孝. 可靠性工程 [M]. 北京：电子工业出版社，1988.

弹药及火工品整机加速寿命模型的建立

罗熙斌，夏杰，白文

技术部

摘　要：本文通过在几种典型的火工品进行加速试验的基础上，根据试验数据总结规律，同时在考虑湿度因素的基础上建立了新的加速寿命模型。

关键词：火工品；加速寿命；模型

0　引言

大量的射击试验表明，引起弹药贮存失效主要是火工品的失效，也就是弹药的贮存寿命主要取决于火工品的寿命。为了研究方便，又不失一般研究规律，本研究选用了几种典型的火工品作为加速试验研究对象。在进行火工品加速寿命试验时首先要通过调研与分析来初步确定弹药中哪些火工品或材料是贮存易损件，这些部件是决定弹药贮存寿命的关键件，正式试验时只对关键件的失效分布规律、失效判据及失效检测方法进行关注，而无须对其他部件进行检测，事实上全面检测既很困难也没有必要。

弹药及火工品的贮存失效随贮存环境的不同，影响因素也各异，在正常的仓库贮存中，主要影响因素有温度和湿度；在露天贮存中，影响因素有温度、湿度、霉菌、盐雾、砂尘、磕碰等。按照我国的弹药火工品贮存要求，一般情况下均需在仓库或洞库中贮存，对于贮存环境的温度与湿度也有要求，露天贮存是野战情况下在前沿阵地上贮存的方法，一般贮存时间都很短。因此，对于正常的贮存寿命来讲，要求其贮存环境应满足贮存要求。湿度的影响依弹药火工品是否密封而不同，对于有密封要求的弹药火工品，在贮存期内湿度影响视密封性能的好坏以及封装控制环境而定。

同样的产品，南方及沿海地区库存弹药及火工品失效率远高于北方及内陆地区库存产品，其平均贮存寿命更短，这主要是由库房环境差异造成的，北方和内陆地区气候干燥，年平均温度和相对湿度较南方和沿海地区更低。针对温度差异的研究模型一般都是根据阿伦尼乌斯模型或其修约模型，研究得出的结论与本模型基本一致，但有多个理论假设条件和试验限定条件，降低了方法的通用性和可操作性。实际上，弹药及火工品的贮存失效还与温度以外的环境因素有关，甚至是某种必然的关系。只有为数不多的学者采用了温湿度双参模型进行了加速寿命试验研究，限于样本量等原因，成果十分有限。

1　试验研究

1.1　试验样品

本项目研究根据作用原理和作用方式的不同，选取了三类最常见的火工品。

第一类为机械击发式的点火具，这类火工品发火原理即通过器械上膛，储备弹性势能或气动能，通过击发动作，迅速释放弹性势能或气动能使点火具作用；第二类为电击发点火具，这类火工品发火原理是通过电源导通，电流做功击发点火具作用；第三类为重力击发式点火，这类火工品发火原理最为简单，直接利用炮口到炮底的距离（垂直）高度具备的重力势能，通过底火（火帽）与击针碰撞而击发。

1.2 试验项目

根据试验研究对象的实际贮存状态及可能经历的环境剖面，设计并开展了 2 种加速试验项目，分别是火工品高湿温度步进应力加速试验、高温步进应力加速试验。

1.3 试验条件

试验设计为两种状态方式。

第 1 种：温湿度步进应力加速试验，定时截尾。

第 2 种：温度步进应力加速试验，定时截尾。

1.4 样品检测与分析

1.4.1 外观检测

高温步进加速试验状态下，随着应力水平和试验时间增长，样品的金属材质（如火帽、金属壳体）外观均无明显变化；非金属材料（如导线皮套、点火具塑料帽、底火密封清漆等）色泽呈轻微变暗趋势，基本药管有部分存在管体端头鼓包现象，80 mm 火箭点火具内的火药形态无明显变化，轻摇 122 mm 火箭点火具无异响。

湿热步进加速试验状态下，随着应力水平和试验时间增长，样品的金属材质腐蚀程度和面积逐渐加大，铝质材料产生白霉，钢质材料产生黄褐色锈迹，铜质材料产生绿锈，非金属材料色泽呈明显变暗趋势，明显可见 80 mm 火箭点火具内的火药颗粒块状粘连，轻摇 122 mm火箭点火具，从响声可判断其内部装药已结块。

1.4.2 发火性检测

对火工品均进行了点火试验，发火为有效，不发火为失效。样品检测与分析数据见表 1~表 10。

表 1　80 mm 火箭发火组件高温加速老化试验点火检测数据

温度/℃	天数/天	总数量	剩余数量	每次检测数 n	点火失效数 f	累计失效数 F
60	28	15	15	3	0	0
70	56	15	12	3	0	0
75	84	15	9	3	0	0
80	112	15	6	3	0	0
85	140	15	3	3	0	0

表 2　80 mm 火箭点火具高温加速老化试验点火检测数据

温度/℃	天数/天	总数量	剩余数量	每次检测数 n	点火失效数 f	累计失效数 F
60	28	15	15	3	0	0
70	56	15	12	3	0	0
75	84	15	9	3	0	0
80	112	15	6	3	0	0
85	140	15	3	3	0	0

表 3　122 mm 火箭点火具高温加速老化试验点火检测数据

温度/℃	天数/天	总数量	剩余数量	每次检测数 n	点火失效数 f	累计失效数 F
60	28	20	20	3	0	0
70	56	20	17	3	0	0
75	84	20	14	3	0	0
80	112	20	11	5	0	0
85	140	20	6	6	0	0

表 4　82 mm 迫击炮弹基本药管高温加速老化试验点火检测数据

温度/℃	天数/天	总数量	剩余数量	每次检测数 n	点火失效数 f	累计失效数 F
60	28	30	30	6	0	0
70	56	30	24	6	0	0
75	84	30	18	6	3	3
80	112	30	12	6	1	4
85	140	30	6	6	6	10

表 5　底-9 高温加速老化试验点火检测数据

温度/℃	天数/天	总数量	剩余数量	每次检测数 n	点火失效数 f	累计失效数 F
60	28	18	18	3	0	0
70	56	18	15	3	0	0
75	84	18	12	3	0	0
80	112	18	9	3	0	0
85	140	18	5	6	0	0

表 6　80 mm 火箭发火组件 RH85%湿热加速老化试验点火检测数据

温度/℃	天数/天	总数量	剩余数量	每次检测数 n	点火失效数 f	累计失效数 F
60	28	15	15	3	0	0
70	56	15	12	3	0	0
75	84	15	9	3	1	1
80	112	15	6	3	1	2
85	140	15	3	3	2	4

表 7　80 mm 火箭点火具 RH85%湿热加速老化试验点火检测数据

温度/℃	天数/天	总数量	剩余数量	每次检测数 n	点火失效数 f	累计失效数 F
60	28	15	15	3	0	0
70	56	15	12	3	0	0
75	84	15	9	3	1	1
80	112	15	6	3	3	4
85	140	15	3	3	3	7

表 8　122 mm 火箭点火具 RH85%湿热加速老化试验点火检测数据

温度/℃	天数/天	总数量	剩余数量	每次检测数 n	点火失效数 f	累计失效数 F
60	28	20	20	3	0	0
70	56	20	17	3	0	0
75	84	20	14	3	0	0
80	112	20	9	5	2	2
85	140	20	6	6	6	8

表 9　82 mm 迫击炮弹基本药管 RH85%湿热加速老化试验点火检测数据

温度/℃	天数/天	总数量	剩余数量	每次检测数 n	点火失效数 f	累计失效数 F
60	28	30	30	6	0	0
70	56	30	24	6	2	2
75	84	30	18	6	6	8
80	112	30	12	6	6	14
85	140	30	6	6	6	20

表 10　底-9 RH85%湿热加速老化试验点火检测数据

温度/℃	天数/天	总数量	剩余数量	每次检测数 n	点火失效数 f	累计失效数 F
60	28	18	18	3	0	0
70	56	18	15	3	0	0
75	84	18	12	3	0	0
80	112	18	9	4	0	0
85	140	18	5	5	0	0

分析试验数据，可得如下规律：

（1）在高湿温度步进应力下，机械击发式点火具、发火组件、电点火具、基本药管等样品不同程度地失效，失效率随应力水平渐次升高，表明机械击发式点火具、发火组件、电点火具、基本药管等火工品对温湿度应力具有明显的累积效应，其失效分布趋同。

（2）在高温步进应力下，伴随温度应力上升，机械击发式点火具、发火组件、电点火具、基本药管等火工品失效率未有明显变化，表明点火具、发火组件、电点火具、基本药管等火工品对单一温度应力累积效应不明显。

（3）底火（底-9）在温湿度步进应力和高温步进应力全周期内均未产生失效，即零失效。检查试验后样品外观，除金属壳体有锈蚀现象外，形状尺寸无明显变化，自密封结构完好，无裂痕与孔隙，起到了非常重要的防护作用和效果。

2　建模

火工品加速寿命试验早期已有较多的方法模型，如恒定温度应力试验法中的阿伦尼乌斯模型、71 ℃试验法中的修正阿伦尼乌斯模型等。限于当时的研究条件和水平，简单围绕单温度应力建模，忽略了产品的另一重要环境因素湿度，方法模型应用有一定的局限性。随着加速寿命试验技术发展，近期出现了温湿度模型、广义艾琳（温湿度）模型等研究，这也是火工品加速寿命试验方法研究的发展趋势。本文在该方向做了部分研究工作。

对弹药、引信长贮性能的研究与寿命评价，国外情况未查到具体的研究内容和相关成果，国内则处于零星的准研究状态，且主要集中在元件和材料级，而对整弹、整引信的工程试验与评价，尚没有系统性和针对性的试验评价模型。

对于元件、材料或部件级实验室寿命试验方法，目前比较普遍使用的有 4 个试验方法标准：

GJB 736.8—1990《火工品试验方法 71 ℃试验方法》

GJB 736.13—1991《火工品试验方法 加速寿命试验恒定温度应力试验》

GJB 736.14—1991《火工品试验方法 长期贮存寿命测定》

GJB 5103.14—2004《弹药元件加速寿命试验方法》

上述方法标准都是单一围绕温度应力建模（等效采用现有模型）与实施，忽略了产品另一个贮存环境因素湿度，而且是针对元件级或材料产品，不能用于整机产品的长贮寿命预测，也就无法应用到新装备的试验鉴定与评价中。因此，建立一种适用于弹药、引信整机贮存寿命的试验方法成为装备长贮寿命研究的技术问题。

对试验数据分别进行分析研究，建立失效率与试验应力的拟合趋势线的关系，从而实现加速寿命时间向正常应力下失效时间的估算。试验研究对象所加载的应力为温度与湿度。各温度下的饱和水汽含量实测值如表 11 所示。

表 11　绝对湿度（饱和水汽含量）与温度关系

温度/℃	相对湿度/%	饱和水汽含量/($g\cdot m^{-3}$)	温度/℃	相对湿度/%	饱和水汽含量/($g\cdot m^{-3}$)
80	100	290.8	30	100	30.38
75	100	240.2	25	100	23.05
70	100	197.0	20	100	17.30
65	100	160.5	15	100	12.83
60	100	130.3	10	100	9.319
55	100	104.4	5	100	6.797
50	100	83.06	0	100	4.847
45	100	65.50	-5	100	3.847
40	100	55.19	-10	100	2.358
35	100	39.63	-15	100	1.605

温度、湿度两个变量之间具有何种内在的联系不得而知，可通过统计分析来发现它们之间是否存在相互关系。现讨论两个随机变量绝对湿度（饱和水汽含量）x、温度 y 数值对的总体。每一对值在坐标系中用点来表示，根据该值绘制其散点图，如图 1 所示。

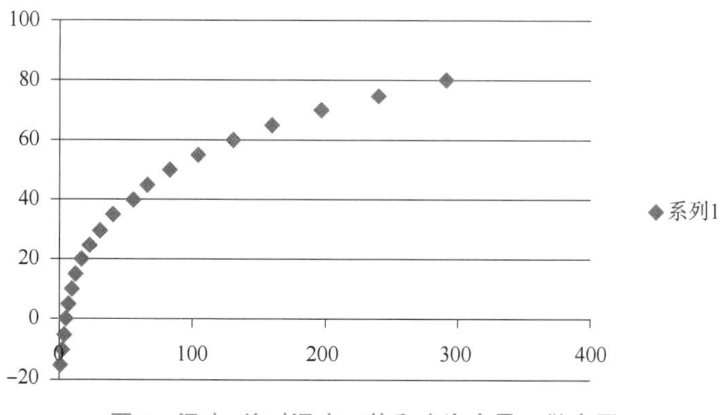

图 1　温度-绝对湿度（饱和水汽含量）散点图

图 1 中，x 和 y 具有一定的对应关系，大的 x 值对应大的 y 值，小的 x 值对应小的 y 值，所以说这两个变量是相关的。

对该总体数据进一步处理和分析，为寻找合适的模型，通过置换坐标，假定数值对的总体为指数关系：

$$y=Ae^{Bx} \tag{1}$$

两边取对数得

$$\ln y=\ln A+Bx \tag{2}$$

令 $\ln y=t$，$\ln A=C$，则方程可化为 $t=Bx+C$ 的线性关系，再按上述逆过程可求出其指数模型为

$$y=5.108e^{0.0545x} \tag{3}$$

为在表达形式上一致，重新置换坐标可得对数模型：

$$y=18.34\ln x-29.89 \tag{4}$$

输入量 x，y 的估计相关系数用 $R(x,y)$ 表示，取值范围是 $-1\leqslant R(x,y)\leqslant 1$，可用以下公式计算：

$$R(x,y)=\frac{\sum(x_i-\bar{x})(y_i-\bar{y})}{\sqrt{\sum(x_i-\bar{x})^2(y_i-\bar{y})^2}} \tag{5}$$

绘制该方程线性轨迹于散点图侧，如图 2 所示。

观察可知，该方程轨迹十分追近散点分布，$R^2=0.989$，满足数据处理的精度要求。可以认为温度、相对湿度（饱和水汽含量）呈自然对数关系。为方便数学处理和说明，以上分析时只取了 RH100%这一特定条件与温度相关，对一般情况下的相对湿度只需要取其与饱和水汽含量时的百分数乘积即可。实际上，自然条件下一般相对湿度（RH）状态都很难达到 100%，即水汽含量饱和。只有当温度骤降才有瞬时的水汽饱和状态，此时发生凝露积水现象。事实上，加速试验也没有必要设计为饱和水汽状态时的试验。这是因为湿热加速试验时，湿热试验箱大部分时间处于加湿状态，温度则通过设备程序进行微调控制，在设定值上下产生微弱的波动，这种微弱的波动在温度、相对湿度值（95%以上）较高时，使得凝露积水频繁出现，这种现象的频繁出现可能造成被试产品“假失效”，而真实的贮存条件下并不以此种方式失效。故 95%以上的极端高湿条件在加速试验中不宜采用，而过低的应力显然达不到加速作用。综上，采用 65%～85%的相对湿度开展加速老化试验是比较理想的。

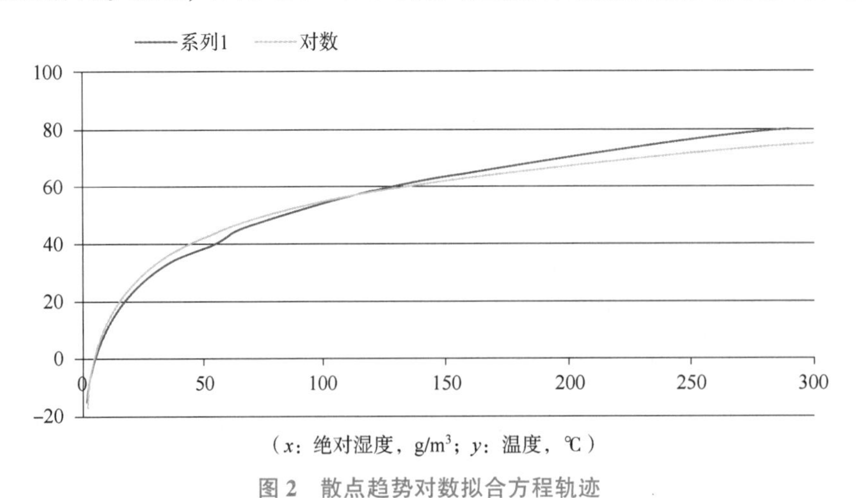

图 2　散点趋势对数拟合方程轨迹

弹药及火工品寿命主要受温湿度耦合作用影响，温湿度的耦合作用载体为含水分子的大

气，根据分子运动理论及熵增理论，温度越高，则运动频率越高，物质分子能量越大，两者呈正比例关系。设定产品单位体积大气中的水分子单位时间损伤当量为 P，P 是单位体积绝对水分子数 W（或单位质量 m）及温度 T 的函数，参照比热容定律，有

$$P=kW\Delta T \tag{6}$$

式中，k 为常数，其物理意义为环境中单位体积水分子数目及该数目的水分子对产品的作用频率，并取其量纲与等式右侧的量纲一致。根据拟合函数

$$y=18.34\ln x-29.89 \tag{7}$$

对于加速试验高温高湿条件下，温度为 T_1，相对湿度为 H_1，则有

$$P_1=k\times5.108\mathrm{e}^{0.0545}(T_1-273)\times(T_1-273)\times H_1 \tag{8}$$

对于另一种应力条件下，温度为 T_2，相对湿度为 H_2，则有

$$P_2=k\times5.108\mathrm{e}^{0.0545}(T_2-273)\times(T_2-273)\times H_2 \tag{9}$$

假定累计损伤时间分别为 t_1 和 t_2，根据 Nelson 累积失效假设理论（CEM），当两种应力水平下失效程度一致时，有

$$P_1t_1=P_2t_2 \tag{10}$$

即

$$\mathrm{e}^{0.0545(T_1-273)}\times(T_1-273)\times H_1t_1=\mathrm{e}^{0.0545(T_2-273)}\times(T_2-273)\times H_2t_2 \tag{11}$$

变形可得

$$t_2=\mathrm{e}^{0.0545(T_1-T_2)}[H_1(T_1-273)t_1]/[(T_2-273)H_2] \tag{12}$$

据式（12）以及分析，在 4.5~85 ℃，RH10%~RH90%区间内，可实现各应力条件下的时间折算。借助数据处理软件可得表 12 的试验时间折算关系。

表 12 折算表的解读示例：在表中任意选取一行，如温度 348 K，相对湿度 85%的应力水平下，试验时间 1 天，相当于温度 333 K，相对湿度 85%条件下试验时间 2.81 天。

表 12　部分湿热试验应力条件下的试验时间折算关系表

试验温度/K	试验相对湿度 H_1/%	试验时间/天	试验温度/K	试验相对湿度 H_2/%	试验时间/天
333	85	1.00	333	85	1.00
338	85	1.00	333	85	1.42
343	85	1.00	333	85	2.00
348	85	1.00	333	85	2.81
353	85	1.00	333	85	3.93
358	85	1.00	333	85	5.46

3　结束语

本文通过在几种典型的火工品进行加速试验的基础上，根据试验数据总结规律，在同时考虑温度湿度因素的基础上建立了新的加速寿命模型。

观察图 2 可知，在有限的区间内，温湿度拟合对数方程曲线与实测曲线匹配程度良好，拟合曲线与实测曲线相交于两点。在相交点前，拟合曲线呈收敛趋势，而相交点后，又呈发散趋势，其相交后的发散性是降低匹配精度的主要原因。下一步将借助迭代法计算出满足代数精度要求的函数段区间，并将该数值区间确定为模型应用的实际范围，从而有效提高模型的准确性，实现模型优化。

参考文献

[1] 茆诗松. 指数分布场合下步进应力加速寿命试验的统计分析［J］. 应用数学学报，R-8，1985：311-316.

[2] 费鹤良. 指数分布场合下步进应力加速寿命试验的极大似然估计［J］. 上海师范大学应用数学系研究报告，2004：398-404.

[3] 费鹤良，赵培东. 对数正态分布恒加试验的近似区间估计［J］. 数理统计与管理（增刊），1997，67-70.

[4] 赵培东，费鹤良. 对数正态恒加试验的 MLE 和 AMLE［J］. 上海师范大学学报，R-26，1997，23-29.

[5] 郭峻. 对步进应力加速寿命试验的实施和讨论［J］. 应用概率统计，R-4，1988.

[6] 仲崇新，张志华. 指数分布场合定时和定数截尾步加试验的统计分析［J］. 应用概率统计，R-7，1991：52-60.

橡胶材料加速寿命的蒙特卡洛仿真试验方法研究

罗熙斌

总体所导调室

摘　要：本文通过蒙特卡洛仿真试验方法，研究了橡胶的失效变化规律，建立了仿真模型，并根据试验数据对仿真模型进行了验证。

关键词：橡胶；加速寿命；蒙特卡洛仿真；模型

0　引言

蒙特卡洛仿真是用来解决数学和物理问题的非确定性的（概率统计的或随机的）数值方法，与在实验室或现场做试验是相类似的，实际上它是一种利用计算机进行的试验。

不同的失效模式，贮存寿命的处理方法会有所不同。根据弹药引信研究对象、失效模式分为两类：一类是引信、电子头、基本药管等计件失效的弹药组件，对于该类组件比较适合采用分布形态统计的方法来研究；另一类是炸药、橡胶密封件等根据质量减重或者累积变形等性能参数变化量来判定失效的组件，由于在试验过程中受各种无法避免的因素影响，所测得的定量数据难免存在一定的随机误差，为了有效去除试验数据随机误差对计算结果的影响，利用蒙特卡洛仿真方法可以很好地解决这一问题。以下就炸药、橡胶密封件贮存寿命蒙特卡洛仿真试验方法展开研究。

1　橡胶密封件材料特性分析

橡胶密封件作为弹药系统中不可或缺的重要组成部件，是弹药产品性能、质量、可靠性、耐久性的重要保证，但由于其材料特性原因，其在贮存期间很容易受周围环境影响，受热、氧化、机械应力等作用，出现老化失效等现象，从而起不到很好的密封作用，加速了弹药内各零部件的老化、变质、锈蚀等。经研究，对于各类橡胶密封件，其失效的形式主要有老化、磨损、损伤、扭曲、膨胀、烧蚀等，密封件的强度、弹性及抗溶胀性能下降、发黏、变硬和变脆等。对于本课题研究的弹药系统中的橡胶密封件，根据以往经验，其失效的主要形式是老化，其随弹药系统在贮存过程中，由于受周围贮存环境的影响，引起密封件的强度、弹性及抗溶胀性能下降，使可逆变形不断减小，起不到密封作用。对于如何判定橡胶密封件是否已经老化失效、能否起到密封作用这一标准上，可以用其永久变形率这一指标来衡量，当这一指标值降至临界值时便发生泄漏，就认为该密封件已经老化失效、达不到密封的目的。

2 模型的建立

2.1 橡胶密封件贮存寿命预估模型

对于各种橡胶密封件材料，由于一般具有一定的疏水性，大多对水分不敏感，所以在其加速老化试验过程中，一般主要考虑温度因素对其寿命的影响，其老化动力学过程可以用以下公式来描述：

$$\varepsilon=Kt^{C} \tag{1}$$

式中，ε 为永久变形率；K 为残余变形累积过程的速度常数（即老化反应速度）；C 为与橡胶材料耐老化性能有关的常数。

考虑橡胶密封件贮存环境中的温度对其寿命的影响，根据量子力学理论，永久变形率累积过程的速度常数 K 服从阿伦尼乌斯方程：

$$K=Ae^{\frac{-B}{T}} \tag{2}$$

式中，T 为贮存环境绝对温度，为摄氏温度加 273；A 为反应频数因子；B 为激活能与气体常数的比值。

联立式（1）及式（2），得

$$\varepsilon=A\cdot e^{\frac{-B}{T}}\cdot t^{C} \tag{3}$$

对于以上炸药及橡胶密封件的贮存寿命预估模型，具有一定的相似性，都是在大量统计数据的基础上得出的经验公式，式中的参量 A、B、C 具有随机性质，是经过试验统计获得的。若简单地把这些参量视为常量，就会失去原来的统计性质，导致计算结果存在一定的偏差，对此，我们可以利用蒙特卡洛仿真来解决这一问题。

一般地，这些统计量常具有对称偏差性，如 $A\pm\Delta A$、$B\pm\Delta B$、$C\pm\Delta C$ 等，因而常取其为正态分布：均值记为 μ_A、μ_B、μ_C，方差选取的规则是 3σ 准则，即 $\sigma_A=\Delta A/3$、$\sigma_B=\Delta B/3$、$\sigma_C=\Delta C/3$。

则 A、B、C 满足 $A\sim N(\mu_A,\sigma_A)$，$B\sim N(\mu_B,\sigma_B)$，$C\sim N(\mu_C,\sigma_C)$。

2.2 模型参数的确定

仿真模型中参数 A、B、C 值的确定，可以通过对加速寿命试验数据进行分析处理得出。

首先，对式（1）进行一元线性回归分析求得 K、C 的值。

对式（1）进行线性化处理得

$$\ln\varepsilon=\ln K+C\cdot\ln t \tag{4}$$

令 $y=\ln\varepsilon$，$x=\ln t$，$\beta_0=\ln K$，$\beta_1=C$，将式（4）化为经典的一元一次方程：

$$y=\beta_0+\beta_1\cdot x \tag{5}$$

利用最小二乘法对回归系数进行估计，则

$$\beta_1=\frac{L_{xy}}{L_{xx}} \tag{6}$$

$$\beta_0=\bar{y}-\beta_1\cdot\bar{x} \tag{7}$$

式中，

$$\bar{x}=\frac{1}{n}\sum_{i=1}^{n}x_i \tag{8}$$

$$\bar{y}=\frac{1}{n}\sum_{i=1}^{n}y_i \tag{9}$$

$$L_{xy}=\sum_{i=1}^{n}(x_i-\bar{x})(y_i-\bar{y}) \tag{10}$$

$$L_{xx}=\sum_{i=1}^{n}(x_i-\bar{x})^2 \tag{11}$$

由此可得

$$K=\mathrm{e}^{\beta_0} \tag{12}$$

$$C=\beta_1 \tag{13}$$

由于参数 C 具有随机性，其方差的计算公式如下所示：

$$\mathrm{Var}(C)=\mathrm{Var}(\beta_1)=\frac{\sigma^2}{L_{xx}} \tag{14}$$

式中，

$$\sigma^2=\frac{\sum_{i=1}^{n}(y_i-\hat{y}_i)^2}{n-2} \tag{15}$$

$\hat{y}_i=\beta_0+\beta_1\cdot x_i$ 为拟合值或回归值。

我们可以通过 t 检验来对一元线性回归方程的显著性进行检验。

检验的假设为

$$H_0:\beta_1=0,H_1:\beta_1\neq 0 \tag{16}$$

检验统计量为

$$t=\frac{\beta_1}{\frac{\sigma}{\sqrt{L_{xx}}}} \tag{17}$$

对给定的显著性水平 α，拒绝域为

$$\{|t|>t_{\frac{1-\alpha}{2}}(n-2)\} \tag{18}$$

同以上方法，对式（2）进行一元线性回归分析可求得参数 A、B 的值。

对式（2）进行线性化处理得

$$\ln K=\ln A-B\cdot\frac{1}{T} \tag{19}$$

令 $y=\ln K$，$x=\frac{1}{T}$，$\beta_0=\ln A$，$\beta_1=B$，将式（19）化为经典的一元一次方程

$$y=\beta_0+\beta_1\cdot x \tag{20}$$

利用最小二乘法对回归系数进行估计，则

$$\beta_1 = \frac{L_{xy}}{L_{xx}} \tag{21}$$

$$\beta_0 = \bar{y} - \beta_1 \cdot \bar{x} \tag{22}$$

式中，

$$\bar{x} = \frac{1}{n}\sum_{i=1}^{n} x_i \tag{23}$$

$$\bar{y} = \frac{1}{n}\sum_{i=1}^{n} y_i \tag{24}$$

$$L_{xy} = \sum_{i=1}^{n} (x_i - \bar{x})(y_i - \bar{y}) \tag{25}$$

$$L_{xx} = \sum_{i=1}^{n} (x_i - \bar{x})^2 \tag{26}$$

由此可得

$$A = e^{\beta_0} \tag{27}$$

$$B = \beta_1 \tag{28}$$

由于参数 C 具有随机性，其方差的计算公式如下所示：

$$\mathrm{Var}(A) = e^{\mathrm{Var}(\beta_0)} = e^{\left(\frac{1}{n}+\frac{\bar{x}^2}{L_{xx}}\right)\sigma^2} \tag{29}$$

$$\mathrm{Var}(B) = \mathrm{Var}(\beta_1) = \frac{\sigma^2}{L_{xx}} \tag{30}$$

式中，

$$\sigma^2 = \frac{\sum_{i=1}^{n} (y_i - \hat{y}_i)^2}{n-2} \tag{31}$$

这样，就通过现有加速老化试验数据，确定了橡胶密封件仿真模型中参数 A、B、C 的值及其方差 $\mathrm{Var}(A)$、$\mathrm{Var}(B)$、$\mathrm{Var}(C)$。以同样的方法和计算步骤，可以得到炸药模型中的参数值。

2.3 模型的仿真计算

对于建立的仿真模型，蒙特卡洛方法是在已知各随机变量 A、B 和 C 的确定分布下[$A \sim N(\mu_A,\sigma_A)$、$B \sim N(\mu_B,\sigma_B)$、$C \sim N(\mu_C,\sigma_C)$]，产生大量的随机数进行模拟统计，得到性能参数现状值 ε 的统计结果。由于已经分析了随机参量 A、B 和 C 的概率分布，故只需要知道它们的特征参数就能进行模拟计算。

3 模型的验证及应用

通过蒙特卡洛仿真计算，可以得到在 20 ℃、25 ℃贮存条件下橡胶密封件永久变形率与贮存时间关系曲线，如图 1 所示。

蒙特卡洛仿真计算结果：

在 20 ℃条件下，橡胶密封件永久变形率达到 15%的贮存时间为 28.5 年。

在 25 ℃条件下，橡胶密封件永久变形率达到 15%的贮存时间为 24.1 年。

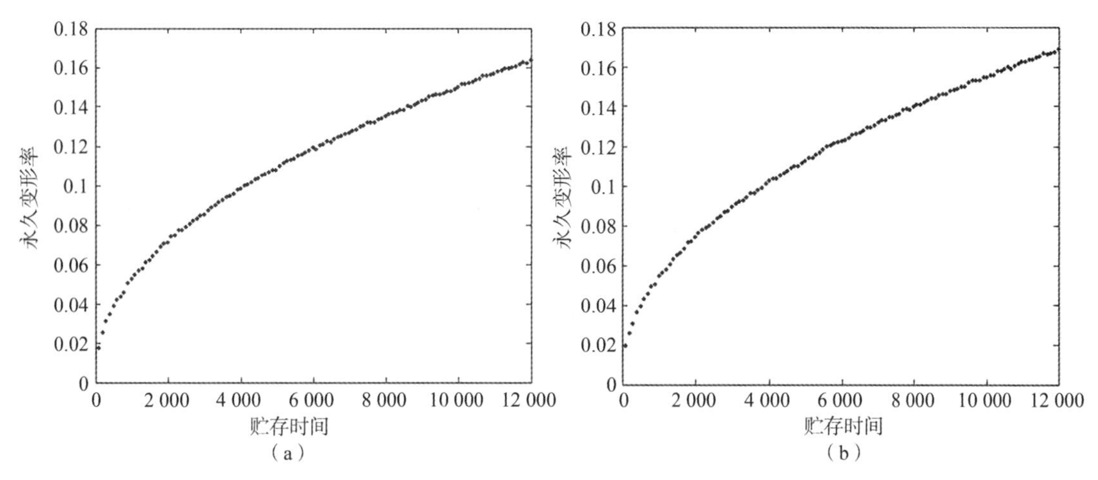

图1　20 ℃和25 ℃条件下橡胶密封件永久变形率随贮存时间变化曲线

(a) 20 ℃; (b) 25 ℃

蒙特卡洛仿真计算结果和试验室加速寿命试验结果基本吻合，如表1所示。

表1　仿真计算和试验室加速寿命贮存寿命结果对比表

条 件	实验室加速寿命/年		仿真寿命/年	
	20 ℃	25 ℃	20 ℃	25 ℃
寿命	28. 1	24. 4	28. 5	24. 1

4　结束语

本文通过蒙特卡罗仿真试验方法，研究了橡胶的失效变化规律和统计学上研究对象的长贮性能特性。由于蒙特卡洛仿真是用来解决数学和物理问题的非确定性的数值方法，与在实验室或现场做试验是相类似的，这样使几种方法互为补充，数据互为利用，通过融合处理，从中找出规律性的结果和结论。本文有针对性地选择橡胶密封圈为研究对象，采用蒙特卡罗随机仿真方法，按建立的仿真模型，应用随机仿真基本原理，以实验室加速寿命试验得到的橡胶件的相关特征参数来产生大量的随机数进行模拟统计，推断研究对象的失效分布规律和寿命特性，并结合加速寿命试验结果进行验证，以达到贮存寿命预测结果的精准和科学。

参考文献

[1] 茆诗松. 指数分布场合下步进应力加速寿命试验的统计分析 [J]. 应用数学学报，R-8，1985，311-316.

[2] 费鹤良. 指数分布场合下步进应力加速寿命试验的极大似然估计 [J]. 上海师范大学应用数学系研究报告，2003，60-64.

[3] 费鹤良，赵培东. 对数正态分布恒加试验的近似区间估计 [J]. 数理统计与管理（增刊），1997，67-70.

[4] 赵培东，费鹤良. 对数正态恒加试验的 MLE 和 AMLE [J]. 上海师范大学学报，R-26，1997，23-29.

[5] 郭峻. 对步进应力加速寿命试验的实施和讨论. 应用概率统计 [J]，R-4，1988，50-53.

[6] 仲崇新，张志华. 指数分布场合定时和定数截尾步加试验的统计分析 [J]. 应用概率统计，R-7，1991，52-60.

FAHP 法在武器系统综合性能试验评估中的应用

罗熙斌，金洁，何英健

技术部二室

摘　要：本文建立了武器系统试验评估层次结构体系，运用模糊层次分析法（FAHP）对系统综合性能进行试验评估。最后展望了 FAHP 在武器系统试验评估中的应用前景。

关键词：武器系统；试验评估；模糊层次分析法（FAHP）

0　引言

多数的设计定型试验都是针对战术技术指标要求中的定量指标进行试验设计与考核评估，对于定性指标，主要是根据评估者的主观判断给出结论，至于武器系统综合性能的试验评估更是鲜有涉及。在某型野战烟火防卫系统设计定型试验中，我们应用模糊层次分析法的思想，建立模糊评价体系，实现了对武器系统综合性能的试验评估。其要点是：建立系统递阶层次结构模型，尽可能全面、客观地反映战术技术指标要求和系统性能的特征，使武器系统综合性能的试验评估问题分成若干层次进行处理；用 FAHP 法确定各评价指标相对于上一层次准则的相对权重；按评估指标体系对系统进行逐项试验检测，把结果与指标要求进行对比处理，得到各单项指标的评价；最后进行单项指标综合，实现对武器系统综合性能的试验评估。

1　建立模糊评价体系

1.1　评估指标体系的建立

即建立系统递阶层次结构模型，把对武器装备进行综合评估这个复杂问题（总目标）分解成若干个层次（简单目标），在比原问题简单的层次上逐步进行分析处理。某野战烟火防卫系统是集指挥、通信、发射与烟幕施放为一体的作战使用系统，各子系统功能与任务使命不尽相同，要相互配合与协调动作才能完成一次作战使用的战术要求。针对其系统构成和功能特点，建立如图 1 所示的系统递阶层次结构模型。

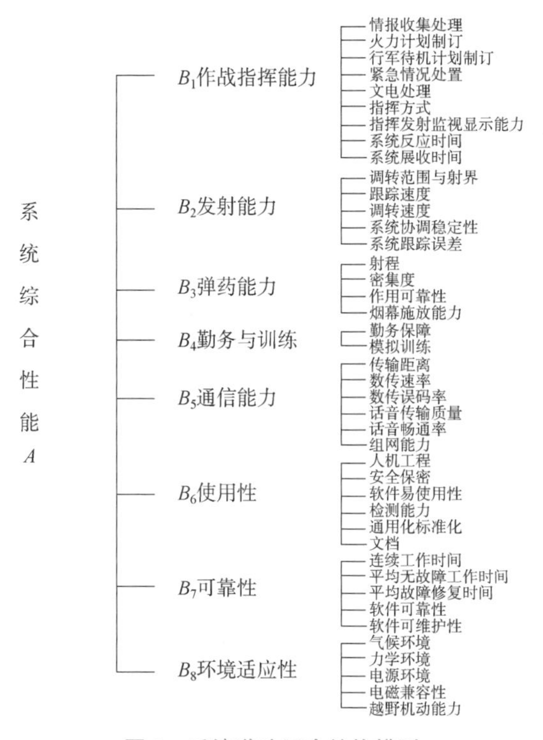

图 1　系统递阶层次结构模型

1.2　模糊层次分析法确定评估指标权重

1.2.1　建立模糊一致判断矩阵

模糊一致判断矩阵 $\boldsymbol{R}$ 表示针对上一层某元素，本层次与之有关元素之间相对重要性的比较。假定上一层的元素 A 同下一层中的元素 B_i 有联系，则模糊一致判断矩阵可表示为：$\boldsymbol{R}=(r_{ij})_{n\times n}$。元素 r_{ij} 具有如下实际意义：r_{ij} 表示元素 B_i 和 B_j 相对元素 A 进行比较时，具有模糊关系“……比……重要得多”的隶属度。可使用 1~9 的比例标度方法实现定量描述。

1.2.2　确定权向量

设对于模糊一致判断矩阵 $\boldsymbol{R}=(r_{ij})_{n\times n}$，元素 B_i 的权重值分别为 W_i，则有如下关系式成立：

$$r_{ij}=0.5+a(W_i-W_j),\quad i,j=1,2,\cdots,n \tag{1}$$

式中，$0<a\leqslant 0.5$，a 是人们对所感知对象的差异程度的度量，系统评判通过调整 a 的大小，选择一种比较满意的权向量。

在实际使用中，可通过计算判断矩阵的最大特征值和特征向量的方法确定权向量。即对于判断矩阵 $\boldsymbol{R}$，解特征根问题：$\boldsymbol{RW}=\lambda\max\boldsymbol{W}$。所得到的 $\boldsymbol{W}$ 经归一化后作为元素 $B_1,B_2,\cdots,B_n$ 对于评估指标 A 的权重。

1.3　单项指标量化评估

单项指标的评估，是将对系统的检测（试验）结果与战术技术指标要求进行对比后得出的。由于不同的指标具有不同的量纲，所以需要进行无量纲处理。这里我们把评估指标分为定量指标和定性指标两大类进行处理。

1.3.1 定量指标的评估

定量指标是指战术技术指标要求中有明确数量表示且可通过检测或计算得出具体数值的指标。设第 i 项定量指标的战术技术要求是 X_i^0，系统能运行的最低要求称为必保要求，为 X_i^1，该项指标的系统检测结果是 X_i，则该项指标的数量评估 $f(X_i)$ 为

（1）若评估指标越大越优，令

$$g_1(X_i)=f_0\cdot\left(1+\frac{X_i-X_i^0}{X_i^0}\right) \tag{2}$$

则第 i 项评估指标的评分为

$$f(X_i)=\begin{cases}100, & g_1(X_i)\geqslant 100\\ g_1(X_i), & g_1(X_i^1)\leqslant g_1(X_i)<100\\ 0 & g_1(X_i)<g_1(X_i^1)\end{cases} \tag{3}$$

式中，f_0 是评估指标的系统检测结果与战术技术指标要求相一致时的数量评估，可事先取某个值，只具有相对意义。这里我们取 $f_0=80$，由式（3）可知 $f(X_{0i})=f_0=80$。

（2）若评估指标越小越优，令

$$g_2(X_i)=f_0\cdot\left(1+\frac{X_i^0-X_i}{X_i^0}\right) \tag{4}$$

则

$$f(X_i)=\begin{cases}100, & g_2(X_i)\geqslant 100\\ g_2(X_i), & g_2(X_i^1)\leqslant g_2(X_i)<100\\ 0, & g_2(X_i)<g_2(X_i^1)\end{cases} \tag{5}$$

1.3.2 定性指标的评估

定性指标是指难于用检测或计算方法确定具体数值的指标，定性指标的评估就建立在感觉和经验的基础上。对这类指标，可按下面划分的 4 个等级在［0，100］的范围内给与评分，记为 $g_3(X_i)$。

高于战术技术要求：85~100；

相当于战术技术要求：75~85；

介于战术技术要求与必保要求之间：60~75；

低于必保要求：0~60。

则该项评估指标的最终得分为

$$f(X_i)=\begin{cases}g_3(X_i), & g_3(X_i)\geqslant 60\\ 0, & g_3(X_i)<60\end{cases} \tag{6}$$

1.4 系统综合性能评估

采用加权平均法的乘法规则对各单项指标进行综合。用下列公式计算系统的综合评估值 S：

$$S=\prod_{i=1}^{n}\left[f(X_i)\right]^{W_i} \tag{7}$$

式中，W_i为 第 i 项评估指标的权重；$f(X_i)$为第 i 项评估指标的评分。

2 综合性能试验评估应用实例

首先根据图 1 建立的评估指标体系，运用上述 FAHP 方法，可得指标层中各元素的相对权重，如表 1 所示（为节省篇幅，求模糊评判矩阵和指标权重的过程略）。

再根据各单项指标的试验测试结果和战术技术要求，依据上述单项指标量化评估方法，求得$f(X_i)$。最后计算得到系统的综合评估值 $S=87.6$。由此可见，系统综合水平略高于战术技术指标要求，这与实际结果比较相符。

表 1 指标层各元素相对权重

B_1(0.364 8)								
C_{11}	C_{12}	C_{13}	C_{14}	C_{15}	C_{16}	C_{17}	C_{18}	C_{19}
0.076 8	0.038 0	0.029 8	0.018 2	0.009 4	0.009 4	0.005 6	0.132 5	0.045 0

B_2(0.154 9)					B_3(0.208 4)				B_4(0.027 9)	
C_{21}	C_{22}	C_{23}	C_{24}	C_{25}	C_{31}	C_{32}	C_{33}	C_{34}	C_{41}	C_{42}
0.048 6	0.015 3	0.015 3	0.027 2	0.048 6	0.060 1	0.030 5	0.013 7	0.104 1	0.016 7	0.011 2

B_5(0.099 3)						B_6(0.036 8)					
C_{51}	C_{52}	C_{53}	C_{54}	C_{55}	C_{56}	C_{61}	C_{62}	C_{63}	C_{64}	C_{65}	C_{66}
0.013 9	0.007 9	0.019 9	0.009 9	0.029 8	0.017 9	0.005 5	0.011 0	0.005 5	0.003 7	0.007 4	0.003 7

B_7(0.070 8)					B_8(0.037 1)				
C_{71}	C_{72}	C_{73}	C_{74}	C_{75}	C_{81}	C_{82}	C_{83}	C_{84}	C_{85}
0.017 7	0.024 8	0.010 6	0.010 6	0.007 1	0.009 3	0.005 6	0.001 9	0.013 0	0.007 4

3 FAHP 法在武器系统试验评估中的应用

随着高新技术的应用，现代武器装备越来越朝着综合化、系统化、智能化、信息化的方向发展，传统的试验评估模式面临着严峻的挑战。FAHP 方法是一种简便、灵活而又实用的多准则决策的系统分析方法。由于其独特的优点，我们认为 FAHP 法在武器系统试验评估领域具有广阔的应用前景。

（1）辅助试验设计。通过 FAHP 法确立的评估指标体系和权重集，得到各评估指标相对优劣的排序，可以帮助我们在试验设计时确定考核的难点和重点。

（2）指导试验实施。采用加权平均法的乘法规则综合，是要求各单项评估指标尽可能取得较好水平，才能使总的评估较高。它不允许哪一项指标处于最低水平上，只要有一项指标的得分为 0，即低于必保要求，不论其余的指标得分是多少，总的评估指标都将是 0，因而该系统低于必保要求。试验实施中需要密切关注，避免盲目性。

（3）完成综合评估。对武器系统综合性能进行试验评估，解决了以往该类系统定性指标评价的主观随意性和定量指标就事论事的现象，探索出了一种在设计定型试验中将定量指标与定性指标纳入一体综合评估的新思路。

4 结束语

上述方法的提出与应用，使武器系统的试验鉴定更加科学、合理、充分，对今后类似武器装备的试验鉴定具有工程上的指导意义。此外，如果使用不同的评估指标体系和单项指标量化评估方法，计算结果可能会发生一定的变化，因此在这些方面，还可以做进一步的研究。

参考文献

[1] 徐树柏．层次分析法［M］．天津：天津大学出版社，1998.
[2] 张吉军．模糊层次分析法［J］．模糊系统与数学，2000，14（2）：20-24.

第二篇

方法改进

无线电引信弹目交会测试方法研究

邓恒阳，曾慧，马卫涛

测试站遥测室

摘　要：本文主要论述了无线电引信弹目交会模拟试验的思想和方法，提出了如何获取多普勒特征信号，分析弹目交会参数的方法。

关键词：无线电引信；弹目交会

0　引言

目前，我国常规兵器鉴定试验主要采用以射击试验为主的试验方法对无线电引信性能进行鉴定。随着无线电引信干扰技术和抗干扰技术的日益发展，引信工作频率不断提高，引信体制呈现多样化，近感毫米波寻的、红外、激光引信，引信干扰技术和抗干扰技术也将大量应用，由此带来了一些新的技术特点。在靶场试验中，如何有效获取决定引信起爆时机的弹目交会信号，研究目标回波信号频谱、引信启动区及最大引信作用距离一直是靶场鉴定试验的难题；如何分析处理外界干扰对引信性能的影响，确定引信工作体制、频率、起爆方位等参数，也给引信鉴定试验提出了试验经费、试验方法等方面的新课题。

1　无线电引信弹目交会模拟试验的原理

引信是在接近目标的弹道末段才工作的一次性作用装置，它能觉察接触目标时的机械能量或接近目标时的声、光、电、磁等物理场能量的变化，或感受装定时间的改变，或接收外部指令等。在弹目交会时，引信探测装置获取目标反射信息，经过信号处理、电路处理，利用弹目交会过程中某些特征参数，或周围环境的动态变化，或比较引信收到的目标信息与事先存储信息的差异，适时完全起爆战斗部，使战斗部发挥最大毁伤效果。目标、引信、战斗部三者的关系如图 1 所示。

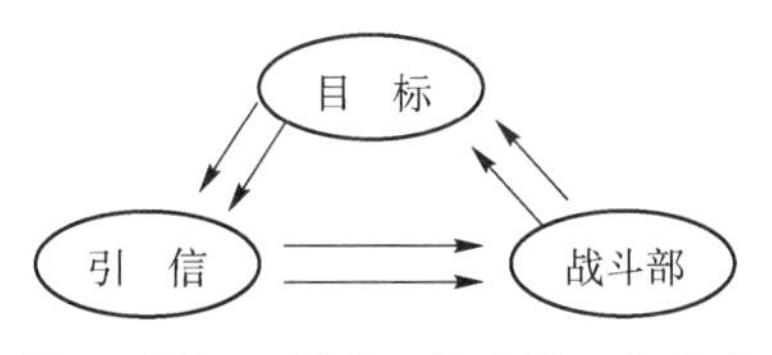

图 1　目标、引信、战斗部三者关系

无线电引信弹目交会模拟试验的原理基础是相似理论。所谓自然现象的“相似”是指在几何相似系统中，多个自然现象在所有空间和时间变量方面完全对应。几何相似是指一个

系统的空间坐标与第二个系统的空间坐标成比例，数学上写成

$$X_1/X_2=M_X,\ Y_1/Y_2=M_Y,\ Z_1/Z_2=M_Z$$

式中，X_1、X_2、Y_1、Y_2、Z_1、Z_2为两个被研究系统对应点的坐标；M_X、M_Z、M_Y是比例系数或相似系数。

无线电引信弹目交会模拟试验与射击试验基本符合相似关系，实际上是一种速度缩比模拟试验。它依据的基本原理是目标回波信号的振幅与弹目交会的相对速度无关，相对速度仅决定多普勒特征信号频率。因此，为正确获得引信真实启动性能，将模拟试验的多普勒特征信号频率通过频率变换（或软件的数据处理技术）提高到真实的多普勒频率，就相当于将交会速度提高到真实的交会速度，也不会改变振幅起伏的规律。

2　无线电引信弹目交会模拟试验的理论分析

引信的性能与目标的物理特性关系极为密切，引信的工作具有瞬时性，引信的引爆指令要求高精确性，这些都给引信的设计、性能的测试和评定带来特别的困难。引信的启动特性、作用范围等性能是否满足设计要求，除了理论论证、打靶试验外，还应由引信的测试、模拟试验来解决这些问题。

在无线电引信弹目交会模拟试验中，不同体制的引信，表征其主要特征的参数也不同，如连续波多普勒引信的特征参数有回波多普勒信号网络、多普勒频率、最佳起爆角、起爆方位等。虽然弹目交会的速度往往达不到实战要求的相对速度范围，在交会过程中取得目标反射的多普勒特征信号也并不反映空中实际的弹目高速交会瞬变情况（如空中导弹与目标的交会速度为200~1 000 m/s），但依据多普勒信号的一些特征，如多普勒频率正比于弹目交会速度，将此信号变频或通过数据处理技术，可取得高速交会的目标反射多普勒特征信号。

例如，连续波多普勒引信做弹目交会模拟试验时，其多普勒频率f_{dL}为

$$f_{dL}=\frac{2V_{Rm}^2t}{\lambda(\rho^2+V_{Rm}^2t^2)^{1/2}} \tag{1}$$

式中，V_{Rm}为模拟试验时弹目交会的相对速度；ρ为脱靶量；λ为引信发射机工作波长。

其混频器输出的多普勒信号u_{dL}为

$$u_{dL}=\frac{K}{\rho^2+V_{Rm}^2t^2}\cos\frac{2\omega_0}{c}(\rho^2+V_{Rm}^2t^2)^{1/2} \tag{2}$$

式中，K为与引信参数有关的常数；V_{Rm}为模拟试验时弹目交会的相对速度；ρ为脱靶量；c为光速；ω_0为引信辐射电波的角频率。

若设速度缩比系数为K_0，其数值为

$$K_0=\frac{V_{R0}}{V_{Rm}} \tag{3}$$

式中，V_{R0}为射击试验时的弹目交会速度。

由式（1）、式（2）、式（3）知，信号u_{dL}由变频装置或记录设备记录，其记录速度为V_L，当记录仪以K_0V_L的速度重放信号时，相当于变换时间坐标，新坐标时间t'的大小对应于原坐标t/K_0的大小，即$t'=t/K_0$。将$t'=t/K$代入式（1）、式（2），可得真实的多普勒频率f_{dH}及多普勒信号u_{dH}，计算式为

$$f_{\mathrm{dH}}=\frac{2V_{\mathrm{Rm}}^{2}K_{0}^{2}t'}{\lambda\left(\rho^{2}+V_{\mathrm{Rm}}^{2}K_{0}^{2}t'^{2}\right)^{1/2}} \tag{4}$$

$$u_{\mathrm{dH}}=\frac{K}{\rho^{2}+V_{\mathrm{Rm}}^{2}K_{0}^{2}t'^{2}}\cos\frac{2\omega_{0}}{c}\left(\rho^{2}+V_{\mathrm{Rm}}^{2}K_{0}^{2}t'^{2}\right)^{1/2} \tag{5}$$

比较式（4）、式（5）知，变换后的信号相当于引信与目标相对交会速度增加 K_0 倍时所得的多普勒信号（包括振幅与频率）。

3　无线电引信弹目交会模拟试验的方法设计

无线电引信弹目交会模拟试验主要可用来模拟射击试验过程、引信启动区研究及回波多普勒频谱研究。无线电引信弹目交会模拟试验是以典型的引信实物与具有代表性全尺寸目标模型（例如典型的真实飞机目标），在交会过程中测试引信的回波多普勒信号、启动信号等主要性能。

试验的基本方法：在交会模拟试验设施上，如图 2 所示，目标悬挂在空中，按规定的弹道参数，预装引信实物和全尺寸目标模型的姿态及相对位置等，并使引信按规定的交会弹道，沿着预定的轨道或柔性滑轨以一定的弹目相对速度从目标模型下方穿越，与目标做相对交会运动。为使每次运行获得尽可能多的数据，可以确定多个独立的目标位置，并在不同高度（即脱靶量不同）悬挂成各种姿态。经过对不同姿态目标的多次反复试验，可模拟不同弹道与目标的交会。

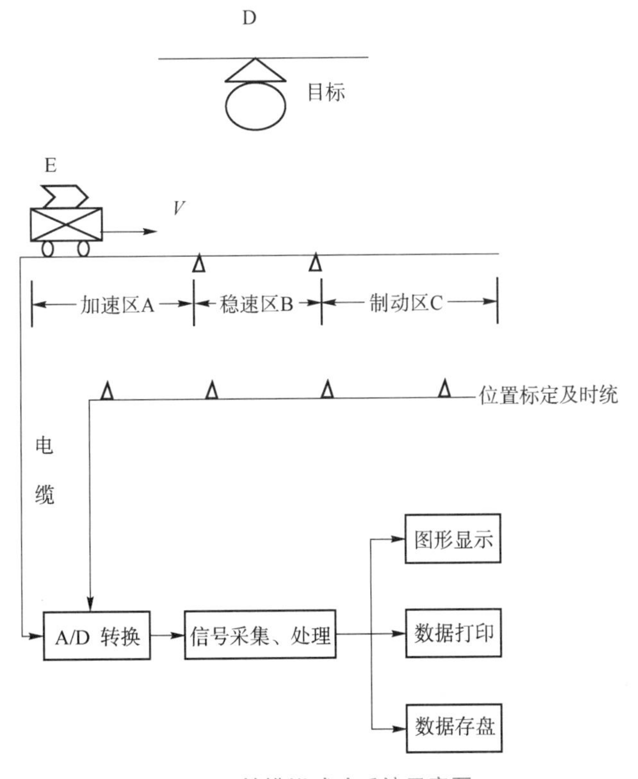

图 2　某模拟试验系统示意图

A：启动加速区；B：稳速交会区；C：制动区；D：塔架及目标姿态控制；E：引信及姿态控制；V：速度

在引信与目标交会过程中，目标不同部位依次受引信的辐射电波照射，与目标反射特性相关的回波信号，经由接收天线送至混频器与本振信号混频。这一过程与射击试验时的工作过程一致，取得的信息真实、可信。因此，将交会过程中取得目标反射的多普勒特征信号通过变频或数据处理技术，可取得高速交会的目标反射多普勒特征信号，将此信号进行信息处理，可取得引信启动特性，验证引信工作性能。

4 应用举例

某次试验时，一连续波多普勒引信工作频率f=280 MHz，即$\lambda \approx 1.07$ m，弹目交会相对速度$V_{R0}=600$ m/s；脱靶量$\rho=3 \sim 10$ m；稳速区工作时间$t=1$ s；典型弹道交会段的参数为目标方位角$\beta_T=30°$，仰角$\gamma_T=10°$；弹体方位角$\beta_M=15°$，仰角$\gamma_M=5°$；脱靶方位$\omega=45°$；引信启动后弹体中心运动到脱靶点所在平面的距离$R=60$ m。

取速度缩比系数为$K_0=10$，即模拟试验时的弹目相对速度$V_{Rm}=60$ m/s。根据可能，应使脱靶量尽可能小，调节脱靶参数和目标姿态，取脱靶量$\rho_{min}=3$ m。弹目交会时的回波信号如图 3 所示。

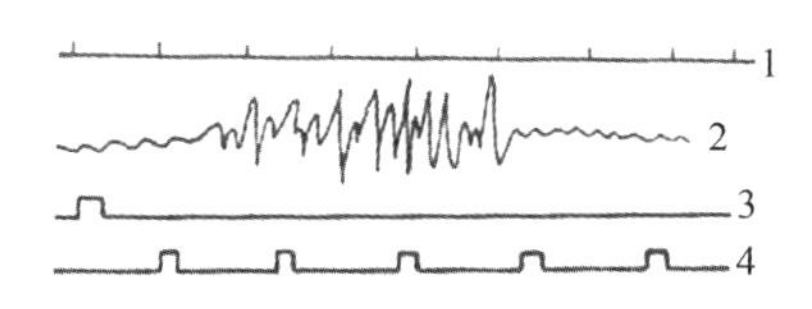

图 3　弹目交会时的回波信号

1—时标信号；2—多普勒信号；3—时统信号；4—位标信号

慢速交会得到的多普勒回波信号并不反映空中弹目实际交会情况，通过变频和数据处理后，可得如图 4 所示的高速多普勒信号。

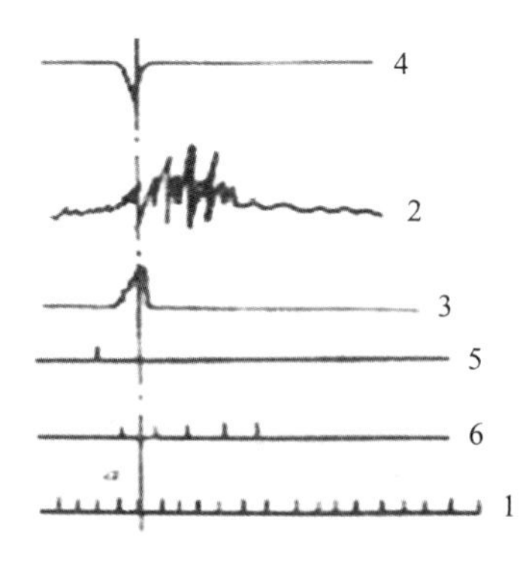

图 4　3 m 时变频和数据处理后的记录信号

1—时标；2—多普勒信号；3—累积电压；4—动作信号；5—时统信号；6—位标信号

根据上述，可得真实的多普勒频率f_{dH}、多普勒信号u_{dH}，即

$$f_{dH}=\frac{2V_{Rm}^2K_0^2t'}{\lambda(\rho^2+V_{Rm}^2K_0^2t'^2)^{1/2}}=\frac{2\times60^2\times10^2\times0.1}{1.07(3^2+60^2\times10^2\times0.1^2)^{1/2}}$$

$$\approx 1.12\ (\text{kHz})$$

$$u_{dH}=\frac{K}{\rho^2+V_{Rm}^2K_0^2t'^2}\cos\frac{2\omega_0}{c}(\rho^2+V_{Rm}^2K_0^2t'^2)^{1/2}$$

$$\approx 2.75(\text{mV})$$

引信启动角 ϕ 为

$$\phi=\arccos\frac{R\cos\beta_M\cos\gamma_M+\rho\cos\omega\sin\beta_M\cos\gamma_M+\rho\sin\omega\sin\gamma_M}{(R^2+\rho^2\cos^2\omega+\rho^2\sin^2\omega)^{1/2}}\approx 14.1°$$

因此，改变脱靶量 ρ、速度缩比系数为 K_0，可得到不同脱靶量、相对速度条件下的回波信号频谱、多普勒信号频率，通过计算，还可得出不同条件下的引信启动区、多普勒增幅速度等参数。

5 结束语

无线电引信弹目交会模拟试验采用全尺寸、真实目标、真实引信三者结合方式，主要研究了回波多普勒特征信号、引信启动区。主要有如下特点：

（1）克服了射击试验时飞行姿态有限的缺点，可按实际交会参数的各种弹道进行试验，取得回波多普勒信号频谱、多普勒频率及增幅速度、引信启动区等参数。

（2）可以考核无线电引信的可靠性、抗干扰能力并进行目标特性研究。

（3）可以提高测试精度、验证引信及目标数学模型、预测靶试结果；对于引信的质量控制、缩短试验周期、减少靶场射击次数、降低试验消耗、克服射击试验时飞行姿态有限的缺点等方面具有重要意义。

本文提出的测试方法还有待进一步深入、完善，文中不当不足之处，还望专家学者批评指正。

参考文献

[1] 杜汉卿. 无线电引信试验技术基础［M］. 北京：兵器工业出版社，1988.
[2] 杜汉卿. 无线电引信抗干扰原理［M］. 北京：兵器工业出版社，1988.
[3] 梁棠文. 防空导弹引信设计及仿真技术［M］. 北京：中国宇航出版社，1995.

兰利法炮口保险试验结果分析

纪永祥，李国芳，张景玲，高波，陈维波

中国华阴兵器试验中心　陕西 714200

摘　要：本文简单介绍了炮口保险距离兰利法的试验方法，并对该方法在实际使用中出现的问题进行了探讨，给出了相应解决方案。

关键词：引信；炮口保险；兰利法；试验方法

0　前言

对于引信而言，炮口保险距离是一项重要的战术指标，也是引信科研、鉴定、定型试验必须考核的项目之一。传统的方法是根据战术技术指标要求，在相应距离上立一定厚度的靶板，用实弹真引信射击，引信在靶上及落地前不作用，即为合格。这种方法效率极低，试验消耗大，得到的产品信息少。要得到较高的可靠度，则要消耗大量弹药。为此，近年来，在设计定型试验中一直采用统计拟合推断炮口保险距离的方法。

1　兰利法试验

常用的炮口保险统计试验方法，有概率单位法、升降法、兰利法、点估法和威布尔法等，不同的统计方法有不同的使用范围和适用条件，但平时使用最多的是兰利法拟合推断炮口保险距离。

该方法根据产品设计值、历次试验结果估计过渡区（炮口保险距离到解除保险距离之间）的上下限和临界值，试验发数要求不小于 15 发。一般临界值取为预期上、下限的中位值。因采用变步长，从而有望获得较为准确的估值，在 GJB 349. 12—1988、GJB 573. 22—1998 和 GJB 1853—1993 有详细的说明和使用规定。下面以某次试验为例，对兰利法试验做一介绍。

该引信的战术技术指标中规定炮口保险距离不小于 20 m，可靠解除保险距离不大于 150 m。根据以前试验结果，初步确定炮口保险距离为 20 m（下限），可靠解除保险距离 100 m（上限），试验结果如表 1 所示（“0”表示引信对靶作用，“1”表示引信对靶不作用，下同）。

表 1　试验结果

序 号	1	2	3	4	5	6	7	8
靶距/m	60	80	70	45	57. 5	68. 75	63. 12	54. 06
作用情况	1	0	0	1	1	0	0	1

续表

序号	9	10	11	12	13	14	15	
靶距/m	58.59	56.33	57.46	63.11	81.55	72.33	64.89	
作用情况	0	1	1	1	0	0	0	

通过计算，在置信度为0.90时，95%可靠保险距离不小于52 m，95%可靠解除保险距离不大于71 m。为了验证试验结果的准确性，在50%可靠解除保险距离61.5 m处射击7发，试验结果如表2所示。

表2　试验结果

序 号	1	2	3	4	5	6	7
作用情况	1	1	0	0	1	0	0

验证试验证明计算结果与产品实际性能符合很好。

兰利法的特点是建立了引信从不发火到发火概率与距离过程间的关系，以足够精确的50%发火或不发火距离为支撑点，为评估设计计算的正确性提供有效的支持，并以此产生科学价值。由否定的信息参与评估，如用发火信息作为保险距离评估的支持，提高了评估结果的可信性。以能力评估的方式，克服了点估值试验定靶距不适当的风险，提供了以实际达到水平与要求做比较的可行途径，减少了使用、制造方的风险，并有较高的效率。因此，不会像点估值试验那样犯靶距决策性错误，因而效率的比较不为定数。而当点估值试验定靶距决策错误且相同精度时，它的效率可提高1~4倍。

2　异常结果处理

虽然该方法能够为我们提供产品的更多信息，但有时会出现异常情况，在实际中可能会出现瞎火，影响统计分布的情况。由于引信结构已经确定，出现瞎火是不可避免的。例如在某引信的炮口保险距离试验中，指标规定炮口保险距离不小于20 m，可靠解除保险距离不大于150 m。根据产品历次试验结果，取下限为20 m，上限为70 m，采用兰利法，射击15发，试验结果如表3所示。

表3　试验结果

序 号	1	2	3	4	5	6	7	8
靶距/m	45.0	32.5	26.25	29.4	37.2	33.3	29.78	31.54
作用情况	0	0	1	1	0	0	1	1
序号	9	10	11	12	13	14	15	
靶距/m	34.37	32.96	33.67	51.83	60.92	56.37	45.02	
作用情况	0	1	1	1	0	0	1	

计算结果表明，引信50%解除保险距离值36 m，但由于方差过大，炮口保险距离出现负值，根本不能满足要求。

在进行结构类似引信试验时，指标规定炮口保险距离不小于 20 m，可靠解除保险距离不大于 150 m。取下限为 20 m，上限为 60 m，采用兰利法，射击 15 发，试验结果如表 4 所示。

表 4　试验结果

序号	1	2	3	4	5	6	7	8
靶距/m	40	30	35	47.5	41.25	44.38	52.19	48.29
作用情况	0	1	1	0	1	1	0	0
序号	9	10	11	12	13	14	15	
靶距/m	44.77	46.53	45.65	37.83	41.74	44.13	42.94	
作用情况	1	0	0	1	1	0	1	

通过计算，在置信度为 0.90 时，95%可靠保险距离不小于 36 m，95%可靠解除保险距离不大于 52 m。

对比两次结果，我们有理由认为在第一次试验中，第 12 发靶距为 51.83 m 处引信瞎火。为此，我们重新组织试验，试验结果如表 5 所示。

表 5　试验结果

序 号	1	2	3	4	5	6	7	8
靶距/m	45.0	32.5	26.25	29.4	37.2	33.3	29.78	31.54
作用情况	0	0	1	1	0	0	1	1
序号	9	10	11	12	13	14	15	
靶距/m	34.37	32.96	33.67	51.83	42.75	37.86	33.8	
作用情况	0	1	1	0	0	0	1	

通过计算，在置信度为 0.90 时，95%可靠保险距离不小于 29 m，95%可靠解除保险距离不大于 38 m。引信 50%解除保险距离值 33.53 m。

试验结果说明，使用兰利法出现瞎火，一般情况下会改变分布中心的估值，并相应地增大方差。尤其当在上界附近出现瞎火干扰时，对分布中心的改变量可达 1/2~1 个方差的量级。由于使分布中心增大，从而增大试验估值的风险，即把不合格结果误认为合格。因此，辨识试验结果中是否存在瞎火干扰，是关系到试验的可信赖问题，因而必须关注。

对在相同或相近的条件下的两次试验结果比较，若两次试验结果的分布中心无显著差异，则说明无此干扰；若有显著差异，则说明分布中心偏大的试验，引入了瞎火干扰。两次试验结果的可比性，基于以下条件：①引信的瞎火率通常在 95%附近，平均每 20 个样本可抽到 1 发，两次试验都抽到同样结果是小概率事件；②引信的结构状态已定，其反映设计参量的分布中心是稳定的（按当前的机械、电子保险而言，从原理上分析，没有突变因素）；③发射条件基本稳定，即有相对稳定的初速、最大膛压，只要装药号确定，可按历次试验的弹道参数推断。

如果没有可比的两次试验结果，或是试验表明，其中一次引信的瞎火率较高，而该分布中心反而近，或怀疑推断炮口保险距离不真实（如大大低于理论计算值）等，这时，应先进行分布中心估值的检验，即在试验的分布中心估值距离上试验 6~10 发，观察作用比率，也可用简易升降法确定其中心分布位置，作为修正。如果原试验方差不大，那么就可用修正后的分布中心，与原试验结果得到的散布方差计算保险距离。当有验前信息可用时，即在此之前也用相同的方法进行试验，那么其方差取两次试验方差的几何平均值，其方差的置信区间按两次试验的样本量确定，实际上是减小方差区间估值的不确定因子。由于试验的变步长性，使结果不能改变，只能默认其方差。因此，应在分析设计的基础上进行现场修正。

如果在试验现场，对上界附近出现瞎火发生怀疑，可在该距离上补射一发，将补射结果用于计算，这样就消除了瞎火干扰。由于瞎火率不高，所以，在一次试验中只能剔除、补射一发。

对可疑的散布中心估值，可用上述点估值方法。在略小于试验估值距离，即 1/3~1/4 个方差的位置上立靶，取有效试验数为 8 发，最好的情况是得到 50%，记发火率为 R，由拟合得到的分布中心与点估值结果逼近真实的分布中心，取其修正后距离记为 $X(0.5)$。当点估值结果为 0.50 时，取两次试验的平均值作修正值，当点估值不为 0.5 时，用拟合的方差乘以该比率对应的正态分位系数，推算分布中心，然后，再取两次结果的均值，仍记为 $X(0.5)$。

如果此时结果仍不能满意，可以对方差进行修正。对保险距离一侧方差的修正，按修正后的中心估值水平 $X(0.5)$，估算使作用率在 30% 的对应距离上做射击试验，取有效试验数为 9~12 发（便于统计 1/3 的结果），得到点估值，并按二项分布取其置信下限为 r，以试验靶距记 $X(r)$，按下式求方差：

$$S=\{X(0.5)-X(r)\}/U$$

式中，U 为对应 r 的正态分位系数。此后，按修正后的方差 S 和修正后的分布中心计算炮口保险距离。而解除保险距离，则除了按修正后的分布中心计算外，其方差仍按拟合值计算。

3 结论

本文只是对采用兰利法进行炮口保险距离试验出现的一种情况进行了分析，并提出了相应的解决办法，只适用于弹丸在出炮口后速度不再增加的炮弹引信。对于火箭弹引信或其他在出炮口后有加速度存在的引信，本方法是不太适用的。这时，解除保险距离不是正态分布，由于加速度的存在，因此是偏态分布。这时，需要引入火箭主动段的平均加速度 a 和估计分布中心距离对应存速 $V_{0.5}$，对距离做必要修正。此时认为不管距离如何，解除保险距离所对应的时间散布是服从正态分布的。用时间代替距离进行试验，最后换算到实际距离上。对有时可能出现其他情况，如试验后不能计算出解除保险距离，甚至计算出现负值的结果，或计算方差明显偏大，出现炮口保险距离不满足指标要求的情况，应根据具体产品的特点，具体问题具体分析，采取相应补救措施解决。

本文的主要观点是根据肖崇光高级工程师提出的观点和方法进行整理的，在此表示感谢！

参考文献

[1] 常规兵器定型试验方法（GJB 349.37—1990），1990.
[2] 统计分布数值表（GB 4086.1—1984），1984.

无线电近炸引信试验统计方法探讨

纪永祥，李国芳，高波

中国华阴兵器试验中心，陕西华阴 714200

摘　要：本文针对无线电近炸引信试验结果统计中的一些问题进行了分析，提出了对无线电近炸引信在试验结果统计时应注意的几个问题。

关键词：无线电近炸引信；试验方法

0　问题的提出

在统计无线电近炸引信对空中目标近炸和自毁作用率时，把在目标近炸性能试验时，出现在目标有效作用区前的早炸数统计在近炸失效数中，把全弹道飞行项目中的早炸数统计在自毁失效数中，结果正常近炸作用率和自毁作用率偏低，近炸性能和自毁性能均不满足要求的情形。实际在进行近炸性能试验中出现早炸时，对于引信自身而言，此时近炸电路部分的工作状态如何，我们并不知道；在全弹道飞行试验中出现早炸，引信自毁电路的工作状态也是不知道的。一般地，引信自毁电路是由电阻、电容等组成的 *RC* 电路或简单的计时电路，工作可靠、性能稳定、失效率很低。而引起引信早炸的原因是多方面的，如电源噪声、弹道背景噪声、弹丸摆动、空气动力热等。按照传统的统计方法，不容易找到引信存在的问题。另外，在统计总失效数时，引信对目标没有近炸，通过目标有效作用区后发生弹道早炸，如何进行统计等。因此，需要对试验结果统计方法做进一步改进或明确，提出试验结果统计的基本原则，便于分析问题，解决问题，得出科学、可靠的试验结论。

1　近炸引信的作用原理

某无线电近炸引信主要是对空中目标实现近炸功能，兼有碰炸和自毁功能，其作用过程如下：

弹丸出炮口后，在直线惯性力和离心力的作用下，电池激活，飞行一定距离后，引信解除保险，传爆序列对正，处于待发状态。引信高频发射机通过天线向周围空间辐射电磁波。当弹丸接近目标时，从目标反射回来的回波信号被引信天线接收，高频自差机经过调制、检波，输出包含目标信息的多普勒信号。当信号的频率、幅值、持续时间、增幅速率等满足要求时，信号处理电路即有点火脉冲输出，引信起爆并进而引爆弹丸。如果引信直接命中目标，近炸功能不起作用，直接实现碰炸功能；如果脱靶量太大，引信不能正常近炸时，可在规定时间内自毁。

在试验中，大部分引信能正常作用，但也有早炸、对靶不能正常近炸（因为脱靶量大超过引信的作用范围除外）、瞎火等情况。在对试验结果的最终统计、评定中，我们要得出引信近炸作用率是多少，是否满足指标要求，早炸作用率是否超过指标要求等。对此，我们就要对产品的结构、作用原理等进行了解，设置相应项目进行考核，最后给出产品的综合性能。

2 引信性能的试验与统计原则

2.1 近炸作用率

对空近炸引信的主要性能是对空中目标实现近炸功能。试验目的是考核近炸作用率及作用适时性。引信只有进入目标有效作用区，才可能对目标实现近炸，如果引信在未进入目标有效作用区就作用，此时并不知道引信近炸功能是否工作正常。因此对于考核引信的近炸性能而言，该发引信只能做无效处理。同样，引信在通过目标有效作用区时，由于脱靶量超过规定值，引信探测不到目标的存在，对考核近炸性能而言，同样只能做无效处理。因此，我们在考核引信近炸性能时出现下面情况，在统计近炸作用率时，应做无效处理：

（1）在进入目标区前提前作用。

（2）通过目标有效作用区时，由于脱靶量太大，超过引信实际探测能力或设计指标，引信探测不到目标信号。

（3）引信无工作信号或工作信号不正常。

2.2 自毁作用率

由于各种原因，引信不能对目标近炸时，要求引信在规定的时间内实现自毁功能。如果引信在未进入自毁时间下限提前作用（不含引信自毁时间超差），此时我们并不知道引信的自毁机构工作是否正常，在统计自毁作用率时，同样应做无效处理。

2.3 碰炸作用率

引信如果能够直接命中目标，无须近炸，可以实现其碰炸功能。该项目一般可以单独进行考核，此时引信必须经过改装，使引信高频部分不工作。

2.4 早炸率

对于无线电近炸引信而言，出现早炸是不可避免的。早炸的原因是多方面的。具体到某一发引信早炸的原因，我们只能推测、分析，不能确定。在战术技术指标中对早炸作用率有明确的指标限制，并且在任何项目中出现的早炸，包括近炸性能、自毁性能等，均要统计在早炸数中。

2.5 总失效数

引信失效包括早炸、近炸失效、自毁失效和瞎火 4 种。

（1）早炸主要包括两方面，一是在进行全弹道飞行试验中，引信在未达到规定的自毁作用时间下限而提前作用（经分析属自毁时间下限超差，可不做早炸处理）；二是在对目标近炸性能试验中，在未进入目标有效作用区提前作用，或是通过目标区后，未达到引信自毁作用时间下限而提前作用（通过目标区后达到引信自毁作用时间上限后作用，经分析属自毁时间上限超差，可做自毁失效处理）的引信。

（2）近炸失效指目标近炸性能试验时，进入目标有效作用区没有对目标近炸的引信。

（3）自毁失效包括在进行全弹道飞行试验中，在规定的自毁作用时间上限时仍未自毁的引信（在规定自毁时间之外，引信作用，经分析确认为自毁时间超差，可做自毁失效处理）和在对目标近炸性能试验中对目标没有近炸，穿过目标有效作用区后在规定的作用时间上限没有自毁的引信。

（4）瞎火包括在进行碰炸性能试验时，出现的瞎火数和其他可以统计在碰炸性能试验项目中的瞎火数，这时有两种情况：①在进行对目标近炸性能试验时没有对目标作用，且没有自毁的引信在落地时未对地作用的引信数；②在进行全弹道飞行试验中引信没有自毁，落地时未对地作用的引信数。

如上所述，引信失效类型可以表示如下：

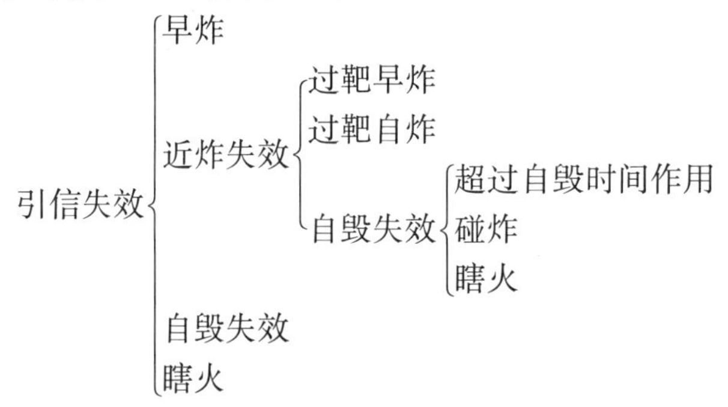

在进行现场试验和结果统计时，要注意以下几点：

（1）引信非正常作用时，首先要排除外部干扰因素，如确系外部干扰引起引信非正常作用，应在结果中予以说明，可不做早炸统计。

（2）引信在目标有效作用区内作用，或是在规定的自毁时间内自毁时，要看引信工作信号是否正常。工作信号不正常时，应做失效处理，统计在总失效数中。

（3）引信在规定的时间外自毁，不能简单地做早炸或自毁失效处理，如果此时工作信号正常，且作用时间与规定的自毁时间相差不大，做自毁时间超差处理；引信在空中长时间飞行时，没有遇到目标，超过自毁时间上限后作用，做自毁失效处理，也可按照有关协定处理。

（4）进行对目标近炸性能试验项目时，要求引信作用半径在 $0\sim R$（R 为大于引信规定作用半径的某一正数）内均匀分布，不能有意人为干扰，将引信作用半径控制在小于规定作用半径的某一数值内。

（5）引信在目标有效作用区前作用时，要分析引信信号是否正常。在引信信号正常的前提下，可从两方面来判断：①靶前炸时，弹丸对目标有一定毁伤作用，可做正常作用的引信进行统计；②通过对目标毁伤效能的评估，对目标没有任何毁伤效果，做早炸处理。也可与使用方协调，确定引信正常作用与否的判定条件。如果信号不正常，则做早炸处理。

3　举例

某对空近炸引信兼有碰炸和自毁功能，该引信对目标近炸性能试验时，引信作用情况示意图如图 1 所示。

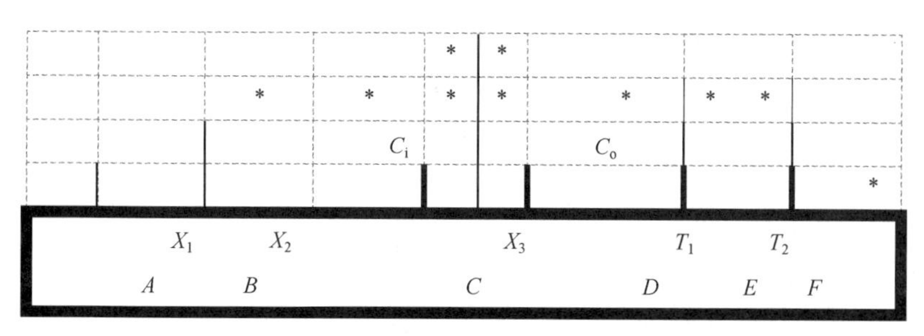

图 1　对目标近炸性能试验时引信作用情况示意图

图 1 中，引信炮口保险距离 X_1 m，最小攻击距离 X_2 m，自毁作用时间 $T_1 \sim T_2$ s。在试验中，共射击 100 发，进入目标有效作用区 C_i 为 80 发（引信能够探测到目标信号），其余 20 发在进入目标有效作用区前作用（早炸），通过 C_o 为 20 发，其中 18 发进入 DE 区，2 发通过 E 点，到达 F 时 1 发对地作用，1 发瞎火。

另外，在进行全弹道飞行试验时，射击 20 发，2 发在自毁作用时间下限前作用，2 发在达到自毁时间上限时仍未作用，1 发对地作用，1 发瞎火。

在进行碰炸性能试验时，射击 20 发，1 发瞎火。

根据以上确定的原则，我们统计结果为近炸失效数 20 发（近炸射击有效数 80 发），自毁失效数 4 发（全弹道射击有效数 36 发），碰炸失效数 3 发（碰炸射击有效数 24 发），早炸数 24 发，总失效数 45 发。采用有关国军标和试验统计方法，结合引信作用可靠度，我们可以得到引信的近炸作用率、自毁作用率和其他试验结果。用简单的统计，就可以得出新旧两种方法在结果上的差异，如表 1 所示。

表 1　新旧两种方法在结果上的差异

项　　目	传统方法	现在方法
近炸失效率	60/100	60/80
自毁失效数	28/60	4/36
早炸作用率	24/120	24/120
碰炸失效率	3/24	3/24
总失效数	45	45

比较可以看出，新方法与旧方法结果差异较大，旧方法反映出近炸作用率、自毁率低，问题较多，解决起来无从下手；而新方法只反映出早炸作用率高，可能是引信电路工作不稳定、电池噪声等干扰引起的，问题比较明显。最主要的是新方法不像旧方法那样，在单项性能指标中包含总体的多种性能，不容易发现问题，解决问题。

4　结论

通过上述分析可以看出，对于近炸作用率和自毁作用率来说，采用不同的统计方法，试验结果是不同的。在试验设计及结果统计时，只有正确理解战术技术指标，才能发现被试品存在的问题，给出客观、公正的评价，对存在的问题指出解决的途径、方向。因此在进行试验结果统计时应遵循以下原则：

（1）近炸作用率与近炸失效数。进行对目标近炸性能试验时，出现在目标有效作用区前的引信早炸数不统计在近炸失效数中，也不统计在近炸性能试验的射击总数中，只统计在早炸数中；脱靶量大于超过规定值时，没有对目标作用的引信数不统计在近炸性能试验的射击总数中；通过日标有效作用区，脱靶量小于超过规定值时，没有对目标作用的引信数才统计在近炸功能失效数中。

（2）自毁作用率及自毁失效数。在进行自毁性能或其他可以统计自毁作用率试验时，在规定自毁时间下限提前作用的引信属于早炸，不统计在自毁失效数中，也不统计在自毁性能试验的射击总数中，只统计在早炸数中；引信在规定时间上限没有作用时，才统计在自毁失效数中。

（3）引信有早炸、瞎火等四种失效类型，在进行单项失效数统计时，一发引信可以重复统计在不同失效类型中。

（4）在统计引信总失效数时，应遵循一次性的原则，一发引信只能统计一次失效，不重复统计。一发引信有几种失效类型，在统计单项失效数时，应分别统计，如近炸失效、自毁失效、瞎火在一发引信中均出现了，说明该引信的近炸功能、自炸电路、碰炸开关或电池等均可能存在问题，在统计单项失效时，可以重复统计，但在统计引信总失效数时，只能统计一次，即作一发统计。

（5）在进行试验结果统计时，还要注意引信对目标作用时，引信工作信号是否正常，如果信号不正常，则不参与正常作用数的统计，做失效处理。

对于引信的性能最终是否满足指标要求，有专门国军标和试验数据统计处理方法，这里不再讨论。

以上观点乃一家之言，仅供参考。

参考文献

[1] 常规兵器定型试验方法 GJB 349—1990.

[2] 张玉铮. 近炸引信设计原理［M］. 北京：北京理工大学出版社，1996.

对空近炸引信试验与结果评定方法研究

纪永祥，刘社锋，陈维波

中国华阴兵器试验中心，陕西华阴 714200

摘　要：本文分析了近炸引信主要战技指标和现有试验方法，提出了考核和评定近炸引信性能的新试验方法，供今后近炸引信定型时试验参考。

关键词：近炸引信；试验方法

0　引言

为了提高武器系统对来袭导弹、武装直升机的毁伤效能，我国不同军兵种都在开发、研制能够对来袭武器不接触而对目标造成毁伤的非触发引信。目前，我军部分武器装备已经装备了能够对来袭目标近炸的无线电引信，不仅提高了对来袭导弹等目标的拦截能力，而且有效保护了自己。但在科研阶段，如何对引信的近炸性能进行考核和评定，却是一个需要不断探索的课题。

1　关于近炸引信指标的描述

一般地，在近炸引信指标的描述中，作为主要战术技术指标的“对目标近炸性能”，通常是这样描述的：“引信对距海（地）面××米以上高度的‘飞鱼’类导弹（悬停武装直升机），近炸脱靶量小于×米，正常作用率不小于 90%。”对于这样的指标要求，研制单位会设计出尽量满足指标要求的引信。但由于工程研制阶段产品的不可预见性和性能的不稳定性，经常会出现早炸等问题，使得研制方不得不采取相应措施，如降低引信探测灵敏度等方法，这样就可能使得引信的实际近炸作用距离不能满足战术技术指标要求。在鉴定或定型试验中，研制单位为了使引信有较高的作用率，在试验中就人为控制脱靶量（引信对目标作用距离）的大小，通过降低脱靶量的办法达到提高近炸作用率的目的。

例如，某对空无线电引信在战术技术指标中规定：“对距离地面 50 m 处飞行的导弹，在脱靶量小于 3 m 时，作用率不小于 85%。”

某次试验结果脱靶量分布情况如图 1 所示。

将得到的试验脱靶量数据从小到大进行排序，脱靶量小于 3 m 的有效数量 54 发，其中 46 发对靶作用，作用率为 85%。

对排序后的试验数据进行观测，发现大部分脱靶量数据集中在 2~3 m，全部数据均值为 2. 41 m，与指标要求的脱靶量 3 m 有一定差距，所以 3 m 处的作用率其实并不知道。

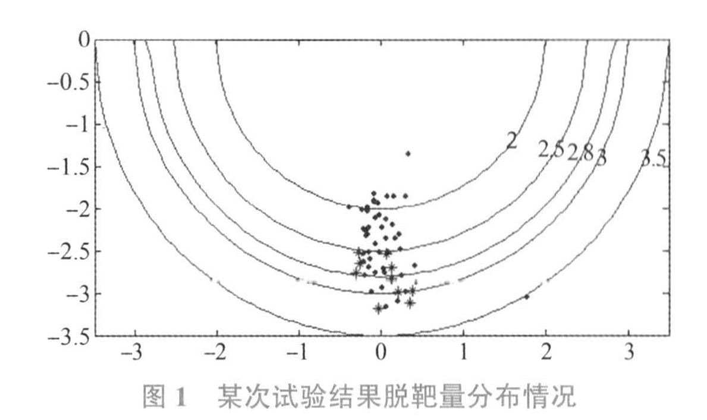

图 1　某次试验结果脱靶量分布情况

从图 1 可以看出，考察脱靶量小于 3 m 的所有点，作用率为 85%（有效 54 发，46 发作用），满足指标规定的作用率不小于 85%的要求（这里称为方法一）；但考察脱靶量在 2.5~3.0 m 的点，作用率为 69%（有效 26 发，18 发作用）；考察脱靶量在 2.8~3.0 m 的点，作用率仅为 65%（有效 9 发，6 发作用），均不满足指标规定的作用率不小于 85%的要求（这里称为方法二）。

所以，对比两种统计方法，可以看出运用不同的试验数据统计方法，试验结果是有很大差异的。这就涉及对战术技术指标理解的问题，如果理解为脱靶量不大于 3 m，运用第一种统计方法比较恰当；如果理解为脱靶量不小于 3 m，则运用第二种统计方法比较好。

2　新方法的探讨

为了得出客观的试验结果，给产品以定量的评价，必须在现有试验方法的基础上对其进行合理、科学、符合产品特性的改进，充分反映产品的性能，使性能优良的产品得到充分发挥水平的机会，对性能一般的产品提出合理的改进建议，如增加作用半径、控制炸点位置等，以便提高引战配合效率，充分发挥战斗部威力等。

2.1　概率单位法试验设计

该方法的主要思路是，预计被试引信的过渡应力区，参考根据战术技术指标规定的脱靶量，取作用概率为 0.1~0.9 的相应作用距离 $X_{0.1} \sim X_{0.9}$，确定试验应力水平 X_i，$i=1\sim5$，在每个试验点上的试验数量 $n>10$，通常在每个试验点上试验数量相同。统计在不同脱靶量时引信的作用率，并对所得数据进行拟合，得到脱靶量与作用率关系曲线。将得到的脱靶量与引信的作用率与战术技术指标规定值进行比较，得出是否满足规定要求的结论。

对例中的试验数据按上述方法进行统计，得出在不同脱靶量时的引信作用率，对所得数据进行拟合，得到脱靶量与引信作用率关系曲线图，如图 2 所示。由此可计算出，引信在 2.41 m 处作用率为 87%，2.5 m 处作用率为 84%，3 m 处作用率为 66%；作用率为 85%对应的作用距离为 2.49 m，作用率为 90%对应的作用距离为 2.27 m。

这种方法比较直观、简洁，容易被大多数人所接受；其缺点是试验消耗较大，试验周期长。如果不能连续完成试验，会带来因靶标位置不同、火炮架设不同，气象条件、环境干扰等因素造成测试的误差，影响试验结果。

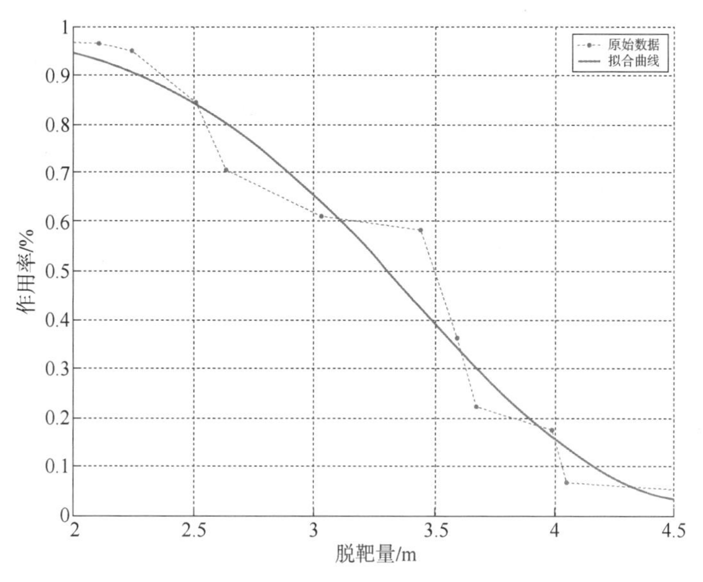

图 2 脱靶量与引信作用率关系曲线图

2.2 平均脱靶量法试验设计

该方法主要是通过在射击过程中，控制脱靶量的大小，使最后得到的平均脱靶量值不小于指标规定的值，且作用率满足指标规定的要求为合格。该方法操作简单，也比较直观，但在试验中，会有一定数量的产品因脱靶量超过作用半径而不能对靶作用，浪费较大，增加研制单位试验费用，对试验基地的试验水平造成不好影响。如果指标中规定 x 米处的作用率为 50%，即表示在试验中允许至少一半的产品失效，这样就可以减少试验过程中人为控制脱靶量大小的情况发生。

根据图 1，统计脱靶量在 2.5~3.5 m 的作用情况，有效数量 30 发，其中 20 发作用，平均脱靶量为 2.79 m，小于指标规定值 3 m，作用率仅为 67%，不满足指标规定的作用率不小于 85%的要求；统计 2.8~3.2 m 的作用情况，有效数量 13 发，其中 8 发作用，平均脱靶量为 2.98 m，接近指标规定值 3 m，作用率仅为 62%（该作用率与用 2.1 节的方法计算出 3 m 处的作用率 65.70%非常接近），同样不满足指标规定的要求。

通过试验结果可以看出，只有在指标中对平均脱靶量值进行规定或限制，才可以在鉴定试验中，避免人为控制脱靶量的干扰，从而保证试验质量，确保定型后产品的使用性能，同时也为部队提供了优良装备。

2.3 仿真加靶试法试验设计

该方法首先是通过仿真试验，得到在不同脱靶量下引信模拟作用率，然后通过靶场试验，对得到的试验数据进行修正，获得引信在不同作用距离上的作用率，拟合后得到脱靶量和引信作用率关系曲线。试验表明，仿真结果与靶试结果差异较大，不能完全作为评定产品是否满足战术技术指标规定要求的依据，只能定性分析引信在不同距离上的作用情况。

对同一产品，前期仿真试验结果为：引信在 3.3 m 处和 4.0 m 处仿真作用率分别为 70%和 20%。

仍然采用前面的试验数据，控制脱靶量均值分别在（3.3±0.1）m、（4.0±1）m。统计结果为：脱靶量为3.29 m和4.04 m时的作用率分别约为63%和14%（由于脱靶量大于3 m的试验数据少，作用率统计结果可信度较低）。

上面介绍了三种试验数据处理方法，对于同一试验结果，采用不同的试验统计方法，结果差异较大。因此，采用哪种统计方法，需要综合考虑，及时与使用单位、指标论证单位沟通。

3 结束语

上述讨论的对空近炸性能试验方法，在实际实施上没有本质的区别，只是在试验结果统计和数据处理上存在差异。方法2.1结果简单、直观，但不能全面反映产品的实际性能，且试验用弹较多，试验成本高。方法2.2能够按照指标规定的要求，考核出产品的实际性能，对部队使用有利，但试验成本高，不易被研制方接受。方法2.3是目前试验方法的一种发展趋势，即把仿真试验与靶场射击试验结合起来，通过仿真试验指导射击试验，用射击试验对仿真结果进行修正，对仿真程序、处理软件、相关测试设备的参数调整，为以后产品的生产、科研提供技术支持，是现代武器装备研制发展的必然趋势。但该方法在实际使用中还有很多工作要做，在实施上需要进一步完善，需在实践中进行检验、补充，使仿真结果与靶场射击结果趋于一致。

参考文献

[1] 钱元庆. 引信系统概论 [M]. 北京：国防工业出版社，1987.
[2] 闫章更，等. 试验数据的统计分析 [M]. 北京：国防工业出版社，2001.

影响毫米波引信近感性能的因子分析与试验鉴定对策

纪永祥[1]，王侠[1]，高波[1]，纪红[2]，刘社锋[1]

1. 中国华阴兵器试验中心，陕西华阴 714200；2. 国营三•四厂，山西长治 046012

摘　要：本文对比了毫米波近炸引信与微波引信、光学引信的性能特点，对影响毫米波引信对地近感的四大因素进行分析，指出该类引信性能试验鉴定应关注的重点和应注意的几个问题，并初步探讨了鉴定试验设计模式。

关键词：毫米波；近炸引信；试验设计

0　引言

引信鉴定试验的目的是考核引信的性能是否满足设计要求。传统的试验鉴定是验收式的模式，主要是通过射击试验来回答其性能是“合格”还是“不合格”的二值决策问题。为了完成某一项指标，需要消耗大量的弹药，进行大量的射击试验，才能达到要求。该方法的缺点是消耗大，成本高，而且信息量小，试验周期长。随着高技术新型武器弹药研制，产品成本提高，对试验鉴定提出的要求也越来越高，通过大量射击来揭示某一项指标的方法已经不能满足现实要求。这就要求试验鉴定人员必须转变传统试验观念，由验证式的试验模式向性能影响因素分析入手，力争把试验样本设计在产品薄弱环节，揭露可能的性能缺陷，试验模式从单纯依靠射击试验向理论分析、仿真模拟和射击相结合的方向转变，达到降低试验消耗、提高鉴定效率的目标。

引信从简单的机械式感应引信发展到无线电引信，无线电引信又从米波发展到微波及毫米波。为适应新体制引信的发展，引信试验鉴定应关注的重点也要有所转变，不能用机械引信的试验方法来对无线电引信进行鉴定，也不能用米波无线电引信的试验技术来对毫米波无线电引信进行鉴定。不同类型、不同体制、不同作用方式、对付不同目标的各类不同引信，就应针对产品特点，有“有针对性”的试验方法和试验技术。

本文针对中大口径火炮毫米波无线电引信，结合其设计特点、作用背景、使用要求，对其四个主要性能因子进行分析，提出鉴定试验初步对策。

1　毫米波探测的特点

毫米波与微波相比，具有如下特点：探测精度高，抗干扰能力强，低仰角探测性能好，具有穿透等离子体能力、体积小、质量轻等特点。同时，受大气的衰减和雨的影响较大，但无论在晴天或雨天，毫米波近程探测的衰减均可忽略。

与红外、激光相比，毫米波还有另外一些特点，如受气象和烟尘的影响小、区别金属目标和周围环境的能力强，而红外、激光探测系统在云雾、战场烟尘、施放的烟雾遮蔽下，往往很难工作。

与远程探测器相比，毫米波近程探测存在体目标效应、目标闪烁效应严重等特点，但有易实现近距离测距、信号处理时间短的特点；同时，体积小、质量轻、结构简单、成本低。

针对毫米波探测的特点，应该有针对性地进行毫米波试验鉴定方案的设计。

2 四大影响因素和试验鉴定对策

从作战任务完成程度来讲，引信最重要的性能、最重要的参数就是探测距离，或者称为引信作用炸高，其计算公式如下：

$$H=\frac{\tan\varphi\eta\pi\lambda^{2}\chi\sin\varphi}{8U_{\mathrm{m}}\left[\tan\left(\frac{1}{2}\theta_{\mathrm{T}}\right)+\tan\varphi\right]}\sqrt{P_{\mathrm{t}}\sigma_{0}\int_{0}^{\frac{1}{2}\theta_{\mathrm{T}}}\exp\left(-\frac{4\ln 2}{\theta_{\mathrm{T}}^{2}}\theta^{2}\right)\tan\theta\sec^{2}\theta\mathrm{d}\theta}$$

式中，P_{t} 为毫米波探测器发射功率；η 为天线口径；λ 为发射波波长；θ_{T} 为天线主瓣宽度；χ 为传输系数；σ_0 为单位地面雷达截面积；φ 为引信落角。

我们重点分析与炸高关系最为显著的 λ、σ_0、χ 以及天线因素，并在试验设计中考核其对炸高散布的影响。

2.1 波长因素

地面反射，本质上属于漫反射，但在特定条件下，可以简化为镜面反射来处理。如无线电引信的工作波长远大于地表面的不平度，可以忽略地表面的起伏，将地表面看成一个平面，而且是一个光滑的平面。这时无线电引信接收到的信号等于以反射面为镜面，无线电引信在镜面位置上发出的信号。这种判断依据的是瑞利准则。

但是，由于波长短，在上述条件下认为较平坦的地面，相对毫米波也是很粗糙的。因此，地面对毫米波的反射属于漫反射。在漫反射条件下，接收机接收到的回波信号是反射地段大量的散射点在接收机处产生的反射波的总和，必须引入散射系数来描述各反射点的反射强度。地面粗糙度不同，散射系数差异很大，散射系数的差异，对毫米波作用性能最直接的影响就是炸高可能会有较大差异。另外，也要考虑地上的植被带来的散射系数的变化。因此，在试验鉴定中，应考核不同粗糙度地面及不同植被的条件下，毫米波引信的近感性能。

然而，在实弹射击中，不可能创造多种复杂的粗糙度地面和大量的植被条件。试验对策是通过火箭橇模拟和典型条件射击验证的方法。地面模拟中，利用火箭橇加装引信探测器模拟弹丸运动和接近目标过程，目标表面采用各种粗糙度材质，进行不同植被覆盖。选用的不同材质和覆盖物间应有足够的差异，应能代表未来战场的各种背景条件。在地面模拟试验中，针对不同条件下不同炸高进行分析，结果用于实弹射击试验设计。实弹射击试验点应选在炸高差异较大的几个典型背景。可以预测，不同植被，地面耕地、砂石地、沙漠、水面、雪地可能是几个差异较大的典型背景，但也有可能通过火箭橇模拟后，发现小差异背景条件，可有效减少射击数量。

2.2 地面电导对散射系数影响因素

我国曾利用无线电引信在飞机上进行吊挂试验。在入射余角 φ 为 60°～80°时，对不同地面用 S 波段进行了测试。对 σ_0 的测试结果是：农田为 −17～−15 dB，海滩为 −14.5～−13.8 dB，水面为−11.8～−10.7 dB。陆地表面 σ_0 值比水面约低 10 dB，刚耕过的土地比未耕过的农田约低 5 dB。

对于相同的陆地地面，在不同季节、一天中不同时刻、是否降水、凝露，对毫米波的反射特性是不一样的。在模拟试验中，应选择不同湿度大气、不同湿润程度地面，进行探测距离的测试，在近炸性能射击试验时，有意选择不同的湿度条件进行引信炸高分布的统计。

2.3 天线因素

由于受毫米波器件的限制，目前毫米波引信采用的天线为喇叭口天线。由于其结构简单，馈电容易，方向图易于控制，副瓣电平较低，工作频带宽，使用方便，是目前应用最广泛的毫米波天线，具有极强的方向性。

毫米波近炸引信的天线多为偏置天线，天线方向图在弹丸横截面上只占圆周角的几分之一，其余方向为盲区；即只有当天线波束指向地面时，才可能有回波信号，引信才可能近炸作用。

在终端弹道上，当引信遭遇到旋转速率低的情况，引信探测盲区的持续时间就长。从飞行力学角度分析，弹丸的滚转阻尼力矩系数呈一个两度分岔状态，即在弹道终段，弹丸的旋转速率可有三个不连续的聚集分布。在产品设计上，不可能保证在三个速率下，均达到最佳探测距离。因此，引信炸高可有理想分布群、低炸高分布群和近地炸甚至触发分布群。

应通过模拟试验摸清弹丸在不同转速下炸高分布规律。实弹射击应关注揭示“最恶劣条件”下探测性能。在实弹射击中，选择不同寿命阶段身管、多曲率身管（必要时，还应用“破坏”的方法，给身管埋设应力，如模拟运输、使用中遭撞击弯曲，尔后予以校直，以埋设应力）、高温为试验条件。

同时，要关注炸高与落角、落速的关系，同时考虑不同武器系统内外弹道环境差异对射频、电子部分的影响。

2.4 大气传输系数因素

在晴朗的天气下，大气由于有吸收、散射、折射等作用，导致传播中的毫米波会衰减，衰减曲线如图 1 所示。

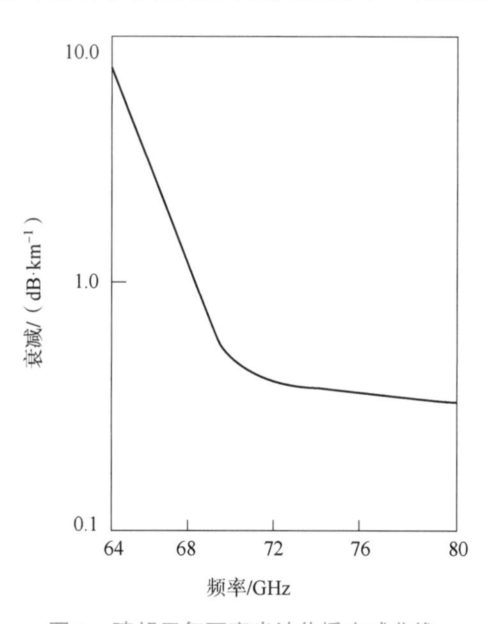

图 1 晴朗天气下毫米波传播衰减曲线

图 1 曲线给我们对大气传输系数一个总体的认识。但是，引信探测明显的特征是近场探测，一般探测距离不大于 30 m。在这个距离上，大

气条件均匀性还是比较高的，但是，在有干扰条件下，衰减系数会有很大变化。

在实弹试验中，大气传输系数这个条件的控制是很难的。但是单体来讲，大气条件、气象条件、有源/无源干扰对这个参数影响显著，试验中对相关参数应该进行观测。应重点关注各类战场干扰环境下探测性能的测试，主要通过仿真计算以及半实物仿真试验获得，并且要作为专项可以予以研究。

3 其他问题

以上几种条件，在试验设计中不是孤立的，也不是在每种条件下都要进行射击试验，统计其作用情况，而应采用优化组合的方式，加上火炮条件、弹药条件的不同，温度、目标等条件寻找炸高变化的边界条件，以及可能出现的炸高散布等，进行筛选，有机组合，考虑不同弹药比例的搭配，合理进行试验设计，确保考核的全面、客观、科学、合理、节约，确保试验结论的准确性。

前面只是针对毫米波对地近炸引信的特点、使用要求、目标特性，对其近炸性能的考核进行了试验分析，另外还要注意以下几个方面的问题：

（1）安全性试验。

安全性指标是引信的一个重要指标，在引信试验中占有重要地位。毫米波引信采用通用安全系统，在试验设计中可以借鉴前期其他引信的试验结果，炮口保险距离、解除保险可靠性试验同样可以借鉴前期其他引信的试验结果，这样可以大大降低试验消耗。

（2）抗干扰试验。

目前没有比较成熟的无线电引信抗干扰试验方法，也没有必要针对毫米波引信制定一个试验标准或方法，而是要结合现代战争的特点，在实战条件电磁环境下，考核毫米波引信的适应性。当然，也可针对毫米波的特点，设计有针对性的电子对抗试验方法，揭示其产品性能，但不宜作为考核的依据。

（3）其他性能试验。

其他试验可参考相关试验标准、战术指标，进行考核。

当然，在实际试验设计中，具体问题要具体分析，要考虑部队实际使用要求，结合战术特点，对其装定速度及重复装定可靠性、包装开启方便性以及其贮存性能等方面，结合射击项目进行考核。在试验中，要采用必要的测试设备，对引信的工作状态进行监测。

参考文献

[1] 李兴国. 毫米波近感技术及其应用 [M]. 北京：国防工业出版社，1991.

[2] 张景玲. 引信试验鉴定技术 [M]. 北京：国防工业出版社，2006.

Bootstrap 法在机电引信解除保险距离试验中的应用

刘刚，王侠，陈众，赵新

中国华阴兵器试验中心，陕西华阴 714200

摘　要：本文针对引信解除保险立即起爆试验数据处理中存在的估计结果散布较大的问题，开展了 Bootstrap 方法应用研究。仿真计算结果表明，Bootstrap 方法可有效克服现行方法的缺陷，其上下限分位数单次计算结果散布较小，大大降低了试验误判的可能性。

关键词：解除保险距离；分位数；Bootstrap 法

0　引言

引信解除保险距离试验涉及引信安全性，历来受到靶场的高度重视。近年来，引信解除保险后立即起爆的试验方法在实践中应用较多，具体实施程序是对引信进行改装后对空射击，一旦解除保险，立即起爆。采用光学经纬仪测量炸点坐标，结合炮位坐标，可直接解算出引信解除保险距离。该方法在诸多引信定型试验中得到成功应用，其优点在于试验简便，可控性强。

假设引信解除保险距离总体为正态分布 $N(\mu,\sigma^2)$，记 X_{p_1} 为总体 p_1 分位数，称为下限分位数，x_{p_2} 为总体 p_2 分位数，称为上限分位数，实际中一般取 $p_1=0.05$，$p_2=0.95$。在引信解除保险后立即起爆试验中，若干发引信可视为从总体中随机抽取的样本，我们的任务是利用样本数据估计总体的上下限分位数。现行数据处理方法为计算样本均值和标准差，以样本均值和标准差代替总体均值和标准差，从而直接计算得到总体上下限分位数。这种方法简单易行，但显而易见，样本均值和标准差可能无法准确反映总体均值和标准差，从而在计算上下限分位数时出现较大散布，造成试验误判。

为此，本文将统计学中的 Bootstrap 法应用于引信解除保险试验中，力图解决现行方法存在的问题。

1　现行方法原理及仿真计算

1.1　现行方法原理

引信解除保险距离 X 可视为一随机变量，服从正态分布（根据以往经验，引信解除保险后立即起爆试验数据均能通过正态性分布检验），即 $X\sim N(\mu,\sigma^2)$，根据统计原理[1]，有

$$\frac{X-\mu}{\sigma}\sim N(0,1)$$

因此，$N(\mu,\sigma^2)$的 p 分位数 x_p 是以下方程的解：

$$\Phi\left(\frac{x_p-\mu}{\sigma}\right)=p$$

式中，$\Phi(\cdot)$为标准正态分布函数。进一步得

$$\frac{x_p-\mu}{\sigma}=u_p$$

式中，u_p 为标准正态分布的 p 分位数。进一步得

$$x_p=\mu+\sigma u_p \tag{1}$$

设引信解除保险立即起爆试验中获得的样本序列为 $x_1,x_2,x_3,\cdots,x_n$，那么 μ 的估计为

$$\bar{x}=\frac{1}{n}(x_1+x_2+x_3+,\cdots,+x_n) \tag{2}$$

σ 的估计为

$$s=\sqrt{\frac{1}{n-1}\left[\sum_{i=1}^{n}(x_i-\bar{x})^2\right]} \tag{3}$$

将式（2）、式（3）代入式（1），可得

$$\hat{x}_p=\bar{x}+su_p \tag{4}$$

上式即为 n 个样本条件下正态分布总体的 p 分位数估计公式。

1.2　现行方法仿真计算

仿真计算的一般流程为：

（1）假设总体分布已知，即正态分布 $N(\mu,\sigma^2)$的两个参数 μ、σ 已知。

（2）在 $N(\mu,\sigma^2)$下生成 3 000 组随机样本，样本量为 n。

（3）计算每组样本的样本均值和标准差。

（4）按式（4）计算每组样本的总体上下限分位数。

令 $\mu=120$，$\sigma=10$，$n=10$，下限分位数取 $x_{0.05}$，上限分位数取 $x_{0.95}$。编制仿真程序，计算结果如表 1 所示。

表 1　现行方法仿真结果（$x_{0.05}$真值=103.55，$x_{0.95}$真值=136.44）

估计参数	计算结果
$\hat{\mu}$ 均值	120.05
$\hat{\mu}$ 均值$-\mu$	0.05
$\hat{\sigma}$ 均值	9.76
$\hat{\sigma}$ 均值$-\sigma$	−0.23
$\hat{x}_{0.05}$均值	103.99
$\mathrm{Max}(\hat{x}_{0.05}-x_{0.05})$	15.38

续表

估计参数	计算结果
$\mathrm{Min}(\hat{x}_{0.05}-x_{0.05})$	-18.37
$\hat{x}_{0.95}$均值	136.12
$\mathrm{Max}(\hat{x}_{0.95}-x_{0.95})$	17.67
$\mathrm{Min}(\hat{x}_{0.95}-x_{0.95})$	-15.55

同时给出其中一次仿真计算结果，如表 2 所示。

表 2　现行方法单次仿真结果

估计参数	计算结果
$\hat{x}_{0.05}$	120.15
$\hat{x}_{0.05}-x_{0.05}$	16.6
$\hat{x}_{0.95}$	140.71
$\hat{x}_{0.95}-x_{0.95}$	4.24

从表 1 中可看出，平均来说，现行方法对于总体参数μ、σ、$x_{0.05}$、$x_{0.95}$的估计结果是较理想的，然而，这一结论只在“平均意义”成立，由于抽样的随机性，造成$\hat{x}_{0.05}$、$\hat{x}_{0.95}$有较大的散布，单次样本下$\hat{x}_{0.05}$与$x_{0.05}$真值之间的差值在（-18.37，15.38）间变化；$\hat{x}_{0.95}$与$x_{0.95}$真值之间的差值在（-15.55，17.67）间变化，而试验只对单次抽样负责，这意味着单次试验中可能存在比较严重的估计偏差。

对于$x_{0.05}$，术语可表达为引信在距炮口 103.55 m 以内解除保险的概率为 0.05，但在单次试验中，计算结果可能表达为引信在距炮口 103.55+15.38=118.93（m）以内解除保险的概率为 0.05，人为地把引信保险距离扩大了 15.38 m；对于$x_{0.95}$，可表达为引信在距炮口 136.44 m 以外解除保险的概率为 0.95，同样在单次试验中，计算结果可能表达为引信在距炮口 136.44-15.55=120.89（m）以外解除保险的概率为 0.95，人为地把引信可靠解除保险距离减小了 15.55 m。

1.3　对判定引信解除保险距离上下限的讨论

对于引信解除保险距离下限，意味着在此距离以内，引信解除保险的可能性较低，估计值应尽量避免冒进，我们关心的是估计值的置信下限，这样才能有把握为部队使用提供更多的安全余量；对于引信解除保险距离上限，意味着在此距离以外，引信解除保险的可能性较高，我们关心的是估计值的置信上限，这样才能有把握保证引信完全解除保险，进而不影响战术使用。

以上述讨论内容为出发点，根据所谓“新单侧容限系数法”[2]，将总体p_1、p_2分位数分别视为一随机变量，表达式分别为

$$W_1=\overline{X}+u_{p_1}\beta S$$

$$W_2=\overline{X}+u_{p_2}\beta S$$

式中，$\beta=\sqrt{\frac{n-1}{2}}\frac{\Gamma[(n-1)/2]}{\Gamma(n/2)}$，记为标准差修正系数。

将 N 个 W_1 样本 $w_{11},w_{12},w_{13},\cdots,w_{1N}$ 及 W_2 样本 $w_{21},w_{22},w_{23},\cdots,w_{2N}$ 分别按照从小到大的顺序进行排序，得到整理后的样本。对于 W_1，变为 $w_{1(1)},w_{1(2)},w_{1(3)},\cdots,w_{1(N)}$，对于 W_2，变为 $w_{2(1)},w_{2(2)},w_{2(3)},\cdots,w_{2(N)}$，据此我们可构造出引信解除保险距离上下限分位数的单侧置信区间，引入置信度 γ，则

对于 p_1 分位数，定义

$$m_{1(1-\gamma)}=\begin{cases}w_{1[N(1-\gamma)+1]}, & N(1-\gamma)\text{ 为非整数}\\ \dfrac{1}{2}\{w_{1[N(1-\gamma)]}+w_{1[N(1-\gamma)+1]}\}, & N(1-\gamma)\text{ 为整数}\end{cases}\tag{5}$$

称为在置信度 γ 下，引信解除保险距离 p_1 分位数的置信下限。

对于 p_2 分位数，定义

$$m_{2(\gamma)}=\begin{cases}w_{2(N\gamma+1)}, & N\gamma\text{ 为非整数}\\ \dfrac{1}{2}[w_{2(N\gamma)}+w_{2(N\gamma+1)}], & N\gamma\text{ 为整数}\end{cases}\tag{6}$$

称为在置信度 γ 下，引信解除保险距离 p_2 分位数的置信上限。

2 Bootstrap 法在引信解除保险距离上下限估计中的应用

2.1 Bootstrap 法简介

Bootstrap 法是斯坦福大学 Efron 教授提出的一种逼近复杂统计量估计值分布的通用方法，该方法摆脱了传统统计方法对分布假定的限制，只依赖于给定的观测样本，适合于任何分布和任何感兴趣的参估计。

Bootstrap 法的核心工作流程是利用经验分布函数代替总体分布函数[3]，从经验分布函数中随机抽取样本以估计统计量的抽样分布。相当于从样本 $x_1,x_2,x_3,\cdots,x_n$ 中进行有放回再抽样，$x_1,x_2,x_3,\cdots,x_n$ 中每一个 x_i 以等概率出现。其基本步骤为

（1）由样本 $x_1,x_2,x_3,\cdots,x_n$ 构造经验分布 F_n。

$$F_n(x)=\begin{cases}0, & x<x_1^n\\ \dfrac{k}{n}, & x_k^n\leqslant x<x_{k+1}^n\\ 1, & x>x_n^n\end{cases}$$

式中，$x_1^n\leqslant x_2^n\leqslant\cdots\leqslant x_n^n$ 为 $x_1,x_2,x_3,\cdots,x_n$ 按从小到大排序后所得的统计量。

（2）从 F_n 中抽取样本 $X_k=(x_1^k,x_2^k,\cdots,x_n^k)$，$k=1,2,\cdots,N$，称其为 Bootstrap 样本。

（3）用 $\theta^*=\theta^*(X^*,F_n)$ 的分布去逼近 $\theta=\theta(X,F)$ 的分布（θ^* 的分布称为 Bootstrap 分布）。

从以上关于 Bootstrap 法原理的介绍可看出，Bootstrap 法解决的恰恰就是前文中 N 个

W_1 样本 $w_{11}, w_{12}, w_{13}, \cdots, w_{1N}$ 及 W_2 样本 $w_{21}, w_{22}, w_{23}, \cdots, w_{2N}$ 的构造问题，因此 Bootstrap 法可用于计算引信解除保险距离 p_1 分位数的置信下限及引信解除保险距离 p_2 分位数的置信上限。

由于以上置信上下限估计方在概率收敛性方面还存在一些不足，Efron 提出了改进，即纠偏百分位法，其思路简述为若出现大部分 Bootstrap 估计量 $\hat{\theta}_t = \theta(X_t^*)$，$t=1,2,3,\cdots,T$ 小于实际样本统计量，则意味着 Bootstrap 模拟低估了实际样本统计量，为纠正这一偏差，置信上下限必须向大值调整；相反，如果大部分 Bootstrap 估计量大于实际样本统计量，则意味着 Bootstrap 模拟高估了实际样本统计量，为纠正这一偏差，置信上下限必须向小值调整。该纠偏过程由纠偏量 d_0 实现[4-6]。

$$d_0 = \Phi^{-1}\left[\frac{1}{T}\sum_{i=1}^{T} I(\hat{\theta}_t)\right] \tag{7}$$

式中，$\Phi^{-1}[\ \cdot\ ]$ 为标准正态分布函数的反函数；$I(\ \cdot\ )$ 为示性函数，其定义为：

当需计算引信解除保险距离的 p_1 分位数置信下限时，

$$I(\hat{\theta}_t) = \begin{cases} 1, & \hat{\theta}_t \leqslant \hat{\theta} \\ 0, & \hat{\theta}_t > \hat{\theta} \end{cases}$$

这样，上文提到的引信解除保险距离 p_1 分位数的置信下限修正为 $m_{1(1-\gamma+2d_0)}$。

当需计算引信解除保险距离的 p_2 分位数置信上限时，

$$I(\hat{\theta}_t) = \begin{cases} 1, & \hat{\theta}_t \geqslant \hat{\theta} \\ 0, & \hat{\theta}_t < \hat{\theta} \end{cases}$$

这样，上文提到的引信解除保险距离 p_2 分位数的置信上限修正为 $m_{2(\gamma+2d_0)}$。

2.2 具体实施步骤及仿真计算

Bootstrap 法的简要计算流程为：

（1）假设正态分布 $N(\mu,\sigma^2)$ 的两个参数 μ、σ 已知，从总体中随机生成 n 个样本 $x_1, x_2, x_3, \cdots, x_n$，方便起见，与前文例子保持一致，取 $\mu=120$，$\sigma=10$，$n=10$。

（2）计算以上 n 个样本的 p_1 分位数估计 $\hat{w}_1 = \bar{x} + u_{p1}\beta s$ 以及 p_2 分位数估计 $\hat{w}_2 = \bar{x} + u_{p2}\beta s$，取 $p_1 = 0.05$，$p_2 = 0.95$。

（3）以样本 $x_1, x_2, x_3, \cdots, x_n$ 为基础，进行 T（T=1 000）次 Bootstrap 抽样，获得 T 个样本 $x_1^*, x_2^*, x_3^*, \cdots, x_n^*$，计算每个 Bootstrap 样本的 p_1 分位数估计 $\hat{w}_1^* = \bar{x}^* + u_{p1}\beta s^*$ 以及 p_2 分位数估计 $\hat{w}_2^* = \bar{x}^* + u_{p2}\beta s^*$。

（4）按照式（7）分别计算两个纠偏量。

（5）对 T 个 $\hat{w}_1^*$ 及 $\hat{w}_2^*$ 进行排序，按照纠偏后的式（5）、式（6）计算 p_1 分位数的置信下限及 p_2 分位数的置信上限，取置信度 $\gamma=0.90$。

（6）考虑到随机性因素，重复步骤(1)～(4)k 次（本文取 k=3 000）。

编制相应仿真程序，计算结果如表 3 所示。

表 3　Bootstrap 法仿真结果（$x_{0.05}$真值=103.55，$x_{0.95}$真值=136.44）

估计参数	计算结果
$\hat{\mu}$ 均值	121.90
$\hat{\mu}$ 均值$-\mu$	1.90
$\hat{\sigma}$ 均值	9.27
$\hat{\sigma}$ 均值$-\sigma$	-0.72
$\hat{w}_1^*$ 均值	98.57
$\mathrm{Max}(\hat{w}_1^*-x_{0.05})$	-3.89
$\mathrm{Min}(\hat{w}_1^*-x_{0.05})$	-5.99
$\hat{w}_2^*$ 均值	136.75
$\mathrm{Max}(\hat{w}_2^*-x_{0.95})$	1.37
$\mathrm{Min}(\hat{w}_2^*-x_{0.95})$	-0.86

同时给出其中一次仿真计算结果，如表 4 所示。

表 4　Bootstrap 法单次仿真结果

估计参数	计算结果
$\hat{w}_1^*$	99.42
$\hat{w}_1^*-x_{0.05}$	-4.13
$\hat{w}_2^*$	136.14
$\hat{w}_2^*-x_{0.95}$	-0.3

从表 3 中可看出，相对于现行方法，Bootstrap 法对于总体参数μ、σ、$x_{0.05}$、$x_{0.95}$的估计结果均值基本一致，但对于$x_{0.05}$、$x_{0.95}$的估计，单次样本下$\hat{w}_1^*$与$x_{0.05}$真值之间的差值在（-5.99，-3.89）间变化；$\hat{w}_2^*$与$x_{0.95}$真值之间的差值在（-0.86，1.37）间变化，最大偏差率由 17.7%降低为 5.8%，估计结果的单次散布较现行方法大为减小，从而降低了试验误判的可能性。

3　结束语

针对引信解除保险立即起爆试验数据处理问题，本文首先对现行方法进行了分析并开展仿真分析，结果证明在“平均意义上”，现行方法对于总体参数μ、σ、$x_{0.05}$、$x_{0.95}$的估计较好，但$\hat{x}_{0.05}$及$\hat{x}_{0.95}$的估计散布较大，有可能造成产品真实上下限超出指标要求但试验结果达标这一误判现象。随后本文简要分析了 Bootstrap 法在试验中应用的可行性，重点开展了 Bootstrap 法仿真计算，结果表明 Bootstrap 法上下限分位数计算结果单次散布较小，大大降低了试验误判的可能性。

参考文献

[1] 峁诗松，等．统计手册［M］．北京：科学出版社，2003.

[2] 李洪双，吕震宙．小子样场合下估算母体百分位值置信下限和可靠度置信下限的 Bootstrap 方法［J］．航空学报，2006，27（5）：789-794.

Neyer-D 法用于解除保险距离试验可行性

刘刚，陈众，王侠，史金锋

中国华阴兵器试验中心，陕西华阴 714200

摘 要：有关文献报道 Neyer-D 最优化法在感度试验中可获得与标准感度试验一样的精度，而且所需样品数量较少，为此，将其应用于引信解除保险距离试验中，分析表明 Neyer-D 法试验水平的选择与常用试验方法区别较大，不再是相对独立的选择过程，而是利用当前的全部试验结果来计算下一个刺激水平。蒙特卡洛仿真结果证明，Neyer 法对引信极端解除保险概率点的估计更接近于真值，精度更好。

关键词：引信；兰利法；Neyer-D 法；仿真分析

0 引言

同一批引信在出厂后，每发引信在发射时都存在一个事先未知且不可直接观测到的解除保险距离（对于未解除保险的引信，可认为其解除保险距离是一个超过射程的很大的值）。该距离可视为一连续型随机变量，以总体的分布为其概率分布[1]，对该总体分布参数进行估计后可得有关引信保险与解除保险性能的某些信息。

目前使用最多的引信解除保险距离试验方法是兰利法，其采用变步长操作程序，可以估计得到 50%发火距离及方差，以此作为估计极限发火距离的基础。而 Neyer-D 最优化法（以下简称 Neyer 法）是近年来发展起来的一种新方法，比以前所知的任何试验方法能更有效地决定分布的参数，可获得与标准感度试验一样的精度，而且所需样品数量较少[2]。

从目前掌握的外文资料来看，尚无关于该方法在引信解除保险距离试验上的应用报道，国内虽有文献对 Neyer 法进行介绍，但 Neyer 法的估计精度到底如何，尚无系统可信的研究。本文将进行相关理论分析，并采用蒙特卡洛仿真对不同情况下的均值、标准差、极端概率点估计进行模拟试验研究，对 Neyer 法用于引信解除保险距离试验进行可行性分析。

1 Neyer 法介绍及使用原理

所谓 Neyer 法是在国外 20 世纪 80 年代末由 Barry T. Neyer 提出[3-4]，其中心思想是运用 D-最优化设计理论，把试验的安排、数据的处理综合加以考虑，使得试验水平的选择满足 Fisher 信息量最大化，从而使数据的统计分析具有一些较好的性质。

本文对 Neyer 法的理论基础不做推导，只引述结论。以正态分布为例，根据最大似然估计的一般理论，分布参数估计量 μ_e 和 σ_e 的方差和协方差矩阵由下式给出：

$$\begin{pmatrix} V(\mu_e) & \mathrm{Cov}(\mu_e,\sigma_e) \\ \mathrm{Cov}(\mu_e,\sigma_e) & V(\sigma_e) \end{pmatrix} = -\begin{pmatrix} E\left(\dfrac{\partial^2 \ln L}{\partial \mu^2}\right) & E\left(\dfrac{\partial^2 \ln L}{\partial \mu \partial \sigma}\right) \\ E\left(\dfrac{\partial^2 \ln L}{\partial \mu \partial \sigma}\right) & E\left(\dfrac{\partial^2 \ln L}{\partial \sigma^2}\right) \end{pmatrix}^{-1}$$

式中，L 为似然函数，表达式为

$$L = \prod_{i=1}^{k} C_i p_i^{n_i} q_i^{N_i - n_i}$$

式中，C_i 为由 N_i 和 n_i 决定的二项式系数，与参数 μ、σ 无关。

由于 Fisher 信息阵正比于参数的方差和协方差矩阵的逆，因此，

$$\mathrm{Det(Fisher)} = \begin{pmatrix} V(\mu_e) & \mathrm{Cov}(\mu_e,\sigma_e) \\ \mathrm{Cov}(\mu_e,\sigma_e) & V(\sigma_e) \end{pmatrix}^{-1} = \begin{vmatrix} R & T \\ T & S \end{vmatrix} = RS - T^2$$

T 值较小，可忽略不计，因此 Det(Fisher) = RS。Neyer 法就是用前面全部的试验结果来计算下一个试验水平，使得当前数据的 Det(Fisher)，即 RS 达到最大。

Neyer 法的实施程序较兰利法复杂，可参看文献［2］。

从以上介绍及有关文献可看出，Neyer 法试验水平的选择程序与兰利法、升降法等以往常用感度试验方法区别较大，不再是相对独立的选择过程，而是利用当前的全部试验结果来计算下一个刺激水平，这是该方法的特点同时又是关键点。

应用 Neyer 法时，需要试验者预估 3 个参数，分别为试验水平的上限、下限和总体标准差的估值。该方法产生初期倾向于应用于火工品感度领域，如文献［4］中有关烟火剂感度问题、文献［2］中有关炸药撞击感度问题，均为实例。虽然如此，鉴于火工品感度与引信解除保险距离在本质上近似，方法上相通，因此，具体到本文涉及的引信炮口保险距离试验，3 个参数可对应为引信解除保险距离的上限 x_u、下限 x_L 和解除保险距离标准差 σ 的估值（记为 σ_{guess}）。

2　兰利法与 Neyer 法的蒙特卡洛仿真与分析

本文进行的引信解除保险距离试验仿真，建立在如下三条假设的基础上[5]：

（1）刺激距离 x 足够大，引信一定发火；太小，则一定不发火。

（2）如果在刺激距离 $x=x_0$ 时发火，那么在 $x>x_0$ 时也一定发火；反之，如果在 $x=x_0$ 时不发火，则在 $x<x_0$ 时一定也不发火。

（3）对于确定的刺激距离 x，或者发火，或者不发火，两者必居其一。

根据以上原则，本文编制了相应的仿真程序。

为对比方便起见，对于兰利法和 Neyer 法，本文同时假设某引信解除保险距离服从 $N(50,\ 10^2)$ 的正态分布，试验样本量 N 分别取 15，20，由于两种方法需预估引信解除保险距离的上限 x_u、下限 x_L 及标准差 σ_{guess}，为考虑不同的预估情形，在以下不同情况下，均加以计算。

2.1 预估值较准确时的情形

从表 1、表 2 中可以看出，对于兰利法来说，在距离上下限预估适当时，其总体数学期望估计值基本是无偏的，但总体标准差估计是有偏的。而对于 Neyer 法来说，在距离上下限以及标准差预估值均较为准确时，其总体数学期望和标准差估计值都是有偏的，但其偏离程度较小。然而，对于引信解除保险距离来说，实际上最重要的并不是总体数学期望以及标准差的估计，而是某些极端概率点，如 5%处的解除保险距离。从表 1 和表 2 中可以看到，兰利法和 Neyer 法对于 5%处的解除保险距离估计是有明显区别的，如样本量 15，仿真 3 000 次时，Neyer 法为 33. 717，相对于真值 33. 551 趋近于无偏估计，而兰利法为 34. 14 明显有偏。因此，从这个角度说，Neyer 法要优于兰利法。

表 1　兰利法：$x_u=80$，$x_L=20$

估计值		仿真次数					
		500		1 000		3 000	
		样本量：15	样本量：20	样本量：15	样本量：20	样本量：15	样本量：20
μ	μ_e 均值	50. 106	49. 928	50. 101	49. 972	50. 115	50. 038
	μ_e 标准差	3. 814 8	3. 259 3	4. 072 2	3. 338 3	3. 91	3. 392 1
σ	σ_e 均值	9. 401 7	9. 878 7	9. 760 2	9. 421 7	9. 711 6	9. 535 3
	σ_e 标准差	5. 643 3	5. 061 2	5. 84	4. 943 5	5. 630 9	5. 060 7
$x_{0.05}$	$x_{0.05e}$均值	34. 641	33. 679	34. 046	34. 475	34. 14	34. 354
	$x_{0.05e}$标准差	9. 827 5	8. 832 6	10. 469	8. 854	10. 15	8. 956 1

表 2　Neyer 法：$x_u=80$，$x_L=20$，$\sigma_{guess}=\sigma=10$

估计值		仿真次数					
		500		1 000		3 000	
		样本量：15	样本量：20	样本量：15	样本量：20	样本量：15	样本量：20
μ	μ_e 均值	50. 969	51. 151	51. 043	50. 741	51. 1911	51. 058
	μ_e 标准差	4. 791 9	4. 766 5	4. 943 4	4. 737 7	4. 882 0	4. 786 9
σ	σ_e 均值	10. 37	10. 669	10. 531	10. 656	10. 446 6	10. 498
	σ_e 标准差	3. 710 5	3. 840 6	3. 711 5	3. 555 1	3. 487 7	3. 532 3
$x_{0.05}$	$x_{0.05e}$均值	33. 912	33. 603	33. 72	33. 214	33. 717	33. 79
	$x_{0.05e}$标准差	9. 030 9	9. 620 6	9. 326 9	9. 235 5	8. 803 5	9. 245 1

2.2 预估值较不准确时的情形

以上的仿真计算结果的前提条件是对引信解除保险距离上下限以及标准差有较准确的预估，该条件在引信设计定型阶段有可能满足，因为有历史数据可供参考，但当引信处于研制初期时，引信解除保险距离上下限预估值和实际值之间较易产生一定差距，这会对试验结果产生不利影响，因此，考虑预估值不准确时的情形，进行相应的仿真计算。

从表 3、表 4 可看出，当预估值不准确时，兰利法和 Neyer 法对总体数学期望 μ 的估计 μ_e 与预估值准确时的情形相差很小，几乎没有区别，其主要差别体现在对总体标准差的估计 σ_e 上，这两种方法的 σ_e 都比真值 σ 有明显偏离，但兰利法偏离更为严重，其 σ_e 标准差远远大于 Neyer 法。上述情况直接影响了了 $x_{0.05}$ 的估计。容易看出，兰利法和 Neyer 法的 $x_{0.05e}$ 均值差别不大，如 $x_u = 55$，$x_L = 0$，$\sigma_{guess} = 5$ 时，Neyer 法 $x_{0.05e}$ 均值为 37.281，兰利法为 36.594，但兰利法的 $x_{0.05e}$ 标准差要比 Neyer 法大一些，如前者为 15.508，后者为 9.504 9。因此从实际使用角度来考虑，当预估值不准确时，兰利法对极端概率点 $x_{0.05}$ 的估计比 Neyer 法“散布”更大，更容易得出不准确的结论。

表 3　兰利法：$N=15$

估计值		仿真次数：8 000
		$x_u=55$，$x_L=0$
μ	μ_e 均值	49.849
	μ_e 标准差	6.028 8
σ	σ_e 均值	8.058 4
	σ_e 标准差	11.678
$x_{0.05}$	$x_{0.05e}$ 均值	36.594
	$x_{0.05e}$ 标准差	15.508

表 4　Neyer 法：$N=15$

估计值		仿真次数：8 000		
		$x_u=55$，$x_L=0$，$\sigma_{guess}=\sigma/2=5$	$x_u=100$，$x_L=0$，$\sigma_{guess}=100/3.472=28.802$	$x_u=55$，$x_L=0$，$\sigma_{guess}=30$
μ	μ_e 均值	51.318	51.988	51.645 8
	μ_e 标准差	4.385 3	5.003	5.882 8
σ	σ_e 均值	8.533 4	9.641 8	10.774 0
	σ_e 标准差	4.449 1	5.981 9	5.970 8
$x_{0.05}$	$x_{0.05e}$ 均值	37.281	36.128	33.924 2
	$x_{0.05e}$ 标准差	9.504 9	12.877	13.864 1

2.3　复杂度分析

从上文的试验原理、仿真分析可看出，相比于兰利法，Neyer 法在一些方面占据优势，但同时也增加了复杂度，表现在：

(1) 刺激水平的计算较为复杂，涉及 Fisher 信息阵行列式的最大化问题，必须通过计算机才能完成。

（2）需要 3 个预估值，即除了上下限外，还要对总体标准差进行估计，但后者正是试验者所欲得到的，因此做到准确估计是不容易的，而一旦上下限与标准差估计同时不准确时，将带来试验结果的较大波动。

3 结论

本文探讨了 Neyer-D 最优化法应用于引信解除保险距离试验的可行性，分析表明 Neyer-D 法试验水平的选择与以往常用感度试验方法区别较大，不再是相对独立的选择过程，而是利用当前的全部试验结果来计算下一个刺激水平。蒙特卡洛仿真结果证明，Neyer 法对引信极端解除保险概率点的估计更接近于真值，精度更好，体现在：在预估值准确时，其对极端解除保险概率点的估计趋近于无偏；当预估值不准确时，其对极端解除保险概率点估计的标准差小于兰利法。另外，由于试验方法本身原因，Neyer 法试验水平的计算比兰利法复杂，同时难以对标准差进行准确估计，影响了试验结果。

Neyer 法毕竟还是一种较新的试验方法，在理论基础、试验程序、实际应用情况等方面还处于起步阶段，因此，有必要继续对该方法的发展情况进行跟踪了解，分析研究。

参考文献

[1] 刘宝光. 敏感性数据分析与可靠性评定［M］. 北京：国防工业出版社，1995.

[2] 袁俊明，刘玉存. Neyer D-最优化的新感度试验方法研究［J］. 火工品，2005，(2)：25-27.

[3] 闻泉，王雨时. 引信解除保险距离兰利法试验模拟研究［J］. 兵工学报，2008，29（7）：774-780.

引信作用可靠度的 Bayes 评估

刘刚

中国华阴兵器试验中心，陕西华阴 714200

摘　要：本文从假设检验和区间估计的关系入手，分析了引信可靠度现行方法，随后讨论用 Bayes 方法对引信作用可靠度进行区间估计并进行了一些有益的分析和计算。

关键词：引信可靠度；估计；Bayes 方法

0　引言

众所周知，引信的使命是控制战斗部的适时起爆，使得整个弹药系统发挥出尽可能大的作战效能，对作战目标造成最大限度的杀伤，以达到消灭敌人、保存自己的目的。因此，基于以上目的，引信作用可靠度就顺理成章地成为引信若干评价指标里一项主要指标，它的好坏影响了引信本身任务的完成与否，甚至作战目的的顺利执行。按照有关国军标的定义，引信的可靠性指的是引信经受规定的环境后，对规定的、应能感觉到的目标（目标场）有效作用率的置信区间下限。因此，引信的可靠性只是统计意义上的一种表述，它的估计只能利用相关统计理论来完成。

现行引信可靠度评估理论基础是经典统计学，多年来引信试验鉴定的实践证明它是行之有效的，发挥了重要的指导作用。

1　关于引信可靠度经典统计区间估计的讨论

由于引信属于典型“成败型”产品，在一定样本量情况下，其成功数服从二项分布，因而从该公式的推导证明过程可知，可靠性置信下限应满足

$$\sum_{k=c}^{n}\binom{n}{k}P^{k}\ (1-P)^{n-k}=\alpha \tag{1}$$

其效果等同于在显著性水平 α 下对引信可靠度 P 进行如下假设检验：

$$H_0: P\leqslant R,\ H_1: P>R$$

理由是对于本假设检验，其相应的拒绝域为 $W=\{k\geqslant c\}$，c 为成功数，满足 $\sum_{k=c}^{n}\binom{n}{k}P^{k}\ (1-P)^{n-k}=\alpha$，形式和式（1）一样，两者的计算结果也完全一致。

由于假设检验的核心思想是利用统计学中的小概率事件原理，认为小概率事件在一次试验中不会出现，因而当我们进行假设检验时，原假设是受到保护的，换言之，就是检验过程中如果找不到拒绝原假设的理由，就要接受原假设。对于本例来说，接受原假设意味着

$P \leqslant R$，即认为引信可靠度 P 小于置信下限，不满足指标要求。

另外，从客观角度来看，形如 H_0：$P \leqslant R$，H_1：$P>R$ 的假设检验从一开始着眼点就放到 H_0：$P \leqslant R$ 上，除非有很强的证据出现，否则不会拒绝原假设，但是如果接受 H_0：$P \leqslant R$，也不意味着引信作用可靠性就一定不满足指标，那只能说明无法拒绝 H_0：$P \leqslant R$ 而"被迫"接受。

举个例子，指标中规定在 0.90 的置信度下引信作用可靠度置信下限为 0.9，在这个前提下计算可知，当样本量为 38 发时，引信瞎火数只能为 1 发或 0 发。而即使瞎火数为 1 发，引信可靠度的矩法估计也达到了 0.973。虽然这种方法对于产品使用方——军队来说是有利的，能在风险可控的基础上（α）对引信可靠性进行鉴定，但是不能不说现行引信可靠度估计方法是趋于保守的。

然而，如果改用 H_0：$P \geqslant R$，H_1：$P<R$ 的假设检验，就走到了 H_0：$P \leqslant R$，H_1：$P>R$ 的对立面，检验规则又过于宽松。如经计算，当样本量为 38 发时，允许引信瞎火数最多可达 7 发，究其原因，也是保护原假设的原则引起的，而这是鉴定部门无法接受的。

不可否认的是，长期以来，我们沿用的经典统计方法得出的引信可靠度区间估计有其自身的优点，首先就是风险可控，将拒真概率，即产品本来可靠度小于置信下限，但由于试验样本的随机性而最终得出可靠度满足要求的风险置于较小的水平上，避免对不合格产品得出合格的鉴定结论。其次，由于 $P \geqslant R$ 处于备择假设的地位，所以一旦拒绝原假设而接受 $P \geqslant R$，结论将是强有力的。因此，对于靶场鉴定部门来说，这种方法有其特殊的合理性。然而，对应以上优点也产生了一些不足之处：①经典统计方法得出的引信可靠度区间估计没有考虑受伪概率，由统计学知识可知，在样本量一定的情况下，拒真概率和受伪概率是不能同时降低的，其中一个减小必然导致另外一个增大，这样，该方法可能导致受伪概率很高，也就是说本来引信 $P>R$，但最终却拒绝这一假设，得出 $P \leqslant R$ 的结论。从客观的角度来说，这种情况也是需要改进的。②根据经典统计方法而设计出来的引信可靠性试验方案样本量过大，特别是如果可靠性指标很高，样本量将随之直线上升。这对于一些成本较低的引信来说，尚可以接受，但是面对那些正在研制或者将来可能进场的高技术含量、高成本的引信，这种方法就会显暴露出先天不足的缺点，需要加以改进。

2 Bayes 区间估计过程介绍

Bayes 方法的基本出发点是基于综合历史的先验信息和当前的样本信息做统计推断。该方法在不减少估计精度的情况下能够降低可靠性试验样本量。其基本方法如下：

（1）将未知参数看作随机变量，记为 θ（在本文中指引信作用可靠度）。当 θ 已知时，样本 $x_1,x_2,\cdots,x_n$ 的联合分布密度 $P(x_1,x_2,\cdots,x_n;\theta)$ 就看作是 $x_1,x_2,\cdots,x_n$ 对 θ 的条件密度，记为 $P(x_1,x_2,\cdots,x_n|\theta)$。

（2）确定先验分布 $\pi(\theta)$。

（3）利用 $P(x_1,x_2,\cdots,x_n|\theta)$ 和 $\pi(\theta)$ 求出 $x_1,x_2,\cdots,x_n$ 与 θ 的联合分布和样本 $x_1,x_2,\cdots,x_n$ 的分布，然后求得 θ 对 $x_1,x_2,\cdots,x_n$ 的条件分布密度函数即后验分布函数 $h(\theta|x_1,x_2,\cdots,x_n)$：

$$h[\theta/(x_1,x_2,\cdots,x_n)] = \frac{\pi(\theta)p[(x_1,x_2,\cdots,x_n)/\theta]}{\int_{-\infty}^{+\infty}\pi(\theta)p[(x_1,x_2,\cdots,x_n)/\theta]\mathrm{d}\theta} \tag{2}$$

得到后验分布后，对于给定的样本和置信水平，Bayes 区间估计相对于经典统计区间估计就变得简单很多，不需要再去寻求抽样分布，直接利用后验分布便可得出 Bayes 可信区间。而且，对于 Bayes 区间估计，我们可以说引信作用可靠度 θ 落入可信区间的概率是 0.9，但是对于经典统计方法得出的置信区间则不能这么说，因为经典统计认为 θ 是常量，不能说 θ 在置信区间内的概率是 0.9，而只能说：在 100 次使用这个置信区间时，大约 90 次能覆盖住 θ。这种解释对仅使用 1 次或 2 次的人来说是毫无意义的，相比之下，Bayes 的解释简单自然，容易被大家理解和使用。

3 引信可靠度 Bayes 区间估计的计算及与经典法的对比

设引信可靠度 P 的先验密度为 $\pi(P)$，当前试验数据中，失败数为 f，成功数为 $n-f$，则根据式（2），P 的后验密度为

$$h[P/(f,n-f)] = \frac{\pi(P)P^{n-f}(1-P)^f}{\int_0^1\pi(P)P^{n-f}(1-P)^f\mathrm{d}P} \tag{3}$$

此时，Bayes 区间估计的可信下限 R_L 由下式确定：

$$\int_0^{R_\mathrm{L}}h[P/(f,n-f)]\mathrm{d}P = \alpha \tag{4}$$

由于引信试验属于成败型试验，其验前分布与验后分布为共轭分布，属于 β 分布：

$$\pi(P)=\beta(P/a,b)=\frac{1}{B(a,b)}P^{a-1}(1-P)^{b-1}$$

式中，

$$B(a,b) = \int_0^1 t^{a-1}(1-t)^{b-1}\mathrm{d}t$$

这里就涉及 β 分布两个参数 a、b 如何取值的问题。出于谨慎，考虑无验前信息时，有文献推荐取 $\beta(1,1)$，即 $[0,1]$ 区间内的均匀分布，而 Jeffreys 在 1961 年提出用 Fisher 信息阵确定无信息先验分布的方法，取 $\beta(0.5,0.5)$ 做验前分布，其证明过程略，可参见相关文献。

究竟使用哪个验前分布更为合理呢？根据文献［3］给出的方法，可运用边缘分布的稳健性分析对不同的验前分布做比较。令 $\pi_1(P)=\beta(1,1)$，$\pi_2(P)=\beta(0.5,0.5)$，分别对这两个验前分布做稳健性比较。边缘分布函数分别为

$$m_1(x/\pi) = \int_0^1\pi_1(P)\mathrm{C}_n^{n-f}P^{n-f}(1-P)^f\mathrm{d}P = \mathrm{C}_n^{n-f}\int_0^1 P^{n-f}(1-P)^f\mathrm{d}P$$
$$= \mathrm{C}_n^{n-f}B(n-f+1,f+1)$$

$$m_2(x/\pi) = \int_0^1\pi_2(P)\mathrm{C}_n^{n-f}P^{n-f}(1-P)^f\mathrm{d}P = \mathrm{C}_n^{n-f}\int_0^1 P^{n-f-0.5}(1-P)^{f-0.5}\mathrm{d}P$$
$$= \frac{\mathrm{C}_n^{n-f}}{B(0.5,0.5)}B(n-f+0.5,f+0.5)$$

当试验结果出来之后，如 $n=30$，$f=2$，计算如下：

$$\frac{m_1(x/\pi)}{m_2(x/\pi)}=\frac{B(n-f+1,f+1)\cdot B(0.5,0.5)}{B(n-f+0.5,f+0.5)}=\frac{B(29,3)\cdot B(0.5,0.5)}{B(28.5,2.5)}=0.81<1$$

根据稳健性分析规则可见，这时取 $\pi_2(P)=\beta(0.5,0.5)$ 较之 $\pi_1(P)=\beta(1,1)$ 为稳健的验前分布。而当 n 和 f 取不同值时，根据以上方法，均可找出稳健验前分布。

这时将选出的 $\pi(P)=\beta(0.5,0.5)$ 代入式（3）可得

$$h[P/(f,n-f)]=\frac{1}{B(n-f+0.5,f+0.5)}P^{n-f-0.5}(1-P)^{f-0.5}$$

再将上式代入式（4）得

$$\int_0^{R_L}\frac{1}{B(n-f+0.5,f+0.5)}P^{n-f-0.5}(1-P)^{f-0.5}\mathrm{d}P=\alpha$$

这样，通过计算即可得出引信可靠度 Bayes 可信下限 R_L。

在同样的样本量和失效数下，用 MATLAB 分别对 Bayes 区间估计和经典统计区间引信可靠度下限进行计算，如表 1 所示。

表 1　Bayes 和经典统计引信可靠度下限对比

$1-\alpha$	n	f	Bayes 可靠度下限	经典统计可靠度下限	可靠度点估计
0.90	10	1	0.725 4	0.663 1	0.900 0
	20	1	0.853 6	0.819 1	0.950 0
		2	0.786 5	0.755 2	0.900 0
	30	1	0.900 3	0.876 4	0.966 7
		2	0.853 9	0.832 2	0.900 0
	50	1	0.939 1	0.924 4	0.980 0
		2	0.910 5	0.897 1	0.960 0
0.95	30	1	0.877 0	0.851 4	0.966 7
		2	0.827 5	0.804 7	0.933 3
表中：n—样本量；f—失效数；$1-\alpha$—置信水平经计算，本表均采用 $\beta(0.5,0.5)$ 为先验分布					

从表 1 可看出：

（1）正如前文分析的那样，经典统计区间估计的引信可靠度下限是趋于保守的，而用 Bayes 区间估计可以有效克服上述情况，更真实地反映了引信作用可靠度下限。

（2）置信水平的提高引起引信可靠度置信下限的下降，因此必须根据引信质量现状来确定试验置信水平，如引信设计定型和库存鉴定就是两种截然不同的阶段，不能等同对待，因为前者涉及引信的设计水准，因此设定一个较高的置信水平是合理的；而后者存储了若干年，其可靠度很可能已经下降，这时应适当降低置信水平，否则有可能得出拒绝结论，造成大批产品浪费。置信水平一般选 0.90~0.95 较合适。

而在同样失效数据下，为达到同样引信作用可靠度置信下限所需的样本量，Bayes 方法也显示出优势，计算结果对比如表 2 所示。

表 2　Bayes 和经典统计所需样本量对比

$1-\alpha$	可靠度下限	f	样本量及点估计值			
			Bayes 方法	点估计	经典方法	点估计
0.90	0.90	1	30	0.955 6	38	0.973 7
		2	43	0.948 7	52	0.961 5
		3	58	0.943 3	65	0.953 8
		4	72	0.939 4	78	0.948 7

从表 2 中可看出，在同样的引信可靠度置信下限要求下，采用 Bayes 方法比经典统计方法所需样本量有所减少，而且越是在样本量比较少的情况下，Bayes 方法越是能显出它的优越性。在小样本量推断越来越成为一种趋势的今天，为了用最少的引信消耗量获得最多的试验信息，Bayes 方法是有借鉴意义的。

4　结论及有关问题的讨论

作为引信性能的一个关键指标，其作用可靠度一直是我们关注的焦点。不可否认的是，沿用至今的用经典统计方法估计引信可靠度置信下限有其自身独有的合理性和优点，但是日新月异的引信发展现状使得其技术含量不断提升，成本不断提高，而作为靶场鉴定部门，必须在统计方法上有所改进才能适应新形势。本文就引信可靠度置信下限的估计问题分别对 Bayes 方法和经典统计方法进行了有益的讨论，结果证明经典统计方法估计相对保守一些，而 Bayes 方法可以有效克服这个缺点，更真实地反映引信的可靠度。

另外，对本文还有几点补充和说明：

（1）本文只涉及引信可靠度抽样时有失效数据的情形，对于无失效数据情形，即一组引信射击完毕后发现没有瞎火，全部正常作用，对于这种情况下的引信作用可靠度置信下限的估计问题，不同文献有不同的看法，有待进一步研究。本文仅根据文献［7］提供的公式初步计算后发现，Bayes 估计与经典统计方法估计结果是基本相同的。

（2）作为 Bayes 估计的一个重要方面，就是其先验分布的确定问题，本文是按照无验前信息的情形来处理的，即验前分布选定了 $\beta(0.5,0.5)$。而实际上，如果引信定型前，研制方有同等条件下的试验数据，其先验分布就可以据此调整。目前，相关国军标中尚无利用验前信息的规定和说明。

参考文献

［1］闫章更，魏振军. 试验数据的统计分析［M］. 北京：国防工业出版社，2001.
［2］茆诗松. 贝叶斯统计［M］. 北京：中国统计出版社，1999.
［3］唐雪梅，等. 武器装备小子样试验分析与评估［M］. 北京：国防工业出版社，2001.
［4］茆诗松，等. 概率论与数理统计［M］. 北京：中国统计出版社，2000.
［5］周美林，等. 火工品可靠度的经典估计与 Bayes 估计［J］. 含能材料. 2005，13（2）：94-98.
［6］韩明. 二项分布无失效数据可靠度的多层 Bayes 估计［J］. 运筹与管理，1999，8（2）：12-15.
［7］曹玲. 关于假设检验中两类错误的探讨［J］. 云南财经大学学报，2004，19（4）：78-80.
［8］徐大申，等. 假设检验中的保护原则［J］. 北华大学学报，2004（5）：395-397.

外军钝感度试验与现行钝感度试验中引信受力仿真对比分析

刘刚

中国华阴兵器试验中心，陕西华阴 714200

摘　要：本文重点通过模拟仿真的形式，对引信在对传统胶合板射击试验和对木条栅格靶射击时引信受力情况进行了对比分析，仿真结果可定量反映两者差异，为下一步开展木条栅格靶钝感度试验提供技术参考。

关键词：引信钝感度；受力；仿真

0　引言

钝感度作为引信特别是直射弹药用引信的重要性能之一，多年来受到各方重视，其主要关注点在于实际作战时引信在解除保险距离之外有可能碰到灌木、树枝等弱障碍物，要求引信此时应可靠不发火以避免弹药意外爆炸，造成己方伤亡。我国在引信研制的各个阶段，钝感度试验采用一定厚度的胶合板或马粪纸作为射击对象，多年来一成不变。

历史上，美军钝感度试验也通常采用弹药穿透不同角度的 1/8 in（3.1 mm）厚胶合板后不作用的方式进行。一些欧洲国家将以上试验目标替换为瑞士试验数据中采用的木条板试验。美国陆军研发及工程司令部也进行了一些木条板试验，用于模拟加农炮飞行中碰撞灌木的过程。据了解，美军标 MIL-STD-331C《FUZE AND FUZE COMPONENTS, ENVIRONMENTAL AND PERFORMANCE TESTS》（2009 年 6 月发布最新修订）中较 MIL-STD-331B 已新增了灌木冲击不发火试验内容，射击目标不再是简单的统一厚度的靶板，改为一定厚度和间距要求下错落分布的木条栅格靶。为对比引信在对传统胶合板射击试验和对木条栅格靶射击时引信受力情况，从而为我国引信钝感度试验可能的改进打下基础，本文初步进行了建模仿真分析，以供参考。

1　钝感度试验的一些内涵

谈到钝感度，最普遍的误解是认为该试验属于安全性试验。实际上，从引信作战使用剖面可看出钝感度的内涵相当丰富，表现在以下几个方面：

（1）安全性。这是首当其冲的，考核引信在保险距离内偶然撞击灌木时的不敏感度。这里有一个成熟的理由：现代弹药都采用钝感爆炸物，并设计保险与解除保险机构以预防在炮口保险距离之内的偶然待发或发火，因此对灌木钝感度试验一般不要求，然而对于那些允许在安全距离内解除保险的弹药，本试验的失败则意味着安全性有问题。

（2）性能试验。考核弹药在炮口附近或飞行过程中穿越灌木或其他遮挡物后的使用性能。目的在于确定引信敏感元件的易损性，木条板为灌木的模拟物。

（3）突破障碍后的毁伤性能。考核引信在穿越特定目标如伪装网、坦克防护罩或其他障碍物后的毁伤性能。

（4）撞击目标附近灌木的钝感度。很容易理解，敌方装甲目标有可能停在灌木之后、树丛之下或干脆在车辆上覆盖树枝，弹药应穿过这些树枝障碍物，并对目标作用。

对照以上分析，可以发现我们现行的钝感度试验界定其实并不清晰，严格意义上，既不是安全性试验，又不是性能试验，因为既要求了保险距离外对胶合板保持钝感，同时没有要求过靶后对目标的发火性。

2 美军标钝感度试验方法介绍

“钝感度”是我国传统称呼，美军标 MIL-STD-331C 中称为 BRUSH IMPACT NO-FIRE TEST，即“灌木冲击不发火试验”。

试验主要目的为证明反装甲弹药在穿过目标附近的灌木等轻植被时不应作用，随后撞击靶板时应适时发火的能力。美军不仅对钝感度本身有要求，同时还要求过靶后对目标正常作用，对于引信来说同时兼顾钝感度和发火可靠性，这是有难度的。本文不讨论引信对目标作用情况，仅关注钝感度本身。

对于弹靶交会条件，美军标规定弹丸速度应确保撞击灌木时速度为各种战术使用条件下的最大值。

对于钝感度靶，美军标规定不发火灌木模拟靶由 3 个或更多木质面板组成，木质面板示意图如图 1 和图 2 所示。

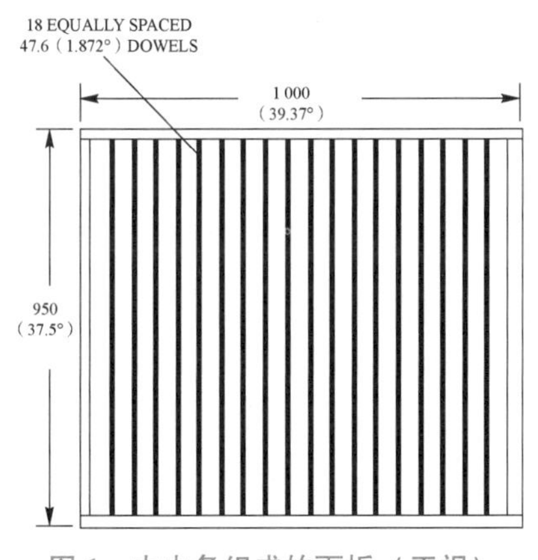

图 1　由木条组成的面板（正视）

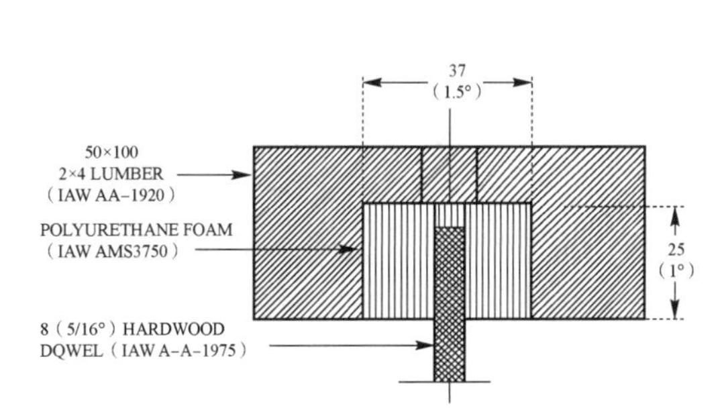

图 2　木条及其固定物（剖面）

如图 2 所示，每个木质面板由间隔 47 mm 的一系列直径为 8 mm 的木条构成，每个面板安装于弹性聚氨酯中。该面板应足够大，以保证弹药穿越时不至击中面板的边框。每个木质面板应相互错开 15. 7 mm。

在为什么要用木条板进行试验，美军标也做出了一些解释，包括：

(1) 灌木由细枝条组成的特点，提供了线性的撞击环境而不是如胶合板那样的平面。用 8 mm 厚的硬木条模拟灌木，虽然看起来尺寸较大，但干透木料的硬度比一些天然物质（如水）的密度要低，因此，不建议使用尺寸小于 8 mm 的木条。

(2) 灌木较柔软，在受到撞击时可以弯曲。然而，柔韧度的影响却千差万别，在高速撞击时，柔韧目标表现得更像刚体。本试验中推荐的木条长度以及泡沫填充物用于模拟低速撞击时的灌木柔韧度。

(3) 灌木具有纵深特性，而不是一个单一平面，因此，推荐使用至少 3 层木条板，用于模拟灌木。

(4) 新鲜的灌木相对木条来说较为柔软。比如，枝条的树皮比木条的表面要柔软。本试验未考虑该因素。

(5) 保持了灌木钝感度试验与以往胶合板钝感度试验的类似性。以往选择 1/8 in 厚胶合板作为穿透质量的代表是由于弹药多年都在该条件下试验，本试验要求也考虑了历史先例，规定了 3 个靶板中足够多的木条数量，以和 1/8 in 厚胶合板质量相等。

由此可见，美军标的钝感度试验与我国现行的钝感度试验方法差异较大，但究竟影响多大，我们希望通过仿真的方式开展初步定量分析。

3 仿真对比分析

3.1 模型建立与参数设置

本文利用 SolidWorks 2014 进行结构建模，利用 ANSYS Workbench 14.5 进行仿真分析。将 SolidWorks 建模结果导入 ANSYS，如图 3 所示。

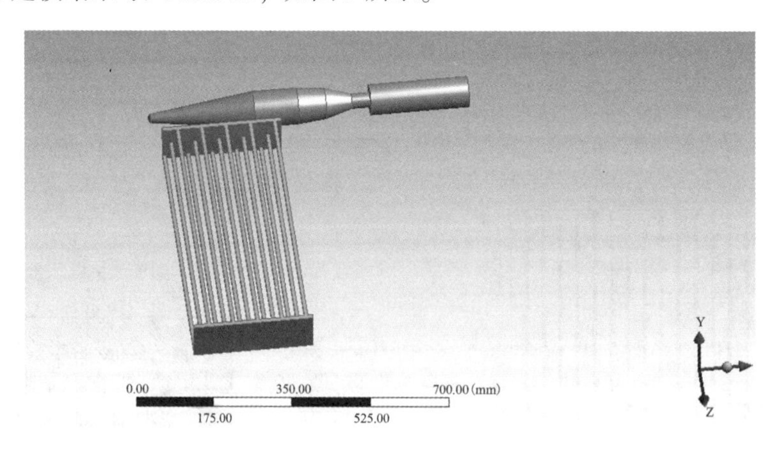

图 3 结构建模图

仿真材料方面，由于现有的 ANSYS 材料库里没有所需的精确木料，我们以 AL 2024 为基础进行密度等参数修改，使栅格靶更接近松木条的材料特性，同时选择 Shock EOS Linear 模型。选择 STEEL4340 作为弹体的材料，为简化仿真计算，将弹体视为一个整体。

之后进行网格划分，按照图 4 所示对话框进行设置，选用显式物理模型。Relevance Center 选择 Medium，Element Size 选择 Default，Smoothing 选择 High。

栅格靶与弹体的网格划分结果如图 5 所示。

Details of "Mesh"

Defaults	
Physics Preference	Explicit
Relevance	0
Sizing	
Use Advanced Size Fun...	Off
Relevance Center	Medium
Element Size	Default
Initial Size Seed	Active Assembly
Smoothing	High
Transition	Slow
Span Angle Center	Coarse
Minimum Edge Length	8.e-003 m
Inflation	
Patch Conforming Options	
Triangle Surface Mesher	Program Controlled
Advanced	

图 4　网格划分参数设置

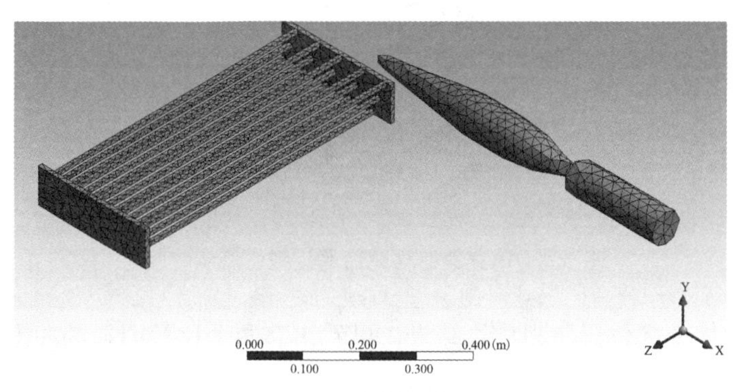

图 5　网格划分结果

以上工作结束后，对 Autodyn 运行前的参数进行详细设置，本文不再一一赘述，运行前模型如图 6 所示。

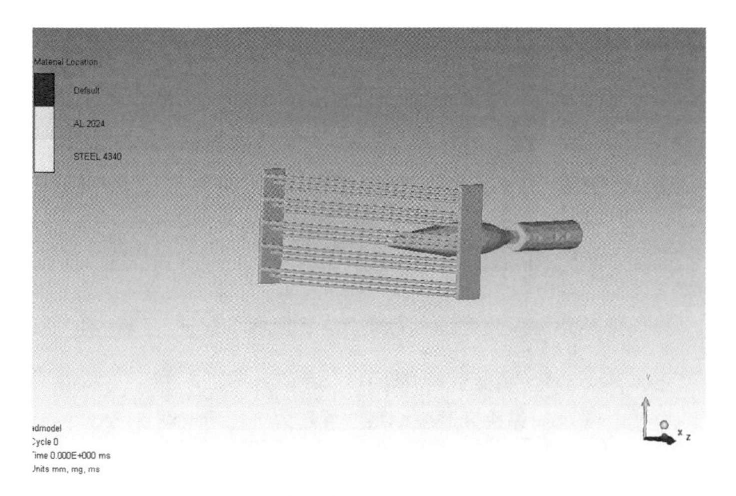

图 6　栅格靶模型准备运行图

3.2 仿真运行结果

图 7 所示为弹体穿透栅格靶后的模型仿真示意图。可以看出，当前位置弹体头部即引信位置直接撞断了两根木条，对第三层木条板，弹体头部未直接撞到木条，由随进弹体将木条撞裂。

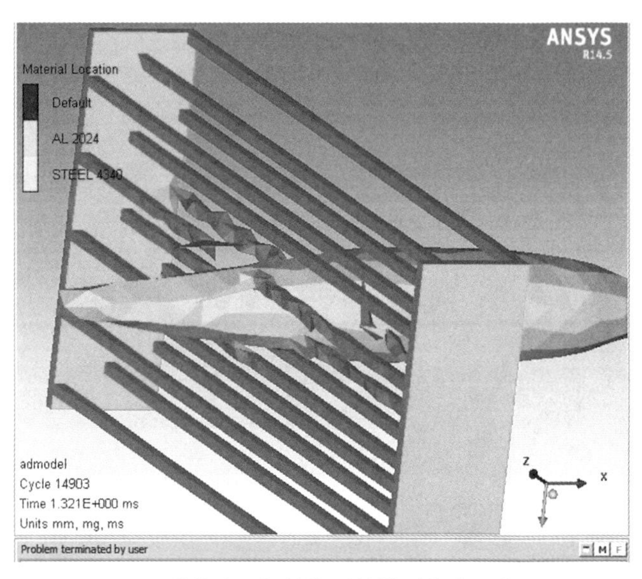

图 7　弹体穿透栅格靶后的模型仿真示意图

图 8 所示为弹体头部位置压力仿真结果，可看出有两个比较明显的冲击波峰，这与弹体穿透栅格靶后的模型仿真示意图中木条破碎情况是比较一致的。从图 8 中也可看出，引信位置压力最高峰值约 7.42×10^{5} kPa。

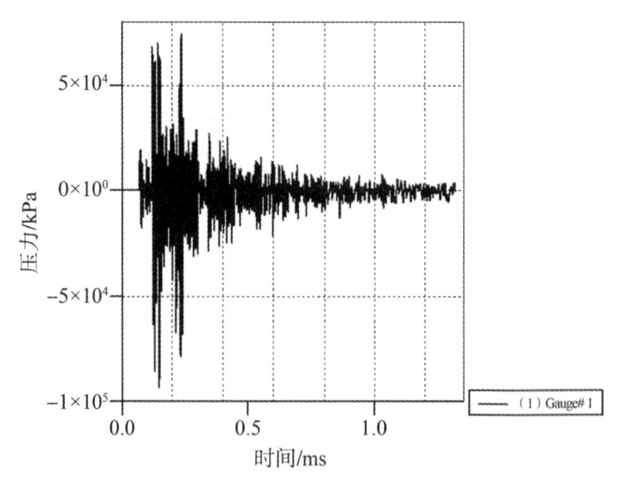

图 8　弹头穿透栅格靶位置压力仿真示意图

图 9 所示为弹体穿透普通 3 mm 后松木板的模型仿真示意图。可以看出，当前位置弹体已将松木板完全穿透，引信位置已完成承受最大压力。

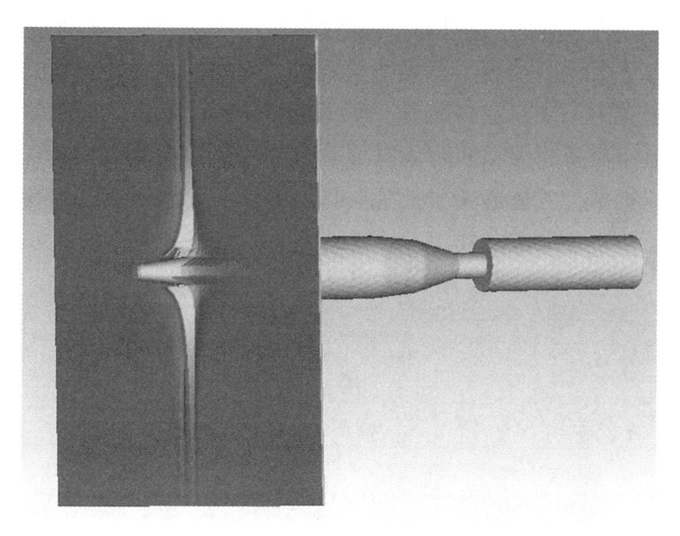

图 9　弹体穿透 3 mm 靶模型仿真示意图

图 10 所示为弹体头部位置压力仿真结果。可以看出，与栅格靶区别明显，只有一个冲击波峰；从图中也可看出，引信位置压力最高峰值约 6. 39×10^5 kPa。

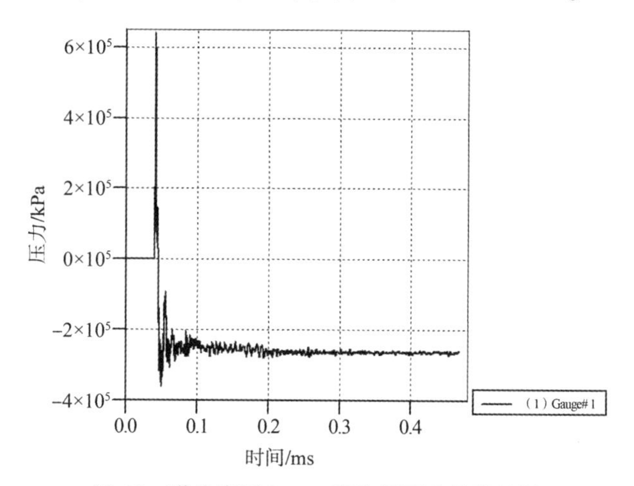

图 10　弹头穿透 3 mm 靶位置压力仿真结果

3. 3　结果分析

从仿真结果看，与我们常规经验判断结果截然不同，对三层栅格靶撞击和对单层 3 mm 松木靶撞击，引信位置受力情况峰值分别为 7. 42×10^5 kPa 和 6. 39×10^5 kPa，差别并不大。主要区别在于对三层栅格靶撞击，由于靶板的多层性，其压力波形更为复杂，存在至少两次幅度相当的压力冲击。

4　结束语

本文通过模拟仿真的形式，对引信在对传统胶合板射击试验和对木条栅格靶射击时引信受力情况进行了对比分析，从仿真结果看，无论是对三层栅格靶撞击和对单层 3 mm 松木靶撞击，引信位置受力情况峰值相当，并无明显差距，对引信设计者来说，不存在受力明显超限的问题。同时鉴于对木条栅格靶射击时，明显更符合实际弹丸飞行过程中遇到树枝、灌木等弱目标阻挡的情形，作者建议认真考虑开展木条栅格靶钝感度试验的可能性，以尽快将美军标合理部分增补到我国相关标准中去，为引信装备实战化水平打下基础。

引信钝感度试验方法探讨

王侠，刘刚，陈众

中国华阴兵器试验中心，陕西华阴 714200

摘　要：本文通过对钝感度试验中引信碰靶受力情况进行分析计算，得出靶板材质不同可能导致不同试验结果的结论；对比美军标钝感度试验方法，指出现行钝感度试验存在的不足，并对其改进提出一些建议。

关键词：引信；钝感度；试验方法

0　引言

钝感度是指引信飞行中碰到弱障碍时不爆炸的性能，防止已解除保险引信的触发机构在碰到植物细小枝叶、目标伪装网等未达到最佳起爆位置时提前作用，一般在单兵火箭弹引信和对装甲目标、丛林目标有作战任务的引信战技指标中有所要求。以某型单兵火箭弹引信为例，战技指标中规定为“引信应具有一定的钝感度，对距离××m 处的 3 mm 厚胶合板射击，引信碰靶不应发火。”

引信的钝感度性能，关系到弹道的安全性和作战效能的有效发挥，如何客观准确地对其做出评价，十分重要。

1　钝感度试验方法分析

目前，钝感度试验就是考核引信在解除保险后碰击弱目标时，头部受到的碰击力和内部零件受到的前冲力会不会使引信发火。试验方法为：在引信可靠解除保险之后弹丸速度最大的距离上（或者在指标规定的距离上）设置 3 mm 厚的胶合板，只考核引信在碰靶时是否作用，不要求过靶后作用。其操作性强，易于实施，但也存在一些问题。

1.1　引信碰靶时的受力情况

碰击力的大小与弹丸的速度、目标介质特性、弹丸与目标的碰击姿态、侵彻部位的形状尺寸和物理力学性能等因素有关。引信碰 3 mm 胶合板后，剪下一个 3 mm 厚、直径与引信体头部相同的胶合板，计算时将弹丸和引信看作是不动的，而靶板以弹丸着速 V 向引信头部碰击，同时引信碰靶时因靶板的阻力惯性体前冲。受力情况分析如下：

（1）碰靶时头部受力分析。

引信碰靶时的头部阻力可用式（1）表示为

$$F=\frac{\frac{1}{2}m_1V^2+E_B}{h} \tag{1}$$

式中，m_1 为靶片质量；V 为弹丸着速；E_B 为剪下靶片时所需的能量；h 为靶片厚度。

引信体头部直径为 d，胶合板密度为 p，靶板剪切强度为 τ，则有

$$m_1=\frac{1}{4}\pi d^2h\rho \tag{2}$$

$$E_B=\pi dh^2\tau \tag{3}$$

由式（1）、式（2）、式（3）可以得出

$$F=\frac{1}{8}\pi d^2\rho V^2+\pi dh\tau \tag{4}$$

（2）碰靶时惯性体受力分析。

碰靶时惯性体的前冲惯性力可以表示为

$$F'=\frac{Fm}{M} \tag{5}$$

式中，m 为惯性体质量；M 为弹丸质量。

从以上分析可以看出，碰靶时，引信体头部受到的碰击力及内部惯性体的前冲力都与靶板的材质息息相关，靶板密度越高，剪切强度越大，尺寸越厚，引信受到的力也越大。

1.2 举例计算

胶合板国家标准中，不同种类胶合板的剪切强度如表 1 所示。

表 1 不同种类胶合板剪切强度

树种名称或木材名称	类别	
	Ⅰ、Ⅱ类	Ⅲ类
椴木、杨木、橡胶木、白梧桐等	≥0.70 MPa	≥0.70 MPa
水曲柳、榆木、山楂等	≥0.80 MPa	
桦木	≥1.00 MPa	
马尾松、云南松、落叶松、云杉等	≥0.80 MPa	

国标中规定胶合板密度≥600 kg/m^3，而市场上常见胶合板的密度为：桦木芯胶合板 680~700 kg/m^3，杂木芯胶合板 580~620 kg/m^3，松木芯胶合板 570~610 kg/m^3，杨木芯胶合板 500~530 kg/m^3。

以某型引信钝感度试验为例，引信体头部直径 d=23.6 mm，弹丸着速 V=160 m/s，分别选用 3 mm 的桦木胶合板（τ_1=1.00 MPa，ρ_1=700 kg/m^3）和杨木胶合板（τ_2=0.70 MPa，ρ_2=500 kg/m^3），则碰靶时头部受力之差

$$\Delta F=\frac{1}{8}\pi d^2V^2(\rho_1-\rho_2)+\pi dh(\tau_1-\tau_2)$$

计算可得 ΔF=1 186 N。

弹丸质量 $M=1.65\ kg$，惯性体质量为 $m=53.5\ g$，则惯性体前冲力之差为

$$\Delta F'=\frac{\Delta Fm}{M}$$

计算可得 $\Delta F'=38.5\ N$。

通过计算，可以看出，选用不同材质的胶合板作目标，引信的受力情况，特别是头部受力有较大的差异。在引信设计时，可以通过提高引信体头部机构弹性变形能，增大弹簧抗力等措施来提高其钝感度，但同时要兼顾引信的擦地发火性、瞬发度和作用可靠性，就必须在其中寻找一个平衡，这样钝感度设计的裕度不会太大。在进行钝感度试验时，引信碰靶时受到的力如果在头部可承受应力的临界点附近，选用不同材质的靶板，将有不一样的结果。

2 钝感度试验思考

钝感度试验，应该能回答以下几个问题：

（1）安全性——在解保距离外引信偶然撞击弱目标时的不敏感度。

（2）撞击目标附近灌木的钝感度——敌方目标有可能停在灌木之后、树丛之下或干脆在车辆上覆盖树枝、伪装网等，引信对这些障碍的不敏感度。

（3）突破障碍后的作用性能——弹药在炮口附近或飞行过程中穿越灌木或其他遮挡物后引信的作用性能。

目前，钝感度试验仅能回答在解保距离外撞击弱目标的安全性，对目标附近的植被、伪装等的钝感度不得而知；另外，不考核引信过靶后对目标的作用性能，可能存在引信在碰靶时头部变形、内部机构卡滞而不能有效作用的情况。

怎样让钝感度试验能提供更多的信息，更加科学合理地评价产品性能，是值得我们思考的问题。在美军试验标准中，对钝感度试验方法进行了新的修订，其中的内容可以给我们提供有益的借鉴和参考。

3 美军钝感度试验方法介绍

本试验主要目的：证明反装甲弹药在穿过目标附近的灌木等轻植被时不应作用，随后撞击靶板时应适时发火的能力。本试验程序及不发火模拟靶可调整后用于近炸引信或制导传感器的灌木冲击不敏感试验，也可改变不发火模拟靶的类型，用于评估弹药穿越特定防护物（如伪装网）时的性能。具体试验方法如下：

3.1 目标

目标包括两个部分：灌木不发火模拟靶及硬目标发火模拟靶。

3.2 交汇条件

弹丸速度应确保撞击不发火模拟靶时速度为各种战术使用条件下的最大值。弹药应穿越不发火模拟靶后以典型战术角度（通常不垂直于弹道）撞击目标靶。

（1）不发火灌木模拟靶。

不发火灌木模拟靶由 3 个或更多木质板组成，木质板示意图如图 1 所示。每个木质板由

间隔 47 mm 的一系列直径为 8 mm 的硬木条构成，形成一个面板。该面板应足够大，以保证弹药穿越时不至侵入模拟靶的 88.9 mm 范围内。每根木条安装于弹性聚氨酯中。木质板之间相互错开 15.7 mm。

（2）发火目标靶。

发火目标靶应能提供代替真实战术目标的外观和撞击角度，并足够大以确保引信能可靠击中。发火目标靶安装于不发火模拟靶之后，距离至少为 5 个弹径（推荐距离最小为 1.5 m），如图 2 所示。

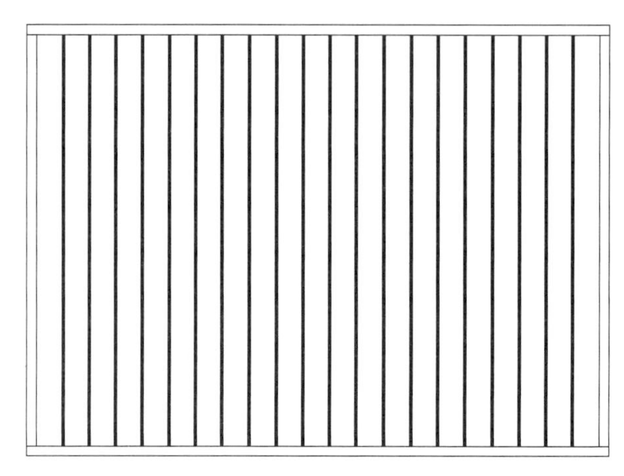

图 1　不发火灌木模拟靶

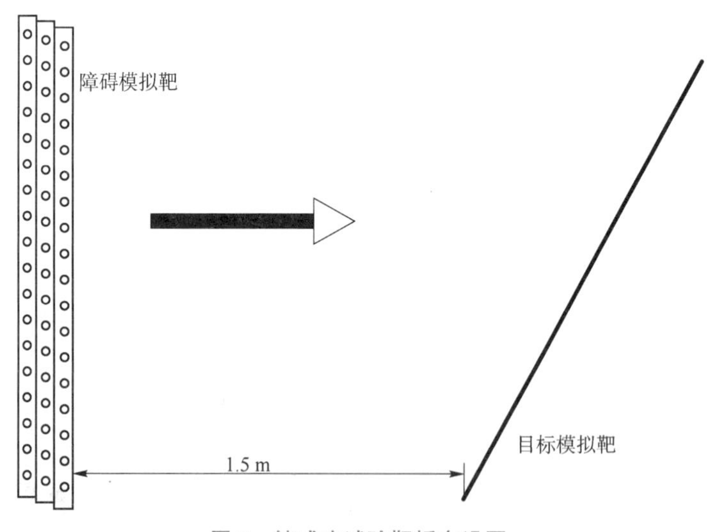

图 2　钝感度试验靶板布设图

3.3　数据报告

数据报告中应至少包括以下内容：

（1）撞击不发火木质板及发火目标靶时的速度。

（2）引信作用时，弹药与发火目标靶之间的位置关系。

（3）摄影装置及其他参试设备所记录的所有异常现象。

（4）不发火木质板及发火目标靶之间的配置关系，包括木条数量、间距及木质板与发火目标靶之间的距离，发火目标靶的角度，以及材料和规格等内容。

（5）试验实施温度。

（6）试验特殊要求。

3.4 试验合格准则

如果引信在撞击不发火靶之前、撞击过程中、位于不发火及发火靶之间未作用，且对发火靶正常作用，则评为合格。

3.5 本试验设计中考虑到的问题

（1）灌木由细枝条组成的特点提供了线性的撞击环境而不是如胶合板那样的平面。用8 mm厚的硬木条模拟灌木，虽然看起来尺寸较大，但干透木料的硬度比一些天然物质（如水）的密度要低，因此，不建议使用尺寸小于 8 mm 的木条。

（2）灌木较柔软，在受到撞击时可以弯曲。然而，柔韧度的影响却千差万别，在高速撞击时，柔韧目标表现得更像刚体。本试验中推荐的木条长度以及泡沫填充物用于模拟低速撞击时的灌木柔韧度。

（3）灌木具有纵深特性，而不是一个单一平面，因此，推荐使用至少 3 层木条板，用于模拟灌木。

（4）活着的灌木相对木条来说较为柔软。比如，枝条的树皮比木条的表面要柔软。本试验未考虑该因素。

（5）保持了灌木钝感度试验与以往胶合板钝感度试验的类似性。以往选择 3.2 mm 厚胶合板作为穿透质量的代表是由于弹药多年来都在该条件下试验，本试验要求也考虑了历史先例，规定了 3 个靶板中足够多的木条数量，以和 3.2 mm 厚胶合板质量相等。

（6）战场真实目标可能藏于灌木或植被后若干米距离，由灌木撞击而引起的弹药结构损伤可能要在飞行一段距离后才能影响引信性能。为模拟这一过程，建议起爆点应设置在不发火靶之后 1.5 m 处，以便使引信或弹丸上的冲击效应充分体现，进而对引信起爆或保险与解除保险机构造成影响。

（7）通常使用的全发火试验目标为 6 mm 厚钢板或 304.8 mm 厚胶合板。应注意到，本试验中的有关条目指的是发火目标，而不是全发火目标，发火目标不必与全发火目标一致。

可以看出，在新修订的美军钝感度试验标准中，对靶板设置有了更详细的规定，对引信性能的考核也更加全面，值得我们借鉴和参考。

4 结论

现行的钝感度试验方法，未对靶板强度进行准确限定，选用不同材质的靶板，可能导致不一样的结果；另外，不能体现引信在突破障碍后的作用性能。参考美军钝感度试验标准，建议在今后考核中，对弹丸飞行过程中可能碰到的各种障碍进行分析，确定靶板的强度，选用满足强度要求的靶板进行钝感度试验，使钝感度试验具有可比性，以避免靶板材质不同带来的试验误差；同时，考核引信过靶后的发火率，这样能够更贴近实战，也能够更加科学全面地评价引信性能。

参考文献

［1］彭长清．引信机构动力学［M］．北京：兵器工业出版社，1994.
［2］GB/T 9846.3—2004．普通胶合板通用技术条件.

高原环境对涡轮解保引信解保距离的影响分析

赵新，刘刚，刘社锋

中国华阴兵器试验中心，华阴 714200

摘 要：本文根据某型单兵火箭引信高原和基地条件下的试验结果，定性分析影响引信解除保险距离性能的关键因素，定量计算高原环境下引信解除保险距离的变化，并通过仿真计算获取在不同海拔高度条件下的引信解除保险距离，为产品在不同条件下使用提供依据。此外，在试验前根据仿真计算结果确定兰利法试验中的引信解除保险距离初始范围，为靶场试验提供先验信息，从而减少靶场试验消耗，提高试验效率。

关键词：引信；解除保险；高原环境

0 引言

环境适应性是武器装备的重要质量特性，它关系到武器装备在战场环境下的生存能力和性能发挥，装备可靠性的问题大多是使用环境恶劣所致。而高原作战是我军主要作战模式之一，高原地形复杂、气候恶劣，会对我军装备作战性能发挥产生严重影响。高原气候环境的构成因素很多，主要特点是气压低、空气稀薄、含氧量低、低温时间长、昼夜温差大、风沙尘大、日照时间长、紫外线强、气候干燥等；高原环境条件对装备的影响也很复杂，需要考虑单一环境因素、多因素及复合因素。装备的使用性能受特殊环境影响，因此需要在定型试验中充分考虑高原环境因素的影响。

针对引信而言，不同种类的引信可能受到影响的偏重点不同，例如，毫米波引信主要考虑紫外线、云层、辐射等方面的影响，而涡轮机械引信主要考虑空气动力等方面影响。根据本次试验所使用的涡轮解保引信的工作特点，本文只针对主要因素高原空气压强、密度对涡轮保险机构引信解保距离的影响进行了分析探索，由于涡轮解保引信工作过程中，含氧量低、低温期长、昼夜温差大、日照时间长、紫外线强、气候干燥等因素对引信性能的影响很小，因此本文未对其进行分析。

本文以某型单兵火箭引信高原解保距离试验为例，主要通过空气密度变小对涡轮解保引信的影响进行分析，从而得到涡轮解保引信解保距离在高原环境下的解保情况。就涡轮解保引信在高原鉴定及使用提出了几点意见。

1 试验情况概述

引信保险与解除保险距离试验是确定引信从开始解除保险到基本解除保险的区域，以判定炮口保险距离与解保距离是否达到战术技术指标要求。下文将给出某型单兵火箭弹引信

（同一批次产品）在基地和高原条件下采用兰利法试验后计算得到的结果，如表 1 所示。注：基地和高原环境下，射角、初速等条件不变，只是气压、密度发生改变。

表 1　基地和高原解除保险情况

解保概率/%	1	5	10	30	50	70	90	95
基地解保距离/m	28.91	29.72	30.15	31.05	31.68	32.30	33.20	33.64
高原解保距离/m	32.60	35.14	36.50	39.32	41.28	43.23	46.06	47.41

注：基地试验（海拔 300 m，气压 980 hPa，气温 15 ℃）
　　高原试验（海拔 4 078 m，气压 620.9 hPa，气温 9 ℃）

上述表格通过拟合可直观观察到，如图 1 所示。

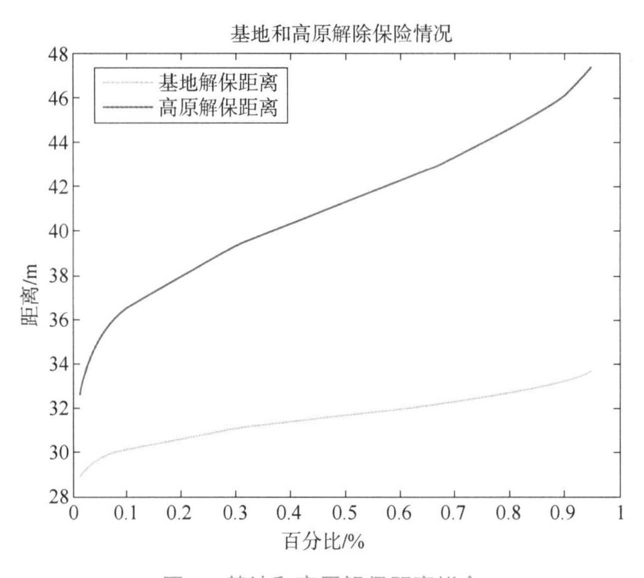

图 1　基地和高原解保距离拟合

通过以上数据对比可以发现，在高原试验中，引信解保距离较长，下面就对造成此现象的原因进行分析。

2　试验结果分析

由于试验引信采用后坐保险机构和涡轮保险机构，火箭弹发射药自带氧化还原剂，高原环境对后坐解保不产生影响，所以本文主要从涡轮机构和空气动力两个主要方面分析高原环境对解保距离的影响。

2.1　引信涡轮保险机构解保时间分析

涡轮式空气动力保险机构是利用弹丸飞行时迎面气流的作用，使涡轮旋转达到一定的圈数而解除保险的保险机构。涡轮式空气动力保险机构计算式如下：

$$\frac{\mathrm{d}u}{\mathrm{d}t}=\frac{r_{\mathrm{pj}}^{2}}{J}m_{\mathrm{k}}(\psi\sqrt{v^{2}+u^{2}}\cos\beta_{2}-u)-\frac{r_{\mathrm{pj}}}{J}r_{f}f\left[m_{\mathrm{g}}\frac{\mathrm{d}v}{\mathrm{d}t}+(p_{\mathrm{w}}-p_{0})S+(1-0.6\psi)m_{\mathrm{k}}v\right]\tag{1}$$

式中，$\frac{du}{dt}$为叶片中心的圆周加速度，m/s^2；J 为涡轮的转动惯量，kg · m^2；ψ 为损耗系数，$0.9\geqslant\psi\geqslant0.6$；$v$ 为弹丸的速度，m/s；u 为叶片中心的圆周速度，m/s；β_2 为 W_2 与水平线的夹角，rad；r_{pj}为空气动力中心对转轴的距离，m；m_k 为单位时间内流过整个涡轮的气体质量，kg/s；r_f 为摩擦力作用半径，m；f 为摩擦系数；m_g 为涡轮转动部分的质量，kg；$\frac{dv}{dt}$为弹丸的加速度，m/s^2；(p_w-p_0)为剩余压力，Pa；S 为涡轮中心部分的面积，m^2；m 为弹丸整体质量，kg。

初始状态时，$t=t_0$，$du/dt=0$，$u=0$ 并考虑 $m_k=v\pi(r_2-r_1)\rho$，则可由式（1）得涡轮开始转动的表达式：

$$\left(\frac{v^2}{\frac{dv}{dt}}\right)_0=\frac{r_f f m_g}{\pi(r_2^2-r_1^2)\rho[r_{pj}\varphi\cos\beta_2-r_f f(1-0.6\psi)]}+\frac{r_f f(p_w-p_0)_0 S}{\left(\frac{dv}{dt}\right)_0\pi(r_2^2-r_1^2)\rho[r_{pj}\psi\cos\beta_2-r_f f(1-0.6\psi)]} \tag{2}$$

式中，

$$p_w-p_0=\frac{\rho v^2}{2}\left[1+\frac{1}{4}\left(\frac{v}{c}\right)^2\right] \tag{3}$$

$$\frac{dv}{dt}=a=\frac{\rho v^2}{2m}S_m C_{xBW} \tag{4}$$

将式（3）、式（4）代入式（2），则通过求解上式方程，即可求出解保时间 t。通过求解可得当解保转数一定时，时间 t 与空气密度 ρ 的关系式：

$$\frac{\rho t^3 S_m C_{xBW}\left[\left(\frac{2m}{S_m C_{xBW}}-\frac{r_f f m_g}{\pi(r_2^2-r_1^2)[r_{pj}\varphi\cos\beta_2-r_f f(1-0.6\psi)]}\right)\times 4C_{xBW}^4\rho S_m^2(r_2^2-r_1^2)\rho[r_{pj}\psi\cos\beta_2-r_f f(1-0.6\psi)]-4C_{xBW}^3\rho S_m m\right]^2}{4m^4}+$$
$$\left[\left(\frac{2m}{S_m C_{xBW}}-\frac{r_f f m_g}{\pi(r_2^2-r_1^2)[r_{pj}\varphi\cos\beta_2-r_f f(1-0.6\psi)]}\right)\times 4C_{xBW}^4\rho S_m^2(r_2^2-r_1^2)\rho[r_{pj}\psi\cos\beta_2-r_f f(1-0.6\psi)]-4C_{xBW}^3\rho S_m m\right]t-v_0=0 \tag{5}$$

通过求解画图可得如图 2 所示关系曲线，当空气密度减小时，解保时间增长 $t_{高}>t_{平}$。

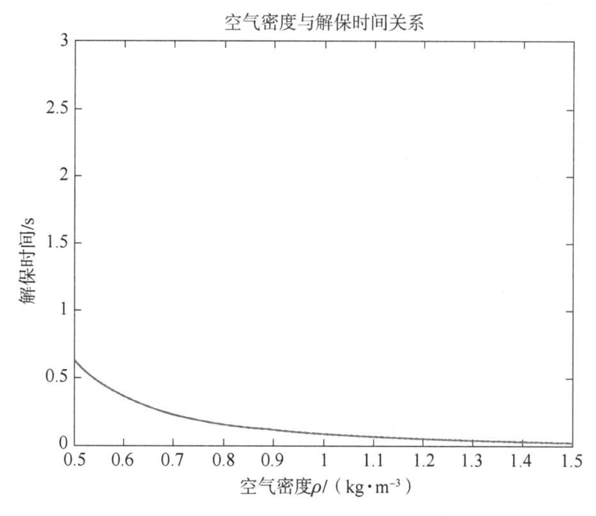

图 2　解保时间和空气密度关系曲线

根据图 2 的计算，可以得到基地与高原情况下的解保时间对比，如表 2 所示。

表 2　解保时间对比

地域	基地（1%解保点）	海拔 4 000 m 高原（1%解保点）
空气密度/（$kg \cdot m^{-3}$）	1.224	0.819 1
解保时间/s	0.197	0.220

2.2　空气动力对弹丸的影响

弹丸空气动力学是研究空气与在空气中飞行的弹丸之间相互作用的科学[3]。具体地说，可归纳为：研究弹丸飞行时，周围空气的相对运动规律；空气与弹丸相互作用下的力和力矩组。此次高原试验与平原试验时引信配用同一弹种，弹体本身未做改动，因此空气对弹丸外弹道性能的影响，可以从以下两个方面进行考虑。

2.2.1　阻力

当弹丸与空气之间存在相对运动时，空气对弹丸的作用即空气阻力。此力与弹丸特性（如形状、大小、结构如底部排气与否等），空气特性（如气温、密度、黏性及可压缩性等）以及弹丸和空气之间相对运动特性（如相对速度的大小、弹轴的方位等）三个方面密切相关。关系式如下：

$$R_x = \frac{\rho v^2}{2} S_m C_{xBW} \tag{6}$$

$$C_{xBW} = 1.1(C_{x_0BW} + C_{x_iBW}) \tag{7}$$

$$C_{x_0BW} = C_{x_0B} + N\, C_{x_0W} \frac{S_W}{S_m} \tag{8}$$

$$C_{x_iBW} = C_{x_in} + \psi\, C_{x_iTW} \frac{S_W}{S_m} \tag{9}$$

$$\psi = \begin{cases} 1.0, & N=2，两对尾翼 \\ 1.25, & N=3，三对尾翼 \end{cases}$$

$$C_{x_i\overline{TW}} = K_W^2 \frac{(C_{yW}^{\alpha})^2}{\pi \lambda_W} \alpha^2,\ M_{\infty} < M_{*1}，亚声速流动$$

式中，R_x 为空气阻力；ρ 为空气的密度（kg/m^3）；v 为弹丸速度；S_m 为弹丸的最大横断面积（m^2）；S_W 为尾翼面积；C_{xBW} 为尾翼弹阻力系数；C_{x_0BW} 为尾翼弹零升阻力系数；C_{x_iBW} 为尾翼弹诱导阻力系数；C_{x_0B} 为弹头零升阻力系数；C_{x_0W} 为尾翼零升阻力系数；C_{x_in} 为弹头诱导阻力系数；$C_{x_i\overline{TW}}$ 为尾翼段的诱导阻力系数；K_W 为尾翼弹尾翼段干扰因子；λ_W 为展弦比；C_{yW}^{α} 为尾翼升力线斜率；α 为迎角。

由上述公式，根据计算得弹丸阻力与空气密度关系，如图 3 所示。

图 3 中，红线表示靶场水平面下，弹丸阻力与速度的变化情况；蓝线表示高原海拔下，弹丸阻力与速度的变化情况。

由上述分析可得，速度 v、空气密度 ρ、弹丸的最大横断面积 S_m 和尾翼弹阻力系数

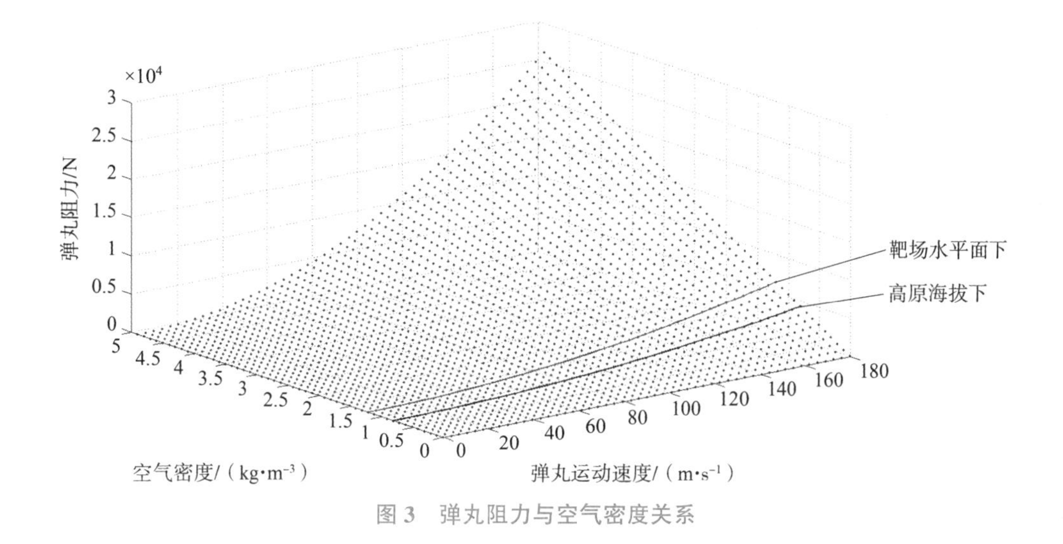

图 3　弹丸阻力与空气密度关系

$C_{x\mathrm{BW}}$对弹丸阻力有影响，其中，S_{m}、$C_{x\mathrm{BW}}$为弹丸固有参数，而高原与基地试验中两种弹相同，S_{m}、$C_{x\mathrm{BW}}$不变，并且弹丸自带氧化还原剂，因此高原环境对弹丸速度 v_0 影响不大，可忽略。由于高原空气密度比基地低，ρ 减小，因此阻力 $R_{x平}>R_{x高}$，则 $a_{平}=\dfrac{R_{x平}}{m}>a_{高}=\dfrac{R_{x高}}{m}$（其中 m 为弹丸质量），可以得到弹丸外弹道运动过程中阻力减小，使弹丸在运动过程中所受到的阻力加速度 a_z 减小。

2.2.2　升力

当弹丸攻角不为零时，空气对弹丸作用合力既不与弹轴也不与速度共线反向，产生了垂直于速度方向向上的分量——升力。升力表达式如下所示：

$$R_y=\frac{\rho v^2}{2}S_{\mathrm{m}}C_{y\mathrm{BW}} \tag{10}$$

$$C_{y\mathrm{BW}}=C_{yn}+1.25K_{\mathrm{W}}\ C_{y\mathrm{W}}\frac{S_{\mathrm{W}}}{S_{\mathrm{m}}} \tag{11}$$

式中，R_y 为升力；ρ 为空气的密度；v 为弹丸速度；S_{m} 为弹丸的最大横断面积（m^2）；$C_{y\mathrm{BW}}$为尾翼弹升力系数；C_{yn}为弹体升力系数；K_{W} 为尾翼弹尾翼段干扰因子；$C_{y\mathrm{W}}$为尾翼升力系数；S_{W} 为尾翼面积；1.25 为三对尾翼系数。

由上述公式，根据计算得弹丸升力与空气密度关系，如图 4 所示。

图 4 中，红线表示靶场水平面下，弹丸升力与速度的变化情况；蓝线表示高原海拔下，弹丸升力与速度的变化情况。

由上述可得，速度 v、空气密度 ρ、弹丸的最大横断面积 S_{m} 和尾翼弹阻力系数 $C_{x\mathrm{BW}}$对弹丸升力有影响，其中，S_{m}、$C_{x\mathrm{BW}}$为弹丸固有参数，而高原与基地试验中两种弹相同，S_{m}、$C_{x\mathrm{BW}}$不变，并且弹丸自带氧化还原剂，因此高原环境对弹丸速度 v_0 影响不大，可忽略。由于高原空气密度比基地低，ρ 减小，在弹丸外弹道运动过程中，升力 R_y 减小，从而弹丸下降速度加快，使弹丸在飞行过程中经历的时间 t_z 减小。

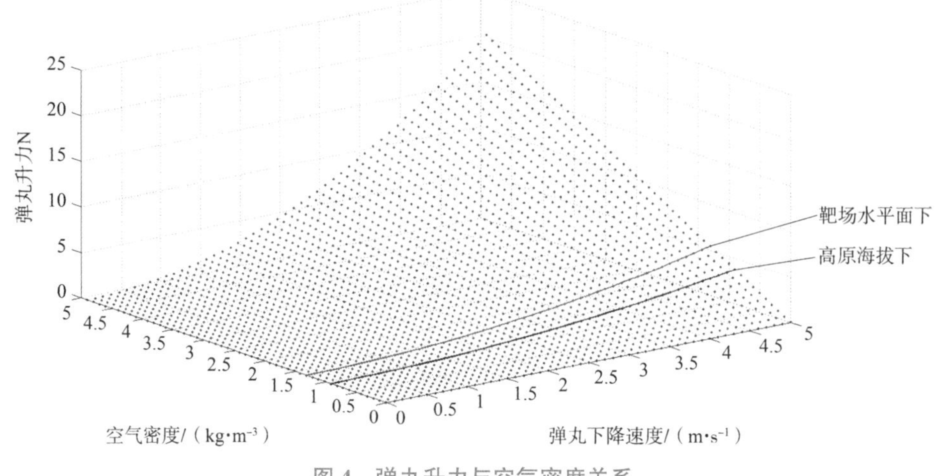

图 4　弹丸升力与空气密度关系

2.3　仿真试验

通过上述理论分析，初步得出结论，下面我们通过仿真模拟[4]对上述理论计算结果加以说明。当其他条件不变时，只改变空气密度和大气压力，得到压力分布图，如图 5 和图 6 所示。

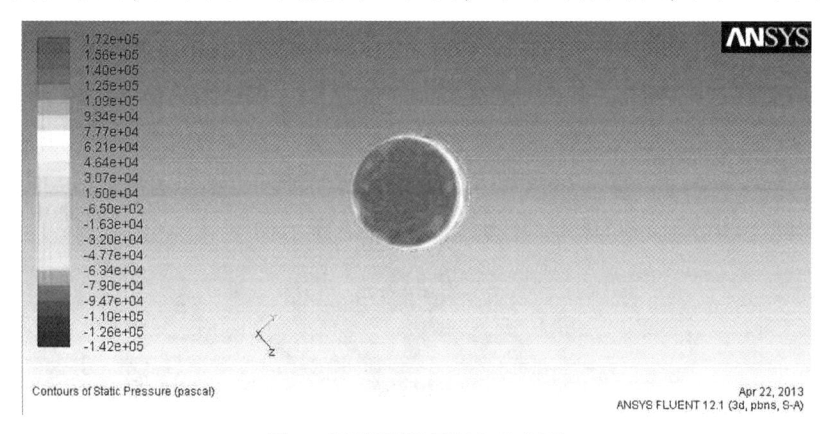

图 5　基地环境下压力分布图

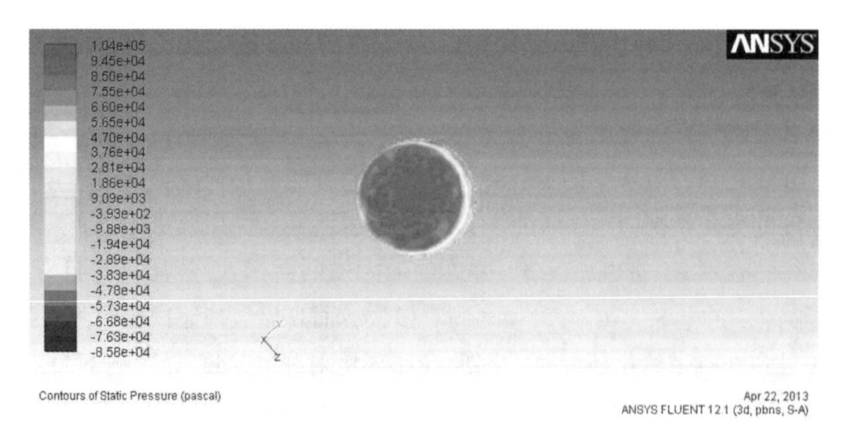

图 6　高原环境下压力分布图

图 5 和图 6 直观地展现了压力的分布情况，但没有定量体现出压力的差别。下边我们对引信头部中心点受力情况做以展示，如表 3 所示。

表 3　基地和高原环境下的受力报告

区域	压力/kPa	
引信头部	基地环境	高原环境
	172. 79	104. 18

通过仿真模拟图和数据发现，当空气密度、大气压力发生改变时，对引信的压力分布情况没有影响，但对压力大小产生影响。由于弹丸在飞行过程中，引信涡轮解保工作原理是压力作用在涡轮上，让涡轮旋转达到指定圈数，从而使保险解除引信爆炸，作用在涡轮上的压力减小，影响到涡轮旋转指定圈数所用时间增强；同时，压力减小弹丸运动过程中的阻力减小，速度增大。综合上述两点，引信高原解保距离增加。

仿真结果和上述理论分析结果相似，因此，对引信解保距离分析正确。

2.4　综合分析

综合以上分析结果，可以发现在高原条件下弹丸阻力加速度 a_z 减小、飞行时间 t_z 减小，可以看出空气密度减小使弹丸在飞行过程中，速度减小比基地缓慢，所以在同一时刻 $v_{高}>v_{平}$。由引信涡轮保险机构解保时间分析结果可知，高原条件下的涡轮解保工作时间大于基地条件下的解保工作时间，即 $t_{高}>t_{平}$。结合两部分分析结果，可以得到高原解保飞行距离 $S_{高}$ 与平原解保飞行距离平均值 $S_{平}$ 的关系：$v_{高}\,t_{高}>v_{平}\,t_{平}$，即 $S_{高}>S_{平}$。

根据上述分析可以从定性的角度解决飞行距离之间的关系，而在飞行过程中，存在时间、速度与解保距离关系式：

$$S=\int_0^t (v_0-a_z t)\,\mathrm{d}t \tag{12}$$

应用式（12）进行积分运算，可以得到不同海拔高度下的解保距离，并能直观得到不同海拔下的解保关系图，如图 7 所示。

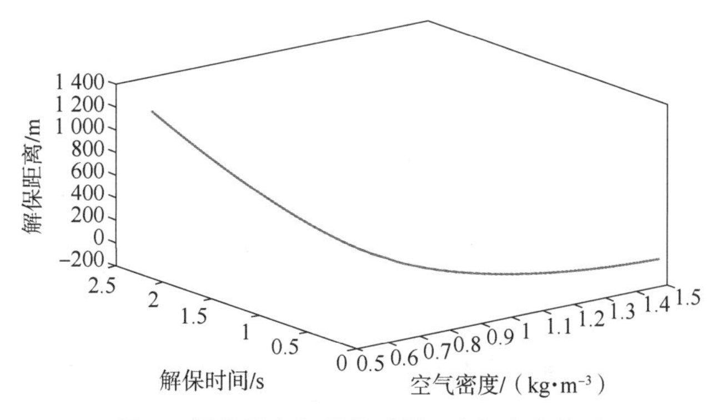

图 7　解保距离与解保时间、空气密度关系

通过图 7 可知，在不同海拔高度情况下，空气密度不相同，可以计算出对应的解保距离。例如在基地海拔情况下与海拔 4 000 m 高原解保距离对比如表 4 所示。

表 4　海拔高度与解保距离

海拔高度/m	300	4 000
空气密度/(kg·m^{-3})	1.224	0.819 1
解保时间/s	0.197	0.220
解保距离/m	28.17	31.91

3　靶场试验中的应用

根据前述介绍分析方法及计算结果，在靶场试验中，可以将其应用于以下方面：

（1）在试验中，所使用的兰利法是通过确定引信解保距离上下限，使引信在此范围内解除保险，通过解保交汇来确定引信的有效解保范围。由于高原与基地环境的改变，使上下限发生改变，经过上述理论分析和预测，可以明确上下限的改变量，根据此改变量来确定上下限，从而缩小了引信解保试验范围，提高试验效率，减少对弹丸的消耗。

（2）如给出高原和平原引信解保距离指标为同一个，在未上高原试验的前提下，可以通过理论分析和预测，初步得到可能出现的情况，如：平原解保距离达到指标要求，而高原解保距离超出指标规定，对于这种涡轮解保引信出现的情况，在指标论证时及时提出，适当修改指标。

（3）在产品研制阶段，可根据本文对涡轮引信进行分析，检查高原作战是否能够满足战术指标的要求，如不能，可对引信结构进行改进或改用其他种类引信。

（4）由本文高原环境对弹丸外弹道作用情况分析可以看出，飞行器在高原环境飞行过程中，受力情况基本相同，因此本文对其他飞行器在高原受力分析可起一定的借鉴作用。

4　结束语

本文针对涡轮解保引信，分析探索了高原空气压强、密度对涡轮保险机构引信解保距离的影响，应用理论公式分析和仿真模拟复现了高原环境下引信解保距离试验的结果，建立了引信解除保险距离与空气密度之间的数学模型，并进行了仿真计算，根据计算结果可以为产品在不同条件下使用提供依据。同时，利用仿真结果获取的验前信息，为靶场试验设计提供帮助，以减少试验消耗，提高试验效率。

参考文献

[1] 许翔．高原环境对保障装备的影响及适应性研究［J］．装备环境工程，2010，10（5）：100-103.

[2] 引信工程设计手册，GJB/Z 135—2002.

[3] 沈仲书，刘亚飞．弹丸空气动力学［M］．北京：国防工业出版社，1984.

[4] 吴光中，宋婷婷，张毅．FLUENT 基础入门与案例精通［M］．北京：电子工业出版社，2012.

基于贝叶斯方法的兰利法测试引信解除保险距离数据处理

赵新，纪永祥，刘社锋，陈众

中国华阴兵器试验中心，华阴 714200

摘　要：针对兰利法测试引信解除保险距离试验使用较少的试验样本量与评价误差较大的矛盾，本文提出应用贝叶斯方法处理兰利法测试引信解除保险距离数据。该方法建立贝叶斯数学模型，明确先验分布选择和后验分布形式，利用试验数据确定先验分布超参数，再根据先验信息求解后验分布。仿真和试验结果表明，该方法能够改进兰利法本身对方差精度的影响，使方差精度提高20%；减小了估计引信解除保险距离上、下限的误差，将误差控制在0.5%以内；能够对试验条件造成试验结果不一致的情况进行修正，减小条件误差对均值和方差的影响。贝叶斯方法处理兰利法测试引信保险距离试验数据能够修正兰利法的方差偏差，也能减弱试验条件对结果的影响，在引信延期解除保险距离和解除保险距离试验中具有应用价值。

关键词：贝叶斯方法；兰利法；解除保险距离；引信

0　引言

引信作为弹药的起爆器，其能否在指定距离内解除保险，关系到己方人员安全及对敌毁伤效果。因此，在引信科研及靶场试验中解除保险距离都被作为考核引信安全性的重要指标，受到高度重视。兰利法由于其试验样本量较小、弹药消耗少的特点，作为现阶段主要的解除保险距离试验方法之一，得到了广泛的应用。兰利法采用变步长操作程序，可以估计得到50%发火距离。由于兰利法原理造成了估计方差误差大、试验条件和试验设计的不一致导致多次试验后均值有偏差，所以无法对某次试验得到精准的解除保险距离均值和方差。文献［4］对数据的仿真模拟能够提高试验数据的精度，但是在某次试验中产生的试验偏差，无法通过数据的仿真模拟进行处理。文献［5］提出利用修正系数对方差进行修正，提高了兰利法解除保险距离的准确性，但同时也对试验条件和试验设计提出了更高的要求。

本文使用的贝叶斯方法充分利用了样本信息和参数的先验信息，在进行后验分布估计时，通过样本信息对先验分布的更新，得到具有时效性的后验分布。在引信试验中，单次试验的兰利法容易产生误差，使解除保险距离有较大误差。而贝叶斯方法处理兰利法在各种摸底试验中的数据，不断将其作为先验数据代入下次试验中，更有效地避免了误差，还原产品最真实的解除保险特性，得到更为准确的解除保险距离均值和方差。

1 兰利法原理及数据仿真

1.1 兰利法原理

兰利法主要是用于估计具有 50%响应概率的激励值点，假定激励值与响应概率关系曲线可用累积正态分布描述，因此，兰利法的目的是估计均值μ和标准差σ，并通过均值和方差的估计，得到正态分布中任意点x_p的概率[1,11]。

1.2 兰利法试验程序

首先，选择上、下限试验极限，使得上限全响应，下限无响应。分别称这两个激励值为x_U和x_L。第一次激励值x_1为x_L、x_U的平均值[12]。

$$x_1=(x_U+x_L)/2 \tag{1}$$

若x_1点响应，则x_2为

$$x_2=(x_1+x_L)/2 \tag{2}$$

若x_1点未响应，则x_2为

$$x_2=(x_1+x_U)/2 \tag{3}$$

往后试验的一般规则是

$$x_{K+1}=(x_K+x')/2 \tag{4}$$

式中，x'为第k次试验反向统计响应结果，出现相同数目的响应和不响应时的激励。如果这种情况不存在，则作为近似，可采用x_K激励值与x_L或x_U的均值，如果x_K不响应，采用与x_U求均值；否则，采用x_L。选择停止规则为发射指定枚弹药或者经过含有混合结果区的 5 次响应变换[13]。

2 贝叶斯方法优化及仿真

2.1 贝叶斯方法基本原理

任一未知量θ都可以看作随机变量，可以用一个概率分布描述对θ的未知情况，这个概率分布是在抽样前就有的关于θ的先验信息的概率陈述，这个概率分布称为先验分布。样本信息，即从总体抽取的样本提供的信息，在获得样本$\boldsymbol{x}=(x_1,x_2,\cdots,x_n)$之后，总体分布、样本与先验分布通过贝叶斯公式结合起来得到一个关于未知量θ新的分布——后验分布。任何关于θ的统计推断都应该基于θ的后验分布进行。例如，只知道某件事的$0\leqslant\theta\leqslant1$，而不知道$\theta$的确实值，现在对某件事观察$n$次，以$\boldsymbol{x}=(x_1,x_2,\cdots,x_n)$记事件出现的次数，要做的就是根据样本$x$对$\theta$进行推断。根据先验分布与样本信息来得到后验分布这个过程，它很符合人们认识一般事物的过程[14]：

$$\pi(\theta\mid x)=\frac{p(x\mid\theta)\pi(\theta)}{\int_\theta p(x\mid\theta)\pi(\theta)\mathrm{d}\theta} \tag{5}$$

式中，$\pi(\theta\mid x)$为后验分布；$\pi(\theta)$为先验分布；$p(x\mid\theta)$为样本信息；$\int_\theta p(x\mid\theta)\pi(\theta)\mathrm{d}\theta$为边

缘密度函数。

总体而言，先验分布 $\pi(\theta)$ 反映人们在抽样前对 θ 的认识，后验分布 $\pi(\theta|x)$ 反映人们在抽样后对 θ 的认识。其差异是由于样本 x 出现后人们对 θ 认识的一种调整。因此后验分布 $\pi(\theta|x)$ 可以看作是用总体信息和样本信息对先验分布 $\pi(\theta)$ 做调整的结果[15]。用框图表示贝叶斯方法如图 1 所示。

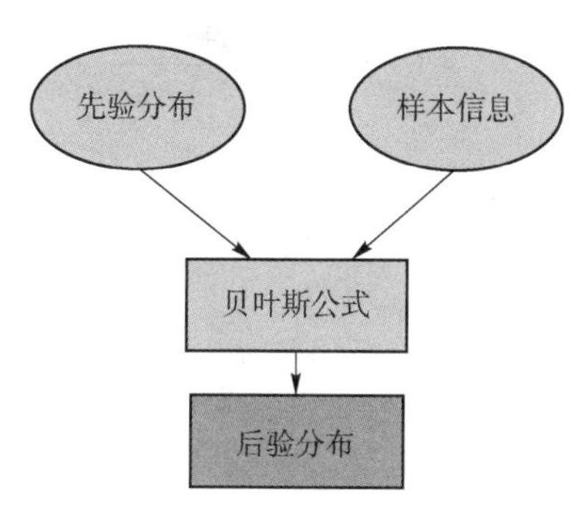

图 1　贝叶斯原理示意图

2.2　贝叶斯信息确定

在兰利法试验中，获得一组样本观察值 $\boldsymbol{x}=(x_1,x_2,\cdots,x_n)$，它服从于正态分布 $N(\mu,\sigma^2)$，μ 未知，σ^2 未知。另由以前试验可以发现兰利法试验结果服从正态分布，并且此前兰利法试验符合 $N(\theta,t^2)$，其中 θ，t^2 已知。本次实验设计的未知参数为 μ、σ^2。同时，文献 [16] 中兰利法正态分布均值和方差的先验分布为共轭先验分布，先验分布为正态-倒伽马分布。由于样本信息服从正态分布，先验分布服从正态-倒伽马分布，故可通过上述信息求解后验分布。方法如下[17]：

通过上述给定信息，可以获得样本的联合密度函数：

$$\begin{aligned}P(x|\mu,\sigma^2)&=\left(\frac{1}{\sqrt{2\pi}\,\sigma}\right)^n\exp\left\{-\frac{1}{2\sigma^2}\sum_{i=1}^{n}(x_i-\mu)^2\right\}\\&=\left(\frac{1}{\sqrt{2\pi}\,\sigma}\right)^n\exp\left\{-\frac{1}{2\sigma^2}[(n-1)s^2+n(\bar{x}-\mu)^2]\right\}\end{aligned}\tag{6}$$

式中，$\bar{x}=\dfrac{1}{n}\sum_{i=1}^{n}x_i$；$(n-1)s^2=\sum_{i=1}^{n}(x_i-\bar{x})^2$。

联合先验密度函数为

$$\begin{aligned}&\pi(\mu,\sigma^2)=\pi(\mu|\sigma^2)\pi(\sigma^2)\\&\propto\sigma^{-1}(\sigma^2)^{-(v_0/2+1)}\exp\left\{-\frac{1}{2\sigma^2}[v_0\sigma_0^2+\kappa_0(\mu-\mu_0)^2]\right\}\end{aligned}\tag{7}$$

这种形式的分布称为正态-倒伽马分布 $N\text{-}IGa(v_0,\mu_0,\sigma_0^2)$。

其中，$\pi(\mu|\sigma^2)\sim N(\mu_0,\sigma^2)$；$\pi(\sigma^2)\sim IGa(v_0/2,v_0\sigma_0^2/2)$；$v_0$、$\mu_0$ 和 σ_0^2 为超参数；κ_0 为调整参数。

将式（6）密度函数乘以式（7）先验密度函数，可得到后验密度函数

$$\begin{aligned}&\pi(\mu,\sigma^2|x)\propto p(x|\mu,\sigma^2)\pi(\mu,\sigma^2)\\&\propto\sigma^{-1}(\sigma^2)^{-[(v_0+n)/2+1]}\exp\left\{-\frac{1}{2\sigma^2}[v_0\sigma_0^2+\kappa_0(\mu-\mu_0)^2+(n-1)s^2+n(\bar{x}-\mu)^2]\right\}\end{aligned}\tag{8}$$

式中，

$$
\begin{aligned}
(\mu-\mu_0)^2+n(\bar{x}-\mu)^2 &= (1+n)\mu^2-2\mu(\mu_0+n\bar{x})+\mu_0^2+n\bar{x}^2 \\
&= (1+n)\left[\mu-\frac{(\mu_0+n\bar{x})}{1+n}\right]^2-\frac{(\mu_0+n\bar{x})^2}{1+n}+\mu_0^2+n\bar{x}^2 \\
&= (1+n)\left[\mu-\frac{(\mu_0+n\bar{x})}{1+n}\right]^2+\frac{n(\mu_0-\bar{x})^2}{1+n}
\end{aligned} \tag{9}
$$

令

$$
\begin{cases}
\mu_n=\dfrac{\kappa_0}{\kappa_0+n}\mu_0+\dfrac{n}{\kappa_0+n}\bar{x} \\
\upsilon_n=\upsilon_0+n \\
\kappa_n=\kappa_0+n \\
\upsilon_n\sigma_n^2=\upsilon_0\sigma_0^2+(n-1)s^2+\dfrac{\kappa_0 n}{\kappa_0+n}(\mu_0-\bar{x})^2
\end{cases} \tag{10}
$$

将式（9）和式（10）代入式（8），可以得到

$$
\pi(\mu,\sigma^2 \mid x)\propto\sigma^{-1}(\sigma^2)^{-\upsilon_n/2+1}\exp\left\{-\frac{1}{2\sigma^2}[\upsilon_n\sigma_n^2+\kappa_n(\mu-\mu_n)^2]\right\} \tag{11}
$$

由式（7）与式（11）对比可知，应用的正态–倒伽马分布作为先验分布与后验分布形式一致。

受联合先验分布 $\pi(\mu,\sigma^2)=\pi(\mu \mid \sigma^2)\pi(\sigma^2)$ 启发，式（11）联合后验分布 $\pi(\mu,\sigma^2 \mid x)$ 可分解为一个条件后验密度 $\pi(\mu \mid \sigma^2,x)$ 和一个边缘后验密度 $\pi(\sigma^2 \mid x)$ 的乘积形式，其中，

$$
\mu \mid \sigma^2,x\sim N(\mu_n,\sigma^2/\kappa_n)
$$

$$
\sigma^2 \mid x\sim IGa(\upsilon_n/2,\upsilon_n\sigma_n^2/2)
$$

把联合后验密度 σ^2 积分可得 μ 的边缘后验密度

$$
\pi(\mu \mid x)=\int_0^\infty\pi(\mu \mid \sigma^2,x)\mathrm{d}\sigma^2\propto\int_0^\infty(\sigma^2)^{-\left(\frac{\upsilon_n+1}{2}+1\right)}\exp\left\{-\frac{1}{2\sigma^2}[\upsilon_n\sigma_n^2+\kappa_n(\mu-\mu_n)^2]\right\}\mathrm{d}\sigma^2 \tag{12}
$$

利用倒伽马密度函数的正则性，可得

$$
\pi(\mu \mid x)\propto[\upsilon_n\sigma_n^2+\kappa_n(\mu-\mu_n)^2]^{-\frac{\upsilon_n+1}{2}}\propto\left[1+\frac{1}{\upsilon_n}\left(\frac{\mu-\mu_n}{\sigma_n/\sqrt{\kappa_n}}\right)^2\right]^{-\frac{\upsilon_n+1}{2}} \tag{13}
$$

由式（13）可以发现其为自由度 υ_n 的 t 分布，其期望和方差为

$$
E(\mu)=\mu_n
$$

由于边缘后验密度 $\pi(\sigma^2 \mid x)$ 服从倒伽马分布 $IGa\left(\dfrac{\upsilon_n}{2},\dfrac{\upsilon_n\sigma_n^2}{2}\right)$，故可由倒伽马分布特性，获得其期望和方差为

$$
E(\sigma^2)=\frac{\upsilon_n\sigma_n^2}{\upsilon_n-2}
$$

2.3 先验分布参数确定

在引信的研制生产过程中，产品状态固化后至少要经历工程样机和性能鉴定等试验阶段，确保引信的性能满足使用要求。引信的延期解除保险距离和解除保险距离试验是引信安全性的基础，在各阶段试验中都要进行，因此利用兰利法进行引信延期解除保险距离和解除保险距离试验在引信的研制过程中至少要进行两次。在工程样机试验时进行的试验可以作为一次有效样本，利用其解算先验分布。

在正样机试验中，获取试验样本 $X\{x_1,x_2,\cdots,x_n\}$，$X\sim N(\mu,\sigma^2)$，其中 μ、σ^2 均为未知。为获得 μ 和 σ^2 的贝叶斯估计，可以假设 μ 的先验为正态分布，$\pi(\mu)\sim N(\mu_0,\sigma^2/\kappa_0)$；$\sigma^2$ 的先验 $\pi(\sigma^2)$ 取倒伽马分布 $IGa\left(\frac{\upsilon_0}{2},\frac{\upsilon_0\sigma_0^2}{2}\right)$，其中 υ_0 与 σ_0^2 未知。μ 与 σ^2 的联合先验分布为

$$\pi(\mu,\sigma^2)=\frac{\left(\frac{\upsilon_0\sigma_0^2}{2}\right)^{\frac{\upsilon_0}{2}}}{\sqrt{2\pi}\,\Gamma\left(\frac{\upsilon_0}{2}\right)}\sigma^{-1}(\sigma^2)^{-(\upsilon_0/2+1)}\exp\left\{-\frac{1}{2\sigma^2}[\upsilon_0\sigma_0^2+\kappa_0(\mu-\mu_0)^2]\right\} \tag{14}$$

样本联合密度函数为

$$\begin{aligned}p(x\mid\mu,\sigma^2)&=\left(\frac{1}{\sqrt{2\pi}\,\sigma}\right)^n\exp\left\{-\frac{1}{2\sigma^2}\sum_{i=1}^n(x_i-\mu)^2\right\}\\&=\left(\frac{1}{\sqrt{2\pi}}\right)^n\left(\frac{1}{\sigma^2}\right)^{\frac{n}{2}}\exp\left\{-\frac{1}{2\sigma^2}[Q+n(\bar{x}-\mu)^2]\right\}\end{aligned} \tag{15}$$

式中，$Q=\sum_{i=1}^n(x_i-\bar{x})^2$。

由于先验分布函数中有超参数 μ_0、υ_0、σ_0^2 和 κ_0，应用 ML-Ⅱ方法[17]求解先验超参数。其基本原理为最大化似然函数方法来寻求超参数，具体应用公式为 $m(x\mid\hat{\mu}_0,\hat{\upsilon}_0,\hat{\sigma}_0^2,\hat{\kappa}_0)=\sup\prod m(x_i\mid\mu_0,\upsilon_0,\sigma_0^2,\kappa_0)$。

首先求边缘分布 $m(x)$。将式（14）与式（15）相乘后求积分可获得如下表达式：

$$\begin{aligned}m(x)&=\frac{\left(\frac{\upsilon_0\sigma_0^2}{2}\right)^{\frac{\upsilon_0}{2}}}{\sqrt{2\pi}\,\Gamma\left(\frac{\upsilon_0}{2}\right)}\left(\frac{1}{\sqrt{2\pi}}\right)^n\int_0^{+\infty}\int_{-\infty}^{+\infty}\left(\frac{1}{\sigma^2}\right)^{\frac{n+1}{2}+\frac{\upsilon_0}{2}+1}\\&\qquad\exp\left\{-\frac{1}{2\sigma^2}[Q+n(\bar{x}-\mu)^2+\upsilon_0\sigma_0^2+\kappa_0(\mu-\mu_0)^2]\right\}\mathrm{d}\mu\mathrm{d}\sigma^2\\&=\frac{\left(\frac{\upsilon_0\sigma_0^2}{2}\right)^{\frac{\upsilon_0}{2}}}{\sqrt{2\pi}\,\Gamma\left(\frac{\upsilon_0}{2}\right)}\left(\frac{1}{\sqrt{2\pi}}\right)^n\sqrt{\frac{2\pi}{\kappa_0+n}}\int_0^{+\infty}\left(\frac{1}{\sigma^2}\right)^{\frac{n}{2}+\frac{\upsilon_0}{2}+1}\\&\qquad\exp\left\{-\frac{1}{2\sigma^2}\left[Q+\frac{\kappa_0 n}{\kappa_0+n}(\mu_0-\bar{x})^2+\upsilon_0\sigma_0^2+\kappa_0(\mu-\mu_0)^2\right]\right\}\mathrm{d}\sigma^2\end{aligned}$$

$$
=\frac{\left(\frac{\upsilon_0\sigma_0^2}{2}\right)^{\frac{\upsilon_0}{2}}}{\sqrt{2\pi}\,\Gamma\left(\frac{\upsilon_0}{2}\right)}\left(\frac{1}{\sqrt{2\pi}}\right)^n\sqrt{\frac{2\pi}{\kappa_0+n}}\frac{\Gamma\left(\frac{n}{2}+\frac{\upsilon_0}{2}\right)}{\left[Q+\frac{\kappa_0 n}{\kappa_0+n}(\mu_0-\bar{x})^2+\upsilon_0\sigma_0^2\right]^{\frac{n}{2}+\frac{\upsilon_0}{2}}} \tag{16}
$$

由式（16）可得

$$
m(x\mid\mu_0,\upsilon_0,\sigma_0^2,\kappa_0)=\frac{\left(\frac{\upsilon_0\sigma_0^2}{2}\right)^{\frac{\upsilon_0}{2}}}{\sqrt{2\pi}\,\Gamma\left(\frac{\upsilon_0}{2}\right)}\left(\frac{1}{\sqrt{2\pi}}\right)^n\sqrt{\frac{2\pi}{\kappa_0+n}}\frac{\Gamma\left(\frac{n}{2}+\frac{\upsilon_0}{2}\right)}{\left[Q+\frac{\kappa_0 n}{\kappa_0+n}(\mu_0-\bar{x})^2+\upsilon_0\sigma_0^2\right]^{\frac{n}{2}+\frac{\upsilon_0}{2}}} \tag{17}
$$

对 $\ln[m(x\mid\mu_0,\upsilon_0,\sigma_0^2,\kappa_0)]$ 中 μ_0 求导并令其为 0，可得似然方程

$$
\frac{\mathrm{d}\ln m(\mu_0)}{\mathrm{d}\mu_0}=\frac{\mathrm{d}\ln\left[\frac{\left(\frac{\upsilon_0\sigma_0^2}{2}\right)^{\frac{\upsilon_0}{2}}}{\sqrt{2\pi}\,\Gamma\left(\frac{\upsilon_0}{2}\right)}\left(\frac{1}{\sqrt{2\pi}}\right)^n\sqrt{\frac{2\pi}{\kappa_0+n}}\frac{\Gamma\left(\frac{n}{2}+\frac{\upsilon_0}{2}\right)}{\left[Q+\frac{\kappa_0 n}{\kappa_0+n}(\mu_0-\bar{x})^2+\upsilon_0\sigma_0^2\right]^{\frac{n}{2}+\frac{\upsilon_0}{2}}}\right]}{\mathrm{d}\mu_0}=0 \tag{18}
$$

对 $\ln[m(x\mid\mu_0,\upsilon_0,\sigma_0^2,\kappa_0)]$ 中 υ_0 求导并令其为 0，可得似然方程

$$
\frac{\mathrm{d}\ln m(\upsilon_0)}{\mathrm{d}\upsilon_0}=\frac{\mathrm{d}\ln\left[\frac{\left(\frac{\upsilon_0\sigma_0^2}{2}\right)^{\frac{\upsilon_0}{2}}}{\sqrt{2\pi}\,\Gamma\left(\frac{\upsilon_0}{2}\right)}\left(\frac{1}{\sqrt{2\pi}}\right)^n\sqrt{\frac{2\pi}{\kappa_0+n}}\frac{\Gamma\left(\frac{n}{2}+\frac{\upsilon_0}{2}\right)}{\left[Q+\frac{\kappa_0 n}{\kappa_0+n}(\mu_0-\bar{x})^2+\upsilon_0\sigma_0^2\right]^{\frac{n}{2}+\frac{\upsilon_0}{2}}}\right]}{\mathrm{d}\upsilon_0}=0 \tag{19}
$$

对 $\ln[m(x\mid\mu_0,\upsilon_0,\sigma_0^2,\kappa_0)]$ 中 σ_0^2 求导并令其为 0，可得似然方程

$$
\frac{\mathrm{d}\ln m(\sigma_0^2)}{\mathrm{d}\sigma_0^2}=\frac{\mathrm{d}\ln\left[\frac{\left(\frac{\upsilon_0\sigma_0^2}{2}\right)^{\frac{\upsilon_0}{2}}}{\sqrt{2\pi}\,\Gamma\left(\frac{\upsilon_0}{2}\right)}\left(\frac{1}{\sqrt{2\pi}}\right)^n\sqrt{\frac{2\pi}{\kappa_0+n}}\frac{\Gamma\left(\frac{n}{2}+\frac{\upsilon_0}{2}\right)}{\left[Q+\frac{\kappa_0 n}{\kappa_0+n}(\mu_0-\bar{x})^2+\upsilon_0\sigma_0^2\right]^{\frac{n}{2}+\frac{\upsilon_0}{2}}}\right]}{\mathrm{d}\sigma_0^2}=0 \tag{20}
$$

对 $\ln[m(x\mid\mu_0,\upsilon_0,\sigma_0^2,\kappa_0)]$ 中 κ_0 求导并令其为 0，可得似然方程

$$
\frac{\mathrm{d}\ln m(\kappa_0)}{\mathrm{d}\kappa_0}=\frac{\mathrm{d}\ln\left[\frac{\left(\frac{\upsilon_0\sigma_0^2}{2}\right)^{\frac{\upsilon_0}{2}}}{\sqrt{2\pi}\,\Gamma\left(\frac{\upsilon_0}{2}\right)}\left(\frac{1}{\sqrt{2\pi}}\right)^n\sqrt{\frac{2\pi}{\kappa_0+n}}\frac{\Gamma\left(\frac{n}{2}+\frac{\upsilon_0}{2}\right)}{\left[Q+\frac{\kappa_0 n}{\kappa_0+n}(\mu_0-\bar{x})^2+\upsilon_0\sigma_0^2\right]^{\frac{n}{2}+\frac{\upsilon_0}{2}}}\right]}{\mathrm{d}\kappa_0}=0 \tag{21}
$$

联立式（18）~式（21），利用 Digamma 函数可分别得到 $\mu_0, \upsilon_0, \sigma_0^2, \kappa_0$ 的表达式。在共轭先验分布条件下，利用式（11）可以获得 μ 的边缘后验密度和 σ^2 的边缘后验密度，从而求解需要的后验信息。

3 试验验证

本文采用仿真试验数据与现场试验数据两种方式分别验证贝叶斯方法在兰利法测试引信解除保险距离试验数据处理中应用的可行性。因为在工程样机和性能鉴定试验中，兰利法测试引信解除保险距离试验样本量一般为 20 发，所以本文采用的样本量为 20 发，通过对后验分布信息求解来反映贝叶斯方法的可行性。

3.1 仿真试验

仿真试验采用文献［5］中的正态分布 $N(50,10^2)$，试验样本量为 $n=20$ 的情况。以标准值作为初始样本信息，模拟样本量 500 次结果作为试验样本信息，模拟样本量 1 000 次结果作为对比试验样本信息。仿真试验情况如表 1 所示。

表 1　仿真试验情况对比

项目	样本信息			
	初始	试验	对比试验	贝叶斯方法
均值 μ	50	49.783	50.007	49.921
相对误差 E_μ/%	0	0.434	0.013	0.16
方差 σ	10	7.573	7.359	9.747
相对误差 E_σ/%	0	24.27	26.406	2.530

3.2 现场试验

在某型引信技术状态固定后，工程样机试验中兰利法解除保险距离试验结果为 $N(46.55,1.97^2)$、样本量为 20，靶场性能鉴定试验中兰利法解除保险距离试验结果为 $N(47.89,5.99^2)$、样本量为 20。利用工程样机试验结果作为初始试验样本信息，性能鉴定试验结果作为试验样本信息，运用贝叶斯方法处理相关数据，获得现场试验和处理后数据如表 2 所示。

表 2　现场试验和处理后数据

项目	样本信息		
	正样机试验	设计定型试验	贝叶斯方法
均值 μ	46.55	47.89	47.56
方差 σ	1.97	5.99	3.98

3.3 试验结果分析

通过上述仿真模拟试验和现场试验两部分数据，应用贝叶斯方法对其进行处理，可以发现表1中贝叶斯方法对数据进行处理，能够有效地减小方差误差，达到较高的精度；由于兰利法本身对均值的估计为无偏估计，故在数据处理后与数据处理前均值与标准均值的误差都较小。表2是某型引信现场试验的结果分析。根据试验数据可以发现，两次试验均值结果不如仿真模拟试验均值的一致性好，每次现场试验条件不能完全与理论条件相一致或保证相对一致，因此造成了相对误差。贝叶斯方法通过把两次试验数据进行综合处理，使其相对一致或更接近理论条件值；在表2兰利法试验数据中方差变化比较大，运用贝叶斯方法能够抑制方差的偏差，同时减小相对条件的影响。

4 结论

本文利用贝叶斯方法处理兰利法测试引信解除保险距离试验数据，提高了方差的精度。通过仿真模拟和现场试验数据处理两种方式，能够发现贝叶斯方法在处理试验数据中，可改进兰利法本身对方差精度的影响，使方差精度提高20%左右，在均值精度不变的情况下，减小了估计引信解除保险距离上、下限的误差，将误差控制在0.5%以内。同时，能够对试验条件造成试验结果不一致的情况进行修正，减小条件误差对均值和方差的影响，使其结果相对一致，达到不因某次试验误差导致产品性能参数发生改变的目的。通过贝叶斯方法处理兰利法测试引信解除保险距离数据，能够给出更为精准的解除保险距离，为部队使用提供更为准确的安全距离和攻击距离。综上所述，贝叶斯方法在兰利法引信解除保险距离测试中应用是可行的。同时，本方法在其他敏感参数测试中也可应用。

参考文献

[1] 西安机电信息研究所. GJB 573A—1998. 引信环境与性能试验方法［S］. 北京：总装备部军标出版发行部，1998.

[2] 郑佳佳，阚君武，胡明，等. 小口径引信磁流变脂解除保险机构设计与延时特性［J］. 兵工学报，2019，40（9）：1761-1769.

[3] 刘刚，陈众，王侠，等. Neyer-D法用于解除保险距离试验的可行性［J］. 探测与控制学报，2010，32（5）：34-37.

[4] 刘刚，王侠，陈众，等. Bootstrap法在机电引信解除保险距离试验中的应用［J］. 探测与控制学报. 2015，37（3）：49-52.

[5] 闻泉，王雨时. 引信解除保险距离兰利法试验模拟研究［J］. 兵工学报，2008，29（7）：774-780.

[6] 王海朋，段富海. 复杂不确定系统可靠性分析的贝叶斯网络方法［J］. 兵工学报，2020，41（1）：171-182.

[7] 吴龙涛，王铁宁，杨帆. 基于贝叶斯法和蒙特卡洛仿真的威布尔型装备器材需求预测［J］. 兵工学报，2017，38（12）：2447-2454.

[8] 刘连，王孝通. 基于变分贝叶斯推断的字典学习算法［J］. 控制与决策，2020，35（2）：469-473.

[9] 徐延学，李志强，顾钧元，等. 基于多状态贝叶斯网络的导弹质量状态评估［J］. 兵工学报，2018，

39（2）：391-398.

[10] 李志强，徐延学，顾钧元，等．视情维修条件下的多状态控制单元可用性建模与分析［J］．兵工学报，2017，38（11）：2240-2250.

[11] 赵新，王侠，史金峰，等．高原环境对引信解保距离影响分析［J］．探测与控制学报，2014，36（2）：23-26.

[12] 何佳薇．贝叶斯统计理论的形成及发展［D］．太原：山西师范大学，2015.

[13] 侯日升，沈培辉．Langlie 试验的 Bayes 估计［J］．南京理工大学学报，2000，24（1）：12-19.

[14] 茆诗松，汤银才．贝叶斯统计［M］．北京：中国统计出版社，2015.

[15] 李晶晶．包含 Gamma 函数的完全单调和对数完全单调函数［D］．西安：西北大学，2016.

对单兵筒式武器有效射程和密集度指标提法及试验结果评定的一点看法

邱有成，罗熙斌，金洁，何立宇，杨勇

中国华阴兵器试验中心，陕西华阴 714200

摘　要：针对单兵筒式武器有效射程和密集度指标提法与试验结果评定方法不统一的问题，本文根据该类武器特点和使用要求用数理统计概念简要分析了战技指标提法与试验结果评定思路，并提出了具体看法，对类似武器指标论证与结果评定具有参考作用。

关键词：单兵筒式武器；有效射程；密集度；指标提法；结果评定

0　引言

单兵筒式武器主要是指单兵操持使用的筒式发射器，主要包括火箭发射器、平衡抛射武器和无后坐力炮等武器系统。该类武器具有破甲、攻坚、杀伤和燃烧等多种功能，能够有效地对付战场上出现的坦克、装甲车辆和野战工事等坚硬目标，并且具有体积小、质量轻、便于单兵携行和使用等特点。它已成为步兵反坦克、反装甲以及城市攻坚作战的主要武器装备，是快速反应部队、空降部队和特种作战部队的多用途突击武器，同时也是炮兵、装甲兵等诸兵种的有效自卫武器。要完成上述使命，其战技指标规定的严密性与合理性、试验鉴定结果的科学性与准确性是至关重要的一环，而战技指标又直接影响到试验结果的评定。

在武器装备的设计定型试验中，战技指标是对武器试验结果进行评定的主要依据，也就是说有什么样的指标提出方法就有什么样的试验结果评定方法，所以在指标提出过程中对设计定型试验结果的评定方法实际上已经相应地确定了。指标提出越充分，试验结果的评定就越确切，所以指标的提法与试验结果的评定方法应当是统一的。近年来的试验实践中，在单兵筒式武器指标中有以下两个问题应当进行研究和斟酌。

1　武器系统的可信性和可信度

1.1　指标中的等号问题

目前单兵筒式武器指标中通常规定：有效射程$\geqslant L_0$，密集度$\leqslant 1/B_0$。这种提法给用数理统计方法进行结果评定带来了矛盾，因为有效射程和密集度都是随机变量，对其评定只能用数理统计的方法进行，但用数理统计的显著性假设检验方法来判断一个随机变量 X 的数学期望是否等于某个值 X_0，理由是不充分的，因为无论 X_0 落入试验值 $\overline{X}$ 估计区间内的任何位置，都一概判为 $\overline{X}=X_0$。在子样较小时，试验值的估值区间还是较大的（α 一定时），这样有时就可能产生较大的存伪错误，把不合格的被试品判断为合格被试品。

1.2 对试验结果可靠性及精度的约束问题

当前指标中对设计定型试验结果的可靠性及其精度没有要求，使试验方案设计和结果评定变的比较困难。我们知道，既然试验结果是一随机变量，其值就必有一波动范围，用弹量越大试验结果波动范围越小，试验结果的可靠性及精度就越高，但用弹量太多不经济。最佳用弹量应根据对试验结果的可靠性及精度要求来定，而对试验结果的可靠性和精度要求一般是由使用部门根据武器特性及作战使用要求提出来的，因为不同武器要求是不同的，所以战技指标中对此应提出明确的要求。

对试验结果的评定，因受国军标和指标提法的限制，目前仍然是按习惯确定用弹量，把试验所得有效射程和密集度值直接与指标值进行数值大小比较，从而决定被试品满足指标与否。从数理统计的角度讲，既不科学、也不合理，无论是做出接收或拒收的判断，都需要承担较大的风险。科学合理的方法是试前根据指标规定的可靠性和精度要求来定用弹量。

鉴于以上原因，有必要将战技指标的给出和对试验结果的评定在数理统计的基础上统一起来。用以下思路提指标和进行试验结果的评定，二者能较好地统一起来。

2 指标提“大于”或“小于”不提“等于”

2.1 有效射程

近年来多数单兵筒式武器（特别是反坦克武器和攻坚武器）用有效射程逐步替换了直射距离，这一指标的确定，使武器在作战使用中有了明确的指导，对武器在作战中火力的合理配置、充分发挥武器的性能、提高武器作战效能提供了科学的依据，也使新武器的总体设计有了一个正确的指导。有效射程是此类武器的一个特有的指标，作为一种综合性指标，指标的提出，应充分考虑武器的使用特点和要求，给出一个明晰的表述，以便给武器设计和试验考核与结果评定留有余地。从该类武器的作战使用特点考虑，我们认为有效射程指标只提“大于”不提“等于”，更能保证作战效能的发挥。如假设抽象以后作战双方阵地布置示意图如图 1 所示。此时武器的有效射程概略由下式确定：

$$L_0=L_1+L_2+L_3$$

式中，L_0 为指标值；L_1 为预毁伤目标距对方前沿距离；L_2 为作战双方前沿中间地带距离；L_3 为武器射击时距我方前沿距离。

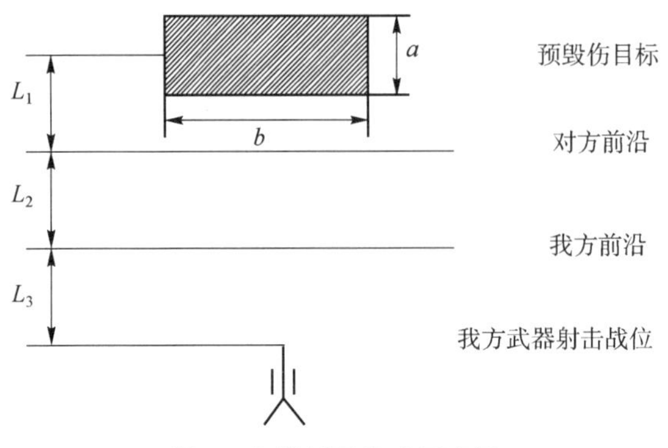

图1　有效射程构成示意图

由于式中 L_i 各量是根据作战设想和相关使用要求得来的统计值，故 L_0 亦必为统计平均值，所以要保证武器在绝大多数情况下都能够达到预计毁伤目标，必须要求武器的有效射程大于 L_0。如果等于 L_0，实战中用于反坦克、反装甲和攻坚野战工事的射击以及一些随机因素的影响可能使射程达不到 L_0；即便射程达到 L_0，也不一定能够达到对某些机动目标的攻击。如果向前调整射击范围，使本来已经在一线作战的人员更靠近对方目标，有可能直接进入对方火力范围，很难说能保证战斗任务的完成。另外，若要求有效射程等于 L_0，给试验结果的评定也会带来一些处理上的麻烦。前面讲过，数理统计学的显著性检验法判定一随机变量等于某个值是不充分的，而判定它大于或小于某个值才是充分的。所以从对试验结果评定的科学性来看，有效射程指标应提“大于 L_0”。

综上所述，无论从该类武器的使用要求，还是从有利于试验结果评定的科学性，有效射程指标应提“大于 L_0”。

2.2　密集度

单兵筒式武器主要是对点目标进行射击的，其密集度的好与差直接决定了命中率 p 的大小，而命中率 p 的大小则由毁伤目标面积的大小来决定（要规定 p 的大小以及对目标的毁伤程度），从而可大致估计出密集度指标的大小：

$$\text{高低公算偏差 } B_Y = a/\mu$$

$$\text{方向公算偏差 } B_Z = b/\mu$$

式中，a 为预定毁伤目标侧面；b 为预定毁伤目标正面；μ 为对应命中率 p 的公算偏差数。

与有效射程指标相同，密集度指标不易下达为等于某值，因为式中 a、b 值是对很多类型毁伤目标归一化处理的统计平均值，如果要求武器密集度等于这一平均值，在实战中对某一特定目标发射相同弹数，或武器密集度有较大波动时（因为是一随机变量），可能就达不到预定的毁伤程度，使作战效能下降，完不成战斗任务。同样用显著性检验法判断密集度等于某一值也是不充分的。故密集度指标下达为小于某值更为科学、合理，既是实战使用需要，也符合数理统计推断原则。

另外，无论在有效射程指标或密集度指标中，都应对设计定型试验结果的可靠性及其精度提出明确要求，这对于保证武器的设计质量、试验质量和实战中的使用质量都是至关重要的。

3 试验结果评定

武器装备的战技指标是根据作战使用要求、作战对象、作战使命综合运用有关理论和方法论证的结果，其中对有随机变量的战技指标，则是以概率论和数理统计方法为基础的，单兵筒式武器的有效射程和密集度指标也不例外，那么按数理方法论证出的指标，必然要按数理统计方法去检验，检验的基本指导思想是：首先假设武器某特征值已达到指标要求，根据指标中对试验结果可靠性和精度要求，确定一用弹量，测得一试验值并估计出试验值可能波动的上、下限值。将指标值与上、下限值比较，若指标值小于下限值，判断武器特征值大于指标值；若指标值大于上限值，判断武器特征值小于指标值；若指标值界于上、下限值之间，则没有理由相信武器特征值大于（或小于）指标值。

3.1 有效射程的评定

当弹着点呈正态分布时，有效射程可用 t 检验法进行评定，其射击结果有如下关系式：

$$L_0 \leqslant \overline{L}_N - t_{1-\alpha} \cdot \overline{B}_{\overline{L}}$$

说明武器有效射程大于指标值，满足要求。式中，L_0 为有效射程的指标值；$\overline{L}_N$ 为在一定毁伤率下的多组平均试验有效射程；$\overline{B}_{\overline{L}}$为平均试验有效射程相对于真值的散布公算偏差；$t_{1-\alpha}$ 为根据置信水平 $1-\alpha$ 和自由度 $n-1$ 查 t 分布表得值。

3.2 密集度的评定

密集度可用χ^2 检验法来进行评定，步骤如下：

（1）根据试验结果确定区间估值上限值。

$$B_{上} = A_{1-\alpha} \cdot \overline{B}$$

式中，$\overline{B}$ 为试验结果平均值；$A_{1-\alpha}$为置信限系数，根据置信水平 $1-\alpha$ 和自由度 $n-1$ 查 χ^2 分布表得值。

（2）将指标值 B_0 与 $B_{上}$ 比较。

若有 $B_0 \geqslant B_{上}$，则判定武器密集度值小于指标值，满足指标要求。否则没有理由相信武器密集度满足指标要求。

4 结论

需要说明一点，本文并非要全面否定目前单兵筒式武器的有效射程与密集度指标的提法，只是根据单兵筒式武器作战使用特点和要求以及多年从事试验实践工作有些认识，目的是想把战技指标提法与试验结果的评定怎样在数理统计的基础上更好地统一起来，以提高试验结果的精度和可靠性，并从武器使用角度想说明该类武器指标提大于或小于、不提等于可能更合理。由于不懂战术论证，对数理统计理论和试验结果研究不深，上述粗浅看法，可能是错误的，诚请批评指正。

参考文献

[1] 总参军训和兵站部. 炮兵射击教程 [M]. 北京：解放军出版社，1999.
[2] 闫章更，魏振军. 试验数据的统计分析 [M]. 北京：国防工业出版社，2001.

密集度圆概率误差计算方法分析

罗熙斌，夏杰

技术部二室

摘　要：本文对现行国军标中几种常见的圆概率误差（CEP）计算方法进行了对比分析，指出了其差异性，并提出了新的计算方法。

关键词：密集度；圆概率误差；计算方法

0　引言

在武器装备试验中，通常需要通过一组射弹的落点围绕其平均中心的分布来描述其散布特征。常用一维和二维两种分布来计算散布的指标。一维分布常用方差 S^2、标准差 S 和概率误差（中间误差）E 来表示。二维分布的概率特性常用圆概率误差（CEP）进行描述。

在现行的国军标中，对 CEP 有几种计算方法，这些算法大致相同但或多或少都存在一些差异，这些差异也给 CEP 的计算结果带来一定的误差。现行国军标中对 CEP 的计算方法大致可以分为如下三类：

0.1　GJB 349.13A—1997 和 GJB 2974—1997 中对 CEP 的算法[1,2]

（1）当两个方向的标准差相等时，即 $S_x=S_z=S$，$E_x=E_z=E$，则圆概率误差为

$$\mathrm{CEP}=1.1774S=1.7456E$$

式中，$E=0.6745S$。

（2）当 $S_x\neq S_z$ 时，圆概率误差为

$$\mathrm{CEP}=0.5887(S_x+S_z)=0.8728(E_x+E_z) \tag{1}$$

0.2　GJB 3197—1998 中对 CEP 的算法[3]

$$\mathrm{CEP}=\begin{cases}0.9140E_x+0.8316E_z, & 0.4\leqslant E_x/E_z<1\\ 0.8728(E_x+E_z), & E_x\geqslant E_z\end{cases} \tag{2}$$

0.3　GJB 3113—1997 中对 CEP 的算法[4]

若 S_x 与 S_z 之比在 0.4~1.0 范围内，则

$$\mathrm{CEP}=0.5887(S_x+S_z)=0.8728(E_x+E_z) \tag{3}$$

由上述公式可以看出，三种算法的差异之处在于针对不同的 $S_x/S_z(E_x/E_z)$ 值选择不同的公式。那么，这几种算法哪个更科学、更合理，更能真实地反映武器密集度水平？如果几种算法都不能准确地反映武器密集度实际水平，那么有没有新的计算方法？

1 圆概率误差 CEP 算法分析

1.1 CEP 计算公式

在《火箭弹设计理论》中，对 CEP 算法描述为：

x 和 z 相互垂直、相互独立，且分别服从正态分布，那么有[5]

$$\mathrm{CEP} = 1.1774\sqrt{\sum_{i=1}^{n}\frac{(x_i-\bar{x})^2+(z_i-\bar{z})^2}{2(n-1)}}$$

将 $S_x=\sqrt{\dfrac{\sum_{i=1}^{n}(x_i-\bar{x})^2}{n-1}}$，$S_z=\sqrt{\dfrac{\sum_{i=1}^{n}(z_i-\bar{z})^2}{n-1}}$ 代入上式得

$$\mathrm{CEP}=1.1774\sqrt{\frac{1}{2}(S_x^2+S_z^2)} \tag{4}$$

据前文描述，CEP 公式选取与 S_x/S_z（E_x/E_z）值相关，现设 $S_x/S_z=E_x/E_z=a$，有

$$S_x=aS_z$$

$$S_x+S_z=(1+a)S_z$$

将上式代入式（4），可得

$$\begin{aligned}\mathrm{CEP}&=1.1774\sqrt{\frac{1}{2}(S_x^2+S_z^2)}\\&=0.5887\sqrt{2(1+a^2)S_z^2}\\&=0.5887\sqrt{2(1+a^2)}\,S_z\\&=0.5887(S_x+S_z)\cdot\frac{\sqrt{2(1+a^2)}}{1+a}\end{aligned} \tag{5}$$

国军标中所提到的三种 CEP 算法，从形式上看其实只涉及两个计算公式：

$$\mathrm{CEP}=0.5887(S_x+S_z)=0.8728(E_x+E_z) \tag{6}$$

$$\mathrm{CEP}=0.9140E_x+0.8316E_z \tag{7}$$

三种算法的差异在于针对不同 $S_x/S_z(E_x/E_z)$ 值选取不同的公式，下面将针对这两个公式分别进行分析。

1.2 对式（6）$\mathrm{CEP}=0.5887(S_x+S_z)=0.8728(E_x+E_z)$ 进行分析

对比式（5）与式（6），可以看出式（6）的计算结果为 CEP 的近似值，且与式（5）算得的 CEP 实际值相差 $\dfrac{\sqrt{2(1+a^2)}}{1+a}$ 倍。

因此，令 $y=\frac{\sqrt{2(1+a^2)}}{1+a}$，并作 $y-a$ 曲线如图 1 所示。

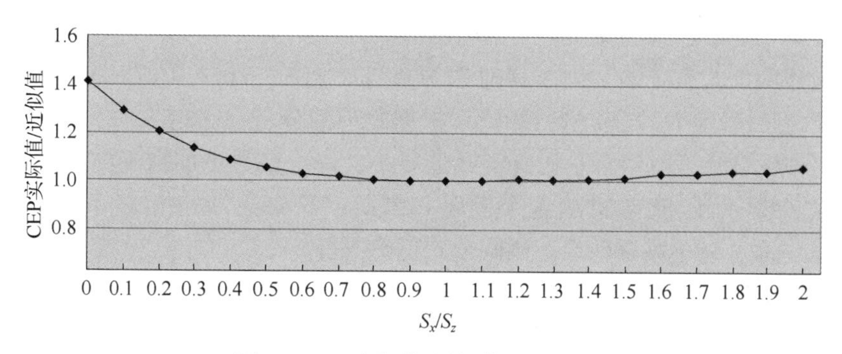

图 1　CEP 实际值/近似值~S_x/S_z 值

图 1 中曲线上各点处以及 $a=3$、4、5、6、7、8、9、10 时的取值如表 1 所示。

表 1　CEP 实际值/近似值与 S_x/S_z 值对应关系

a	0	0.1	0.2	0.3	0.4	0.5	0.6	0.7	0.8	0.9
y	1.414	1.292	1.202	1.136	1.088	1.054	1.031	1.015	1.006	1.001
a	1.0	1.1	1.2	1.3	1.4	1.5	1.6	1.7	1.8	1.9
y	1.000	1.001	1.004	1.008	1.014	1.020	1.026	1.033	1.040	1.047
a	2.0	2.5	3	4	5	6	7	8	9	10
y	1.054	1.088	1.118	1.166	1.202	1.229	1.250	1.267	1.281	1.292

根据 $y=\frac{\sqrt{2(1+a^2)}}{1+a}=\sqrt{2\frac{1+a^2}{(1+a)^2}}$，有

当 $a>1$ 时，$\frac{1+a^2}{(1+a)^2}<1$，

且 $\lim\limits_{a\to\infty}\frac{1+a^2}{(1+a)^2}=1$，$\lim\limits_{a\to\infty}y=\sqrt{2}=1.414$。

从图 1 和表 1 可以看出，由国军标中式（6）计算得到的 CEP 近似值总是比其实际值要小。当 $0.4\leqslant S_x/S_z\leqslant 2.5$ 时，其最大误差达 $(1.088-1)/1.088\approx 8\%$；而当 $S_x/S_z<0.4$ 或 $S_x/S_z>2.5$ 时，其计算结果的误差将超过 8%，当比值趋于 0 或 ∞ 时，其最大误差可达 $(1.414-1)/1.414\approx 29\%$。因此，在误差允许范围内，可以用式（6）作为 CEP 的计算公式；当误差较大时，推荐采用式（5）作为 CEP 的计算公式。

1.3　对式（7）$\mathrm{CEP}=0.914\,0E_x+0.831\,6E_z$ 进行分析

在 GJB 3197—1998 中 CEP 算法为

$$\mathrm{CEP}=\begin{cases}0.914\,0E_x+0.831\,6E_z, & 0.4\leqslant E_x/E_z<1\\ 0.872\,8(E_x+E_z), & E_x\geqslant E_z\end{cases}$$

而在《远程火炮武器系统射击精度分析》中，有类似算法的描述为

$$CEP=\begin{cases}0.914\ 0E_x+0.831\ 6E_z, & 0.4\leqslant E_z/E_x<1\\ 1.745\ 6E, & E_x=E_z=E\\ 0.872\ 8(E_x+E_z), & E_x\approx E_z\end{cases}$$

显然，上述两公式有矛盾，对于何时选择式（7）$CEP=0.914\ 0E_x+0.831\ 6E_z$ 的条件（前者为 E_x/E_z，后者为 E_z/E_x）恰恰相反。根据之前的分析，无论 S_x/S_z（E_x/E_z）如何取值，式（6）算得 CEP 近似值总是比其实际值要小，为了获得更加精确的 CEP 值，应当想办法增大这个 CEP 近似值来削减这个误差。因此，只要判断出相应条件下式（7）与式（6）的大小关系，就不难判断出上述两公式正确与否。

将式（7）与式（6）相减，有

$$0.914\ 0E_x+0.831\ 6E_z-0.872\ 8(E_x+E_z)=0.041\ 2(E_x-E_z)$$

那么，当 $0.4\leqslant E_x/E_z<1$ 时，则必然有 $0.041\ 2(E_x-E_z)<0$，即式（7）的计算结果比式（6）要小，其结果误差不仅没有减小反而增大。

反之，当 $0.4\leqslant E_z/E_x<1$ 时，由式（7）算得的 CEP 值比式（6）要大，且通过计算仍比实际结果小，减小了与实际值之间的误差。

因此，GJB 3197—1998 中算法的选择条件存在一定错误。

综上所述，国军标中 CEP 的计算方法都是近似计算，由于其近似值总是比实际值小，在试验中可能出现计算结果满足指标要求，但实际值却超出指标要求的情况。为了准确计算 CEP 值，本文推荐采用如下公式进行计算：

$$CEP=1.177\ 4\sqrt{\frac{1}{2}(S_x^2+S_z^2)} \tag{8}$$

式中，$S_x=\sqrt{\dfrac{\sum_{i=1}^{n}(x_i-\bar{x})^2}{n-1}}$；$S_z=\sqrt{\dfrac{\sum_{i=1}^{n}(z_i-\bar{z})^2}{n-1}}$；$n$ 为一组弹发数。

2 实例计算

某型火箭弹定型试验中，其中一组弹的落点坐标为（1 240.68，32.53）、（1 238.79，61.22）、（1 239.62，50.75）、（1 234.83，44.74）、（1 243.99，50.92）、（1 235.75，13.57）、(1 229.76，29.13)，计算可得

$$S_x=\sqrt{\frac{\sum_{i=1}^{n}(x_i-\bar{x})^2}{n-1}}=4.63\ \text{m},S_z=\sqrt{\frac{\sum_{i=1}^{n}(z_i-\bar{z})^2}{n-1}}=16.22\ \text{m}\ ,X=1\ 238.29\ \text{m}$$

下面分别用两类方法计算该组弹的 CEP 值。

2.1 由国军标方法进行计算

因为 $S_x/S_z=0.29<0.4$，所以采用 GJB 349.13A—1997 和 GJB 2974—1997 中算法进行计算：

$CEP=0.588\ 7(S_x+S_z)=12.27$ m，$CEP/X=12.27/1\ 238.29=1/101$

2.2 由本文推荐的方法进行计算

$$\mathrm{CEP}=1.1774\sqrt{\frac{1}{2}\left(S_x^2+S_z^2\right)}=14.04\ \mathrm{m},\ \mathrm{CEP}/X=14.04/1\ 238.29=1/88$$

从计算结果可以看出，由国军标计算得到的 CEP 近似值比本文推荐方法计算得到的 CEP 实际值小且相差 12%。

3 结束语

本文针对现行国军标中关于圆概率误差 CEP 的几种算法进行了比较分析，找出了产生误差的原因，并提出了新的计算方法，用新方法计算的 CEP 值更能精确地反映武器真实水平。

参考文献

[1] GJB 349. 13A—1997，火箭炮定型试验规程 .
[2] GJB 2974—1997，火炮外弹道试验方法 .
[3] GJB 3197—1998，炮弹试验方法 .
[4] GJB 3113—1997，航空火箭弹定型试验规程 .
[5] 季宗德，周长省，丘光申 . 火箭弹设计理论 [M]. 北京：兵器工业出版社，1995.
[6] 郭锡福 . 远程火炮武器系统射击精度分析 [M]. 北京：国防工业出版社，2004.

第三篇

仿真应用

一维弹道修正引信最优射程扩展量分析与仿真计算

陈维波，陈众，陈战旗

中国华阴兵器试验中心 制导武器试验鉴定仿真技术重点实验室，陕西华阴 714200

摘　要：本文针对阻尼型一维弹道修正引信，分析了一般计算射程扩展量的不足之处，提出了最优射程扩展量的概念，并根据验前信息，采用随机抽样方法进行仿真计算，得到射程扩展量与修正散布之间的关系，并获取到最优射程扩展量。计算结果表明，采用最优射程扩展量可使弹药修正结果最佳。

关键词：一维弹道修正引信；射程扩展量；仿真计算

0　引言

一维弹道修正引信主要用于对常规杀爆弹的射程进行修正，是一种最简单的弹道修正引信。使用一维弹道修正弹药打击目标时，火炮的瞄准点要远于目标才能实现弹道修正，达到准确打击目标的目的。瞄准点与目标之间的纵向距离称为射程扩展量。在进行一维弹道修正弹药射击时，要依据目标和射程扩展量确定瞄准点和瞄准射程，进而决定射击诸元，而且射程扩展量也是确定最大射程修正量的基础，与射程密集度密切相关，所以如何确定最优的射程扩展量，以争取实战中修正弹药达到最佳的毁伤效能，为部队使用提供依据，是一维弹道修正引信试验方法和技术研究的一个关键所在。

本文对一般射程扩展量计算的方法进行研究，分析了其不足之处，并据此提出最优射程扩展量的概念，得到最优射程扩展量与修正后落点散布之间的关系以及获取最优射程扩展量的方法。计算结果表明：在射击条件相同时，使用最优射程扩展量，可使一维弹道修正弹药射程密集度更好，命中概率更高。

1　射程扩展量一般算法

1.1　确定射程扩展量的基本原则

一维弹道修正弹采用阻尼修正原理进行射程修正，对落点散布精度的提高是以损失一部分射程为代价的。当火炮需要打击目标 A 时，实际射击时要求火炮瞄准比目标点 A 稍远的 B 点，瞄准点 B 距炮位的距离称为瞄准射程，瞄准点 B 距目标点 A 的距离称为射程扩展量。

由于一维弹道修正机构采用阻尼修正原理，只能使弹着点变近，而无法使弹着点变远，因此一维弹道修正机构将无法对落点位于修正后散布椭圆左侧的炮弹进行修正，故一维弹道修正机构工作前的炮弹落点位于修正后散布椭圆内部或右侧，是一维弹道修正机构能够完成射程修正的必要条件。

1.2 一般射程扩展量计算

假定修正弹药本身的散布为 σ_{x1}，射击诸元造成的散布为 σ_{x3}，修正后对目标的散布为 σ_{x2}，目标距炮位的射程为 X_L，射击时对瞄准点 B 瞄准，称 AB 间的距离 X_K 为射程扩展量，也称射程修正量。

射程扩展量计算关系如图 1 所示，当落点散布中心出现在射击诸元散布椭圆最左边，而落点又出现在射弹散布 $3\sigma_{x1}$ 最左边时，如果落点还不越出在修正后对目标 A 的散布椭圆 $3\sigma_{x2}$ 之内时，射程扩展量 X_K 最佳，由图 1 可见，射程扩展量为

$$X_K=(3\sigma_{x1}+3\sigma_{x3})-3\sigma_{x2} \tag{1}$$

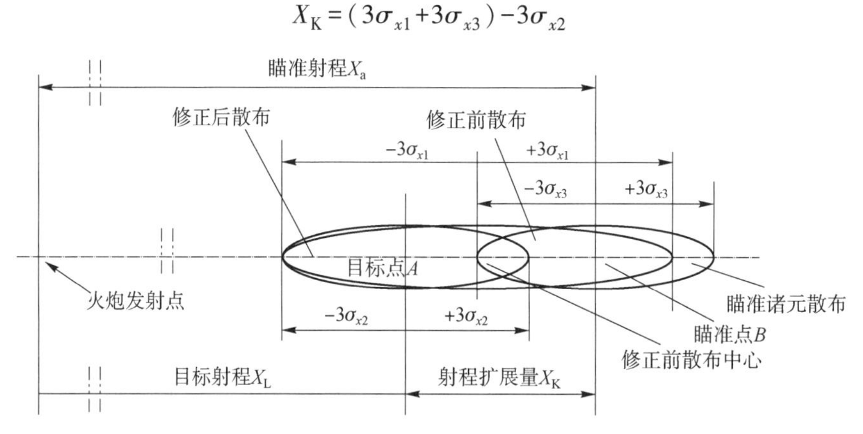

图 1 射程扩展量计算关系

2 最优射程扩展量理论分析

2.1 一般射程扩展量算法的不足

按上述方法在计算射程扩展量时需事先知道 σ_{x1}、σ_{x2} 和 σ_{x3}，而 σ_{x1} 和 σ_{x3} 与原型弹有关，可视为已知，σ_{x2} 是由于修正机构中装定误差、模型误差、弹道参数测量误差、弹道解算误差及执行机构误差等造成的对目标的散布。由于射程扩展量 X_K 与修正后散布 σ_{x2} 相互影响，因此一般在计算射程扩展量时假定 σ_{x2} 已知，σ_{x2} 按指标设计要求值来定。但由此计算出的射程扩展量只是理论设计基础上的射程扩展量，而不是实际作战使用中的最优，因为实际修正后的最小散布 σ'_{x2} 可能小于指标设计要求的 σ_{x2}，也可能等于 σ_{x2}，一般不会大于 σ_{x2}（$\sigma'_{x2}>\sigma_{x2}$ 表示修正后的散布结果未达到指标设计要求值，产品不能通过设计定型交付部队使用）。当 $\sigma'_{x2}=\sigma_{x2}$ 时，按上式计算出的射程扩展量才为最优射程扩展量；当 $\sigma'_{x2}<\sigma_{x2}$ 时，射程扩展量 X_K 不变时，它们之间的关系如图 2 所示，从图中可以看出，它们不符合确定射程扩展量的基本原则，而要满足上述确定射程扩展量的基本原则，则它们之间的关系应该如图 3 所示，这时的射程扩展量为 X'_K，显然 $X'_K\neq X_K$。

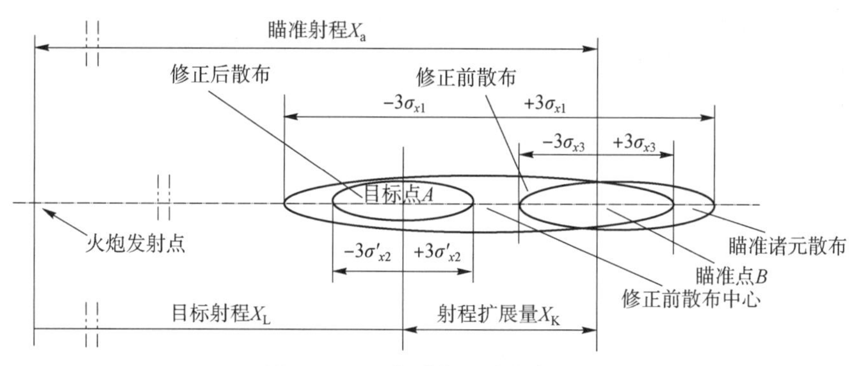

图 2　X_K 不变时修正后散布关系

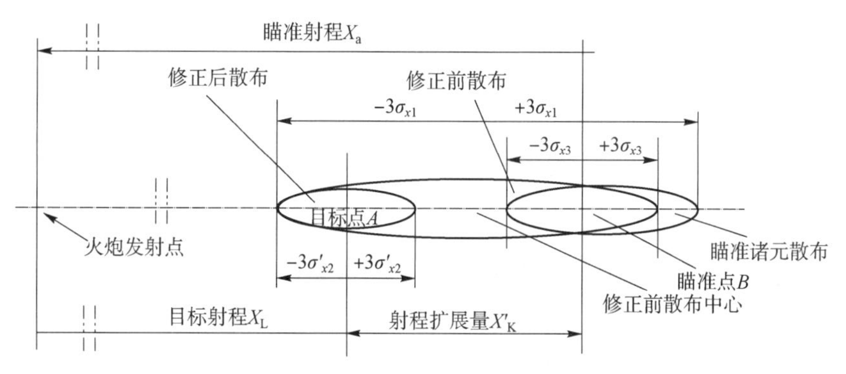

图 3　最优射程扩展量计算关系

2.2　最优射程扩展量的概念

从作战需求来考虑，选择射程扩展量应使修正弹药在该条件下工作，可达到落点散布最小或最终射击精度为最优，使弹丸的潜在性能得到充分发掘。射击精度最优，体现了作战使用中，可以消耗最小弹药代价，达到打击目标的能力，或者在使用弹药数量一定的情况下，可以最大限度地覆盖目标区域，因此定义使修正后的射程密集度最小（落点散布最小）时对应的射程扩展量为最优射程扩展量。

在数学上描述，最优射程扩展量为如下描述：

$$X'_K = \sup\min\sigma(X_K)$$

满足下列条件：

$$\begin{aligned} X_K &= X_a - X_L \\ 0 \leqslant X_K &\leqslant \Delta X_{max} \end{aligned} \tag{2}$$

式中，X_a 为目标射程；X_L 为瞄准射程；ΔX_{max}为最大射程修正量。

2.3　最优射程扩展量分析

影响弹道的因素很多，如弹道参数、气象参数、空气动力参数、弹丸外形和质量分布、起始扰动、发动机参数，由于每发弹的参数不可能完全相同，这样就形成了弹道散布，一条修正弹药的外弹道可以看作由两部分组成，一部分是修正机构工作前的未修正弹道，另一部分是修正机构工作后的修正弹道。

对于修正弹的落点散布来源，可以从两个方面来考虑。一部分是修正机构工作前未修正段弹道散布，另一部分是修正段弹道本身的散布。非修正弹药散布大，不满足作战要求，但弹药修正量也不是越大越好，因为落点散布是由修正段弹道散布和非修正段弹道散布共同作用的结果。一般来说，即使部分弹药不修正，由于其可能偏离预定点较近，同样具备战斗能力；而另一部分弹药距离目标较远，必须进行修正。根据修正弹药"修远不修近"的原则，对相对目标落点较远的部分，是修正要重点考虑的对象，如图 4 所示。

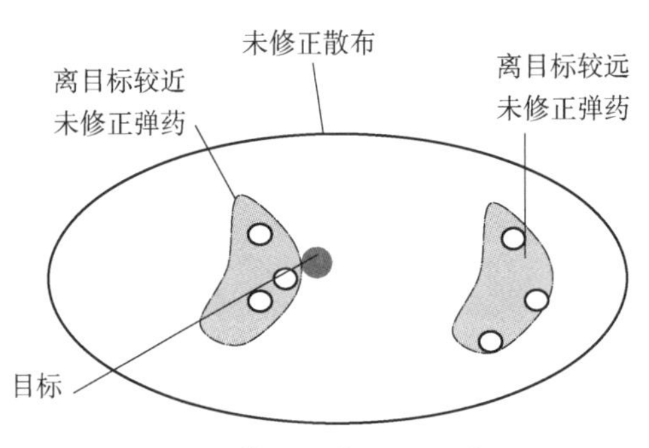

图 4 "修远不修近"示意图

一维弹道修正弹，修正点在弹道降弧段，假定在一定的射击诸元条件下，修正后的最小弹道散布为 σ'_{x2}，对应的最优射程扩展量为 X'_K，当射程扩展量 $X_K>X'_K$时，修正段弹道散布是落点散布的主要原因。由于弹丸落角基本相同，因此修正段弹道越短，散布越小，在最大射程扩展量时，射程修正量最大，修正段弹道最长，散布最大，随着射程扩展量变小，射程修正量变小，修正段弹道变短，散布变小。

随着射程扩展量继续变小，当射程扩展量 $X_K<X'_K$时，上述结论相反，因为修正机构工作前的未修正段弹道散布成为落点散布的主要原因。此时随着射程扩展量变小，瞄准点与目标点变近，射程修正量变小，修正段弹道变短，未修正段弹道变长，落点散布变大，极限情况是射程扩展量为 0，瞄准点就是目标点，相对来说，可以修正的弹数量最少或者说弹道可以修正的概率最小，因为修正的原则是"修远不修近"。

综上分析，射程扩展量与落点散布的关系如图 5 所示，从图中可以看出，最优射程扩展量是存在的。

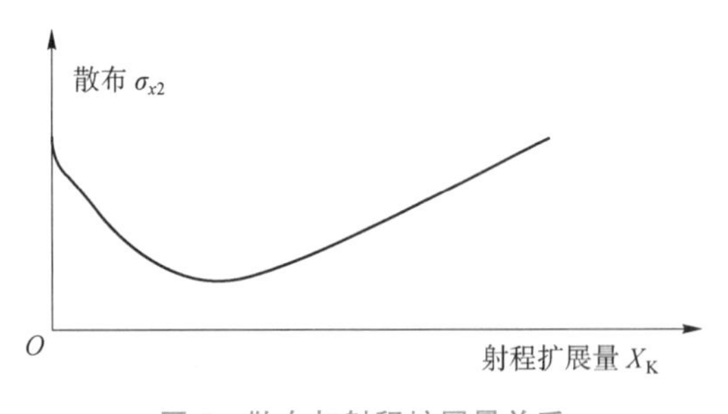

图 5 散布与射程扩展量关系

3 最优射程扩展量仿真计算方法

根据前面分析，可以得知射程扩展量 X_K 与修正后散布 σ_{x2}密切相关，相互影响。根据式（1），要计算最优射程扩展量 X'_K，必须事先已知修正后最小落点散布 σ'_{x2}。又根据第 3 节的分析，要想获得修正后最小落点散布 σ_{x2}，则必须在最优射程扩展量 X'_K 下试验才能得到，即必须先确定最优射程扩展量 X'_K。在此情况下，我们既无法先确定最优射程扩展量 X'_K，也无法先确定修正后最小落点散布 σ'_{x2}，一条可行的方法就是可以通过大量的科研试验中获取到的弹道辨识所需的各种参数及其分布，利用计算机仿真技术，得到射程扩展量与落点散布之间的对应关系，找到最小的落点散布，并最终确定对应的最优射程扩展量，具体步骤如下：

（1）确定瞄准射程，计算随机弹道，模拟测量弹道。

影响射程散布（纵向散布）的主要因素有射角误差、初速误差、弹道系数误差等，用蒙特卡洛方法随机抽样一组误差，计算出一条随机弹道，作为修正弹的实际弹道，加入测量误差后模拟弹道测量数据，用来计算修正机构开始工作时间。

（2）选择目标点，模拟计算修正机构工作时间。

选择目标点，根据目标射程与瞄准射程，计算出射程扩展量；模拟控制设备，根据测量数据及修正机构设计参数计算修正机构开始工作时间。

（3）蒙特卡洛误差抽样，仿真计算修正弹道。

在修正点，用模拟的实际弹道参数及随机抽样得到的修正机构工作参数和其他弹道辨识所需参数仿真计算修正弹道作为模拟的实际修正弹道。

（4）重复上面步骤，在每一目标点计算 n 条弹道。

（5）统计不同目标点的纵向散布特性参数。

（6）按射程扩展量与散布大小关系，确定最优射程扩展量。

最优射程扩展量计算框图如图 6 所示。

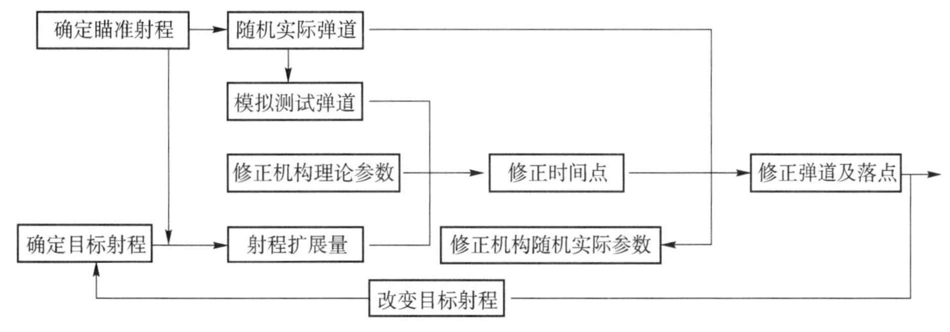

图 6　最优射程扩展量计算框图

4　应用举例

某型一维修正弹在射角为 45°、初速为 265 m/s、瞄准射程为 12 km、目标射程取 11.6~12 km 的 17 个点值（间隔 25 m）条件下根据上节介绍的计算方法进行仿真计算，应用 MATLAB 程序计算 1 000 发修正弹丸的落点坐标，获得射程扩展量与落点纵向散布关系，如图 7 所示。

根据计算得到的射程扩展量与对应散布数据，采用最小二乘多项式进行曲线拟合，则射程扩展量与落点纵向散布之间服从下列函数关系式：

$$\sigma = p_n X_K^n + p_{n-1} X_K^{n-1} + \cdots + p_1 X_K + p_0 \tag{3}$$

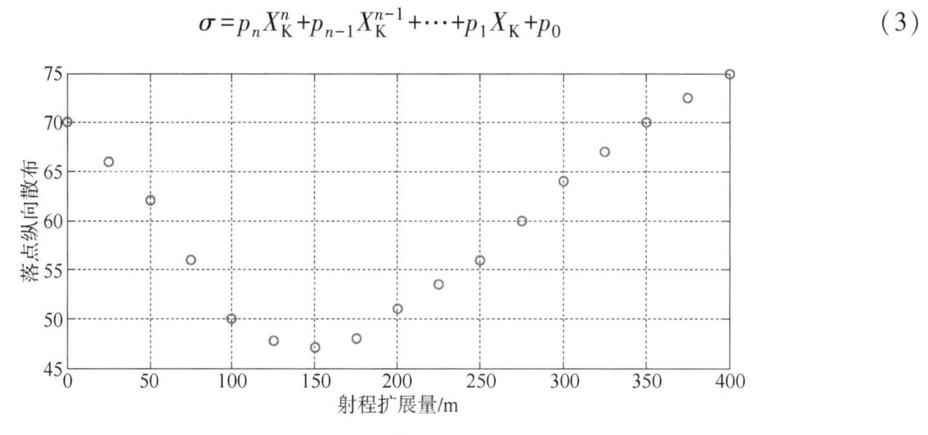

图 7　射程扩展量与落点纵向散布关系

根据拟合多项式阶次的确定原则，若 $Q[\chi^2, N-(n+1)] = 1-P[\chi^2<(N-n-1)]$ 与 0.5 接近，认为阶次适当，作 Q 随拟合多项式阶次的变化曲线如图 8 所示。从图 8 中看出，当阶次取 3 时，Q 与 0.5 最接近，故选取三次多项式作为曲线拟合的工具。根据程序及仿真数据，得到射程扩展量与落点纵向散布之间具有如下函数关系式：

$$\sigma = -0.000\ 001\ 558\ 7X_K^3 + 0.001\ 543X_K^2 - 0.355\ 83X_K + 72.759 \tag{4}$$

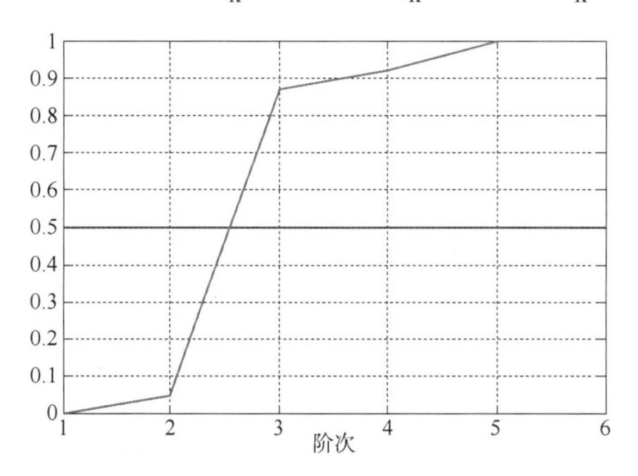

图 8　Q 随阶次变化曲线

射程扩展量与落点纵向散布函数曲线如图 9 所示。求函数极小值，得最小落点纵向散布标准差为 48.8 m，与之对应的最优射程扩展量为 148.5 m。

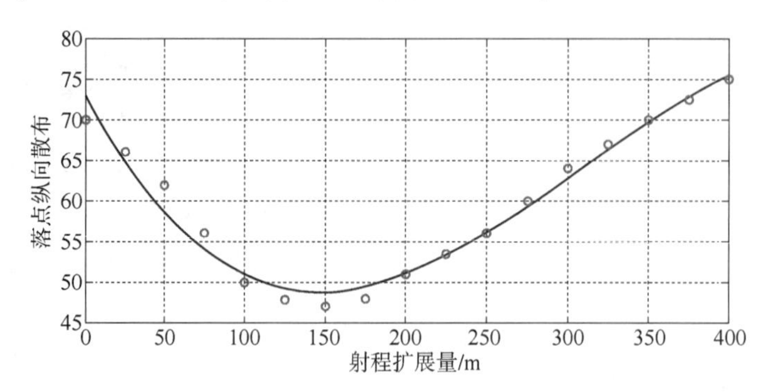

图 9　射程扩展量与落点纵向散布拟合曲线

根据程序，得到修正机构不工作、零射程扩展量（瞄准点与目标重合）、最优射程扩展量及最大射程扩展量时的弹丸落点散布图分别如图 10~图 13 所示。从图 10~图 13 可以看出仿真计算出的结果与理论分析是吻合的，从而验证了理论分析的正确性。

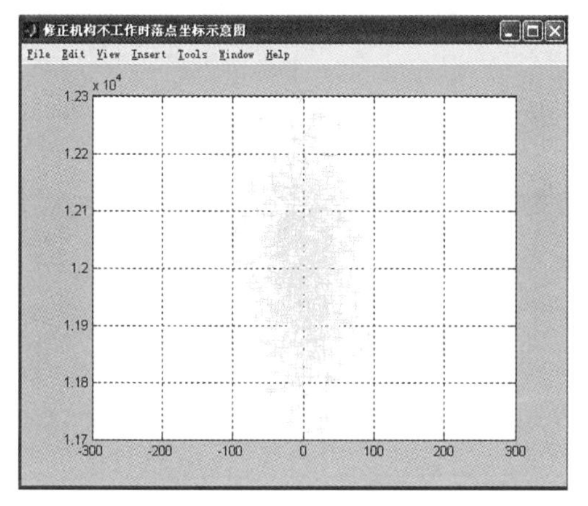

图 10　修正机构不工作时落点坐标示意图

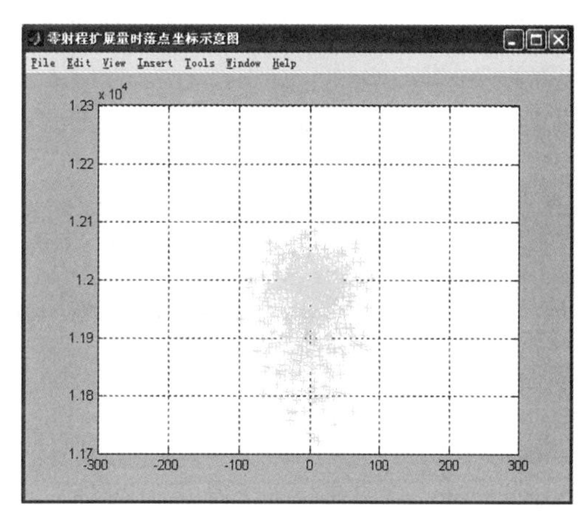

图 11　零射程扩展量时落点坐标示意图

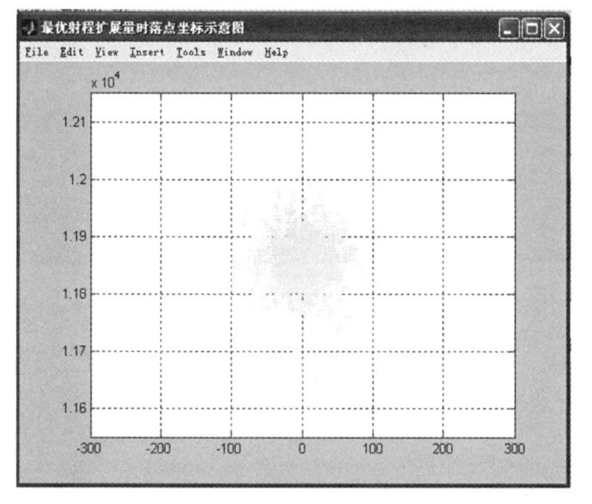

图 12　最优射程扩展量时落点坐标示意图

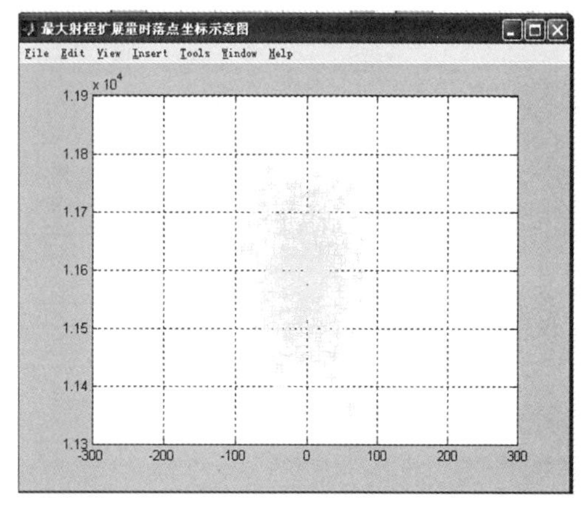

图 13　最大射程扩展量时落点坐标示意图

5　结束语

本文针对阻尼型一维弹道修正引信，分析了一般射程扩展量算法的不足，得出按照指标设计要求计算出的射程扩展量实战使用中一般并不是最优的结论，同时提出了最优射程扩展量的概念，并进行理论分析，通过仿真计算结果证明最优射程扩展量是存在的，而且给出了一种获取最优射程扩展量的方法，利用验前信息，不但可以计算出最优射程扩展量，而且可以预估出最小的修正后射程散布，为修正弹药的试验鉴定提供指导和结果预测，同时还可为产品设计提供参考。

参考文献

[1] 韩子鹏，等．弹丸外弹道学［M］．北京：北京理工大学出版社，2008.

[2] 赵金强，龙飞，孙航，弹道修正弹综述［J］．制导与引信，2005，26（4）：16-19.

[3] 王晟，杨树兴，张成，基于误差模型和扰动量辨识的射程修正方法［J］．弹道学报，2006，18（1）：42-44.

[4] 申强，李世义，李东光，等，射程修正引信弹道辨识算法精度分析［J］．北京理工大学学报，2005，25（1）：5-8.

[5] 万超，王伟，赵高波，基于速度-加速度测量的炮弹弹道辨识方法［J］．国外电子测量技术，2007，26（9）：16-18.

[6] 侯宏录，闫帅，刘创．一种炮弹偏差预测方法的精度分析［J］．国外电子测量技术，2008，27（8）：1-5.

激光引信抗干扰仿真试验方法探讨

陈维波，纪永祥，陈众

中国华阴兵器试验中心 制导武器试验鉴定仿真技术重点实验室，陕西华阴 714200

摘 要：本文介绍了激光引信抗干扰试验现状，针对激光引信抗干扰试验实施难度大、成本高、风险大等问题，提出了半实物仿真结合实弹射击的试验模式。并从作用距离模型建立、半实物仿真及实弹射击验收等方面进行了论述，得出利用仿真试验结合实弹射击试验可以减少试验消耗，提高试验效率，降低鉴定风险的结论。

关键词：激光引信；抗干扰；仿真试验

0 引言

抗干扰性性能是激光近炸引信的一项重要的性能指标，尤其对雨、雾、烟尘及战场各种复杂环境的抗干扰能力，直接决定了激光引信能否完成预定的作战任务。同时，激光引信价格昂贵，仅依靠传统的试验方法，试验实施难度大，部分试验难以进行，获取的信息量少，试验鉴定的风险显著增大。为解决这一问题，各试验单位采取了多种方法。如试验一体化试验技术，强调各研制阶段、各种试验手段得到的试验数据进行结合处理，以解决定型试验中试验量少的问题。又如，小子样试验技术、Bayes 估计技术的采用，试图从试验设计取得突破，实现使用尽可能少的消耗获得尽可能多的信息。又如，通过试验点的提取和优化，用少量的试验点，覆盖全部的试验条件，只在各试验点上用最小的子样数进行考核。这些方法各有优势，从不同的技术角度来处理这个问题。但是，这几种方法一个共同的特点是注重试验的编排，效果有限，并没有从根本上有效解决增大试验信息量的问题。而仿真试验、模拟试验是解决这一问题的根本途径。

1 总体思路

合理确立干扰参数和干扰方法，建立半实物仿真与实弹射击相结合的新的试验模式，以半实物仿真试验为主，以典型条件下的实弹射击试验作为仿真试验结果的检验。具体操作过程分为以下四个步骤：

（1）从机理上建立合乎原理的、合乎逻辑的引信作用距离模型。

（2）根据模型的辨识需求，设计地面静态试验，获取必需的数据，对模型进行校验和确认。

（3）设置各种目标条件和交会条件，对模型进行仿真试验，得到作用距离的预估值。

（4）在实弹定型试验中，设计典型试验条件，对仿真的结果进行验收。

2 建立启动模型

针对该激光引信探测为小视场发射和小视场接收的特点，考虑到激光引信发射光束角 $\theta_t = \arctan(L/2R)$，则激光作用距离表达式为

$$R=\sqrt{\frac{P_t s_t s_r A_\rho r}{\pi P_r}\cos\phi} \tag{1}$$

式中，L 为目标横向受光尺寸；R 为作用距离；P_t 为激光引信发射功率；s_t 为大气透过率；s_r 为光学系统透过率；A_ρ 为目标光束入射面积；ϕ 为光束与目标法线夹角；r 为反射系数；P_r 为激光引信接收功率。

当产品技术状态固化后，激光引信的作用距离主要与目标的反射特性和大气衰减系数有关。一些典型目标材料的激光反射系数如表 1 所示。而大气衰减程度与大气能见度、工作波长密切相关，通常大气衰减系数可用下式表示：

$$\beta=k_m+\sigma_m+k_a+\sigma_a+y \tag{2}$$

式中，β 为大气衰减系数；k_m 和 σ_m 分别为大气分子的吸收和散射系数；k_a 和 σ_a 分别为大气气溶胶的吸收和散射系数；y 为烟尘的消光系数。

表 1　不同目标材料的激光反射系数

材料	r	材料	r
沥青	0. 08～0. 20	杨树叶	0. 41
水泥路	0. 31	柏树叶	0. 34
红砖墙	0. 57	军绿漆木箱	0. 30
灰砖墙	0. 45	锈钢板	0. 50
黄土地	0. 55	雪地	0. 67
褐土地	0. 38	花岗岩	0. 48

3 建立半实物仿真系统

半实物仿真系统的实质是提供等同于实战条件下的目标及环境作用于引信，使引信探测器检波电路产生等同于真实目标和环境时的变化信号输出，测试控制电路的工作状态。激光引信半实物仿真测试系统的总体思路：在实验室条件下，模拟弹丸飞行时引信的工作状态，由计算机和相关设备模拟目标信号及弹丸飞行过程中经历的环境干扰信号，经空间耦合注入引信探测器；利用采集设备获取引信对激励信号的响应，回传至计算机进行分析处理，判断引信识别目标信号及弹丸飞行过程中经历的环境干扰信号的能力和启动情况。其系统框图如图 1 所示。

目标信号数据库——存储不同交汇条件下目标信号的特征数据；

环境信息数据库——存储激光引信在穿过不同环境信息时的特征数据；

仿真测试部件——包括主控计算机和测试设备，负责系统管理，产生目标模拟信号、环境信息，显示、分析和存储被测引信的响应，打印测试结果。

其中至关重要的是目标信号数据库和环境信息数据库的建立。

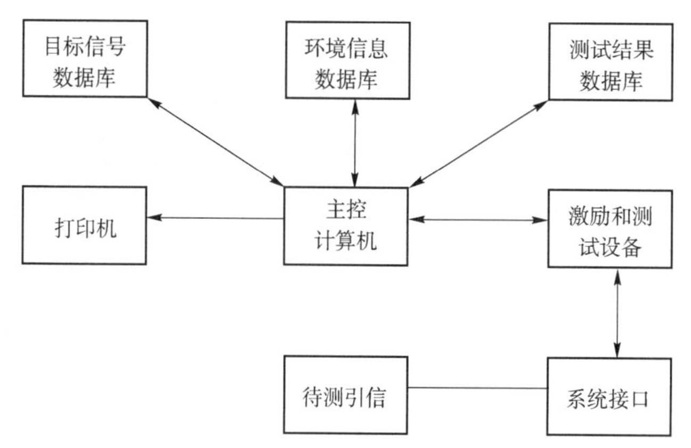

图 1　激光引信半实物仿真系统框图

3.1　建立目标信号数据库

分别针对土地、钢板、雪地、树叶等典型目标进行大量杆试验，积累目标特性数据，对作用距离模型进行校验和确认，同时建立目标特性数据库。杆试验的具体方法如下：将被测引信装在测试弹上，并调至一定高度，测试拖线从弹尾部引出，将被测引信与地面测试仪器相连接。测试过程中，带有被测引信的测试弹缓慢下降，引信与目标相对运动，被测引信的控制电路信号经过测试拖线传输到地面测量仪器中，实时显示并记录。杆试验示意图如图 2 所示。

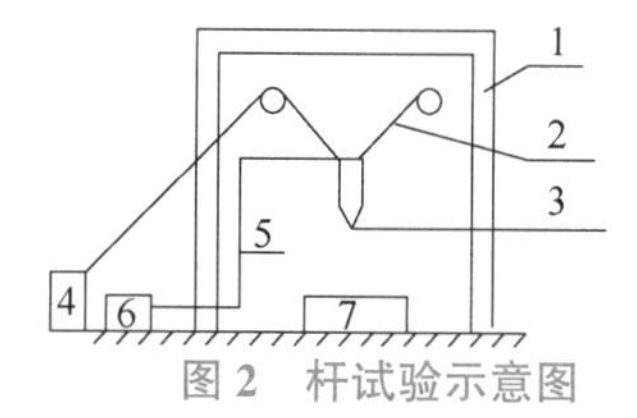

图 2　杆试验示意图

1—支架；2—调弹线；3—测试弹及引信；4—绞车；5—测试拖线；6—地面测试仪器；7—典型目标

3.2　建立环境信息数据库

针对激光引信使用过程出现的雨、雪、雾、霾、烟尘等环境信息，造成降低激光的透过率，甚至引起引信虚警情况，采用轨道式移动模拟方案进行测试。轨道式移动模拟方案示意图如图 3 所示。轨道车按预定速度前进，被试引信按不同的姿态安装在轨道车上，随车载体共同运动。在运动路径的侧方、上方吊设、布设攻击的对象模型，途中布设雨、云、雾、烟尘释放设施等，引信和各模拟设备同时工作，测试引信信号，获取目标特性信息，调整干扰浓度，找出引信对环境目标误启动的阈值，对作用距离模型进行修正，建立环境信息数据库。

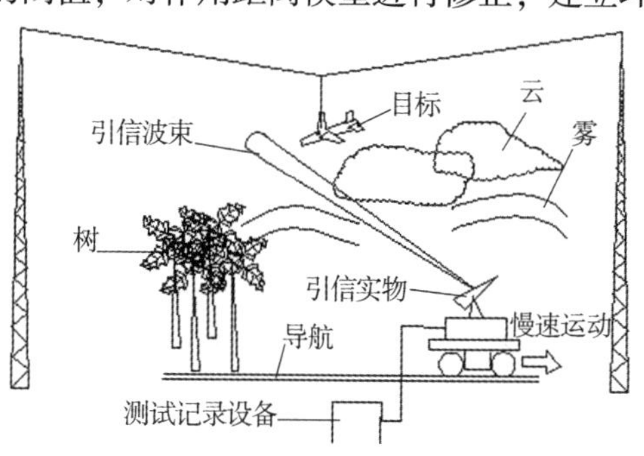

图 3　轨道式移动模拟方案示意图

3.3 仿真测试流程

仿真测试流程如图4所示，选择测试引信后，指定测试条件（交会速度、交会角、目标类型等），调用目标信号，检测引信的启动特性，若作用距离超出规定值，停止检测。在确定引信能正常启动条件下，调用环境信息，检测引信是否误启动。根据引信穿过环境信息时间与环境信息持续时间之比及误动次数，计算虚警概率。最后，调用复合信号，检测引信从环境信息中提取目标信号的能力，按照漏警次数（不启动次数和作用距离超出给定值之和）与测试次数之比，确定漏警概率。

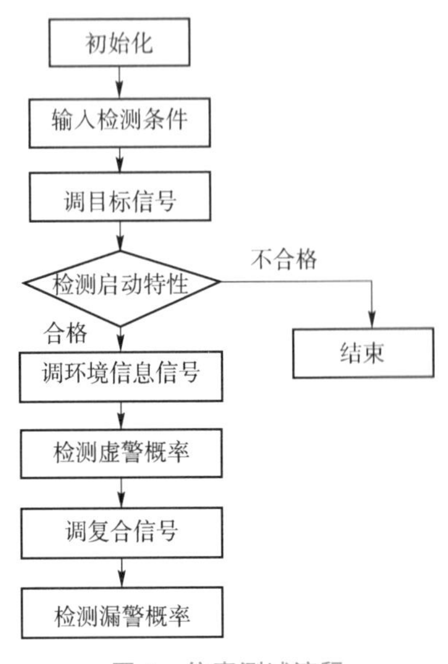

图4　仿真测试流程

4　射击试验验收

进行完半实物仿真试验后，在某一射击和干扰条件下，利用实弹射击试验对仿真结果进行验收。射击试验方案示意图如图5所示。在引信塔架中间吊装模拟目标、干扰释放（云、雾、烟尘等）设备，在地面上布设模拟各类地形、地貌模拟物。用炮射以一定的初速发射弹丸和引信，穿过目标和干扰物，遥测采集引信工作信号，测试引信的脱靶量。然后利用实测的脱靶量对半实物仿真结果进行验收。

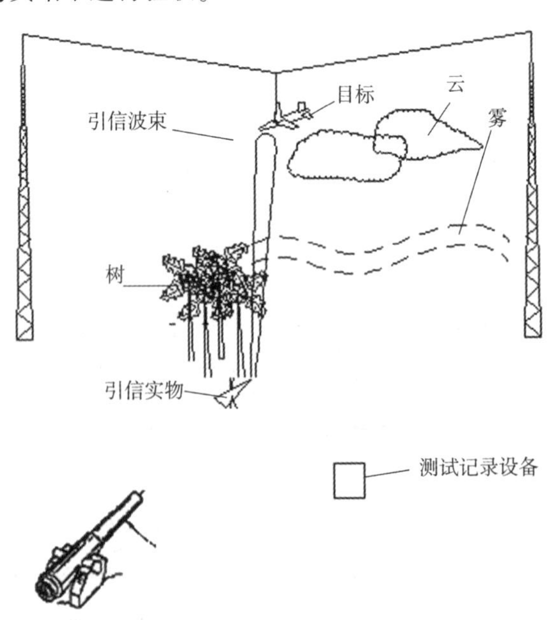

图5　射击试验方案示意图

5 结束语

随着现代化战争向信息化方向发展，战场对武器系统的要求也向高技术信息化方向发展。随着高新武器的逐渐增多，武器鉴定技术的更新也势在必行。本文的价值在于提供了一个新的试验平台，拓展了常规武器，尤其是引信试验鉴定的思路，建立了新的试验模式，利用本文所介绍的试验方法，可应用于激光引信的科研、鉴定试验中，既可以节省试验消耗，提高试验的可操作性，又可以最大限度地获取产品的信息，降低试验鉴定的风险。对该方法进行适当扩展和修改后还可应用于其他体制的近炸引信的试验中。

着角对反坦克导弹引战配合效率影响仿真

陈维波，李文博，徐宏林

中国华阴兵器试验中心 制导武器试验鉴定仿真技术重点实验室，陕西华阴 714200

摘　要：引战配合效率是导弹系统最关注的性能指标之一。本文从影响反坦克导弹引战配合因素之一的着角出发，分析了着角对配球状导引头的反坦克导弹炸高的影响，进行了不同着角条件下战斗部破甲侵彻仿真，仿真获取了导弹着角与装甲目标穿深的关系曲线，为该反坦克导弹引战配合效率试验设计与评估提供了参考。

关键词：着角；反坦克导弹；引战配合效率；仿真

0　前言

导弹引战配合效率是指导弹引信在适当的时机、适当的空间位置起爆战斗部，使战斗部击中并毁伤目标的效率。战斗部与引信的配合直接影响导弹性能，引战配合效率是评估导弹系统性能的关键指标之一。对反坦克导弹而言，最佳的引战配合，就是引信在最优炸高处起爆战斗部，使战斗部最大深度侵彻坦克装甲。最优炸高，除了与战斗部装药参数、药型罩锥角等内部参数有关外，还与导弹与目标交会时速度、着角等外部参数密切相关。本文拟从着角着手，分析其对反坦克导弹炸高的影响，仿真获取不同着角下配球状导引头的反坦克导弹对装甲钢板的侵彻深度，为设计反坦克导弹引战配合效率试验方案、评估反坦克导弹引战配合效率提供参考。

1　着角对反坦克导弹战斗部炸高的影响

某导弹引战系统的作用过程为导弹命中目标后，引信碰合开关受到挤压闭合，启动延时电路，延迟一定时间后起爆破甲战斗部，破甲战斗部形成金属射流，击毁目标装甲。导弹引战系统结构如图 1 所示。

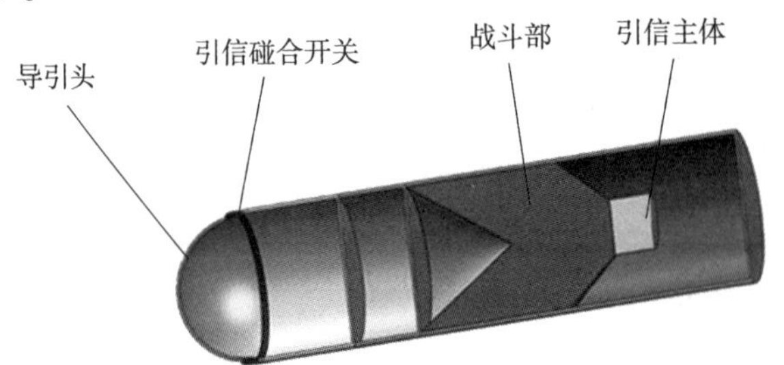

图 1　导弹引战系统结构

从引战系统结构及工作原理可看出，着角对战斗部炸高的影响主要体现在引信环形碰合开关在不同着角条件下闭合时间不同，对引信起爆时机有较大影响，进而引起炸高差异；另外，由于球形导引头的结构也造成不同着角条件下炸高差异较大。下面一一进行分析。

1.1 不同着角下引信环形碰合开关对炸高的影响

首先建立模型，主要建立导引头整流罩、碰合开关、靶板结构模型，如图 2 所示。

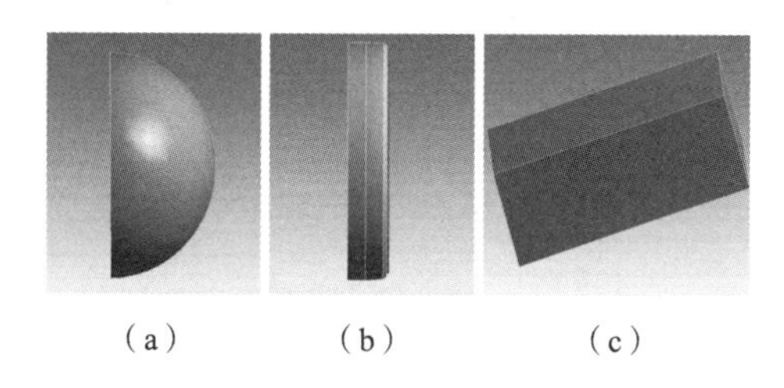

（a）（b）（c）

图 2 引信灵敏度仿真主要模型

（a）导引头整流罩；（b）碰合开关；（c）靶板

仿真采用的材料模型参数如表 1 所示。

表 1 仿真采用的材料模型参数（单位制：cm-g-μs-Mbar）

模型	ρ	E	N	σ_y
整流罩	4.3	0.69	0.25	0.001
碰合开关	2.7	0.70	0.30	0.003
靶板	7.8	2.11	0.28	0.005

然后对部件进行网格划分。

0°着角时采用 1/4 对称模型进行网格划分，其他着角时采用 1/2 对称模型进行网格划分，如图 3 所示。

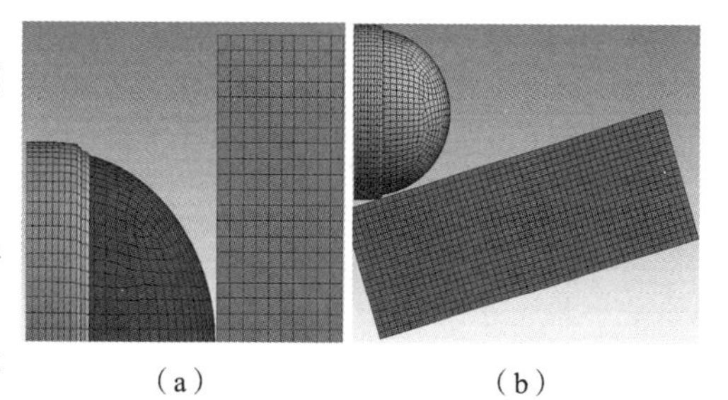

（a）（b）

图 3 模型网格

（a）0°着角；（b）非 0°着角

再设置约束条件。

主要进行飞行速度、靶板固定等约束条件设置。

仿真结果如下：不同着角下引信环形碰合开关闭合时间仿真结果如表 2 所示。按导弹落速 200 m/s 近似计算得到不同着角下引信碰合开关对炸高的影响，如图 4 所示。

表 2 不同着角下引信环形碰合开关闭合时间

序号	着角/(°)	碰合开关闭合时间/ms
1	0	0.30
2	20	0.21
3	40	0.13
4	60	0.09
5	80	0.08

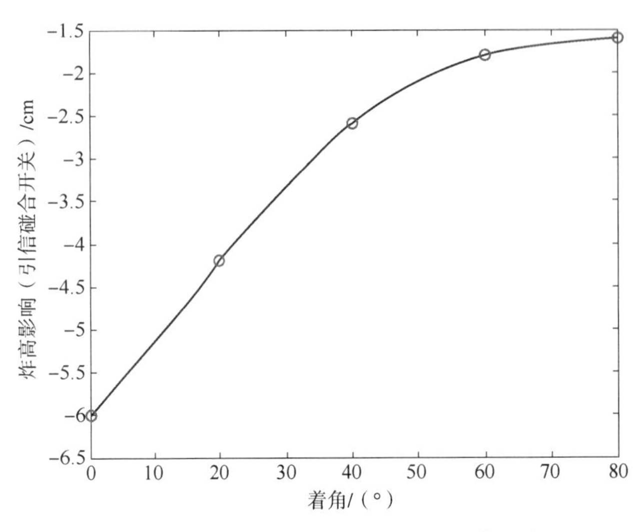

图 4　不同着角下引信碰合开关对炸高影响

1.2　不同着角下球形导引头结构对炸高的影响

考虑弹目交会时弹目夹角、导弹头部外形特征，发现导弹着靶时不同交会角度对炸高有显著影响，而炸高是影响破甲战斗部威力的关键因素之一。导弹着角对炸高影响如图 5 所示。理论炸高与导弹着角满足如下关系式。R 取 6 cm 时，理论炸高与导弹着角满足如图 6 所示关系曲线。

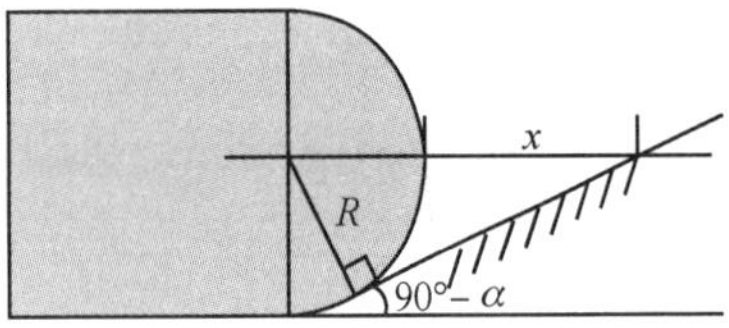

图 5　导弹着角对炸高影响

$$x=\frac{R}{\sin(90°-\alpha)}-R \tag{1}$$

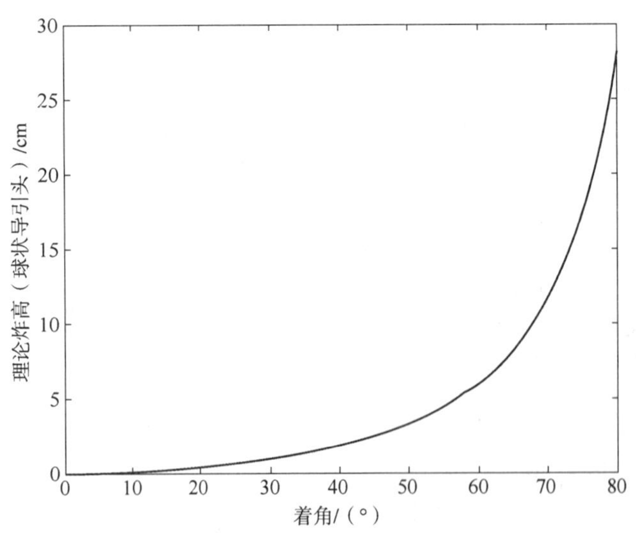

图 6　理论炸高与导弹着角关系曲线

综合以上分析，计算得到不同着角下导弹战斗部炸高如图 7 所示。

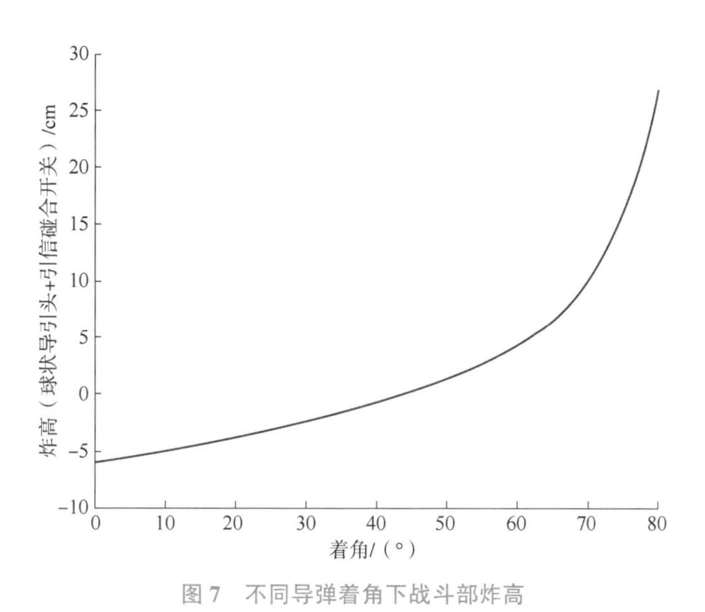

图 7　不同导弹着角下战斗部炸高

2　不同着角下战斗部破甲侵彻仿真

2.1　战斗部结构及有限元建模

战斗部主要由装药、药型罩、隔板、壳体等几部分组成，几何模型如图 8 所示。装药为 RTX 炸药，药型罩材料为紫铜，壳体、隔板材料为铝合金。

为了节省计算资源，考虑到战斗部和目标靶板结构的对称性，0°着角时简化模型为 1 ∶ 4 模型，其余着角时简化模型为 1 ∶ 2 模型，装药、药型罩和空气设置多物质 ALE 算法，采用 Euler 网格建模，使材料能在不同单元间流动，壳体、装甲钢板均采用拉格朗日算法、网格建模，并且各材料之间使用流固耦合算法。战斗部破甲侵彻仿真有限元模型如图 9 所示。

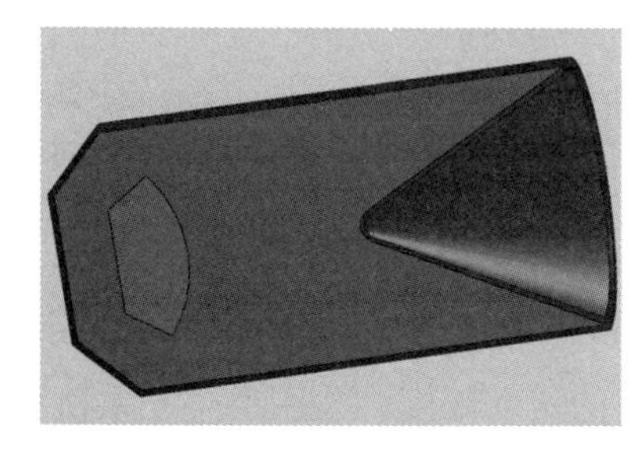

图 8　战斗部几何模型

图 9　战斗部破甲侵彻仿真有限元模型

2.2　材料模型及参数确定

RTX 炸药材料模型采用 HIGH_EXPLOSIVE_BURN 高能炸药燃烧模型和 JWL 状态方程共同描述[5]，其压力表达式为

$$P=A\left(1-\frac{\omega}{R_1V}\right)e^{R_1V}+B\left(1-\frac{\omega}{R_2V}\right)e^{R_2V}+\frac{\omega E}{V} \tag{2}$$

式中，A、B 为材料性质直线系数；R_1、R_2、ω 为材料性质非直线系数；$V=\frac{V_j}{V_0}$为爆炸产物相对体积；E 为初始比内能。

计算过程中所采用的 RTX 炸药材料模型状态方程参数如表 3 所示。

表 3　炸药的材料模型和状态方程参数（单位制：cm-g-μs-Mbar）

ρ	D	P	A	B
1. 85	0. 81	0. 41	7. 3	0. 07

药型罩材料为紫铜，使用 STEINBERG 模型和 GRUNEISEN 状态方程来描述，其材料模型状态方程参数如表 4 所示。

表 4　紫铜材料模型及状态方程参数（单位制：cm-g-μs-Mbar）

ρ	E	N	C
8. 93	0. 48	0. 45	0. 39

壳体、隔板材料为铝合金，靶板材料为装甲钢，选用塑性硬化材料作为模型进行分析，其主要的性能参数如表 5 所示。材料模型为：PLASTIC_ KINEMATIC。

表 5　壳体、隔板及靶板材料主要性能参数（单位制：cm-g-μs-Mbar）

类型	ρ	E	N	σy
壳体/隔板	2. 7	0. 70	0. 30	0. 003
靶板	7. 8	2. 11	0. 28	0. 005

2. 3　仿真结果分析

2. 3. 1　仿真结果可信度分析

为了验证数字仿真结果的可信度，采用数字仿真方法针对火箭橇模拟导弹战斗部动态侵彻钢板的过程进行复现，并与试验结果进行对比。

图 10 所示为反坦克导弹战斗部大着角侵彻装甲钢板模拟计算过程。模拟结果得到射流对均质装甲侵彻深度为 600 mm，与该制式破甲弹动破甲试验结果 500~700 mm 较为符合。因此上述模拟方法及参数选择较为合理，可以为后续试验设计研究提供参考依据。

2. 3. 2　不同着角侵彻深度仿真结果分析

仿真得到 0°、20°、40°、60°、80°着角时对装甲钢板的侵彻深度，采用最小二乘法拟合得到导弹着角与装甲钢板目标穿深的关系曲线，如图 11 所示。可见着角对战斗部威力发挥有显著影响，主要是由于着角不同引起引信碰合开关闭合时间变化、导引头与目标接触点变化，进而影响战斗部炸高，炸高过小，则战斗部金属射流会过早接触目标，导致金属射流尚未完全成型，不利于毁伤作用的发挥，射流侵彻深度较小；随着炸高增大，射流侵彻深度逐渐增加，当然侵彻深度也不是无限增加。当炸高过大后射流在运动过程中会被不断拉长，出现断裂现象，也会对射流最终发挥毁伤作用产生不利影响。

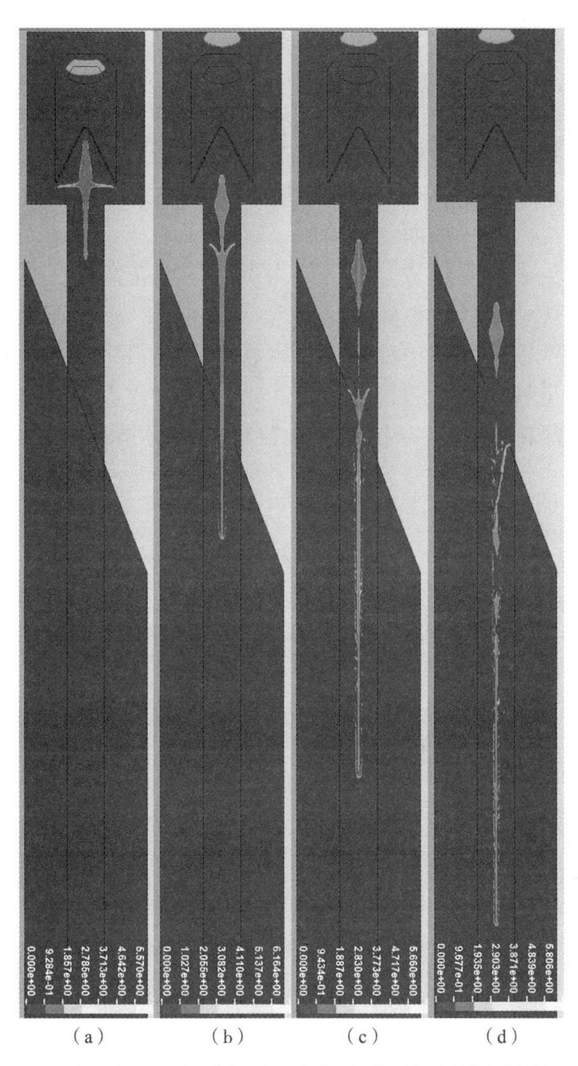

（a）　　（b）　　（c）　　（d）

图 10　反坦克导弹战斗部大着角侵彻装甲钢板模拟计算过程

（a）0.05 ms；（b）0.15 ms；（c）0.35 ms；（d）0.55 ms

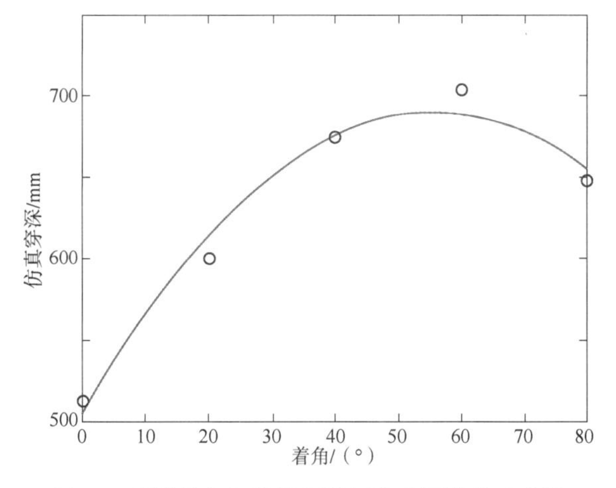

图 11　导弹着角与装甲钢板目标穿深的关系曲线

3 结束语

综上分析得出以下结论：对于该型配球状导引头的反坦克导弹，着角不大于60°时，随着角增大，炸高增加，引战配合效率逐渐提高；60°时达到最佳；着角大于60°后，随着角增大，炸高增加，引战配合效率反而逐渐降低。

因此对于弹目交会姿态、引信敏感度等外因引起的炸高变化，进而引起引战配合效率变化的问题，在武器系统优化设计、试验评估时应予以重视。在对武器系统进行产品设计、试验评估时，不仅要关注武器系统各单项指标，因各分系统、部件之间的交联造成对武器系统性能的影响，更应高度重视。

本文未考虑导弹着靶时导弹自身扰动、碰目标偏转等情况，后续将在该方面进行深入研究。

参考文献

[1] 赵晨皓，韩朝超，黄树彩．引战配合对反导导弹作战效能的影响［J］．电光与控制，2010（12）：5-7.

[2] 孙博，胡国怀，赵军民，等．基于激光近炸引信的引战配合数学仿真设计［J］．弹箭与制导学报，2012（4）：123-126.

[3] 李向东，唐晓斌，董平．破片式反导导弹引战配合仿真与效率计算［J］．上海航天，2006（3）：11-15.

[4] 侯秀成，蒋建伟，陈智刚．某成型装药射流的数值模拟与射流转化率［J］．火炸药学报，2012，35（2）：53-57.

[5] 刘建荣，徐立新，张国伟．导引头对单兵反坦克导弹破甲威力影响的数值模拟［J］．机械，2012（2）：7-10.

引信远距离接电改装电路仿真分析

刘刚，王侠，陈众

中国华阴兵器试验中心，陕西华阴 714200

摘　要：本文运用电路仿真软件对引信远距离接电改装电路进行仿真，对试验中出现的故障原因进行定位分析，为今后解决类似问题提供实践和理论经验。

关键词：引信；远距离接电；仿真分析

0 引言

由于测试方法限制，某型引信远距离接电时间不便采用遥测法进行，必须经改装后通过炸点法进行。在靶场实弹射击时，出现了部分引信作用情况异常（碰炸）的现象，影响到试验测试及进度。

试后，我们对试验结果展开分析，根据现场数据及前期试验情况，我们排除诸如引信远距离接电机构、接电时间散布、电路强度和工艺等可能原因，初步认定改装电路本身存在缺陷，导致引信不能按预期正常起爆。

本文针对以上异常现象，采用电路分析软件对引信改装电路进行仿真计算，通过实践证明，该方法能够反映实际情况，为故障的定位提供定量定性依据。

1 改装电路结构及原理分析

改装引信与正常引信相比，其区别在于用导通电路替代了探测控制电路，如图 1 所示（方便起见，电雷管以内阻 R_2 代替）。

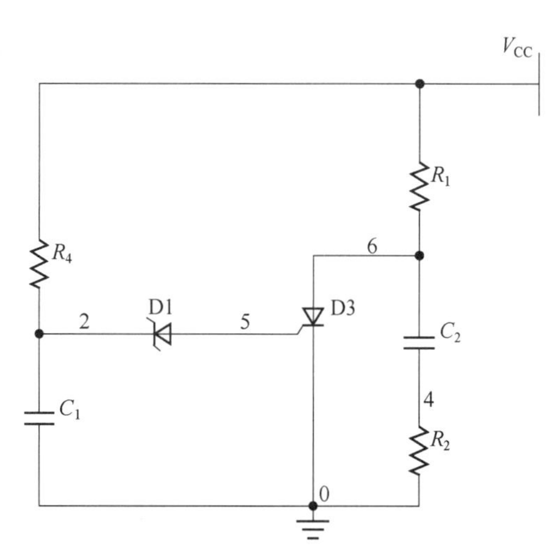

图 1　改装引信导通电路原理图

理想工作过程为：电路导通后，电源 V_{CC} 通过电阻 R_4 对电容 C_1 充电，C_1 两端的电压不断升高，当接近稳压管 D1 的导通电压时，稳压管被击穿，实现导通，如果导通电流大于闸流管 D3 的门极触发电流且满足一定持续时间时，闸流管阳极和阴极将导通。与上述过程同时进行的是，12 V 电源通过电阻 R_1、R_2 对储能电容 C_2 充电（由于充电电流远远小于电雷管发火电流，因此，此时电雷管是安全的)，C_2 两端的电压也将不断升高，一旦闸流管导通，C_2 将通过闸流管迅速向 R_2（电雷管）放电，引爆电雷管，进而引爆传爆序列，引信作用。

2 改装电路仿真与分析

Multisim 是加拿大 NIT 公司推出的电子电路仿真分析设计软件，具有界面直观、操作方便、采用图形方式创建电路等优点，可以对电子元器件进行一定程度的非线性仿真，不仅测试仪器的图形与实物相似，而且测试结果与实际调试基本相似。

本文采用 Multisim9 电路仿真软件对以上电路进行了仿真，以期获得某些电路运行参数，其工作界面如图 2 所示。

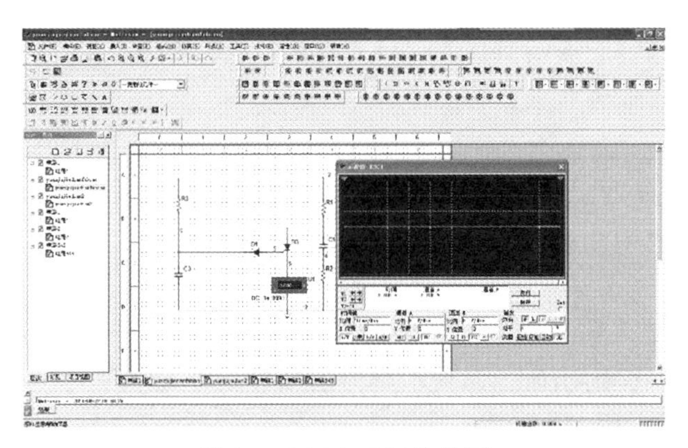

图 2　Multisim9 工作界面

在本仿真试验中，我们参照研制人员提供的改装电路示意图选取有关元器件参数。仿真开始之前首先设置有关仿真参数，主要是电路瞬态分析初始条件，由于电路工作前 C_1、C_2 两端不可能有电压值，其余元件也都未工作，因此初始条件设置为 0，如图 3 所示。

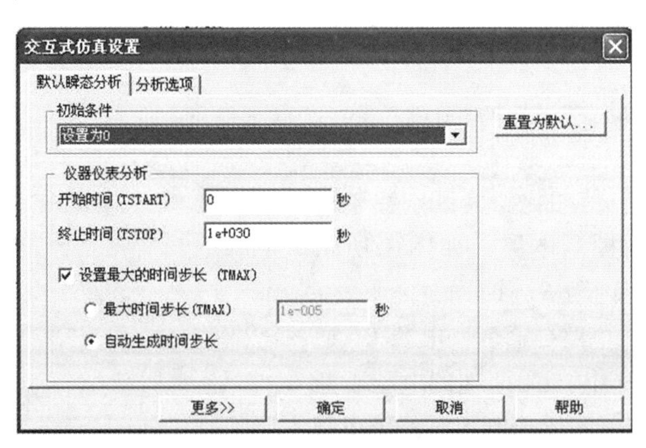

图 3　仿真初始条件的选择

电压值的示波器监测结果显示，储能电容 C_2 两端电压从 0 增长到 12 V 左右后，一直保持稳定，没有下降的趋势，表明储能电容没有放电过程，进一步说明闸流管 D3 一直处于未导通状态。而电容 C_1 两端电压在升高到接近稳压二极管 D1 的反向导通 5.1 V 时，同样持续稳定。如图 4 所示，上曲线为 C_2 两端电压，下曲线为 C_1 两端电压。

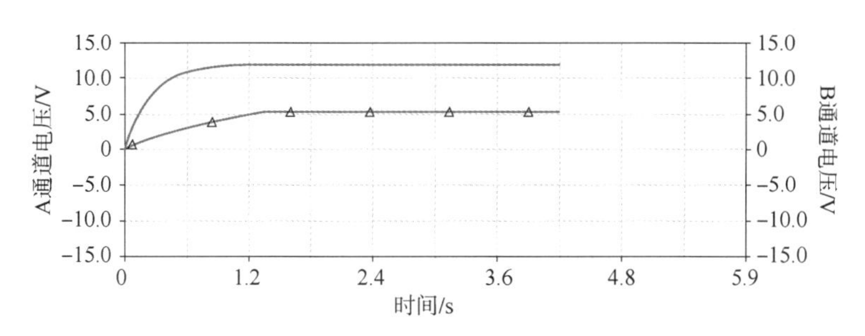

图 4　改装引信导通电路仿真曲线

关于 C_1、C_2 电压为何维持在 5.1 V、12 V 左右而不再下降，我们提供如下解释：由于 C_1 和 C_2 两电容在本电路中的充电时长相差悬殊，C_2 充电时间要比 C_1 快得多，很早就已达到电雷管的发火电压，这在图 4 中表现得非常清楚。因此，电雷管何时起爆将取决于闸流管的导通时间，而后者主要取决于 C_1 电压何时达到稳压管的反向导通电压及导通电流大小、持续时间能否满足闸流管的门极触发条件。由于 C_1 电压达到 5.1 V 附近时，稳压管已近似导通，导通电流可以通过闸流管门极、阴极之间而形成回路，这时，C_1 将通过这一回路进行放电，时间将非常短促（据估算，时常数在毫秒级），加上电流太小，因此闸流管无法导通。当放电过程结束后，C_1 电压由于放电而略微降低，导致稳压管脱离近似导通状态，恢复开路状态。这时电源继续向 C_1 充电，重复以上过程。综上所述，稳压管的导通、截止，电容 C_1 的充电、放电相互影响，相互制约，宏观上形成了 C_1 电压持续不变，稳压管 D1 时通时断，闸流管持续无法导通，C_2 无法向电雷管放电，电雷管无法起爆。

从以上讨论可看到，本次改装电路在设计上有不足之处，导致闸流管无法导通或导通非常不确实，是引信空炸失效而转为碰炸的主要原因。

3　后续改进及试验情况

在明确故障是由改装电路自身造成后，研制方据此重新设计了改装引信电路，如图 5 所示。

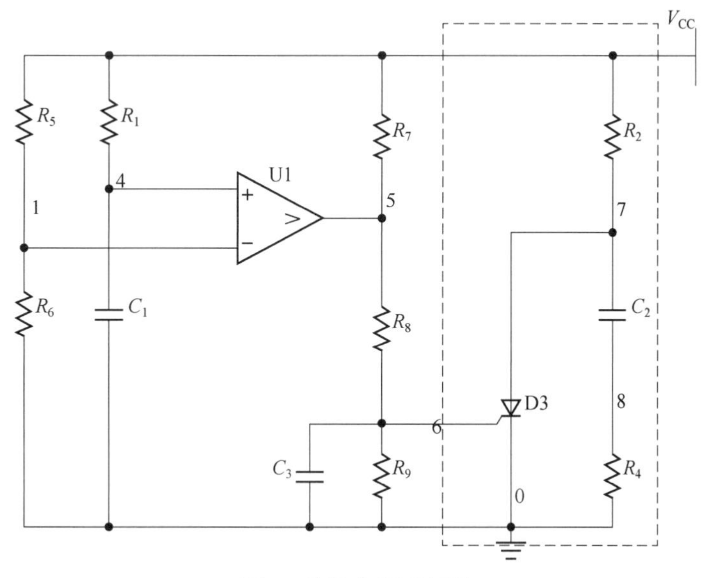

图 5　改进电路原理图

从图5可以看出，与改进前电路相比，虚线部分是完全一致的，区别在于左边部分，其核心是用一个电压比较器U1代替稳压二极管，同时调整部分参数，如给电容 C_1 充电的电阻减小，使得 C_1 充电时间更快。具体工作过程如下：R_5、R_6 通过对电源的分压，然后连接电压比较器的负极，使得电压比较器的比较基准稳定在6 V，电源通过电阻 R_1 对 C_1 充电，当 C_1 电压小于6 V时，电压比较器输出低电平（接近于0 V），由于电压太小，因此闸流管无法导通。随着 C_1 不断充电，当其电压高于6 V时，电压比较器的输出将发生突变，由低电平跳至高电平（接近于电源电压），闸流管门极电流猛增，满足其触发条件，闸流管导通，C_2 通过闸流管对电雷管放电，瞬间大电流导致电雷管爆炸。

对改进后的电路同样进行了仿真实验，图6所示为示波器监测到的 C_1、C_2 电压对比图，可以看出，在 C_1 电压达到6 V后，C_2 电压有一个明显且持续时间极短的下降过程，这就是 C_2 的放电过程。

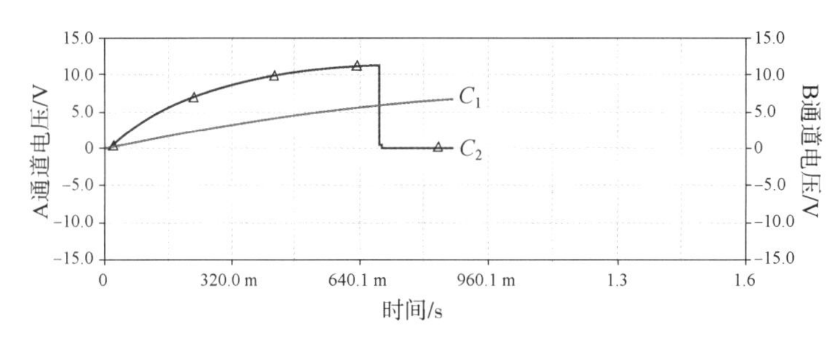

图6　改进电路仿真曲线

从以上讨论可以看出，改进后电路虽然相比之前复杂了一些，但是优势在于采用电压比较器输出端作为控制闸流管门极的控制电压，其关键在于电压比较器输出由低电平跳至高电平后，C_1 电压持续升高，电压比较器输出维持在高电平不变，使得闸流管门极始终维持在触发状态，确保闸流管导通状态不易受其他因素干扰，导通作用更加确实，从而让电容 C_1 充电充分，确保其放电时能提供足够大的瞬间发火电流引爆电雷管。

随后的十多发实弹射击试验结果证明，该引信改装电路故障原因分析正确，改进后的引信改装电路工作可靠，是切实可行的。

4　讨论

本文的研究内容在今后类似产品上有进一步拓展应用的空间，其主要思路是把靶场职能从产品进场之后的严格考核逐步向产品的设计过程延伸，增强对产品的整体理解和细节掌握。

另外，还有一点值得我们今后特别留意，那就是如何避免改装引起的试验故障及出现故障后如何鉴别故障来源，本文仅仅是抛砖引玉，未来研究工作仍需进一步深入。

参考文献

[1] 徐清泉，程受浩．近炸引信测试技术［M］．北京：北京理工大学出版社，1996.
[2] 某无线电近炸引信反求工程研究报告［R］．北京：北京理工大学出版社，1994.
[3] 张玉琤．近炸引信设计原理［M］．北京：北京理工大学出版社，1996.

引信防雨性能试验方法探讨

刘社锋，赵新

导调室

摘　要：本文对引信穿过雨场过程进行数字仿真分析，从雨场特性、引信碰击雨滴频率、引信碰击雨滴受力情况等关键因素入手，推导出引信穿过雨场时受力情况的计算方法，提出在实验室条件下的引信防雨性能模拟试验方法。

关键词：引信；雨场；模拟；试验方法

0　引言

现代战争是一场全天候的战争，当前随着弹药技术的发展，弹药系统在很大程度克服了由于时间、天气等因素对其作战性能的影响。弹药系统要具备全天候作战能力，作为战斗部起爆控制开关的引信必须适应各种天气环境（如雨、雪等），在弹道飞行过程中不受这些天气环境的影响，适时起爆战斗部达到有效毁伤敌目标的目的。根据以往经验，对于碰合开关位于弹头位置的触发引信，能否在弹道飞行过程中不受撞击雨滴的影响发生弹道炸，这一点尤为重要。对于引信防雨性能的考核，从实战化角度考虑，在自然降雨条件下进行试验考核，是最符合实际使用环境、最能准确考核出被试引信防雨性能真实状态的方法，但该方法操作起来有很大难度。由于世界各地自然降雨状况差别很大，既不能控制，又不能准确再现，试验所需的自然雨场并不是能经常出现，而利用人工雨场则存在耗资大、难度高等问题。对此，我们可以从雨场特性、引信在雨场中受力过程等环节进行深入分析，从而找到科学可行的模拟试验方法。

1　防雨性能分析及试验方法

1.1　雨场特性分析

针对引信穿过雨场的过程，与该物理过程相关的主要雨场特性物理量为雨滴直径、雨滴落速、雨滴分布等。

1.1.1　雨滴直径

雨滴的直径尺寸主要取决于雨滴的表面张力和空气阻力，当雨滴增大或落速增大时，降落过程中雨滴所受空气阻力相应增大；当雨滴大到一定尺寸，下落时因空气阻力而变形，进一步增大了与空气的接触面，导致达到相应终点速度时就已破碎分裂。研究发现，雨滴直径大于 0.25 mm 时，才能形成较明显的降雨现象；雨滴直径在 6 mm 左右时，已显著被挤扁；

而达到 6.5 mm 时，则完全被大气压碎。所以下文研究中最大雨滴直径取 6.5 mm。

1.1.2 雨滴落速

雨滴落速通常指雨滴在降落过程中重力与空气阻力平衡时的终点速度。落速随雨径不同而异，在达到终点速度前，雨滴的降落速度则随高度变化而变化。雨滴在空中的降落假设是从初始时刻速度 $v=0$ 开始的加速降落到阻力与重力平衡时的匀速降落过程，可用其运动微分方程来描述雨滴这一时段的自由降落过程，得雨滴落速如下：

雨滴直径 0.25 mm≤d≤1.5 mm：

$$v=3.8435d^{0.9201} \tag{1}$$

雨滴直径 1.5 mm≤d≤4.0 mm：

$$v=4.6254\sqrt{d} \tag{2}$$

雨滴直径 4.0 mm≤d≤6.5 mm：

$$v=(17.2-0.844d)(0.1d)^{0.5} \tag{3}$$

可计算得出，雨滴最大下降速度为 9.5 m/s。

1.1.3 雨滴分布

许多实际测定的降雨结果表明，雨滴大小的分布非常接近于一个负指数形式，特别是在非常稳定的降雨中，这一特征表现得更加明显，雨滴大小的分布可用如下近似公式表示：

$$N(D)=N_0 e^{-\lambda D} \tag{4}$$

式中，$N(D)$ 为单位体积内直径在 $D \sim D+\delta D$ 的雨滴个数；D 为雨滴直径。

常数 N_0 和 λ 的值与雨滴类型的关系如表 1 所示，I 为降雨强度（mm/h）。

表 1　常数 N_0 和 λ 的值与雨滴类型的关系

降雨强度	N_0	λ
I≤15 mm/h	30 000	$5.7\times I^{-0.21}$
15 mm/h<I≤50 mm/h	7 000	$4.1\times I^{-0.21}$
I>50 mm/h	1 400	$3.0\times I^{-0.21}$

则直径在 $D_1 \sim D_2$ 范围内的雨滴数量（个/m³）为

$$N(D_1-D_2)=\int_{D_2}^{D_1} N_0 e^{-\lambda D}\mathrm{d}D=\frac{N_0}{\lambda}(e^{-\lambda D_1}-e^{-\lambda D_2}) \tag{5}$$

1.2 引信碰击雨滴频率分析

引信在弹道飞行期间，穿过雨场时与雨滴碰击的频率除了与雨场有关外，还与弹道长度有关。

设引信在雨场中的弹道长为 L，引信头部触发区面积为 S，则引信头部触发区在弹道上扫过的雨场空间体积 V 为

$$V=L\times S \tag{6}$$

引信头部触发区碰雨频率 N 为

$$N=V\times N(D_1-D_2) \tag{7}$$

则两雨滴间的平均间隔 ΔL 为

$$\Delta L=\frac{L}{N} \tag{8}$$

设在弹道上引信平均速度为 v_0，可近似求出雨场中飞行的引信碰两雨滴间的间隔时间 Δt 为

$$\Delta t=\frac{\Delta L}{v_0} \tag{9}$$

对于强降雨天气，设 $I=80$ mm/h，$S=0.000\ 2\ \mathrm{m}^2$，$v_0=1\ 000$ m/s，$N(D_1-D_2)=300$ 个/m^3，则可计算得到引信碰击雨滴的时间间隔为：$\Delta t=0.017$ s。

在强降雨天气，取最大雨滴直径 $D=6.5$ mm，引信穿透一个雨滴需要时间：

$$\Delta t_0=\frac{D}{v_0}=0.000\ 006\ 5\ \mathrm{s} \tag{10}$$

由以上计算结果可知，引信穿透一个雨滴所需时间远小于其碰击雨滴的时间间隔，而且这是在强降雨情况下的计算结果，在其他较小降雨情况下更应如此。所以可以认为，引信穿过雨场碰击无数个雨滴的过程是相互独立的，研究引信穿过雨场的受力过程可以转化为引信碰击单个雨滴的受力过程。

1.3 引信碰击雨滴受力分析

引信在飞行过程中碰击雨滴，主要受到两个力，一是处于自由落体运动中的雨滴，对引信向下的冲击力，但前面我们已经分析计算得到，雨滴最大下降速度为 9.5 m/s，雨滴直径最大为 6.5 mm，质量很小，所以雨滴对引信向下的冲击力可以忽略不计；第二个力是碰击雨滴后的反作用力，雨滴的相对运动的动量全部被引信头部机构吸收，即其相对引信的动量从 mv 变为 0，根据动量守恒定理，可得

$$Ft=mv \tag{11}$$

$$F=\frac{mv}{t} \tag{12}$$

$$a_z=\left(\frac{mv}{t}\right)\Big/M \tag{13}$$

式中，a_z 为雨滴撞击引信时产生的加速度；F 为雨滴撞击引信时产生的力；t 为撞击过程消耗的时间；m 为雨滴自身质量；v 为引信飞行速度；M 为引信质量。

1.4 模拟试验方法

经过以上分析、推导、计算，通过式（13）可以得到引信碰击雨滴时，雨滴对其产生的反向加速度力，我们可以通过实验室条件（例如马歇特锤击方法），给引信头部碰合开关部位施加相应的加速度力，观察碰合开关变形及闭合情况，从而模拟考核引信在不同降雨条件下的防雨性能。

2 结束语

本文针对弹头触发引信的防雨性能考核问题，对降雨天气下引信穿过雨场过程进行数字

仿真分析。从雨场特性、引信碰击雨滴频率、引信碰击雨滴受力情况等影响引信防雨性能的关键因素入手，计算推导出引信穿过雨场碰击无数个雨滴的过程是相互独立的，研究引信穿过雨场的受力过程可以转化为引信碰击单个雨滴的受力过程，并基于动量守恒定理，推导出碰击雨滴时具体受力情况的计算方法，提出在实验室条件下给引信头部碰合开关部位施加相应加速度力，观察碰合开关变形及闭合情况的引信防雨性能模拟试验方法。

参考文献

[1] 谢永慧，汪勇．固体材料在高速液体撞击下的表面损伤研究［J］．兵工学报，2009：139-144.
[2] 马晓青，韩峰．高速碰撞动力学［M］．北京：国防工业出版社，1998.
[3] 张德智，王雨时．国外触发引信防雨装置研究和防雨性能现状［J］．沈阳工业学院学报，1989：62-73.
[4] 高世桥．引信着靶时动态分析与计算［D］．北京：北京工业学院，1984.

引信最佳炸点控制及算法研究

刘社锋，王侠

技术部三室

摘　要：本文根据反战术弹道导弹与目标交会时的特点，给出了弹目交会的模型，提出了反战术弹道导弹引信最佳炸点控制的有效方法，并推导出其算法。最后通过仿真绘出了交会条件中各参量与起爆延时的关系图，证明了该算法的正确性。

关键词：模型；引信；炸点控制；算法；仿真

0　引言

战术弹道导弹具有速度高、弹头要害部位小等特点，反战术弹道导弹在拦截时由于在交会过程中弹目相对速度高，传统的测向探测引信波束倾角较大，使引信从发现目标到引爆战斗部的时间较短。再考虑到误差、处理器延时、战斗部反应时间等因素，很容易造成炸点滞后，不能对目标造成理想的毁伤效果。我们可以通过减小引信波束倾角、将侧向探测改为前向探测等方法，使引信可以尽早发现目标，在弹目交会中，根据有关信息实时地调整引信的起爆延时，使其在任何交会条件下，均能在最佳位置引爆战斗部，给目标以最大杀伤概率。

1　炸点控制模型及算法

设弹体坐标系中引信对目标的探测如图 1 所示，弹目交会时弹目相对速度为 V_r，目标 T 被探测到，引信进入延时阶段，此时弹目视线与弹轴夹角为 Ω_f（引信天线主波瓣中心与弹轴的夹角）。经过延时 t 后，目标到达 F 点引信引爆战斗部，战斗部破片以静爆速度 V_0 飞向 H 点，目标要害部位与破片在 H 点相遇碰撞，上述延时 t 即为起爆延时，为

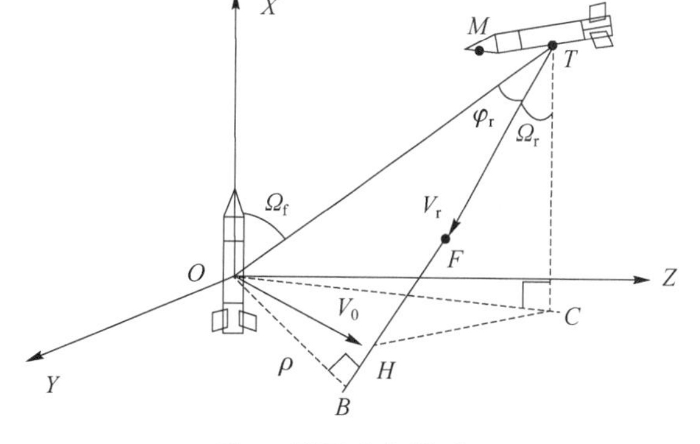

图 1　弹目交会模型图

$$t=\frac{TF}{V_r}$$

式中，t 为延时时间；TF 为目标从被引信发现到战斗部起爆以相对速度运动的距离。

如果考虑将破片从杀伤引信探测点修正为杀伤战术弹道导弹要害部位点 M，由于目标为

一个体目标，目标被探测点 T 距目标要害部位点 M 有一段距离，设此尺寸因子为 K（K 与交会姿态有关）。若考虑目标尺寸因子情况，则起爆延时应为

$$t=\frac{TF}{V_r}+\frac{K}{V_r}$$

起爆延时也等于导弹的剩余飞行时间减去破片的飞行时间，即

$$t=\frac{TH}{V_r}-\frac{OH}{V_0}+\frac{K}{V_r}$$

当目标刚进入引信天线波束范围时，取目标被引信发现的时刻进行分析，此时弹目交会的有关参数分别为

$$TH=\frac{\rho\cos\Omega_f}{\cos\Omega_r\sin\varphi_r}$$

$$OH^2=OT^2+TH^2-2\times OT\times TH\times\cos\varphi_r$$

$$OT=\frac{TC}{\cos\Omega_f}$$

$$TH=\frac{TC}{\cos\Omega_r}$$

$$TC=\frac{\rho\cos\Omega_f}{\sin\varphi_r}$$

由此可推得

$$t=\frac{\rho\cos\Omega_f}{V_r\sin\varphi_r\cos\Omega_r}-\frac{\rho}{V_0}\sqrt{1+\left(\cot\varphi_r-\frac{\cos\Omega_f}{\sin\varphi_r\cos\Omega_r}\right)^2}+\frac{K}{V_r} \tag{1}$$

式中，ρ 为脱靶量；φ_r 为引信发现目标时相对速度矢量与弹目连线的夹角；V_r 为弹目相对速度；Ω_f 为引信天线波束倾角；Ω_r 为相对速度矢量与弹轴的夹角。这些参数都可由导引头测量得到。

当弹目进入遭遇段时，导引头已经失控，此时假设导弹以惯性均速运动，所以弹目相对速度 V_r 可由下式得到：

$$V_r=\frac{f_d\times\lambda}{2\cos\varphi_r}$$

式中，f_d 为导引头失控前瞬间测得的多普勒频率；λ 为导引头工作波长。

在遭遇段，Ω_r 值可用大量弹道计算的平均值来替代，脱靶量 ρ 可从制导系统中获得，λ、V_0 为已知数，因此起爆延时可以借助式（1）进行最佳延时调整。同时，导引头还可以给出弹体坐标系中的脱靶方位，用于定向战斗部的起爆方位控制，从而提高了定向战斗部与引信的配合效率。

2　仿真及结果分析

下面对上述的引信炸点控制算法进行仿真计算，仿真条件为：破片速度 2 400 m/s，相对速度与弹目连线的夹角为 10°，多普勒频率为 110 kHz，引信的工作波长为 20 mm。假设战斗部

边缘垂直方向的破片在起爆后能击中目标任意要害部位，就能有效杀伤目标。考虑影响起爆延时的主要因素，我们主要对起爆延时与脱靶量、破片速度、多普勒频率之间的关系分别进行仿真计算，并对其结果进行分析，以此来证明前述方法及算法的可行性、正确性。

2.1 起爆延时–脱靶量仿真及结果分析

脱靶量大小影响起爆延时。图 2 所示为起爆延时–脱靶量曲线。

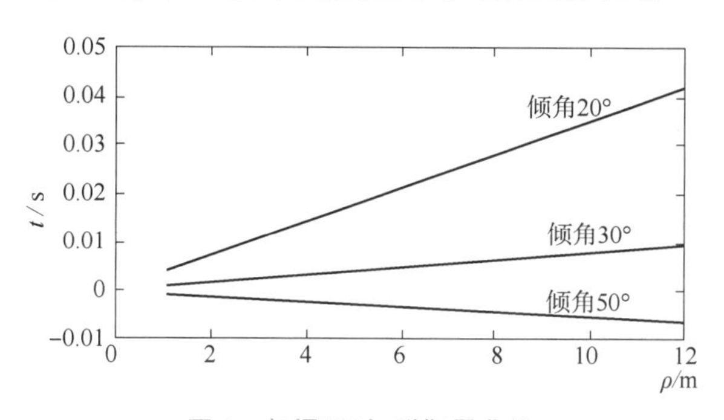

图 2　起爆延时–脱靶量曲线

图 2 中横坐标为脱靶量，纵坐标为起爆延时，当引信天线波束倾角分别为 60°、30°、20°时，改变脱靶量大小，绘出起爆延时随脱靶量变化的曲线。从图 2 中可以看出，在脱靶量一定的情况下，如果采用传统的侧向探测，引信的天线波束倾角比较大，这就使起爆延时比较小，特别是当波束倾角为 60°时，起爆延时小于 0，会造成炸点滞后，导弹无法正常摧毁目标。在相同脱靶量条件下，随着波束倾角的不断减小，导弹发现目标的时间不断提前，起爆延时逐渐变大。

2.2 起爆延时–破片速度仿真及结果分析

战斗部破片速度大小影响起爆延时。图 3 所示为起爆延时–破片速度曲线。

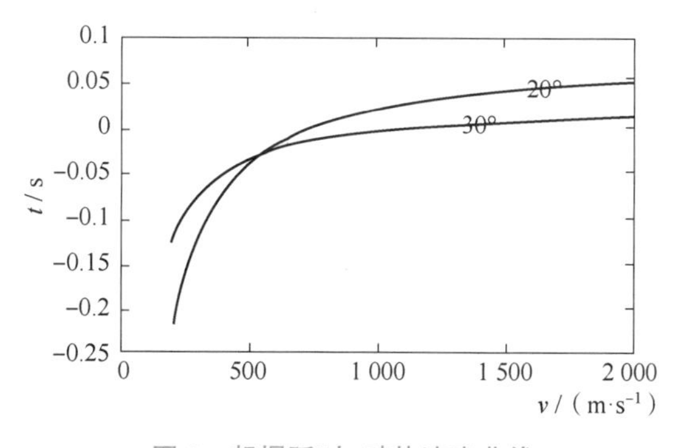

图 3　起爆延时–破片速度曲线

图 3 中横坐标为战斗部破片速度，纵坐标为起爆延时，当引信天线波束倾角分别为 30°、20°时，改变破片速度大小，绘出起爆延时随破片速度变化的曲线。从图 3 中可以看出，起爆延时随着战斗部破片速度的增大而增大，并且在一般情况下，波束倾角越小，起爆延时越大。

2.3 起爆延时-多普勒频率仿真及结果分析

多普勒频率大小影响起爆延时。图 4 所示为起爆延时-多普勒频率曲线。

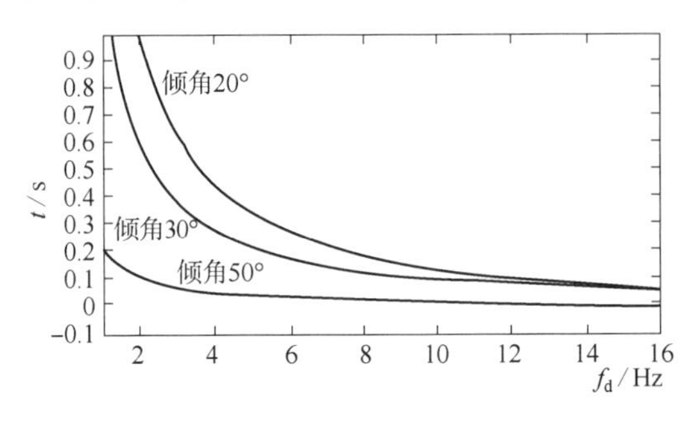

图 4　起爆延时-多普勒频率曲线

图 4 中横坐标为多普勒频率，纵坐标为起爆延时，当引信天线波束倾角分别为 50°、30°、20°时，改变多普勒频率，绘出起爆延时随多普勒频率变化的曲线。从图 4 中可以看出，随着多普勒频率的增大，起爆延时逐渐减小，甚至为 0，并且在相同多普勒频率下，波束倾角越小，起爆延时越大。

3　结束语

基于战术弹道导弹目标速度高、弹头要害部位小的特点，有效杀伤目标的条件就归结为两点：炸点不滞后和控制误差足够小。对于反战术弹道导弹引信，要想使炸点不滞后，达到预期的毁伤效果，就要求其引信天线具有较小的波束倾角，从而具有更远的探测距离，使其可以获得理想的起爆延时，当侧向探测引信的设计能力超出其应用范围时，就要考虑采用前向探测。由于战术弹道导弹目标要害部位小，所以命中目标要害部位所允许的炸点控制误差也很小，因此应考虑由反战术弹道导弹引信天线与战斗部之间、战术弹道导弹被探测点与其要害部位之间的位置偏移所引起的延时修正时间，同时还要求采用高精度的导引头并对其测量的参数进行滤波。

参考文献

[1] 李玉清．防空导弹引信设计及仿真技术［M］．北京：宇航出版社，1995.
[2] 李玉清．近 20 年国外导弹引信技术研究与发展概况［J］．制导与引信，2002，3：1-8.

无线电近炸引信探测模型研究

刘社锋，高波，陈维波

试验技术部三室

摘　要：本文从微积分的概念入手，推导出了无线电对地近炸引信的探测模型，并对其进行了修正，给出了具有实际意义的通用模型，为提高引信炸高的研究提供重要依据。

关键词：引信；探测；模型

0　引言

无线电对地近炸引信是为了配合要求距离地面一定高度起爆的弹药而提出的，在目前的无线电近炸引信中，由于受所配战斗部使用要求的限制，在引信的设计中主要考虑炸高的问题，在探测能力上并没有具体要求，而引信探测能力是影响炸高的直接因素，要提高引信炸高，就必须提高其探测能力，因此有必要在这方面进行研究。通过对近炸引信探测模型的研究，找出提高引信探测能力的有效方法，进而提高引信炸高范围。本文从无线电对地近炸引信的特殊使用要求出发，推导出引信在近垂直和窄波束情况下的探测模型，并考虑到信号噪声对探测能力的影响，对模型进行了修正，给出了具有实际意义的通用模型，为该类型引信的改进、发展（特别是炸高的控制）提供重要的理论依据。

1　模型的建立

从无线电对地近炸引信的特殊使用要求考虑，我们只讨论该类型引信在近垂直和窄波束情况下的探测模型。需要注意的是，在近垂直条件下，天线到目标的方向图传播因子和目标到引信天线的方向图传播因子均为 1，并且总的合成回波并不是各散射体回波矢量的相加，而是利用散射功率的叠加，求回波功率的统计平均。

为了便于模型的建立，我们做如下假设：

（1）为简化计算，将照射区域看作均匀的粗糙平面。

（2）在推导的过程中暂不考虑噪声、损失因子等因素的影响。

（3）引信采用自差机，即天线在最大增益方向上的功率增益 $G_t=G_r=G$。

（4）在引信整个照射区域内，散射系数 δ 可以近似为常数。

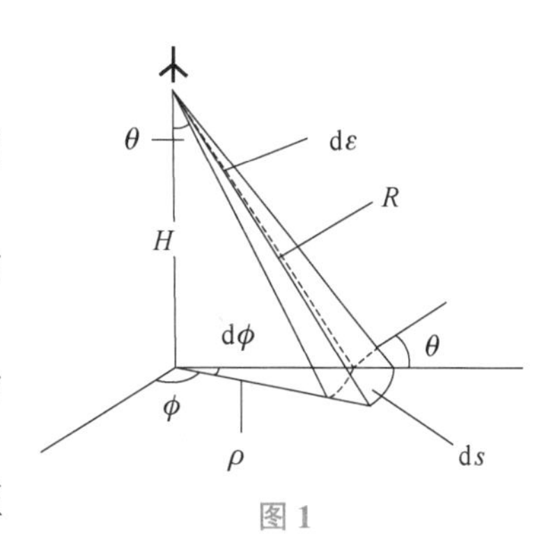

图 1

如图 1 所示，R 为天线到面积元的距离，H 为引信距离地面的高度，引信的发射功率为 P_t，从微积分的概念入手在引信目标区域内取一面积元 ds，根据电磁波传播方程可得面积元 ds 接收到的功率为

$$\mathrm{d}P_t = P_t G\mathrm{d}s/4\pi R^2$$

面积元接收到的辐射功率中的一部分被吸收，另一部分则被散射回去。散射回去的电磁波在引信处产生的功率密度为

$$\mathrm{d}P_{rd} = \frac{P_t G\delta}{(4\pi)^2 R^4}\mathrm{d}s$$

设引信天线的有效孔径面积为

$$A = \frac{\lambda^2}{4\pi}G$$

式中，λ 为引信的工作波长。

可得到引信天线接收到面积元 ds 的散射功率为

$$\mathrm{d}P_r = \mathrm{d}P_{rd}A = \frac{P_t \lambda^2 G^2 \delta}{(4\pi)^3 R^4}\mathrm{d}s \tag{1}$$

则引信接收到的总地面回波功率为

$$P_r = \int_s \mathrm{d}P_r \tag{2}$$

由图 1 可以得到如下几何关系：

$$\begin{cases} H = R\cos\theta \\ \mathrm{d}s = \dfrac{H^2 \sin\theta}{\cos^3\phi}\mathrm{d}\theta\mathrm{d}\phi \end{cases} \tag{3}$$

将式（1）、式（3）代入式（2），得

$$P_r = \frac{P_t G^2 \lambda^2 \delta}{(4\pi)^3 H^2}\int_\varphi \int_\theta \sin\theta\cos\phi \cdot \mathrm{d}\theta \cdot \mathrm{d}\phi \tag{4}$$

式中，积分变量的上下限为：$\phi \sim [0, 2\pi]$，$\theta \sim [0, \rho]$；ρ 为半功率波束宽度。

将上述积分限代入式（4），在 $\frac{\rho}{2} \ll 1$ 的条件下并利用三角函数变换及方向增益 G 的定义进行简化，可得引信距离地面高度 H 与回波功率 P_r 的关系式为

$$H = \left(\frac{P_t G\lambda^2 \delta}{16\pi^2 P_r}\right)^{\frac{1}{2}} \tag{5}$$

此公式即为引信在近垂直和窄波束情况下的探测模型。

2　模型的修正及实际应用

噪声总是伴随着信号出现，影响无线电引信探测能力的主要因素就是信噪比（S/N），因此在实际应用中必须将信噪比等因素考虑进去，对式（5）进行修正，得出具有实际意义的探测模型。

噪声系数 F_N 是系统在内部噪声的影响下，系统输出端的信噪比相对于输入端信噪比的倍数，可用下式表示：

$$F_N = \frac{\text{外部噪声放大后的输出功率+内部噪声输出功率}}{\text{外部噪声放大后的输出功率}}$$

$$= 1 + \frac{\text{内部噪声输出功率}}{\text{外部噪声放大后的输出功率}}$$

可见噪声系数是衡量系统内部噪声影响的参数，对于任何给定的信号与外加噪声，信道噪声系数是不变的。在实际工作中，为尽可能减小噪声对无线电信号的影响，总是采用低噪声设计使噪声系数尽可能小。

引信极限灵敏度 P_{rmin} 是指引信系统可以检测到的最小信号，即在信号处理电路输出端得到最小信噪比 $(S/N)_{\text{min}}$ 条件下，输入端必须送入的最小信号，极限灵敏度与信噪比有如下关系：

$$P_{\text{rmin}} = (S/N)_{\text{min}} K T_{\text{s}} B_{\text{n}} F_N \tag{6}$$

式中，K 为玻耳兹曼常数（1.38×10^{-23}）；T_{s} 为接收系统噪声温度；B_{n} 为接收机滤波器带宽；F_N 为接收机噪声系数。

通过上式可以看出，减小引信接收机的噪声系数及滤波器带宽，可以提高系统的灵敏度，大大提高其探测能力。

将式（6）代入式（5）就可求出引信的最大探测距离：

$$H_{\max} = \left(\frac{P_{\text{t}} G \lambda^2 \delta}{16\pi^2 \, (S/N)_{\text{min}} K T_{\text{s}} B_{\text{n}} F_N} \right)^{\frac{1}{2}} \tag{7}$$

式（7）就是修正后的引信探测距离方程，其中发射和接收信号可以是连续波、调频或调幅波，也可以是脉冲信号。

从以上修正后的引信探测距离方程可以明显看出，提高引信的探测距离可以通过提高引信的辐射功率、降低接收机噪声系数及滤波器带宽等方式来实现，这就为无线电近炸引信的研究，特别是引信炸高的提高提供了重要的依据。

3　结束语

本文从理论上推导出无线电近炸引信的探测模型，并结合实际对其进行了修正，给出了具有实际意义的通用模型，为该类型引信的研究提供重要的理论依据。文中所研究的探测模型虽然是近垂直和窄波束情况下推导出来的，但是这种方法可以推广到其他情况。

参考文献

[1] 张玉争．近炸引信设计原理［M］．北京：北京理工大学出版社，1996.
[2] 丁鹭飞，耿富录．雷达原理［M］．西安：西安电子科技大学出版社，2000.
[3] 戴逸松．微弱信号检测方法及仪器［M］．北京：国防工业出版社，1994.

基于 ADAMS 的引信保险机构动力学仿真与分析

史金峰，刘刚，杨伟涛，郭淑玲

摘　要：本文对引信系统进行安全性分析，并利用 ADAMS 软件对引信后坐保险机构进行动力学仿真，为引信设计、研制、故障分析和性能评价提供理论支持，为分析引信安全性的薄弱环节提供有效途径。

关键词：ADAMS；引信；保险机构；安全性；薄弱环节

0　引言

近年来，随着各种新型弹药和新型装药技术的出现，以及远程精确打击技术的发展，对弹引系统的内弹道性能提出了更高的要求，特别是弹丸初速大幅提高，引起装药密度和膛压提高，使得弹引系统的膛内力学环境越加恶劣，引信机构能否在越加恶劣的弹道环境中正常工作将直接影响武器系统的安全性和作战效能。

弹道环境中引信机构的运动规律是引信设计、研制、故障分析和性能评价的重要依据和基础，由于弹引系统需经历高速、短时、剧烈变化的复杂弹道环境，但目前测试技术还未达到较为精确地获取弹引系统在真实弹道环境下运动规律的水平。因此，通过设置尽可能逼近真实弹道环境的仿真模型再现引信动态特性，是引信安全性分析的有效途径，由此确定影响引信安全性的薄弱环节。

引信保险机构是引信安全系统的重要组成部分，在引信保险及解除保险过程中，安全性、适时性以及可靠性对整个引信系统的安全起着决定性的作用。引信一旦发生安全性问题，轻则造成引信瞎火，严重时将引起早炸、膛炸，给我方安全带来严重威胁。世界各国在武器研制、试验和演习过程中甚至在战场上都发生过由引信引起的瞎火、早炸及膛炸等事故，这些事故的发生很多都是因为引信安全设计不能满足复杂的膛内弹道环境，导致引信不能解除保险或提前解除保险。因此，掌握引信真实的弹道环境及在该环境中的运动规律就显得尤为重要。但迄今为止，在引信设计中还只是根据弹道学提供的某些特殊、典型的环境力作为引信设计的依据，未能全面地考虑弹道环境力对引信机构的连续作用，难以准确给出引信对全弹道环境力响应的时间历程；同时，弹丸在膛内弹道环境的测试仍有待提高，一些引信机构运动的膛内环境力还不能较为精确地进行测试，比如由于身管弯曲等因素引起的横向撞击力等在引信设计、研制和试验中并未引起足够重视。由于真实弹道中引信机构运动的不可见性，也给引信设计者、试验者了解引信机构在真实弹道环境中运动规律带来了严重阻碍，所以掌握引信机构在真实弹道环境中运动的可视化技术也就很有必要。由此可见，引信动态特性进行分析和引信机构运动的可视化研究是提高引信安全性的关键之一。

1 引信保险机构的作用原理与模型的建立

1.1 引信保险机构的作用原理

引信安全系统通常利用发射时的环境力来解除保险，发射过程中弹丸在膛内的过载很大，中大口径榴弹发射时的过载可达 1 000~30 000 g，而小口径炮弹发射时的过载更高，使引信工作的环境非常恶劣。

弹丸发射时，引信零件相对于弹丸受到的后坐力按式（1）计算：

$$F_s = \frac{m_f \pi d^2}{4\phi m_p} p \tag{1}$$

式中，F_s 为引信零件受到的后坐力，N；m_f 为引信零件的质量，kg；d 为弹丸的直径，m；ϕ 为虚拟系数，对于大口径的加榴炮，取 $\phi = 1.03$；m_p 为弹丸的质量，kg；p 为膛压，Pa。

对于一定的火炮、弹丸和发射装药，引信零件所受到的后坐力与膛压成正比，即后坐力随时间的变化规律与膛压随时间的变化规律一致。出炮口后，后坐力随膛压的迅速降低很快减小到 0。

某型榴弹发射时膛压与时间的关系曲线如图 1 所示。

后坐解除保险机构是引信安保机构的重要组成部分之一，在保证勤务处理安全的同时，也要确保膛内受到后坐环境力时能可靠接触保险。双自由度引信后坐保险机构的示意图如图 2 所示。

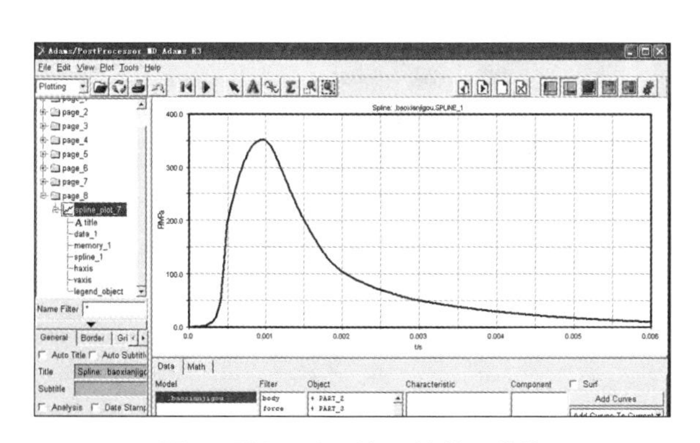

图 1　膛压 p 与时间 t 的关系曲线

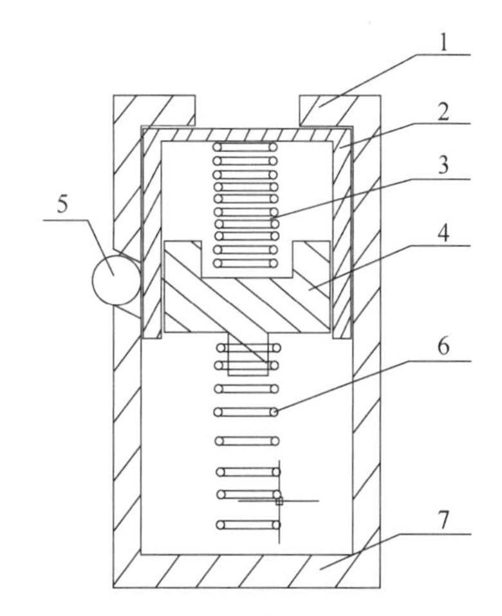

图 2　双自由度引信后坐保险机构的示意图

1—压块；2—惯性筒；3—惯性筒弹簧；4—惯性滑块；5—钢球；6—惯性滑块弹簧；7—引信本体

引信后坐保险机构的作用原理：发射前惯性滑块弹簧和惯性筒弹簧有一定的预压量，惯性筒被基板压住，整个机构处于平衡状态；发射时惯性筒和惯性滑块同时受到后坐力作用，机构在弹簧和基板的作用下仍然保持平衡。随着后坐力的不断增大，惯性滑块开始向下移动，直至运动到滑块底部与基板相接触。此时惯性筒弹簧的压缩量减小，伴随上弹簧压缩量不断减小直至被拉升以及后坐力的同时作用，惯性筒才开始向下移动，当惯性筒向下移动到钢球被释放，后坐保险解除。

当保险机构受到外力冲击（如意外跌落）等作用时，由于外力产生的后坐力不够大且作用时间短，同时由于弹簧的存在能够起到延时的作用，惯性筒向下移动不到释放钢球的位置，当外力冲击消除后在弹簧的作用下机构返回平衡位置。因此勤务处理过程中，即使保险机构受到碰撞，短时间内导致滑块下移，最终也会因为弹簧的作用回到初始位置，后坐保险机构不会被解除。

1.2 引信保险机构模型的建立

利用 ADAMS 软件建立的引信后坐保险机构仿真模型如图 3 所示。该模型以某型榴弹试验时的实测 P-t 曲线（图 1）为膛内环境力，并采用合适的运动副将各零件连接起来，通过查阅图纸资料等获取设置正确的零件质量、摩擦系数、弹簧刚度系数等参数，使模型尽可能接近发射时的真实状况并进行仿真。

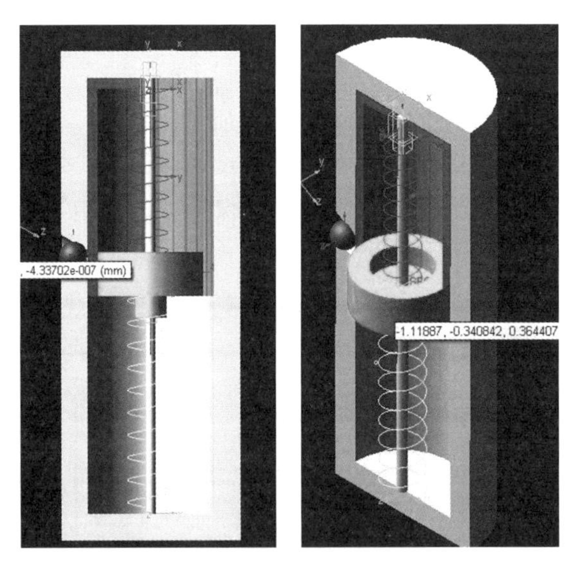

图 3 利用 ADAMS 软件建立的引信后坐保险机构仿真模型

2 仿真与分析

2.1 发射时引信后坐保险机构的仿真与分析

运行仿真模型，测试惯性筒的位移（用以判断是否解除保险）、滑块的位移及随时间变化的曲线，仿真结果如图 4 所示。

仿真结果显示，在 0.8 ms 时后坐保险解除，此后由于后坐力的持续作用，惯性筒、滑块继续向下移动直至与底部挡板接触，因后坐保险已解除不能恢复到初始状态。

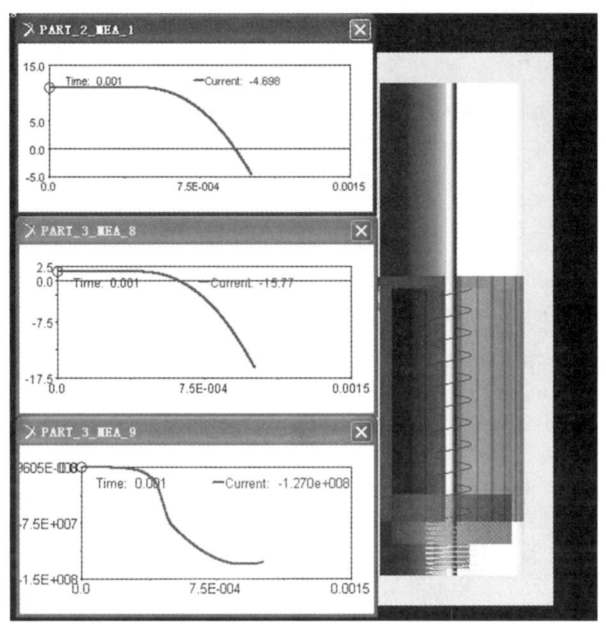

图 4　发射时引信后坐保险机构在膛内运动过程仿真结果

2.2　勤务处理时引信后坐保险机构的仿真与分析

在勤务处理时，由于意外跌落或者撞击，引信零件会受到惯性后坐力，其大小和作用时间的长短与弹重、包装方式、跌落高度及姿态、地面性质等因素有关。对于硬目标（如钢板等），跌落的冲击加速度峰值可达重力加速度的几万倍，但作用时间很短，通常为几十微秒到几百微秒；对于软目标（如一般土地等），跌落的冲击加速度峰值较小，一般为重力加速度的几百倍，但作用时间较长，通常为几百微秒到十几毫秒。

这里我们对引信在勤务处理（跌落钢板：跌落高度 15.25 m，冲击加速度峰值约为 12 000g，持续作用时间约为 370 μs）时引信后坐保险机构的运动过程进行仿真，观察滑块能否回归到初始位置（图 5），以此来判定在勤务处理时能否保证安全。

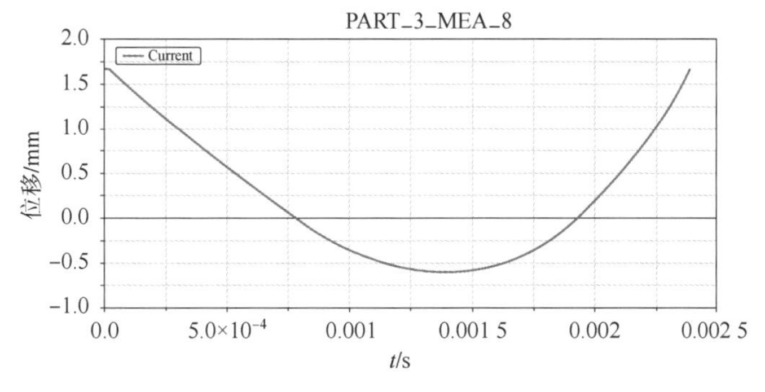

图 5　勤务处理时滑块位移图

由仿真结果及图 5 所示曲线可以看出，在引信跌落钢板的过程中，惯性筒远远没有到达解除保险位置；同时，由于弹簧的作用，惯性筒及滑块均可以逐渐恢复到初始位置。这说明勤务处理受到外力冲击（如意外跌落）时，引信后坐保险机构未解除保险，能够保证平时安全。

3 结论

本文利用 ADAMS 软件对某型榴弹发射时引信后坐保险机构在膛内的运动规律进行仿真分析，同时分析了机构在勤务处理时的运动，该保险机构能够保证勤务处理时的安全。通过对引信后坐保险机构在真实弹道环境中的仿真分析，更进一步掌握了引信机构的运动规律，为引信设计、研制、故障分析和性能评价提供理论支持，为分析引信安全性的薄弱环节提供有效途径。

参考文献

[1] 张景玲，纪永祥．引信试验鉴定技术［M］. 北京：国防工业出版社，2006.
[2] 引信设计手册编写组．引信设计手册［M］. 北京：国防工业出版社，1978.
[3] 贾长治，等．MD ADAMS 虚拟样机从入门到精通［M］. 北京：机械工业出版社，2010.

毫米波近炸引信近炸性能仿真分析

王侠，赵新，刘刚

摘　要：本文针对毫米波引信探测特点，进行毫米波引信对不同地面目标近炸性能仿真计算，并通过实验室测试验证，得出毫米波引信对不同地面目标的近炸性能特点，以达到指导试验设计的目的。

关键词：毫米波；引信；目标识别

0　引言

毫米波通常是指波长在 1~10 mm，相应的频率为 30~300 GHz 的电磁波。20 世纪 70 年代以来，由于微波与红外技术的应用与发展相对成熟，以及军事斗争的需要，为了在电磁频谱的斗争中占据优势，人们把注意力投向了频谱介于微波与红外之间的毫米波。毫米波波长介于微波与红外之间，可以在一定程度上兼具两者的优点，与微波相比，毫米波制导武器体积小、质量轻、波束窄、分辨力高，能进行目标识别与成像；同激光与红外制导武器相比，毫米波制导武器在其传输窗口的大气衰减和损耗低，穿透云层、雾、尘埃和战场烟雾能力强，能在恶劣的气象和战场环境下正常工作。近年来，毫米波近炸引信得到了快速的发展，配用于多种口径弹药，可以对多种地面目标进行攻击。本文分析了不同目标特性对毫米波引信近炸性能的影响，以达到指导试验设计的目的。

1　毫米波引信近炸性能分析

毫米波近炸引信的作用是在一定的高度，对弹丸进行引爆，使其有效地对目标进行杀伤。当目标对毫米波的反射程度不同时，引信炸高会在一定范围内变化，造成弹丸的有效杀伤也不尽相同。在现代化战争中，能否控制弹丸在最佳位置适时起爆，是考核引信的重要指标。毫米波引信作为主流引信，它的作用情况备受关注，下面对毫米波引信攻击不同地面目标时的近炸情况进行分析。

1.1　引信炸高仿真计算

针对某种探测体制毫米波引信，为了寻求探测器输出电压信号 U_m 和引信炸高 H 的关系，根据动态目标特性测试、实际靶试试验数据分析和仿真计算相结合建立如下目标特性数学关系式：

$$H=\frac{\tan\varphi\eta\lambda D^2\chi\sin\varphi}{8U_m\left[\tan\left(\frac{1}{2}\theta_T\right)+\tan\varphi\right]}\sqrt{P_i\sigma\int_0^{\frac{1}{2}\theta_T}\exp\left(-\frac{4\ln2}{\theta_T^2}\theta^2\right)\tan\theta\sec^2\theta d\theta}\tag{1}$$

式中，φ 为引信落角；λ 为发射波波长；D 为天线口径；θ_T 为天线主瓣宽度；P_i 为毫米波探测器发射功率；σ 为地面雷达截面积；η 为天线效率；χ 为传输系数。

设定低炸高装定时，炸高范围 $H=1\sim5$ m 时，低频灵敏度 $U_m=4\sim8$ mV 代入式（1），通过计算可得 σ、U_m、H 之间的关系，如图 1 所示。

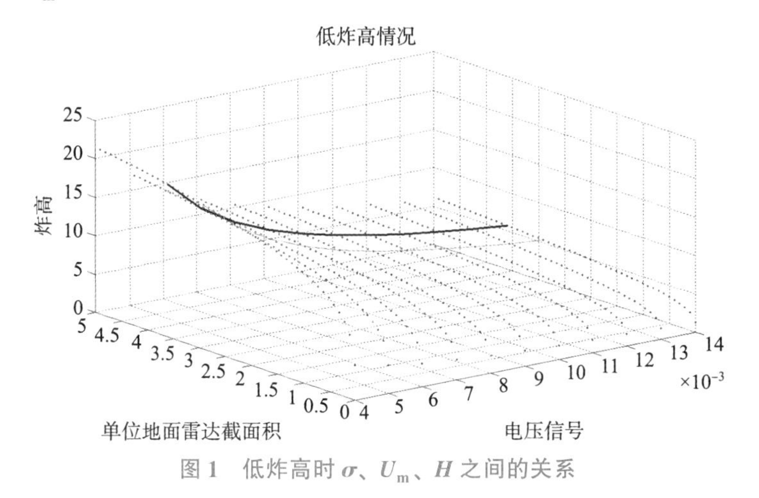

图 1　低炸高时 σ、U_m、H 之间的关系

设定高炸高装定时，炸高范围 $H=6\sim12$ m 时，低频灵敏度 $U_m=0.5\sim2.5$ mV 代入式（1），通过计算可得 σ、U_m、H 之间的关系，如图 2 所示。

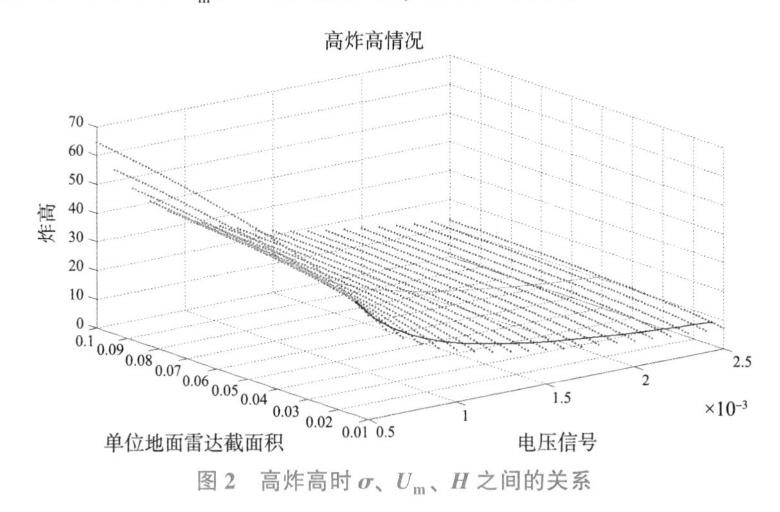

图 2　高炸高时 σ、U_m、H 之间的关系

可以看出，攻击不同目标时，σ 不同，使引信对目标的识别能力也不同，在靶场试验中，当弹丸攻击不同目标时，在同等炸高要求下，会产生超出炸高范围的情况。掌握不利于引信探测的射击条件，对于合理进行试验设计，严格把关至关重要。

1.2　目标雷达截面积 σ 的获取

σ 表征着目标辐射特性，直接关系到毫米波引信探测单一目标的探测距离。其计算公式如下：

$$\sigma=\sigma_0 A_s$$

式中，A_s 为目标投影截面积；σ_0 为后向散射系数。

而在实际工作中常用下式计算雷达截面积：

$$\sigma = P_2 / P_1$$

式中，P_1 为在目标处的发射功率密度；P_2 为目标的散射功率。

目前 σ 很难用理论计算方法直接计算得出，需要进行实际测试在大量的试验数据基础上进行工程计算得出。前人经过实验得出了草地和土地在不同入射角度下的后向散射系数，如表 1 和表 2 所示。

表 1　草地的后向散射系数 σ_0 随擦地角的变化值

草地	后向散射系数/dB	入射角/(°)
1	-4. 2	0
2	-6. 2	10. 79
3	-5. 98	17. 28
4	-6. 22	26. 0
5	-7. 06	34. 66
6	-8. 29	43. 35
7	-9. 6	52. 05
8	-10. 6	60. 74
9	-11. 24	69. 43
10	-11. 3	73. 78

表 2　土地的后向散射系数 σ_0 随擦地角的变化值

地面	后向散射系数/dB	入射角/(°)
1	-2. 31	0
2	-4. 33	9. 64
3	-5. 97	15. 22
4	-7. 15	19. 86
5	-9. 07	29. 1
6	-11. 11	38. 39
7	-13. 42	47. 63
8	-16. 35	56. 93
9	-20. 32	66. 14
10	-22. 34	69. 79

选取入射角为 0°时的后向散射系数分别为：草地-3. 5 dB，土地-2. 15 dB，根据式（1）计算不同炸高装定情况下，草地和土地的炸高对比，如图 3 和图 4 所示。

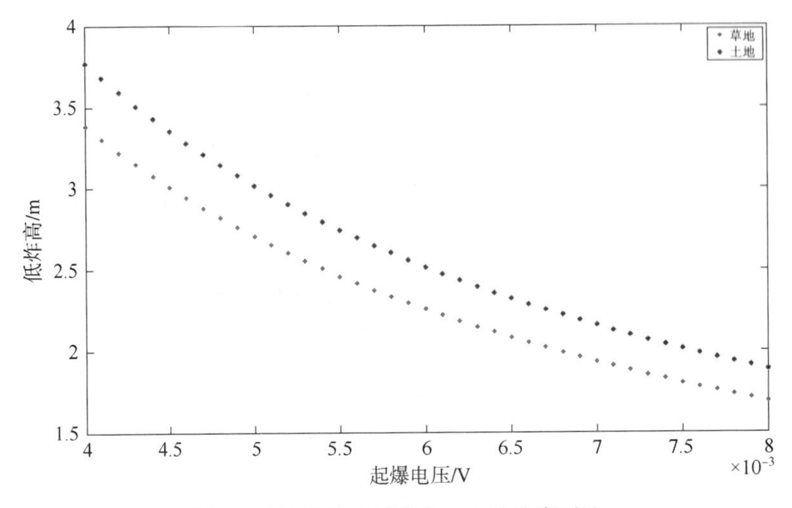

图 3　低炸高装定时草地、土地炸高对比

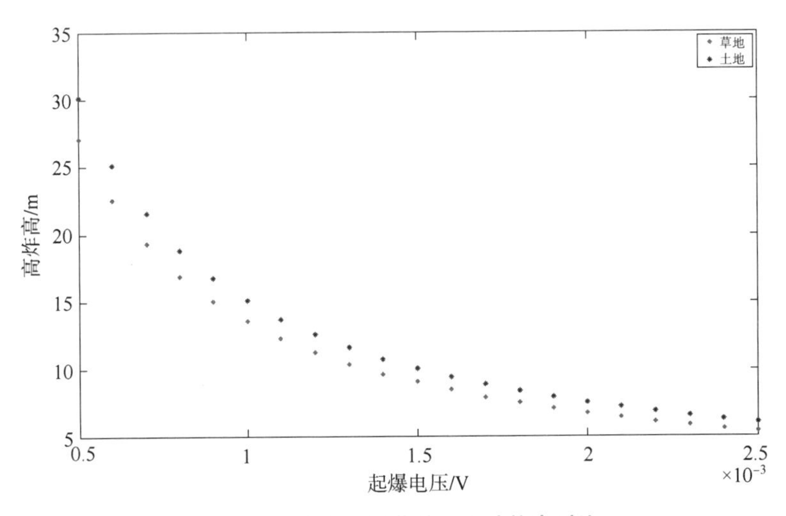

图 4　高炸高装定时草地、土地炸高对比

炸高与幅值对应关系如表 3 所示。

表 3　炸高与幅值对应关系

序号			1	2	3	4	5
低炸高	草地	炸高/m	2.8	2.4	2.1	1.9	1.7
		电压幅值/mV	4.8	5.6	6.2	7.2	8
	土地	炸高/m	3.2	2.7	2.4	2	1.9
		电压幅值/mV	4.8	5.6	6.2	7.2	8

续表

序号			1	2	3	4	5
高炸高	草地	炸高/m	10.2	9	7.5	6.4	5.4
		电压幅值/mV	1.3	1.5	1.8	2.1	2.5
	土地	炸高/m	11.5	10	8.4	7.1	6
		电压幅值/mV	1.3	1.5	1.8	2.1	2.5

2 实验室测试

进行静态模拟实验，以草坪和土地作为目标，监测毫米波引信探测机构低频电压，根据测试结果验证上述理论分析。引信天线轴线与地面的夹角为90°，引信向目标缓慢运动。在10 m、3 m处的测试值如表4所示。

表4 低频信号幅值静态测试结果

目标	炸高类别	入射角/(°)	炸高/m	幅值/mV
草地	高炸高	90	10	1.3
	低炸高	90	3	4.5
土地	高炸高	90	10	1.5
	低炸高	90	3	5

通过对比表3、表4数据可以看出，实验室测试结果与理论计算结果吻合，理论计算方法可行，可以通过仿真计算找出影响引信近炸性能的关键因素，从而更加合理地设置射击条件。

3 结论

在靶场毫米波引信试验中，对近炸性能的考核至关重要。本文针对某种探测体制毫米波近炸引信特点，建立了目标特性关系式，通过仿真计算，得出影响其近炸性能的关键因素，并通过静态测试进行了验证。在今后类似产品靶场试验时，可以通过理论计算找出引信正常作用的边界条件，以便科学合理地设置试验条件，实现对产品性能的高效考核。

参考文献

[1] 李兴国，李跃华. 毫米波近感技术基础［M］. 北京：北京理工大学出版社，2009.
[2] 周唯一. 毫米波雷达地杂波特性的分析与研究［D］. 南京：南京理工大学，2008.
[3] 吴亚君，王万富. 引信近场目标特性测量和仿真试验技术［J］. 制导与引信，2002，4：45-51.

第四篇

故障分析

某炮弹引信强度的有限元分析

侯日升，肖崇光

弹药总体室

摘　要：本文用PRSA-1弹箭强度计算与结构分析程序对某炮弹引信的发射强度进行了计算与分析，指出该引信在射击中出现过的引信风帽在炮口段的破碎现象并非由强度设计所引起。

关键词：引信；强度；有限元

0　引言

由工程塑料注塑成的引信风帽，除应具有足够的发射强度之外，还应克服高速飞行中的气蚀消耗（弹道飞行段强度），才能保证弹丸的正确飞行。影响其发射强度的主要因素有：结构设计，工艺控制（原料均匀性、注塑时的料液流动一致性、温度控制、恒温时间和壁厚差等），存贮时的有害气体，以及意外造成的划伤、挤压、撞击等损伤。在某炮弹的射击中，引信风帽曾发生过破碎现象，如图1所示。针对这个问题，我们用有限元计算机程序对该引信帽进行了强度校核。

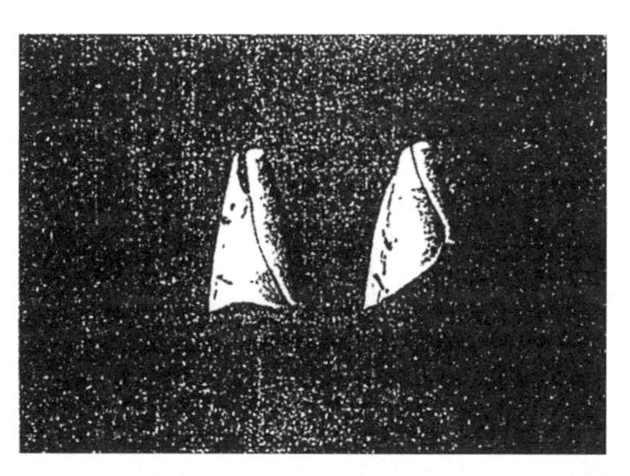

图1　引信风帽破碎照片

计算时，我们共考虑了两种载荷工况：①弹丸在膛内最大压力处，此时弹丸在膛内受火药气体压力最大，引信风帽所受的后坐力最大；②在炮口处，此时弹丸具有最高的转速，引信风帽有最高的离心惯性力，同时也承受一定的后坐力。计算所采用的有限元程序是PRSA-1弹箭强度计算与分析有限元程序。这个程序采用八节点曲边四边形等参元作为基本元素，具有曲线边界拟合好、计算精度高的特点，同时还具有较好的前后处理功能。

1　力学模型

引信结构示意图如图 2 所示。弹丸发射时，由于惯性，引信在膛内受后坐力；另外，弹丸在膛内运动过程中，还具有一定的角加速度，因此引信部件还受到离心惯性力。在此仅考虑引信风帽的强度同题。风帽共划分了 99 个单元，在径向分 3 个单元，纵向分 33 个单元。由于采用的是八节点的曲边四边形等参元，所以总节点数共为 370 个。限于图幅，单元及节点号在图中未注，其排列序号均为由左及右，从下向上。

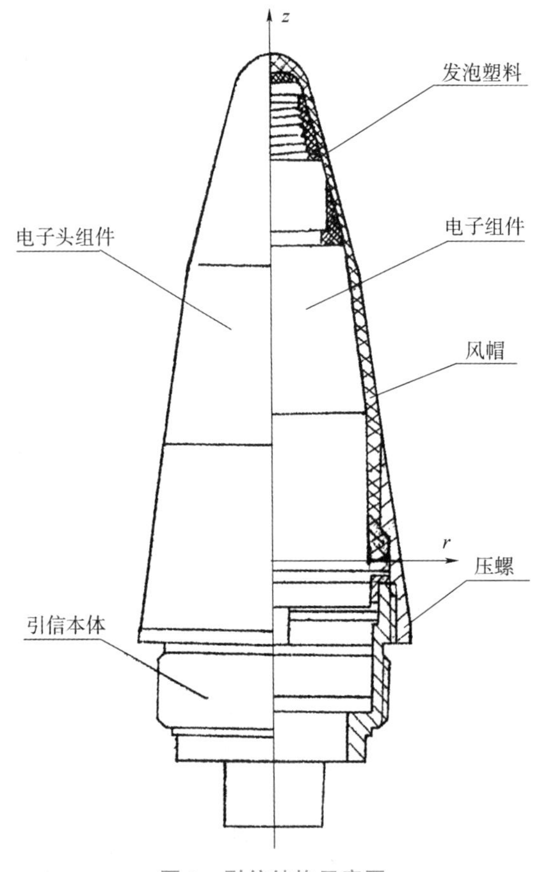

图 2　引信结构示意图

引信风帽所用材料为改性聚苯醚塑料，这种塑料的特点是在常、高温条件下具有较好的力学性能，它的抗拉、抗压强度分别为 663 kg/cm^2 和 1 140 kg/cm^2，成型收缩率低，尺寸稳定性强，其成品收缩率仅为 0.7%；缺点是易在丙酵、苯甲醇和石油中龟裂和膨胀，脆化温度也较高，约为-45℃。

为简化起见，风帽的约束条件做以下考虑：由于电子组件和压螺均是铝质材料，所以将它们均视作刚体，忽略其变形，这样，风帽下部的受载相当于加严了。另外，风帽上端的最后 7 个节点的径向位移约束为 0，这也是显然的。

2　计算结果

风帽在两种载荷工况下的计算结果如下：

2.1　最大膛压处

试验时，用铜柱测得强装药最高膛压为 $P_{tCu}=3\ 400\ \text{kg/cm}^2$，换算成实际膛底压力约为 $P_t=1.12\times3\ 400=3\ 800\ (\text{kg/cm}^2)$，由于弹底压力略低于膛底压力，取弹底压力等于膛底压力，即 $P_d=P_t$；这样弹丸的过载系数 $K=50\ 424$。

计算后得到的风帽变形图如图 3 所示，应力场分布如图 4 所示。限于篇幅，单个单元及节点的数据不予给出，风帽外表面各个节点的纵向应力为 σ_z。进行整理后得到了一条 $\sigma_z\sim Z$ 的关系曲线，如图 5 所示。从图 5 知，风帽应力较大的区域是在压螺上缘附近，这可能是由于压螺的径向位移受到约束的原因。

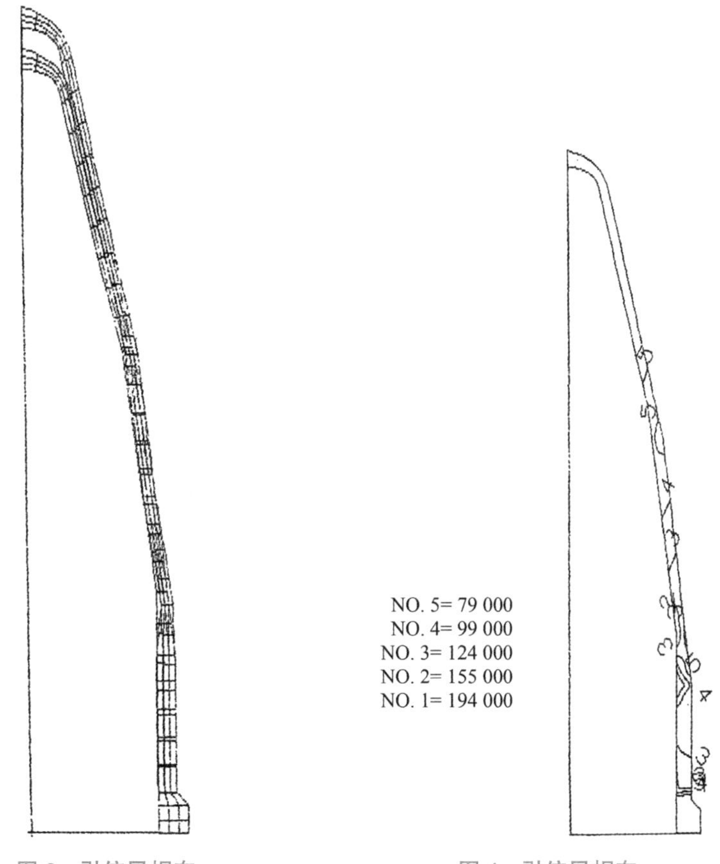

图 3　引信风帽在最大膛压处的变形图

图 4　引信风帽在最大膛压处的应力场分布图

最大应力点是第 111 号节点，其相当应力 $\sigma_{xd}=214.3\ \text{kg/cm}^2$。

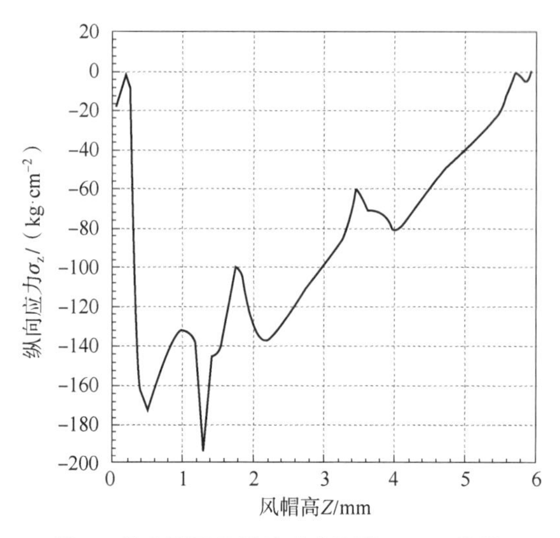

图 5　最大膛压处引信外表面的 $\sigma_z \sim Z$ 曲线

2.2　炮口处

由弹丸设计说明书得到弹丸在炮口处的弹底压力 P_d，求得过载系数为 $K=14\ 830$，转速为 $\omega=910.0$ r/s，约束不变。

计算后得到风帽变形图如图 6 所示，应力场分布如图 7 所示，风帽外表面节点的纵向应力 σ_z 与 Z 轴的关系曲线 $\sigma_z \sim Z$ 如图 8 所示，其变化趋势大体同 2.1 节，但应力值变小了。

图 6　引信风帽在炮口处的变形图

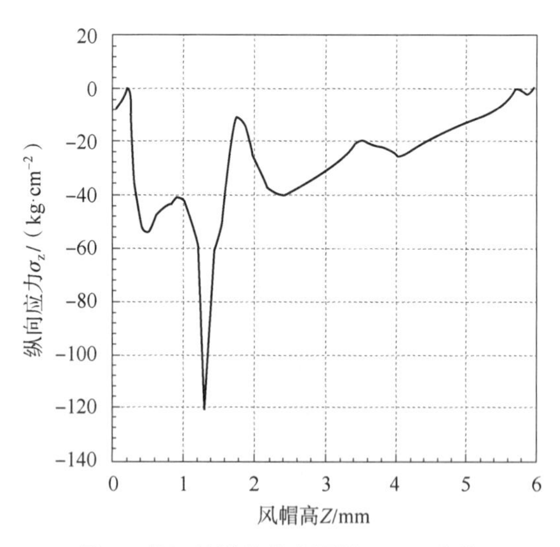

图 7　炮口处引信外表面的 $\sigma_z \sim Z$ 曲线

最大应力点仍为第 111 号节点，其相当应力 $\sigma_{xd}=103.4\ \text{kg/cm}^2$，仅相当于最大膛压处的 50%，可见，弹丸的转速对应力的影响不大，应力的产生主要是由于膛内火药气体压力。

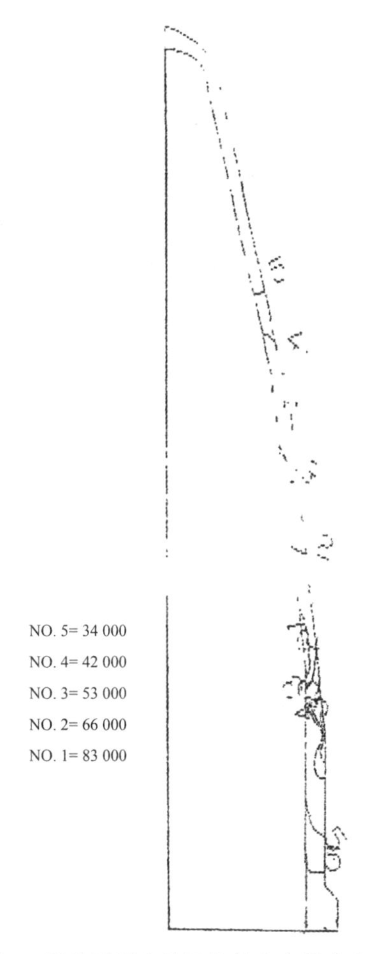

图 8　引信风帽在炮口处的应力场分布图

3　分析与结论

根据以上的计算结果，在第一种载荷工况下，第 111 节点为最大应力点，其相当应力为 $\sigma_{xd}=214.3\ \text{kg/cm}^2$，安全系数 $n_1=1\ 140/214.3=5.3$。而在第二种载荷工况下，最大应力点 111 点的相当应力 $\sigma_{xd}=103.4\ \text{kg/cm}^2$，安全系数 $n_2=1\ 140/103.4\approx10.0$。

因此可以得出结论，该引信风帽在这一段的结构强度设计上是绝对安全的。这样，在分析风帽破碎原因时，可以排除强度设计这一因素，而应从材料本身、加工质量等方面寻找原因。在该产品其他项目试验的样品中，在射击之前曾发现过引信风帽已存在明显的裂纹现象，这对我们的分析工作可提供一些参考。

本文在写作过程中，得到了张景玲工程师的大力协助，在此并以致谢。

参考文献

[1] 徐灏，等. 机械设计手册（第一卷）[M]. 北京：机械工业出版社，1991.

引信涡轮保险机构对弹道性能影响的分析

纪永祥，尉进有

陕西华阴 89970　部队弹药总体室 714200

摘　要：本文以某新研制迫弹引信代替原引信为例，通过对引信外形、头部涡轮保险机构及弹道一致性试验结果的分析，得出在迫弹这种微旋弹上使用头部涡轮保险机构，不仅能够实现双环境力保险，而且可以通用射表。

关键词：引信；涡轮保险机构；弹道一致性

0　引言

为了提高武器系统的安全性，要求新研制的引信应有两套独立的保险机构，其中每一个都能防止引信意外解除保险。两套保险机构应从不同的环境获得启动力。该引信是利用膛内和出炮口后所受的不同环境力，在规定的距离外解除保险，并在接近或碰击目标时起爆战斗部。迫击炮弹属微旋弹，除直线惯性力外，没有足够的离心力解除另一套保险。为了在迫击炮弹上实现引信双环境力保险，一种方法是采用头部涡轮保险机构和直线惯性力，即利用弹丸在空气运动中的高速气流驱动涡轮叶片旋转解除一道保险和直线惯性力解除一道保险。这样，引信在外形上就不可能与原引信完全相同，为了能通用射表，就必须解决弹道一致性的问题。

1　引信头部涡轮机构工作原理

迫弹引信为了实现双环境力保险，采用了头部涡轮保险机构。涡轮装在引信头部，通过连接螺杆与引信体连接，并暴露在空气中。涡轮被制转销固定，不能随意旋下。平时，涡轮密封引信和约束击针，并通过击针将远解机构和隔离机构锁定处于保险状态，引信是安全的。发射后，制转销下沉，涡轮被引信内部保险机构抬起，离开引信上体一定距离。引信在空中按一定速度飞行时，由于高速气流从涡轮叶片流过，从而产生转动力矩，该力矩克服了系统的摩擦阻力矩，涡轮开始转动。当涡轮转动到位后，与连接螺杆分离，脱离引信体飞落。这时，击针靠击针簧的弹力抬起，释放远解机构和隔离机构。当隔离机构转正到位后，引信即处于待发状态。

2　引信外形对弹道性能的影响

新研制引信与原引信配用同一弹种，为了满足弹道性能，除尽量使质量质心与原引信保持一致外，引信外形就成为影响弹道性能的重要因素。下面从两方面进行分析。

2.1 引信外形尺寸变化对弹道性能的影响

带引信弹丸头部的前端面通常为平头或半圆头，弹丸在空中飞行时，由于引信前端面的中心部分与气流方向垂直，将产生附加空气阻力。

某新研制追弹引信在涡轮与引信脱离后，与原引信头部外形基本一致，据弹丸设计及空气动力学有关知识，由引信前端提供附加阻力系数 $C_{xa}=C_{(xn)a}S_a/S_m$，式中，$C_{(xn)a}$是速度的函数，与引信前端形状有关；S_a 为引信前端横截面积；S_m 为最大横截面积。只要在设计时保证新研制引信与原引信前端面积相等，那么就可以不考虑两者引信头部附加阻力对弹道的影响。

在引信出炮口瞬间，涡轮没有与引信体分离前的引信头部阻力必然大于涡轮脱离引信体后的头部阻力，这就要求在设计上保证涡轮在出炮口规定时间（距离）内与引信体分离，使涡轮对弹道的影响控制在要求的范围内。

根据以上分析可以看出，只要使两种引信头部前端面积保持一致，就可使引信产生的附加阻力相等。那么，在涡轮没有与引信体分离前，引信的阻力如何呢？

2.2 头部涡轮机构与其材料对弹道性能的影响

头部涡轮保险机构对弹道性能的影响程度除与涡轮保险机构本身设计有关外，还与涡轮材料有关，为此对尼龙涡轮和铸铝涡轮进行了大量试验。配尼龙涡轮的追弹引信与原引信进行弹道一致性试验，试验结果每组射程差异较大，引信均正常作用（试验结果详见表1）。按照国军标进行弹道一致性检验，两者弹道不一致，不能通用同一射表。配铸铝涡轮的追弹引信与原引信进行弹道一致性试验，试验结果每组射程差异不大，引信均正常作用（试验结果详见表2），依据国军标进行弹道一致性检验，两者弹道一致，可以通用同一射表。

表1 试验结果

结果（单位：m）	新研制引信		原引信		差值及方差	
	射程	方差	射程	方差	距离差	方差
Ⅰ	4 743.4	64.6	4 765.0	83.3	-21.6	93.1
Ⅱ	4 759.9	44.4	4 797.2	20.6	-37.6	54.3
Ⅲ	4 721.6	25.9	4 798.5	15.0	-79.6	32.5
平均值Ⅱ	4 741.5	46.0	4 788.6	46.6	-47.1	62.2
一致性界限 A	24.1					
比较结果	Ⅱ>A					
结果	不一致					

从配用两种材料涡轮保险机构试验结果不难看出，两种材料涡轮保险机构均能正常工作，但作用时间不一致。尼龙涡轮旋转慢，工作时间长，引起弹道空气阻力增加，射程减小。尼龙涡轮比铸铝涡轮的叶片多，在同一条件下，尼龙涡轮应比铸铝涡轮旋转的快，但试验结果却相反，原因是尼龙涡轮的材料强度不够，在发射过程中叶片变形，不能达到设计要求。因此，我们认为，涡轮机构不仅自身对弹道有影响，而且材料对弹道也有影响。但只要

进行优化设计，确保涡轮在出炮口后能迅速与引信体分离，就可以减少涡轮机构对弹道的影响，达到通用射表的目的。

表 2　试验结果

结果（单位：m）	新引信		原引信		差值及方差	
	射程	方差	射程	方差	距离差	方差
Ⅰ	4 883.5	25.0	4 873.5	17.7	10.0	31.6
Ⅱ	4 782.5	36.3	4 807.9	51.0	-25.4	50.6
Ⅲ	4 777.6	24.8	4 770.2	39.6	7.4	62.6
平均值Ⅱ	4 814.5	29.2	4 817.2	38.6	-2.7	53.1
一致性界限 A	24.1					
比较结果	Ⅱ<A					
结果	一致					

为了进一步研究分析，将引信分别配用尼龙涡轮和铸铝涡轮，与原引信一起进行 3 发交叉弹道一致性试验（方法是先射击配铸铝涡轮引信，接着射击原引信，最后射击配尼龙涡轮的引信，试验结果见表 3）。试验结果发现，配铸铝材料涡轮的引信与原引信弹道一致，配尼龙材料涡轮的引信与原引信弹道不一致。这就说明以上分析是正确的。

表 3　试验结果

结果（单位：m）	引信改进前与原引信		引信改进后与原引信	
	距离差	方差	距离差	方差
结果Ⅱ	-43.6	48.8	10.0	31.6
一致性界限 A	43.5		28.2	
比较结果	Ⅱ>A		Ⅱ<A	
结果	不一致		一致	

3　结论

上述结果表明，在引信外形尺寸、质量与原引信一致的条件下，引信头部涡轮保险机构是影响弹道性能的主要原因。只要设计合理的涡轮保险机构，并选取合适的材料，使涡轮在出炮口后迅速与引信体分离，基本上对弹道飞行不产生影响，新旧引信弹道保持一致是完全可能的，这样就可以在迫弹引信上实现双环境力保险机构，提高引信安全性。

参考文献

[1] 魏惠之，等. 弹丸设计理论 [M]. 北京：国防工业出版社，1985.
[2] 沈亚飞，等. 弹丸空气动力学 [M]. 北京：国防工业出版社，1984.

引信自毁时间异常分析

纪永祥，李国芳，张景玲，高波，杨伟涛

中国华阴兵器试验中心，陕西华阴 714200

摘　要：本文通过对某小口径舰炮引信在射击中出现的自毁时间偏短的结果进行分析，并对分析结果进行验证，指出了设计离心自毁机构实现引信自毁功能时需要注意的问题及解决办法。

关键词：引信；离心自毁

0　引言

离心自毁机构作为弹药引信的一种辅助机构，作用是使弹药在未命中目标时自毁，目前广泛应用于高射炮榴弹引信中。它是利用炮弹在外弹道飞行过程中离心力衰减的规律来控制自毁时间的，或者说是利用弹道降弧段的离心力信息控制自毁的。因此，离心自毁机构的自毁时间，不像计时装置（或电路）那样是固定不变的，而是能够随着环境条件的变化自动调整。炮弹转速（与离心力相对应）的衰减是随射角不同而变化的。在高射角发射时，有效射高距离远，则要求引信的自毁时间长，而在这种情况下，炮弹飞行高度高，空气稀薄，阻力小，因而转速衰减慢，就可得到较长的自毁时间；在低射角发射时，要求引信的自毁时间短，而炮弹在低空飞行空气密度大，其转速衰减得快，故自毁时间较短。因此，离心自毁机构实质上是一个离心力敏感装置。当弹丸的导带出现飞边时，弹丸在飞行过程中转速衰减加快，从而导致自毁机构提前作用。由于导带飞边与火炮膛线状态、弹药初温以及导带材料相关，因而自毁时间是一个散布极大的变量。

1　钢珠式离心自毁机构原理

钢珠式离心自毁机构的敏感元件就是离心钢珠，典型结构如图 1 所示。平时，击针 3 由两个离心子 5 支持着而不能下移。两个离心子又被环状弹簧 6 箍住，同时又被自毁弹簧 4 通过自毁弹簧套筒 1 压住。自毁弹簧套筒中装有离心钢珠 2，其中间装有击针，可以相对自毁弹簧套筒移动。

发射时，在后坐力的作用下，离心子受压而不能飞开，而环状弹簧则在靠近炮口时甩开。出炮口后，后坐力逐渐消失。在离心力作用下，离心钢珠沿支螺 8 的锥形导向面飞开，压缩自毁弹簧将自毁弹簧套筒抬起，脱离开离心子；离心子向两侧飞开。击针受爬行力作用向前运动抵在自毁弹簧套筒上，不会下移。这时，引信处于待发状态。

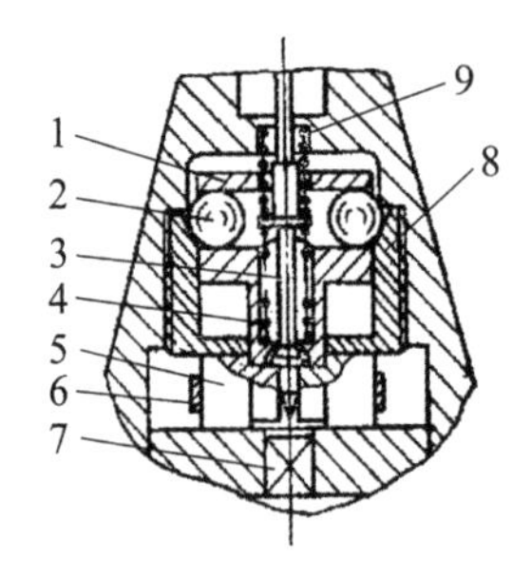

图 1　钢珠式离心自毁机构典型结构

1—自毁弹簧套筒；2—离心钢珠；3—击针；4—自毁弹簧；5—离心子；6—环状弹簧；7—雷管；8—支螺；9—击针弹簧

碰不到目标时，在弹道的降弧段，随着炮弹转速的衰减，离心力下降。当离心钢珠对自毁弹簧套筒的支承力小于自毁弹簧和击针弹簧 9 的合抗力时，自毁簧套筒将离心钢珠收入孔内一起下移，通过击针头部的台肩推动击针，戳击雷管，引信自毁。

2　试验结果

采用上面钢珠式离心自毁机构原理的某引信，真引信配实弹在不同温度（全弹保温）、制式装药条件下，以 57°射角射击时，自毁时间 10~34 s，具体结果见表 1。

表 1　57°射角射击引信自毁时间结果统计

常温（+15℃）			高温（+50℃）			低温（-40℃）		
平均自毁时间/s	最大自毁时间/s	最小自毁时间/s	平均自毁时间/s	最大自毁时间/s	最小自毁时间/s	平均自毁时间/s	最大自毁时间/s	最小自毁时间/s
20. 19	30. 73	11. 96	25. 39	34. 38	19. 51	16. 40	20. 08	9. 85

引信能够正常自毁，但没有注意到此时自毁时间比设计值偏短了。于是按照计划进行后续项目的试验。

真引信配实弹在不同温度（全弹保温）、制式装药条件下，以 15°射角射击时，自毁时间 2~18 s，具体结果见表 2。

这次射击中，常温尤其是高温结果出现异常。常温自毁正常作用率 19/20，只有 1 发时间小于 9 s；高温自毁正常作用率 8/20，有 12 发时间小于 9 s；而低温自毁时间全部在指标要求（指标要求在射角 15°时，自毁时间 9~23 s）范围内。

表 2　15°射角射击引信自毁时间结果统计

常温（+15 ℃）			高温（+50 ℃）			低温（-40 ℃）		
平均自毁时间/s	最大自毁时间/s	最小自毁时间/s	平均自毁时间/s	最大自毁时间/s	最小自毁时间/s	平均自毁时间/s	最大自毁时间/s	最小自毁时间/s
12. 38	18. 04	6. 88	8. 04	14. 66	2. 48	14. 38	17. 08	9. 92

由于出现异常试验结果，不得不暂时中止试验，查找原因。

经过了解产品生产、装配情况，排除引信自身零件加工误差、装配等因素后，通过初步分析认为是由于射击速度较快（10 min 射击 20 发），且身管无循环水冷设备，身管温度升高，造成身管弯曲，弹丸出炮口后章动大，弹丸飞行失稳，转速急剧下降造成的。为此，验证了分析结果，全弹在高温、15°射角条件下，射速控制在每 5 min 射击一发的范围之内，但结果仍然异常，不能满足要求（见表 3），有 5 发自毁时间小于 9 s。

表 3　15°射角射击引信全弹高温自毁时间结果

序号	1	2	3	4	5	6	7	8	9	10
时间/s	13. 34	12. 11	5. 97	11. 29	9. 56	10. 21	8. 39	8. 79	14. 35	11. 7
序号	11	12	13	14	15	16	17	18	19	20
时间/s	9. 85	10. 87	15. 76	12. 18	6. 24	14. 58	8. 74	14. 98	12. 23	11. 12

排除了射击条件、火炮身管、气象条件等差异和引信自身影响因素外，我们将疑问确定在弹丸上，认为是由于引信在常温尤其是高温条件下射击时出现弹丸飞边，出炮口后阻力变大，转速急剧下降造成的。为此，将引信保高温，弹丸药筒不保温，选用质心、偏心较小的弹丸（其余条件基本相同）进行射击，结果见表 4，除 1 发时间小于 9 s（8. 96 s）外，其余全部满足指标要求。

表 4　15°射角射击引信高温（装药常温）自毁时间结果

序号	1	2	3	4	5	6	7	8	9	10
时间/s	12. 36	12. 18	12. 85	13. 91	13. 74	12. 76	13. 41	17. 40	13. 24	13. 51
序号	11	12	13	14	15	16	17	18	19	20
时间/s	12. 38	8. 96	20. 23	18. 43	17. 66	16. 12	13. 07	21. 96	14. 84	11. 75

3　结果分析

离心自毁机构的自毁时间受装药量及装药结构、药温、初速、环境温度、射角以及火炮状态、弹丸导带材料等因素的影响，时间散布大。但在相同火炮条件、同一地点进行射击，出现自毁时间散布较大的情况，经过分析认为是弹丸飞边造成的。

在正常射击条件下，炮膛阳线在弹带上嵌刻出明显而整齐的沟槽，由于各发弹丸的刻痕基本一致，因而其外弹道的一致性也较好。当弹带性能不良时，阳线嵌刻弹带后铜流积在一起，弹丸出炮口瞬时，火药气体向前冲刷使铜流不整齐地翻起来出现所谓“飞边”。这些有飞边的弹丸在飞行时，飞边处会出现波阻，使飞行阻力增大[3]，出现飞边的弹丸相当于弹丸后部增加了尾翼，增大了弹丸旋转的阻力，使转速下降比正常飞行弹丸的要快。当转速下降到一定程度后，离心力的作用不能抵挡自毁弹簧抗力，离心机构动作，引信自毁，起爆弹丸，出现自毁时间偏短的结果。

另外，1 000 m 立靶试验结果表明，弹丸在高温条件下射击的飞行时间比常温条件下射击的飞行时间长，又从侧面证明弹丸在高温条件下射击时，阻力系数增大所导致的后果。

该弹弹丸飞边历史由来已久，过去曾出现由于弹丸飞边，3 次射表比拟编拟失败，部队无法使用的情况[3]。

由于弹丸飞边的数学分析牵涉到弹丸理论较多，这里不再分析。

4　结论与建议

在出现类似问题后，首先要从引信自身上找原因，然后再找其他原因。引信是一个相对独立的系统，但在使用中要受到火炮、弹药、气象等诸多因素的影响和制约。因此在引信设计中必须考虑它们对引信产生的负面影响，在试验鉴定中必须考虑它们对引信性能造成的影响，提出相应解决措施，才能满足使用要求，为部队提供优良装备，做到事半功倍，取得良好的经济效益。

小口径弹药引信定距精度分析

纪永祥[1]，刘社锋[1]，杨伟涛[1]，陈众[1]，纪红[2]

1. 中国华阴兵器试验中心，陕西华阴 714200；

2. 山西北方惠丰机电有限公司，山西长治 046012

摘　要：本文从理论上分析了影响引信定距精度的因素，利用试验数据，对连发射击时引信定距精度变差的原因做了定性分析，对武器系统的使用提出意见和建议。

关键词：定距引信；试验方法；定距精度；连发武器

0　引言

为了提高小口径连发武器系统近程反导能力，海军等诸兵种都采用不同体制的近程反导手段，从最早使用机械引信靠直接命中毁伤，发展到采用无线电引信靠近炸作用毁伤，以致在舰炮上采用电子定时引信和定距引信，舰载武器的近程反导能力不断提高。

定距引信为了提高反导能力，击毁掠海飞行的导弹，需要在发射前根据火控系统提供的数据，进行距离装定。因此，射前装定及射击时机是影响毁伤效能的主要因素，而引信本身的定距精度及对武器系统的适应性，对整个毁伤效能起着重要作用。

1　定距引信作用原理

定距引信炸点控制技术采用计转数原理。计转数是利用弹丸旋转的转数与飞行距离的关系，通过计量弹丸出炮口后的转数，结合火控系统给出的弹目距离/弹丸转数，控制弹丸在目标区域起爆。

计转数原理采用计转数传感器实现弹丸在空中飞行旋转转数的计量，由于计量的是弹丸的转数，受炮口初速误差影响小，可以达到精确控制炸点的目的。因此，计转数引信技术成为小口径引信在战斗部装药量有限情况下最大程度发挥弹丸终端毁伤效应的重要手段。

弹丸发射后，引信利用发射和弹道飞行提供的不同的环境应力解除保险，传爆序列完全对正，引信处于待发状态。当计转数传感器达到预先装定转数时，控制电路输出点火信号，引信作用；当未达到预先装定转数而弹丸碰击目标时，引信触发作用；当计转数失效且弹丸未碰击目标时，引信按照预置的自毁时间输出点火信号，引信自毁。

2 引信定距精度分析

影响计转数引信炸点的因素有很多，首先是引信自身定距精度因素即内部因素的影响，主要有装定误差、电池激活时间误差、传感器误差、发火电路误差等因素，是由于引信自身设计、加工、装配工艺的选择、控制引起的。在 2 000 m 的直射距离内，引信内部引起的误差均值不超过 10 m，最大误差在几米到十几米，但最大误差出现的概率较低[1]。

另外是外部因素的影响。外部因素的影响主要可归结为两类[1]：一类是射击前可知的，如射角、地面温度、风向与风速、弹丸质量、转动惯量等；另一类射击前未知的，如初速、最大章动角、弹形系数、转动衰减系数等。在 2 000 m 的距离内，引信外部引起的误差极限值在几米到几十米。

分析表明，定距引信计转数体制所受上述主要因素的影响程度依次为：章动、弹丸质量、初速度、弹形系数、转动惯量、弹结构系数、随机风和温度，大部分因素都可以在弹丸制造和装配过程中进行控制，但是，由于制造和装配公差的存在，它们是消除不掉的。

3 试验结果分析

针对上述分析，对于定距引信，我们采用单发（不同身管、射角、温度、距离），连发（不同射角、温度、距离）和不同装定方式（手动、自动）的试验方案，进行了相应的试验。通过对得到的试验数据进行分析，可以看出：

（1）定距引信的定距性能符合弹道规律。

（2）理论分析与试验结果基本一致。

（3）不同装定方式，对定距精度没有明显影响。

（4）随着距离增加，误差增大。

单发射击时，首先查阅临时射表，在预先试射后，根据测试数据，修正装定圈数进行。连发射击时，依据单发试验结果，查阅临时射表的修正值，减去（修正）由于转管射击带来的修正值后进行[3,6]。同时考虑舰炮在开始射击时转速上升过程带来的影响（连发射击时，在开始时至少装 6 发以上其他弹药），使火炮在射击正式弹药时达到预想的转速。

试验数据表明，单发引信射击时的精度高于连发射击的精度。初步分析认为，在单发射击时，首先通过试射，确定在不同射角、不同距离时引信装定的数值（转数或圈数），在一个射击条件下，引信装定的数值不做调整。连发射击时，是在单发射击的基础上，通过修正由于火炮身管旋转引起的装定差值进行。

这就产生了一个问题，是由于引信自身问题不能满足要求，还是由于引信与武器系统在匹配上产生影响，导致表征出的结果散布变大。

为了便于把问题说清楚，寻找解决问题的办法，我们把问题分开讨论。

首先分析火炮身管的影响。火炮身管在生产过程中，若需要校正，一般身管是在水平条件下进行的。由于重力的作用，在射角大时，身管弯曲度增加，再加上内应力的释放，就有可能对定距精度产生影响。内应力释放不同，在相同的射击条件下，对弹丸的飞行影响基本是一致的（试验结果见图 1），表明随着射角增加，炸点散布增加没有明显变化，也说明了单发精度较好的一个原因。

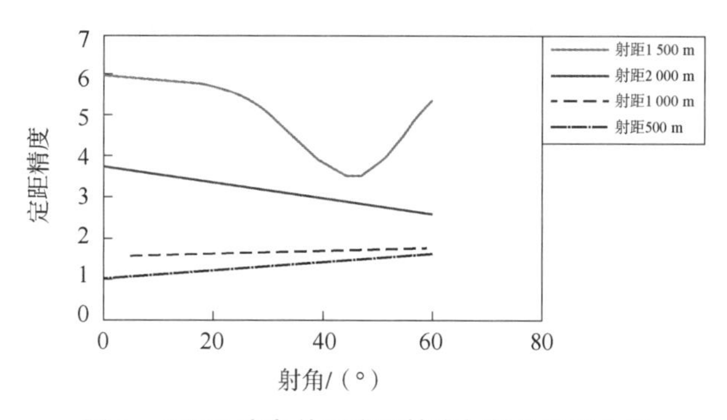

图 1　不同距离条件下定距精度与射角关系曲线

再来分析连发射击条件的影响。连发射击时，由于火炮身管旋转速度在一定范围内变化，受火炮身管旋转和弹丸自身旋转的共同作用，使得弹丸出炮口不能按照原来预想的方向运动。在相同射击条件下，每个身管弯曲程度不同，对弹丸出炮口后飞行稳定性影响的方向、大小等也不同，结果导致弹丸出炮口后，章动、攻角方向也不一样，有时还出现横飞的情况。

试验表明，多管火炮连发射击时，对 200 m 处立靶射击 30 发，只有 6 发击中 4 m×6 m 靶面，造成密集度变化大。

多管火炮身管之间的差异是存在的。虽然身管在出厂前都进行校正，但由于内应力的存在和身管射击时受力，身管弯曲或是蛇形的，由于弹丸与火炮身管不同轴，在膛内运动过程中，弹丸在膛内运动受横向过载影响，受到梅花状过载冲击，每发弹丸出炮口时章动、攻角是不一致的。由于连发射击时，火炮身管温度较单发射击时温度上升快，身管内应力逐步释放出来，对弹丸飞行稳定影响加大，使得弹丸出炮口不能按照原来预想的方向运动；同时，又由于每个身管弯曲程度、方向不一样，结果导致弹丸出炮口后，攻角（10°~30°）方向也不一样。火炮身管在射击过程中旋转，每个身管弯曲程度不同，导致每发弹丸出炮口时的章动、攻角都不同。

如果火炮每个身管内应力释放，对弹丸影响一致，那么弹丸出炮口后炸点散布与理论产生偏差是存在的，但其散布大小不应该发生变化（主要是与单管射击散布比较）。但实际情况是，在连发射击时，散布明显增大，图 2 所示为 1 500 m 射击距离时单发和连发射击散布曲线。

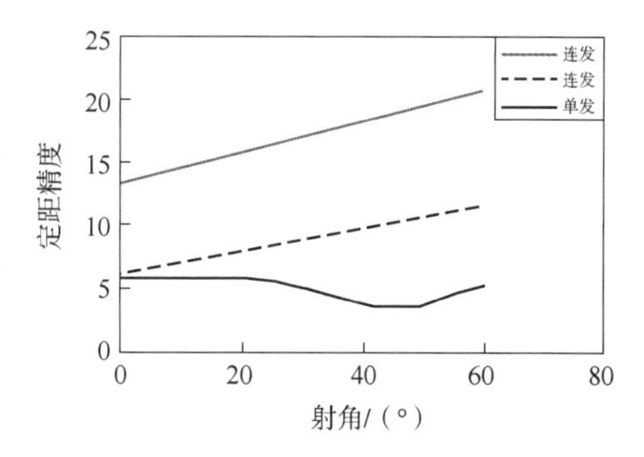

图 2　1 500 m 射击距离时单发和连发散布曲线

分析表明，弹丸在空中飞行时，由于弹丸攻角、章动不一样，弹丸每旋转一圈时，位移不一样，由于引信是计转数定距，是对行程积分，而在实际测量结果时，只是对位移测量，由此造成偏差，导致引信炸点散步变大。

对于通过切割磁力线来计量转数的定距引信，就会出现弹丸飞行中不能完成切割磁力线的情况，引信计转数装置不能准确记录弹丸转过的圈数，计转数出现混乱、计数不准的情况，可能导致弹丸超过预定装定距离后，引信才会爆炸的情况，而且作用率低（也可能个别产品炸点超出测量视场范围，没有获取数据）。通过连发射击结果可以看出，每次射击20发，至少出现1~2发弹丸与装定值相差较远的结果，就是由于这个原因造成的（当然还有其他原因，这是主要原因）。

另外，试验表明，新旧身管的射击结果存在一定差异。新身管的散布精度要比旧身管高，主要原因是用旧身管时，弹丸出炮口后章动、攻角大，飞行不稳定造成的。

4　结论

通过对引信定距精度进行理论分析，试验验证，对连发散布大的原因做了初步分析，可以得到如下结论及建议：

（1）定距引信是能够实现定距功能的，定距是符合弹道规律的，精度散布是满足要求的。

（2）由于系统带来的散布，在武器系统使用定距引信应予以考虑，但应区别对待。

（3）在实际战术使用中，定距引信的定距精度有一定的优化空间，需要和武器系统使用综合考虑。

（4）火炮身管验收中，采取措施消除内应力，并制定相应的验收规范；同时采取措施，保证弹丸初速散布和弹丸质量一致性。

（5）优化引信部件参数，减少引信自身散布。当然，影响引信连发作用射击的因素还有很多，本文主要从武器系统适配性对引信的连发定距散布进行了粗浅的分析，不足之处，敬请批评指正。

参考文献

[1] ××引信设计说明与计算书［R］. 南京：南京理工大学，2007.
[2] 芷国才，李树长. 弹箭空气动力学［M］. 北京：兵器工业出版社，1989.
[3] 马少杰. ××引信炸点精度和可靠性分析技术研究［D］. 南京：南京理工大学，2006.
[4] 沈波，赖百坛. 计转数定距引信炸点散布精度分析［J］. 探测与控制学报，2004，26（1）：35-37.
[5] 马宝华. 现代引信的控制功能及特征［J］. 探测与控制学报，2008，30（1）：1-5.
[6] 闫章更，魏振军. 试验数据的统计分析［M］. 北京：国防工业出版社，2001.

弹带飞边对弹道性能影响分析

吴红

弹药总体室

0 引言

在正常射击情况下，炮膛阳线在弹带上嵌刻出明显而整齐的沟槽，由于各发弹丸的刻痕基本一致，因而其外弹道的一致性也较好。当弹带性能不良时，阳线嵌刻弹带后铜流积在一起，弹丸出炮口瞬时，火药气体向前冲刷使铜流不整齐地翻起来出现所谓弹带飞边。这些有飞边的弹丸在飞行时，飞边处会产生波阻，使飞行阻力增大，射程减小。由于弹丸之间的飞边程度不同，飞边在弹带上的分布不均匀，又会使其密集度变坏。

105 mm 榴弹在设计定型试验中发现该弹存在弹带飞边，据有关文献记载，37 高曳光弹也曾因有弹带飞边问题，对该弹的射 X 缩拟带来了许多困难。因此很有必要对此问题进行探讨，分析飞边对弹道性能的影响程度，为今后对此类现象的分析和评定提供借鉴。

1 弹带飞边的阻力系数 ΔC_{xf}

普通弹丸的初速 V_0为超声速，这里只分析弹丸以 V_0超声速飞行的情况。为了便于研究，做如下假设：

（1）将弹带边视作弹丸尾翼进行处理。

（2）飞边外形简化为长方体形。如图 1 所示，其高度为 B，宽度为 C，长度为 L，V_0 为空气相对于弹丸的速度。

（3）飞边在弹带上均匀分布，其尺寸为该弹上所有飞边的平均尺寸。

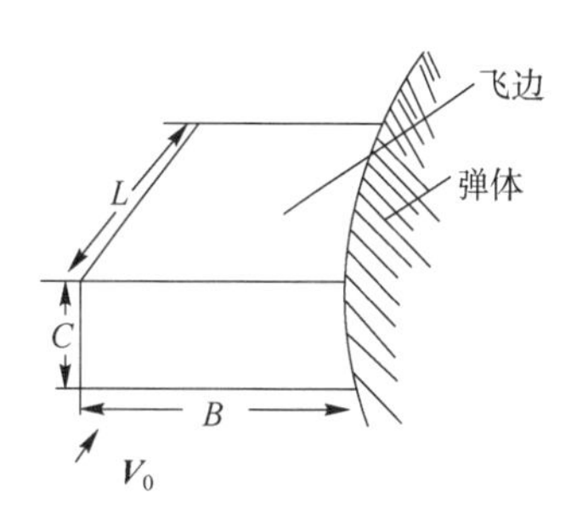

图 1　飞边外形简化

由空气动力学知，尾翼的阻力分为两部分：①零升阻力，即升力为零时尾翼的阻力；②诱导阻力，它是由于尾翼产生的升力在弹轴上的分力所致。当我们研究飞边时，可忽略升力，此时飞边的阻力系数 ΔC_{xf}表示为如下形式：

$$\Delta C_{xf} = NC_{x0f}\frac{S_f}{S_m} \tag{1}$$

式中，N 为飞边的数量；C_{x0f}为单个飞边的零升阻力系数；S_m 为弹丸的最大横截面积；S_f 为飞边沿弹轴纵剖面的面积，即 $S_f = bL$。

式（1）中零升阻力系数为

$$C_{x0f}=C_{xx}+C_{xbc} \tag{2}$$

式中，C_{xx}为型阻系数，它反映由于空气黏性引起的摩阻和涡阻的大小；C_{xbc}为厚度波阻系数，它反映弹丸超声速飞行时飞边处产生的激波阻力的大小。

飞边的尺寸与弹丸比很小，其摩阻和涡阻也相对很小，可以忽略。厚度波阻系数与V_0和飞边的几何尺寸有关，表达式为

$$C_{xbc}=\frac{2}{\sqrt{M^2-1}}\cdot\frac{C}{B} \tag{3}$$

式中，M为弹丸飞行马赫数。

至此，得到

$$\Delta C_{xf}=\frac{2NCL}{\sqrt{M^2-1}}\cdot\frac{1}{S_m} \tag{4}$$

由式（4）可看出，对于口径较大的弹丸，其S_m较大，NCL值变化时（即飞边数量和大小变化时），ΔC_{xf}的变化较小；而口径较小的弹丸，其ΔC_{xf}对飞边较敏感。

2　实例分析

以105 mm榴弹为例，该弹强度试验回收的弹丸均有飞边现象，选出其中最严重和最轻微的为代表，测量数据如下：

MAX：$N=27$，$C=1.1$ mm，$L=1.3$ mm；

MIN：$N=8$，$C=1.1$ mm，$L=1.2$ mm。

由式（4）计算得，$(\Delta C_{xf})\max=0.004$，$(\Delta C_{xf})\min=0.001$，再由该弹的设计计算书查出，在速度为$V_0$时，阻力系数$C_x=0.265$，弹道系数为$C=0.685$。有飞边弹丸的阻力系数及弹道系数用下式计算：

$$C'_x=C_x+\Delta C_{xf}$$

$$C'=\frac{C'_x}{C_x}$$

计算结果如表1所示。

表1　计算结果

项目	MAX	MIN
阻力系数	0.269	0.266
弹道系数 C	0.695	0.688
最大射程 X	12 941	12 973

$\Delta X=32$ m，而实际射击结果$\Delta X'=231$ m，$\Delta X/\Delta X'=13.8\%$，即弹带飞边对该弹的纵向散布影响很小。

3 结束语

通过以上分析可看出，105 mm 榴弹的弹带飞边对其弹道性能的影响很小，可以不计。对于其他弹丸的飞边问题也可用此方法分析飞边的影响程度，使结论明确而有说服力，由于影响弹道性能的因素很多，遇到实际问题应从多方面分析才能得出正确的结论。

参考文献

[1] 沈仲书. 弹丸空气动力学 [M]. 北京：国防工业出版社，1984.
[2] 闲鸿秋. 弹带翻飞问题对三七系列武备系统定型和装备部队带来的严重后果 [J]. 兵工学报，1987，1.

柔性飘带稳定子弹的空气动力学和飞行力学

［美］ C. W. Dahlke，D. N. Olson 和 K. O. West

（弹药总体室 吴红 译）

编者按：只有相适宜的飘带才能保证子弹按预期的姿态下落，才能有子弹的破甲和杀伤威力。本文提供了确定子弹飘带参数的思路与方法，并且明确指出：仅靠风洞试验获取的信息是不够的，不足以证明具有稳定子弹的结果，还必须有自由飞的信息。当然，该文所涉及的范围尚嫌不全，还需进一步研究。由于飘带运动的特殊性，对于低旋和不旋子弹的稳定及干扰因素均应进一步认识；还由于子母弹定型之后几经转厂生产，已出现子弹飞行性能下降的现象，特译出此文，作为试验与研究的参考。

0 摘要

我们对子弹的不同稳定柔性飘带进行了大量的试验。本文给出了对风洞试验和飞行试验结果的分析，试验包括飘带的长度、宽度和股数，其中还涉及影响飘带稳定效果的异常情况，并为提高平衡速度而选择飘带提出了建议。本文研究了具有固定的和自由转动飘带的旋转弹飞行动力学，并给出了空气炮的弹道数据和六自由度模型之间的一些关系。文中还就试验技术、试验数据和柔性飘带的设计选择予以评述。

1 背景

目前，在美军武器装备中，有几种子母弹的子弹用柔软的纤维编织带作为空气动力稳定装置。这种子弹的存速能力低，因此会很快减速到最后的平衡速度，如果设计合理，弹着前将在小攻角下保持平衡。这种子弹被抛射时，可能受到较大的偏航扰动，如果子弹设计不够合理，这时就会处于较大的振动环境或者处在大攻角平衡状态，甚至子弹可能出现翻滚运动，从而影响弹着时的攻角，使子母弹系统的最终效果严重降低。因此，在设计新弹或抛射系统时，迫切需要有足够的空气动力学和飞行动力学数据，这些数据将有助于我们选择能获得满意的稳定飞行效果的子弹设计。由于对母弹有较高的装填子弹要求，选择的过程往往十分复杂。这就意味着必须对飘带的设计进行优化，使能稳定子弹的飘带尽可能短。

目前，可供选择的数据并不充足。为此，美军导弹研究和发展司令部与空军军械研究所开展联合研究工作，其中空军军械研究所的佛罗里达州埃格林空军基地承担了研究子弹的空气动力学和飞行动力学性能随飘带参数变化关系的任务，所进行的试验包括亚声速静态稳定试验和垂直风洞试验，以及用来记录弹着姿态和飞行动力学性能的自由飞验证试验，常用的M42 子弹作为评定试验结果的最初结构，同时计算机对特殊用途子弹的飘带参数进行分析和选择。

2 结构试验

图 1 所示为在本文试验中最初使用的 M42 子弹的结构，包括弹体、引信及固定在击针上的环状飘带，图中还给出子弹的一些尺寸。本文中所涉及尺寸参数的改变，只与飘带的尺寸参数有关。飘带最初为环状尼龙带，宽 1. 27 cm，长 13. 34 cm，并在固定在弹体前将其熨平。本文所给出的改进后的飘带参数都是根据这两个初始尺寸设置，如表 1所示。

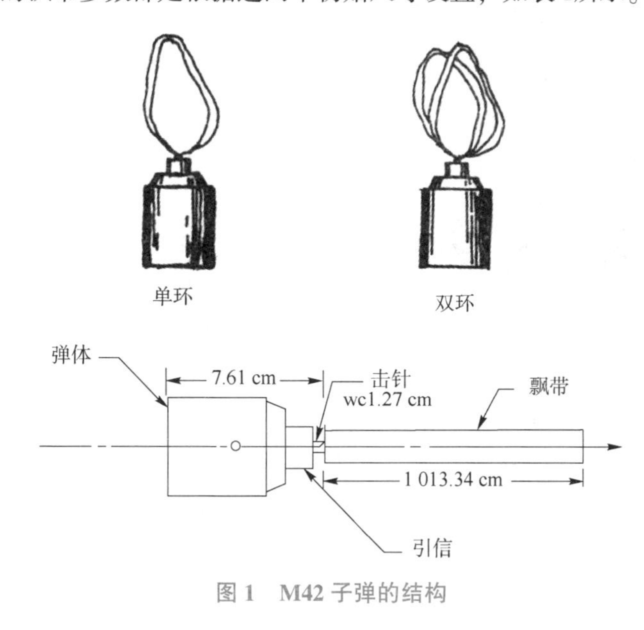

图 1　M42 子弹的结构

表 1　试验中所采用的飘带的参数

宽度/cm	长度 L	材料型号	环数
1. 91	1，1. 33	7407	1
1. 27	1，1. 33，1. 67	7407	1
1. 27	1. 33	7407	2
1. 91	1，1. 33	7407	2
1. 27	1，1. 33	7407	1
1. 91	1，1. 33	7407	1
标准飘带的参数：L= 13. 34 cm，宽度 = 1. 27 cm			

我们对几种不同的材料进行了试验，本文只给出了其中两种材料的数据，这两种材料都是同一厂家生产的尼龙编织带。最初试验时飘带的宽度为 1. 27 cm，型号为 7407。用 7407 材料的

宽 1.91 cm 的飘带也进行了试验；另一种结构相似，但较厚、较硬的 7408 材料，也以 1.27 cm 和 1.91 cm 的宽度分别进行了试验。试验还采用了双环带结构，如图 1 所示。

3 风洞试验

亚声速风洞试验的目的是确定 M42 子弹的静态空气动力学和飞行动力学特性随飘带参数的变化关系。我们进行了两种不同类型的低速风洞试验：第一种为静态稳定试验，目的在于定量地揭示飘带参数对子弹的静态空气动力学特性的影响；第二种为垂直风洞试验，目的在于定性说明飘带参数对动力学试验模型的影响。

图 2 子弹置于亚声速风洞中的情况

在 0.7 m×1.0 m 的亚声速风洞中，使用了一个六元锥形测量系统来测量拉力、升力和偏航力矩，可得到静态稳定数据。模型支承在弹体一侧子弹的重心位置上（图 2），并对支承支柱的模型进行修正。初步研究表明，使用流线型支柱会产生不必要的流动干扰，并且支点设定在子弹质心的前后，不能提高所得数据的质量。

在静态稳定试验中，我们研究了单环飘带的长度、宽度和材料厚度等参数变化的影响效果。如图 3 所示，当带的长度由 1L 增至 2L 时（L 为带原长，13.34 cm），子弹的静态攻角力矩系数的变化。如图 3 所示，当飘带的长度增至 1.67L 时，零攻角处的攻角力矩系数曲线只下降了一点，但当飘带长度增至 2L 时，下降的就比较可观了。相对于起始飘带长度增加的最为明显的效果是较大攻角下的攻角力矩系数的增大。但所有结果表明，攻角力矩系数与攻角的关系呈非线性。

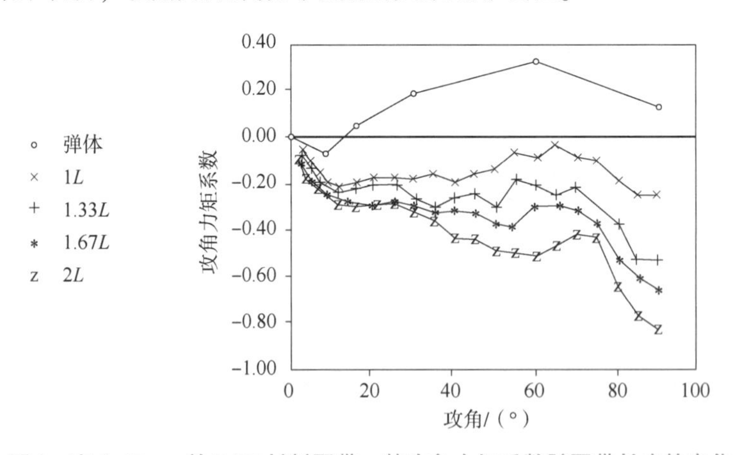

图 3 宽 1.27 cm 的 7407 材料飘带，其攻角力矩系数随飘带长度的变化

如图 4 所示，两种不同长度的结构，当宽度由 1.27 cm 增大到 1.91 cm 时，静态攻角力矩系数的变化。可以看出，增加飘带的宽度，使零攻角处的攻角力矩系数曲线显著下降，并使得较大攻角下的攻角力矩系数明显增大。实际上，对长 1.33L、宽 1.91 cm 的结构，当攻角在 0°~90°变化时，其攻角力矩系数曲线接近线性。

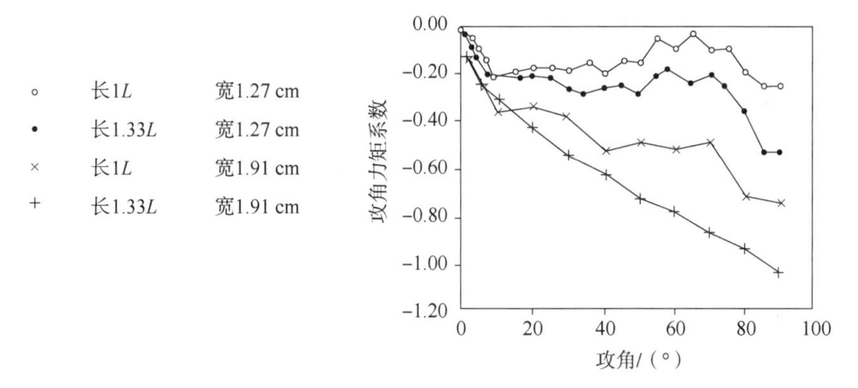

图 4　攻角力矩系数随 7407 材料飘带的长度和宽度的变化

如图 5 所示，对几种不同长度和宽度的飘带，其材料的厚度对静态稳定性的影响。可以看出，与 7407 材料相比，使用较厚、较硬的 7408 材料，增加了静态稳定性。但有一个值得注意的异常情况，就是当攻角大于 50°时，对长为 1. 33L、宽 1. 91 cm 的飘带，其攻角力矩系数曲线的线性特性急剧下降。

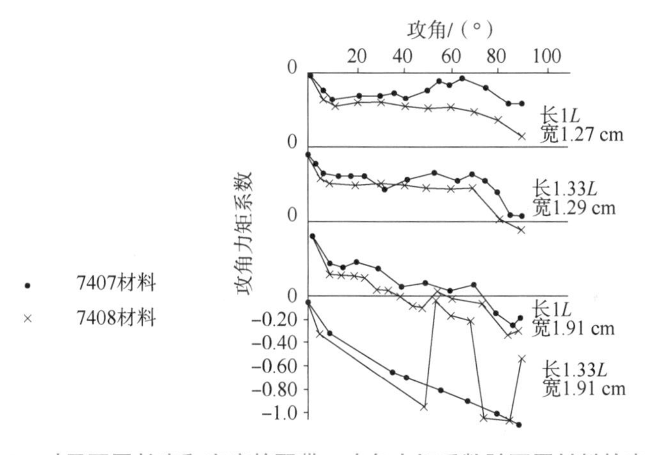

图 5　对于不同长度和宽度的飘带，攻角力矩系数随不同材料的变化

如图 6 所示，由初始的单环结构得到静态攻角力矩系数数据与三种不同的双环结构所得类似数据的比较。尽管双环结构的性能优于单环结构，但由于装填条件的限制，其被认为是不实用的。

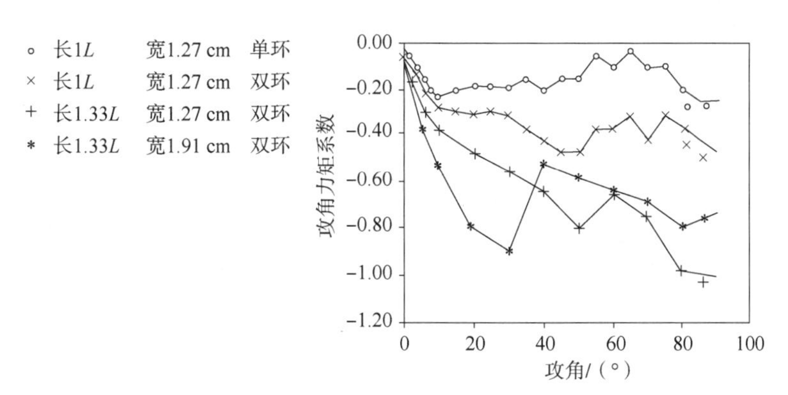

图 6　7407 材料双环结构的飘带攻角力矩系数曲线

我们获得了以上讨论的每种结构的静态空气动力稳定系数数据。为了简便起见，图 7 中仅表示出了初始结构的数据和长 1.33*L*、宽 1.91 cm 的结构数据。当我们考虑到飘带的装填条件时，后一结构表现出了最佳的整体稳定特性。

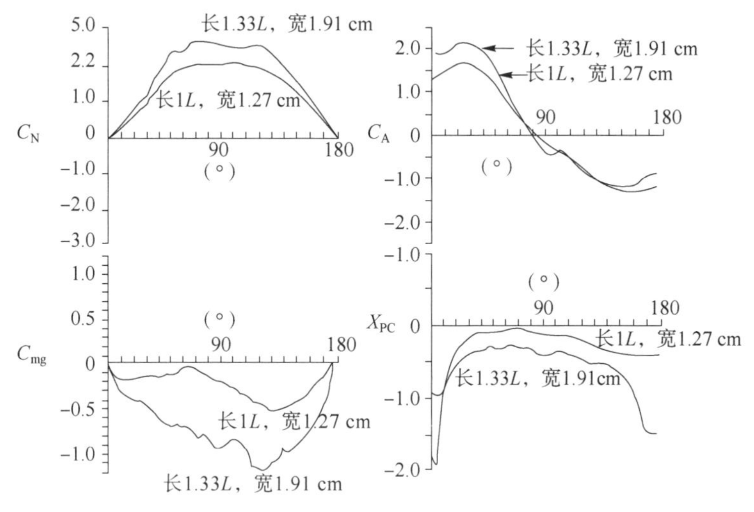

图 7　空气动力稳定系数曲线

分析图 7 的结果表明，改进后的结构比原始结构的性能有明显提高。在垂直风洞实验室进行的 4 次飞行试验初步证实了这个结论。不吹风时，将模型放置在地上（地上为一网格，允许空气流过而不使模型掉下），然后开始吹风，并增加其强度直至模型升离地面。试验时，直观观察模型的情况并经常拍下其运动照片。垂直风洞试验表明，在较小的准稳定振动幅度下飞行时，具有较长的、宽 1.91 cm 飘带的子弹比具有较短的、宽 1.27 cm 飘带的子弹能较快地衰减子弹大的振动。

在垂直风洞试验中观察到的飘带的动力学特性与在静态力试验中观察到的很相似。正如预期的那样，我们发现飘带的高频飘摆运动是产生恢复力矩和拽力的主要原因。当飘带下沉，扭曲或者停止摆动时，恢复力矩和拽力会突然减小。如图 5 所示，对长 1.33*L*、宽 1.91 cm 的较厚材料的飘带的攻角力矩突然减小，就是由于飘带的扭曲或停止高频飘摆。这更进一步告诉我们，飘带正常的高频飘摆运动一旦发生变异，都会引起弹体剧烈地摆动。

4　弹道飞行试验

静态力和力矩的风洞试验只表明了在稳定状态的环境下动力学特性的趋势，而垂直风洞试验也只表明了一些动力学效应。由于静态数据存在由于试验干扰带来的各种误差，并且在垂直风洞试验中，试验的操作条件限制了模型的自由运动，也限制了对飞行的观察时间，所以需要通过实际的自由飞试验来检验在风洞试验结果基础上改进的 M42 子弹的性能。

因此，我们制定了一个飞行试验计划，通过直接比较来检验 M42 子弹配有长 1.33*L*、宽 1.91 cm 飘带这种结构的自由飞性能。试验在佛罗里达州埃格林空军基地空军装备实验室的弹道实验室进行。

由于子弹相对于其飞行轨迹的姿态决定了其攻击目标的能力，在比较这两种不同结构的子弹性能时，最重要的是确定其终点速度下各自偏航运动的范围，这可由空气炮发射子弹而获得。子弹经抛物形弹道，落在一个 7. 32 m×9. 75 m 的偏航栏测靶上。然后在偏航栏测靶上测量就能够确定撞击时弹相对于其飞行轨迹的攻角。为了便于测量，将偏航栏测靶倾斜放置，使之与弹道轨迹相垂直，如图 8 所示。

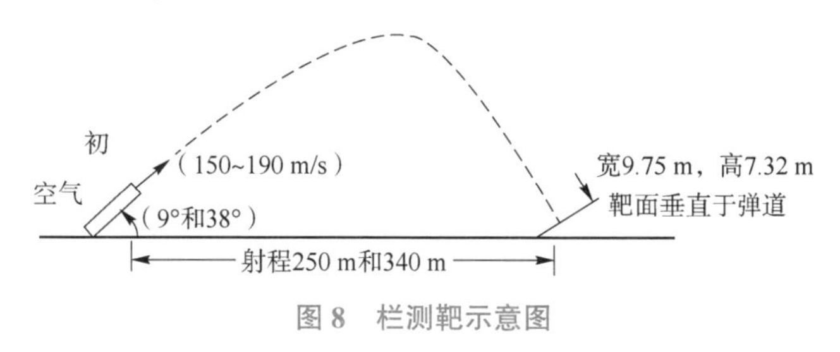

图 8　栏测靶示意图

根据子弹的平均弹道系数，我们设计了两种飞行时间不同的弹道：其一为接近 250 m 的短距离弹道，其飞行时间刚过 3 s；另一个为 300~340 m 的长距离弹道，其飞行时间为 8~10 s。短距离弹道射角接近 9°，长距离弹道则需要考虑风的条件，射角在 25°~38°。由于风和弹道误差的存在，子弹的初速在 150~190 m/s 变化。在子弹与弹底舱板分离时，假定子弹的姿态为零攻角，同时，由于分离的结果，有一大小不能确定的扰动作用于子弹上。

如图 9 所示，具有标准的长 1L、宽 1. 27 cm 飘带的 M42 子弹和具有长 1. 33L、宽 1. 91 cm 的飘带的子弹攻角分布的记录。具有长 1L、宽 1. 27 cm 的飘带的子弹，以初始转速为零进行试验，试验结果如图 9（a）所示。具有长 1. 33L、宽 1. 91 cm 飘带的子弹，在初始转速为 15 r/s 和不旋转时发射。这种结构子弹的长距离和短距离攻角数据，如图 9（b）所示。

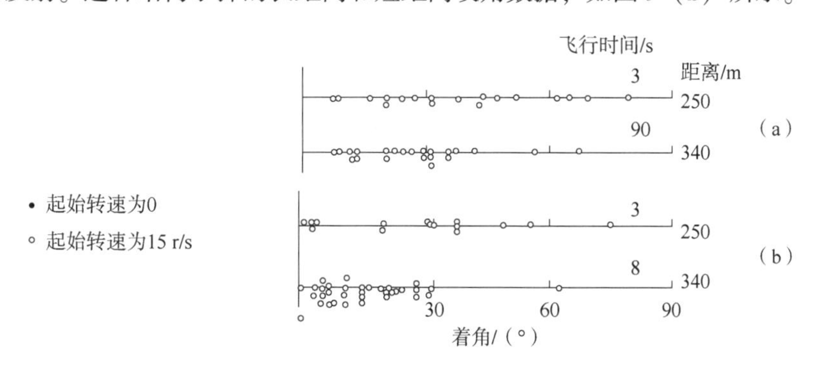

图 9　子弹着角的分布

（a）长 1L，宽 1. 27 cm；（b）长 1. 33L，宽 1. 91 cm

图 9 的数据表明，对应于 250 m 的弹道，在 3 s 的飞行时间内，两种结构的子弹都没有足够的振动阻尼来衰减发射时和飞行过程中产生的扰动。对于飞行时间为 8 s 的弹道，子弹在后 5 s 内飞行时接近终点速度，两种结构攻角的减小都非常明显。在较长的弹道下，两种结构子弹的试验结果证明了使用较长、较宽的长 1. 33L、宽 1. 91 cm 的飘带比使用初始结构的飘带能明显提高 M42 子弹的自由飞稳定性。同时，对于改进后的结构，适当的 15 r/s 的初始转速和不旋转对攻角的分布没有影响。

5 滚转阻尼试验

目前使用或计划使用 M42 子弹和其他类型子弹的几种子弹抛射系统，抛射时给子弹以较高的转速。这些子弹的转速在 15 r/s 到远大于 100 r/s 之间变化，并且可能出现高达 180°的攻角。将静态稳定风洞试验数据结合在一起进行六自由度分析表明，具有长 1.33L、宽 1.91 cm 飘带的 M42 子弹，转速高于 250 r/s 时，滚转力矩支配着恢复力矩。因此，我们制定了一个自由飞试验计划，来测量具有长 1.33L、宽 1.91 cm 飘带的 M42 子弹的滚转阻尼。在最初的试验中，飘带允许相对于弹体自由旋转，即与 M42 子弹条件相同。

由于在小的偏航攻角下，还没有满意的方法来测量子弹自由飞时的滚转阻尼，美国空军军械实验室设计出一种夜间试验方法。当子弹在其转轴定向相对于其飞行轨迹较大的入射角的情况下飞行时，能够连续测量子弹的滚转阻尼。我们通过使用如图 10 所示的装置来实现这一点，该装置使子弹以与炮管轴成 90°角时预先旋转。在炮口处，该装置在接近 90°攻角下释放旋转着的子弹。在弹体上沿其轴线贴上一条反光片，在子弹弹道上用强光源照射，旋转的子弹反射回一个个光脉冲由位于光源处的探测器所检测。在子弹飞行中，用所记录下的反射光脉冲来确定滚转速度与时间的变化关系。

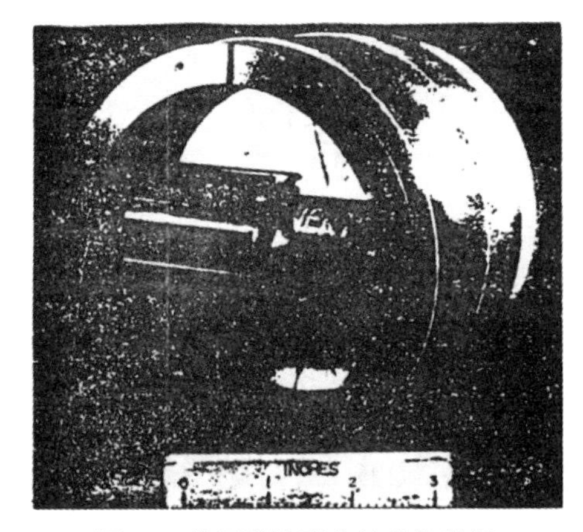

图 10　使子弹能预告旋转的装置

在滚转阻尼试验中，我们选择了获得观测时间最长的弹道，其初速为 70 m/s，射角为 14.5°。图 11 所示为自由旋转飘带（长 1.33L、宽 1.91 cm）3 发子弹的试验结果。由这些数据可以明显看出，这种结构的子弹滚转阻尼很小，要使转速降到 20 r/s 以下，需较长的飞行时间。因此，我们对这种子弹进行了改进，当子弹被抛出后，其飘带将被迫随弹体一起旋转。图 12 所示为改进的固定飘带的试验结果。这些结果表明，强制锁定的飘带比自由旋转的飘带能提供较大的阻尼。图 12 中，第 1 发与第 2 发试验结果不同，很可能是由于飘带相对于子弹旋转所造成的。

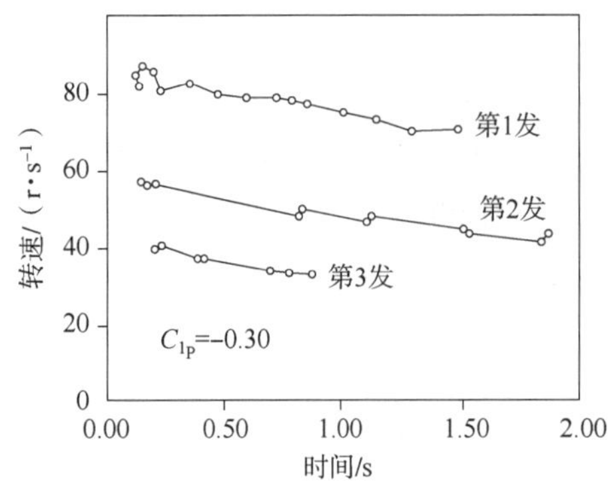

图 11　自由旋转飘带在 90°起始攻角下的转速变化

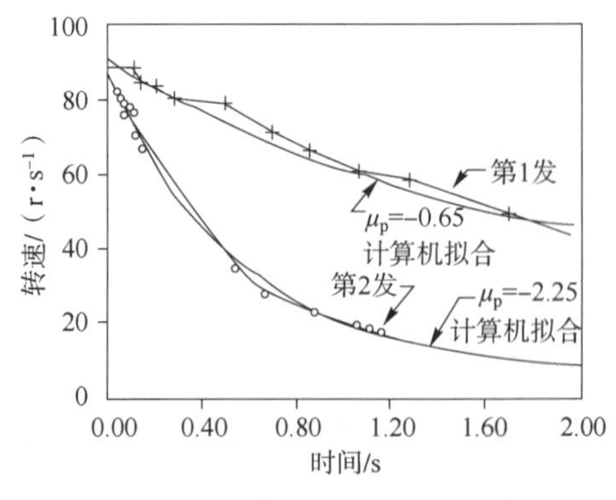

图 12　锁定的飘带在 90°攻角下的转速变化

不论图 12 中两曲线不同的原因是什么，它都表明使用锁定的飘带至少能得到-0.65 的滚转阻尼系数，且还有可能得到更大的 C_{1p}（滚转阻尼系数）值，图 13 所示为在不同寻常的起始攻角 150°下，子弹在 610 m 高度抛出时，旋转阻尼系数的大小对撞击姿态影响的六自由度估计量。这些结果说明，-0.65 的 C_{1p}值已足够来衰减滚转运动，并使子弹在弹着前以一个合适的攻角达到空气动力平衡。

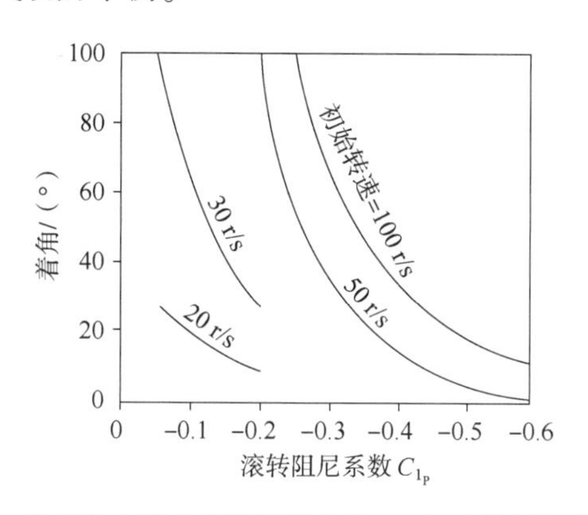

图 13　终点撞击姿态起始弹道角为 30°初速接近平衡速度

6　结论

用柔性飘带作为空气动力稳定装置的子弹，我们希望其飘带在弹道上做高频飘摆，并且能敏感地衰减子弹的扰动。通过选择合适的飘带参数，可降低子弹在平衡速度下的攻角，飘带的宽度为弹体直径的一半时，具有最佳的稳定效果，较厚的编织带则具有不必要的特性。选择能保持在接近恒定飘摆运动附近的飘带，可使特殊的和适用的子弹平衡攻角最小。对于不旋子弹的稳定，必须有足够的飞行时间达到平衡速度，子弹弹轴以弹道倾角为分布中心无显著的偏离。但如果在大攻角下抛射时，为使弹着时攻角减小，必须降低滚转速度。

M577A1 引信的强度校核

周晓东

国防科技大学

摘　要：本文描述了一种基于试验实测的引信底部加速度数据，采用质量缩聚法，建立引信结构模型，给出相关零部件运动的数学表达及数值，根据第四强度理论进行强度校核的方法。

关键词：M577A1 引信；质量缩聚；强度校核；刚体结构

在引信的研制过程中，以往总是假设弹引系统为刚体结构，认为引信的各零部件的加速度具有同一性。理论与实践都已表明，弹引系统作为一种机械结构，在膛内压力波的作用下要产生振动响应，处于系统不同位置的机构或零部件的加速度响应是不同的，它受引信结构的影响。因此假如以靶场实测引信某一零部件的加速度作为系统各点的加速度来进行强度校核计算，必然会产生极大的误差。

本文描述了在 M577A1 引信的强度校核过程中，一种基于靶场实测的引信底部的加速度数据，采用质量缩聚法建立引信的结构模型，解出待校核零部件的加速度响应，以此为基础进行强度校核的工作思路。本文以 M577A1 引信的安全隔离机构下夹板的强度校核为例进行论述。

1　引信的多自由度离散化振动模型的建立

在引信结构离散化时，根据引信的具体结构情况采用质量缩聚法将分布质量缩聚成若干个集中质量，其间以无质量的弹性元件和阻尼元件相连，使其成为一个具有 n 个自由度的线性振动系统。

M577A1 引信的结构框图如图 1 所示。图 2 所示为 M577A1 引信结构[4]。M577A1 引信的触发机构是一个碟形簧片，它与击发机构、安全隔离机构是通过轴向定位销实现定位的。引信下体有肩坎与击发机构接触，引信下体与引信上体通过螺纹连接时要求有 61 N · m 的预扭力矩存在，所以可以对引信进行如下假设和简化：

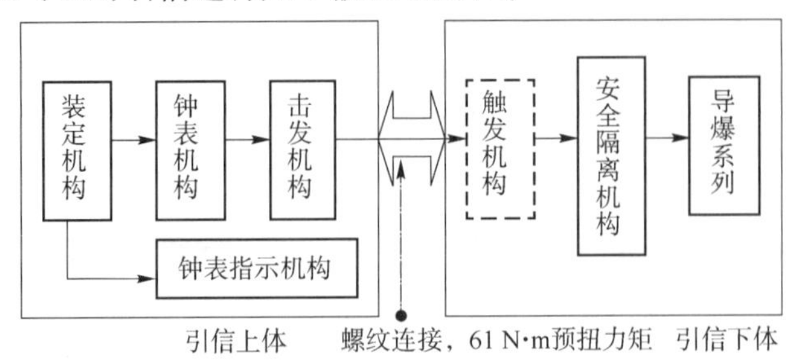

图 1　M577A1 引信的结构框图

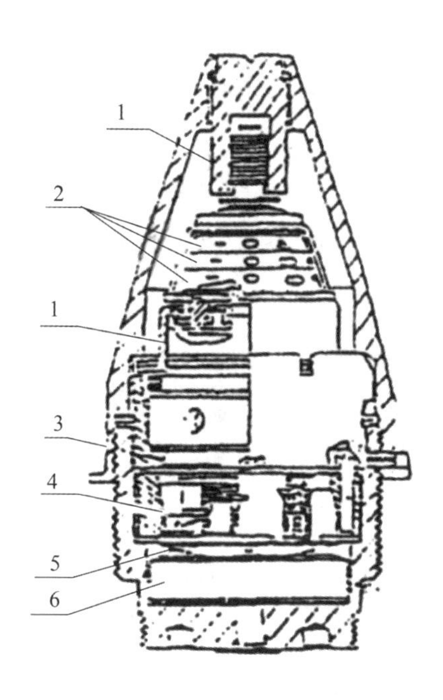

图 2　M577A1 引信结构

1—装定机构；2—装定指示机构；3—钟表机构；4—击发机构（执行）；
5—触发机构；6—安全隔离机构

（1）由于较大预扭力矩的存在，引信体（不含安全隔离机构和触发机构）可以假设为刚体，即假设实测引信底部的加速度 $a(t)$ 为引信体的加速度。

（2）安全隔离机构假设为刚体结构。

（3）假设引信体、触发机构、安全隔离机构之间是无阻尼运动，则可以把 M577A1 引信简化成如图 3 所示的模型。

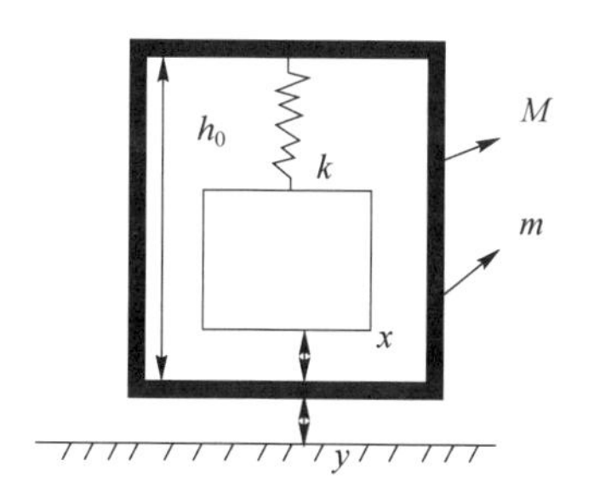

图 3　M577A1 引信简化模型

M—引信体质量；m—安全隔离机构质量；k—触发机构的弹性系数；
x—安全隔离机构相对位移；y—引信体绝对位移；h_0—总位移

①当 $a(t)\geqslant-(kl_0/m+g)$ 时，引信体和安全隔离机构没有分离，此时安全隔离机构的加速度 $A(t)$ 等于 $a(t)$。式中，l_0 为触发机构装配时预压长度；g 为重力加速度。

②当 $a(t)<-(kl_0/m+g)$ 时，引信体和安全隔离机构分离，则有

$$m(\ddot{x}+\ddot{y})+k(x+l_0)+mg=0 \tag{1}$$

$a(t)=a(n_0)$时：$x=0$，$\dot{x}=0$。

式中，n_0 为引信体与安全隔离机构初始分离时间。

$$\ddot{y}=a(t)$$

$$a(t)=\ddot{x}+\ddot{y}$$

③当 $x(t)=0$ 及 $x(t)=h_0$ 时，引信体与安全隔离机构会发生碰撞，此时受力如图 4 所示。

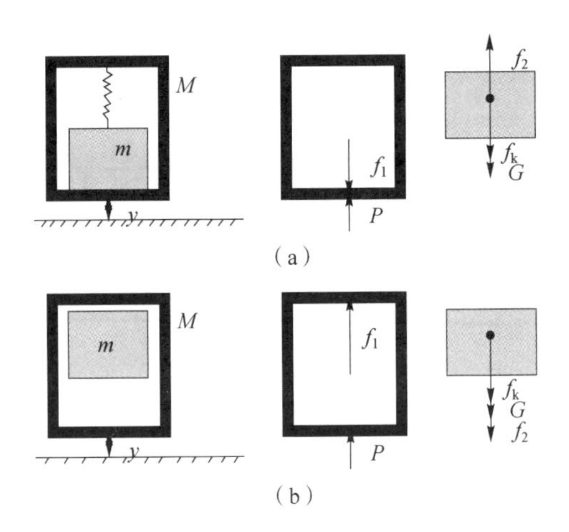

图 4　M577A1 引信受力分析图

M—引信体质量；*m*—安全隔离机构质量；*k*—触发机构的弹性系数；

y—引信体绝对位移；f_1，f_2—引信体同安全隔离机构之间的作用力与反作用力；

f_k—触发机构的弹力；*G*—安全隔离机构重力；*p*—火药气体压力

如图 4（a）所示，

$$p-f_1=Ma(t)$$

$$f_2-G-f_k=mA(t)$$

$$f_1=f_2$$

$$A(t)=\frac{p-Ma(t)-f_k-G}{m} \tag{2}$$

如图 4（b）所示，

$$p+f_1=Ma(t)$$

$$f_2+G+f_k=-mA(t)$$

$$f_1=f_2$$

$$A(t)=\frac{p-Ma(t)-f_k-G}{m} \tag{3}$$

实测在 83-122 榴弹炮上 M577A1 引信底部加速度曲线及对安全隔离机构加速度 $A(t)$ 的求解，得到的曲线如图 5 所示。

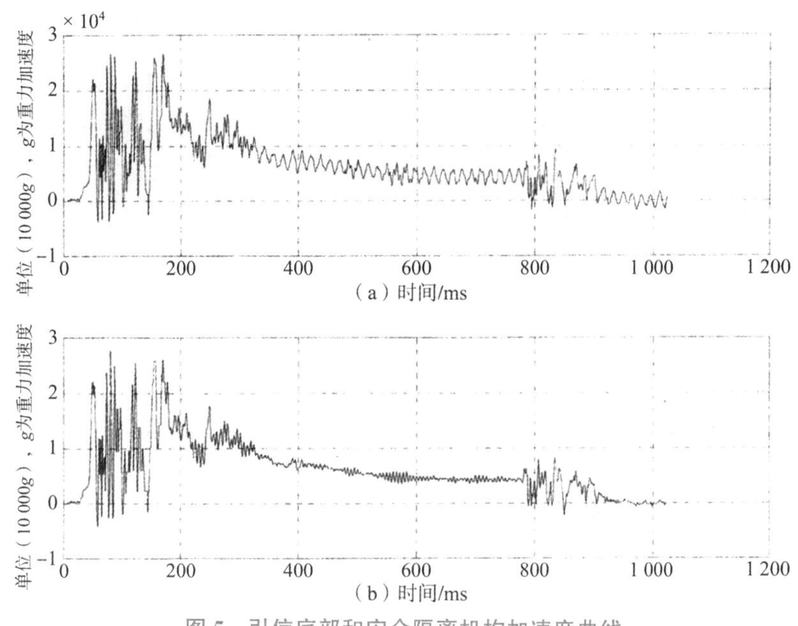

图 5　引信底部和安全隔离机构加速度曲线

(a) 安全隔离机构加速度曲线；(b) 底部加速度曲线

2　零部件的力学环境分析

准确把握零部件的力学环境是正确进行强度校核的前提条件。引信零部件在膛内一般受轴向惯性力、离心力、哥氏力、摩擦力的作用。M577A1 引信的安全隔离机构齿轮部件受到下夹板的轴向挤压力、摩擦力、离心力的作用。相应下夹板受到以上三力反作用或反方向挤压力的作用。下夹板局部受力及应力如图 6 所示。

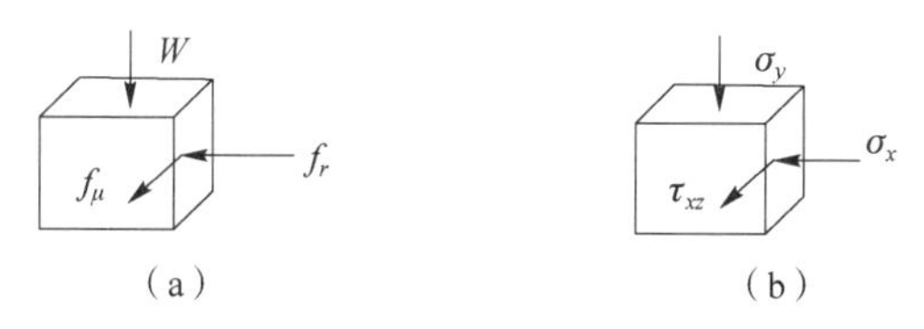

图 6　下夹板局部受力及应力

(a) 局部受力；(b) 应力

引信零部件在膛内受到冲击载荷的作用，因此强度校核应从冲击载荷的角度出发。本文利用能量守恒原理对引信在冲击载荷下其最大应力进行近似计算。[7] 在计算之前需要做以下几个假设：

（1）由于冲击载荷作用时间极短，以及考虑到力的传递时间，可以假设在冲击载荷的作用瞬间引信零部件的速度没有变化，即下夹板的动能不变。

（2）下夹板的变形与作用力成正比而与时间无关。

（3）冲击时无能量损耗。

（4）材料服从胡克定律，即保持在弹性范围内。

在以上假设条件下，可知冲击载荷 W 做功等于下夹板中储存的变形能，所以，

$$U_e = Wy_{max} \tag{4}$$

由于假设零件保持在线弹性范围内，应用胡克定律可得

$$\sigma_{max} = E\varepsilon = \frac{Ey_{max}}{h} \tag{5}$$

$$y_{max} = \frac{\sigma_{max} h}{E} \tag{6}$$

将式（6）代入式（4）得

$$U_e = \frac{W\sigma_{max} h}{E} \tag{7}$$

在最大变形位置，下夹板储存的变形能为 U。可以表示为平均作用力 F_{ave} 与最大变形量 Y_{max} 积的乘积，即

$$U = F_{ave} y_{max} \tag{8}$$

对于受力面积为 A 的部件，按胡克定律得

$$F_{ave} = \frac{1}{2}\sigma_{max} A \tag{9}$$

由 $U = U_e$ 得

$$\frac{1}{2}\sigma_{max}\frac{\sigma_{max} h}{E} = \frac{W\sigma_{max} h}{E} \tag{10}$$

$$\sigma_{max} = \frac{2W}{A} \tag{11}$$

如前假设，安全隔离机构被作为刚体看待，所以可以认为 $A(t)$ 就是安全隔离机构齿轮轴部件的加速度。按最大冲击载荷计算下夹板的正应力为

$$\sigma_y = \frac{2W}{A} = \frac{2m_1 A(t)_{max}}{\pi(R_2^2 - R_1^2)} \tag{12}$$

由文献［6］可知

$$\sigma_x = \sqrt{\frac{f_r(R_2 - R_1)E_1E_2}{\pi h[(1-\mu_1^2)E_2 + (1-\mu_2^2)E_1]R_2R_1}} \tag{13}$$

$$\tau_{xz} = f_\mu / 2bh \tag{14}$$

$$f_r = m_1 r\omega^2 \tag{15}$$

$$f_\mu = f_r \mu \tag{16}$$

$$b = \sqrt{\frac{4f_r[(1-\mu_1^2)E_2 + (1+\mu_2^2)E_1]R_2R_1}{\pi h(R_2 - R_1)E_1E_2}} \tag{17}$$

式中，m_1 为安全隔离机构齿轮轴部件的质量；R_1, R_2 为安全隔离机构齿轮轴、下夹板上圆孔半径；h 为安全隔离机构齿轮轴与下夹板的装配高度；E_1, E_2 为安全隔离机构齿轮轴、下夹板的弹性模量；μ_1, μ_2 为安全隔离机构齿轮轴、下夹板的松泊比；μ 为安全隔离机构齿轮轴与下夹板的摩擦系数。

相应主应力为

$$\sigma_1=\sigma_y \tag{18}$$

$$\sigma_2=\frac{\sigma_y+\sqrt{\sigma_x^2+4\tau_{xz}}}{2} \tag{19}$$

$$\sigma_3=\frac{\sigma_y-\sqrt{\sigma_x^2+4\tau_{xz}}}{2} \tag{20}$$

根据第四强度理论进行强度校核：

$$\sigma_{\max}=\sqrt{\frac{1}{2}[(\sigma_1-\sigma_2)^2+(\sigma_2-\sigma_3)^2+(\sigma_3-\sigma_1)^2]} \tag{21}$$

通过 MATLAB 编程计算得 $\sigma_{\max}=3.785\ 7\times10^8$。

下夹板的材料为 Ly12BCZGBn167-82，由文献［7］查得

$$\sigma_b=2.451\ 6\times10^8$$

3 结论

（1）由上面的计算结果可知 $\sigma_{\max}\geqslant\sigma_b$，则 M577A1 引信安全隔离机构在膛内压力波的作用下会产生塑性形变，这与实验收回的瞎火样本观测到的结果是一致的。

（2）在进行引信零部件强度校核计算时，通常不能把引信看作一个刚性整体，应该根据引信具体的结构建立振动模型，求解出具体零部件的受力大小，才能得到比较精确的结果。

（3）对于使用在线膛炮上的引信，要考虑到引信零部件受到的离心力的作用。

参考文献

［1］钱元庆. 引信系统概论［M］. 北京：国防工业出版社，1986.

［2］周天胜，席占稳，陈庆生. 弹引系统膛内振动响应求解的新方法［J］. 兵工学报，1993，11：34-39.

［3］胡玉祥，罗学勋，刘淑华. 后座机构安全与可靠作用条件的研究［J］. 华东工程学院学报，1984，3：45-56.

［4］陈庆生，程翔，刘卫东. 弹引系统安全失效问题研究［J］. 南京理工大学学报，1994，6：10-14.

［5］彭文生，黄华梁，王均荣，等. 机械设计［M］. 长沙：湖南科学技术出版社，1993.

［6］杨杰章，糜若虚，等. 材料与设计［M］. 北京：机械工业出版社，1990.

［7］周之帧. 材料力学［M］. 长沙：国防科技大学出版社，1988.

［8］机械设计手册（上册，第一分册）第二版［M］. 北京：化学工业出版社，1979.

摘火引信与弹体匹配性对弹道早炸的影响

杨伟涛

中国华阴兵器试验中心，陕西华阴 714200

摘　要：本文对某型弹药系统弹体装药安定性试验出现的弹丸早炸现象，根据弹丸设计原理、结构特点和使用环境等方面分析了早炸原因。通过测试数据比对、试验现场分析，对弹丸早炸故障进行了定位，可为相似装备鉴定试验提供参考。

关键词：摘火引信；弹道炸；弹体匹配性

0　引言

弹体装药射击安定性是弹药系统安全性试验的重要项目，目的是考核弹丸在极限条件下，射击时弹体装填物是否安定。本文针对某型弹药试验中出现的弹道早炸现象，根据弹药系统特点、引弹配合性能和相关测试数据，对异常现象进行分析。

1　该型弹丸结构简介及故障现场描述

某型弹药进行弹体装药射击安定性试验，实弹配摘火引信，在强装药条件下，以45°射角对空射击时，弹丸发射后随即听到空爆声音，且较沉闷。

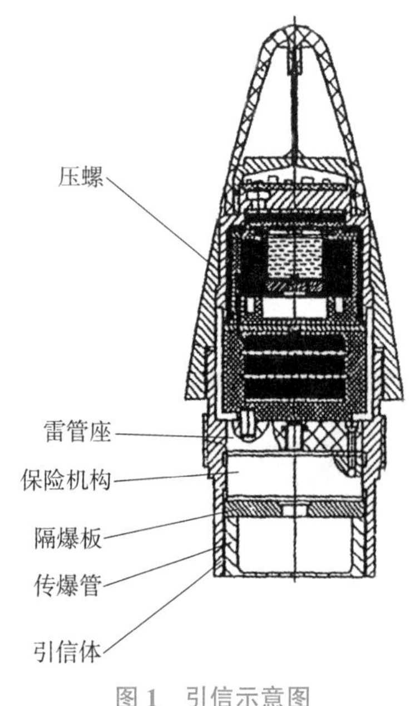

图1　引信示意图

全备弹丸主要由无线电引信及战斗部组成，无线电引信主要由电子部件和压螺、引信体、传爆管、隔爆板、保险机构等组成，如图1所示。半备弹丸主要由弹体、头螺、外套、定位环、钨球套、弹带及炸药装药组成。经过对现场试验条件进行检查，火炮后坐长度在正常范围内。火炮射弹前及射弹后炮口和膛内均无异物，火炮退壳及试后药筒无异常。该发弹药膛压测试值与同组其他数据无明显差异。

爆炸后产生的残片分布在距离炮口40～500 m范围，残片主要包括摘火引信电路板残片、传爆管残片、隔爆板残片、压螺残片、半备弹丸钨球套残片、外套残片、头螺残片、弹体前部残片及炸药残粒等，如图2所示。

图 2　残骸拼接图

2　试验故障分析

2.1　雷达测速曲线分析

将正常弹丸和故障弹丸的雷达瀑布图进行了分析（图 3），经对比可掌握弹丸在弹道上的大致飞行情况与正常弹丸有较大差异。

（1）弹丸出炮口至飞行 0.02 s，弹丸飞行距离与正常弹丸曲线一致。

（2）弹丸出炮口 0.03 s 后，正常弹丸曲线单一，故障弹丸曲线出现多个分支。

（3）从该点之后，故障弹丸速度下降量明显高于正常弹丸。

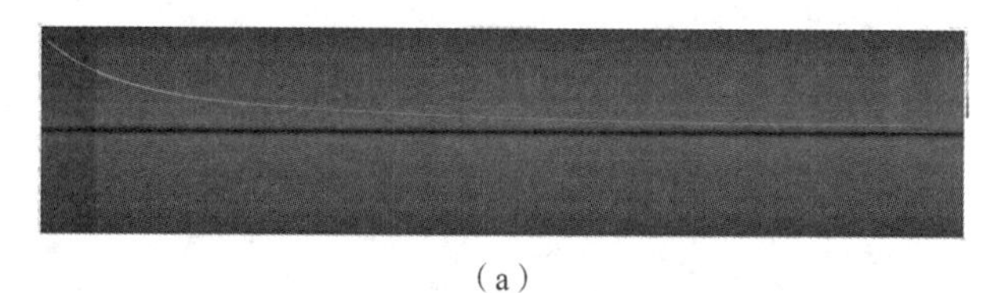

（a）

（b）

图 3　雷达瀑布图

（a）正常飞行弹丸 v–t 图；（b）异常飞行弹丸 v–t 图

总结以上分析可以得出：

（1）从发射后 0.02 s 之内，弹丸飞行正常。

（2）爆炸发生在弹丸飞行 0.02~0.03 s，弹丸上有明显残片脱落。

2.2 爆炸残片分析

回收残骸中包括残片和部分炸药残粒，残片普遍较大，尺寸最大的残片达 36 mm×160 mm（图 4），回收残片中包含大量塑料钨球套残片，部分残片中仍有钨球（图 5），结合空爆声音可以判断，弹丸并未爆炸完全。头螺断裂位置位于弹体与引信连接之间的两螺纹根部，弹体断裂位置发生在螺纹根部（图 6），且未找到任何下半部分残片，说明爆炸主要能量集中在弹丸头部，炸点应位于弹丸前端药柱。另外，传爆管底部残片周边有明显剪切特征，中心向弹头方向凹陷，凹陷部位粘有炸药药粒。隔爆板被从中间剪成较规则圆环状，剪切方向从引信底部向上（图 7），说明爆炸方向是由药柱向引信前端，爆炸点在引信下端与药面接触部位。

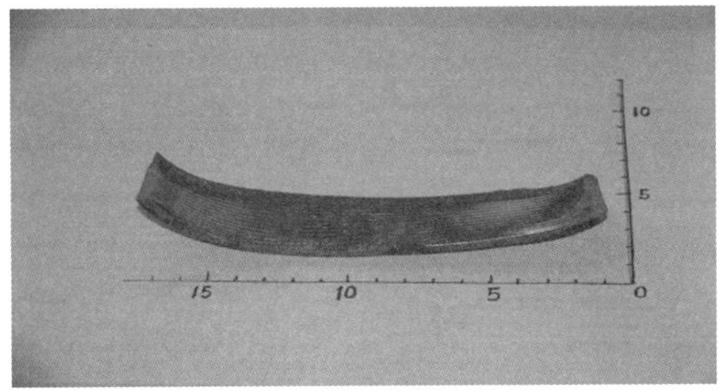

图 4　最大残片

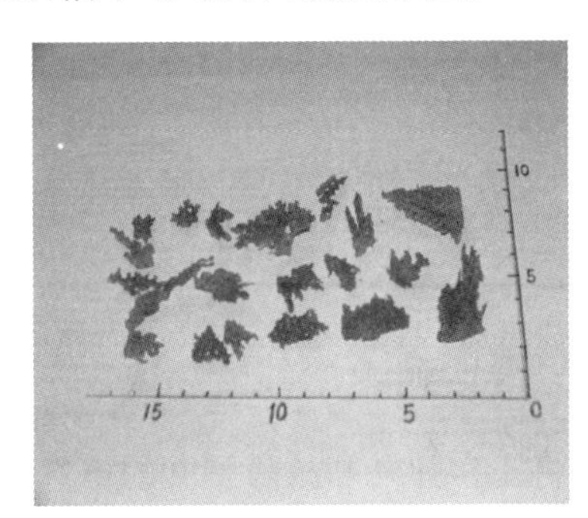

图 5　钨球套残片

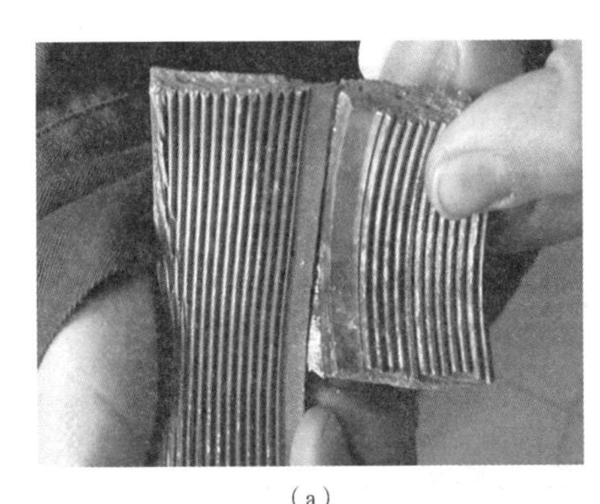

（a）

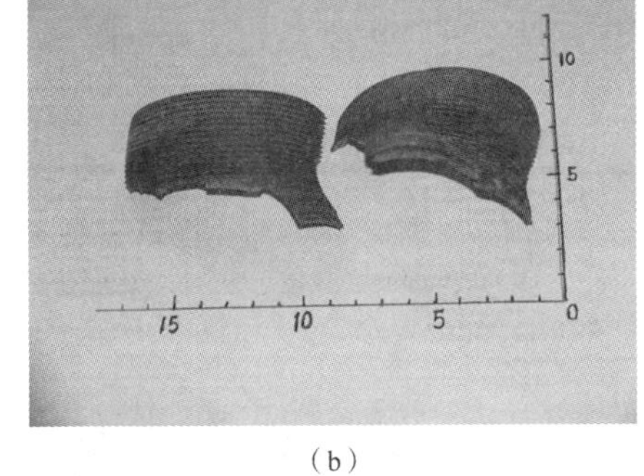

（b）

图 6　头螺、弹体残片图

（a）头螺残片；（b）弹体残片

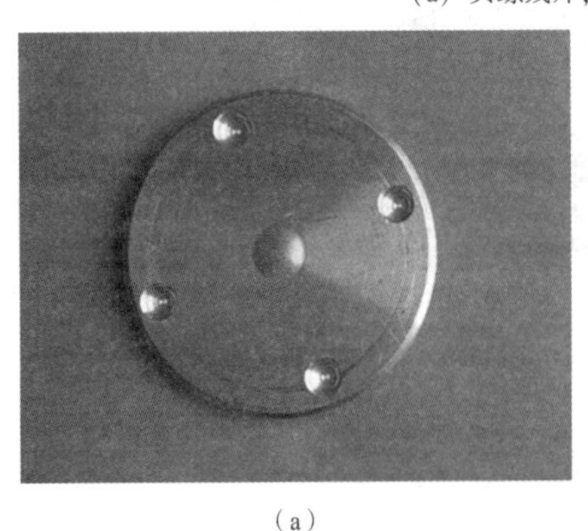

（a）

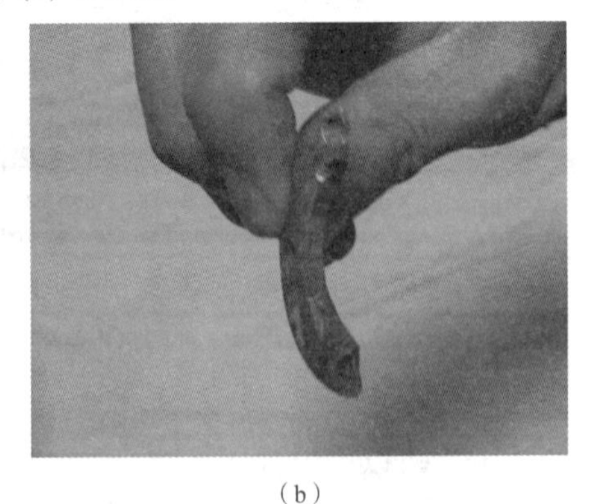

（b）

图 7　隔爆板残片

（a）正常隔爆板；（b）回收到的隔爆板

3 试验故障定位

为查明故障原因，采用故障树分析方法，从弹药使用特点、生产过程控制、检验、检测等各个方面进行了分析和排查，弹道炸的故障树如图 8 所示。

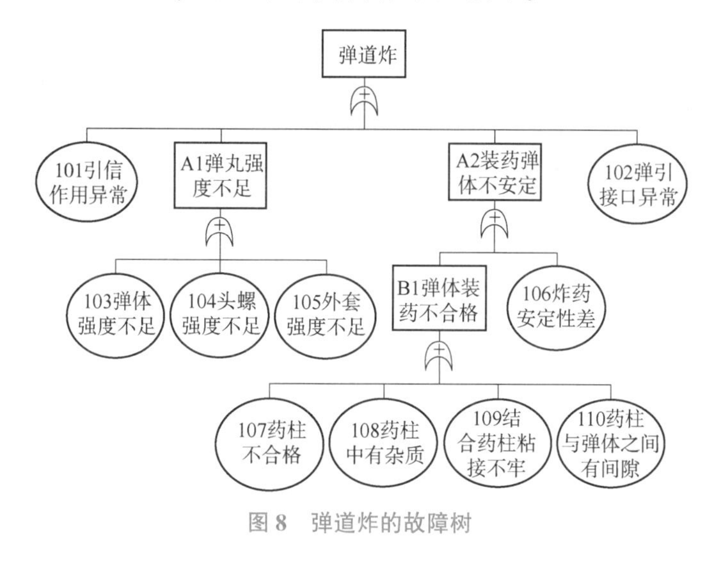

图 8 弹道炸的故障树

根据故障树，造成弹道炸的因素有引信作用异常、弹丸强度不足、装药弹体不安定、弹引接口异常等几方面。

（1）引信作用异常。本次试验所用引信为摘火引信，不存在引信作用异常的情况。排除该项因素。

（2）弹丸强度不足。造成弹丸强度不足的主要因素有弹体强度不足、头螺强度不足、外套强度不足几个方面。故障发生后，针对可能造成弹丸强度不足的弹体、头螺、外套等的生产过程进行了排查，所有零件不存在超差品利用情况。

（3）装药弹体不安定。造成装药弹体不安定的主要因素有炸药安定性差、弹体装药不合格两个方面。

①炸药安定性差。该批药柱所用炸药原材料严格按进厂验收规范进行了复验，经理化分析，各项指标全部符合要求。问题发生后，对该批的 JHL-2 炸药的摩擦感度和冲击感度进行了复检检测，结果符合指标要求。排除该项因素。

②弹体装药不合格。弹体装药不合格包括以下几个因素：药柱不合格、药柱中有杂质、组合药柱粘接不牢、药柱与弹体之间有间隙。药柱压制过程中，对每班压制药柱的质量、高度和外观进行了 100%检验，没有杂质，没有不合格药柱。弹体装药是采用负压灌封工艺将组合药柱压入弹体，填充剂填充弹体与药柱之间的间隙，并将药柱和弹体粘接牢固。抽取两发进行了剖切检验，检查药柱无杂质无裂纹、药柱和弹体之间没有间隙。用工业 CT 检测药柱质量合格，药柱与弹体之间填充物符合产品图样要求没有间隙，弹体底部无底隙。

③炸药装药质量工业 CT 检测情况。为了确认炸药装药的工艺保证情况，抽取 30 发 2012-3 该批半备弹丸检查，药面完好、虫胶漆均匀，药柱没有松动现象，药面深度符合产品图的要求。

④前期试验情况。在该弹的试制生产阶段，装药弹体射击安定性试验所用的引信均为摘火引信，几年来在射击过程中均未出现膛炸、弹道炸及落地爆。

（4）弹引接口异常。由产品结构可知，弹与引信之间通过螺纹连接，通过计算引信底部与药柱顶部距离（以下简称引弹间隙）最小为 0.6 mm。如果引信旋入部长度超差、炸药药面深度超差、压螺松导致引信体伸入弹丸口部长度超差，都会使引弹间隙变小，甚至引信底部直接压触到炸药面。当引信底部与炸药顶部成为受力面时，发射时当其应力与时间累积形成的冲击起爆值大于炸药的冲击起爆阈值时，使口部炸药半爆。

①配合尺寸检查。故障发生后，对弹引配合尺寸进行了计算和分析，并对该批摘火引信进行了检查、检测，未发现超差现象。

②摘火引信状态检查。为了充分检查本次试验用摘火引信的状态，对抽取结存的摘火引信进行了拆解检查，具体情况为：个别引信各螺纹连接部位未涂胶；经实际检测，在引信压螺旋松失去轴向定位情况下，引信底端面轴向可移动量达 2.5 mm。

综上，参试的该批摘火引信，虽然在配合尺寸检查方面未见异常，但存在压螺松动和个别未涂胶的问题。从该批参试产品来看，在引信压螺螺纹未涂胶时，引信压螺旋松且轴向定位失效的情况下，装配后或发射后有可能出现引信底端面与药柱接触，这是可能产生弹道早炸的原因。

4 结束语

通过上文的分析可以看出，弹丸早炸为引信与弹体装药在尺寸上的匹配性较差所致。在弹药系统设计和试验工作中，应充分认识产品特点，重视产品机构设计和原理，分析产品与激励环境的敏感性，在试验设计中应充分认识产品的整个作用剖面，重视系统各部分相互之间和与环境之间相互作用过程中所产生的特有的条件。

参考文献

[1] 胡昌华. 控制系统故障诊断与容错控制的分析和设计［M］. 北京：国防工业出版社，2008.
[2] 鲍廷钰. 内弹道学［M］. 北京：北京理工大学出版社，1995.
[3] 韩子鹏. 弹箭外弹道学［M］. 北京：北京理工大学出版社，2008.

Multisim 在引信远距离接电故障分析中的应用

刘刚，王侠，范斌

试验技术部三室

摘　要：本文从试验故障现象入手，在深入理解引信电路设计特点、元器件功能、电路工作原理的基础上，运用 Multisim9 电路仿真软件对某引信改进前电路和改进后电路进行计算机仿真，从而对故障原因进行定位分析，为今后解决类似问题提供了实践和理论经验。

关键词：引信；远距离接电；故障；计算机仿真

0　引言

远距离接电时间是无线电引信设计流程中的一个重要功能参数，是确保引信探测控制电路供电的唯一手段，接电时间的长短直接影响到引信的工作效率和弹丸的战场生存能力。对试验鉴定而言，为了满足一定的试验和测试条件，一般要对远距离接电电路进行必要的改装(对毫米波无线电引信更是如此)。

在某毫米波无线电引信设计定型试验中，据此思路对其接电电路进行了改装，但实弹射击时，出现了多发引信碰地炸现象，经分析主要是电路改装不当引起的。为此，运用 Multisim 电路仿真软件对改装引信改进前后电路进行了仿真分析计算，并经实弹射击验证，取得了满意的结果。

1　故障原因分析及仿真计算

1.1　故障现象及原因分析

在某型引信设计定型过程中，为满足试验要求，对正常引信远距离接电电路进行了改装，改装引信在实验室条件下进行了验证，满足试验要求，但在实弹射击时却出现了部分引信作用情况异常的现象。试验情况如下：

某型引信 8 发，配 PL59A 式 130 mm 加农炮 Ⅰ 型杀爆榴弹在全装药、常温、42°射角条件下对空射击。试验结果：在总共 8 发引信中，有 5 发异常（碰地炸），异常率为 62.5%，远远超出预计。

针对以上试验结果，展开原因分析：

(1) 引信远距离接电机构本身问题。

根据前期试验情况，正常引信（未改装引信）除极少数瞎火外，均能可靠近炸，表明引信远距离接电机构工作较可靠，远距离接电机构存在问题的可能性较小。

（2）引信接电时间散布过大。

从现场射击记录看，出现引信碰炸后及时进行调整，缩短了引信装定时间，然而，碰炸现象依然继续发生，完全超出接电时间散布范围，因此，这一原因可以排除。

（3）电路强度和工艺问题。

改装引信主要对电路参数进行改动设计，并没有改变引信结构，因此，该问题可以归结到原因 1，也就是说，如果电路强度不够或工艺控制不严，那么正常引信试验结果必将受到很大影响。因此，这一原因也可排除。

根据以上原因分析，可初步认定改装电路本身存在缺陷，导致引信不能按预期正常起爆。

1.2 仿真计算

改装引信与正常引信相比，其主要区别在于用导通电路替代了探测控制电路。改装引信导通电路原理图如图 1 所示（方便起见，电雷管以内阻 R_2 代替）。

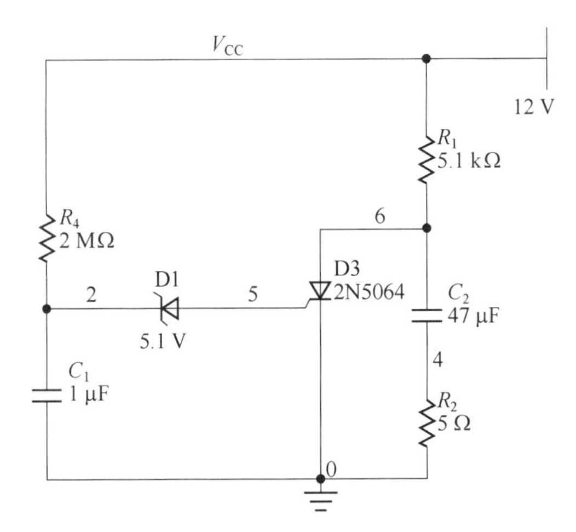

图 1 改装引信导通电路原理图

理想工作过程：电路导通后，电源 V_{CC} 通过电阻 R_4 对电容 C_1 充电，C_1 两端的电压不断升高，当接近稳压管 D1 的导通电压 5.1 V 时，稳压管被击穿，实现导通，如果导通电流大于闸流管 D3 的门极触发电流且满足一定持续时间时，闸流管阳极和阴极将导通。与上述过程同时进行的是，12 V 电源通过电阻 R_1、R_2 对储能电容 C_2 充电（由于充电电流远远小于电雷管发火电流，因此，此时电雷管是安全的），C_2 两端的电压也将不断升高，一旦闸流管导通，C_2 将通过闸流管迅速向 R_2（电雷管）放电，引爆电雷管进而引爆传爆序列，引信作用。

然而，以上电路是否能够按照理想状态正常工作呢？本文采用 Multisim9 电路仿真软件对以上电路进行了仿真。Multisim9 是加拿大 NIT 公司推出的电子电路仿真分析、设计软件，具有界面直观、操作方便等优点，可以对电子元器件进行一定程度的非线性仿真，测试结果与实际调试基本相似。

其工作界面如图 2 所示。

在本仿真试验中，参照《某型引信设计计算书》及研制人员提供的改装电路示意图选

示波器-XSC1
J1
Key = A
V1
12 V
XSC1
R4
2MΩ
R1
5.1kΩ
U3
0.082u
DC 1e-009Ω
D1
5.1 V
D3
2N5064
C2
47uF-POL
C1
1.0uF
R2
5 Ω
U1
0.020m
DC 1e-009Ω

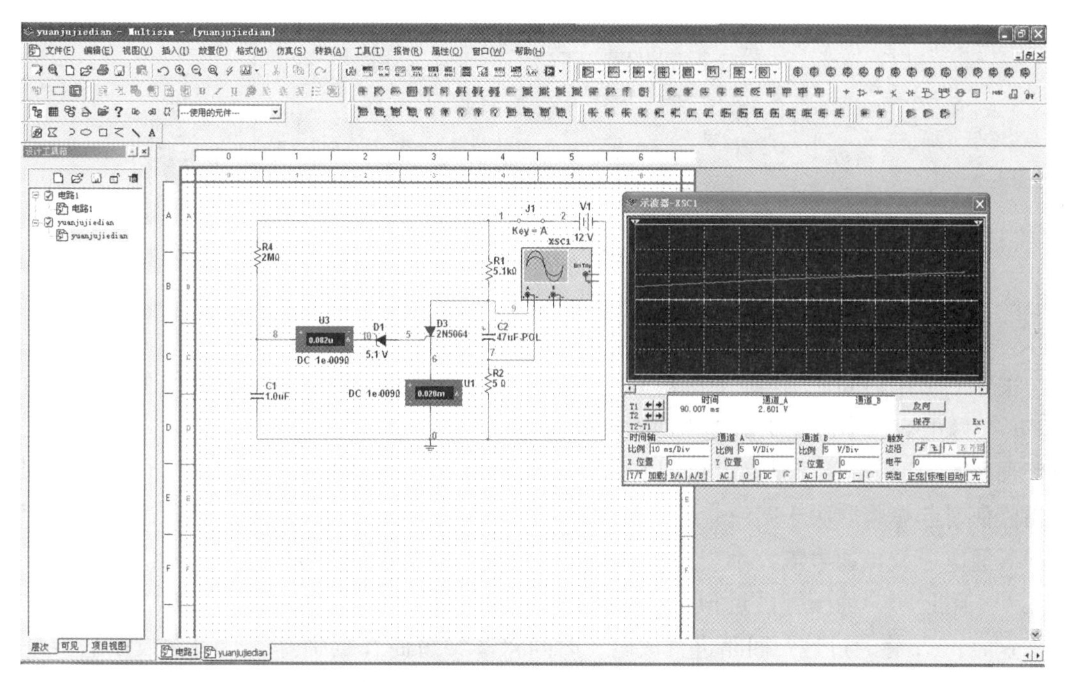

图 2　Multisim9 工作界面

取有关元器件参数，除闸流管 D3 为真实器件外，其余皆为虚拟元件，但参数与实际电路保持一致，不影响仿真结果。仿真开始之前首先设置有关仿真参数，主要是电路瞬态分析初始条件，由于电路工作前 C_1、C_2 两端不可能有电压值，其余元件也都未工作，因此初始条件设置为 0，如图 3 所示。

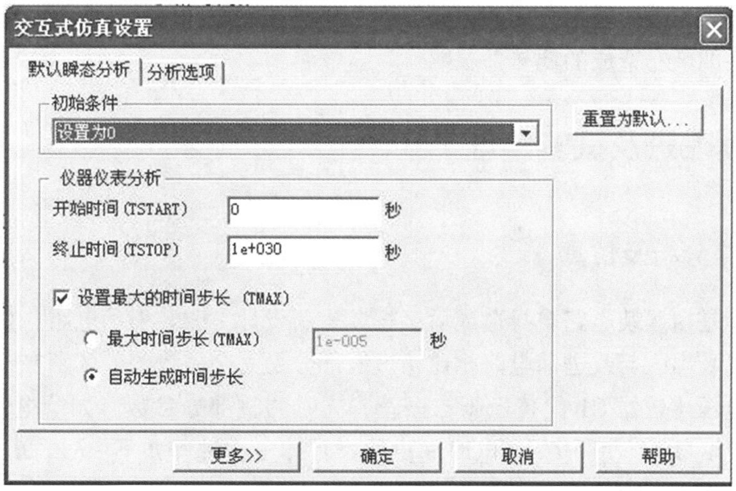

交互式仿真设置
默认瞬态分析
分析选项
初始条件
设置为0
重置为默认...
仪器仪表分析
开始时间 (TSTART)
0
秒
终止时间 (TSTOP)
1e+030
秒
设置最大的时间步长 (TMAX)
最大时间步长 (TMAX)
1e-005
秒
自动生成时间步长
更多>>
确定
取消
帮助

图 3　仿真初始条件的选择

电压值的示波器监测结果显示，储能电容 C_2 两端电压从 0 增长到 12 V 左右后，一直保持稳定，没有下降的趋势，表明储能电容没有放电过程，进一步说明闸流管 D3 一直处于未导通状态。而电容 C_1 两端电压在升高到接近稳压二极管 D1 的反向导通电压 5.1 V 时，同样持续稳定。图 4 中上曲线为 C_2 两端电压，下曲线为 C_1 两端电压。

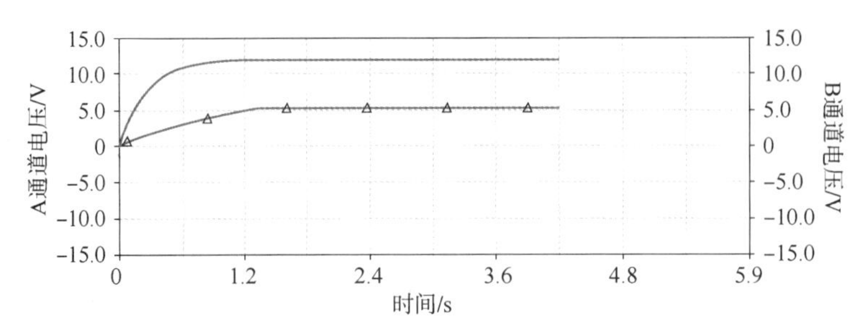

图 4　改装引信导通电路仿真曲线

关于 C_1、C_2 电压为何维持在 5.1 V、12 V 左右而不再下降，本文提供如下解释：由于 C_1 和 C_2 两电容在本电路中的充电时常数相差悬殊，C_1 为 2 s，C_2 为 0.24 s 左右，C_2 充电时间要比 C_1 快得多，很早就已达到电雷管的发火电压，这在图 4 中表现得非常清楚。因此，电雷管何时起爆将取决于闸流管的导通时间，而后者主要取决于 C_1 电压何时达到稳压管的反向导通电压及导通电流大小、持续时间能否满足闸流管的门极触发条件。由于 C_1 电压达到 5.1 V 附近时，稳压管已近似导通，导通电流可以通过闸流管门极、阴极之间而形成回路，这时，C_1 将通过这一回路进行放电，时间将非常短促（据估算，时间常数在毫秒级），加上电流太小，因此闸流管无法导通。当放电过程结束后，C_1 电压由于放电而略微降低，导致稳压管脱离近似导通状态，恢复开路状态。这时电源继续向 C_1 充电，重复以上过程。综上所述，稳压管的导通、截止，电容 C_1 的充电、放电相互影响，相互制约，宏观上形成了 C_1 电压持续不变，稳压管 D1 时通时断，闸流管持续无法导通，C_2 无法向电雷管放电，电雷管无法起爆。

从以上讨论可看到，本次改装电路在设计上有不足之处，导致闸流管无法导通或导通不确实，是引信空炸失效而转为碰炸的主要原因。至于试验中出现的 3 发正常空炸情况，则可理解为是元器件的散布造成的偶然情况。

2　电路后续改进及试验验证

2.1　改进电路分析及仿真

在明确故障是由改装电路自身造成后，据此重新设计了改装引信电路，如图 5 所示。

从图 5 可以看出，与改进前电路相比，虚线部分是完全一致的，区别在于左边部分，其核心是用一个电压比较器 U1 代替稳压二极管，同时调整部分参数，如给电容 C_1 充电的电阻由 2 MΩ 改为 1 MΩ，使得 C_1 充电时间更快。具体工作过程如下：R_5、R_6 通过对电源的分压，然后连接电压比较器的负极，使得电压比较器的比较基准稳定在 6 V，电源通过电阻 R_1 对 C_1 充电，当 C_1 电压小于 6 V 时，电压比较器输出低电平（接近于 0 V），由于电压太小，因此闸流管无法导通。随着 C_1 不断充电，当其电压高于 6 V 时，电压比较器的输出将发生突变，由低电平跳至高电平（接近于电源电压），闸流管门极电流猛增，满足其触发条件，闸流管导通，C_2 通过闸流管对电雷管放电，瞬间大电流导致电雷管爆炸。

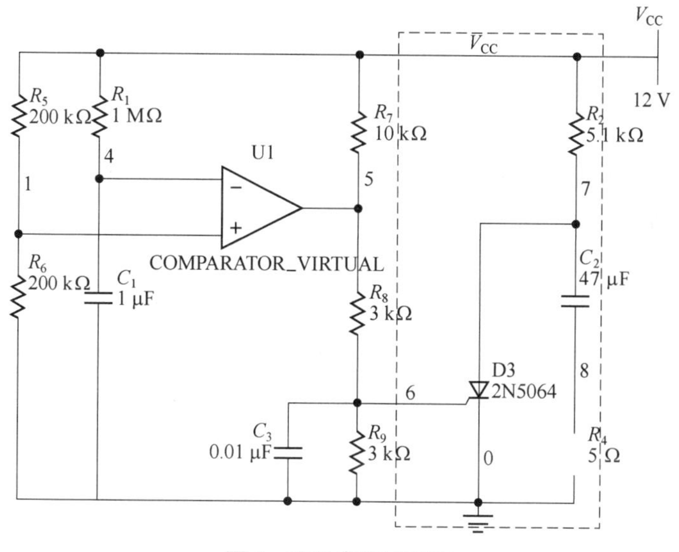

图 5　改进电路原理图

改进后电路同样进行了仿真实验，图 6 所示为示波器监测到的 C_1、C_2 电压对比图，上线为 C_1 电压，下线为 C_2 电压。可以看出，在 C_1 电压达到 6 V 后，C_2 电压有一个明显且持续时间极短的下降过程，这就是 C_2 的放电过程。

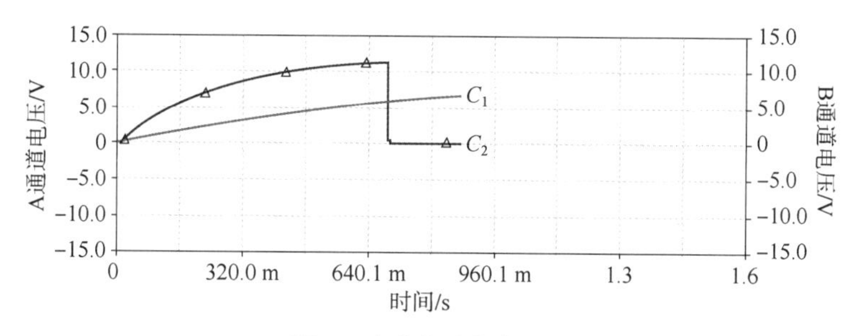

图 6　改进电路仿真曲线

从以上讨论可以看出，改进后电路虽然相比之前复杂了一些，但是优势在于采用电压比较器输出端作为控制闸流管门极的控制电压，其技术关键在于电压比较器输出由低电平跳至高电平后，C_1 电压持续升高，电压比较器输出维持在高电平不变，使得闸流管门极始终维持在触发状态，确保闸流管导通状态不易受其他因素干扰，导通作用更加确实，从而让电容 C_1 充电充分，确保其放电时能提供足够大的瞬间发火电流引爆电雷管。

2.2　改进引信试验验证

改进后引信实弹验证试验：某型改装引信 5 发，配 PL66 式 152 mm 加榴炮 Ⅰ 型杀爆榴弹在 3#装药、常温、27°射角条件下对空射击，引信均正常空炸，初步表明故障原因分析正确，改进措施有效。

随后，基地对改进后引信进行了设计定型后续试验，某型改装引信 9 发，配 PL96 式 122 mm 榴弹炮杀爆榴弹在全装药、常温、46°射角条件下对空射击，试验结果：引信均正常空炸，表明改进后的引信改装电路工作可靠，是切实可行的。

3 结束语

本文在深入理解引信改装电路功能的基础上，利用 Multisim 仿真软件对引信改装电路进行仿真分析，结果证明，这一手段是行之有效的。本文的研究内容在今后类似产品上有进一步拓展应用的空间，其主要思路是把靶场职能从产品进场之后的严格考核逐步向产品的设计过程延伸，有利于从细微处把握产品性能，对产品故障原因进行迅速定位。

另外，还有一点值得今后特别留意，那就是如何避免改装引起的试验故障及出现故障后如何鉴别故障来源。本文仅仅是抛砖引玉，未来研究工作仍需进一步深入。

参考文献

[1] 徐清泉，程受浩．近炸引信测试技术［M］．北京：北京理工大学出版社，1996.
[2] PF-1 无线电近炸引信反求工程研究报告［R］．北京：北京理工大学出版社，1994.
[3] 张玉琤．近炸引信设计原理［M］．北京：北京理工大学出版社，1996.

某型电容近炸引信失效机理分析

刘刚，高波，陈维波

中国华阴兵器试验中心，华阴 714200

摘　要：本文针对某型电容近炸引信试验过程中出现的零炸高情况，从几个可能方面进行分析，最后从引信空气动力热因素入手，找出了该电容近炸引信近炸失效的原因，提出了改进建议，并在后续的试验中得到了验证。

关键词：电容引信；空气动力热；近炸失效

1　问题的产生

在某型电容近炸引信定型试验中，该引信装定近炸，配用 PL59 式 130 mm 加农炮预制破片榴弹，在全号装药下对地射击一组 15 发，全部未实现近炸。经实地测量，组平均弹坑尺寸长、宽、深分别大于 2.4 m、3.1 m、0.7 m，其作用效果与延期引信相当。而机械触发引信在相同试验条件下坑深只有 0.4 m。由于电容近炸引信主配弹药为预制破片弹，其近炸可靠性将直接影响武器弹药的毁伤性能。在对部分弹坑进行挖掘后，我们发现大量的预制破片残留在弹坑中，而弹坑四周几乎找不到预制破片；同时，从弹坑中挖掘出的弹片总重达 5 kg以上，且弹片体积较大。由此可见，当电容近炸引信出现碰地炸时，弹药几乎完全失去了其预定的作战效能。

2　原因讨论和分析

经过对该引信的结构、作用原理及试验条件、炸点现场进行分析后我们认为，有可能是以下几种原因造成了引信近炸失效：

（1）传爆时间过长。由于电容引信炸高较低，一般在 0.3～1 m，若引信传爆时间过长，即从发火控制电路发出起爆指令到引信引爆弹丸的时间过长，导致弹丸在爆炸前已经触地。

（2）引信发火控制电路参数设计不合理，其起爆时所需要的电容变化速率和幅度阈值设置过高，从而引信的理论炸高过低，加上引信传爆序列时间和电路响应时间的迟滞，导致引信出现零炸高。

（3）引信电极焊点松动或脱落：①引信在膛内纵向及横向加速度超出承受范围，导致焊点出现开裂分离；②弹丸高速飞行中，引信头部与空气摩擦产生很高的阻滞温度，造成焊点熔化。这将导致电极连接出现松动、脱落、连接不可靠等现象，进而使引信近炸失效。

针对以上三种可能因素，我们予以一一分析。

（1）对于第一种原因，我们利用基地现有的设备，采取静爆的方法，对引信传爆时间进行了测试。将引信配 130 砂弹（位于弹体与引信连接处下方传爆管位置，在弹体上均布 6 个 ϕ8 mm 通孔）与该引信所用电雷管进行并联，用 24 V 直流电源引爆，用高速录像拍摄整个起爆过程，拍摄频率为 10 000 帧/s。用弹体上通孔出现火光的帧数减去电雷管爆炸时的帧数就可以得到引信的传爆时间。共试验 9 发，平均传爆时间为 0.23 ms，最大为 0.5 ms，最小为 0.1 ms。而 PL59 式 130 mm 加农炮预制破片弹全装药、大射角条件下射击时，其落速大约为 330 m/s，考虑到弹丸落角，这样算出来，从引信点火系统输出点火信号到传爆管爆炸，弹丸最大下降距离仅为 0.12 m。由此可见，对于电容引信来说，传爆时间不是造成电容引信近炸失效并形成异常炸坑的主要原因。

（2）对于引信发火控制系统电路参数的可能问题，我们与研制单位一起，用半实物仿真系统对同一批该电容引信的电路控制部分进行仿真测试，测试结果产生后把探测灵敏度基本一致的引信随机分为两组，分别配用于 PL59 式 130 mm 加农炮杀伤爆破榴弹和 PL66 式 152 mm 加榴炮杀伤爆破榴弹，在全装药、相同射角条件下对地射击，试验结果为配用于 PL66 式 152 mm 加榴炮杀伤爆破榴弹的引信炸高均在正常范围内，而配用于 PL59 式 130 mm 加农炮杀伤爆破榴弹的引信问题依然存在。这就间接说明了引信发火控制系统的信号处理器参数本身没有问题，而是跟配用弹种或发射环境有着某种联系。

（3）首先通过振动试验和锤击试验，试后分解引信检查焊点和测试近炸电路连接情况，发现无异常，这就排除了引信由于膛内纵侧向加速度引起近炸失效的可能性。

然后通过仔细分析试验数据，我们发现，近炸失效绝大多数都发生在初速较高的 130 mm 加农炮弹种上，而初速较低的 152 mm 加榴炮弹种近炸失效的引信数量极少，这就给我们寻找故障原因提供了一个突破口。

通过查阅资料，我们了解到空气是有黏性的，由于黏性系数很小，平时很难看出它的黏性作用，当弹丸以超声速在空气中运动时，就会充分体现出空气的黏滞作用。在其作用下，紧贴弹体表面的空气被迟滞而黏附于弹体上，相对速度降为零。弹体表面这层不流动的空气层，再通过空气层之间的黏力，使得较上面一层的空气减速。于是，一层牵扯一层，逐步向外扩展，空气速度很快增长到自由速度从而形成空气附面层。在附面层内，由于空气黏性的影响，外层空气对内层空气以及空气与弹体表面做摩擦功，不可逆转地将动能转化为热能，附面层的空气被加热，温度升高。附面层内空气温度升高的同时向温度较低的弹体表面进行对流传热，使得弹体表面温度升高，形成阻滞温度。

弹体表面空气动力热带来的阻滞温度的分布，是从弹头部顶端开始沿弹体轴向逐步减小的，也就是说弹头顶端为驻点，温度最高。另外，高速飞行的弹丸受到气动力加热作用，其温度上升速率是非常高的。由实验得知，20 mm 航空炮弹在出炮口不到 1 s 的时间内，弹体温度可以达到最大值，气动力加热能引起以 1 100 m/s 初速的近炸引信塑料风帽在 0.1 s 内熔化。由此可知，空气动力加热对弹头引信的影响是非常大的。

其简单计算公式如下：

引信驻点的阻滞温度

$$T_1 = T_0(1+0.2M_2)$$

引信表面阻滞温度

$$T_2 = T_0(1+0.2RM_2)$$

式中，T_1 为在驻点处的阻滞温度，单位 K；T_2 为引信表面阻滞温度，单位 K；T_0 为环境温度，单位 K；M 为马赫数；R 为温度恢复系数，对于弹头引信，其值约为 0.85。

用以上公式可以计算出常温下不同速度产生的气动热阻滞温度，如表 1 所示。

表 1　常温下不同速度产生的气动热阻滞温度

速度/($m \cdot s^{-1}$)	400	500	600	655	705	810	930	1 000	1 100
驻点阻滞温度/℃	94	139	194	229	263	342	446	513	618
表面阻滞温度/℃	83	121	167	197	226	293	381	439	527

同样，用以上公式也可以计算出 130 mm 加农炮全装药条件下以 27.5°射角出炮口短时间内由气动力热形成的表面阻滞温度，如表 2 所示。

表 2　气动力形成的表面阻滞温度

时间/s	射程/m	高度/m	速度/($m \cdot s^{-1}$)	引信表面阻滞温度/℃
0	0	0	930	381
1	802	413	875	339
2.5	1 928	974	805	289
3.0	2 286	1 148	784	275
4.0	2 977	1 476	746	250
5.5	3 960	1 925	695	219
7.0	4 885	2 327	651	194

当该电容引信配用于 PL59 式 130 mm 加农炮杀伤爆破榴弹，并以全装药射击时，其初速大约为 930 m/s，而由弹道理论计算得知，3 s 之内其速度将保持在 784 m/s 以上。根据以上讨论可以看出，以如此高的速度在空气中飞行，该引信表面阻滞温度 3 s 之内将保持 275 ℃ 以上的高温。

下面我们对某电容引信的具体情况予以研究，分析空气动力热对其产生的影响。

该电容引信的结构如图 1 所示。

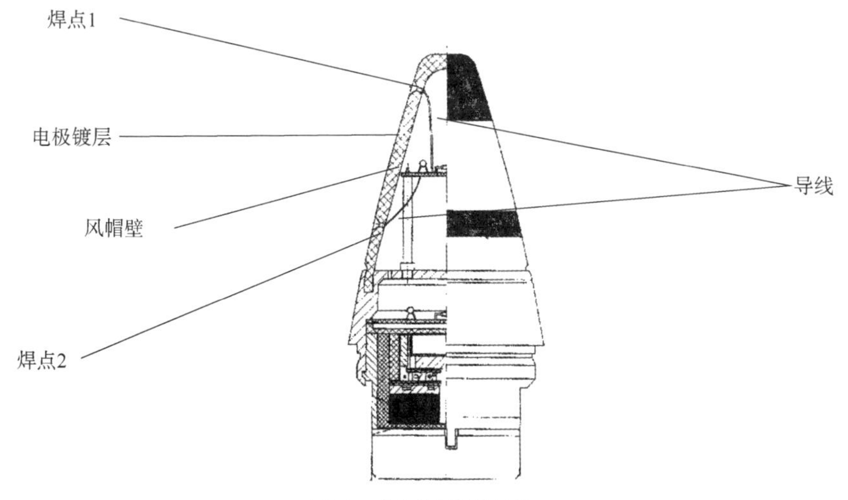

图 1　电容引信的结构

该引信电子部件外层为风帽，风帽外层镀有0.08 mm厚电极，其中焊点1和焊点2将电极与探测电路相连接，两电极之间绝缘，另外弹体为第三极。当弹目接近时，由于目标与各电极之间分别形成互电容，所以极间电容要发生变化，因而信号处理器的振荡频率和振荡幅度都要发生变化，这将影响检波器的输入信号。把弹目接近时振荡电压信号的变化通过检波器检测出来，就可以得到目标信号，电压变化达到预定值后，信号处理器就会输出启动信号，进而实现引信的适时起爆。而引信的准确适时起爆是建立在各部件正常工作的基础上的，一旦某个部件出现了不可预测的故障都会直接影响电容引信的正常近炸。

通过对引信结构的分析，我们发现作为引信内部电路与外镀电极连接中转的焊点是其一个相对脆弱的地方。根据理论计算，引信高速飞行过程中产生的表面阻滞温度峰值大约是380 ℃，而电容近炸引信电极焊点材料为铅锡料，熔点不超过200 ℃。这就说明，引信在超高速飞行过程中产生的大量的空气动力热极有可能造成电容近炸引信电极焊点在很短的时间内熔化，引起电极与内部探测电路接触不良甚至开裂脱落。这样，本来装定近炸的电容引信由于电极的故障无法按照弹目交会条件正常近炸，从而导致失效。同时，我们模拟引信飞行中产生的气动力热，将该电容引信浸入高温氯化钾溶液（400 ℃），1 s后取出进行检查，发现焊点熔化，电极有脱落、连接不可靠等现象，初步证明我们的判断正确，并提出内置电极的改进建议。

3 验证及结论

为了进一步判明引信究竟是不是因为大量气动力热的产生导致失效，研制方在后续试验中对一定数量的该电容近炸引信做了改进以期验证：将电极位置从原来的最外层改为内置，并于电极外面加装起固定作用的小风帽，最外层为具有一定耐高热特性的增强聚苯醚大风帽，以尽量避免焊点以及电极在飞行过程中温度过高，如图2所示。

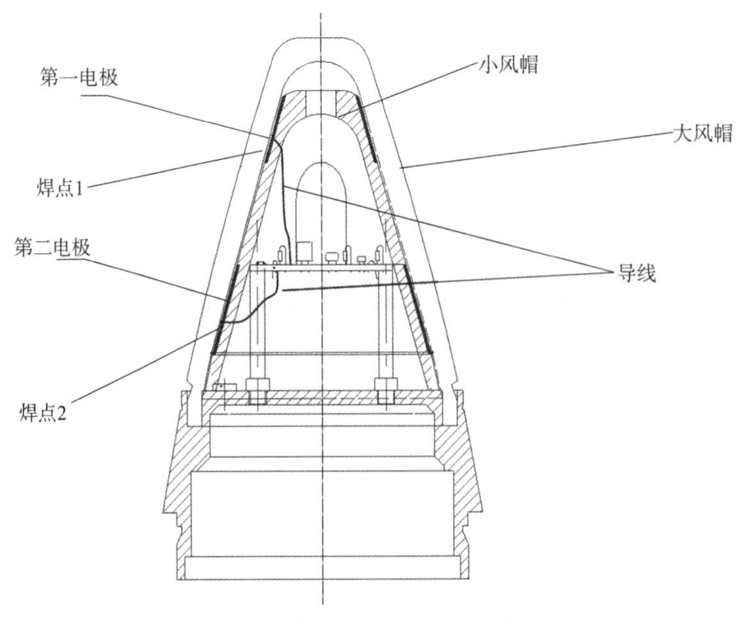

图2 改进后的电容近炸引信

改进后引信首先做高温浸透试验，将内置电极的风帽浸入同温度的高温氯化钾液中，7 s后取出，检查时未发现焊点熔化脱落及连接不可靠等现象。之后进行靶场试验，改进后引信配 PL59 式 130 mm 加农炮杀伤爆破榴弹，在不同装药号条件下对地射击，试验结果如表 3 所示。

表 3　试验结果

组别	初速/(m·s^{-1})	炸高/m							炸坑情况
1	930	0.50	0.45						共射击 10 发，1 发触地炸，弹坑直径 1.5 m，深 0.4 m，其余弹坑为扇形
2	930	0.55	0.50	0.50	0.60	0.45			共射击 10 发，1 发触地炸，弹坑直径 2.0 m，深 0.4 m，其余弹坑为扇形
3	705	0.65	0.50	0.55	0.50	0.50	0.50	0.50	弹坑均为扇形
4	621	0.45	0.55	0.50	0.45	0.45			弹坑均为扇形
注：以上数据均为进入高速录像视场内的引信炸高									

试验后对所有弹坑进行测量，仅 2 发形成明显弹坑（高速录像测得其炸高为 0），其余弹坑均呈扇形，且弹坑尺寸较为一致，弹坑中残留弹片极少。由此可以看出，之前我们分析的空气动力热导致引信失效这一判断是正确的，改进措施有效，引信近炸性能得到明显提高，有利于发挥弹药系统的毁伤能力。

结论：该型电容近炸引信失效是由于高速飞行时与空气形成的大量空气动力热导致引信受热量超出承受范围，焊点熔化松动造成的。根据以上分析及试验验证，我们有理由认为这一结论是准确可信的。

4　结束语

本文通过试验发现了空气动力热这一容易被忽略的引信故障原因。实际上，空气动力热对引信的影响远不止本文提到的例子，某些高初速引信的早炸、瞎火等失效现象如果从空气阻滞温度这方面去考虑分析，也许会不无裨益，引信设计工作者也应给予其足够考虑。

参考文献

[1] 王玉涛，等. 再谈空气动力热对引信的影响 [C]. 第十四届引信学术年会论文集，2005.
[2] 崔占忠，宋世和. 近感引信原理 [M]. 北京：北京理工大学出版社，1998.

引信自毁时间偏短原因初探

刘刚，王侠，丁锋

中国华阴兵器试验中心，陕西华阴 714200

摘　要：本文由某引信自毁时间出现偏短的试验结果出发，从引信结构参数和加工质量、射角、气象条件、身管状态等方面入手，探讨了引起引信自毁时间异常的因素，并着重用方差分析法对身管状态进行显著性检验，最后通过射击回收的方法找出了问题的原因。

关键词：引信；自毁时间；方差分析；显著性检验

0　引言

担负对空作战使命的弹药在未命中目标或未达到预期攻击效果的情况下，为了预防弹药落到己方作战阵地或作战编队上，从而引起误伤，都必须设置安全机构来予以保障，而这一任务，绝大部分都由其配用引信来完成。

目前，大部分引信自毁机构都采用离心自毁方式，它是利用弹丸在外弹道飞行过程中转速逐步衰减，引信离心力减小这一原理而设计出来的。当引信转速减小到某一值时，引信预期发火，起爆弹丸。离心自毁机构与原来的火药自毁机构或钟表自毁机构以及电路自毁机构相比有其特有的优点，能够随着发射环境的变化自动调整。然而，正是这一特点使得引信自毁时间在不同的射角、身管状态、气象因素等条件下散布很大。

在某引信试验过程中，充分呈现出这一特点，根据引信战术技术指标要求，在大射角比如 45°以上射角进行射击时，引信自毁时间极少发生超差现象，而在 25°这一射角进行射击时，出现了大量的引信自毁时间偏短的现象。针对这一情况，我们对可能的原因进行分析和排除，以期得到令人信服的结论。

1　引信工作原理及分析

该引信采用的是钢珠式离心自毁机构，发射时，钢球在离心力的作用下从自毁体孔内被甩出到支承体斜面上，这时由于钢球所受离心力向下的分力远远大于自毁簧的抗力，使得自毁体相对引信体保持在静止位置，不得向上运动，此时引信已处于待发状态。当弹丸碰击目标时，引信将正常发火，但如果弹丸未碰到目标时，当弹丸转速降低到自毁转速时，自毁簧的抗力大于钢球所受离心力向下的分力，自毁机构带动发火机构前冲，击针在击针簧抗力作用下向上运动戳击雷管，引信自毁。

由引信的结构特点可以看出，其自毁时间取决于弹丸转速的衰减变化和自毁簧的抗力特性，而弹丸转速的衰减取决于发射和弹道环境，自毁簧的抗力是在引信装配完成之后就已经确定的。因此，我们对其各个诱发因素加以梳理和排除，就可以找到自毁时间失效数过多的原因。

2 试验结果与原因讨论

本次自毁时间试验 25°射角射击试验总失效率达 21%，远远超出预期值。试验结果如表 1 所示。

表 1 试验结果

温度	射击数量	自毁时间超差数	失效率
常温（+15 ℃）	50	10	20%
高温（+50 ℃）	15	4	27%
低温（−40 ℃）	15	3	20%

经过对该引信自毁机构特性的分析，得出其故障树如图 1 所示。

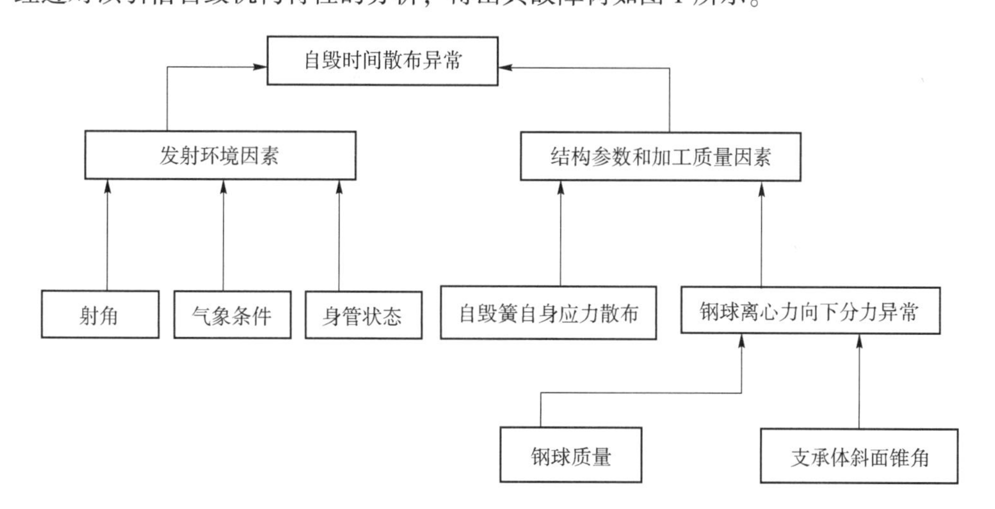

图 1 引信自毁机构的故障树

关于引信结构参数和加工质量的因素，我们通过对以往试验数据和设计文档的调阅，发现钢球质量与支承体斜面锥角在工艺上被较好地控制，同时自毁簧抗力散布方差已较试验前又有所减小，加之引信即便在装配方面有瑕疵，也是偶然事件，无法解释大量引信自毁时间失效的现象。因此，我们把问题的焦点集中在对引信发射环境的分析上。

首先分析射角的影响。从本次试验数据结合以往试验情况来看，采用离心自毁机制的引信无一例外其自毁时间对射角的变化非常敏感，绝大部分自毁失效引信都发生在 25°这一射角上。其原因是离心自毁体制引信在相同初速的条件下，射角越高，弹丸飞行高度就越高，由于空气密度是离地高度的减函数，这样就会造成弹丸越往高处飞行，飞行阻力就越小，其直接效果就是弹丸的旋转衰减速度变慢，增加引信自毁时间；反之，在低射角情况下，弹丸的旋转衰减速度变快，引信自毁时间变小（这就是关于射角因素的定性分析，而引信自毁时间随射角变化的定量关系则因为需牵涉较多的数学及外弹道理论，不在本文讨论范围内）。

以上说明，在射角变化的前提条件下，引信自毁时间的散布是由引信和弹丸本身特性所决定，是完全正常的情形。因此我们认为，在不同的射角条件下讨论自毁时间散布是没有意义的，因为射角变大时引信自毁时间必然在统计意义上变长，所以本文主要讨论的是在同一射角特别是低射角条件下大量引信自毁时间小于指标值，表现出较大差异这一“散布”，这就需要我们做进一步的分析。

其次，关于气象条件对引信飞行期间的影响。由于本次试验持续时间只有 4 h，其间的气象条件基本可看成是没有变化的，其施加于引信的影响可以看作是一致的，依然无法解释同一射角下自毁时间散布过大的现象。

最后是关于身管状态的因素。试验用炮为六管机关炮，在试验过程中，我们对六根身管加以编号，每次射击时实时记录炮管号。首先，本次试验用火炮具有水循环自冷系统，这就排除了由于身管温度不受控制升高造成的弹丸出炮口章动过大以及炮管内弹带积压、发射药残留造成内弹道不稳定从而导致引信自毁时间异常的可能。其次，25°射角下共出现了 17 发自毁时间小于指标值的引信，其中一号管 3 发，二号管 7 发，三号管 1 发，四号管 2 发，五号管 2 发，六号管 2 发。其中二号管发数明显多于其他身管，于是我们很自然地怀疑是该炮工艺上有缺陷，导致各个身管特性有显著差异，加之高温、低温、常温与身管之间可能引起的交互作用，从而致使自毁时间小于指标值的数量大大增加。

3 显著性检验

为了检验这一怀疑是否成立，我们针对自毁时间试验数据，采取方差分析方法对 6 根身管以及常、高、低三个温度予以显著性检验。显然，可利用两因子交互效应有重复情形模型予以分析，其中两个因子分别设定为身管和温度，其中身管因子有 6 个水平，温度有 3 个水平。

这一方法前提是各个水平组合下得到的自毁时间各自服从正态分布，且方差一致。通过对引信自毁作用机理的分析，我们认为该前提是可以满足的。同时，我们利用现有的试验数据分别对战斗炮和弹道炮情形做了 W 正态检验，战斗炮情况：分别对常温下 6 根炮管引信自毁时间数据做 W 正态检验，结果显示在 0.05 的水平下均不能拒绝正态性的假设。（举例：常温 1 号管 $W=8\ 763.3/9\ 440.2=0.928\ 3>0.829$）；弹道炮情况：对常温下 25°射角 30 发弹道炮自毁时间数据做 W 正态性检验，结果 $W=0.962\ 6>0.927$，同样不能拒绝正态性假设，故认为是符合正态分布的。

关于方差一致的条件，由常温 2 号管（9 发）和常温 3 号管（8 发）用 F 检验对其自毁时间方差相同的原假设进行检验，$F=3$ 号管方差/2 号管方差$=0.356\ 7$，其拒绝域为 $F\leqslant 0.204\ 1$ 或 $F\geqslant 4.53$，因此不能拒绝原假设，即在 0.05 的水平下可认为两个炮管分别射击得到的引信自毁时间方差是一致的，其他两两炮管之间的检验结果一样，不再赘述。以上说明两因子显著性检验的前提是正确的。

试验数据如表 2 所示。

表 2　试验数据

温度＼身管	一号管		二号管		三号管		四号管		五号管		六号管		$y_{i..}$
+15 ℃	170	173	120	106	171	187	193	192	185	155	147	131	8 179
	167	141	157	139	190	185	207	140	207	173	176	157	
	114	115	128	207	134	181	123	164	263	124	222	132	
	150	175	128	168	139	165	247	163	138	180	126	212	
	122		192										
	1 325		1 345		1 352		1 429		1 425		1 303		
+50 ℃	187		196		151		187		144		147		2 262
	172		135		164		159		128		127		
	148		108		109								
	507		439		424		346		272		274		
−40 ℃	144		125		187		165		144		164		2 285
	176		109		197		76		155		179		
							158		137		169		
	320		234		384		399		436		512		
$y_{.j.}$	2 152		2 018		2 160		2 174		2 133		2 089		$y_{...}=12\ 726$

检验假设为，温度因子的 3 个水平效应都为 0；炮管因子的 6 个水平效应都为 0；温度因子与炮管因子之间的交互效应也为 0。

记
$$y_{...}=\sum_{i=1}^{a}\sum_{j=1}^{b}\sum_{k=1}^{m_{ij}}y_{ijk}$$
$$y_{i..}=\sum_{j=1}^{b}\sum_{k=1}^{m_{ij}}y_{ijk}$$
$$y_{.j.}=\sum_{i=1}^{a}\sum_{k=1}^{m_{ij}}y_{ijk}$$
$$y_{ij.}=\sum_{k=1}^{m_{ij}}y_{ijk}$$
式中，y_{ijk}为引信自毁时间，其下标表示第一个因子的第 i 个水平与第二个因子的第 j 个水平组合下的第 k 次重复试验；a 为第一因子的总水平数；b 为第二因子的总水平数。由于对本次试验来说，每个水平组合下重复次数不一致，因此，其重复次数可记为 $m_{ij}(i=1,2,3;j=1,2,3,4,5,6)$，对应于本试验的 18 个水平组合。

总偏差平方和：
$$SS_T=\sum_{i=1}^{a}\sum_{j=1}^{b}\sum_{k=1}^{m}y_{ijk}^2-\frac{y_{...}^2}{n}=176^2+173^2+\cdots+170^2-\frac{12\ 726^2}{80}$$
$$=89\ 142$$

温度因子的偏差平方和：

$$SS_A = \sum_{i=1}^{a} \frac{y_{i..}^2}{bm} - \frac{y_{...}^2}{n} = \frac{8\ 179^2}{50} + \frac{2\ 262^2}{15} + \frac{2\ 285^2}{15} - \frac{12\ 726^2}{80} = 2\ 723.6$$

自由度：$a-1=2$；

均方和：$MS_A = SS_A/(a-1) = 1\ 361.8$；

炮管因子的偏差平方和：

$$SS_B = \sum_{j=1}^{b} \frac{y_{.j.}^2}{am} - \frac{y_{...}^2}{n} = \frac{2\ 152^2}{14} + \frac{2\ 018^2}{14} + \frac{2\ 160^2}{13} + \frac{2\ 174^2}{13} + \frac{2\ 133^2}{13} + \frac{2\ 089^2}{13} - \frac{12\ 726^2}{80}$$

$$= 5\ 399.3$$

自由度：$b-1=5$；

均方和：$MS_B = SS_B/(b-1) = 1\ 079.96$；

温度因子与炮管因子交互作用的偏差平方和：

$$SS_{AB} = 2\sum_{i=1}^{a}\sum_{j=1}^{b} m_{ij}\frac{y_{i..}}{m_{i.}}\frac{y_{.j.}}{m_{.j}} + \sum_{i=1}^{a}\sum_{j=1}^{b}\frac{y_{ij.}^2}{m_{ij}} - \frac{y_{...}^2}{n} - SS_A - SS_B - \frac{2y_{...}^2}{n}$$

$$= \frac{1\ 325^2}{9} + \frac{1\ 345^2}{9} + \frac{1\ 352^2}{8} + \cdots + \frac{512^2}{3} - \frac{12\ 726^2}{80} - 200 - 2\ 723.6 - 5\ 399.3$$

$$= 13\ 514$$

自由度：$(a-1)(b-1) = 10$；

均方和：$MS_{AB} = SS_{AB}/(a-1)(b-1) = 1\ 351.4$；

误差平方和：

$$SS_e = SS_T - SS_A - SS_B - SS_{AB} = 89\ 142 - 2\ 723.6 - 5\ 399.3 - 13\ 514 = 67\ 505$$

自由度：$80-(a-1)-(b—1)-(a-1)(b-1) = 62$；

均方和：$MS_e = SS_e/62 = 1\ 088.8$。

所以，温度、炮管因子以及两者之间交互作用的 F 值分别为：MS_A/MS_e、MS_B/MS_e、MS_{AB}/MS_e，即 1.25、0.992、1.24。经查表，显著性水平为 0.05 时的 F 值分别为

$$F_{0.05}(2,\ 62) = 3.14、F_{0.05}(5,\ 62) = 2.34、F_{0.05}(10,\ 62) = 1.97$$

均大于计算值。所以接受原假设，认为无论是温度因子、炮管因子还是两者之间的交互效应，其不同水平下对于引信自毁时间的影响是没有显著差异的。

因此，至少在统计意义上，排除了由于 6 根炮管特性不一致、温度差异以及其之间可能存在的交互效应引起引信自毁时间散布较大的差异；同时，从钢珠离心自毁机制引信的作用原理来看，由于其具有自适应性，因此在同一射角条件下，温度高低的差异引起自毁时间的散布是非常不明显的，这一点可以从以往试验情况得到验证。这也从侧面证实了我们结论的正确性。

4　验证与结果

对于本次试验来说，由于大量引信自毁时间小于指标值这一客观现象的存在，因此，分析必须进一步进行。既然 6 根炮管之间没有显著差异，那么我们不妨再做一个假设，即各炮管在发射时有某种共同的环境力施加于弹药之上，使得自毁时间异常。为此，我们提出采用

砂弹假引信射后回收的方法来证实。

从收集到的25°射角射后弹药弹带与正常弹带照片可以看出，本次试验所用火炮射后弹丸弹带与平时交验试验后的弹丸弹带区别非常明显，出现了所谓“飞边”现象。在正常射击条件下，炮膛阳线在弹带上会嵌刻出明显但基本整齐的沟槽，这样一来各发弹丸的刻痕将趋向一致，因而其外弹道的一致性也较好。但当弹带性能不良时，阳线嵌刻弹带后铜流积在一起，弹丸出炮口瞬时，火药气体向前冲刷使铜流不整齐地翻卷起来，出现不规则“飞边”。

这些弹带有飞边的弹丸在高速飞行时，飞边处会出现空气波阻，相当于弹丸后部增加了尾翼，使飞行阻力较正常偏大，以上所述因素的存在直接导致弹丸转速下降速率比正常飞行弹丸的要快，最终使得自毁时间的散布趋于偏大，出现了多发引信自毁时间偏短的试验结果。

另外，我们还对战斗炮和弹道炮在同一射角下的自毁时间数据进行了近似 t 检验，结果表明弹道炮自毁时间明显大于战斗炮。再者，以往采用弹道炮进行试验时，极少出现自毁时间过短的情况，这也证实了“飞边”因素导致自毁时间异常的推断。

而“飞边”现象的出现有两方面的原因：①弹带材料；②身管状态。由于试验用火炮炮管其炮膛阳线与普通磨损身管之间的对比以及分别施加到弹带上的影响无数据和理论支持，因此现在尚无法给出明确的结论。

以上的分析以及验证较好地解释了25°射角条件下出现的异常情况，因此，可认为弹带“飞边”加上低伸弹道空气密度大、飞行阻力较强这两个因素是导致25°射角下大量该引信自毁时间偏短的原因。

5 讨论

如上文内容所谈到的，引信离心自毁时间涉及因素相当复杂，与引信工艺控制情况、弹丸状态、身管状态、弹道环境等息息相关，试验中出现问题，必须从各个可能因素同时入手、一一排除才能得到较为科学可信的分析结论。本文在身管因素上花费较多笔墨，提出了一种不同于传统方法的新思路，用方差分析法对发射身管状态进行显著性检验，借此排除了身管状态不一致因素、温度因素以及两者之间可能产生的交互因素造成引信自毁时间偏小的可能性，最终通过射后回收找到了引信自毁时间偏短的真实原因，可用于类似试验的试验结果分析。但由于本文涉及的水平组合下试验次数是不等的，这有别于一般教科书上的论述，因此应用时需特别注意。

参考文献

[1] 纪永祥，等. 引信自毁时间异常分析［J］. 探测与控制学报，2004，26（1）：45-47.
[2] 王雨时，等. 引信离心自毁时间精度分析［J］. 探测与控制学报，2002，24（4）：29-33.
[3] 邱同和. 关于双因素方差分析的一个注记［J］. 扬州教育学院学报，2001，19（3）：7-10.
[4] 王万中，茆诗松. 试验的设计与分析［M］. 上海：华东师范大学出版社，1995.

某型底排弹近弹原因分析

赵新，杜文革，陈维波

中国华阴兵器试验中心，华阴 714200

摘　要：本文针对某型远程杀伤爆破弹试验中的近弹现象，利用故障树对可能发生近弹的原因进行了分类，从弹药准备、膛内运动、外弹道过程三大方面对原因进行了逐一排查，应用弹道仿真与测试数据对比的方法确定了引起近弹的主要故障模式，为部队准确检修弹药提供了依据，为评估该批次弹药能否继续库存提供了重要的参考价值。

关键词：底排；近弹；故障树

0　引言

在某型远程杀伤爆破弹库存鉴定试验中，出现 1 发近弹——比正常弹近 4 km，弹丸正常作用。近弹指射程异常地小于其他弹丸平均射程的弹，其判定依据是异常弹的射程小于其他正常弹平均射程的 3 倍标准差，其危害：①在试验中，如果出现近弹，根据 GJB 3857—1999，将对一批弹药进行淘汰；②弹丸无法进行正常的杀伤，宣告对敌方目标有效打击任务的失败；③对我军和友军的人员装备形成威胁，容易引起己方人员心理恐慌，严重影响士气。此弹是经过长期贮存的，在长期的贮存过程中，由于受到环境等因素的影响，其性能会发生变化，进而影响弹丸正常的功能。因此，及时查找此次近弹的原因，对于及时定位故障模式，评估该批次弹药能否继续使用具有重要的价值。

1　近弹原因分析

1.1　故障树分析

故障树是表示产品特定事件与它的各个子系统或各个元件故障之间的逻辑关系结构图。故障树分析法[1]（Fault Tree Analysis，FTA），是通过对可能造成系统故障的各种因素（包括硬件、环境、人为因素等），由总体至部分按树状分支逐级细化进行分析的一种方法。画出逻辑框图（即故障树），从而确定系统故障原因的各种组合方式及其对系统的影响。

采用故障树分析法对该型远程杀伤爆破弹近弹现象进行故障分析，就是将该近弹现象作为顶事件，通过建立故障树，逐步分析故障发生的原因，并进行定性的分析，为其故障分析提供理论依据。

1.2 故障树建立

1.2.1 故障因素分析

从弹丸的运动过程来说，引起本次近弹故障的近弹主要因素有弹丸准备、膛内运动、外弹道过程三大因素，其中弹丸准备由弹丸生产、运输、长期贮存、弹药装配构成。膛内运动[2]由火药燃烧、启动压力、挤进压力过程组成。外弹道[3]由底排工作、空气动力、气象条件、重力组成。每个组成部分又由许多复杂的过程组成。

1.2.2 故障树建立

采用故障树分析法对近弹情况进行分析的前提条件：弹丸没有发生人为破坏等影响正常射击，在该条件下对弹丸进行故障分析时就可以忽略弹丸搬运存放过程中人为的损坏。该发近弹符合上述条件。针对该型远程杀伤爆破弹近弹现象的故障树如图 1 所示。

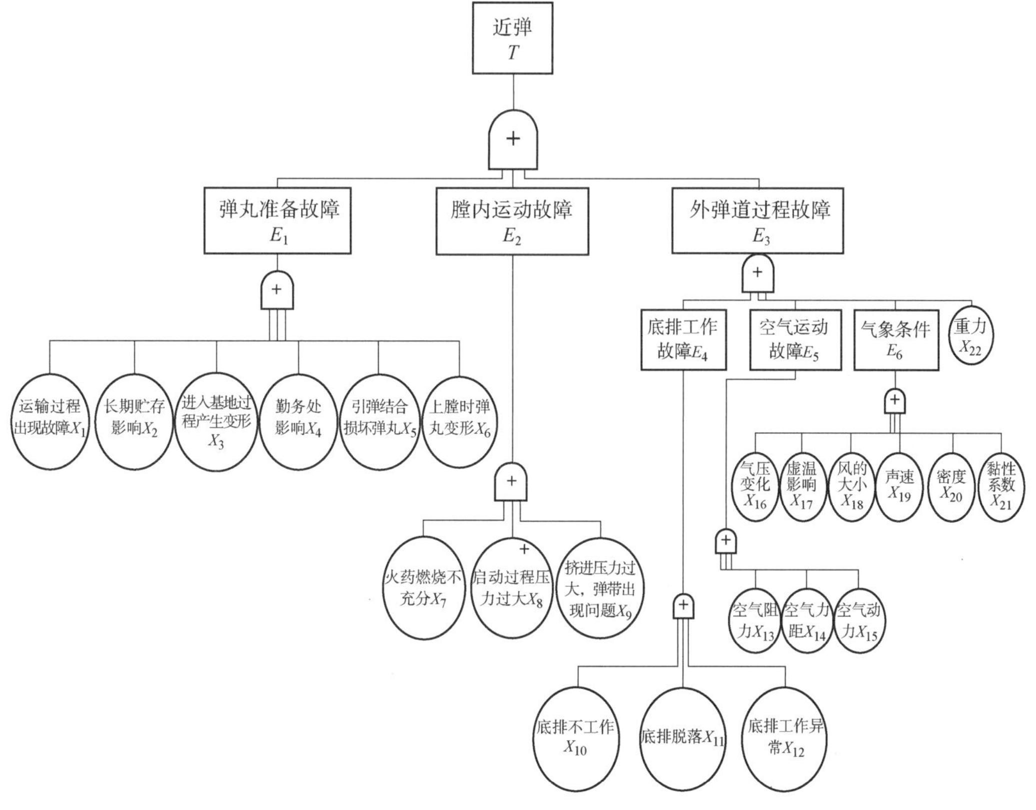

图 1　近弹故障树

1.3 故障原因定位

1.3.1 弹丸准备和膛内运动故障排查

由图 1 可知，造成近弹的原因可以分为 E_1、E_2、E_3 三类，然而 E_1 和 E_2 两方面根据内弹道学[4]可知过程结束，表现形式是初速和出炮口姿态，通过初速的数据和出炮口坐标数据对比，拟合得图 2。

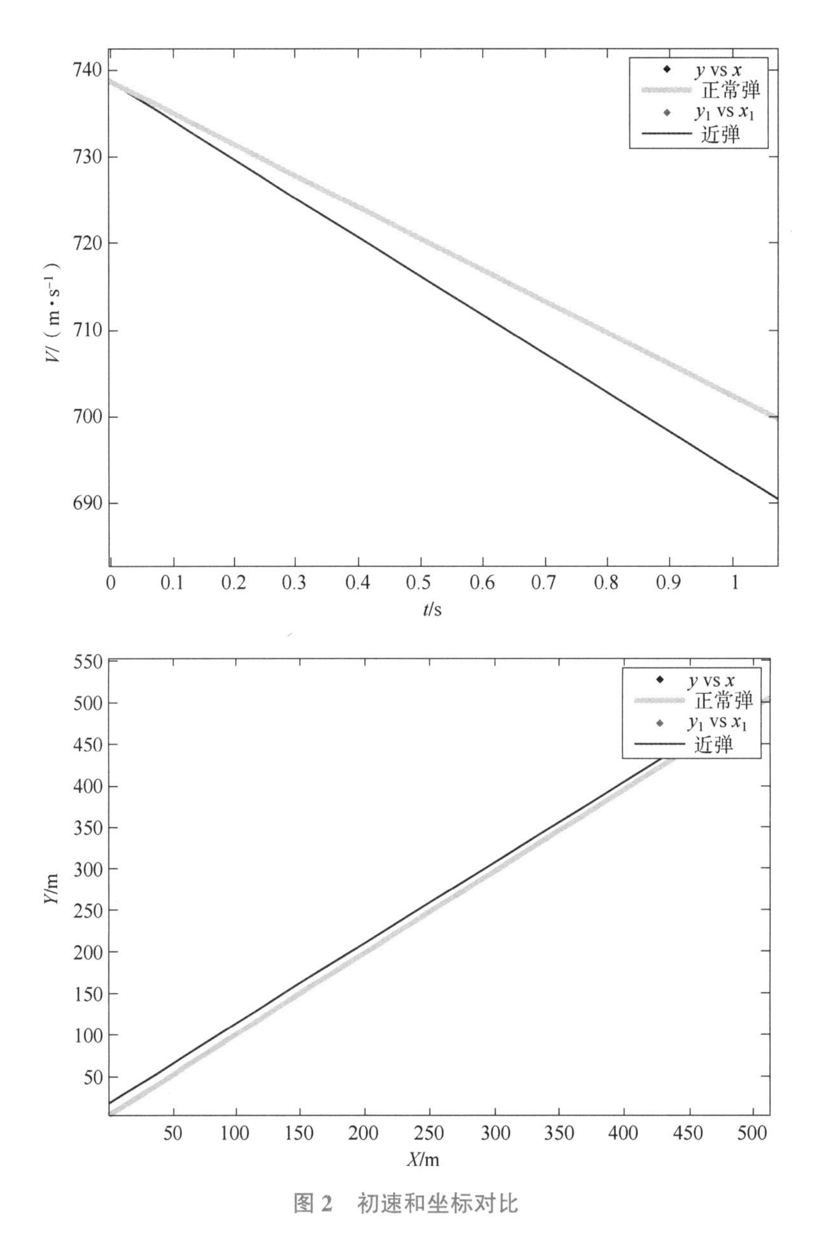

图 2 初速和坐标对比

由图 2 可知，弹丸在弹丸准备和膛内运动过程后，初速和姿态正常。

1.3.2 外弹道分析

（1）外部条件排查。

再对 E_3 进行分析，其中的 E_5、E_6 和 X_{22}三个方面，由于故障弹与上一发正常弹的发射时间小于 5 min，所以可以排除 E_5 和 E_6、X_{22}三个方面的影响。

（2）底排故障分析。

底部排气弹[5]（简称底排弹）增程的原理是利用向低压区添质加能的方法，通过向弹底低压区排入高温燃气，提高底压减小底阻以达到增程的目的。因此底排工作是否正常是影响弹丸射程的重要因素。

E_4 包括了 X_{10}底排不工作、X_{11}底排脱落、X_{12}底排工作不完全三个方面，对这三个方面分析。

①X_{10}底排不工作。

通过建立弹道方程[4]求解弹道轨迹，当底排不工作时，经底排弹的 2D 弹道计算程序计算的弹道如图 3 所示。精测数据对故障弹分析拟合的弹道如图 4 所示。正常弹弹道轨迹如图 5 所示。

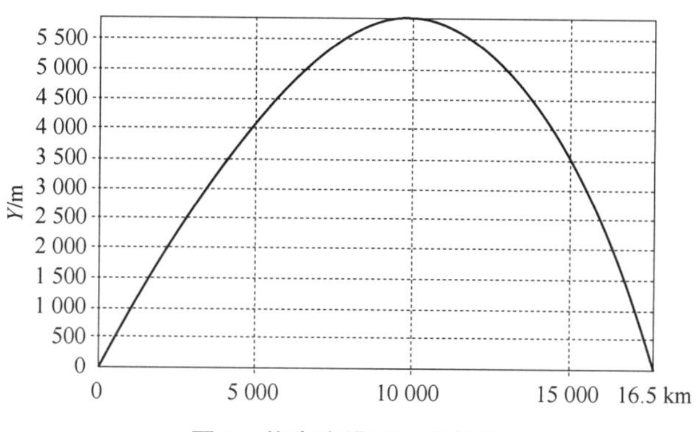

图 3　仿真底排不工作轨迹

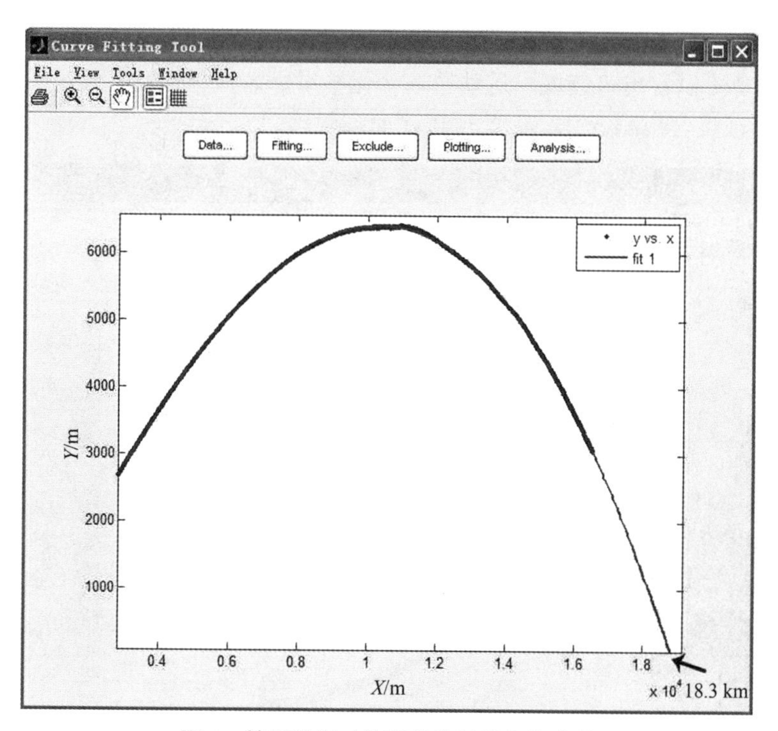

图 4　精测数据对故障弹分析拟合的弹道

由上面三幅图对比可得，故障弹底排工作。

②X_{11}底排脱落。

分析发现，该型远程杀伤爆破弹底排装置占全弹长的 25%，因此如果底排脱落，质心位置会发生改变，速度和姿态会发生明显的变化。

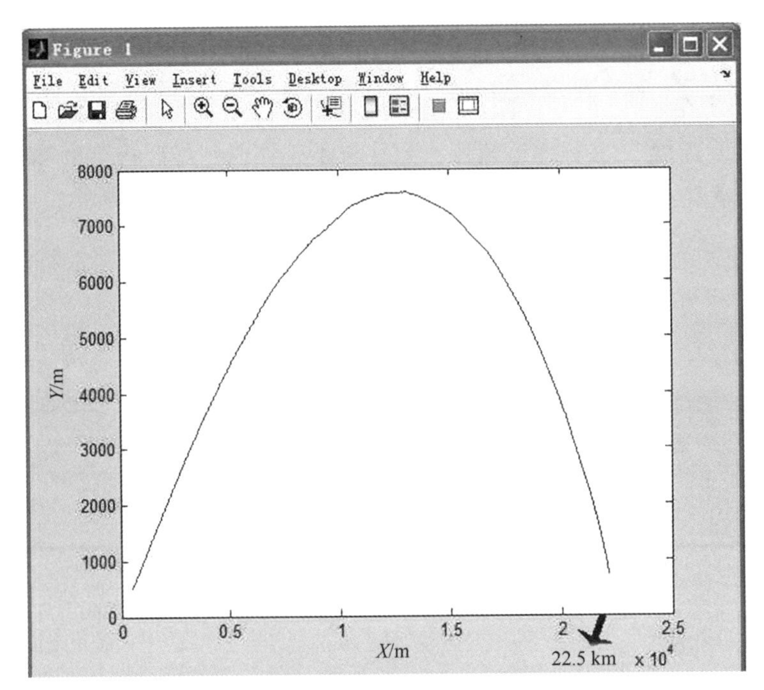

图 5　正常弹弹道轨迹

由图 6、图 7 可以看出，速度、运动轨迹变化平滑。若底排脱落，质心会发生变化，弹丸会产生章动，速度会急剧变化，因此可排除底排脱落。

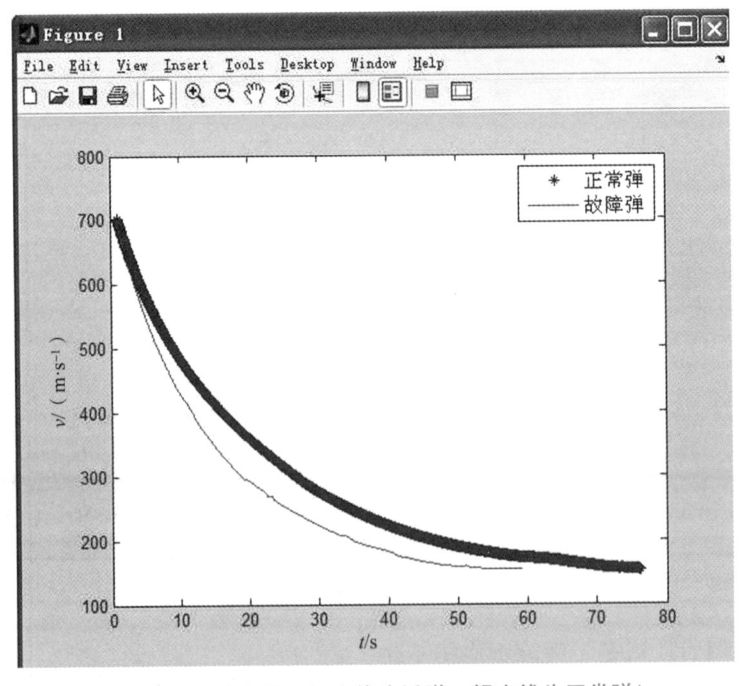

图 6　速度对比图（细实线为近弹，粗实线为正常弹）

③X_{12}底排工作不正常。

经过对上述可能原因分析，发现都不是造成故障的原因，所以底排工作不正常很有可能

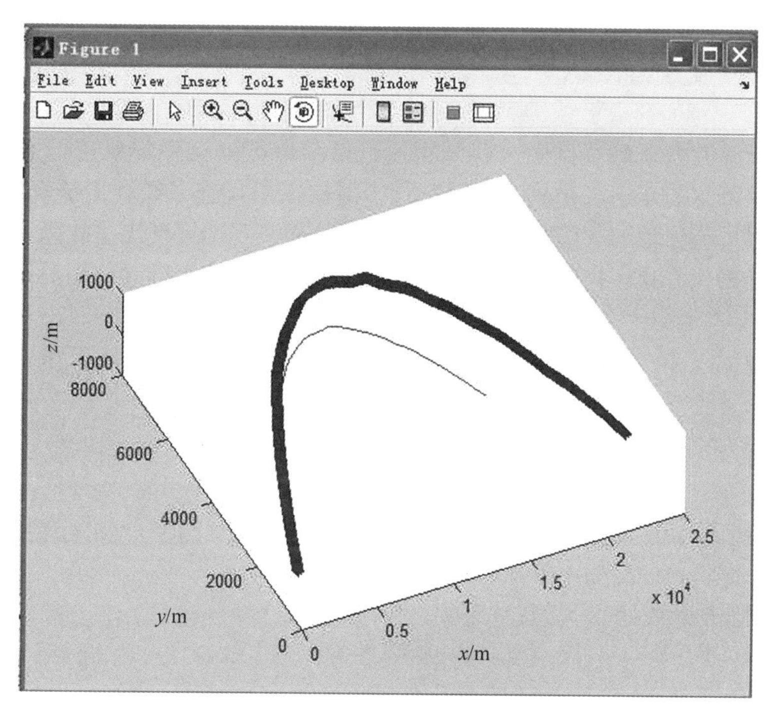

图 7 运动轨迹（细实线为近弹，粗实线为正常弹）

是造成故障的原因。根据精测雷达数据，画出故障弹和正常弹的弹道数据对比图，如图 8 所示。

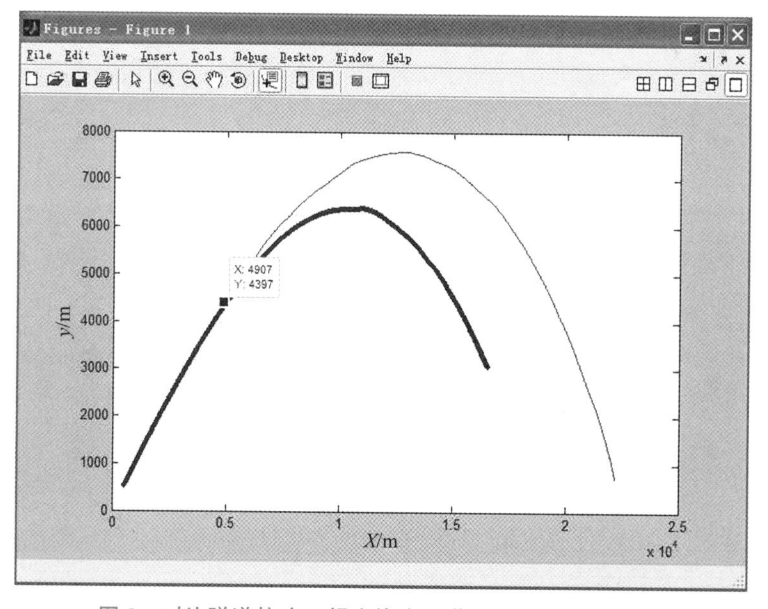

图 8 对比弹道轨迹（粗实线为近弹，细实线为正常弹）

由图 8 可以看出，近弹初速与正常弹无异常；近弹初始段弹道的飞行基本平稳；在点（4 907，4 397）后，底排未按照正常状态继续工作，没有起到完全减阻的效果。可见底排工作不正常是造成近弹的原因。

2 结束语

本文在大量试验数据的基础上，就某型远程杀伤爆破弹近弹现象进行了分析和故障排查，通过近弹故障树的建立，对故障原因进行了深层次的排查，经利用仿真、拟合等方法，利用试验数据对可能出现的故障进行了具体分析，从而直观地展现出了故障原因。故障原因的确定为部队准确检修弹药提供了依据，为评估该批次弹药能否继续使用提供了重要的参考价值。

产生近弹原因很多，故障树分析法只是提供一种方法确定了一个可能事件。不排除有其他可能原因导致近弹，故此结论仅供参考，确切原因需进一步验证。

参考文献

[1] 胡昌华．控制系统故障诊断与容错控制的分析和设计［M］．北京：国防工业出版社，2008.
[2] 鲍廷钰．内弹道学［M］．北京：北京理工大学出版社，1995.
[3] 韩子鹏．弹箭外弹道学［M］．北京：北京理工大学出版社，2008.
[4] 闫章更．射表技术［M］．北京：国防工业出版社，2000.

某航空火箭发动机故障分析及新弹种定型试验对策

罗熙斌，张金，杨洪路

摘　要：本文分析了某型航空火箭弹发动机爆炸原因，通过试验验证了针对性解决措施的有效性，并针对定型试验提出了对策。

关键词：火箭发动机；故障分析；定型试验

0　引言

某已定型航空火箭发动机在例行的入厂复验中，工作后不久发生爆炸。为了查清故障原因，我们与研制单位开展了大量的分析研究和试验验证工作，初步的分析结果及改进措施基本满足了发动机使用要求。

但该发动机配用于子母弹战斗部，构成了新的弹种，尽管发动机为定型部件，但由于使用功能的改变，弹种结构及全弹布局设计为全新要求，鉴于其科研阶段出现过的问题，在新弹种上我们对其性能尚无定论，从试验鉴定考虑还需进行全面验证与考核。为此，针对新弹种，在设计定型试验设计中，我们突出重点，有针对性地安排了试验项目与考核内容，以达到全面考核的目的。

1　产品结构及试验情况回顾

1.1　产品结构组成

该发动机为已定型发动机，主要由中间底、点火具、支架、燃烧室、装药组合件、挡药板、喷管组合件及喷管堵等组成，如图 1 所示。

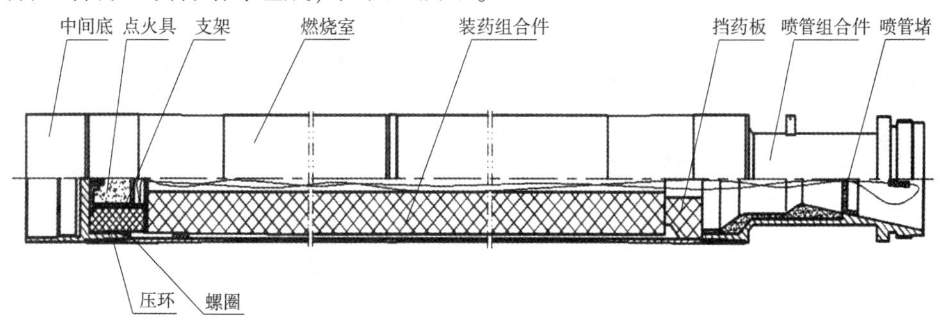

图 1　发动机结构图

1.2 试验情况回顾

被试发动机为自然温度，现场环境温度 5~10 ℃。试验中使用压力传感器（量程 25 MPa）和推力传感器（量程 20 kN）采集到发动机压力-时间曲线和推力-时间曲线（图 2），并对残骸进行了收集。

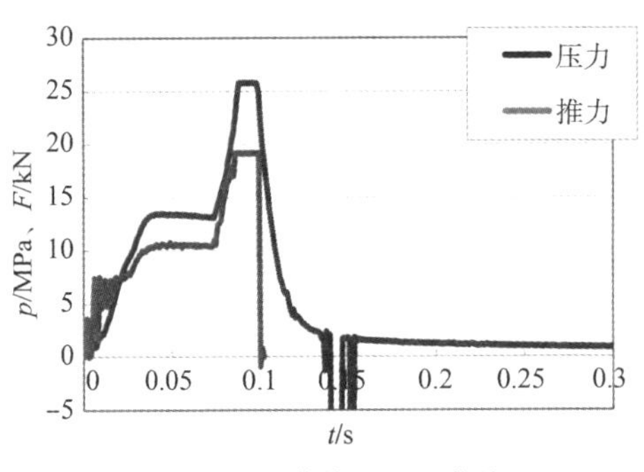

图 2 *P*−*t* 曲线、*F*−*t* 曲线

压力-时间曲线和推力-时间曲线特征点数据（表 1）表明，发动机峰值压力产生在 42 ms，压力急升起始点在 74 ms，在 89~98 ms 发动机爆炸。

表 1 *P*−*t* 曲线、*F*−*t* 曲线特征点数据

分类	峰值点		异常起始点		异常最高点（超量程）	
	时间	数值	时间	数值	时间	数值
压力	42 ms	13.46 MPa	74 ms	13.15 MPa	89 ms	25.78 MPa
推力	45 ms	10.57 kN	73 ms	10.38 kN	86 ms	19.22 kN

发动机燃烧室壳体前半段残损严重，残片上已无涂层痕迹，后半段壳体与喷管连接，可见部分涂层。发动机装药破碎成小块，回收到的碎药约 2 kg；装药碎块断裂面有燃烧痕迹；装药弧厚燃去约 2 mm。挡药板完整，喷管石墨喉衬局部有裂纹及缺损情况。支架、点火具残骸从中间底内脱出；螺圈、压环仍固定在中间底内；支架轻微烧蚀，局部出现贯穿性裂纹，如图 3 和图 4 所示。

图 3 燃烧室壳体残骸及喷管组合件

图 4 装药残骸

2 故障原因分析

发动机爆炸的因素主要有两大方面：一是发动机高压解体；二是发动机低压解体。具体分析如下：

2.1 故障树

发动机工作异常的故障树如图 5 所示。

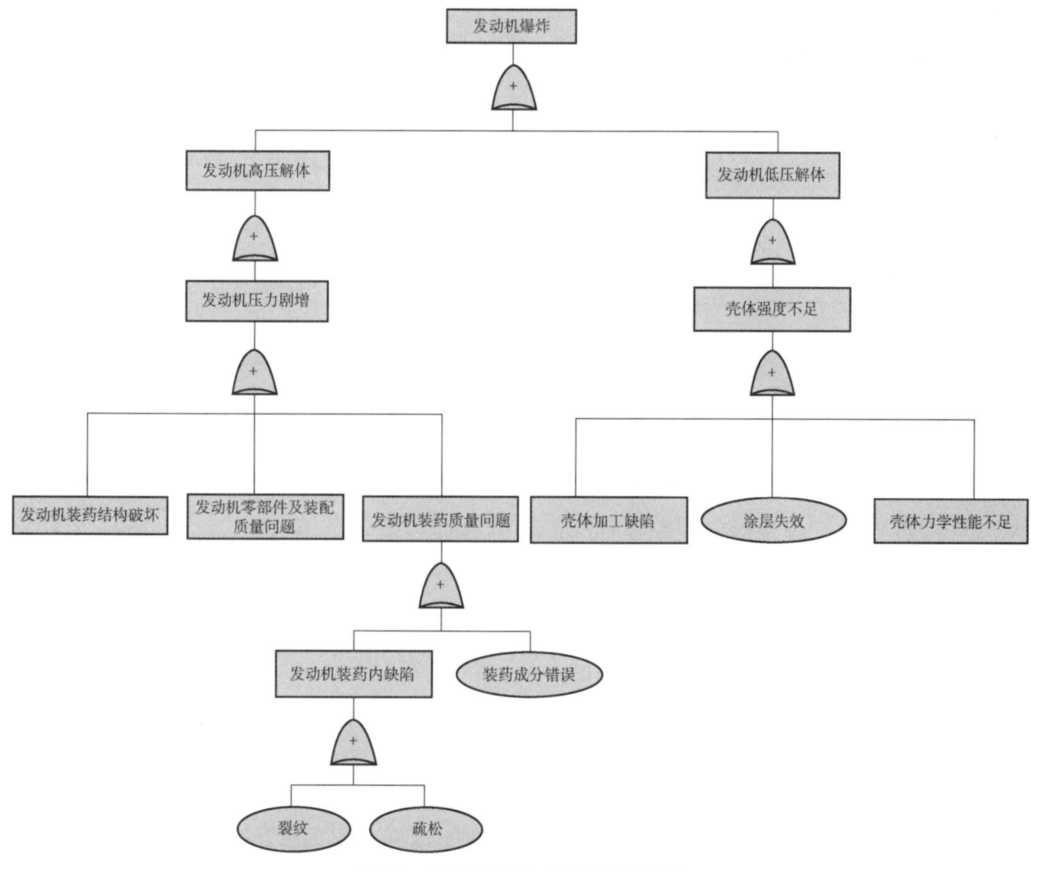

图 5 发动机工作异常的故障树

2.2 故障原因分析

发动机低压解体主要是因为发动机壳体存在内部缺陷导致其强度不足造成的。发动机高压解体主要因素有：发动机装药结构破坏、发动机零部件及装配质量问题、发动机装药质量问题。

从采集到的故障发动机 $P-t$、$F-t$ 曲线和收集到的装药残骸可以表明：

（1）故障发动机曲线表明，发动机在 74 ms 前工作正常，爆炸的原因是压力急升，而非燃烧室强度不足。

（2）装药碎块断裂面有燃烧痕迹，表明发动机爆炸前装药已发生碎裂，因而引起燃面急增，发动机压力急升。

在分析故障现象的同时通过进行发动机设计复审、生产过程质量追溯、故障模式分析以及大量的试验验证，排除了燃烧室强度不足、点火异常、喷管堵塞、燃气通道异常等因素，但不能排除装药燃烧性能、力学性能异常和燃面增加因素所造成的压力急升。

2.2.1 装药内部缺陷试验与分析

装药内部缺陷包括裂纹、疏松、夹杂和针架痕等，这些缺陷在其他诱因下可能引起压力急升。

将同批次合格装药和剔除装药进行 X 光、CT 复检，结果表明：08-2 批 97 发装药 X 射线检测发现 10 发装药有高密度杂质缺陷，个别处 CT 值低于 600 有 5 发（其中 300 以下 2 发）。

2.2.2 模拟药柱内部疏松缺陷试验

为了验证装药内部缺陷对发动机内弹道性能的影响，进行了装药内部疏松缺陷模拟验证试验。试验结果：9 发试验中，发动机爆炸 3 发，曲线异常 1 发，其余 5 发曲线在一次峰后均有小的波动。

2.2.3 模拟装药内部黑索今聚积缺陷试验

为了验证装药内部缺陷对发动机内弹道性能的影响，进行了装药内部黑索今聚积缺陷模拟验证试验。试验结果：11 发试验中，发动机爆炸 5 发，发动机工作完成 6 发（其中 4 发曲线正常，2 发曲线在一次峰后有小的波动）。

通过大量的模拟试验表明，如果装药内部存在缺陷，则会出现与故障发动机吻合的爆炸曲线、爆炸残骸、挡药板过火现象以及残药的断裂面燃烧现象。

2.2.4 装药内部缺陷存在的可能性分析

（1）对同批次的装药进行了测试，数据表明，生产批装药力学性能和燃烧性能较科研批有明显下降（表 2），而装药内部存在缺陷在装药性能上会有所反映。

表 2 生产批装药和科研批性能比较

工序名称	科研阶段	生产阶段
燃速/（$mm \cdot s^{-1}$）	16.67/15 批	17.2/11 批
压力指数（8~16 MPa）	0.367/13 批	0.464/11 批
+50 ℃抗压强度/MPa	7.63/6 批	5.916/11 批
密度/（$g \cdot cm^{-3}$）	1.720/10 批	1.715/13 批

（2）与科研阶段相比，装药生产阶段的吸收、混同、压延和压伸等工艺条件和参数都有较大变化（表 3），可以导致装药内部不均匀和疏松等缺陷的存在。

表 3 发动机装药生产阶段与科研阶段工艺对照表

工序名称	科研阶段	生产阶段
吸收	200 kg 吸收器	800 kg 吸收器
混同	离心驱水，过筛、人工混同	滤筐自然静置滤水
压延	平辊压延 4 遍，沟槽压延 3 遍	沟槽压延 1.5 遍
压伸	用 ϕ100 mm 压伸机，模具 ϕ100 mm，出药时间 7 min/根左右	用 ϕ120 mm 压伸机，模具 ϕ250 mm，出药时间 5 min/根左右

（3）原有检测方法存在局限性，发动机装药内部缺陷存在未被检出的可能。

综上分析，可以确定故障产生的主要原因：装药生产阶段的吸收、混同、压延和压伸等现有的工艺与科研阶段有较大差异，降低了装药力学性能和燃烧性能，使装药的抗干扰能力下降。

2.3 故障复现及验证

2.3.1 故障复现

采用模拟缺陷的方法，对发动机装药内部缺陷导致爆炸故障的现象进行了故障复现，如图6所示。

模拟试验结果表明，发动机装药内部疏松缺陷、黑索今聚集缺陷可以导致发动机工作异常，甚至发生爆炸，爆炸残骸均有断裂面燃烧和缝隙燃烧特征，并存在挡药板过火等与故障发动机极其相似的现象，如图7所示。此外，装药内部黑索今团聚积得到的2发装药发生爆炸的时间与故障发动机发生的时间点和曲线形状相吻合。

图6　故障残骸

图7　模拟故障残骸

2.3.2 试验验证

针对暴露出的问题和上述分析，采用完善发动机包覆装药指标体系及装药质量、改进发动机装配工艺、严格控制燃烧室壳体的机械加工质量和隔热涂层涂敷质量等改进措施，进行了装药检测、内弹道验证试验。

1）发动机装药检测

发动机装药工艺改进后，先后试制了整改批、鉴定批两批包覆装药，并对其性能进行了全面测试，其主要力学性能和燃烧性能测试结果如表4所示。

表4　各阶段装药性能对比

工序名称	科研阶段	生产阶段	整改批	鉴定批
压力指数（8~16 MPa）	0.46	0.50	0.35	0.38
+50 ℃抗压强度/MPa	6.22~7.02	5.02~6.85	6.99	8.03
+50 ℃抗拉强度/MPa	1.56~1.68	1.10	1.67	1.88

检测结果表明，通过工艺整改，包覆装药的质量明显提高，其力学性能、燃烧性能等与生产阶段相比有显著提高。

2）发动机内弹道试验

两批产品共进行了 24 发发动机静止试验，结果表明发动机工作正常，试验曲线完好，如图 8 所示。

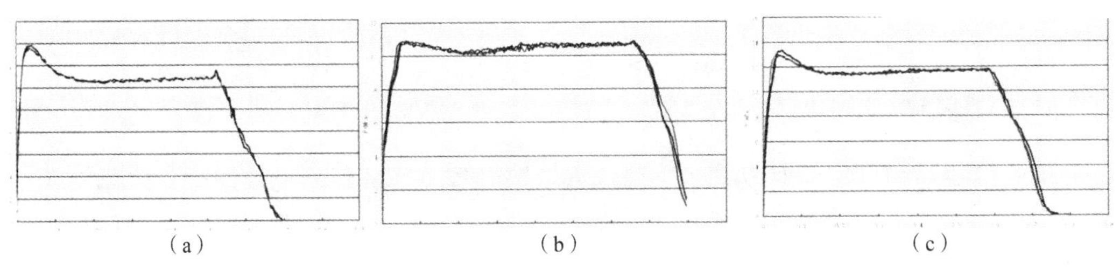

（a）　　（b）　　（c）

图 8　发动机内弹道试验曲线（高、低、常温 $P\text{-}t$ 曲线）

（a）高温；（b）低温；（c）常温

验证试验结果表明，故障定位基本准确，改进后的发动机性能一定程度上满足了使用要求。

3　定型试验对策

该发动机配用于子母弹战斗部，即将进行定型试验。由于使用功能的改变，弹种结构及全弹布局设计为全新要求，其作用的安全性与可靠性是该弹的重点。针对前期出现的问题，定型批发动机将全部用新工艺生产的发动机。在试验设计中，我们以外弹道试验为依托，以发动机考核为关键，以引战配合试验为支撑，以环境试验为重点，全面、系统地设计了试验方案，以达到诱发可能存在的设计及工艺隐患，为高质量地完成定型试验奠定技术基础。

3.1　全方位考核外弹道性能

在试验设计中，充分考虑了作战使用要求，安排了近、中、远射程试验，在一定的试验条件下，考核外弹道性能的稳定性及对目标作用的可靠性，同时使用各种测试手段监测以发动机为主的各部件的工作可靠性。

3.2　突出了发动机工作的安全性

该弹借用了杀爆弹用发动机，但多次出现爆炸和爆燃故障，在新的弹种中如何进一步考核发动机的性能是试验关注的一个重点。为此，试验设计中，除了在各种条件下的飞行试验外，专门安排了 25 发发动机突出试验条件进行考核，把可能潜在的缺陷尽可能诱发出来。

3.3　加重环境适应性考核

该弹所具有的功能性能在正常的试验条件下可以发挥出来，但在极端条件下是否可靠，只有通过较严酷的条件才能考核出来。为此，根据该弹的作战使用要求，设置了一系列环境条件，主要采用了串列式和交叉式应力条件，以满足作战使用要求。

3.4 引战配合的协调性考核

作为火箭子母弹，战斗部与引信合理匹配，终点威力效应才能可靠发挥出来。方案中以母弹开舱性能为重点，设置了多层次开舱试验项目，同时检验战斗部与引信的工作性能。

以上重点项目的设置，是科学的、合理的，试验方案的实施，能够充分地满足该弹的各项性能，也能够将潜在的缺陷诱发出来。

参考文献

[1] 董师颜，张兆良．固体火箭发动机原理［M］．北京：北京理工大学出版社，1996.
[2] 闵杰，郭锡福．实用外弹道［M］．北京：兵器工业部教材编审室，1986.
[3] 季宗德，周长省．火箭弹设计理论［M］．北京：兵器工业出版社，1995.

第五篇

理念探索

试验质量分析与设计

基地总工　肖崇光

0　引言

今年军委提出了提高试验成功率的新质量要求。在试验科技活动中，发现武器系统的缺陷，实现故障诊断，从本质上提高武器系统的质量是实现这一要求之本。发现缺陷和故障诊断，是一场技术攻坚战，需要以理论高度、极强的技术物化能力、测试能力所形成的综合实力。我们还应该清醒地认识到，平庸的试验鉴定则隐含着难于预料的质量问题，也许正是这些问题对部队训练、战斗带来难以估量的损失。

变化着的世界、战争形态，武器装备技术在不断提出新的试验鉴定质量要求。对试验鉴定高质量的追求，是我们永恒的奋斗目标。

1　关于试验鉴定质量观

如何确定试验鉴定的目标，用什么技术进行试验，用什么手段进行观测，用什么途径实现评估？回答是多样的。其原因取决于对试验鉴定的认识和技术体系的支持。认识试验鉴定在于认识其功效，及其对技术体系的影响；观念是在认识基础上形成的，因此，试验鉴定观念决定着试验鉴定质量、功能和效益。下面我们仅对试验鉴定质量观做必要的讨论。

传统的试验观念认为，严格遵照战术技术指标要求，逐项地、从难从严地严格执行试验方法标准，则试验鉴定就达到了质量要求。我们先不讨论其质量目标是否准确，仅从以下几个问题中就会发现其局限性和相互矛盾的内容：

（1）要不要补充战术技术要求中约定成俗的省略内容，如果回答不，则必然缺项。

（2）要不要进一步明确战术技术要求中定性规定的成分和隐含的内容，若不，则同样缺项。

（3）从难从严和带有时代性缺陷的试验方法标准之间是否存在准则要素，试验激励不足的缺陷，面对这种缺陷，是否是对所谓从难从严的否定。

逐项回答试验的不完整性和方法标准自身的缺陷否定了试验鉴定质量。更何况，从国内外（包括美国在内）战术技术指标的产生机制上看，总存在着一定的缺陷；与此同时，新概念任务不仅在提出新的要求，而且在改变着现有试验、评估要素中的本质成分，即质变成分；另一方面，新理论、新技术又在否定着过时试验方法标准。以上情况进一步表明，这一观念正是制造试验鉴定质量缺陷的根源。这种缺陷可分为理解武器装备作战任务概念的偏差、对武器系统分析缺陷和对试验方法标准分析认识的偏差三类。我们通过对国内外武器装备中属于设计缺陷产生固有性质量事故的分析结果表明，正是由于这三种缺陷所造成的试验鉴定质量问题所致。

根据现代高技术战争所提出武器装备的任务概念，根据高技术装备的发展，趋使试验鉴定理论、技术必须同步发展。而发展的前提是转变观念，即克服传统观念的障碍，其具体内容至少应建立以下五个方面的认识：

（1）树立正确的责任观。

责任是思考、追求真理强大的动力。没有强烈的责任感，就不可能对任务概念做认真仔细地分析，难于发现战术技术要求中因种种原因造成的省略或疏漏，或者即使有所发现，也由于研究不足，心中无数，迫于环境的压力而不敢提出，不敢坚持。

缺乏强烈的责任感，自然丧失追求和学习的动力、创造和科技进步等机遇，对各种可能意识到的差错视而不见，更不可能提出和纠正本专业中存在的错误。对于技术骨干，则难于发现甚至拒绝他人指出的技术错误。

因此，我们必须提出以对未来战争负责作为科研、试验鉴定的基本原则。领导和被领导之间，各层技术干部之间，各专业岗位之间都必须坚持这一基本原则。

（2）树立科学的试验鉴定观。

试验鉴定的根本目的是确定科学试验鉴定观的核心。我们在《对武器系统安全性试验鉴定的思考与实践》中曾经阐述过，确定被试对象合格不合格是一般商检的目的，检验活动的简单化是商品流通的需要。在武器系统的承研方，求得试验鉴定合格，是他们的直接目的；而对于使用部队，目的在于获得性能优良的装备，这两种目的之间存在一定的差异。因此，我们必须服从于后一目的，即必须把试验鉴定的根本目的定义为通过试验鉴定提高武器装备质量。对根本目的的定义，决定了试验鉴定是武器装备研制中继续提高性能的阶段，在具体操作上，就是发现什么问题，发现哪一层次的问题，通过找问题、找根源，使之改进，从而促进武器质量的提高；当然，提升武器系统设计性能及潜能，也因此而会相继实现。

（3）要建立任务概念与理论技术的时代观。

现代高技术战争蕴含着极为丰富的战斗任务概念，这些不同于以往战争的概念具有强烈的时代特征，只有通过特征的比较才能把握这些概念，才会克服理解性偏差。

高技术高组织的支持是现代武器系统的基础。在理论和技术高速发展的今天，其应用理论和相关技术更新速率远远大于型号研制速率。应该说，人类知识智慧的进步为我们从事试验鉴定提供了丰富的知识库，把握这些时代的特征，是认识武器系统的强有力的支持。

以上两项内容决定着特殊的试验鉴定技术，其中包括试验鉴定要素的本质属性的更新、改错、补充等微妙的变化，以及由于价值观的转变和理论技术支持导致试验理论的改变等，都具有时代特征。

我们之所以强调时代的特征，目的在于杜绝戴上昨天的有色眼镜，去认识现代绚丽多彩世界所发生的偏见。

（4）认识决定质量观。

认识的时代性已经讨论，武器装备作为系统形态出现，它们与其他装备组成的战斗体系联同对抗体系在内所形成的超大系统则需要从系统的特征要素上才能把握，杜绝见木不见林、顾此失彼的试验鉴定偏差。在试验硬件方面也必须从系统上予以考虑，才能避免试验保障和测试链的断缺。

常规兵器试验鉴定，就其认知本质，是在理论指导和限制下的有限试验、观测活动。这一特征决定了理论和技术支持在决定着能观测到什么，不能认识什么。这一特征告诉我们，对理论深度和知识结构的把握，决定着试验鉴定的质量。

（5）树立以质量效益为目的的管理观。

以对未来战争负责的基本原则和实现我军装备研制效益最大化的要求，运用现代管理理论和技术实现对高技术、高组织系统的管理要求观念的转变，才不至于使管理成为试验质量和军队效益的障碍。

观念转变的核心在于从围绕机构、建制单位管理，转变为围绕发展目标、具体科研试验目标、构造科研训练、试验一体化的管理，以解除小生产自我完善、自我封闭的观念障碍；形成通过有效组织、尽量减少信息流通环节、减少无效劳动、运用现代技术理论和资源，实现效益的最大化。

2　试验鉴定质量的结构要素

明确试验鉴定质量的概念是工程鉴定性试验的前提，试验鉴定质量在其技术范畴内也是一项系统工程，同样具备系统的集合性、相关性、目的性、环境适应性（在此表现为时代适应性）四大要素。根据试验鉴定质量的特征，我们可将其分为试验目标结构、试验信息品质、评估品质三结构体系，而时代适应性则隐含在信息品质和评估品质的各项子要素中，其结构要素框架主要部分如图1所示。

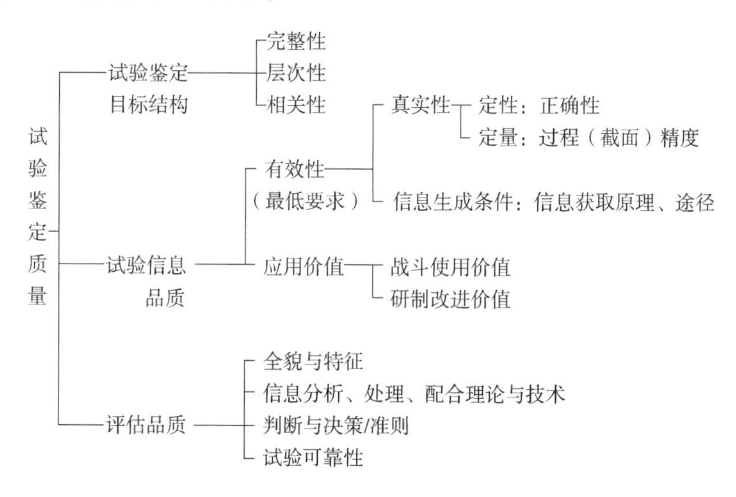

图1　结构要素框架

试验鉴定目标结构的完整性是描述武器系统全貌的最低要求，运用任务概念和武器系统分析结果，从目标的层次性、相关性才能把握其完整性。一般情况，由于战术技术要求中的省略、借鉴或疏漏等原因，通常并不能完整地描述目标结构。还由于构成武器系统各专业成分系统之间的相干性，会造成与任务分工或合同不完全相同的相关联因素，从而改变其预计的相关性。因此，在试验鉴定中，有必要补充完善其结构要素，依据武器系统的实际信息流确定其相关关系。

试验的初级产品是信息，其最低要求是信息的有效性，由任务概念定义下的新准则

(时代适应性) 在改变、补充甚至否定和更新着传统准则的要素，只有符合任务概念定义的信息才是有效信息。另外，系统与环境相互作用又决定着信息的有效性，如果把握不住系统与环境相互作用中的敏感因素，不是在敏感的应力史、应力功率谱下获得信息，再大的试验投入也不可能得到有效的信息。敏感因素由时代的理性认识、技术决定，而环境激励则由现代战场、战术使用等确定，更具强烈的时代特征，是激励试验技术变革的动力。获取信息原理、手段的正确性及满意的精度，传递函数的正确性以及测试信息与目标的对应性是有效性的又一基础。

试验信息为战斗使用提供确切的域值，包括禁用、限用条件以及扩大效能的范围，在提高生存能力、确定协同作战支援和发扬威力等方面产生相应的应用价值。这些内容，可能会超出原定指标的范围，或是补充其欠考虑的成分，是信息品位升值的重要体现。而促进武器系统改进而支持缺陷分析，判断信息或是促进理论改进，在下一代装备研制产生效益的信息，则从本质上提高武器装备质量，这些是试验信息品位升值的又一重要体现。

试验可靠性属于狭义的试验质量范畴，包括试验方案落实的确定性、试验测试中获取要求信息及其精度，以及试验过程中出现异常结果的备择方案，其中包括试验、测试硬件的可靠性以及超出其能力段的备择方案等。

3 试验鉴定的质量设计

武器装备的质量是由设计决定、制造实现、管理保证的。对武器系统的试验鉴定质量也同样是由试验设计决定、试验实现、管理保证的。一般试验科技活动的实质同科学探索实验一样，是对某种事物的认知活动。对于试验鉴定而言，由于加入人类特殊集团的目的使其成为对人工自然任务概念的理解和对人工自然的认知所形成概念的基础上，加入了两种概念的比较、判断等活动。因此，试验鉴定的试验设计是在任务概念驱使、约定下对武器系统这种特殊的人工自然进行认知活动的设计。因此，试验鉴定的设计质量在技术上取决于对任务概念的理解以及对武器系统和试验测试技术的认识程度。

理解和把握任务概念，其要点在于从系统上把握各目标要素的层次结构关系，明确各要素的本质属性，以及系统在战斗中的地位作用和环境，即从目标结构上把握任务概念。由于战术技术要求的产生、习惯性省略等原因而往往不能完整地表述任务概念，必须通过使用方的论证、说明，通过对国内外同类装备目标要素的比较，必须通过对现代战场环境的理解，才能形成完整的层次结构关系。我们在前面提到的目标要素的时代特征，是以其要素本质属性体现的，同样要通过以上三方面的调查研究，才能产生准确的定义。系统是在复杂恶劣的环境下工作的，并且要与其他装备联合作战，环境适应性、大系统兼容协同性则决定着其效能的发挥和生存能力，应从这两个方面把握任务剖面，与大系统的兼容、协同要求。也就是说要从各层目标的定义、范围、要素的本质属性上把握任务概念。

武器系统分析，其要点之一在于从结构、要素相关性、技术组合与交叉形式、信息流与接口等总体上进行分析，把握人工自然实现目标的结构关系。其二，分析系统的功能原理，包括实现功能的理论与技术途径、支持实现效能的相关要素及数学模型，即从要素属性和模型上认识实现目标的限度，并提出信息品质要求的具体内容。其三，分析其使用性能设计，包括可靠性、可维护性、人-机-环适应性兼容性及有关生存能力的设计，即实现部分应用价值上的质量要求。其四，对可疑或尚不成熟的技术，有限效用或有争议的理论，接近临界条件，以及在其研制史中首次出现的问题，从理论和实践上难于说明改进程度者，对国内外同类原理、结构等出现质量事故者做仿真、反设计，从需要激励、维持故障发育发展的环境应力和应力史做量化或模拟分析，即从信息价值的重要度上把握要求的内容。

试验技术分析，依据以上理解和分析结果对国内外一切可用，可借鉴的试验方法，从目的要素、依据理论与技术，做功能与限度分析、选择、剪裁及组合其符合要求的成分；对测试方法做原理，能力与精度依据硬件支持的分析、选择其满意、可行的成分；并研究尚欠缺的试验、测试技术以及硬件的改造等，作为试验设计的基础，即保证信息的有效性。

构造武器系统的效能函数，通过环境激励、变量与各目标函数的分布，结合任务概念中相应目标要素的规定，从分布趋势关系确定满意域、可用域，以及依突变情况确定禁用域，以此为目的要求对试验激励、相应变量的观测要求，对各可用性要求的评估也照此办理。失效就是工作过程的突变，分析失效机理，研究失效信息过程的参数辨识方法，反过来提出信息要求，是实现诱发故障和故障诊断的重要环节。

根据试验信息，进一步修正完善上述模型，增加和补充对异常结果的分析、综合、归纳，完成对武器系统的认识，在试验鉴定设计中同样要予以充分的准备。这两段内容，即是对试验鉴定评估的设计，是保证评估品质的基础，其目标结构、应用价值及试验可靠性亦包含其中。

以上介绍的是对一个型号试验鉴定的试验鉴定设计过程，决定这一过程的质量取决于知识、知识结构、创造与研究能力、硬件储备。这些储备通常不是在短期内能解决的，有些试验测试技术，研制方（甚至包括国外的情况）与型号同步研究，直到型号鉴定时依然无可用成果。因此，欲提高试验鉴定的设计质量，关键在于对基地技术系统的设计，即人才及其知识结构设计、科研课题的设计、硬件建设设计。

4 试验管理

现代武器系统试验鉴定首先要求有相当的人才、技术、硬件储备，决定了管理的超前性。实现从人才技术到硬件的有效组织、规范基地技术结构要素的相互关系，决定了管理的系统性。由于武器系统尚处于研制阶段，总存在着一些不确定因素，从而必须临时调整试验测试方案、计划，决定了管理必须具备较强的应变性。这些特性决定了试验鉴定的管理既不同于科研，也不同于生产管理。

从时序上，我们可把试验鉴定管理分为规划管理、任务分配管理、技术方案管理、试验计划管理、现场实施管理、试验总结管理、装备信息跟踪管理等七个阶段。从要素上，管理工作要解决：确定问题和目标，实现目标的系统分析与综合、优化和决策以及对决策的组织落实。从条件上，管理工作应该完成人才、知识的组织，信息、资金、物资与技术装备的保障。

面对高技术、高组织兵器试验鉴定所提出的挑战，近几年的改革实践表明，管理体系有必要在以下几个方面加强和调整：

（1）加强规划管理，突出以人才、知识结构、科研课题体系和硬件建设的管理，是实现相应技术储备的关键。

（2）加强任务分配管理，实现具备与试验鉴定任务相应的人才、知识结构的群体共同完成试验、测试方案的研究、设计，克服知识和能力短缺造成的方案缺陷，是管理的新任务和目标。

(3) 进一步完善应变管理规范。尤其要使各级管理干部明白，计划实施中的调整和改变是正常的现象，是追求质量和效益的行为，同管理的目的是一致的。我们一方面要要求试验主持人（组）加强预测和提高预测能力，减少计划的变动；另一方面必须反对不根据变化的情况僵化执行计划的行为。问题是要进一步完善适应这一特点的管理规范，按章实施就是正规化。通常这一规范应包括应变理由、调整内容、调整时效、审批、下达形式等。

(4) 按人才、知识结构组织关系，势必与现存的建制产生矛盾，因此，应调整相应的管理规定，便于人员能按需流动和有关专业、岗位能按需组织。

(5) 试验总结、装备信息跟踪管理，是提高认识水平、杜绝试验质量差错，尤其是避免犯重复性错误的重要环节。我们相当一些专业还是基于对自身的总结反思，对国内外装备缺陷的分析揭示了试验方法标准中的理论和技术缺陷，取得了长足的进步，进一步加强这两个环节的管理非常必要。

(6) 试验信息管理。在计算机十分普及的今天，应该说我们目前的试验信息管理同硬件建设相比，至少落后 20 年，信息流通中的无效劳动不仅浪费了相当宝贵的时间和物质资源，并且在流通过程中还存在着掩盖质量问题的因素，妨碍了对技术系统实施有效监督形成管理系统中的开环，也妨碍着对技术装备的管理。这是我们今天必须认真加以研究的又一课题。

管理的品质取决于管理人员的质量和责任意识。试验鉴定管理的法制化和由科学决断、仲裁不断补充完善的特点更进一步提出了必须对管理干部进行质量、责任和法规教育，建立监督考核的问题。管理干部的质量盲不仅产生试验鉴定质量下降，并且还以打击科技干部的质量责任心、破坏严谨求实的工作作风等产生更深远的危害。

5 结束语

周总理提出的“十六字方针”必须细化才能落实。应该说，本文只在共性的内容上提出了一个框架，每个专业都还必须进一步地细化。不要认为试验鉴定是解剖他人的活动，它是以更严格地解剖自己为基础的。试验鉴定质量在质上的进步，取决于我们对自己缺陷的认识和认识深度。克服思维定式，是实现进一步细化的先决条件。

谈谈试验的概念活动

基地总工　肖崇光

编者按：本文从哲学的高度，分析了试验活动中人们的理性思维方法，论述了科学概念、科学抽象对指导试验的极端重要性，以及随着科学技术的进步实践的不断深入发展，会使概念不断得到补充和修正的必然性。文章根据现代战争的特点对武器装备的要求，结合以往试验鉴定的经验教训，提出了一系列试验和试验技术的新概念，很有启发性。

由于本文提出的问题涉及试验的一些根本问题，如试验的基本目的、基本依据、基本评价准则，如何正确对待设计规范和试验方法标准等问题，希望引起广大科技干部的严重关切和深入研究，展开热烈讨论。我们相信，通过讨论必将加深在我们对试验规律和本质的认识，提高试验技术水平。

现代战争已经改变了打击目标的直接性，改变了相关因素少、火力相对独立和几乎没有变量的状态。武器系统的效能、易毁性已上升为越加重要的因素。随着技术进步和新成分的引入，又在不断地增加着新的因素。这些增加了战斗成功的不定性，并且改变着战争的方向和结构，同时，也改变着与战争有关的手段和目标。这种变化集中地表现为对武器系统要求的改变。

武器系统要求的改变，不仅表现为增加新的内容，还表现在各要素间相互关系、重要性排序的变化，而且其中许多要素的内涵也出现相当的变化，甚至于变革。

这些变化对我们提出的不仅限于增加试验项目和测试内容，而且还必须改变评估准则，改变评估结构。对于后两项改变，则又要求我们在把握对武器系统要求的基础上，正确地评估武器系统的真实性能。我们评估武器系统性能的手段是试验方法，而试验方法又是由战术使用原则所规定的概念、所涉及学科的概念而决定的。这些概念的改变，要迫使试验方法做相应的改变，甚至变革，否则会产生与任务要求不相适应，甚至相违背的试验结果。从战争需求到武器系统的产生、相适应的试验方法的创造，是由概念构成的动态体系。把握概念的运动，是完成任务的关键。

1　试验活动中认识概念的特殊性

概念，作为反映客观事物共同属性和本质的思维形式，通常是在实践基础上，运用科学抽象思维的产物。即在积累足够感性材料的基础上，经去粗取精、去伪存真、由表及里、由此及彼，所概括出事物的属性和本质的结果。但在试验活动中，科技工作者要把握的有两种概念：第一种是由用户依据战争需求和可具备的实力构想出来的武器系统概念，即人为创造的概念，简称为任务生成概念；第二种是由承研方依据现有理论和技术创造成为武器系统实体所确定的概念，简称为实物概念。试验的任务就在于判断实物概念对任务生成概念的逼近程度。对实物概念的认识，基于实践观测和试验。对任务生成概念的认识，往往通过战术技术要求去把握它。应该说，仅由战术技术要求并不能准确把握任务生成概念。首先，战术技术要求往往是不完备的，甚至在论证力量很强、具有十分丰富经验的一些发达国家，也会出现“忽略一些重要的要求，只注意一些细节要求的情况”。比如，某近战武器，就出现了忽视隐蔽性要求，在战场上成为敌方狙击手的活靶。M1 坦克忽视了攻击能力的要求，降低了对抗能力，直到配上“豹”－Ⅱ的炮塔即变为 M1A1 后才算完善。对于新的武器系统而言，这种现象更为严重。第二，受到历史和技术的限制，使一些要求不能体现任务目的。第三，受到现有标准中不适应现代战争需求的那些内容的限制，提不出体现任务目的的要求，或是提出与任务要求不相符的条文。比如，以速射武器为例，射频越高，内弹道前期的约束条件改变就越大，从而可恶化内膛环境，诱发弹丸、引信不正常作用，甚至膛炸；另外，一旦底火失效，退弹时则出现弹丸留膛，使火炮停射而丧失战斗能力。但是，现有弹丸、发射装药和药筒的设计规范、试验方法等标准中，均无相应的条款。这种标准的落后性，又导致了新武器系统的战术技术要求提不出相应的内容，使新武器尚未诞生就埋下了严重的甚至致命的缺陷。有关标准负效应的问题，将在另外的文章中予以讨论。

正确地把握武器系统的生成概念，必须完成以下分析：

（1）任务目标分析。武器系统的总任务目标及各层、各分项任务目标分析，包括它们之间的重要性排序、纵向的隶属关系与横向的相关关系，以及与联合完成任务的其他系统的关联性分析。

（2）任务剖面分析。从交付出厂、运输、贮存、勤务管理、战地贮存、前线运输、战地勤务、携行、作战、维修到寿命终止等可能出现的任务剖面分析。

（3）设计分析。工作原理、设计理论、应用技术分析，其中着重分析设计理论对工作原理保证的确实性、应用电技术对设计理论保证的确实性、设计理论与应用技术对环境的适应性，以及研制史中及国内外相似产品或部件失效机理的分析。

（4）试验标准分析。试验方法依赖战术原则，依赖理论对现代战争适应性分析、试验标准中判断准则的适宜性分析、施加应力环境分析、试验方法失效与缺陷、完备性分析等，以确定认识概念与任务生成概念的一致性。

这种必须全方位认识武器系统生成概念的过程，决定了认识概念的特殊性。

2　概念变化的因素与动力

概念同一切事物一样，是发展着的物质。概念的变化形式有：内容扩充、部分内容的修改，主要内容的更改，甚至全新概念的出现。产生概念改变的因素，归纳起来主要有以下三个方面：

（1）新任务要求。如以敌方侦察、指挥、通信系统为攻击目标的压制、干扰任务；为保存自己和发扬火力而要求的抗探测性、抗干扰、高机动性等任务。

（2）概念深化。科学技术的发展，揭示了以往未认识到的事物，发现了元素间相互作用的新关系，明确了元素间或是运动过程中更加精确的关系和过程，导致概念的内涵和外延的改变。

如两相流内弹道理论，是经典内弹道理论概念的深化，它克服了经典内弹道理论依据发射药瞬间点火、在固定位置上燃烧、在同一时刻膛内压力均匀一致等假设带来的缺陷，并且使经典内弹道理论受这些假设的束缚而无法解释和设计的装药结构设计问题成为可用解析方法定量设计，同时也为膛内安全性的预测和评估提供了有力的手段。这三条假设的取消，从根本上改变了内弹道各元素的相互关系，即改变了它的内涵；同时，它还必须考虑到点火的能量输出过程和药室的几何结构等元素，改变了经典内弹道概念的外延。了解经典内弹道的读者都知道，在处理点火问题时，它只要考虑点火的总输出能量（即前期的初始条件），而两相流理论把它发展成点火动力学；在处理药室结构时，经典内弹道理论把药室简化成以弹径为直径的圆形容器，而后者不仅要考虑到药室上下两端面的自由空间，还要考虑各点火输入部位与药室内腔形状的诸多关系等。经典内弹道只能提供膛底压力随时间改变和弹丸运动速度等主要参变量，而深化了的概念则增加了输出发射药粒的运动、膛内各部膛压随时间改变等关系到膛内安全的重要关系。对我们而言，这种深化了的概念，把内弹道试验从传统的观测初速、最大膛压提高到全方位评价药型、装药结构的安全性和可用性领域。

（3）新原理、新技术。新原理和新技术本身包含着新的概念。运用新原理、新技术的武器系统，除了必然地引入相应的新概念之外，而且还由于它们的引入与系统中其他元素的相互作用，还会产生一些相关的新概念。如速射武器，仅仅增加了自动供弹系统，除了增加射频、可靠性内容之外，在武器本身，还涉及最佳效能所包括的初速随射序变化、精度与射频适配性、弹药适应性、弹药安全性等诸多内容。而运用新原理、新技术的试验方法，又会揭示被测对象的新参数。这些，都形成了新的概念。

科学技术的发展集中表现为概念的发展，因此，工程技术发展的动力就是概念发展的动力。在我们所讨论的领域内，战争需求、自然科学与相关技术的进步、系统的内部矛盾是概念发展的三大动力。

战争需求首先提出了兵器技术发展的明确目标，从而激励着相关学科的发展，激励着科技人员创造性和水平的提高，并且提供了必要的物质基础。

自然科学的进步为技术进步提供了理论依据，是技术革命和变革的前导，并为技术改进和技术性能的提高提供了理论指导，成为新的兵器技术性质和成败的决定因素。而相关学科的进步，如材料科学、人类工程学、计算机、工业生产及管理等的进步，又为兵器技术因引用而进步提供了理论和物质依据，并成为实现任务目标的手段。

系统的内部矛盾，包括任务的技术目标要求与工程试验间的矛盾、不同领域专业之间的矛盾、传统技术与新兴前沿技术之间的矛盾三个方面。

任务的技术目标要求，以任务生成概念、实现任务目标所适用的新原理、新技术等，提出了相应的试验方法、评估准则的新要求。另外，在作战和训练中兵器系统所暴露的设计缺陷，又提出了必须提高试验方法正确性、结论可靠性等许多问题。这些新要求和所提出的问题，就是矛盾的具体内容。正如我们在前面提到的现行试验方法标准尚不能回答速射武器至关重要的首轮覆盖和系统安全的缺陷，将迫使几个专业的试验方法标准应做相应的增补和改进，才能解决矛盾。

先进与落后之间的矛盾，不仅存在于同一武器系统的各专业之间，而且也存在于同一专业之间。这种矛盾，从根本上讲，是动力；但涉及先进取代落后意味着对落后部分的否定，或者必须花费巨大代价才能完成取代过程时，只有发展成对抗的，而且落后部分的负面效应被揭示得十分显著危及使用安全或战斗任务的完成时才能成为动力。在试验领域内，这种现象尤为明显，不仅出现了一些连最低要求——使用安全，都达不到的被试品被认为合格，而且还出现了许多按子系统标准认为合格，而达不到总体要求的被试品通过了设计定型。以引信行业为例，传统标准认为，只要引信从 3 m 高处落向铸铁板而不发火，则认为保证使用安全。而早在 20 世纪 70 年代中期，该专业的前沿技术——动态响应技术就已证实，传统标准并不能保证使用安全，向不同的地面落下，或是带包装落下的环境要更严酷，会使引信提前解除保险而危及使用安全。结果，按传统标准规范定型的引信如迫-1 甲、迫-4、时-10 等在使用中出现搬运炸和膛炸，在时间上延续近 20 年，造成数亿元人民币的直接经济损失和人员伤亡。只有在这种不改不行的情况下，先进才取代落后。

3 几种主要的概念思维活动

概念思维就是通过形成新概念以及改变旧概念来进行认识活动的方式，是通过对信息的分析、抽象出相关联的关系，借助于逻辑思维和数学思维获得分析性、形式性和精密性的科学概念。试验的产品就是信息，正如在前面提到的，对于试验的种种限制，以及物质、财力上的限制，导致了依据什么样的概念，就会产生什么样试验信息的结果。因此，要求我们应十分注意试验中的概念思维，努力提高思维的品质，杜绝不加思维的盲从和轻率处理试验条件和信息。严格讲，从试前的预先准备到形成试验总结的全过程中，都充满着概念思维活动，有简单的判断和推理，也有复杂的决策，思维形式也是多种多样的，后者我曾做过介绍，在此只讨论如下内容。

判断是断定事物具备或不具备某种属性的思维形式，是在概念基础上发展起来的。在结构上，判断必须由两个或两个以上的概念构成，即主概念（判断对象）、宾概念（对象属性）和系词组成。在试验活动中，无论对于试验成功、异常、故障、合格、不合格、可以定型、有条件定型等，无一不是由众多的概念所形成的准则对试验结果进行判断的结果。

推理：是从一个或几个判断推出新的判断的思维形式，是对这些判断结果所存在的内在联系，如共同属性、因果关系、形态或量的变化趋势。推理的结构由前提和结论两部分组成。推理不仅是认识事物的重要方法，而且也是纠正错误概念，探索新的概念、理论的重要方法。如 100 mm 滑膛炮榴弹，经由我们试验发现其尾翼变形而造成近弹之后，有人著文证明尾翼弯曲的原因在于炮口流场的不对称性。依据这一结论和地炮制退器导流孔分布的各向不对称性，我们以此做出这样的推论：凡是地炮都不能配尾翼弹。从国内外在地炮上配用尾翼弹的事实推判出，这篇文章的分析和结论是错误的。文章的作者们依据他们的理论，对该弹进行改造的结果证明，并未消灭近弹。而我们的这一推论，揭示出一个新的课题：膛内尾翼变形理论。

确定准则：准则是与品性（品质和特征）联系的规则，确定准则的过程，就是依据任务生成概念和任务目标分解而建立各子系统相对应的可使用的域值。在传统的试验方法和商检标准中，准则就是合格与否的门限值。确定准则是试验活动中极为重要的活动。首先，现有试验方法标准中的准则并不一定符合任务生成概念。其次，战术技术指标的不完备性、指标条文之间的相互矛盾性又在影响着准则的完备性和合理性。其三，囿于传统试验方法的限制，对一些内涵较大的指标要求，如使用安全、使用方便、便于维护等条款，未分解为完备的、可测的准则。由于准则确定上的缺陷，已造成错误判断合格产品为不合格，而且形成试验内容的欠缺，把使用不安全的产品判为合格等严重后果。

预测：在充分占有信息的基础上，依据概念和有关理论与方法，进行估计、推算推理的过程就是预测。预测是试验成功的重要保证，因为试验的侧重点、试验方案的实现程度、被试对象可能出现的任何结果等都由预测产生。在预测的思维、操作活动中，首先必须运用概念对所占有的信息进行识别、分类，而后还必须把各类有用的信息，运用概念做进一步加工；按不同的目的如诱发故障、能力估计、性能参数估计等分别在相应的定义域内，确定、选择或是构造模型进行估计和推算。当试验结果与预测值发生偏离时，往往又会成为更新概念、修正模型、改进试验方法、改进被试品设计或是设计理论的起点。

决策：是依赖信息，判断、推理、预测人的观念和实力等的思维活动。同预测一样，只有存在多种可能的结果，或是多种选择时，也就是说，存在一些不确定因素时，才出现决策。正因为如此，决策的正确性和效果，还有赖于决策者的知识、智力、心理等诸多因素。随着武器系统任务目标的多样性、战场环境或任务剖面的多重性，试验活动中需要决策的内容必将日趋增多，且越加复杂。

在试验活动中，决策是一项反复运用概念思维加决策技术的活动，把握任务生成概念与被试对象的实物概念，是决策成功的先决条件。运用现代决策技术如决策论、排队论、统计决策方法、模糊决策、模拟与仿真等，是实现量化决策的手段。而层次分析方法，又提供了科学和民主决策的实现途径，减少了决策失误的风险。

随着武器系统规模的增大、复杂程度的提高，每个专业由一两个负责人独立地，与其他专业基本上不相关地独立完成任务的情况已经不适应兵器发展的需要。也就是说，系统内各子系统相关关系的增强必然导致多准则决策和评估的结果，不是任何一个专业的工程技术人员所能独立完成的，需要由全部参与考核系统的各专业人员共同完成综合的试验和评估体系。这一概念，又导致试验专业结构、管理体系应做适应性的变化。

4 试验新概念

设计定型、鉴定试验不是商品检验和质量认证，而是通过被试品实体检验其设计的科技活动。因此，它包括属于商品检验中单项参数和生产管理品质的检验，而且更重要的在于对设计和设计理论的检验。而这种检验所依赖的准则和方法又是由战术原则、战术理论、实现技术和现代科学技术水平所决定的。这些决定性的因素在改变着试验的概念，成为我们必须讨论的内容。

4.1 发展着的准则和多准则评估概念

任务目标和任务剖面的变化，迫使评估准则必须做相应的改变。如在现代强对抗战场环境中，如不能首发命中或首轮覆盖，必然为敌所摧毁。这一任务目标的提出，给武器系统效能增加了首发或首轮覆盖精确度、对抗的相持时间等新的准则。

任务目标的多样性，系统内各子系统的兼容、适配性，又决定着评估准则的多重性或多样性；系统越复杂，相互关联的因素越多，对同一事件的评估准则亦越多。以首轮覆盖精确度中弹丸初速一项为例，武器全寿命期和全任务剖面内任一状态下的内弹道周期都影响着跳角、增大射弹散布，在连发条件下，初速呈倾向性的变化，不仅影响着跳角，而且还影响着射弹抵达目标区的时间散布，如以规定初速度 1 050 m/s 的××炮系统，连发射击时，按弹序排列的初速（统计值）为 995 m/s、1 021 m/s、1 026 m/s、1 034 m/s、1 036 m/s。因此，只用初速满足 1 050 m/s 为唯一判断准则不符合系统任务目标的要求，而应增加内弹道周期、初速域值适配性、连发初速一致性等多项准则参加评估才能满足任务目标要求。

多准则评估这一试验要素的变化，改变了试验活动中各专业相关因素少、相对独立和几乎没有相关变量的状态，也要求我们必须改变简单地回答战术指标的状态。这种系统性、综合性的要求，必将促进专业结构优化和人员知识结构的进步。

4.2 价值概念

战争本身就是价值的对抗和比较，现代战争，尤其是海湾战争的实例更充分地显示出以最大地消耗对方为目的的行为。试验同一切技术活动一样，就是为了创造价值。当然，试验同直接创造价值的工业生产、创造发明、技术革新不一样，它是以促进国防科技进步的形式间接地产生价值的。揭示设计理论的缺陷，发现新的内在的关系，促进被试品的改进和理论的进步，提高设计水平，缩短研制周期和消耗，且使部队获得性能更好的装备；揭示生产管理中的控制缺陷，优化生产，提高质量，降低消耗。这些就是试验产生价值之所在。试验价值的最大化，在于试验信息的品质，以合格/不合格为唯一目的的试验观念，是商品检验的观念。它提供促进科技进步的信息不多，增大试验的消耗，而且在许多边界条件难于确定、评估准则不甚清晰的情况下，不能提供可以装备使用的依据。后者已为许多被认为合格，而设计上存在致命缺陷，在使用中发生恶性事故的型号所证明。

试验的价值还取决于被评估参量的重要性与试验消耗之比（性能价格比）。由于一些现行试验方法标准并没有价值观念作依据，试验消耗与被评估参量的重要性、要求的精度等处于无序状态，甚至于对一些十分重要的项目，试验投入甚少，而在一些枝节、并不重要的项目上规定了较大数量的无谓投入，应该着手清理。

试验的价值，依据试验技术和决策水平的提高而提高，而且会使得那些因试验的消耗过大，不可能实现的项目，随着试验技术的进步，使科技人员的创造性劳动变为现实。

价值法则在商品经济中是优胜劣汰之本，在不直接产出价值的试验领域中若无质量准则作依据，则会产生负面作用：不适当地提倡节约消耗，不仅会降低质量，而且也不利于试验技术的发展。改造本身也需要一定数量的信息支持，GJB 349 中的许多子项之所以仍停留在 20 世纪五六十年代水平上，其原因之一就在于没有激励反思的有效信息，历史的教训应以为鉴。

4.3 试验技术新概念

（1）量化评估。量化的试验信息，是揭示性能参量精确化，为使用提供准确依据，为直接改进设计理论、改进设计和优化生产，促进技术进步发挥应有的作用。尤其对于不断改变的任务目标和任务剖面，效能的量化信息，还为能否适应未来战场环境和打击改变了的目标提供依据。因此，应成为发展方向。

（2）诱发故障技术。诱发故障是试验活动中一种更加积极主动的行为，也是提高试验效率之本。设计定型和鉴定本身，就在于揭示设计中的各种缺陷，在试验中所揭示的缺陷越完全，列装后的质量才越能得到保证。因此，试验方法和试验设计的质量水平标志在于诱发故障能力的大小。诱发故障取决于对任务生成概念的把握，取决于对实物概念及其定义之下的理论和技术的把握，还需要掌握概念思维、理论分析、技巧和技术上的创造性，也需要培养良好的心理素质。

（3）试验设计 CAD。对于一个复杂系统，必然伴随着故障的多态性、过程的随机性，又由于任务目标的多样性、任务剖面的多重性，要准确地把握系统的效能和各种性能参数，要准确地诱发故障和完成故障判断，简单的推理和判断已经不可能完成试验设计，而必须运用现代预测和决策技术，结合对系统的工作过程、故障的发生、发育过程进行模拟仿真，如有必要，还需增加反设计才能最终完成试验设计。要实现这些，就必须把 CAD 技术移植到试验设计中，运用计算机进行模拟试验，完成试验方案的选择。

5 结束语

爱因斯坦在他著名的“提出问题比解决问题更重要”观念的引导下，开辟了现代物理的先河。在高新技术深刻改变战争形态和武器系统的今天，越加显示着提出问题的重要性，而进行概念研究是提出问题的出发点和归宿。现实试验活动中，存在着大量的概念需要我们研究，研究概念本身的产出就是提出问题。试验方法、测试技术的进步起源于概念，是提出问题的后续活动，讨论概念活动的目的也在于此。

参考文献

[1] W. 海森伯．科学和哲学［M］. 北京：商务印书馆，1981.
[2] 爱因斯坦文集［M］. 北京：商务印书馆，1979.
[3] 周昌宗. 西方科学方法论史［M］. 上海：上海人民出版社，1986.
[4] Booz Allen. 美国系统工程管理［M］. 北京：航空工业出版社，1991.

武器系统能力评估的思考与实践

基地总工　肖崇光

摘　要：本文提出了武器系统能力评估应解决的问题和在任务概念约定条件下，以对能力函数分析为基础的试验设计实现量化、高品质能力评估的途径。

主题词：常规兵器试验；能力评估

0　引言

试验与评估的思考与实践，属于试验思想与理论的研究，其目的在于如何充分利用国家靶场的权力与技术优势促进我军装备研制水平，提高装备技术水平和质量，化传统试验鉴定的消极检验、考核为促进研制水平提高的动力。在工程技术领域内，观念的转变不仅需要认识和思想方法的变革支持，还需要以相应的科学理论为技术作支柱以及探索与实践的支持等，是一项脚踏实地的工作。加大探索与实践的力度，努力提高试验信息的价值是我们永恒的追求目标。

1　问题的提出

在某雷达设计定型试验中，我们发现其有效威力大幅高于指标值，其试验信息为增大雷达的覆盖范围、提高生存能力的合理配置提供了依据，充分体现了能力评估的效益。另外，我们也应该认识到，仅仅依靠初速及散布、射程与密集度来评定经典射表支持下的火控及支援、保障系统，却不能实现首发命中、次发命中，即不能完成现代强对抗战斗条件下火力系统能力的评估任务。为什么会出现或存在这种问题，需要我们认真予以研究。

武器系统的能力是达到任务目标的量度，与可信赖性、有效性共同决定着其效能。设计定型的主要任务在于判定武器系统的设计是否能实现任务目标、胜任未来的战斗任务。武器系统的能力是由其承担的战斗任务决定的，如侦察、指挥、控制、通信、火力、支援等，而火力又可分为摧毁、压制、拦阻等。具体能力反映的参数通常由多因素联合决定。同样，实现某一特定的能力，也通常由多个分系统联合决定。如果这些对应参数的集合不构成描述能力的全集，那么则难于实现其能力；即当系统设计不佳，各分系统性能再好，也难于实现预期的能力。也就是说，分系统或单项性能优良并不意味着能实现武器系统的任务目标，而部分分系统或单项性能与规定或分配值相比出现欠额，若其隐含的性能与系统适配，则有可能实现甚至超过武器系统的任务目标。

综合以上讨论，对于试验鉴定中评估武器系统的能力必须解决以下三个问题：

（1）如何把握任务目标？

（2）如何理解和评估武器系统分项目标的有效性？

（3）用什么途径实现能力的评估？

2 能力函数概念

在“对武器系统试验鉴定的思考与实践”的系列文章中，讨论了从任务概念把握任务目标的层次、相关关系，是克服孤立、片面执行战术技术要求所产生试验鉴定缺陷之本。这一途径同样适于对能力目标的评估，应该说据此我们基本上解决了第一个问题并从框架结构上把握了能力目标。但这还不能完成能力评估的任务，必须依据武器系统中实现能力的框架结构和内在的联系，才能把握能力及其评估问题。实现能力的框架和内在的联系就是能力函数，即把武器系统中关于形成能力的成分提取出来，并依据其实现原理、过程、彼此关系，用函数的形式予以描述。依据武器系统的特征，有以下规定：

（1）在系统或分系统中，其能力总是由对此做出贡献的要素组成一定的关系实现的，而对于“能力”没有贡献的要素，当其对能力产生干扰时，则以系统与环境相互作用的结果表现之。

（2）从输入到能力形成，必须经历若干过程，每一过程可由单个或多个分系统联合完成，每个过程为系统设计决定，其特征是参与能力形成的各个分系统存在着公共的截面或函数的阶跃关系，并由其中工作周期最长的分系统决定。将其称为过程函数。

（3）过程函数的左侧由其截面参数及其分布表示，右侧以各要素、环境干扰等为自变量所组成的函数表示。描述函数的形式可为解析式，如有限元、模态方程等一类的近似式，或是二者的混合型。

（4）各过程之间的联系关系是明确的或者是确定的，系统的能力函数正是由这些过程函数及其联系关系确定。

实际上，在武器系统研制过程中，每个过程函数常以简单或复杂的关系描述，或是以隐含的形式表示。另外，描述同一过程也存在着多种方法，问题在于描述过程的真实性和建立过程之间的联系如何通过试验检验与重构。由于在每个过程中，参与贡献的要素及其作用关系不同，决定了对能力函数的描述，属于多重参数变结构问题。下面我们以子母弹发射到终端效应为例说明：

$$F=F\left[F_1\begin{Bmatrix}F_{11}\\F_{12}\\F_{13}\end{Bmatrix},F_2\begin{Bmatrix}F_{21}\\F_{22}\end{Bmatrix},F_3\begin{Bmatrix}F_{31}\\F_{32}\\F_{33}\end{Bmatrix},F_4\begin{Bmatrix}F_{41}\\F_{42},F_{44}\\F_{43}\end{Bmatrix},F_5\begin{Bmatrix}F_{51} & & F_{54}\\ & ,F_{53}, & \\F_{52} & & F_{55}\end{Bmatrix}\right]$$

式中，F_1 为发射动力函数，由内弹道 F_{11}、弹炮结构响应 F_{12}、引信工作 F_{13}组成；F_2 为飞行函数，由气动弹道 F_{21}、引信 F_{22}组成；F_3 为抛射动力函数，由引信点火与母弹响应 F_{31}、抛射内弹道 F_{32}、结构运动 F_{33}组成；F_4 为抛撒弹道，由不稳定弹道 F_{41}、弹间干扰 F_{42}、子弹引信工作 F_{43}与子弹稳定弹道 F_{44}组成；F_5 为终端函数，由子弹侵彻与结构参数变化 F_{51}、引信识别 F_{52}、子弹响应 F_{53}、破甲 F_{54}、杀伤 F_{55}组成，其中，$F_{53}\sim F_{55}$包含目标易损性函数。

3 能力函数分析

分析的目的在于把握对能力贡献要素的重要性排序和敏感性因素的危害度排序，为试验提供依据。为此，首先必须对其函数结构正确性、定义正确性、周延性、描述过程的合理性以及与系统的一致性进行分析。这种分析是定性的，通常用概念、类比的方法进行分析。通过分析，对函数的结构按系统信息流的逻辑关系做调整和补充，选择忽略因素少、假设相对合理的方程组取代简单不准确、受使用限制的表达式。

量化分析，通常分为解算分析、值域与敏感性分析、数值仿真三种形式，对于复杂系统而言，则为量值分析的三个步骤。

解算分析，为一般原理性计算，初步确定各过程中子函数的量值关系，通过与经验值或可用的验前值对照，对函数关系做适当的调整、修正。对函数微分或偏微分，通过微分函数做数值分析，确定在过程中各自变量对函数的影响，即初步指定敏感性因素与各要素贡献的重要度。其目的在于为值域与敏感性分析时，对关键变量的过程跟踪及可忽略成分的简化分析奠定基础。

值域与敏感性分析，通常根据函数中各自变量的设计或名义值及其分布模型构造随机函数，代入解算方程中做分析计算，把握各要素及函数的域值。为了实现敏感性分析，除对关键变量过程做跟踪外，还应对关键变量注入超调和极小概率值（如小于万分之一等）进行分析；如果函数存在突变，那么则应该分析在开始发生突变到突变过程中各变量的相互关系及变化特征，据此提出测试要求。

数值仿真，其程序包括初始化、输入、运算、输出和控制五个程序段，其核心是运算程序段。我们所研究的系统状态是时间响应函数，通过对单个函数值域和敏感性分析，为仿真运算程序段、输出、显示和运算控制中步长选择或调整，弱相关函数间信息交互节点的选择与控制，系统中控制信息采集、传递、变换与系统响应延迟关键变量及其函数值跟踪与显示等提供决策依据。在目前情况下，总存在着一些不确定因素或是一些不确定函数，使仿真运算偏离实际或是断链，要运用对应方法，移植或用验前信息加以补偿。

据此，提供了对武器系统在试验中需要激励、观测变量的决策支持，也就是说为解决试什么、测什么的问题打下基础。同时，武器系统的能力是由其具体的量值、参数分布概率联合表示的，对于不同的对抗目标和隶属条件，其量值和参数分布亦相应变化。如目标的易探测性、易损性函数、目标的航路、航速等变化对同一武器系统，呈现出分布式的歼毁或拦阻概率。在仿真运算与控制中，设置能力量值分布概率为 0~1 的若干典型节点，运用系统辨识技术，建立应测要素参数分布与能力量值概率的对应关系。

通过以上分析，达到以下目的：

（1）要素对过程影响程度的排序；

（2）过程中出现跃变的特征参数变化趋势；

（3）环境激励中的敏感性因子；

（4）系统惯性对超调控制响应。

4 试验设计

试验设计是取决于以上分析，依据任务目标，关于实现能力的各种理论与试验设计理论约定、指导下的创造性劳动。其任务在于解决试验什么、怎样试验、获得哪些信息，如何评估等课题。而决定试验与评估品质的要素则取决于试验设计思想、策略、应用理论与方法。

挖掘武器系统潜能、确认其最佳能力限度、可用限、限用限与禁用限，为武器系统战斗使用提供依据；实现对系统中优化因素、敏感性因素的判断，为武器系统的改进设计、优化制造、促进其性能和效益的提高，应该成为试验设计的目标和指导思想。

按照能力在其边界上所呈现的分布特征和在使用限内相对平衡的特征，运用过应力试验策略，是能力评估的试验设计思想之本。运用重要度排序、相关性辨识、层次性分解等优化性策略，是实现评估系统性与效益之本。综合前面所讨论的问题，通过运用多种理论分析、验前分析，完成对结果的预测、检验、差异辨识等综合预测与决策等面向用户与研制方的策略，这一策略充分遵照任务概念理论对实践的指导，充分利用验前信息和相关行业智慧的积累，是降低试验风险，从根本上提高试验信息的可信度，实现试验的开放性和自我完善之本。

因此，我们规定试验设计程序如下：

（1）根据任务概念的能力任务确定项目。

按能力任务规定目标的种类、主次、目标易损性（易探测性）难度及其替代与加权等效关系、目标运动特征，确定初拟试验项目。按照能力要素的分解与传递，分离间接和隶属性试验项目。进一步按照任务概念、被试对象的历史与现状、有待着重试验的要求确定各项目的重要性排序。

（2）根据项目的特征确定项目内容。

以项目定义的参变量为目标函数，确定待测各自变量的域值、过程分布、截面等，按函数对系统和环境激励的响应确定试验应力或应力史，及其对施与应力参变量分布等。按目标函数的分布及关键自变量分布确定测量与控制精度要求。按项目的重要度与精度，联合确定试验样本量下限。

（3）按应测信息的性质确定测试要求。

由应测信息的种类、量值分布及精度确定探测仪器的属性、频响、动态范围、精度、信息容量，制定测试方案，其中包括传递函数与精度分析、数据处理方案、冗余测量方案以及由测试可靠性所要求的附加样本量等。

（4）有待确定关系的试验、测试内容。

从任务概念分析、武器系统能力函数分析、同类装备类比分析等提出的制约评估、能力过程描述与实现的各种尚欠了解而应该明确的变量及相互关系，概括起来，包括以下内容：

①有关能力准则和支持准则的参量传递、代换关系。

②设计中所涉及理论与方案中欠缺、断链成分。

③武器系统实现能力过程中有待证明的关系，其中包括设计理论、方案中有待揭示的问题和在验前信息史中有待进一步验证的问题。

④基于试验测试的需要，改动被试对象的兼容性、被试对象某些特征参量的响应偏差等关系。

⑤验证试验与评估所用新模型或改型模型有效性的关系。

（5）项目内容的融合与优化。

融合是通过对能力函数的分析，确定层次、相关等系统性分解与综合确定的。而优化则主要依据项目与内容的重要度和它们的有序性分析与决策实现。这两个问题在前面已经讨论过，不再重复。

（6）评估方案。

通过前面的讨论不难发现，试验所提供的信息是能力过程及其分布与包括系统与环境激励在内的关键要素的某种函数（曲线）关系。只要按照能力任务目标，在曲线上获取使用域、可用限、禁用限，及其相对于战术技术要求的超额或欠额。其量化的与武器要素相关的试验信息，是武器系统优化与改进的依据和技术支持。

5　应用与效果

在能力评估的问题上，无疑把过去认为只需一对一地单独简单回答战术技术要求变为复杂的问题，若劳而无功，则只能称之为无效劳动。我们归纳其应用效果，在以下三方面是传统试验方法所不能比拟的：

（1）廓清试验思路，指导试验课题的提出和研究。

能力是系统的目标，由各层分项目标彼此相关、联合实现的观念符合任务和系统实际的试验思想，克服了传统试验固有的孤立、简单看待和处理评估各项指标要求等不适应日趋复杂武器系统的缺陷。另外，还产生包括揭示系统分项指标分配不当、内容缺损等制约能力发挥，以及现有方法标准中使能力评估断链的缺项。据此，促进武器系统能力的提高和相应的试验研究课题，完善和优化了试验内容。

（2）发现了一批武器系统的潜能。

在侦察校射雷达、破甲弹、穿甲弹、子母弹、引信、军用光学等试验中，发现了十余项重要能力超过了战术技术指标要求。有些超出指标值 30% 以上，有些则超出一代型号的水平，有些属于指标未规定，但在战斗中必不可少的能力内容。

（3）揭示了一批武器系统在能力设计上的不适应性。

理论体系断链性缺陷。如首发命中和首轮覆盖能力中内弹道理论中时序控制、功耗分析、弹炮适应关系等理论空白，以及新结构引信对气动参数影响等诸多理论空白。

系统匹配性设计缺陷，如子母弹系统中引弹配合缺陷、子弹抛射动力结构缺陷、子弹与子弹引信信息传输缺陷、抛绳系统强度与弹道设计缺陷等。

6　结束语

武器系统任务的复杂化，必然带来结构、原理与系统构成的复杂化，影响能力的因素也必然由简单变为复杂。试验鉴定必须把握这些因素才能做出正确的评估，为武器能力的提高做出贡献，我们正基于这一认识才对能力评估问题做探讨和研究。

参考文献

[1]［美］詹姆斯恩·西多. 最优工程设计原理及应用［M］. 北京：机械工业出版社，1987.

[2]［加拿大］J. N. 希德尔. 工程概率设计［M］. 北京：科学出版社，1989.

[3] 顾君泰. 应用仿真技术［M］. 北京：国防工业出版社，1995.

论试验方法标准的特征和要求

基地总工　肖崇光

常规兵器的工程试验，可分为研制阶段试验和生产阶段试验。二者之间的目的和任务是不同的，前者在于检验、考核被试对象的设计思想、理论、设计和技术保障，检验其功能的发挥程度和适应能力，而后者只考核对生产中尚属不放心的部分。我们讨论的范围只涉及前一部分。我们知道，公理是无须证明的，而如果某项成果可以随人的意志，在任何环境下完成要求的功能，那么对这些成果的试验也是多余的。试验之所以存在，之所以发展，正因为综合各种理论、技术而转化的实体，总有令人不放心、不满足之处；并且随着人们的要求越高，科学越发展，这些令人不放心之处往往隐蔽得越深，因此必须在试验上花费更大的气力和投入。

常规兵器随着战争的要求，随着科技的发展和国力的增强，把本来就十分丰富的科学门类更加扩展了，涉及的范围更大，涉及的科技知识日趋深化。具体表现为门类繁多，功能多样化，形式千差万别；而且，矛盾齐备，攻防兼顾，构成了常规兵器试验方法的多样性和复杂性，还由于用户的特殊要求，使得常规兵器试验方法具有特殊的性质和特殊的衡量尺度。

积极而又稳妥地吸收发达国家军用标准、提高我军标准的水平，避免在制定标准时走弯路是十分重要的。但是，首先要认识到，任何军事标准都是为战略目标、战术使用服务的。其次，不是所有发达国家军用标准的试验方法标准（包括 TOP）都是先进的。20 世纪 70 年代，美国国会对国防部的装备鉴定政策提出了试验鉴定并不充分、可供鉴定的资料不足、耗资过多等批评。此外，以美国为首的北约集团中，出现诸多中大口径火炮的恶性事故，塔斯社近期报道的俄军军械的严重事故，都说明了在他们的这些标准中还存在甚至是致命的缺陷。我们必须从战略目的、战术需求、凭借的依托条件，分析它们的体系和功能，根据我军的战术需求、实力，加以吸收，制定和建立符合我国国情的试验方法标准。

1　一般特征

试验方法标准是标准中的一部分，原则上应具有标准系统的共同属性，即目标性、叠合性、层次性、开放性、阶段性。

标准首先应该有明确的目的，这是标准所具备的特定功能，产生特定效应的根本。作为标准的目的，可有单一目标、多种目标、主要目标、次要目标、长期和近期目标、总体和局部目标等。通常，目标有具体化和定量化的特征，标准目标的建立，应该实现从优化到满意，服从最佳社会效益的实现。

以实现一定目标为核心，把相关标准进行优化组合，从而使得标准表现为集合性。标准本来就是大工业生产的产物，正是这种环境决定了目标的这一属性，使得任何一个标准都难以独自发挥其效应，必须从个体上升为系统水平才能达到预期的目的。而且要求经过优化组合的标准产生优于单个标准效益叠加的效益，即称之为系统效应。

标准系统的结构按有序、分层次的关联构成了标准的层次性，层次性是由标准所涉及的对象决定的。

标准系统与环境相互作用，交换信息，淘汰其中不适应的部分，补充新的部分，使标准系统不断进化的过程，决定了标准的开放性。我们在标准的编制过程中，要体现标准的这一属性，应该为获取与环境相互作用、交换信息提供沃土，要为当今在学术上争论不清、得不到认识的部分提供证明因素；这样，标准才能获得继续发展的动力。

标准系统如果不稳定，则不可能操作和运行，但是，我们应该认识到，这种稳定是相对的，这就是标准的阶段性，即在某个时期或在某个条件下，它是可操作和运行的。标准稳定的有条件性，是由人们对事物的认识所决定的，标准的编制者，应该在标准中充分说明其局限性，尤其要避免一些基础或主要理论不适当宣传的干扰或错误认识，才能避免用错标准，才能确保标准的正确运行。

2 时代特征

我们只能在我们时代的条件下进行认识，而且这些条件达到什么程度，我们便认识到什么程度。被试对象所涉及的基础理论、工作原理、对被试对象的要求等，都随着人们认识的深化、需求结构的改变而发生变化。另外，新的需求导致了理论新的组合形式，产生了新的工作原理、新的机构，表现出新的功能。对于后者，人们往往易于认识，标准是人们认识结果的表现之一，建立常规兵器各专业的标准，不仅需要某一专业的知识，而且需要相关专业的知识，还需要相关的测量理论和技术、信息分析和处理技术等知识。正是这些作为标准基础的知识，决定了标准的时代特征。

对于弹药引信而言，对安全性评价建立在 3 m 落高和覆盖率不高的强装药膛压件基础之上的安全性试验方法，当然只有 20 世纪四五十年代水平。到了 60 年代，人们开始认识到裸弹从 3 m 高的铸铁板投掷还有许多漏洞，即认为合格的被试对象在带包装时从 3 m 落在泥沙地上会使引信解除保险，因而增加了在多种地面上的考核。进入 70 年代，人们对膛内环绕有了更进一步的认识，于是试验标准也相应增加了有关压力波的膛内环境等内容。其时代特征是相当明显的，在许多 TOP 的更迭中，不难发现这种时代的标志。

3 控制特征

大多数为产品标准服务的基础标准，往往为硬控制，即在规定计量的条件下进行观察和测量。如测材料的硬度，规定了压力和时间；测量包装的密封，规定环境的气压和时间，等等。而在常规兵器试验方法标准中，由于型号、参数的多样化和广谱表现，用一个、一组参数来表征试验的控制则造成测不准，因干扰而测不到或无法执行等诸种行不通的结果，为了使众多的型号参数能够用“统一”的方法、规范进行试验和测量，必须采用一种控制的方法，即规定了约束条件的各种关系式，规定了至关重要的仲裁和边界条件，再输入被试对象的若干参数，以及可实现测量的测量仪器使用参数等来确定全部的约束条件和给出结果的处理。这在其他类型的标准中是十分少见的。

有时，还会出现更为柔性的控制环境，即只提出一个控制原则，试验是按这个原则来执行的。譬如，由于多种因素不可能用一个固定量值、固定函数关系来描述，或者出于保密的目的等情况，则只提出一个原则，由试验负责人再去寻找达到这一原则要求的约束条件，如对膛内压力波的激化条件等就是比较典型的实例。允许的激化条件，是由火炮、弹丸等承受能力所确定的。不同的武器系统，不仅量值不同，而且表征量的形式也不尽相同，相同的只有失效出现的概率，或是归一化参数。在这种情况下，只能用原则来控制。属于这种情况的还有面对正在发展的领域和不能归一化处理的参数等，通过这种柔性控制的方法，可以扩大使用范围，而且避免了试验负责人犯某种责任过失，当然，只有这样才能实现“统一”。

这种控制特征，在商用和一般的标准中是不可能，甚至是不允许的，在某种意义上讲不具备标准要简单化的属性。正因为如此，决定了这类标准操作的复杂性，决定了必须具备一定水平的工程技术人员才能操作。

4 自检特征

20 世纪 80 年代以后，发达国家按订单生产的管理形式，使得商品流通时间压缩到几个月甚至更短。而且由精心编织的售后服务网反馈丰富的信息。也就是说，在这种情况下，标准运行的结果是由这些反馈信息进行检验的，这些标准不需要设置（自适应）一类功能的内容，这一部分内容是标准化委员会制定的，从而可以简化标准和降低消耗。常规兵器试验标准只能靠战争来检验，而部队的训练只能提供有限的信息。美军在推销他们标准的宣传中，最主要一条是经过第二次世界大战的检验。为了保证标准的正确性，保证其对新型号的适宜性，在标准中设置必要的自检内容，使其具有自适应能力是非常必要的。在较好的常规兵器试验标准中（包括部分 TOP）我们可以发现，除明确要求检验的内容之外，还有一些似乎与被测量的试验质量控制、结果输出关联不大的观测内容，它们中的大部分就承担着这一职责。当然要实现检验还有许多技术可以应用，在标准中加入这些内容构成了这类标准的重要特征之一。

5 质量准则

质量是生命线，是标准得以存在的基本条件，质量不合格的标准，必然导致不合格的试验结果。在标准的评价中，至多只能记零分。所谓质量，主要表现为：执行标准产生输出结果的正确。

输出结果的正确性首先是依赖于所应用理论的先进性，以及对这些理论的认识程度。因为先进的理论代表了人们对事物的最新认识，纠正了旧理论的缺点并拓宽加深了认识，有的甚至发生了根本性变革。我们对弹丸安全性评价的有关理论为例作为说明。旧有的理论认为，除了弹孔本身的加工质量之外，膛内炸药应力是造成弹丸不安全的唯一原因。增大炸药应力可由弹体膛内变形和膛内赋予的直线惯性力获得。于是，把安全性问题归结为增大膛压。观测是否早炸和弹体变形即可做出评价。而现代理论则认为，炸药装填物是由热点发生和发展造成的，热点的发生除了加工质量有关外，还由于底部间隙、炸药应力、膛内环境形成在弹底上的冲击波。因此，除了增大膛压之外，还得采用种种办法，如粗暴勤务处理的力学环境和高低温环境等。该法把弹丸设计的缺陷诱发出来并扩大，同时还创造激化膛内压力波的条件。在某些情况下，小号装药比大号装药提供的环绕更为恶劣，如美175炮在小号装药下发生膛炸。这个例子反过来又说明了，有什么样的理论，就有什么样的试验方法，或者说，有什么样的理论，就有什么样的观测结果。判断一个标准的质量如何，首先要读出它所依据的理论是先进的还是过时的。

输出结果的正确性还有赖于标准规定各种环境应力的真实性，不真实的环境应力，必然会掩盖被试对象的缺陷或产生过激励现象，导致不正确的输出。环境的真实性有赖于对系统的分析、我军装备序列的理解、战场管理的认识等。例如，在我军运输装备中，每台车只配一张篷和固定篷布必需的绳索，有的标准中做出了超出这一装备的规定，如规定必须用箱子或物品把弹箱卡紧，必须用绳子把弹箱固定等，这种装载运输环境与部队实际的运输环境以及被试对象的应力相差极大，失去了真实性。

输出结果的正确性还在于适宜的误差，包括标准规定应力的误差要适度，即合理可行，还包括结果的综合误差。试验误差是试验应力控制误差、测量误差、传递误差和被试样本散布的综合结果。试验误差是依据系统分配的重要程度决定的，我们用适宜的程度来衡量，片面追求高精度是有害的。

6 效力准则

效力是指执行试验标准得到的输出与系统目标的相关程度。由于系统的目标强烈地反映着现代战争的需求，因此成为促使标准发展、更新的重要因素。只有依据现代战争理论建立的标准才具有先进性。

系统的目标是由各子系统的目标集总而成，为了达到某个目标，可能会有负效应产生，当负效应达到某种不能接受的程度时，则应改进系统或否定系统的实用性。不同时期、不同战争环境，武器系统的攻击目标是变化的，即使对同种目标的攻击，其要求的深度也不一样，约束条件也会发生变化，对于这些，都必须改变子系统的目标，改变评价的方法。如果执行标准的输出达不到系统目标的要求，这个标准的效力则为零。

在新旧战争观念、战术更迭迅速的今天，旧标准的不适应在许多地方均有所表现。我们仅举两例说明之。

二战期间，炮兵获得了“战争之神”的荣誉，为了压制敌方炮兵，发展了声测分队，由炮口光定向，并由炮口光和发射声音到达的时间定距测定炮位坐标。炮口光成为隐蔽自身的重要标志，从而提出了测炮口光、焰的要求。进入20世纪60年代以后，以获取弹丸运动轨迹推测炮阵地位置的侦察雷达取代了声测分队，并且能在射弹尚未到达己方就已获得炮口位置的信息。因此，在今天的这种情况下，花大力气测量这种参数所获得的结果是与目标相关度极弱的因素，效力是低的。我们改变目标的这种评价观念，对同一现象会得到完全不同的结果：如果监测结果表现为炮口焰较大，则预示着会伴有炮尾焰产生。但是，这种守株待兔的试验方法捕获到炮尾焰的概率很小，因此，试验的效力仍不会高。如果标准规定了从装药条件到射击环境等一系列诱发炮尾焰发生的试验条件实现，只要炮尾焰有可能发生，则造成必然出现的结果，于是显示出极高的效力。前一种评价观说明弹药系统不好用，但又不能说禁止使用；而后一种评价观则表明禁止使用。

现代战争表明，实现首发命中是炮兵生存的关键，但是，在全部武器系统的射击中，都把首发结果排除了。我们知道，由于身管的应力状态、身管的温度等，因初速、炮口角等的差异，使首发、次发可能与后继射击结果属于不同分布。试验标准提供不了这样的信息，其效力必然下降，这是因为，我军丧失了实现首发命中所必需的极为重要的信息。

7 功能准则

标准应该具有与被试系统、各子系统目的相适应的评估能力，这是功能合格的最低要求。标准要具有暴露被试对象故障、诊断故障的能力以及自适应能力，只有具有这些能力才能算作优秀。

效力准则是讲不要答非所问、供非所求。本项准则要求对系统、分系统而言，不可缺项。对单项标准则要求不要因为输入环境的不周延导致功能的丧失。

暴露被试对象的故障，GJB 150、GJB 537 以及 TOP 均提供了一般的、带有共性的方法。美军和军火商在内，为了他们的利益，有一些至关重要的内容至今仍处于严格的保密阶段，也就是说，无论 TOP、ITOP 以及 MIL-STD 均不可能提供他们至今最全面的认识和处理方法。我们还应该看到，对于火力系统而言，还欠缺不少诱发因素，尤其是战场管理、人-机因素等。美 155 炮的炸膛和 100 滑榴弹的近弹正是由于这些文本中未见的因素造成的。

标准的自适应功能是指标准的自我认证、检验，使标准获得发展的动力。我们许多标准之所以长期停留在落后状态，正是因为不能从执行标准中获取这种信息。

8 效率准则

效率的量化就是效费比，即达到规定目的、规定质量所获得的效益与消耗之比。在本文所涉及的范围内，执行标准获得的效益往往是不可比的。如证实了发生安全性失效而试验终止，则避免了更大的消耗，比证实一发功能性失效的效益要大。而如果证实了某破甲弹系统在比规定法向角大 4°~5°仍可有破规定厚度装甲的能力，那么，在敌方坦克前装甲增大 4°~5°度时，我们不需要再花大量的资金和人力研制对付它的武器，其效益也许会高不可言。因此，我们只能把效率的比较仍停留在消耗的高低上。那么，效率的评估则在于以下几方面：

（1）标准的灵敏度。在取得必要仲裁参数的条件下，是在被试对象工作平稳段做大量的无谓观测，还是确定它对主应力敏感的工作限？

（2）对经充分考核，已有结论的机构、组合体或是整体，是否还要一项不漏地考核？试验标准怎样促使型号的标准化？

（3）对于在高于正常主应力条件下，经过足够数量考核的对象，是否还要在正常条件下一个不少地加以观测？

（4）武器系统或子系统往往不止一个目的，有主要的、次要的、再次要的和兼顾之分。是不分青红皂白，一律等价对待，还是分清主次，区别对待呢？这些是传统方法所不能解决的。

因此，改进试验方法，提高灵敏度，运用综合评估技术，提高试验信息的寿命和价值，按系统的目的和允许的误差，合理分配消耗，是提高效率的重要手段。

9 有序准则

对于标准系统，众多要素的阶层秩序、时间序列、数量比例以及彼此之间的相关关系等，应按系统的目标，按发挥其最佳效益的要求进行合理的组合，构成一个阶段性稳定的系统。这就是有序组合，也就是标准的结构优化。只有经过优化的系统结构，才能产生组成系统单个标准效益总和的系统效益。

对于单个标准，同样存在着有序组合的问题。尽管国标和国军标的编写要求规定了优化结构的模式，在其具体内容要求的排列上，仍存在着有序与否的问题。我们知道，子系统存在着主要目的、次要目的以至于兼顾要求，还有近期目的、长期目的等。至于环境控制，同样存在主要因子和次要因子之别，有仲裁环境和极端环境、一般环境之分。在时序排列上，有预处理、预先测量、实时和试后处理，还有从被试对象—环境—测量—数据处理—结果评估等众多的相关关系。对于子系统标准的有序要求是，按目标的重要程度，工作的时序，环境控制、测量与结果的相关关系，留出与系统的接口，加以排列才是有序的。

由于体系表已经发布，系统优化主要是在细部、彼此关联、恰当的组合上做文章，有了实例，更多的说明则显得冗长。在优化工作中的主要问题在于摆正局部目的和总体目的之间的关系，当这些关联度不大或是无关联时，可以得到形式上的优化，但实质上呈松散无序状态。其次，要处理好各层次之间的纵横关联关系。前者是必须统一，由总体对分标准提出传递和相关关系的要求，不能由分系统任其发展；而后者必须进行充分的协调。

10 结束语

以最佳社会效益为出发点和归宿制定试验方法标准，对编制者们提出了更高、更严的要求，编制出最好的标准，必然促进了它所涉及事业的腾飞，我们希望每一个标准都能成为最好的标准!

对侦察装备鉴定试验的探讨

基地总工　肖崇光

0　引言

发现目标、传输目标特征和运动信息，为攻击目标决策提供依据，这就是侦察装备的主要任务。随着战斗规模、凭借技术的变化，被观测目标和侦察要求、侦察行为发生了巨大的变化，对传输目标特征和运动信息的要求，即从信息量到传递速度，也发生了巨大的变化，尤其是图像制导兵器的出现，信息量的增大倍率要以万计。另外，现代战争的强对抗性、反应迅速性，又给现代侦察装备的使用、保持战斗和生存能力提出了更多的要求。设计定型试验的最终目的在于为产品定型装备部队使用提供可靠的依据，一切技术要求必须服从战术要求。在某种意义上讲，侦察装备达到技术要求并不一定意味着达到战术要求。以主动式光电侦察装备为例，能发现侧向运动目标和传输目标信息而不能提供正面运动目标信息者，不能认为可以完成战斗任务。如果照射目标时间过长、辐射功率又大，从照射目标、信息处理至传送信息的时间大于目标的反应和攻击时间，那么，即使准确发现、测定目标信息，但还未能把信息送到指挥中心就可能被目标所摧毁，从根本上丧失了侦察能力。

侦察与反侦察、对抗构成了复杂的大系统，侦察装备与环境、配置、协同装备及人的相互作用，构成了复杂的关系，效能、兼容性、协调性、适应性、机动性以及生存能力已成为我们鉴定的重要内容。实现新的鉴定目标，这是现代战争所赋予的光荣任务。

1　明确战术要求与技术指标的关系

战术要求与技术指标，应该是反映任务概念全貌的内容，技术指标应该是战术要求的具体化或典型化，也就是说，它们是主从关系。正确而严谨的技术指标，应能忠实而又全面地反映战术要求，但就现状而言，技术指标不全面反映战术要求者不在少数，并且还有技术指标与战术要求相矛盾的现象存在。因此，把握任务目标概念成为设计定型试验的首要任务。更进一步的要求则应把握战术技术各项要求的重要性，完成重要度排序，制定优化的试验方案，实现优质、高效地达到工程鉴定的目的。

对侦察装备战术技术指标要求的层次结构分析如图 1 所示。

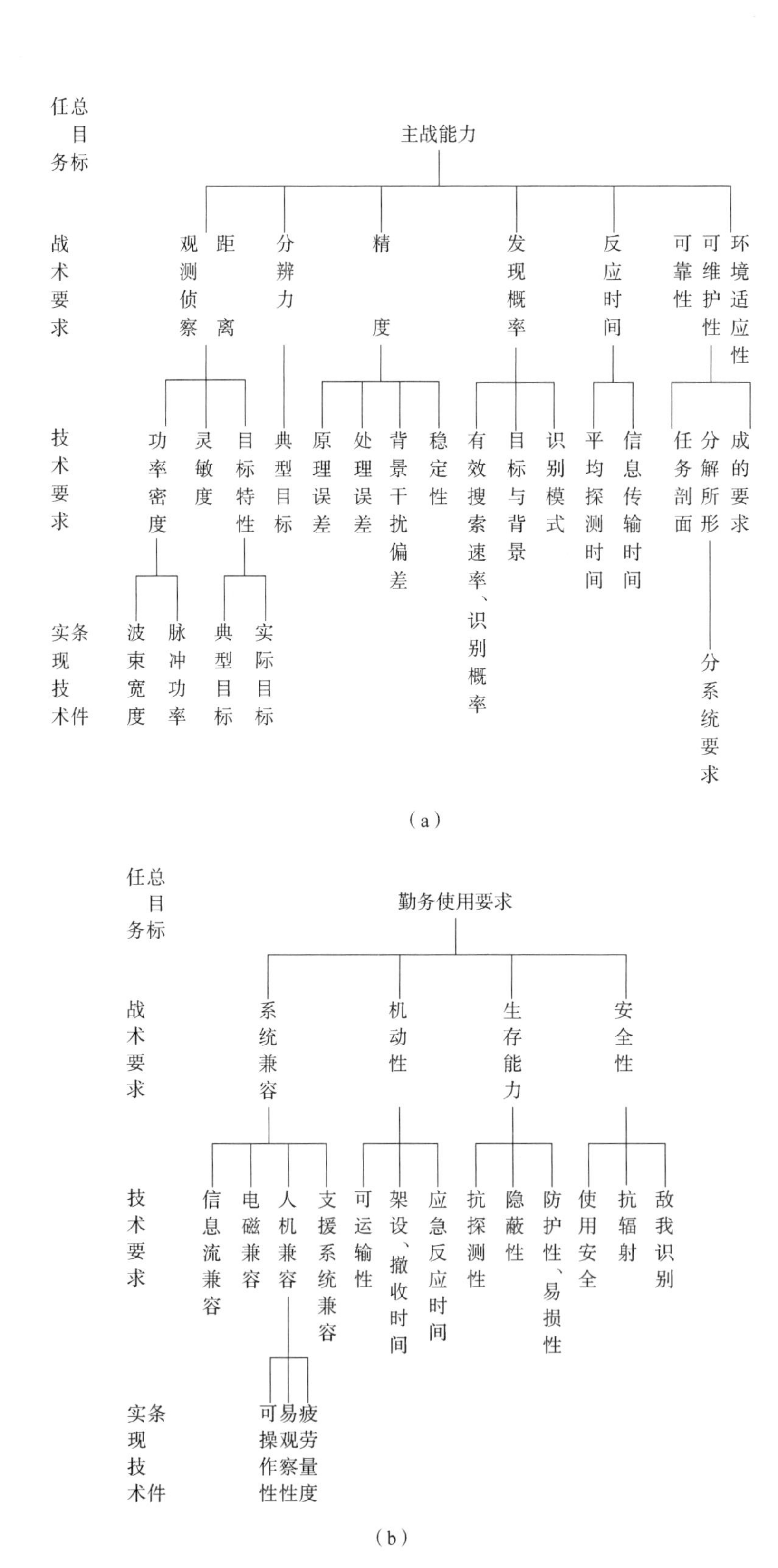

图1 对侦察装备战术技术指标要求的层次结构分析

(a) 主战能力；(b) 勤务使用要求

随着任务要求的增加，这张图的具体内容还应适当补充和调整。

在处理技术条件、技术要求与战术要求的关系上，我们多年来形成了有效的评估和表达模式，是值得借鉴和学习的。如对于侦察能力的描述，可用以下形式：

对××标准反射（源）目标的侦察距离为××km，达到指标要求；对经××伪装的目标侦察距离只达到×km，对××伪装的目标在×km 外无侦察能力。

2 目标与背景

目标背景特性决定着侦察能力、装备的有效性。伪装、隐身、烟幕和各种形式的干扰已成为侦察的障碍，甚至在目标行驶时的扬尘也会干扰侦察效果。因此，不把握目标特性，就不可能正确评估装备的实际侦察能力。同雷达作用原理相似，我们可用目标的有效反射面积或目标的辐射能量、频带来规定目标特性。不同的方向，目标的有效反射面积S（α、β、λ）也不同，只有把握其最小值和最大值出现概率值（P）、S（α、β、$\lambda \mid P$），才能正确地评估在无干扰条件下的侦察能力。

$$R_{max}=R[P_w、P_i、G、K(\lambda)、S(\alpha、\beta|P)]$$

式中，P_w、P_i 分别为侦察装备的功率密度与灵敏度；G 为被侦察目标的辐射（或反射）功率；$K(\lambda)$为大气衰减系数。

为了让大家了解战斗条件下侦察目标的状态，把美军野战条令、机械化步兵排和班、俄军摩托化步兵营战斗战术资料的有关内容归纳、摘录如下：

2.1 隐蔽（美）

（1）利用一切可利用的掩蔽物。

（2）隐蔽：包括伪装、灯火、音响、运动管制。夜暗不能提供隐蔽，必须隐蔽自己，不受敌空中观察。

（3）光亮既可以是一种光源，也可以是擦亮物体表面的反射光，如擦亮的皮靴、餐具、脱漆钢盔、挡风玻璃、望远镜、眼镜、表蒙以及未涂迷彩、有光泽的暴露物体反光。

（4）形状：钢盔的形状与人体暴露的形状一样容易辨认，应该使用伪装和隐蔽手段使物体形状隐蔽于周围环境中。

（5）颜色：必须严禁暴露与地物和植被天然景色不同的颜色，不要使用与自然环境不协调的鲜艳颜色。

2.2 伪装（美）

（1）装甲车辆的平滑侧面、顶部易反光，未加伪装的钢盔也能反光，应使用伪装网、粗麻布、钢盔罩、淡色的涂料和树叶进行伪装。如果没有伪装头盔罩的材料，可用涂料涂成不规则状态或用稀泥使头盔表面变暗。

（2）服装应与周围地物颜色一致，退色的装具应上缴或在换新之前用稀泥、粘伪装涂料或其他方法着色。

（3）人体面部、手等暴露的发亮部位应该涂抹涂料。

（4）所有装甲输送车均需涂迷彩，但绝不能仅仅依赖迷彩伪装。要用绳索、细绳麻线网等，将蒿草、树枝一类天然伪装材料绑在车上，方法是将其交叉绑在保险杠、车顶的栓环、车底部的吊钩上，然后插上树枝。使用天然伪装的植物的颜色应随着季节的变化而改变。

（苏）武器装备、技术器材和车辆应涂成保护色，使用制式的伪装器材。

在“九五”规划中，我们提出了目标特性识别的课题。其主要任务在于确定被测目标的辐射和反射特性，是一项确保评估质量的基础性工作。我们希望从现在起就应结合试验任务开展相应的工作，积累经验和信息，逐渐建立比较完整的数据库。

目标的反应是现代战争的最重要特征。应该说，缺少对目标反应的试验和结果，就不能确定侦察装备可否在现代战斗环境下使用。对于主动式侦察设备而言，目标反应和侦察能力是一对矛盾，照射功率密度越大，就越容易被目标所发现，并越容易为目标认为是主要威胁对象而被摧毁。下面，以反坦克导弹与作战坦克的对抗为例，说明目标反应所关联的各项战术要求之间的关系，如图 1 所示。

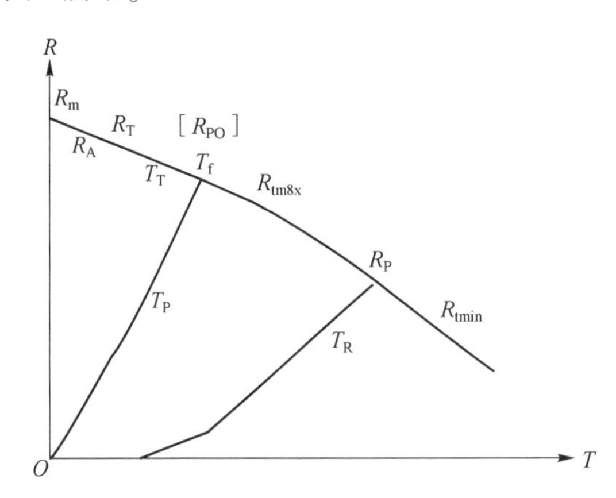

图 1　目标反应所关联的各项战术要求之间的关系

图中，R_{m} 为最大探测距离；R_{A} 为最大搜索距离，对应时间 $T_{R_{\mathrm{A}}}$；R_{T} 为最大跟踪距离，对应时间 $T_{R_{\mathrm{T}}}$；R_{PO}为导弹点火时目标距离，对应时间 $T_{R_{\mathrm{PO}}}$；T_{T} 为目标反应时间；T_{f} 为目标射击时间；T_{P} 为射弹飞行时间；T_{R} 为导弹飞行时间。

若以最大跟踪距离为目标反应零点，当

$$T_{R_{\mathrm{PO}}}+T_R-T_{R_{\mathrm{T}}}<T_{\mathrm{f}}+T_{\mathrm{P}}-T_{\mathrm{T}}$$

则攻击成功；反之，阵地被毁。

几种主战坦克反应时间如表 1 所示。

表 1　几种主战坦克反应时间

名称	挑战者	豹-Ⅱ	M60A3	勒克莱尔	74 坦克	90 坦克	MKIB	80 坦克
生产国	英国	德国	美国	法国	日本	日本	印度	中国
反应时间/s	10	10	<15	6~8	7	4	10	6

任何目标都存在于某个背景之中，对侦察而言，除了设备自身的白噪声之外，背景的存在则增大了噪声，目标的识别取决于信噪比 S/N。实验室试验通常把噪声降到最低限；而确认侦察设备所具备某个能力和适应能力，则必须把噪声提高到战斗可能出现的最高量值。这两种评估方法的出发点是完全相反的，它们的具体适用范围也不相同。应该说，除了电磁散射背景之外，从可见光到远红外线的背景环境还未进行量化研究，没有对现代战场可能出现的复杂背景环境建立若干典型战斗背景模型。因此，应该组织力量进行研究，针对不同波段

的侦察装备，建立既有代表性，又具有相当的效费比的量化背景环绕，为装备使用性能限度提高提供依据。

3 发现概率

发现目标不仅是战斗胜利的先决条件，也是保存自己的技术条件。美国《陆军武器系统分析》给出了瞬间探测和随机搜索两种侦察模式。

3.1 瞬间探测

瞬间探测给出了两种模型，其一为目标连续闪现，每次搜索或扫描都能清楚地发现目标；其二为对目标连续搜索或扫描，在目标 n 次闪现中确定至少有一次探测到的概率。

$$P_n = 1 - \prod_{i=1}^{n}(1 - g_i)$$

式中，g_i 为第 i 次试验或闪现中探测到目标的概率。

连续扫描中在时间 t 内探测到目标的概率为

$$P(t)=1-\exp(-t/\theta)$$

式中，θ=MTTD（平均探测时间）；$t/\theta=ng$（n 次闪现中，每次被探测目标的概率 g_i 相等，均为 g）。

当探测能力、目标特性、地形特点、大气条件、背景噪声等确定具有探测能力的条件下，目标探测概率 $P(R)$ 取决于横向距离 R^*：

$$P(R)=l-\exp[-F(R)]$$

在目标连续闪现、目标运动速度为 V，有 T_u 个独立时间单位、横向距离小于极限距离 R_o 时，

$$P(R)=\sqrt{R_o^2-R^2}/(VT_u)$$

R 的定义域为

$$-\sqrt{R_o^2-V^2T_u^2/4}<R<\sqrt{R_o^2-V^2T_u^2/4}$$

若关于时间的探测概率密度函数与 A_T/R^2 成正比（图 2），则探测概率可表示为

$$P(R|R_m)=1-\exp[-(K'/R)\arctan(\sqrt{R_m^2-R^2}/R)]$$

式中，$K'=2KA_t/W$；A_t 为目标横截面积（有效反射面积）；W 为搜索、扫描路径宽度；K 为由试验或理论研究确定的参数。

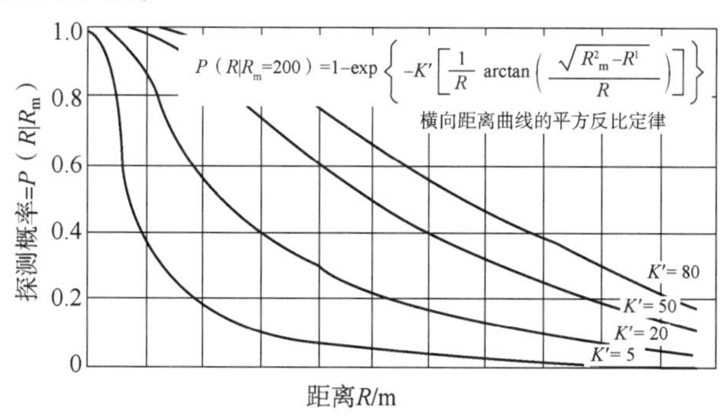

图 2　探测概率与距离的关系

3.2 随机搜索

假设条件为：①目标在观测区域内均匀分布；②在观测区域内，观测路径是随机的且相互独立，可看作是不太靠近的不同部分组成；③在观测路径任一部分上，能观察到横向距离为 $W/2$ 范围内的面向观测点的目标。

把搜索路径长度分为几等分 L/n，在 L 各部分上都观测不到目标的概率为

$$1-P=[1-WL/(nA)]^n$$

当 n 足够大时，探测到目标的概率为

$$\begin{aligned}P&=1-[1-WL/(nA)]^n\\&=1-\exp(-WL/A)\end{aligned}$$

若目标与观测点的相对速度为 V，则相应的探测概率为

$$P(t)=1-\exp(-WVt/A)$$

如果每次虚警消耗的平均时间为 τ（设备或人员差错、过失），虚警率为 f。那么，可用扫描宽度的变化完成探测概率计算，即用 W'取代 W：

$$W'=W/(1+f_t)$$

以上方法，决定着侦察模式、目标的设置，应成为试验方案设计的重要参考。

在搜索作业中，除了地形和信噪比之外，目标信号模式、眼睛的响应滞后又成为搜索速度与发现概率的关键，这又关系到人机界面设计，即宜人设计、作业环境、视力疲劳以及作业者的性格品质因素，这些因素决定着最大搜索速度。在现代战争中，搜索速度下降，意味着整个作战系统反应时间的滞后，在一些强对抗环境中，意味着要付出巨大的伤亡代价，甚至战斗失败。因此，开展侦察装备的人机关系研究有着十分重大的军事价值。

4 系统协调与兼容

对系统协调的把握取决于对侦察装备隶属关系的掌握，是配属集团军、师、旅、团直到连，还是独立的战车等。在战术技术指标要求中，对侦察装备的配属有明确的规定，但我们对这一规定的内在含义往往未予理解，造成了试验的缺陷。××战车在系统合成演练中，出现把炮口指向指挥中心的致命性故障，就是系统不协调、不兼容的集中表现。

装备的配属关系决定其与现隶属单位全部配置装备联合完成战斗任务，决定了侦察情报信息流动形成、传输、执行信息的校准以及接受命令信息等信息流动模式；对配置较高层的侦察装备，还存在着与不同位置、与下级侦察装备的协同侦察，与近区战斗配置装备和载体的环境兼容、支援保障等作业环境。因此，系统协调问题应该把握被试对象在预期任务担负信息流区段中的上下节点，现装备或预期新装备对节点的要求。系统协调的目标在于系统响应品质，即响应的正确性和响应时间最短。我们应按这一目标完成对侦察装备的技术鉴定，并提出能提高系统响应品质的合理建议，使我军装备质量因加入了我们的智慧和技术有进一步的提高。

人机兼容、电磁兼容是保证设备在作战中发挥预期效能的又一保证，除了前面提到的内容外，保证宜人作业环境，避免人的可靠性下降的设计是复杂系统的重要试验内容，尤其在保证操作者作业失误的条件下不致造成装备的损坏，过分延长响应时间的试验内容不利于提高战斗力。我们没有理由不开展这些研究和试验。

电磁兼容在基地范围内已经开展了一定的探索和试验活动，现代光电设备同样应该开展试验工作。为了集中基地优势、减少低层次重复科技活动的无谓消耗，应研究和提出新的管理办法。

5 可靠性评估

在《论武器系统可靠性评估试验》中，分析了被试品的现状，总结了可靠性试验的经验和教训，提出了如下结论和意见：

（1）设计定型阶段仍属于研制对象可靠性增长的阶段。

（2）设计定型的任务在于揭示系统失效或功能下降的故障源，为可靠性提高做出贡献。因此，必须把握失效机理；尤其是揭示设计理论和设计方案缺陷，因其影响深、危害性大，是设计定型试验中可靠性试验评估的主要任务。

（3）实现诱发故障、故障诊断，是提高可靠性试验效率和效益之本。诱发故障的基础在于失效机理分析和建立故障发育、发展模型，其实质是从理论高度上把握从缺陷到故障的全过程。因此，可靠性试验不是拼时间、拼消耗、守株待兔式的试验。

（4）不断总结诱发故障、故障诊断的经验和教训，建立故障感度模型库，进一步提高试验的品质，是永恒的任务。

6 结束语

侦察品质是战斗胜利的前提条件。现代战场的隐身、抗探测、反侦察以至对抗技术的出现，对侦察装备提出了许多要求，从而极大地丰富了试验内容和有待研究解决的课题。这些正是我们这个专业发展的巨大动力和策力。在这里仅依据对现代战争有限的了解，对现有装备的部分了解和现行试验方法中严重缺乏的内容做有限的分析，肯定还有许多欠缺之处存在。希望我们共同努力，创造出更适于我军战斗需求的试验理论和方法，促进装备技术的进步。

参考文献

[1] 陈禹六. 大系统理论及其应用［M］. 北京：清华大学出版社，1988.

[2] 林仲贤. 视觉及测色应用［M］. 北京：科学出版社，1987.

[3] 苏松基. 系统工程与数学方法［M］. 北京：机械工业出版社，1988.

破甲与试验分析

肖崇光

0 引言

近20年来，破甲技术凭借爆炸理论向精确化发展、精细制造技术的进步而取得长足的进步。试验鉴定技术则在理论与实践的相互作用、彼此激励中发展。理论不仅给试验以方向性的指导，还提出了应该精确地考虑观测的因素和各因素相互作用中的关键环节。成熟的理论往往具有与公理相似的功能——无须证明，即无须试验。理论中不成熟的内容，设计制造中不能保证理论生存的条件，自然成为试验的重点课题，而理论与实测不一致的结果又成为试验与研究的课题。基于这一观点，本文对有关理论、工程化、试验现象做必要的介绍并提出若干应予注意、研究的问题。

1 爆炸理论的一般介绍

自20世纪50年代末至今，比较全面且有权威的著作有两本，即苏联鲍姆等的《爆炸物理》和美国C. H. 约翰逊等的《猛炸药爆轰学》。前者以理论分析为基础论述爆炸过程，后者以大量的实验依据，修正对这一过程的各种关系。70年代以后，对爆炸的研究逐渐进入了精密分析、设计的阶段。90年代初，已经发展并进入精密起爆的阶段，即从中心起爆发展到可从战斗部的任一侧起爆，使战斗部的杀伤能以比中心起爆更加集中、更高的速度攻击目标。它们的共同基础，都以19世纪法国炮兵专家建立并以其命名的方程，即雨贡纽-伦金方程，它由动量、质量、动量守恒定律推得。后来，人们在对高速撞击分析发现，这一关系在固体塑性动力学问题中同样适用。

$$\begin{cases} u=\left(1-\dfrac{\rho_0}{\rho}\right)D \\ P-P_0=\rho_0 uD \\ Pu=\rho_0 D\left[\dfrac{u^2}{2}+(E-E_0)\right] \end{cases} \tag{1}$$

$$D=C+SU$$

式中，P、ρ、U、D和E分别为压力、密度、质点速度、爆速和内能；下标“0”表示初值。

从能量方程中不难发现，初温的提高会使括号中的第二项减小，对爆速和爆压都产生不利的影响，这一点可由质量方程中由于ρ_0的下降而予以解释。坎贝尔证实硝基甲烷炸药在$-5\sim33$ ℃内爆速、初温、装药直径d的关系如下：

$$D=6.352\,1-0.004\,235t-(0.015\,41-0.000\,310\,5t)/d$$

液态TNT在接近临界直径的玻璃管中下述三种初温时对应爆速如表1所示。

表 1　三处初温与爆速的对应关系

初温/℃	爆速/（km·s^{-1}）
260	6 100
150	6 300
90	6 500

而 TNTρ_0=1. 59 g/cm^3，爆速为 6 700 m/s。当然，在热起爆（非稳定爆轰）条件下，炸药从稳定到反应的速度与初温的关系正巧与此相反，可用阿伦尼乌斯方程描述：

$$k'(T)=A\mathrm{e}^{-E/RT} \tag{2}$$

式中，k'、T、A、E、R 分别为反应速度、初温（绝对温度）A 阿伦尼乌斯常数、活化能和气体常数。这一关系，只适用于火工品的热点火过程和生产安全控制，不适用在强起爆条件下的炸药反应速度描述。

对于 C-H-N-0 炸药，在 ρ_0>1 g/cm^{3}时，卡姆利特等给出了简单的爆速、爆压计算关系：

$$\begin{cases}P_1=15.58\varphi\rho_0^2\\ D^0=1.02\varphi(1+1.30\rho_0)^2\\ \varphi=N/M\cdot Q\end{cases} \tag{3}$$

式中，N 为每克炸药爆轰气体的摩尔数；M 为爆轰气体平均质量（g/mol）；Q 为反应化学能（cal/g）。

对于破甲弹，其战斗部中的效能结构如图 1 所示。

射流参数，由下列方程组给出：

$$\begin{cases}V_0=KD(\rho_0L/\rho_j\cdot b)^{1/2}\\ V_i=V_0\cos(\alpha+\delta-\beta/2)\sin\beta/2\\ \delta=\arcsin(V_0\sin/2D)\\ \beta=\arctan\left[\dfrac{\tan\alpha-V_0'/V_0\cdot X\cdot\tan\alpha+TV_0\cos\varphi+\varphi'\cdot x\cdot\tan X\cdot\tan p}{1+V_0'/V_0\cdot X\cdot\tan\varphi\cdot\tan\alpha-T'\cdot V_0\sin\varphi+\varphi'\cdot X\cdot\tan\alpha}\right]\\ M_j=m_i\sin^2\beta/2\\ M_e=m_i\cos^2\beta/2\\ T=1/P[(S+X)^2+(R-X\cdot\tan\alpha)^2]^{1/2}\\ T'=1/D^2T[S+X-R\cdot\tan(\alpha+X)\cdot\tan^2\alpha]\\ \varphi=\alpha+\delta\\ \varphi'=\delta'=\tan\delta(V_0'/V_0+i'\cdot\cot i)\\ i=90°-\alpha-\arctan\left(\dfrac{R-X\cdot\tan\alpha}{S+X}\right)\\ i'=\dfrac{S\cdot\tan\alpha+R}{(S+X)^2+(R-X\cdot\tan\alpha)^2}\\ V_0'=\dfrac{K}{2}D(\rho_0b/\rho_jL)^{1/2}(bL'-Lb')/b^2\end{cases} \tag{4}$$

式中，V_0、V_i、δ、β、M_j、M_s、T、φ、i 分别为药型罩压垮速度、射流速度、变形角、压垮角、射流质量、杵体质量、爆轰波传播时间、药型罩锥角与变形角之和、爆轰波入射角；T'、φ'、V_0'、L'、b'分别为对应参量的导数。

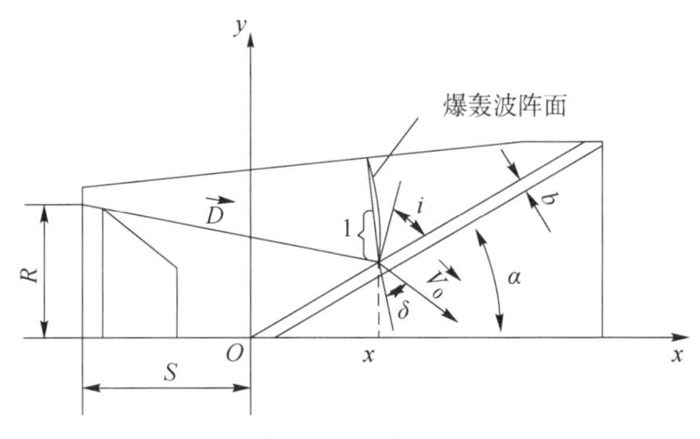

图 1　战斗部中的效能结构

从上述方程不难发现，除了爆炸装填物、药型罩结构参数之外，决定射流的炸药性能只有爆速 D_0 这十余个变量就确定了破甲威力。

2　工程实现问题

工程设计，是对理论与技术的物化、破甲弹（战斗部）同杀伤爆破弹（战斗部）一样，要具备使用与发射安全、弹道稳定、具备一致性及满足射距要求。

安全性设计在确保炸药应力低于起爆感度要求的概率之外，对破甲弹还需解决复杂弹底结构的气密性。在较长的一段时间里，这个专业沿袭了苏式短底螺的设计思想，即没有利用结构在膛内变形而加强气密，不仅提高了对工艺的要求，同时也给增大威力的薄壁结构带来潜在缺陷，其中团-95 的设计失败就是最典型的实例。

引弹协调是安全性设计的又一课题，现代破甲弹为了保证炸高在设计范围内与触发低灵敏度已成为一对矛盾，即识别目标与响应迅速性的矛盾。要解决这一矛盾，则必须使用发射过程结束后即应提供满足起爆所需的能源。105 无后坐力炮破甲弹，在其尾翼张开到位所形成的撞击过程激励着引信起爆能源的误输出而产生早炸。

效能与可靠性，对于破甲弹的破甲威力而言，其本质属于设计、制造活动讨论的保障问题，至今已有大量的试验信息和理论分析证明破甲深度服从正态分布$(\bar{L},\sigma_L)$，$\bar{L}$ 为系统的设计能力，σ_L 为各种因素干扰的综合结果。式（4）中的爆速 D 和 9 个参数联合决定着破甲威力 $\bar{L}$，它们的散布则决定着 σ_L 的大小，当要求对目标的侵彻深度 $L_B>(\bar{L}-u_p\sigma_L)$，则表现出未穿透概率 P。当 D、ρ_0、V_0、b、α、β 等存在着非轴对称性因素时，则会造成 V_j偏离弹轴方向，使$\bar{L}$下降和σ_L增大。因此，对现代大威力破甲弹的制造已成为一项十分精细的活动。除了零件的制造公差、装配公差之外，这里有必要介绍一下爆炸装填物加工的影响。为了获得最大的破甲威力、战斗部爆炸装药通常由多种材料混合而成，它们的均匀性和密度是爆速一致性的保证。传统的混合、装填方式为批量混合，密度不同的几种材料在混合时搅拌力和重力的作用下爆炸装填物出现不均匀性是十分正常的事；同时，为了生产安全，消除混合过程中材料粉尘的危害，通常在混合、压药间配设淋雨系统，这样又使药柱中含有一定的水分，在低温下，水的膨胀又形成细微裂纹，进一步降低爆速的对称性。20 世纪 80 年代后，一些厂家改用精铸工艺，而密度不同、熔点不同的颗粒，在铸造过程中，同样难于避免混合不均和偏析等现象。这些药柱在环境温度作用下，其膨胀不一致又增大了爆速的不均匀性。

飞行稳定需要弹丸旋转，但却降低了射流的侵彻能力，其旋转补偿可由加工位错、电铸、旋压药型罩的途径实现。其补偿机理在于当爆轰波作用于药型罩表面时，药型罩金属表面产生不对称的滑移运动，使药型罩压垮的射流自身有一环向运动分量存在，当与弹丸旋转相适配时，则产生补偿作用，其加工位错、电铸及旋压等加工，都需要相当精确的控制。同时还应该看到，补偿总是有一定范围的。

目前，绝大多数破甲弹，由于弹体气动外形的限制，远未接近最佳炸高的破甲条件。也就是说，弹丸（战斗部）头锥长度在限制着破甲威力的发挥。在撞击目标到射流形成中头锥变形不仅会降低炸高，还会改变攻角，即射流方向，使破甲威力进一步下降。因此，适配的头锥结构设计和选配适合的触发引信，则成为保证设计炸高的关键。当然，若能使用近炸引信，则会从根本上克服气动外形的限制，使破甲威力得以发挥。

3 试验现象

试验现象是设计参数、生产过程和试验条件联合作用的结果，三者之一出现变化，都会不同程度地影响结果。试验的理论依据出现偏差，则会导致反应情况的偏差，掩盖设计缺陷。试验对任务理解出现偏差，则会对试验项目的设置、各项目的关系发生偏差。试验者对被试验对象的本质没有深刻的把握，则对同一试验现象会提出各种性质不相同的，甚至是荒谬的判断。因此，认真分析试验现象有着十分重要的意义。

理想的破甲孔：最理想的破甲孔是圆柱形金属射流与装甲靶相贯，当射流与破孔材料飞溅为均匀时，有

$$\frac{b-2\varepsilon}{a-2\varepsilon}=\frac{1}{\cos\alpha}$$

式中，b、a 分别为在装甲上破孔椭圆的长、短轴；ε 为材料飞溅的贡献厚度；α 为法向角。

如果金属射流有足够的威力，则其破孔椭圆长（b'）、短轴（a'）关系为

$$\frac{b'}{a'}=\frac{1}{\cos(\alpha-\alpha')}$$

破孔弯曲是靶板材料运动响应牵引的结果，由于在靶板的背面反射生成的拉伸波总是垂直于靶板平面。

如图 2 所示，在 B 点处，设射流运动方向矢量为$\boldsymbol{V}_{\mathrm{j}}$，靶板材料拉伸运动方向矢量为$\boldsymbol{d}$，其合成使该点运动方向改变量为 $\Delta\alpha$，当法向角越大靶板越厚，射流$V_{\mathrm{j}}(t)$ 速度下降越快（潜力越低）则破孔弯曲度越大。这可用大变形塑性动力学模型解出，由于 $\Delta\alpha$ 的存在，使 $L<B/\cos\alpha$。

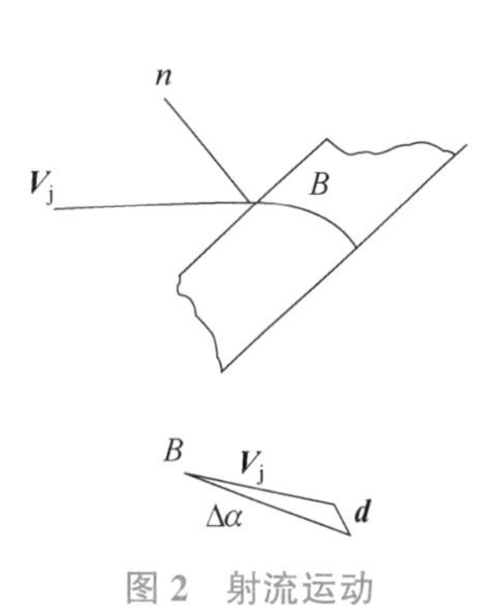

图 2 射流运动

在理想情况下，正面破孔的短轴由炸高决定。当炸高低于

最佳 H_0 时，可认为

$$a<\frac{1}{H}\cdot H<H_0$$

当 $H_K>H>H_0$ 时，a 为定值。

破孔偏心，起爆中心隔板、药型罩与爆炸装药不同轴，爆炸装药径向密度不一致，装药与药型罩存在径向跳动等，都会使射流产生径向分速 ΔV_{jx}，其结果表现为 a 或 b 的增大。如果把 α_0 规定为法向角，α_1 规定为攻角，α_z 为弹着到射流形成时间间隔内弹轴的翻转角，α_r 为由射流径向分速产生的偏角，那么实际射流的入射角 α 是它们的和，即

$$\alpha=\alpha_0+\alpha_1+\alpha_2+\alpha_r$$

式中，α_1、α_r 在方位上是随机出现的，在无综合法向角下，可认为α_2只在弹道平面内。根据国内外有关报道，ΔV_{jx}的出现概率可高达 50%～60%，是由制造、勤务处理、控制、干扰所决定的。

当射弹处于大攻角飞行时，α_1 的影响以其十分显著的结果在弹孔上表现出来。子弹破甲试验中，当赋予法向角为 0°时，出现 $b/a=1.2$ 和当 $\alpha_0=30°$时，$b/a\approx1$ 就充分地说明了 α_1 的存在，因为对于小炸高的子弹而言，$\alpha_r<2°$。出现这种结果，说明对目标特性及试验条件控制存在问题，需要从自由飞的弹着条件获取攻角信息，与模拟射击试验结果比较，建立它们之间的联系，才能分析有效性。

在大炸高条件下破甲，由于 ΔV_{jx} 的存在，尤其 ΔV_{jx} 在不同的位置上出现，还会导致金属射流分离的现象，它们在破甲孔上的表现为椭圆孔或分离成主、副孔。在反应装甲对射流干扰下逃逸射流产生主孔，被干扰部分则形成多个副孔。

以上，就是在装甲靶上留下的印记。这些信息，反映着设计、制造、试验诸参数相关的信息，要深入剖析它们才能揭示存在的问题，才能成为当好医生的条件，用简单的透与不透做简单结论，并不需要技术人员就能做出判断。试验水平，在一定意义上讲，取决于对破孔的分析。

4 试验问题

试验的目的在于评估其效能和寻找潜在的缺陷，对其安全性问题，已在有关文章中做过专门的讨论，在此，只讨论效能评估。效能函数概念：

$$F=F\{X_R(E_e、X、t),P[L_J、G、(\Delta t、J_t)\sigma(\alpha_1、\alpha_2、\alpha_r)]\alpha_n^0\}R(P、R_f)$$

式中，X_R为有效射程，由立靶密集度 E_e射程 X 决定，而飞行时间为对抗能力的示性数；P 为破甲威力，由射流 L_J、系统散布等决定；R 为系统可靠性；决定射流效能为射流设计 J 与反应装甲干扰 $G(\Delta t、J_t)$；Δt 为引爆反应装甲与主射流形成的时间间隔；J_t为逃逸射流威力。α_1反映飞行质量，在穿甲弹中，把它定义为飞行正确性的表征量，它的获取应从立靶射击项目中做专门的测试，如弹孔测量与狭缝摄影。对利用碰炸开关提取起爆信号的引弹系统，如果设计正确，可得到$\alpha_2\approx0$ 的结果，战斗部从起爆到形成射流可控制在几十微秒内，弹轴还来不及翻转，同样亦可克服第一级战斗部爆炸的干扰。α_r在前面已讨论过。总之，σ_L是由设计、制造联合确定的，利用静破甲信息，可得到α_r，用射击飞行信息，可得到α_1，σ_L是可测、评估的。

有关可靠性的评估，在《常规兵器可靠性鉴定试验评估思考与实践》一文中做了讨论，

在此不予重复。对于引信的可靠性，现代破甲弹引信已不存在非要通过破甲试验确定，完全可以通过在相同射击条件下能使开关闭合的情况统计确定之。这样，在评估系统破甲可靠性时，可把效能函数写成以下形式：

$$R=R_P:R_F:R_J$$

式中，R_P为弹的可靠性，它由飞行成功概率R_1和有效射程密集度R_2之积确定，并且只要属于R_1定义内的问题，一旦出现，它们必然出现散布越差R_{1E}，或金属射流异常（在正常定义之外）等由众多因素联合或分别失效的结果，即以此完成可靠性的分析；R_F为引信可靠性；R_J为破甲威力及其散布联合确定。

我们对R_J做进一步讨论，由大量理论和试验信息支持，破甲深度可用正态分布描述，即对给定α_0，其密度函数为

$$f_{\alpha}(L)=\frac{1}{\sqrt{2\pi}\sigma_L}\exp\left[\frac{(L-\mu_{\alpha_0})^2}{2\sigma_L^2}\right]$$

当$L<L_0$时，对给定装甲条件破甲的概率为1，随着L增大，其破甲概率<1，如图3所示。

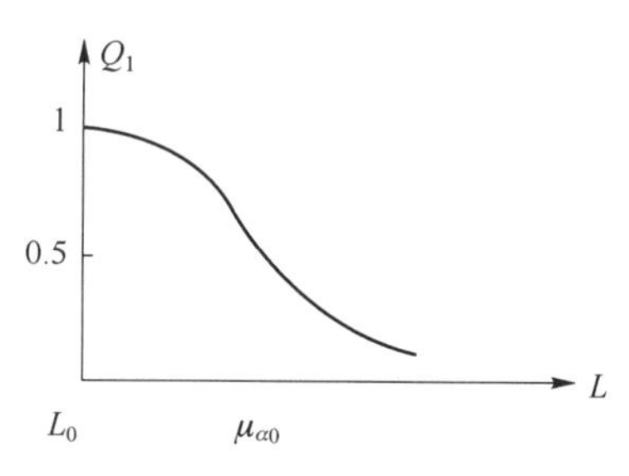

图3　破甲概率曲线

于是，R_J的表示式为

$$R_J=1-\int_{L_0}^{L}f_{\alpha_0}(L)\,\mathrm{d}L$$

则

$$R=R_P\cdot R_F\left[1-\int_{L_0}^{L}f_{\alpha_0}(L)\,\mathrm{d}L\right]$$

这样，在固定α_0条件下，可用增大靶厚的方法由反装甲弹试验方法推荐的统计试验设计获得R_J为任意值的对应结果，同时给出$L_{0.5}$和σ_L，即50%破甲概率的对应孔深和散布，通常把前者称为设计能力，后者为生产控制。如果能改变法向角α_0，在引信正常条件下，由引弹形成的头锥角$\alpha_p/2$的固有限制，弹着瞬间弹道倾角θ_c，在攻角α_1随机散布影响下，使触发（非侧击）的发火概率为50%，对应值为

$$\alpha_0(0.5)=90°-(\alpha_p-\theta_c)$$

当$\alpha_0>\alpha_{0(0.5)}$后，由α_1的干扰形成强制性的联合分布，即曲线出现拐点和不同的分布特性。在处理$R_J\sim\alpha_0$关系时，除了要考虑$\cos\alpha_0$的影响外，还要考虑其拐点及其后的特异分布。

5　几个问题的讨论

在实现量化效能评估的基础上，除了可以据此对影响效能的参数做进一步的分析，为改进设计、控制制造过程提供依据之外，对试验而言，还可进一步降低试验消耗和减少试验风

险。但对于破甲问题，还应据此开展进一步的工作，以提高试验信息的价值。

5.1 动破甲与静破甲关系

我们已在前面分析了破甲的各主要影响因素，在由动破甲给出$L_{\delta 0}$、σ_L之后，与静破甲获得的$L'_{\delta 0}$、σ'_L则实现了可比性，并据此建立它们之间的相互关系。在给定α_0、n条件下动、静破甲则只存在α_1、α_2、V_c三参数的差异，通过飞行试验，α_1、α_2的量值及分布是可确定的，完全可在静破甲试验中复制出来，而V_c与V_j相比，其量值通常在2%~5%，远小于α_r的影响，可以忽略或是通过试验确定。如果我们在今后的试验活动中，比较准确地给出满足后效最低要求的破孔深度终端等效值ΔL_J，那么，就能实现在静破甲条件下建模，由动破甲予以验证和确定等效性函数的关系，使试验更精确化、理性化。

5.2 引弹配合

在射击条件下，影响破甲的引弹关系可归结为引信作用时间及其散布(t、σ_t)，引信输出爆轰瞬时能量和能量场的分布(p、$\mathrm{d}p/\mathrm{d}\varphi$)。传统的铅板或钢板试验方法并不精确，因而使得引信与破甲弹试验在任何时候都难于分离，p在改变着V_j，而$\mathrm{d}p/\mathrm{d}\varphi$则产生$\alpha_j$，以横向速度的形式影响$V_j$。对这个问题的进一步研究是十分必要的，我们准备组织专门的研究。

5.3 逃逸射流

测量逃逸射流长度，是评价抗反应装甲干扰的关键，也是反应装甲干扰成功的关键，无论是矛是盾，都是在几十到几百微秒量级和能流分布之间的抗争。要测量它们，需要更加精细化的试验设计和测量手段，要凭借其各典型参数才能推断各自对抗的成功概率，用大面阵式的布靶，只属于表演性质，对技术和使用性能的评估难于提供有价值的信息。

6 结束语

爆炸、破甲的精细化设计、制造和反应装甲的出现，既提供了在试验活动中可利用、借鉴的信息，也提出了在试验概念、方法、测试方面需要改进、补充的内容。

“九五”发展目标

肖崇光

拟订“九五”基地发展目标的指导思想：以打赢一场高科技的局部战争为目的，充分调动基地的积极因素，完善专业设置，提高试验水平和效益，提高综合试验、测试能力，以基地的整体实力促进常规兵器科技和装备的发展和进步，为国防科技事业做出更大的贡献。

拟订发展目标要遵循：需求决定发展，注重总体效益两个基本准则，强调发展目的性和效费比。

希望通过全基地的努力和领导机关、用户及工业部门的大力支持，使基地的科研试验能力跃上一个新的台阶，形成更多的国内一流并能与世界水平相抗衡的新专业系统。

1 任务预测

1.1 高技术战斗环境与主要目标

高技术战斗环境已形成从地面、超低空、高空到太空的战斗支援和软、硬杀伤的多方位、多层次的战斗格局。由于侦察、通信、指挥系统的范围和效率极大地提高，部队的机动性进一步增强，使得战斗中的不确定因素进一步增大，在所讨论的范围内主要表现为侦察的准确性，打击的迅速性、准确性、有效性，火力系统的隐散性、警戒与防御效率、机动性等。所打击的目标呈现出多样性，其中硬目标（坦克、自行武器、履带式战车和坚固的地面地下事、机场等构筑物）将占 50%~85%，半硬目标（轮式战车、带轻型防护的支援装备、部分导弹、武装直升机、攻击机等）占 20%~30%，软目标（牵引炮、步兵、一般运输车辆、雷达、通信及野战库等）占 15%~30%。

对于地面部队、坦克、武装直升机、火炮、火箭步兵战车仍是主要的打击对象。随着战术纵深的不断增大，反坦克步兵战车的任务将从传统的 300~4 000 m 延伸到 20~30 km，反武装直升机则要求大于 7 km，反火炮和火箭的射程将达 40 km。由于坦克等广泛采用了隐身和防探测、抗探测等技术，极大地降低了命中概率，被动和主动反应装甲技术的出现，又进一步降低了歼毁概率。

对于占领性的战斗任务，地下设施和通道等目标同样会成为重要的攻击对象。

上述目标信息分布在射频、微波、热辐射、红外、微光、可见光、声和磁场等极为广泛的范围上，随着干扰和欺骗式对抗（ECM）、电子反对抗（ECCM）、光电对抗（EOCM）等技术的应用，改变了目标区的特性，改变了与背景信号的差异。同时，伴随着被攻击目标自身侦察能力的提高和反应时间的缩短，又使用火力压制反侦察、反瞄准和跟踪成为现实，进一步加强了技术和时间的对抗。

1.2 高技术战争对装备的要求

（1）侦察与反侦察成为战斗取胜的先决条件。

现代战场环境对目标的侦察，除了传统的定位定向精度之外，主要将由发现目标能力（包括侦察距离范围、目标信号识别能力、多目标处理能力）、反应时间、反对抗能力、信息传输效能等众多因素所决定。其中，各种带有辐射源（各种光源、射频与微波发射源）的侦察装备更易于被所照射的目标所发现，成为被反侦察的目标，其隐蔽性将成为装备生存能力的决定性因素。

（2）拦阻、压制、精确打击是取胜的保证。

布雷、破坏道路、阻止发动机工作等软杀伤的气氛是拦阻的主要手段，也是对装备的要求之一。如果说拦阻可以避开对抗的话，那么压制活动则是在对抗环境中进行的，首轮覆盖既决定着压制的效率，也决定着火力系统在战斗中的生存能力，为了实现首轮覆盖，从校射、射击准确性随射击弹序、时间以及环境等因素的众多问题还有待一一解决。几十年来，国内外的武器、弹药、弹道专家们卓有成效的努力证明，普通的武器系统不可能精确打击超出直接瞄准距离以外的点目标，更无打击远距离运动点目标的能力。在前方侦察导引装备的协同下，末制导炮弹能胜任这一任务，而末敏弹则因脱离了人工导引使效力更强。除了常规的要求之外，对目标的辨识能力、抗隐蔽性是发挥智能弹效能的决定性因素。

（3）快速反应、机动性是取得战机和生存的保证。

无论是侦察、反侦察、射击还是撤离阵地反应速度将成为对装备的重要要求。在第二次世界大战前后，利用炮口光和射击噪声联合侦察炮位需要 3~5 min，20 世纪 70 年代后的炮位侦察雷达只需要 20 s，而现代的反导系统，反应时间可小于 5 s，在 15 s 内可完成发射程序。快速反应的要求涉及工作与信息传递模式、人机关系，还涉及武器结构、弹药系统等众多环节的设计，快速反应是由系统中的每个环节的设计和相互协调所决定的，从而提出了许多更深层次的相互交叉的要求和有待解决的课题。

（4）协同作战是取胜和生存的保证。

战斗中的不确定性因素急剧增加，决定着武器系统在现代战争中的独立性进一步下降。即使就功能单一的武器系统而言，随着要求适应能力的增强，系统会复杂化，也决定了要更加强调各项性能的相互协调性。协同作战的主要内容通常包括预警、侦察、自身定位、指挥、通信、控制、反侦察、机动、攻击、防御、支援、撤离等。而在一个系统内，又必须包括系统内部各分系统的协调、人机关系，尤其要处理好攻与防、增大火力与机动性、侦察与反侦察等许多关系，要合理地分配才能使系统优化，形成优势。

1.3 部分重要装备研制预测

反坦克导弹：按照装备序列，将形成营连级反坦克导弹、轻型反坦克导弹、重型反坦克导弹和智能反坦克导弹。其制导方式将出单一的可见光制导逐渐形成可见光、激光、红外、热成像、毫米波等复合制导。导弹的飞行速度将进一步提高，隐蔽性更加重要，并适应步兵、车载和机载的要求，并出现了炮射导弹，在提高破甲威力的同时将对发展串联战斗部、破顶甲技术，并且发展光、毫米波、磁等复合近炸引信技术。

智能弹药：打击直接瞄准距离射程之外的固定与运动点目标（固定工事、构筑物、坦克、战车及其支援装备）是智能弹药的主要任务。智能弹药包括由前方观察员用红外激光照射目标作引导的末端制导炮弹和毫米波、红外、热成像等主动或被动式的末敏弹、末敏子母弹。

防空、反导、穿甲、燃烧弹：包括预制破片弹、各种类型的脱壳穿甲弹、大口径燃烧弹及近炸引信等，目标为武器直升机、火箭、导弹、智能弹等。

自行炮、步兵战车：这两种兵器，加强了协同作战能力，侦察与火控、防空、防护及生存能力等诸多技术配置，大大地突破了单一作为一门炮或一辆车的概念。

武器直升机载兵器及航空炮：除了机载反坦克导弹外，武器直升机还配备有火箭发射器，以攻击地面为主的火箭弹、火箭子母弹、机关炮、侦察与反侦察设备。

航空炮在提高综合性能的同时，将主要以提高威力，其中包括增加带弹量、配备脱壳穿甲弹以及适于武装直升机而降低后坐等系统的改进。

侦察装备与反侦察装备：包括活动目标侦察雷达、炮位侦察校射雷达、车载防空警戒雷达、图像侦察设备（电视、红外、热像仪、激光、微光），各种频段的电磁波、红外信号的反侦察装置。

2 技术发展目标

2.1 专业发展

（1）在保持原有优势专业的基础上，形成科研、试验、开发等综合能力的优势。

实现包括各专业按武器装备发展需求的协调发展，设置新的专业，调整、充实、扩展部分专业，人才建设、装备发展、试验政策与试验理论等软科学发展在内的技术发展规划的决策科学化，论证精确化，组织重大科研项目和实现对涉及范围大、专业门类多的复杂武器系统试验的深层次精细协调，补充现有专业的缺项、补偿薄弱专业的技术缺陷。克服专业建设无序性，薄弱专业和专业缺项造成综合试验能力的下降，克服囿于专业和编制的限制所形成的既浪费人才、又缺乏人才的情况。最大限度地调动和发挥各级科技人员的聪明才智和作用，充分发挥试验装备的效益，必须组建总体专业和测试总体专业组。

（2）按照未来任务的需求，调整部分专业的人才、知识结构，形成新的专业：

智能弹药专业；

侦察与反侦察专业；

机载、车载兵器与战车专业；

人机工效专业；

信息处理、管理与计算中心。

（3）扩展部分专业的业务范围：

射表编制增加气动分析与评估；

环境试验增加环境失效因素评估；

通信队增加通信兼容与效能评估；

弹药准备增加勤务试验；

计算中心增加软件评估。

按“九五”任务的需求和生源现状，这批科技人员的比例约占技术干部的1/5。

2.2 调整生源或用双学位补充急需的专业缺项

这些专业主要有智能兵器、光电结合、系统工程、信息分析、图像分析、软件工程、系统仿真、现代通信与对抗、隐身技术等。

2.3 开拓大范围的成才环境、减少人才的浪费

加大科研的投入力度。创造把握设备论证、研制、改造的机遇，创造新型号装备定型的方案论证、试验设计、发现缺陷、故障诊断及装备改进的机遇。开展新原理、新技术的应用，改造落后、陈旧甚至错误的试验、测试方法，积极鼓励参与型号论证、预研、型号研制和专项技术与标准研究的环境。鼓励技术移植、技术开发和为社会创造效益的科技活动等。

2.4 利用机制和政策促进人才的迅速成长、合理使用形成人才的合理配置，减少内耗和低水平的重复

完善科研、试验、训练的考评制度，制定科技干部的奖励、破格晋级办法。

建立按任务需求，人员技术水平与素质合理流动的管理制度。

2.5 加大训练投入，促进整体水平的提高

开通教育频道，实施外语、科学技术方法论、应用数学、测试原理等公共基础学科的普及教育和现代战争、高新技术等的科普知识教育。

拓宽继续工程教育的途径，以专题讲座、内外交流、专业和专题培训、科研、技术改造、设备维修中的专项训练等形式，构成纵向、横向的继续工程教育机制。

在补齐岗位职务达标训练教材的基础上，组织中、高级训练教材的编制。

以上意见，提出供大家讨论、修改、补充和完善。

有关首发命中与首轮覆盖的若干因素

肖崇光

0 引言

在炮位侦察雷达问世之前，敌方火炮阵地坐标是利用炮口光和射击噪声来确定，但从发现火光到两个观测站交会测量，报出具体位置至少需要 3 min 以上。因此，攻击方可以从基地完成从试射到效力射的全部作业。而炮位侦察雷达等装备列装之后，反压制的响应时间大大缩短了，一般可在几十秒之内，苏联几种战车的反应时间提高到 5 s，使其在 1.5 km 以外有效地摧毁敌方坦克导弹阵地。由于火炮等在战斗中的作用，使其在现代战争中成为首先被压制的目标。为了提高生存能力和充分发挥战斗效能，首发命中和首轮覆盖、射击后迅速撤离已成为炮兵战斗任务的重要内容。

但由于传统战术规范下的装备要求已渗透在众多试验规范、法则之中，如在射程与密集度试验之前规定要稳炮射击，在内弹道项目开始之前规定要稳炮射击，速射武器的连发密集度不区分弹序，在全部试验方法标准中，没有精确度的内容等。这些不要首发、次发射击结果信息的种种规定实际上在起着掩盖首发、首轮射击的特异性现象的作用，其效果必然直接影响装备的使用效能评估，并危及装备与人员的生存能力。今天，我们如再不考虑这一问题，就等于将阵地位置告诉敌方的犯罪行为。

由于长期以来没有需求的牵引，这一方面的试验方法短缺，测试技术也未能得到发展，这一负面效应又在影响着系统试验水平的提高。本文的目的，同《谈谈试验科技中的概念思维》一样，在于提出问题以引起各方面的重视，从而加以研究，提出新的试验方法和测试手段。

1 身管

1.1 热作用

在野战射击条件下，身管的一侧被日辐射加热、内膛受火药气体加热和运动速度在迅速变化着的弹丸摩擦所加热，而且运动速度越高、摩擦生成的热量越大。由于身管材料的导热率不高，只有 $Kt=33$ W/（m·K）。上述三种加热的结果，形成了身管上各部的温升既非轴对称，而且沿轴向、径向极不均匀。这种差异在形位上主要表现为身管轴线的弯曲和内外径尺寸的非均匀性变化。如日辐射，使 105 mm 坦克炮的炮口角改变 1 密位以上，使 100 mm 坦克炮在 1 km 立靶上的平均弹着坐标偏离 1.55 m，成倍地增大了立靶散布，在效能上则直接造成丧失命中敌装甲车辆的能力。这种变化可用随射序而改变的炮口角 θ_ρ 描述，或用跳角描述，造成的散布为 $\sigma\theta_\rho$。

1.2 振动

身管是一根悬臂梁，在供弹、输弹、击发、弹丸药筒分离、弹丸嵌入膛线、在膛内运动时，尤其是摆动，都会产生一系列的扰动源，尤其对于运动的弹丸产生着沿炮身轴线移动着的扰动源。在炮口，则必然产生如图 1 所示不规则的位移曲线。

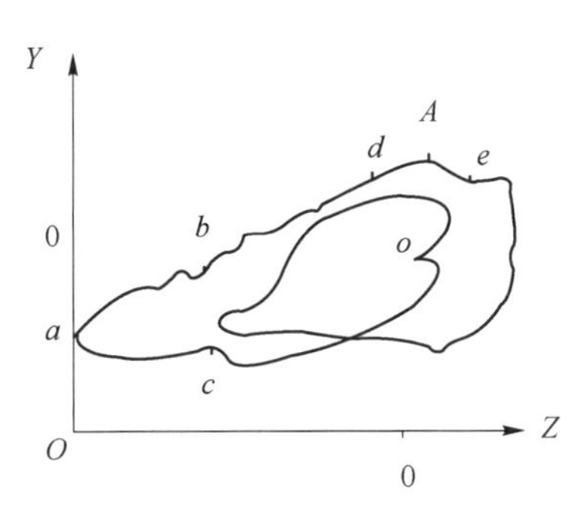

图 1　不规则的位移曲线

弹丸脱离身管约束瞬间，炮口在曲线上的位置，就决定了其跳角。在理想状态下，即上述过程中各节点的时刻和激励都相同。那么弹丸离开身管约束时，炮口应处于该曲线上的同一位置，如点 A。这时，跳角的散布为 0。从曲线上不难看出，在曲线的中心部位，炮口位移的速度最大，离中心最远处位移速度最小，弹丸离炮口的时机不同，会造成跳角散布的差异。而射击过程中各节点上赋予身管的激励不同，则会改变炮口位移曲线的形状，而各节点时间的差异，不仅会改变炮口位移曲线的形状，同时还要改变出炮口瞬间在炮口位移曲线上位置（相位），其造成的散布为 σ_∞。

提高身管的刚度，使身管轴线与耳轴重合、减小后坐阻力等，是降低炮口位移范围的重要因素。而内弹道周期 τ，对于单发射击而言则成为减小跳角散布的重要因素。下面，我们定性地分析 τ 的影响。在火炮的诸因素固定之后，τ 决定着曲线上 A 点的相位，当 A 出现在最不利的区域时，τ 的散布 σ_τ 将造成跳角较大的散布、并继发成密集度的增大。这就是不同装药号或高、低温弹药射击时，密集度显著性改变的主要原因。如果上述情况各自存在着一个比较稳定的 τ，那么选择适宜的初速分布，如常温在 ab 段、高温在 ac 段、低温在 de 段则可获得理想的密集度。τ 对散布的影响为 σ_τ。

1.3 σ_τ 增大的因素

（1）点火激励散布。底火的输出时间和输出能量的散布是主要因素。目前，工业部门尚无相应的约束标准，尤其在低温环境下，底火的输出功率变化很大，是增大 σ_τ 的主要原因。设计不良的传火管、点火药，如后者在勤务使用中出现轴向和径向位移，都会增大点火输出的散布。

（2）装药结构不稳定。药床的位置、脱开距离的改变，都影响着内弹道前期结束前的时间和压力，对 σ_τ 产生不可忽略的影响。

（3）弹丸药筒分离、弹丸嵌入膛线散布、拨弹力决定着内弹道前期结束点的压力，同时也决定着它的响应时间。对于速射武器而言，首发、次发、第三发的输弹力（或速度）有显著的差异，使拨弹力相继减小，造成膛压和初速下降，必然造成 τ 的显著性差异。对小口径弹而言，它还造成射弹初速的倾向性改变，如连发时海双-30 的前 3 发平均初速分别为 998 m/s、1 010 m/s、1 025 m/s。这一结果不仅使连发密集度的高低、方向散布增大，而且还造成纵向散布的显著性改变。以航 30-I 为例，输弹到位后前 3 发弹丸与药筒的脱离开距离分别为 0. 5 mm、1 mm、2~3 mm，对拨弹力的影响可达到 300~500 N。而在稳定射速时，法 100 炮，弹丸与药筒的脱开距离可达 6~8 mm，基本上丧失了拨弹力。

对于磨损炮，弹丸脱离药筒约束后，到嵌入膛线要经过一段不可忽略的行程。当拨弹力大时，在这一行程中弹丸的加速度高，而拨弹力低时，其加速度亦低，又增大了这一段的时间散布。

（4）分装弹，送弹到位的位移和力量不一致，装药面距药筒口部的距离及药盖的压紧程度，都影响着弹丸的启动加速度及初始膛压散布，从而影响着 σ_{τ} 的散布。

1. 4　弹炮间隙

弹炮间隙的适宜性。传统的外弹道理论认为弹丸的初始扰动是半约束期弹炮间隙发生的。当身管磨损时，间隙增大，弹丸处于半约束期时，弹丸露出炮口部分受到的离心力增大、从而弹丸的章动角增大。25 高榴弹的设计者们按这一理论、设计了过盈的外径，彻底消灭了弹炮的间隙，以期把初始章动角降到最小。但实际射击结果表明：新身管条件下弹丸的章动角达到 18°以上，而用中等磨损后的身管射击，弹丸的章动角只有 8°，下降了一半！不难由这一结果推断：身管的径向振动是产生初始扰动的重要因素，适当的间隙可以缓解身管对弹轴摆动的影响，这一散布用 $\sigma_{\propto}$ 表示。

1. 5　其他

在用于武器弹药试验的装备中，还有一些必须考虑的因素，由于这些因素的存在，会产生一些与实际装备使用结果或替代品之间不相同的结果。这些因素有：

（1）身管壁厚改变着 τ，身管壁厚的增加在内弹道过程中表现为弹丸运动阻力的增大，尤其在最大膛压段的管壁增厚，对阻力的增大的效果更为显著。以 100 mm 为例，最大膛压区和高压区壁厚分别增大 5. 30 mm、其最大膛压增高 5~6 MPa，计算结果表明，会改变 τ 约 1%以上。

这一结果也预示着，在小口径弹药试验中，弹道炮管的壁厚普遍大于战斗炮管，而且在射击状态下，前者药床的脱开距离几乎为 0，后者由于快速和用力不均匀装填，随装药量而改变，尤其在装填密集度较低时脱开距离会增大。再加上装药试验和性能要求均未对 X 提出约束，可以说，内弹道的全部国军标和绝大部分产品标准，并没有为保证射击精度提供必要的支持。厄立孔、双-35 高密集度优于其他系统的重要特点之一，在于对内弹道周期及其中的关键节点做了规定，控制了弹药系统的散布。

（2）曳光底排干扰。正常条件下，曳光底排剂在膛内不破裂，基本上不提供膛内运动的能源。但设计不好的装药结构，会形成极高的弹底超高压和压力波动，其结果会“压跨”这些药剂，其脱落部分会进一步诱发新的局部压力升高而改变 τ。剩余部分，则又导致在弹道上燃烧面增大和燃烧面与弹轴不垂直而形成推力偏心，以及低阻变化，增大了后续的散布，用 σ_i 表示，其推力偏离弹轴的现象如图 2 所示。

图 2　推力偏离弹轴的现象

2　炮架、自动机

除身管以外的上下架或车体，是多个几何体的组成物，在输弹、供弹、内弹道周期内，以及连发射击中，这一部分对振动的响应是不可忽略的，弹性纵波、横波在材料中的传播速度分别为 5 400~5 900 m/s 和 3 200~3 300 m/s，每个结构和全炮响应时间都小于输弹、供弹和内弹道周期。当我们认为该系统为线性系统时，其结构动力学方程为

$$\boldsymbol{MU}+\boldsymbol{CU}+\boldsymbol{KU}=\boldsymbol{F}(t)$$

式中，质量矩阵 $[M_i]=\boldsymbol{T}_i^{\mathrm{T}}[m_i]\boldsymbol{T}_i$；阻力矩阵 $[C_i]=\boldsymbol{T}_i^{\mathrm{T}}[C_i]\boldsymbol{T}_i$；刚度矩阵 $[K_i]=\boldsymbol{T}_i^{\mathrm{T}}[k_i]\boldsymbol{T}_i$；广义力矩阵 $[F_i]=\boldsymbol{T}_i^{\mathrm{T}}[f_i]$。

炮架赋予身管的角位移、线位移由系统的综合响应所决定。对于一些未进行动态适配性设计或设计不充分的武器，必然造成射弹散布的增大，如 83－122 榴最大射程地面密集度为 1/409，而改成自行炮后，其值降到了 1/380。把它称为炮架响应适配性，其造成的散布为 σ_{D}。同时，在试验中也会因忽视某些因素而人为地造成射弹散布的增大。如在陆双－25 高的试验中，一些主持人只考虑安全的要求，射击时炮上没有规定的射手、装定手在炮上完成作业，又没按射手的一般质量配重，造成了破坏武器系统质量矩阵的情况，结果导致射弹散布的增大，即 σ_b 增大。甚至在千米立靶密集度试验时，使中间偏差小于 0.8 mm 的实际情况造成在8 m×8 m 的靶面上出现许多脱靶的错误结果。

火炮的总装对射击精度的影响是不可忽视的，总装规范是动态适配性设计的一个重要侧面，适当的间隙会吸收一部分能量，改变系统的线性响应，过大的间隙又会产生新的振源增大散布，我们把这一部分散布定为 σ_u。因此，对武器系统设计的鉴定，应该包括对总装规范的考核，消除总装规范中不利于提高精度的成分，应该是试验主持人与准备负责人共同的责任。

3　自动机

在不完全仿制武器或由某个成功型号的自动机移植、放大而组成新的火炮中，自动机经常过早地发生疲劳性损坏，其共同原因在于在疲劳断裂部位由于设计不当，经常出现应力波的叠加所造成的。如在冲击载荷条件下，支撑端抗力为正向波引起抗干力的 2 倍。又如当弹簧截面的非均匀性，在弹簧截面最小的截面上，总是出现大于其他截面的剪应力。在这两个位置上，疲劳断裂必然经常出现。

对于本文所讨论的问题，弹簧在高速压缩时的波动方程为

$$\frac{\partial^2 \zeta}{\partial t^2}=a^2\frac{\partial^2 \zeta}{\partial x^2}$$

式中，ζ 为弹簧任一截面 x 的轴向位移；a 为压力波沿轴向传递速度。

$$a=\sqrt{\eta_1/\rho_1}=L\sqrt{\eta/m}$$

式中，L、m、η 为弹簧的长度、质量和刚度；ρ_1、η 为单位长度弹簧质量和刚度。

由上式得到的单个压力波抗力 P 和振动速度 V 的关系如下：

$$P=\frac{\eta_1}{a}V=\sqrt{m\eta}\cdot V$$

式中，$\sqrt{m\eta}$ 为弹簧阻尼。

从以上关系不难看出，截面变化和压力的变化都会改变力的传递速度，造成弹簧动态响应的不一致性，这些会对系统的振动频率产生不可忽略的影响，造成新的振动源。

4 导气管

导气管是自动机的动力源，膛内火药气体在导气管进口处的各瞬时压力值，导气管内径、形状及烧蚀情况以及火药气体本身热力学参数、活塞截面积（S_H）、自动机质量 M、活塞运动阻力 F_z（含复进簧抗力、摩擦阻力）等，决定着自动机的速度 V 和位移 X，管内气体运动方程为

$$\frac{\partial \rho}{\partial t}+\rho\frac{\partial V}{\partial x}+V\frac{\partial \rho}{\partial x}=-\frac{\partial V}{\partial x}\cdot\frac{\mathrm{d}s}{\mathrm{d}x}$$

$$\frac{\partial V}{\partial t}+V\frac{\partial V}{\partial x}+\frac{1}{\rho}\cdot\frac{\partial p}{\partial x}=-Z$$

$$\rho\frac{\mathrm{d}u}{\mathrm{d}t}=-\rho\frac{\partial V}{\partial x}+\rho q+\rho VZ-\frac{pu}{s}\cdot\frac{\mathrm{d}s}{\mathrm{d}x}$$

$$P=(k-1)\rho u$$

$$u=C_v T$$

$$q=-\frac{2}{D}fC_p(T-T_c)\cdot|V|$$

$$Z=\begin{cases}\dfrac{2}{D}fV^2, V>0\\ -\dfrac{2}{D}fV^2, V<0\end{cases}$$

式中，P、ρ、T、V、U 为气体压力、密度、温度、速度和比内能；C_p 为气体定压比热；D、S 为管道内径与截面积；f 为气体摩擦系数；T_c 为管壁温度；q 为管内单位质量气体传导热。

结合实测的图示，不难看出，自动机工作平顺性是由其活塞的运动速度决定的，如果考虑活塞复进到位后的反冲与导气管气压出现的不同步性和气压的波动性，以及活塞系统的响应，那么，就必然会发生自动机的阶跃运动和在工作循环运动的不一致性，其宏观表现为射

频的变化。当自动机诸条件固化之后，导气管内壁烧蚀、弹药的装药量、拨弹力等，则成为影响其平顺性的因素，这些因素又构成了弹炮适应性之关键。以 30-I 为例，原系统为铜药筒，改为钢壳后，由于药室容积的变化和动态拨弹力的变化，对进入导气管压力的第一峰值而言，钢壳弹要大于铜壳弹，从而导致射频的提高，改变了连发密集度。我们把这一部分定为 σ_z，很明显，σ_z 是众多因素的函数。

5 人机、火控系统

以上所讨论的，均属相对静止条件，即炮—目标静止无位移。即使在连发射击时，也认为瞄准点始终固定在目标上的情况。实际上，除超视距的射击之外，无论是首发命中，还是首轮覆盖，都是对抗战斗的活动，整个过程都伴随着从捕获目标后的跟踪，瞄准中载体和炮塔运动、火控平顺性、连发射击或炮车发动机振动等干扰因素；当然，在实战环境中，还存在着对射击时射手的心理状态与非致伤性干扰，如友邻阵炮车射击、阵地炮车附近的爆炸等，这后一类问题纯属部队训练，不在此讨论。综合以上情况可把首发或首轮命中精度写成

$$\sigma=f\left[\sigma_{炮}、\sigma_{人}(\sigma_{机}、\sigma_{环}、T)\right]$$

式中，$\sigma_{炮}$ 由本节以前所讨论的弹炮综合因素决定，即 $\sigma_{炮}=f(\sigma\theta_{P}、\sigma\propto、\sigma\sigma\tau、\sigma_{e}、\sigma i、\sigma u、\sigma z)$；$\sigma_{人}$ 在系统中所具有的准确度，它是 $\sigma_{机}$，即操瞄分系统与火控分系统与操作环境 $\sigma_{环}$ 的函数。

T-系统的响应时间

$$T=f(T_{人}、T_{机}、T_{环})$$

如果 $T_{机}$ 响应时间长，为了跟上和锁定目标，$T_{人}$ 则必须缩短，从而造成 $\sigma_{人}$ 的增大，如果环境应力增大，也会造成 $T_{机}$ 的延长和操作锁定时间的延长，我们把这一部分附加延时增量定义为 $T_{环}$。对不同任务的武器系统，系统响应时间有所不同，甚至会存在着较大的差异。目前，由于对现代战争对抗环境的认识上的需求和研制水平所限，并没有把它当作一项十分重要的技术指标。实际上，在强对抗环境下，反应时间决定着武器系统的生存能力，尤其是在视距范围内对抗的武器系统，反应时间和射击后的快速撤离时间，已成为十分重要的性能要求，M1 坦克为什么选择燃气轮机作发动机，其主要目的在于撤离速度快，从停止射击到加速至 30 km/h 小于 7 s。相比之下，反应时间就显得更为重要，应该成为武器系统的一项重要参数。由于 T 又是 $T_{人}$ 的函数，在给定瞄准精度下，$T_{人}=f(T_{机}、T_{环})$，因而显得更为复杂。在不同的操作条件、不同的环境水平上，存在着相应的 $T_{人}$、$\sigma_{人}$。507 所对此做了一些试验，对跟踪速度规定了四种难度，即 A、B、C、D 和五种环境噪声（从 57~100 dB），统计 80 名操作手的瞄准结果拟合出应力与瞄准响应关系，如图 3 所示。

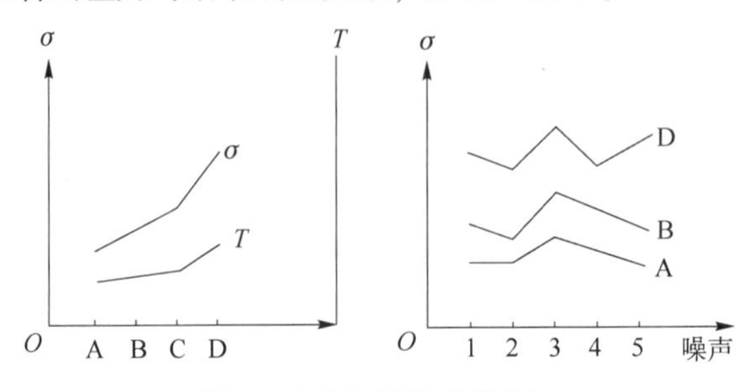

图 3 应力与瞄准响应关系

这些研究结果表明，操作难度和环境噪声对命中精度的影响是不可忽视的，武器系统应有较好的人机环境，否则静态性能再好，也难以完成战斗使命。

6 结束语

需求决定发展，这是铁的法则。本文提出了火炮试验、测量、弹—适应性和弹药测量中的众多课题，均属于现代战争的需求内容。在“九五计划”开展之初，希望有关专业做进一步的研究，形成为现代战争服务、提高我军战斗力和生存能力的试验测试体系，形成国内领先的试验、测试技术。

当然，限于本人知识的局限性，对迫炮首发命中率还不能提出相应的具体问题，由于研究结果可能会改变迫炮的结构，希望有识之士能潜心研究，做出应有的贡献。

参考文献

[1] J. H. 阿吉里斯. 能量原理与结构分析［M］. 北京：科学出版社，1978.
[2] 温诗铸. 摩擦学原理（第 3 版）［M］. 北京：清华大学出版社，2008.
[3] 裁成勋，等. 自动武器设计新编［M］. 北京：国防工业出版社，1990.
[4] 胡德昌，等. 现代工程材料手册［M］. 北京：宇航出版社，1992.

现代引信与目标特性

张登江

弹药总体室

摘　要：本文讨论了研究引信目标特性的重要意义，分析了引信目标特性的特点，提出了测量空中目标特性的方法，并详细论述了测量中必须解决的几个基本问题。

引信是决定武器系统的战斗部起爆时间或位置的控制系统，它是武器系统实现“自我价值”的关键部分。

1　研究引信目标特性的意义

海湾战争开创了高技术战争的新纪元，高技术战争要求使武器系统实现最终毁伤目标的主要关键分系统之一的引信有更完善的功能。它应能在规定的时间、规定的空域准确地识别目标并使弹丸在最佳位置对目标可靠地作用。要使弹丸在最佳位置对目标作用、实现最佳引战配合和最大毁伤效率，引信就必须准确地识别目标的类型和位置。引信感觉识别目标要利用目标及其环境的力学特性或目标及其环境的电、磁、光、声等物理场的辐射和散射特性。为此，就必须对引信目标的特性进行测试研究。

1.1　对目标特性的测试研究是引信发展的必然要求

现代战争是“海陆空天电”多维一体的战争。现代战争对引信的要求是高精度、多功能、自适应和强抗干扰能力。为了满足未来战争的要求，就必须发展精确控制技术、多选择技术、自适应技术和高抗干扰技术。而这些技术的发展都必须依靠目标特性的测试结果和研究成果。

电磁兼容和抗干扰技术是当前我国军事技术要解决的重要关键技术。解决引信既要与己方武器系统兼容，又要有效抗敌方干扰，就必须清楚己方武器系统的电磁辐射特性，掌握敌方目标的电磁辐射特性和干扰信号特征。

另外，隐身与反隐身技术的发展也必须依靠目标特性的测试结果和研究成果。

总之，对目标特性的测试研究是引信乃至武器系统发展的必然要求。

1.2　对目标特性的测试研究是引信鉴定定型试验的基本要求

在制定设计定型试验大纲、试验方案和试验计划时，都必须了解被试品所针对的目标的反射能力、引信的灵敏度、各种交会情况下的目标特性，以及怎样采用等效目标等，这些都需要对目标特性进行分析研究。

随着高新技术的应用和武器系统性能的提高，试验费用越来越昂贵，甚至不可能用实物进行大量的弹目交会试验，因此发展弹目交会半实物仿真试验势在必行，而进行弹目交会半实物仿真试验的基础工作是测试研究目标的特性。

2 引信目标特性的特点

（1）自由空间环境。引信对目标是在高空中高速飞行的过程中作用的。因此，测试时必须克服周围物体以及地面的影响，要在自由空间的条件下进行。

（2）作用距离短。战术武器的无线电近炸引信的作用距离一般不超过 100 m，战术导弹和大口径榴弹作用距离有几十米，小口径榴弹的作用距离只有几米。对于工作在米波段的无线电近炸引信，其作用距离往往在 10 个波长距离以内，属于电磁场的近场区。由近场带来目标的电磁体效应、源的体效应及感应效应非常复杂。

（3）工作时间短。无线电近炸引信与目标的交会时间很短，一般在几毫秒至几百毫秒。

（4）散射、辐射机理和环境特性极为复杂。大型目标特别是空中目标，如飞机、导弹，其本身尺寸可以与引信作用距离相比拟，有的还与引信的工作波长相比拟。

米波段的散射既含有高频射，又含有瑞利散射和谐振散射。

（5）引信对不同类型的目标使用的目标特性特征量不同。

上述特点，都给测试带来了很大的困难。

3 测量空中目标特性的方法

我们知道，作战飞机的飞行速度可达到 3 个马赫，对空武器炮弹的初速已达到 1 000 m/s 以上。如果在弹目相遇的实际环境，即飞机或导弹以实际的速度来袭，炮弹以实际的速度对目标迎击，此时测得的目标反射信号是最真实的。但是这在实际上是很难做到的，其原因是：①费用太大；②对测试设备要求太高；③无法保证预期的交会角和脱靶量。

同样，这样高速的庞然大物保持原速度、原尺寸的原形状在实验室内进行测试也几乎是无法实现的。因此，一般只能采用全尺寸模拟测试的方法。目前可能采取的比较经济、容易实现、效果较好的方法是：目标保持原尺寸和原形状悬挂在一定高度（利用有的塔架），引信装在电平车上低速（每秒几米）通过目标。电平车上和地面上铺设吸波材料，通过弹上的遥测发射装置将测试信号发送给地面接收站记录，利用相似理论进行增速得到目标的反射特性。

4 测量空中目标特性必须解决的技术

4.1 自由空间的模拟技术

对付空中目标的无线电近炸引信，它的天线是在自由空间状态下工作的。因此在测量目标反射信号时，必须使引信和目标处于自由空间状态，不受地面、周围物体的影响。解决的办法主要是建造无回波隔离室。

无回波隔离室是一个尺寸足够大的房间，在四周墙的内壁、地板和顶棚上贴覆不反射电波的吸波材料，使电磁波像在自由空间一样向四面八方无反射地传播出去。为了防止外来电磁波的干扰，在吸收电波材料的外面全部罩上电波隔离层如铜网或金属板。无回波室是近20年来发展起来的新技术，人们已发现它有越来越多的新用途。目前，在科技较发达的国家所使用的无回波隔离室，在一定频段内可达到反射信号电平比入射电平低70 dB。

无回波隔离室造价很高，实际上往往因为经费等方面的原因不得不在野外测试。而地面是有限导电的大平面，会产生电波反射的影响。地面的反射到底有多大影响？离地面多高就可以近似地认为是自由空间？这些都应当进行分析研究。一般地认为：当高度大于2个波长时，地面的影响小于5%，接近自由空间。

4.2 信号传输技术

由于无线电近炸引信装在电平车上相对目标运动，要把目标反射给引信的信号传递到记录仪器，就需要研究信号的传输技术。

测量引线的影响主要还不是直流电阻的加大或电感、电容的附加阻抗，而是由于引线会产生附加辐射、二次辐射和接受外界干扰等一系列因素。测量引线不仅影响天线方向图和场强，而且还会产生附加的测试信号。如连续波多普勒引信，当带着引线向目标移动时，不仅天线会接收到目标回波，测量引线也同样可能会接收到回波信号，并进入混频、检波级，产生多普勒信号，增大测试误差。

为了避免引线的随机影响，将引线位置相对固定起来，并将引线放在引信辐射盲区或与之垂直。这样虽然可以取得一定的效果，但方向图等因素是波长的函数，被测引信频率不可能一致，同时地面、支架等的互相反射是来自各个方位，因此随机影响还是难于避免。最好的方法是将引线去掉，采用无引线数据记录和传输方案。

无引线数据的传输，实际上是遥测的一种类型，只是因为所讨论的测试距离都不太远，因此发射功率可以较弱，接收系统灵敏度可以较低，而且不一定只限于无线电遥测，还可以利用声、光等各种方式传递信息。除了空间传输方式有区别以外，信号的调制、解调和显示等与无线电遥测的相应环节都基本相同。

所谓数据记录是指将所测数据在弹内记录下来，不必用引线或由空间传输。其中，调制与解调，或者编码和译码等环节，与无线电遥测或多路通信系统亦无原理区别，例如，弹内磁记录设备、弹内笔式记录仪等。

弹内记录装置固然能解决引线的影响，但也有一定的局限性。磁记录仪测完后才能复原。而且机构比较复杂，往往使用不方便。笔式记录仪虽然显示直观，但体积较大，特别是多路信号同时记录还难于实现。因此不得不考虑采用微波近距离遥测方法。

利用微波频段的主要原因是它远离米波段、P波段和L波段引信的工作频率，可以防止与引信天线的互相影响；其次，微波天线方向性易于做得尖窄，增益高，抗干扰性能好。利用遥测的另一优点是可以实时显示、实时处理，而且解调、显示、记录仪器、数据处理设备都可以固定安装在室内，测试系统易于稳定工作。

为了不影响引信射频振荡的工作状态，利用远低于射频的声波或超声波传输信号也是一种可取的方法。它的基本原理与调频遥测系统无多大区别，主要是空间传输能量的方式采用了声波。

由于红外、激光技术的迅速发展和广泛应用，光学法遥测也是一个引人瞩目的课题。对于无线电近炸引信目标特性的近距离遥测来说，原则上采用红外、激光也可以。当前飞速发展的光导纤维信息传输方法同样可以利用，而且优点很多，如光纤或光缆是介电材料，不会辐射引信的电磁波，也不会产生附加的二次辐射。它的柔软性特别好，多次弯曲不会断裂。当然，在目标悬挂和姿态控制、水平轨道、电平车、遥测系统和数据记录及处理系统等方面都有许多技术问题需要解决。

前面已经讲过，目标的特性不仅仅只是电辐射特性，还有散射性；不仅仅只是电特性，还有声光磁等物理特性。因此，对目标性的研究是一项艰苦长期复杂的工作。

注：本文在 1994 年基地年终科技论文交流会中获三等奖。

关于竞标试验的想法和建议

纪永祥

中国华阴兵器试验中心，华阴 714200

摘　要：本文针对基地承担竞标比优试验任务的情况，分析了目前完成竞标比优试验“难做”的原因，并提出相应的改进措施和意见，供后续承担竞标比优任务的同志参考。

关键词：试验；竞标；比优

0　引言

随着越来越多的装备研制项目需要通过实物择优竞标试验来获得研制资格，基地近年来承担竞标试验的任务明显增多，呈逐年上升趋势。做好竞标比优试验，是提高基地核心竞争能力的一个重要途径。竞标比优任务的一个重要特点就是由“试验过程由我主导、试验结果由我评判”向“提供标准试验环境、提供公平竞争舞台”的转变。

目前在基地组织开展的多型竞标比优试验中存在进度慢、效率低、质疑多等问题，严重影响了基地声誉，影响基地核心能力的发挥。如何定位基地在竞标比优试验中的地位和作用，是值得我们关注与研究的一个新问题。本文针对竞标比优试验中存在的各种问题进行剖析，并提出了解决措施。

1　竞标比优试验存在的问题及原因

对基地来说，竞标比优试验是一类新型试验，以前做得很少，人员经验少。问题的原因是多方面的，有我们自己的，也有投标单位的；有技术问题，有管理问题，也有产品问题。

1.1　人员配置

1.1.1　经验不足

一般来说，竞标比优试验属于临时任务。随着军工行业的快速发展，简单的如产品交验、科研摸底等临时任务越来越多，由于地方靶场具有试验准备简单、清场容易等特点，原先由基地承担作为锻炼年轻试验主持人的这些任务，大多转移到地方靶场进行了。基地近年来承担的临时任务基本呈现逐年下降的趋势，竞标比优试验交给年轻主持人也是基于锻炼队伍的思路。然而由于年轻同志执行任务少，在现场试验组织过程中难免存在经验不足的问题。

1.1.2 态度情绪化

在定型试验任务过程中，我们是主角，一切工作以基地为主导，我们说了算。现在面对多家投标单位及其产品设计的差异，各家为了自己的利益争得不可开交。作为承担试验的我们，几乎就没有发表意见、表达态度的机会，即使说上几句，也不被重视，出现争议往往需要上级机关强制拍板决定。

以往研制单位来基地洽谈试验事宜，态度谦虚，语言和蔼，知无不言，基地同志们一副受尊重、飘飘然的模样，感觉自己就是个专家，什么都懂。而现在，面对竞标比优单位的虎视眈眈、答非所问的态势，心里感觉非常“不爽”，语言、表情、动作自然而然就流露出不耐烦的神态，对投标单位比比画画的情形也就见怪不怪了。

1.1.3 细则制定不完善

在制定实施细则时，通常按照基地试验流程一步一步往前推进，不太涉及“意外”情况的内容，这是定型试验的一贯做法。然而，在试验实施过程中，竞标单位为了自身利益，总是试图找规则漏洞、不足，想方设法钻空子。尤其是在试验现场，投标单位之间相互揭发，相互质疑，现场很难达成一致。细则又不可能包罗万象，什么意外情况都能想到，因此常常出现“扯皮”，严重影响试验进度。

1.1.4 与投标单位沟通不深入

在投标单位技术保密、商业竞争等因素影响下，在投标样机送达基地前，基地对产品知之甚少。我们能了解到的，也就是标书中的有关内容，从而推测其原理、结构、性能。试验现场出现意想不到的情况，很难从产品本身机理角度思考问题，进而做出正确的判定。

1.1.5 主动作为意识不强

基地承担竞标比优任务受到各方的关注，压力很大。当试验实施过程中出现争议、质疑等异常情况，大多数情况下拿不出处理意见，即使有意见迫于压力也常常不敢拿出意见。对于通过协调能够解决的问题，一律上交矛盾，听候裁决，做老好人，不敢不愿承担责任。

1.1.6 承担任务不积极

竞标比优任务参加单位多、试验要求高，主持人在大部分事项上做不了主，个人思想压力大，因此部分同志不愿意担任试验主持人，而愿意去帮忙、打下手。就是大家说的四大傻“开会当组长，出国当团长，……竞标当主持”。

1.2 领导机关过问少

竞标任务涉及多个投标单位的利益，厂家相关人员“八仙过海，各显神通”，老乡、同学、老上级等，平时基本不联系的，现在纷纷给相关领导打电话，发信息，甚至亲自拜访，要求对其产品给予方便。领导为了减轻试验人员压力，很少过问、参与竞标比优试验的相关工作，这样使得试验主持人压力更大，不知如何是好，“无声胜有声”。

1.3 投标单位问题

部分投标单位准备仓促，对标书理解不一，出现提供的装备数量与标书不一致、被试品技术状态不一致、图物不一致等问题。与我们试验人员沟通时，说话遮遮掩掩，说一半留一半，技术交底不深入，不彻底，一句话，都符合大纲标书细则要求；事一次不说完，给我们传递错误信息，误导我们的同志；明明看出一些小问题，给我们打埋伏，不及时指出来，而是在试验实施过程中，现场提出质疑，而有些问题是无法在现场及时解决的，这样就会严重影响试验效率和进度。

2 解决措施及工作打算

竞标比优试验是目前装备研制的改革所形成的一类试验，目的是好中选优。基地在承担试验任务中，在公平公开公正的前提下，完成好试验，提高效率，减少质疑。基地做好竞标比优试验，应该从源头抓起，正本清源，重点做好以下几个方面的工作。

2.1 积极参与标书的拟制

广大科技人员，要利用各方面渠道，多方收集信息，提前沟通，主动作为，有的放矢，为参与标书编写积极准备。

“竞标”在装备研制中，不是一个专业术语，没有标准解释，大家只是领会其中的意思。目前装备竞标试验是以标书为主要依据的，而标书是由上级机关组织相关单位拟制，兼顾各方诉求，并经过多次讨论，以文件形式下发到相关单位。标书一经发出，原则上不得更改。《实施细则》则在标书的基础上，对试验实施过程进行完善、补充、细化，总的原则是不能与标书的内容相矛盾。一个标书制定得好坏，应该有以下几个方面的评判标准：

1）少歧义

标书作为一种公文，不可能穷尽所有可能，只是规定其想关注的内容和要点，不可能也没有必要把所有可能出现的情况全部涉及，因此，标书在能够讲清楚说明白的基础上，其内容是尽量简单，语言简洁、通俗。

2）能选优

竞标的目的是选优，比出好的方案，选出好的产品，择优的原则、标准就是评分细则。在评分细则中占主要分值的就是试验结果（试验报告）。而试验报告是按照试验大纲组织试验，收集试验数据后编写的。试验大纲制定得好坏，直接决定了择优结果成败。

3）易操作

标书中的各种规定，最终落脚点在于实践中要能够得到正确实施，评判要科学，评分细则要尽量减少主观分值，规定的试验条件在实施中能够满足，结果易于判定。

2.2 承担试验大纲拟制

目前，编制的试验大纲在文件（标书）中提的要求太高，要求过细，实施（实际操作）中困难重重，效率太低，消耗大，周期长，不可控因素多，受质疑的情况不断发生。我们了解信息量少，参与度不高，话语权重不够。

（1）设置试验项目要有针对性。对于针对型号技术特点、作战使用要求而设置的试验项目，分值、权重要大，突出重点。

（2）不能面面俱到。

要重视安全性设计和考核，确立“设计保证，考核为辅”的试验原则。在大纲设置中，关注“必须关注的”，忽略次要或不重要的因素，对其实行开放形式，充分发挥投标单位的主观能动性，使其“八仙过海，各显神通”，为定型试验积累经验。

要充分认识到，竞标试验是样机试验，出现问题是必然的，不可能不出问题，应为可能出问题的情况进行必要的断点设置，不能一棍子打死。对于出现的安全性问题，也要分析对待（只要能查找到原因，并有改进措施，有验证结果，应该允许参加后续试验）。由于一个小的失误（安全性问题），断送一个好的产品（设计），这个大纲制定是不科学的。没有让设计优秀、性能优良的产品在竞标中脱颖而出，却让一个设计保守、技术落后的产品中标，这就违背了竞标的初衷，也不利于装备能力的提升。

（3）要结合基地场区条件、测试条件、保障条件等，制定操作性强的试验实施细则，确保试验实施顺利。

2.3 转变观念

长期从事定型试验，习惯了说了算。竞标比优试验，我们由甲方变成乙方，我们说了不算，大家觉得没意思，不想说，也不想干。“支好场子，看够热闹，当好观众，把事糊弄”。这就好比是一个饭店，主持试验的同志把自己当成饭店服务员，就是个传话的、端菜的角色，不愿意也不想领班的事，解决纠纷，平息事端，调解矛盾，当然也不替老板想，注重声誉、注重效益，要有回头客，这样饭店的生意只能是越来越差，效益滑坡，关门倒闭，大家失业。作为“服务员”，要有把“饭店”当成自己家的观念，把自己当成领班、当成老板，替领班、老板多想事，多干事，多提改进意见，饭店生意做大做强，大家跟着一起受益。承担竞标比优试验，何尝不是如此。

2.4 发挥基地国家靶场的优势作用

基地作为国家靶场，因标准规范的试验流程，真实可信的试验结果，客观公正的试验报告，在工业部门、军队机关等享有很高的声誉，也就是说，名声不错。竞标比优试验开始以来，我们经常被投标单位质疑试验条件、试验程序是否公平，承担试验的同志也不做过多解释，耽误试验进度，造成不好影响。其实，我们作为国家常规兵器装备鉴定单位，要相信自己的公平公正，要勇敢地站出来，对投标单位提出的不合理的质疑给予驳斥，坚决执行试验工作管理规定，维护基地的声誉。因此，在投标单位进场前，要进行充分宣传宣贯，并在试验过程中反复强调，让基地试验工作管理规定入脑入心，在组织试验过程中，更要坚决遵守，不能违反。

2.5 调整竞标比优试验任务等级

将竞标比优试验任务纳入计划内任务管理，适当提高试验任务的等级，与按照定型任务同等对待，绩效纳入年终总结成绩中，并在评功评奖时同等情况下优先考虑，调动试验主持人的工作积极性，发挥其主观能动性。

2.6 不断总结经验教训

我们党取得中国革命的胜利，赢得天下，靠的就是两个字：“总结”。打胜仗，要总结；打败仗，更要总结。竞标试验同样如此，每个竞标试验过程中，一定会有质疑，一定会有不满意的地方，通过总结，可以发现不足和缺陷，更重要的是可以提出建议，为后续类似试验提供参考借鉴。

3 结束语

有能力才能有作为，有作为才能有地位。面对军队编制体制改革，基地在新单位影响大不大，声誉好不好，竞标比优试验任务的完成情况是展示形象的一个重要窗口。要想完成好竞标比优试验任务，发挥好国家靶场的地位和作用，就需要大家转变角色，更新观念，刻苦钻研，积极跟踪装备发展动态，工作中勇于担当，主动作为，不断开拓创新，在实践中积累经验，兢兢业业地做好自己的本职工作，在完成任务中总结经验教训，为装备建设做出贡献。

竞争择优试验存在问题及对策

纪永祥

中国华阴兵器试验中心，华阴 714200

摘　要：竞争择优试验是基地承担的一类主要试验任务，但在实践中，存在试验现场质疑多、试验进度慢、试验效率低的情况，严重延误装备研制的进度，造成大量人力物力的浪费。本文列举了目前竞争择优试验存在的问题及现象，分析了存在问题的原因，提出了应对措施。

关键词：竞争择优；质疑；原因；措施

0　引言

竞争择优试验在基地全面展开已经有几年时间了。在上级机关的大力指导下，在基地首长、机关和广大科技干部的共同推动下，基地上下积极参与、主动作为，在竞争择优标书拟制、试验大纲编制、实施细则和管理细则的编写上，群策群力，各抒己见，反复讨论酝酿，在完成试验现场任务中发挥了重要作用，有利推进竞争择优试验向良性发展，初步达到了装备研制优中选优、装备采购好中选好的目的。但我们也看到，对参与竞争择优试验的投标单位来讲，试验的成败，有时会决定一个企业的生存和发展，决定着企业管理层能否继续留任的关键所在。各个参与竞争择优的投标单位充分发挥主观能动性，一时间，参与竞争择优试验的相关技术人员亲朋好友一下子就多起来了，各色各样问候电话短信一个接着一个，同学、校友、老乡、亲戚一下子全冒出来了，拉关系、求照顾、要公平的各种要求都提出来了，各方暗流涌动，对竞争择优试验的开展形成不小阻力，影响竞争择优试验工作的顺利开展。

1　目前竞争择优试验存在的问题及现象

开展竞争择优试验以来，基地完成各类竞争择优试验有很多项了，从小到夜视镜（仪）、惯导、弹药、单兵武器，大到导弹、雷达、火炮系统等，从整个试验过程看，试验进展坎坎坷坷，试验过程完全顺利者寥寥无几，从产品接收到现场组织，询问、质疑、仲裁伴随着整个试验过程。

1.1　接标过程提出质疑

1.1.1　按时交付质疑

某项竞争择优试验产品应在某月某日 18 点前送至基地，其中一家因为车辆故障，在 17 点 58 分到达基地，另外一家投标单位认为没有在规定的时间内完成产品交接，违反招标文件规定，应做弃标处理，基地承试人员解释无限，该单位坚持质疑，要求仲裁，延误试验进度。

1.1.2　产品一致性质疑

某项竞争择优试验产品交接时，一家投标单位提供的被试品，部分电源线口在装定器右侧，与产品设计图纸要求的“电源线入口应在装定器左侧”状态不一致，另外一家投标单位认为其违反标书“提交的产品须图物一致，技术状态一样”的规定，提出质疑，后经仲裁组仲裁后解决。

1.1.3　意外情况质疑

某项竞争择优试验产品有三家投标单位，在产品交接时出现意外，包装箱从叉车上跌落。该投标单位认为会影响产品性能，提出重新加工提交该箱产品，另外两家投标单位不同意，基地也认为其行为违反招标文件中“产品应一次提交”的规定。后经基地、上级机关多次协调后解决。

1.1.4　产品自身结构质疑

某型导弹试验产品交付时，其背具固定在筒装导弹上，数量与大纲不符，投标单位将其中3枚筒装导弹背具拆下，作为被试品交付，另外两家投标单位提出异议，认为背具未按照试验大纲要求的数量和状态进行交付，拆下的背具不具备背具功能，不能作为被试品进行交付。

上述情况，我们在定型试验中认为出现的可能性不大，也不会关注，但在竞争择优试验中就完全不一样了，当然以后可能还会出现其他情况，这就需要我们不断完善细则，同时投标单位也要认真研读招标文件。

1.2　试验现场提出质疑

1.2.1　试验条件质疑

某型导弹进行对钢板靶射击试验，当条件满足试验要求，准备正式组织射击时，一投标单位突然提出，安放钢板靶的水泥基座周边温度与钢板靶温度相差不大，导弹容易将水泥基座误认为目标，要求对水泥基座采取“浇水、覆土”等降温措施。在征得其他投标单位同意后进行，但因此错过试验窗口，当日试验未能进行。

1.2.2 测试项目质疑

某型导弹对活动目标靶射击试验，当条件满足试验要求、转入正式射击时，投标单位没有在规定时间内完成射击。试后该投标单位要求对活动靶温差进行复测，由于该要求与细则不符，基地明确回绝，该单位提出质疑，要求增加试后温差测量内容，经机关仲裁后驳回。

1.2.3 火炮状态质疑

某型弹药在进行立靶密集度试验时，出现2发弹药相对“预定着靶点”向左偏离约1 m，造成该组弹药横向密集度不满足指标要求。该投标单位认为可能是基地火炮原因造成2发弹药偏离，因此其对当日常温组试验结果存有异议，拒绝在当日试验过程及结果确认表中签字，后经过多方协商沟通，该投标单位认可试验结果，并签字确认。

1.3 对试验结果提出质疑

1.3.1 试验结果不理想而提出质疑

某型导弹对活动目标靶射击试验，当条件满足试验要求、转入正式射击时，投标单位完成发射任务，但没有瞄准目标。试后该投标单位提出，在发射过程中，活动靶出现异常“亮带”，影响导弹对目标的锁定，要求改进活动靶条件，并提出补试，造成试验周期延长2周时间。

1.3.2 数据处理结果不理想而提出质疑

某型彩烟弹在进行发烟性能试验后，一投标单位没有达到其理想的试验结果，认为基地的数据处理方法与国军标规定不一致，提出质疑，仲裁组在现场仲裁后，表示不服从仲裁，并向上级主管机关报告，要求重新仲裁，上级同意召开专家会讨论。结果认为，基地数据处理结果没有问题，但对三家投标单位，可以采用不同的数据处理方法，基地当场表示不认可，并保留意见。该项试验目前只能处于等待上级最终处理结果中，造成试验进度延误。对此，设置尽量一致的试验条件，采取唯一、正确的数据处理方法，并在细则中明确，是减少这类质疑的重要因素。

2 原因分析

竞争择优试验就是一个优中选优、好中选好的过程，但如何选、怎么选，总得有一个标准（答案），要有标准，就要有具体内容（试验大纲、试验项目）。一个好的试验大纲，对竞争择优产品的设计有积极的指导作用，若试验大纲制定不合理，考核不完全，参加单位就有可能更改设计，首先完成竞争择优试验大纲项目，达到中标目的，然后在研制过程中进行改进，如为了达到最大破甲能力，就有可能增加弹体装药量，必然带来弹体强度和安全隐患，但为了中标，值得赌一把。在设计试验项目和评定标准后，试验过程包括试验条件的把控、试验结果的处理等一系列的活动（操作），均应有相应的标准、规范、说明书等来支撑，一步一动，均有章可依，按照程序来，动作都要有标准，否则就可能存在质疑。

2.1 标准剪裁问题

确定试验项目内容后，在实施中，试验条件、过程的把控，试验结果的处理，应该有相应的标准可依，若没有标准，应当明确规定。在试验细则中，对“严格按照试验标准执行”应该给予明确的说明。若参考标准进行，应该在实施方法、数据处理中明确，确定试验过程、数据处理方法等的唯一性。若标准依据不唯一、参照标准模糊，就会带来后续试验过程、数据结果的不唯一。投标单位对结果满意就不吭气，结果不理想，就会对标准、数据处理等提出质疑。

2.2 样机自身质量问题

投标单位由于产品研制时间短，前期试验不充分，提交试验的样机不断出现故障，需要维修，延误时间。某型火炮竞争择优试验，一投标单位在前期试验准备、试前操作培训中，就不断出现故障，需要不停维修，使得正式开始试验时间一拖再拖。

2.3 对维修的鉴定问题

参加竞标试验的样机，研制时间短，出故障是不可避免的，维修也是正常的。但由于是竞争择优，投标单位之间对维修次数、维修时间、维修时间限制等意见不一。在具体到某一故障需要维修时，其他单位就会找各种理由，是否需要维修、对维修等级、维修时间等争论不休，很难达成一致。

2.4 无效质疑的问题

提出质疑是各投标单位“克敌制胜”的不二法宝，部分投标单位通过质疑，确定一些“成果”，但投标单位提出的绝大多数询问、质疑、仲裁等，结果后期处理，被认定为无效质疑，被驳回。目前出现的情况是，每试必质疑，一看试验结果与理想有差异，首先申明要质疑，不论成不成，先搅和搅和。一有质疑，试验就停，等待处理。

2.5 试验条件设置问题

竞标试验的很多项目是在野外进行的，尽管我们严格按照标准、试验流程开展试验，但自然条件的影响是不可避免的。一家投标单位的试验是在下午 17:00 点达到射击要求开始的，其他投标单位就要求他们的射击时间也必须控制在这个时段，而且要求温度、气压、湿度、能见度、云层等也要保持一致。

2.6 其他情况

影响试验进度的原因还有很多，比如试验细则的不完善，造成试验现场争论不停，仲裁专家没有按时到达，试验无法开展，仲裁专家组现场裁决是否为最终裁决，上级机关是否同意，需要等待机关答复等，均在一定程度影响了试验进度。

3 应对措施

要提高试验效率，加快试验进度，需要我们不断提高自身能力，完善各项规章制度，端正态度，对各种各样的质疑积极应对，主动担当。

（1）坚决树立基地试验的权威性。

基地多年来在常规兵器定型试验中，因其公正的试验结果、客观的试验结论、科学的试验报告，赢得军方和装备研制部门的赞誉。开展竞争择优试验以来，投标单位经常对基地提供的试验条件以及试验条件的一致性提出质疑，我们要主动给他们进行基地试验流程、规定、执行标准等宣贯，让其了解基地的试验工作，减少不必要的疑问，积极推进试验，这是完成竞争择优试验的第一要素。

（2）不断提高自身业务能力，拓展专业领域。

装备发展日新月异，采用的新技术、新科技层出不穷，这就需要我们不断学习，了解掌握高新技术，认真钻研业务，拓展知识面，了解装备采用技术的基本原理，掌握试验使用的标准、规定的相关知识，才能在工作中少说外行话，减少沟通障碍，达到充分交流的目的，为更好完成任务打下良好基础。

（3）查找漏洞，完善细则。

竞争择优产品使用新的技术，试验方法与设计定型试验存在不小差距，在制定试验实施细则、管理细则时难免有疏漏的地方、想不到的地方，如在规定时间内是否产品送达基地完成产品接收，产品接收过程出现跌落等意外情况，可能影响后续性能时如何处理等，就需要我们在细则中进行事前约定。制定的试验细则，对我们来讲，就是一张大网，全是窟窿眼，我们能做的，就是不断补窟窿，尽量减少漏洞。

（4）注重标准剪裁的唯一性。

技术的不断创新，使竞争择优的产品涉及专业以外的领域，或原来的相关标准不能完全满足试验的要求，就要研究新标准，剪裁老标准。在具体细则制定中，一定要规定明确、条件合理、结果处理科学且均具有唯一性。

（5）严格执行规定，不断增强法治意识。

尽管试验计划、试验细则由我们制定，一旦被批准执行，所有各方必须严格遵守，不得违反。过去存在的一些质疑，就是我们执行细则不严谨造成的，虽然可以提高一时的试验效率，但造成的隐患也大，我们在这方面是有教训的。

（6）试验过程可追溯。

在试验进行的全过程中，尽量有录像、照相等资料留存，确保试验整个阶段的情况留有资料，若有需要可追溯。我们经常会对大型、现场射击试验重视，留有影像，但对一些试前准备、静态测试的项目、过程没有影像资料，无法还原当时情况，这方面我们也是有过教训的。

（7）坚持“公开”原则。

竞争择优试验以来，基地一直坚持信息公开、过程公开、试验结果公开的原则，取得了良好的效果，受到投标单位的好评，但也带来一些争议，耽误了一些时间。但从实践经验看，利大于弊，我们会继续坚持，不断完善相关规定。

（8）尽可能提供相对一致的试验条件。

虽然以前试验中我们也做过努力，尽量提供相对一致的试验条件，以后我们会尽量征求投标单位的意见建议，经讨论各方达成一致后执行。

（9）主动了解产品的研制情况。

参加竞争择优产品的单位之间相互保密，对基地也保密，但为了制定更加符合实际的试验细则，更好完成现场试验，可以与各个投标单位进行电话沟通，由机关或论证部门带队调研。

（10）建立投标单位评级制度。

针对投标单位每试必质疑、车辆超速、人员着装等情况，基地可以对参加投标试验的单位、车辆实行“星级”管理，共分五星，正常为三星，最好为五星。采用不同颜色表示，颜色区分明确，便于识别。首次到基地参加试验的单位，或以前无不良记录的单位，一般给予三星标志，根据其在基地试验期间的整体表现，以后到基地参加试验时，给予加星或减星的参试标志，试安科在办理参试证明时，可先征询作试科的意见，参加竞争择优试验单位的参试标志，可以与参加其他试验的有所区别。在试验现场设置标志牌，对参试标志进行说明，增强参试单位的荣誉感。

4 结束语

竞争择优的出发点是好的，目的是杜绝暗箱操作，提升装备研制质量，缩短研制周期。但目前的情况恰恰相反，既浪费时间，又浪费钱财，耗费了太多精力，延误了装备研制的进度，基本没有达到竞争择优事前设想的目的，值得深思、反思，应引起各方重视。关于质疑，可以提，但要注意效果和结果，要有把握，能够打赢，否则影响试验进度周期，影响自己单位形象。

参考文献

[1] 科研试验法规汇编. 第三十二试验训练基地，2015.
[2] 李红军，王春光. 装备采购法规制度论纲 [M]. 北京：国防工业出版社，2015.

装备竞标工作启示

纪永祥

中国华阴兵器试验中心，华阴 714200

摘　要：本文分析了近年来竞标试验工作中存在的一些问题，对从事装备研制的人员和承担试验的单位提出一些建议，供从事装备竞标相关人员参考借鉴。

关键词：装备；竞争

0　引言

开展竞争择优试验工作以来，基地完成各类竞争择优试验有很多项了，小到夜视镜(仪)、惯导、弹药、单兵武器，大到导弹、雷达、火炮系统等。基地在竞争择优标书拟制、试验大纲编制、实施细则和管理细则的编写上，积极参与、主动作为，在完成试验现场任务中发挥了重要作用。但从整个竞标过程看，试验工作进展坎坎坷坷，试验过程完全顺利者寥寥无几。本文总结了当前竞标试验本身暴露出的问题和现象，提出一些建议和看法。

1　招标本身存在问题

（1）招标文件中规定的指标太高，与提交产品的性能差异较大。

目前已经发布的招标文件，一般为方案样机招标，可提出的性能要求几乎与战术技术指标的要求不相上下，也就是说，若招标成功，基本上，关键技术已经突破或解决，没有重大遗留问题。好多单位为了分得一杯羹，仓促上马，准备时间较短，很难中标。

（2）招标试验大纲制定的试验考核项目多，过于繁杂。

招标单位为了约束投标单位中标后对产品设计随意更改，提交性能鉴定时的样机与中标时样机差异过大，设置了好多项目，如外观尺寸、装药质量、药室容积，使用的相关技术、器件，样机内部结构等，都有考核项目，且大多为否决项，造成招标试验大纲内容杂，项目多，比设计定型项目都多。

（3）招标试验流标、转为单一来源试验多。

有时武器系统招标，上级机关明确要求，必须通过竞标试验确定研制厂家，就需要找一两家单位参加竞标。临时参加的投标单位，准备时间短，论证不充分，对招标文件要求理解不深，准备的样机在试验初期就暴露出问题，触动否决项，招标试验转为单一来源谈判。

（4）招标从发布到完成试验，周期偏长。

为了招标试验顺利进行，前期论证调研就需要大量时间，招标文件发布后，承担试验的单位需要开展试验准备，进行武器装备请领、调拨，需要很长时间。某定距弹竞标 2016 年 5 月产品进基地，2017 年 5 月器材调拨到位，2017 年 9 月开始试验，由于三家投标单位均存在问题，试验暂停。该项目从 2015 年开始启动论证，3 年过去了，又回到起点。

（5）通过招标得到的装备，未必是军方理想中装备。

机关为了满足“必须通过竞标试验确定研制厂家”相关规定，找来了陪标单位。试验开始后，军方看重的单位出现严重质量问题（一般是安全性问题触动否决项），被迫退出竞标试验。这样通过竞标试验选出的中标单位，其方案可能与军方论证时的方案不一致，不是军方理想中的结果，但却是中标方案，军方无可奈何，只能接受这样的结果。这样的产品，可能后续订货会受影响。

（6）中标后续更改产品状态的情况。

竞标试验完成，转入工程研制以后，中标单位研制过程中出现个别指标不达标的情况。为了完成战术技术指标要求，需要对产品进行改进。如果只是为了改进性能，做些局部调整，应该是允许的。但如果出现主要战术指标不达标，如弹丸射程、密集度或威力指标不达标，需要对设计方案进行大的变动时，这样对第二或第三中标单位是否公平，目前军方没有明确说法，但也要引起重视。

（7）新技术得不到应用。

由于竞标文件中对可靠性的高要求，迫使投标单位只能采用成熟的技术应用到产品上，以满足指标要求。新技术由于不成熟，可靠性不高，尽管性能优越，对武器系统作战有很大提升空间，但为了能得到研制资格，不敢盲目使用。新技术不但没有鼓励使用，反而限制，必然会影响装备性能的提升。

2 论证单位应对策略

2.1 提前规划

装备论证部门，应该结合装备发展规划及早发布装备研制具体规划，向相关有能力有兴趣的单位通报装备研制的大体进度安排，促进相关单位提早论证，积极准备，避免仓促上马，准备不充分，造成资源浪费。

2.2 充分论证

论证部门在确定型号研制、开展装备论证过程中，要充分听取各方意见，了解同类装备国外发展动态，结合我国技术水平、制造能力、器件水平等，提出技术上确实可行、进度上科学合理、指标上有一定牵引的论证报告，切忌好高骛远，研制中达不到指标要求，而又为了完成研制进度，降低指标的情况出现。

2.3 鼓励新技术应用

论证工作要积极鼓励新技术在装备研制中的应用，尤其是对未来装备性能提升空间较大的新技术，要有相应的政策、规定、经费等相关配套措施的支持，对武器装备研制中关键性能使用新技术，要在装备竞标中给予加分等鼓励措施。论证部门也可就某项性能指标单独进行招标，采取有效措施促进新技术在装备中的应用。

2.4 评分规则要合理

在制定评分细则中，要综合考虑投标单位的产品性能，确保竞标成功。性能指标的要求要符合产品研制过程性能的实际，产品可靠性提升需要一定研制周期。对于采用新技术、目前可靠性低、未来有较大提升空间，且其技术对武器性能提升明显的单位应有相应的优惠待遇，在竞标文件中要有明确牵引条款，给予相应加分。尽量减少评分细则中的否决项，尽量让更多投标单位完成所有试验，尽量让各家投标单位充分展示产品性能，得到更多信息，这本身就是竞标的基本准则。

3 研制单位应对策略

目前，军方招标的项目，大多采用邀请招标和公开招标的方式，对于军民通用项目，是公开招标，这类项目门槛低，一般参加单位多，有时能达到上百家报名，通过筛选，会有几十家通过初审，到基地试验，最后中标单位不止一家。而我们参与的项目，一般为邀请招标。

（1）注意信息，提前预研。

招标项目的发布，一般都能在装备发展 5 年规划中看到相关信息。我们的产品预研，一定要跟规划项目相关，挂上钩。平时注意向机关参谋汇报情况，与炮研所、装机所、轻武器所等相关研究论证单位相关科室人员沟通，了解装备立项论证情况。这样，在招标项目发布前，可以提前得到相关信息，便于及早采取应对措施，早做准备，早做决定。

（2）了解项目招标规定，在标书拟制中发挥作用。

招标文件前期调研论证，初稿讨论中，一般会征求承试单位、潜在投标单位的意见，结合各家意见，完善招标文件内容，便于后续实施具有可操作性，减少质疑、争议。这种情况下，一般邀请潜在投标总体单位参加，要争取积极发言，参与意见，促使招标文件的拟制有利于自己的产品结构设计。若发言机会少，要把意见汇总给总体单位，最好是书面意见。这样招标文件的要求，就不会与我们的产品大相径庭。

（3）认真研读招标文件。

一旦确定参与投标，就一定要认真研读招标文件，千万不要认为，已经讨论多次了，不会有大的出入，但往往最后出现纰漏，就是不注意细节造成的。所以一定要认真研读标书，列出清单，逐一落实。注意全文阅读，注意前后关系，若招标文件前后表述不一致，要向有利于试验的方面进行准备，不可投机取巧。

（4）精心准备，确保质量。

竞标产品在准备、试验过程中，可能会出现问题，状态经常不断调整，要注意不同状态产品的隔离、保管，最好专人负责，确保图、物一致，产品状态一致。产品准备过程中，要考虑周全，特别注意招标文件规定的武器系统，与我们平时摸底用的武器装备是否为同一型号，装备状态是否一致。经常发生自己摸底结果非常理想的产品，到基地试验中，效果非常差，还出现影响安全的问题，往往就是产品与武器系统不匹配造成的。

（5）样机备件，多多益善。

投标单位会按照招标文件中规定的产品数量，将产品送至基地，对于一般弹药引信，多送几发少送几发关系不大，一般试验大纲中的数量都有一定的备份。像引信装定扳手，文件中不会规定必须带，基地会提供。若有特殊要求，又没有带，不能将引信安装到弹上，可能就无法完成正常装定，因为只能使用提交给基地的设备器材，不允许使用提交样机以外的其他任何工具。一般情况下，招标文件会规定，竞标样机及配套产品一次交齐。

招标样机的交付，除了招标文件中规定必须有的，还应该有相关辅助工具、检测设备，一个原则，尽量多带。只有交付基地的备件，试验、维修时才能使用，其他一律不得重新提供。若有些设备（弹丸结合机等，平时生产也用），可以会前协商，试验开始前送达。

（6）平常心态，少提无效质疑。

各家提交竞标样机状态是不一致的。在交接产品样机，试验准备过程中，提出的质疑很多，但大多数为无效质疑，拖延试验进度。例如，有质疑投标样机无标识或标志不清晰的、弹丸表面没有涂漆或颜色有差异的等，提出的质疑，基地解答没有被认可，直接报北京机关协调，提出处理结果，质疑单位才接受。机关是绝对不会允许招标试验还没有开始，就出现投标单位退场的。这种情况的质疑，每次竞标试验都有，一两个，三四个，每次耽误时间三五个工作日（一般至少就是一周），作为科技工作人员，要靠自己产品的质量、性能取得竞标胜利，获得产品研制资格。想要中标，靠不正当的行为是不可能的。

（7）多些公平竞争，少些歪门邪道。

我们在竞标试验过程中发现，有些投标单位，突破行业底线，突破做人底线，明明看见了、做了的事，由于没有视频照片，事后拒绝承认（这种情况一般是，自己试验结果不理想，又不愿意承认，想赖皮，找个理由补试）。也有投标单位，在其他投标单位试验前，在目标靶附近，人工（雇人）设置假目标，试图影响其他投标单位武器装备对目标的识别，使其命中率下降或飞行失败（当然是偷偷地，晚上进行）。这种不正当行为是不会得逞的。还有某雷达竞标试验时，一投标单位雷达一旦开机工作，就有不明干扰信号出现，影响雷达正常操作。经过事后排查，发现是竞标对手在附近租用民房，有针对释放干扰，造成对方雷达不工作故障，性能下降，这种情况是绝对不允许的。我们行业的科研人员，一定要有基本素质，公平参与竞争，杜绝不正当竞争。

（8）积极开展新技术应用研究。

各个专业应积极开展新技术在装备领域应用研究，并采取有效措施，促进其工程化研制，积极鼓励新技术在武器系统中的应用。甚至对武器系统性能有重大提升的新技术，可以不通过竞标方式，直接参与型号任务研制。

4 承担单位应对措施

承试单位要提高试验效率，加快试验进度，需要不断提高自身能力，完善各项规章制度，端正态度，对各种各样的质疑积极应对，主动担当。

（1）坚决树立试验的权威性。

基地作为竞标承担试验的主要单位，多年来在常规兵器定型试验中，因其公正的试验结果、客观的试验结论、科学的试验报告，赢得军方和装备研制部门的赞誉，让投标单位充分了解试验过程，减少不必要的疑问，积极推进试验，这是完成竞争择优试验的第一要素。

（2）不断提高自身业务能力，拓展专业领域。

装备发展日新月异，采用的新技术、新科技层出不穷，这就需要承试单位人员不断学习，了解掌握高新技术，认真钻研业务，拓展知识面，了解装备采用技术的基本原理，掌握试验使用的标准、规定的相关知识，才能在工作中少说外行话，减少沟通障碍，达到充分交流的目的，为更好完成任务打下良好基础。

（3）查找漏洞，完善细则。

竞争择优产品使用新的技术，试验方法与设计定型试验存在不小差距，在制定试验实施细则、管理细则时难免有疏漏的地方、想不到的地方，就需要在细则中进行事前约定。试验细则，其实就是一张大网，全是窟窿眼，承试单位能做的就是不断补窟窿，尽量减少漏洞。

（4）注重标准剪裁的唯一性。

技术的不断创新，使竞争择优的产品涉及专业以外的领域，或原来的相关标准不能完全满足试验的要求，就要研究新标准，剪裁老标准。在具体细则制定中，一定要规定明确、条件合理、结果处理科学且均具有唯一性。

（5）严格执行规定，不断增强法治意识。

试验计划、试验细则一旦被批准执行，所有各方必须严格遵守，不得违反。

5　结束语

以上是对近几年来基地试验工作中产品试验中暴露出的一些情况、现象进行归纳，期望对大家的工作有所帮助，不妥之处，敬请批评指正。

引信寿命期失效模式及对可靠性的影响

纪永祥，刘刚

中国华阴兵器试验中心，华阴 714200

摘　要：本文对引信在全寿命期内几种重要失效模式及对引信可靠性的影响进行了分类和探讨，并就基地鉴定工作中应把握的重点和思路提出一些看法，可作为有关专业相关问题的参考。

关键词：引信；失效模式；可靠性

0　引言

引信属于典型的一次性使用产品，与一般电子产品或长期使用产品差异较大。根据经验，引信的失效往往只有在使用后才能察觉。随着引信技术水平的不断提升，其机械、电子、火工品等组成部分越来越趋于精细化、集成化、复杂化，然而，与之相对应的是引信失效模式也变得更加多样化，其结果是严重的，各种失效都可能导致引信早炸、瞎火、炸高散布范围急剧扩大，甚至膛炸，直接影响引信战术使命的完成和安全性能。如某型机电引信经贮存后进行射击试验时，发生大面积瞎火；某无线电引信在使用中出现炸高偏低、近炸作用率下降等。以上问题的产生机理不同，但究其根源来说，都是在设计阶段没有全面分析各种环境对引信的影响并做出相应的抑制措施，导致引信暴露出一系列重大问题。

本文就引信在寿命期内的典型失效模式进行探讨，并就基地如何针对性地开展可靠性试验提出一些看法。

1　引信电子失效模式

电子部件是无线电引信、机电引信、电子时间引信、电容引信的关键组成部分，电源、探测电路、执行电路均属电子部件范畴，从以往多年定型经验看，电子部件失效是电子引信失效的主要因素。

1.1　电源失效

引信用电源的特殊性在于预期待发状态周期长（数月至数十年），而实际使用时间很短（秒级），因此，对其密封性、供电性能要求很高。以热电池为例，如果电池密封不严，将导致电池内部气体和外部气体之间相互流通和交换，短时间内这种变换可能并不显著，但长时间后，就会使得电池内部化学材料与外界气体成分发生复杂而缓慢的反应，如热电池阳极材料钙与空气中的氧气、氮气、氢气相互作用，产生诸如氧化钙（CaO）、氢氧化钙［Ca（OH_2）］等物质，引起异常电化学反应；再如化学电池中使用的氯化锂（LiCl）从空气中吸收水分后，一方面改变电池内部湿度状态，另一方面导致电池绝缘性能降低，产生异常放电现象。

引信电源的失效引发的问题多种多样，可总结为以下方面：

（1）电池性能下降，最主要的影响是输出电压、电流强度不够，导致引信探测距离减小。例如，无线电引信装定高炸高，但由于电池能量不够，其探测电路发射功率偏小，致使引信从 10 m 级炸高变为米级炸高，散布明显增大，极大影响对敌方人员的杀伤效能。另外，电池输出能量引发的一个致命问题是无法达到电雷管的引爆阈值电流，使得引信无法按预定方式起爆，造成瞎火。

（2）电池输出不稳定，典型表现为电压起伏较大，杂波增多，一方面造成引信炸高的不稳定性，另一方面导致引信内部噪声加大，如被耦合到引信探测电路中，则该干扰信号可能被识别为目标信号，引起早炸。

1.2 电路失效

在引信的生产过程中，由于工艺或人员等因素的影响，某些细微粒子（包括绝缘体、半导体及金属微粒）、潮气、空气漂浮物、汗液等将不可避免地渗入引信电路中，经长期贮存后，以上因素或交互作用或与外界作用，最终造成某些电子部件的部分失效甚至整个电路功能的丧失。

另外还值得注意的是生产工艺本身对引信电子器件的影响，一些资料中显示，生产中热环境会对引信电子组件产生危害，如电烙铁焊接时的高温环境引起电容漏电流的增大，造成电容参数不稳定、热解效应对引信电路绝缘聚合物性能降低，变成半导体或导体等。

电路在引信中的作用多种多样，如探测电路、控制电路、执行电路等，一旦其中某个组件失效，可引发的问题也呈多样化，如无法正常感应目标的存在，无法实现抗干扰，无法实现远距离接电、增幅识别，无法起爆火工品等，呈现出瞎火、碰炸、早炸等异常现象。

1.3 引信结构失效模式

引信结构失效可分为两类：第一类，可称为显露结构失效，表现为虽然对引信性能影响较大，但经过研制阶段的暴露验证、定型阶段的严格考核后一般均可准确识别并及时加以改进，属于较明显的失效，不致对大量生产后引信性能造成重大影响，如某引信保险与解除保险距离机构直接采用原有产品机构，在工厂科研摸底试验中出现解除保险距离散布过大，超出指标要求现象，经分析改进后，于设计定型阶段顺利通过考核；第二类，可称为潜在结构失效，特征为失效方式无法及时预料，必须经长时间积累后才能显现出来，如某机电引信，历次生产交验瞎火率均能保持在较低水平，均能一次通过，然而，对从标准库房中经贮存后引信进行实弹射击试验时，却出现大量瞎火的现象，经排查，原因为该引信本身不密封，战斗部装药中挥发成分（醋酸）侵入引信内部，造成金属零件严重锈蚀，钟表机构卡滞，进而引起引信保险机构无法解除保险，引发瞎火。

对于第一类结构失效模式来说，虽具有一定的危害性，但基本可通过加大试验样本量、严格控制试验条件等方式予以充分暴露，并采取适当改进措施予以解决。然而对于第二类结构失效模式，由于其潜在威胁性，基地承担的风险骤然加大，一旦问题在长时间后爆发，损失不可估量。该问题的解决依赖于对包括引信在内的武器系统进行深入了解分析，掌握火炮、弹丸、发射药等构成特性，以系统思维审视引信在整个系统中的地位和作用，只有这样才能做到防患于未然，将失效概率降低到最低程度。

1.4 引信环境失效模式

本文提到的环境失效主要是指引信勤务环境、弹道环境带来的失效。本类失效具有的一个显著特点就是实时性，失效一旦产生，很快就可以发现并及时采取措施。

如某型机械触发引信在振动、磕碰试验（依据 GJB 573A—1998《引信环境与性能试验方法》）中均出现发火现象，经查，问题定位为在振动、磕碰环境下，大量机械冲击效应持续积累，导致回转体异常回转，从而引起安保机构解除保险。后经对安全系统重新设计，问题才得以解决。

又如某型无线电引信配某型火箭弹射击时，出现瞎火率高的问题。经分析，证明引信安全系统解除保险时间窗口与火箭弹工作环境不匹配，造成引信未能正常解除保险，导致瞎火。针对这一问题，研制方将引信返厂，采取调整措施，重新试验结果正常。

再如某型电容引信在定型试验中，装定近炸时出现一组全部未实现近炸的问题。经过对该引信的结构、作用原理及试验条件、炸点现场进行分析后，排除传爆时间过长、发火控制电路参数设计不合理等因素后，发现原因为超高速飞行环境产生的空气动力热造成引信电极焊点熔化，引起电极与内部探测电路接触不良，引发碰炸。

一般来说，引信环境失效一旦产生，就不应归结到偶然因素，而是呈现系统性、多发性等特点，与引信设计缺陷息息相关，这方面恰恰是定型的主要目的之一，即暴露产品的先天不足。值得注意的是，很多失效是在极限条件下才得以发生的，因此，必须在定型前及时跟踪产品故障及解决途径，在定型中加大边界试验条件的设置，对于一般试验条件暴露不了或者暴露不充分的问题，在严酷试验条件中考核产品性能。

1.5 引信火工品失效模式

火工品担负着将引信起爆信号通过层层接力转化爆轰波，起爆弹丸主装药或起到某些控制作用（如延期药柱、时间药盘）的使命，如果失效，带来的后果十分严重。

（1）威力下降，无法引爆下级装药或能量不足。

某机电引信中的针刺火帽在低温条件下传火能力下降，保险机构和药包由于密封性不好产生结霜现象，影响可靠回转和发火，直接造成引信瞎火。某引信经长期贮存后，在作用可靠性试验中出现雷管爆炸，但未能可靠引爆下级火工品，同样造成引信瞎火。

（2）控制性能降低或丧失。

某航弹引信经长期贮存后，其用于控制远距离解除保险时间的药盘燃烧时间超出指标要求，如投弹时距离地面较近，则很可能发生引信落地时药盘仍在燃烧，必然引发引信瞎火。

从火工品失效模式可看出，某些火工品的失效虽然与长期贮存环境有联系，但更多与边界条件联系密切，如高温、低温环境对失封引信的影响。这启示我们，国家靶场不应该也不能等同于产品“验收”靶场，应树立边界条件为主，兼顾典型条件的思维模式，为结论的准确性提供有力支撑。另外，也应加强引信加速寿命试验方法研究，为预防长期贮存后失效奠定坚实基础。

2 结束语

以上是本人对引信全寿命期主要失效模式做的一些粗浅分析和讨论，由于引信涉及的学科纷繁复杂，如电子、机械、化学、力学、火炸药学等，且环环相扣，相互影响，其中任何一个环节出现问题都会引发意想不到的后果，因此，关于引信失效模式的讨论仍将继续下去。作为引信试验鉴定方，今后要做的工作还有很多，尤其应该重视对失效机理的深入研究，只有这样，才能有针对性地对产品的薄弱环境提出考核方案，使得定型之后的产品经得起时间的考验。

参考文献

[1] 张景玲，纪永祥. 引信试验鉴定技术［M］. 北京：国防工业出版社，2006.

[2] 夏峰，马力生，德家道. 影响引信长贮的几种典型失效模式［C］. 中国兵工学会第十六届引信学术年会，2009.

[3] 王斌，赵志峰，赵秉荣. 某型机电引信长贮瞎火原因分析及对策［C］. 中国兵工学会第十五届引信学术年会，2007.

[4] 赵广波，刘颖杰，陈东林. 某引信热电池失效机理分析与改进方案［C］. 中国兵工学会第十五届引信学术年会，2007.

[5] 王宇翔，王国华. 电路污染对导弹引信系统贮存失效的影响［J］. 可靠性设计与工艺控制，2003，2（1）：16-18.

基于实战环境的引信在安全性试验方法探讨与试验鉴定对策

纪永祥，赵新

中国华阴兵器试验中心，华阴 714200

摘　要：在鉴定试验过程中，发现引信安全性试验方法存在一些认识不到的问题和缺陷，本文分析了问题或缺陷出现的原因，针对武器装备考核面向的实战化需求，梳理目前引信安全性试验方法存在的问题或缺陷，提出了对引信安全性试验方法的改进思路，为引信鉴定面向实战化提供借鉴。

关键词：引信；实战化；安全性试验

0　引言

引信作为有效杀伤的控制中枢，弹药系统的“大脑”，其是根据环境信息和目标特性，在一定的条件下引爆或引燃战斗部装药控制装置或系统，是武器系统的重要组成部分和不可缺少的一部分。为了能够发挥引信的功效，必须保证引信勤务处理、发射、弹道飞行安全。引信从研制生产，装备部队到实战使用之前，需通过样机、定型、交验等一系列试验，试验条件多样，样本量充足，产品得到了严格考核。然而，在部队实际使用过程中，依然出现了各种各样的问题，既有可靠性问题，也有安全性问题。特别是实弹实装训练强度加大，安全问题突现，威胁到己方人员、装备安全，受到各方的高度关注。从全寿命周期看，引信安全性主要分为勤务处理安全性、发射安全性、弹道安全性等几个阶段。无论在哪个阶段、哪种环境下，引信都必须保持特定的安全性能，由于引信不适应实际使用环境而引发的安全性事故数不胜数，必须采取有效手段将隐藏的引信安全性薄弱环节暴露于性能鉴定阶段，摸清影响引信安全性的各种因素，否则，一旦某些引信缺陷未得到充分暴露就装备部队，将在作战、训练中产生重大隐患。

1　发现问题

射击安全性试验现行方法为引信经受粗暴恶劣的勤务处理后，在极端膛压（极端初速）条件下射击，考核引信在膛内、炮口安全距离及弹道上的安全性。近年来，一些已通过定型试验的机械触发引信在部队使用中出现弹道炸，其射击条件恰恰不是极端膛压及极端初速，甚至也不是最大装药，而是在中间膛压、中间初速。研制单位无法将弹道炸原因归结到生产工艺、零部件质量等显性因素，最终只能通过改进设计解决问题。由此说明，至少在某些弹种上，引信安全性的敏感源不是单一的膛压和初速，引信设计存在缺陷但未能在定型阶段充分暴露。

2 原因分析

理论认为，弹丸在膛内，特别是线膛炮内运动时，受发射药燃烧产生火药气体的作用，在几毫秒内从静止状态获得每秒数百米的速度，从而产生极大加速度。在弹丸做直线运动的同时，由于火炮膛线的作用，弹丸从静止状态又获得每分钟数千转、甚至数万转的转速，随之产生相当大的旋转加速度。于是，在弹丸引信的零件上，相应受到后坐力、离心力、切线力、侧向力等的作用[1]。引信设计一般能够利用的是后坐力、离心力，其强度（安全性）、机构动作（可靠性）等都是以这两个力为基础的。

2.1 多峰过载环境

后坐力和离心力作用在引信零件上，在引信设计中一般用后坐过载系数 K_1 和离心过载系数 K_2 来代表。传统理论认为，引信只要在经受最大及最小 K_1、K_2 值条件下能够满足战术指标，就认为达到设计要求。然而部分引信产品在某些配用条件下却出现高的失效率。经过分析研究，在这些火炮和弹种中，引信零件受到多峰过载的作用，正是这种力的波动和冲击，导致引信不能按照预定的方式正常工作[2]，影响引信的安全性和可靠性。

2.2 侧向力环境

侧向力是发射过程中火炮沿弹引径向作用于引信上的力。引信在膛内受到后坐力、离心力、切线惯性力和侧向力等作用，引信设计时通常把引信在膛内受到的侧向力忽略不计。但由于存在装填时弹丸与身管不同轴等因素，同时随着战争要求压制威力的提高，即提高发射初速、增大射程，各国对压制火炮的结构、发射装药等都做了较大的改进，如加长火炮身管、加大火炮口径等措施，致使发射过程中在引信零部件上产生相当大的侧向力，对引信的可靠性有较大的影响。例如，我国的某引信在 54 式 122 mm 榴弹炮、59 式 130 mm 加农炮上试验均没有出现高的瞎火率，但在 83 式 122 mm 榴弹炮上出现了高达 30%的瞎火率。因此，在引信的设计和发射过程中，引信在膛内受到的侧向力应该作为一种重要的力学环境信息加以考虑，而不能忽略不计，对于有离心保险机构的引信尤其重要[3]。

2.3 发射装药弹底高压

通过对发射药点火、燃烧过程的进一步分析，发现高膛压并不完全是由于发射药量增加而形成的。装药结构设计不合理，或是设计合理的装药结构未能预期地点火，粒状发射药点火、燃烧过程中会伴随着剧烈的纵向压力波，局部高压，尤其是弹底高压，引信在发射过程中势必受到压力冲击[4]。

变装药中大口径弹，由储运、勤务等应力，可使基本药包变形，沿铅垂自下而上改变质量分布及点火药包下沉，尤其当用小号装药射击时，基本药包因轴向约束消失，令上述变形的改变量增大，药室上方、装药面前部呈现无发射药的空白；及至点火、基本药包燃烧，其燃气压、火焰将携带药粒发生径向与轴向运动；而药室上侧的空白、与药面前的空腔，则因此构成药粒加速区，高速药粒撞击弹底而碎裂，其中燃烧药粒因其弧厚减薄、强度下降而碎裂更甚，碎裂药因其表面增大而增大燃速，于是可形成致命性的弹底高压脉冲[4]。

2.4 小号装药环境

小号装药的条件下因发射药上端面到弹底间有一较大的自由空间，粒状发射药抛射的速度因压力梯度变得十分大而被大大地加速，弹底压力会更高，小号装药在这种条件下造成的环境比全装药甚至强装药还要严酷。部队多次发生的膛炸、弹道炸，就出现在小号装药条件，对此我们也要有清醒认识[4]。

3 解决的思路

3.1 重视小号、低温发射装药试验条件的设置

长期以来，引信如果能够满足最大过载条件，其强度应该没有问题。实际上，中号、小号装药设计不合理，可能产生局部高膛压，对引信结构强度造成冲击。迫击炮弹药在低温条件下，发射装药变脆，产生断裂，燃烧面积增大，产生弹底高压，$P-t$ 曲线产生抖动，引信受到多次冲击，出现结构强度、安全性、可靠性下降等问题。

3.2 诱发多峰等内弹道环境

结合前述，可以通过引信使用的各种实战勤务环境诱发多峰等内弹道环境，并设置相应的射击条件，诱发引信隐性故障。

3.3 构建弹丸留膛环境

炮弹在发射过程中，发射药气体的温度很高，可以高达数千摄氏度。由于发射药气体与炮管的对流放热作用，发射药气体的部分热量会传给炮管，使炮管的温度不断升高。例如，82 mm 迫击炮在连续快速射击 30 发炮弹后，炮管的温度可达 300 ℃以上[1]。

一般，膛内热对引信的影响不是很大，因为弹丸装填后就立即发射，引信在膛内停留的时间很短，膛内的热量还来不及传到引信的内部，因而引信的温度不会明显升高。但在实战中也会遇到异常情况，如弹丸装填后没有立即得到发射的命令，火炮、弹链、药筒等出现故障，会引起弹丸留膛。对于全备弹来讲，这是很危险的，弹药留膛时间过长，极有可能发生爆炸，造成武器系统损坏、机毁人亡等恶性事故。例如，某航空机关炮射速每分钟 1 500~1 800 发，射后身管表面温度达 200 ℃以上。发生留膛后，如果不能及时排除故障，引信中的起爆元件就可能因受热发生爆炸。这样的话，即便采用了较可靠的安全系统，不致发生膛炸，但引信瞎火却是必然结果。在设计引信时，必须考虑膛内热对引信的影响。在实施中，可以通过模拟方式实现。

3.4 防雨、云、雪、雾项目设置

根据武器系统的作战任务需求，现在大多要求全天候条件下能够使用。一般情况下，指

标规定的是正常气象条件下的性能，但如果在各种气象条件下，要求装备均满足指标要求是不太现实的，也是不符合装备发展规律的。依据实战化考核要求，结合武器系统可能遇到的使用环境，设置部分项目，如在雨天、大雾、雪天、降雨来临前等，进行射击试验，考查引信的作用情况，供部队实际使用时参考。

3.5 序贯勤务试验环境

目前除引信安全性考核采用序贯勤务环境勤务试验外，在可靠性的考核中，一般只施加单一应力，如引信经过跌落后射击。根据实战化考核要求，可以先进行500 km汽车运输后，再进行跌落、浸水、温湿度、高低温贮存试验，然后进行射击，逐步增加可靠性试验时引信预处理环境应力，用小样本量达到高可靠性考核的目的。所有应力的施加，应以不超过武器系统可能出现在最大应力为前提。

3.6 重视自毁性能的考核

自毁性能考核引信在正常发火功能失效的情况下，按照预定条件将弹丸或战斗部自行炸毁的功能。在部队训练中，经常出现在销毁瞎火弹药中的人亡事故，教训惨痛。以往在考核时，考虑到产品落地损坏，采用对空、软目标射击的方法，不符合真实实战环境。对自毁性能的考核，应该以实际使用的目标为考核对象，切断主要发火通道，保留自毁发火通道，增加考核数量，并施加环境应力，考核引信自毁功能的真实作用情况。

4 总结

随着引信技术进步，弹药信息化程度的提高，以及新的试验鉴定条例的颁布，试验方法、试验模式在不断变化，实战化要求越来越高。如何处理好信息化、高价值弹药引信全面考核与试验周期、试验成本的关系，确保引信安全性，提高可靠性，更好服务部队，提高装备贡献率，就需要我们从实战化出发，站在部队使用的角度，站在打得赢的高度，不断提高认识，更新试验理念，积极主动创新地开展试验项目、试验方法、试验模式的预先研究，不断提高引信安全性试验的能力。

参考文献

[1] 纪永祥，等．引信试验鉴定技术［M］．北京：国防工业出版社，2006.
[2] 尹俊彦．多峰过载环境下的引信设计［C］．中国兵工学会引信专业委员会第十二届引信年会，2001.
[3] 周晓东．引信在侧向载荷作用下的可靠性分析［C］．中国兵工学会引信专业委员会第十一届引信年会，1999.
[4] 肖崇光．试验鉴定的本质——认知方法［M］．北京：国防工业出版社，2006.

关于试验鉴定存在问题分析及对策

纪永祥，赵新

中国华阴兵器试验中心，华阴 714200

摘　要：本文从装备试验鉴定（定型）的作用入手，探讨了目前试验鉴定工作存在的问题，剖析了原因，对如何解决存在问题提出了意见和建议。

关键词：底排；近弹；故障树

0　引言

装备作为“军事装备”的简称[1]，是指实施和保障军事行动的武器、武器系统和其他军事技术器材的统称，主要指武装力量编制内的武器、弹药、车辆、机械、器材、装具等。装备鉴定试验的任务是通过试验，获取足够有价值的数据资料（信息），并将获取的数据进行处理、逻辑组合和综合分析，将其结果与装备研制总要求中规定的战术技术指标和作战使用要求进行分析比较，提出准确的试验结果，做出正确的试验结论，对实现装备研制目标的情况进行评价，对军事装备（包括系统、分系统及其部件）的战术技术性能和作战使用性能进行评价，其目的是为装备定型、部队使用、研制单位验证设计思想和检验生产工艺提供科学的决策依据[3]。装备鉴定试验是指为了获取与装备相关的数据而进行的实际活动。

1　试验鉴定的作用

1.1　及早发现问题和消除风险

装备试验鉴定是发现问题和消除风险隐患的有效手段。通过试验，可以及早发现和掌握设计、使用方面存在的缺陷，以便在大量生产与装备部队前使这些问题得到及时解决。反之，试验鉴定不充分将导致有缺陷的装备被配发到部队，给部队作战、训练等任务带来问题，直接影响部队战斗力提升和日常训练任务的完成。

1.2　验证关键技术和改进方案

通过试验，可以验证研制中采用的设计方案、关键技术的适用性、可行性，评估装备达到战术技术指标的程度，找出武器系统能力弱项以及造成的原因，为发现和改进装备研制中的缺陷提供支持。

1.3 对装备采购提出辅助决策

试验可以评价装备的技术性能，以及装备部队后用于打击预定目标时，是否有效、方便、快捷、可靠，对战场“贡献率”大小等。这些信息可以对装备能否列装、采购数量起到参考作用。

1.4 为装备编制操作规程提供支持

试验鉴定可以为部队提供装备使用的有效性、适用性、生存性、可靠性、维修性、保障性和安全性等方面信息，如导弹试验可以对命中率、飞行可靠度、命中精度等做出评估，为指挥员制定作战方案提供依据。另外，还可以提供在不同要素组合下装备性能变化的情况，对部队使用具有重要意义。

1.5 保证装备交付的质量

试验可以检验装备在其寿命周期内是否可用、有效，降低部队在装备使用中的隐患和风险。在鉴定过程中一系列运输、跌落等序贯勤务试验，可以保证装备在部队转运、吊装过程中出现意外情况的安全，不会发生重大安全事故。因此试验鉴定是保证装备质量的重要前提。试验鉴定也可以为建模与仿真提供校验数据，支持对建模与仿真的校核、验证与确认。

2 目前试验鉴定工作存在的问题及原因

2.1 按照指标编制试验大纲

编拟装备定型（鉴定）试验大纲，完全依据的是研制总要求中下达的战术技术指标中规定的要求，对于指标中一些无法完成的要求，如长贮年限、电磁环境适用性、抗干扰等或是由第三方完成，或是由研制单位提交分析报告，试验情况存在不确定因素。产品定型装备部队后，常常出现意想不到的情况，部队颇有微词。

2.2 实战化考核不充分

按照指标编写试验大纲，完成试验，产品定型。对于部队关心、关注的问题，如操作快捷、方便、打击指标规定外目标的毁伤效果，在弹道炮上进行的精度试验结果在战斗炮上到底是什么情况，连发射击又是什么样一个毁伤效果等，部队需要的信息没有给出。缺少这些信息，部队在制定训练计划、编写操作规程上就无从下手，最后影响装备性能的发挥，影响部队战斗力。

2.3 能力底线没有摸出来

严格执行指标规定的内容，试验没有超越装备规定的要求，优秀装备的能力到底能达到什么程度，能提升多少，指标规定以外的目标，能否攻击，效果怎么样，由于没有数据，不得而知，好的装备性能没有最大限度发挥出来，装备采购数量就不会增加，也对研制单位的积极性影响较大，导致研制单位产生“不求过得硬，只求过得去”的装备研发思想，部队拿不到好的、优良装备。

2.4 试验标准落后于装备研制

试验标准的产生，是在总结过去装备鉴定试验方法的基础上，通过加工、提炼，将一些模糊的内容具体、规范化以后整理而成，标准在一定时期、一定范围、特定条件下，对成熟产品的鉴定有指导、规范的作用和意义。而试验方法继而上升为标准，它依据原理、技术环境（包括被试对象存在环境、信息交互环境，以及试验控制与观测环境等），随着时代的发展，技术的进步，观念的创新，已有所发展、变化[4]。用过去的标准来鉴定、检验新原理的装备，显然是不合适的。标准技术内容所依据的理论、技术与装备技术发展不相适应，用于指导鉴定试验工作的试验标准不能揭示武器系统中一些潜藏深、危害大的设计缺陷，或是提供的试验结果存在不可忽视的偏差，可能就会影响装备鉴定的试验结果，进而影响装备技术的发展。

2.5 试验鉴定观念与预期目标不一致

长期以来，一直存在一个观念，认为在强装药条件下射击，安全性没有发生问题，通常认为装备安全性是满足战术技术指标要求的。美军 155 榴弹炮在基本装药、低温环境下射击出现膛炸；而某型号在部队使用中发生 20 余次早炸事故，有近 2/3 是在减装药射击下出现的；某引信在小号装药条件下出现比其他装药条件下多一倍以上的瞎火数。以上说明单纯依靠强装药条件射击考核装备安全性是不完备的。

2.6 严格执行试验标准的排他性阻碍装备的发展

严格执行试验标准的行为准则和相适应的管理规则，造成了人的惯性思维，合法不合理者也必须依法执行，这种行为实际上是为了推卸责任，拒绝承认试验标准中的错误观念，并且对有理论分析、有试验依据证明标准存在错误的论证也不予采纳，坚持错误的“自保”思想。新装备产生新要求与传统试验标准中的要求或准则出现差异或矛盾是正常的现象，是技术发展和进步的特征之一。而严格执行试验标准的行为产生了必须按试验标准中的有关要求和准则对装备新要求予以“修正”、重新解释，退回到传统的观念上去。这种落后、甚至倒退的思想观念妨碍着武器装备发展，试验不能反映出装备所应具备的性能，部队得不到使用需要的信息。在实际效果上，不仅仅是对装备新要求的抗拒，阻碍着试验鉴定技术发展，同时也阻碍着装备技术的进步。

产生上述问题原因是多方面的，目前归纳为以下几点：

1）认识问题

试验鉴定的“执法”的观念和行为准则妨碍了对试验标准的再认识，即认识不到标准缺陷存在。由于严格“执法”导致了操作的简单性，一方面把复杂的事物简单化，另一方面又大大降低了对试验鉴定技术人员的理论与技术要求，造成了相当一些不具备起码专业知识的人员也能“圆满”地完成任务，而一些具有相当理论基础的人员感到所学的知识并无用场。“试验鉴定就是严格执法”的观点还产生了鉴定试验就是“消极、简单统计”的错误思想，使试验鉴定偏离了必须对武器系统机理认识的方向。

2）责任问题

由于试验鉴定必须对武器装备负历史责任，关系到战争的胜负及装备建设规划，其责任十分重大。严格执行试验标准，把试验鉴定的责任由试验标准承担，而不由单位和项目组承担，是一种逃避责任的最好途径。其结果造成了凡是试验鉴定所出现的任何武器装备质量问题，都可用严格执行试验标准为理由而推卸责任。反过来，只要指出试验标准的任何缺陷，都可能追究标准制定者、执行者、审批者及单位的责任，必然会遭到强烈的反对和抵制。这种责任的追究必然会阻碍鉴定试验技术的进步。

3）知识结构问题

试验鉴定的对象是武器系统，其中包含着对其设计所依据理论技术和设计方案的鉴定。如果武器系统的设计者对所应用的理论超出其适用范围，或忽视了应用理论与技术的基本条件，可能会形成武器系统的设计缺陷。如果设计者对任务概念理解发生偏差，也同样会以故障和性能下降的形式表现出来。

在试验鉴定过程中，如果认识不到上述缺陷的存在，试验不充分，甚至对试验中出现的故障征兆视而不见，使设计缺陷成为武器装备固有的缺陷，会给整个武器装备造成危害。如我军退役的几个型号的迫弹引信，多次出现搬运炸，对山地、滩涂射击出现大面积瞎火等就是由于缺乏应有知识和知识结构，试验鉴定不充分造成的。

2.7 管理问题

装备完成鉴定试验装备部队以后，从此就与试验鉴定单位没有任何关系，装备在部队使用情况，平时产品交验结果，鉴定单位一点信息也没有。即使装备出现使用问题、质量问题、操作问题等，上级机关尽量不“麻烦”试验单位的同志，找院校、研究所、军代系统等一些人组成专家组，进行“诊断”、故障定位，想方设法“解决”问题，降低影响和损失。由于在这方面没有反馈信息，使得试验鉴定的技术及其管理程序一直相当“稳定”，形成“坐井观天”的状态，大家都觉得挺好的，也没有人想去改变。而研制生产单位和管理部门，本着“家丑不外扬”的原则，形成自我保护的局面，装备的缺陷不能得到彻底解决，修修补补，对付了事。

3 关于改进试验鉴定工作的建议

改进鉴定试验工作思路和程序，是一个系统工程，需要上下联动，同心协力，逐步推进。

3.1 明确试验鉴定的目的

试验鉴定程序，作为武器装备研制的一道关卡，只是形式并不是目的，即判断武器系统是否合格，只是该程序的表面形式，而真正的目的在于使部队获得能在未来战争中取得胜利的装备。只有在未来战争中取得胜利的装备才是合格的装备。这一目的要求我们以宽广的视野，更深的认识，去研究、分析和处理装备鉴定问题。而实现这一目的的途径只有摸清武器系统的性能底数，揭示装备的设计缺陷，拓展装备可发挥的最大技术优势，为部队作战训练提供依据。充分揭示缺陷，为装备的改进及至新一代装备的研制提供依据，是提高装备质量取得战斗胜利的技术保证。认识和实践的这一目的，必然把试验鉴定工作从消极的“把关”转变成为装备发展的不可缺少的程序，使试验鉴定成为武器效能和质量增长的重要环点。从设计单位和部队使用的角度出发，只有揭示装备缺陷并加以改进提升，试验鉴定才有存在的价值，这是转变观念的前提。

3.2　改变专业人员知识结构

作为试验鉴定工程技术人员，需要掌握的不仅仅是试验标准、试验规范等知识，在熟悉本专业业务的同时，要尽量掌握相关专业的知识。不具备必要的专业知识和知识结构，很难发现现有试验技术存在的缺陷，同时在运用新理论、技术进行试验设计和组织实施过程中，也会出现这样或那样的错误，当然更谈不上用新理论和技术对试验现象和结果做出正确的分析判断，甚至还会出现因不会把握条件、不会解释、不会处理等问题，并以各种理由拒绝采用新试验技术的情况。

技术人员要结合专业理论与技术的内容和武器装备发展所涉及的学科专业方向，制订相应的学习计划以及培训要求，奠定知识的基础，是提高能力的重要途径。结合试验鉴定任务，根据装备技术特点、创新等内容，提出研究课题及要求，通过跨专业联合研究的方式弥补专业知识、技术欠缺的短板，实现有限范围的进步，保证试验质量，是在实践中学习提高的有效途径。

3.3　构建良好的工作环境

良好工作环境，可以有效提高工作效率。工作环境不仅仅是硬件设施，室内有空调，冬暖夏凉等，而是主要指人文环境，同志之间关系融洽，可以随时提出不同的意见，大家在一起畅所欲言，知无不言，言无不尽，这些也是必需的。另外，相应构建开放的环境氛围，与相关研制单位、机关保持良好的沟通渠道，能够有效地得到外部对装备研制发展有效的信息；与同一学科相关专业，尤其要与处于国内领先的专业建立合作联系，利用不同单位、院校之间对问题的不同认识、处理途径寻找差异，博采众长，为我所用，不断改造自己的大脑，尽可能地减小认识盲点。实践证明，承试单位介入论证、型号研究与事故分析，对试验鉴定能力和品质的提高起着十分重要的作用。

4　结束语

由于试验鉴定是一项以“揭示发现被试对象及其设计缺陷为中心为目的”的创造性的特殊技术任务，其责任关系到我军技术装备的建设水平和质量，对任一项型号试验都要承担其型号全寿命期的责任。

正确认识试验鉴定的目的，不断改进试验鉴定的技术和方法，激发专业技术人员的积极性和创造性，发挥主观能动性，大胆创新试验方法和内容，以实战的要求、打仗的需要开展试验鉴定工作，不断提高专业人员的业务能力，不断提高试验鉴定品质，赶上和超过发达国家的水平，是事业发展的需要，更是未来战争胜利的需要。

这些需要上下一致，解放思想，更新观念，破除研制单位与鉴定单位之间相互防范的技术管理壁垒，构建和谐的“把关”环境氛围，为部队提供优良的装备，赶上和超过发达国家的水平，实现“打的赢”的战争需求。

参考文献

[1] 武小悦，刘琦. 装备试验与评价［M］. 北京：国防工业出版社，2008.

[2] 王汉功，甘茂治，陈学楚，等. 装备全寿命管理［M］. 北京：中国宇航出版社，2003.

[3] 杨榜林，岳全发，金振中. 军事装备试验学［M］. 北京：国防工业出版社，2002.

[4] 肖崇光. 试验鉴定的本质——认知方法［M］. 北京：兵器工业出版社，2018.

[5] 肖崇光，等. 常规武器工程与实际——肖崇光学术论文集［M］. 北京：兵器工业出版社，2015.

引信贮存寿命试验方法研究

纪永祥[1]，邱有成[1]，李域[2]，刘社锋[1]

1. 中国华阴兵器试验中心，陕西华阴 714200；2. 国营第 5124 厂，河南邓州 474150

摘　要：本文针对引信寿命主要受温湿度耦合作用影响，建立了温湿度耦合寿命模型，提出量化考核引信贮存寿命的程式化试验方法，并通过实弹射击试验结果证明了该方法的正确性和可行性。

关键词：引信；贮存寿命；模型；方法

0　引言

引信长贮年限的考核方法一直是困扰行业多年的难题。近十几年来，随着我军军械弹药装备大量高新技术的应用，各种高新弹药引信大量研制生产并陆续装备部队，个别产品在贮存 5 年左右就出现质量问题，性能明显下降，所以引信在使用定型之前，完成贮存寿命评估是非常必要的。对于引信的贮存寿命指标，在研制总要求中均明确规定，一般是 10 年以上，但目前还无合适的方法进行验收和验证，引信的加速寿命试验技术研究相对落后，尚未形成操作性和通用性强的加速老化方法。针对这一难题，本文基于引信寿命主要受温湿度耦合作用影响，建立了温湿度耦合寿命模型，并且以该模型为理论基础，提出量化考核引信贮存寿命的程式化试验方法。

1　引信长贮试验工作程序

在引信产品设计定型或生产定型阶段，需要用较短的试验时间预测出引信产品的贮存寿命。用加速寿命试验的方法来考核引信产品的贮存寿命是否满足战技指标要求，以便于及早发现问题并改进设计，把不利于长期贮存的隐患消灭在产品的研制阶段，这对于提高引信的贮存性能具有重大的现实意义。

加速寿命试验的统一定义为在合理的工程及统计假设的基础上，通过利用与物理失效规律相关的统计模型，在超出正常应力水平的短时间、高应力的加速环境下获得零部件、组件或系统的信息进行转换，得到产品在额定应力水平下特征可复现的数值估计的一种试验方法[1]，具体试验方法可以采取以下步骤进行：

1.1 确定贮存易损件

产品贮存寿命主要取决于产品的结构与功能、产品中对环境最敏感的部件、产品所用材料及生产工艺、材料间的相容性、产品的内部贮存环境等。本程式化方法对易损件的确定，采用相似产品比较法进行，主要考虑结构和功能比较、对环境敏感件比较、材料及生产工艺比较、相容性比较、贮存环节对比、相似性判断等几个方面。

1.2 确定加速应力及应力水平

1.2.1 加速应力类型的确定

在确定加速应力类型时，首先要分析加速寿命对象的实际贮存状态。对引信来讲，实际贮存状态只有密封和不密封两种状态。长期的实践经验表明，弹药、引信在正常的贮存环境下，其影响因素主要是温度和相对湿度。据此，可以确定温度、湿度作为加速应力是比较理想的选择[2]。

1.2.2 加速应力水平的确定

应力类型确定后，要明确加速应力水平。最高应力水平应以不改变失效机理为上限，最低应力水平要使被试样品尽可能出现失效。在确定了最低应力水平和最高应力水平后，中间应力水平应适当分散，使得相邻应力水平的间隔比较合理。

1.3 长贮试验模型建立

引信寿命主要受温湿度耦合作用影响，温湿度的耦合作用载体为含水分子的大气，根据分子运动理论及熵增理论，温度越高，则运动频率越高，物质分子能量越大，两者呈正比例关系，所以可得温湿度耦合寿命模型如下[3]：

$$t_z = e^{0.0545(T_j - T_z)[H_j t_j (T_j - 273) f_j(n)]/[H_z (T_z - 273) f_z(n)]} \tag{1}$$

式中，t_j 为加速寿命；t_z 为自然贮存寿命；加速试验条件下的温度为 T_j，相对湿度为 H_j；自然贮存条件下的自然环境年平均温度为 T_z，年平均相对湿度为 H_z；试件包装或自身结构对环境湿度保留系数为 $f_j(n)$（n 为包装级数，$0 \leqslant n \leqslant 4$）；自然贮存条件下的包装或具有封闭式结构对环境湿度保留系数为 $f_z(n)$。

特殊地，无包装时，环境湿度全部保留，定义 $f(0) = 1$。

利用该模型［式(1)］，通过温湿度加速寿命试验可以计算出自然贮存环境下(20 ℃，RH65%)的贮存寿命。

1.4 试验件类型与数量的确定

试验件类型可有两种选择，一种是根据失效机理分析和长贮薄弱环节预示结果，选择技术状态一致的零组件或元件；另一种是全套整机，对于具有相似结构的弹药、引信，如引信采用单独包装并与弹体分离和体积较小的单兵弹药，可采用这种方式。对于全新结构的弹药、引信，是否采用整机试验，需视情况而定，如果机构中有多个新组件需要试验，可按不同的失效机理分别进行独立的寿命试验。

整机试验时应同时投放相同数量的零组件或元件，以满足测试分析和失效判别，为寻找关联性提供参考。

试验件数量根据性能检测需要，同时兼顾试验成本和试验数据的代表性两方面因素的前提下，推荐数量为 30 套或 30 件，对零组件试验每组试件不少于 6 件，整机试验可一次投入。

1.5 加速试验应力及条件确定

为了提高试验效率和加速产品失效，加速试验应力除了按 1.2.2 节内容进行外，也可将步进应力试验换成恒定应力试验，利用式（1），经计算分析，将应力条件及试验时间确定如下：

温度：70 ℃。

相对湿度：85%。

试验时间：54 天或 81 天。

注：54 天对应自然贮存条件 10 年；81 天对应自然贮存条件 15 年。

本程式化方法首推上述应力和时间。

1.6 测试项目与周期

1.6.1 测试项目

测试项目应根据具体试件确定，选取反映试件变化敏感的性能参数、功能性指标和特性指标，无参数测试项目时，则要针对性地设定进行相关测试。

1.6.2 测试周期

弹药、引信产品在正常的贮存条件下性能的衰退过程很缓慢，即使在加速应力条件下，变化也不会很快。因此，兼顾产品相关技术指标和测试工作量，推荐试验中，对参数的测试采取定期试验方式，间隔为 2 周。

1.7 测试要求

（1）按具体试验件规定的技术条件或相关标准、规范要求。

（2）测试环境应满足相关标准、规范要求。

（3）测试仪器精度应满足相关标准、规范要求。

（4）试验件从加速应力状态到正常应力状态进行参数测试时，恢复时间一般为 2~4 h，或根据相关检测标准要求确定。

1.8 失效判据

失效判据是判别产品是否失效的标准，引信产品的真实失效主要是功能性失效，对具体的引信产品以其验收技术条件中所规定的试验项目和试验参数为判断引信是否失效的依据。但有些试验结果很难进行量化表达，本程式化方法在研究甄别的基础上，提出引信组件贮存状态下失效及判据，如表 1 所示，试验者可根据具体产品参考使用。

表 1　引信组件贮存影响因素及失效判据

名称	组成材料	贮存状态下的敏感环境应力	应力影响及失效分析	失效判据
引信	金属壳体	湿度	湿度是主要影响因素，在湿度较高的状态下可引起锈蚀。由于尺寸不大，加之金属在此温度范围的线性膨胀系数不大，影响几乎可以忽略	锈蚀穿孔
	非金属风帽	温度	不同非金属的膨胀系数差异较大，若选材不当造成开裂失效，影响弹阻气动外形	开裂或变形
	电子元器件	温度、湿度	受温湿度影响明显。特别是湿度，受潮时改变了电阻、电流	爆裂或烧毁
	小金属件（惯性发火机构、保险机构等）	湿度	湿度是主要影响因素，在湿度较高的状态下可引起锈蚀。由于尺寸不大，加之金属在此温度范围的线性膨胀系数不大，影响几乎可忽略，但可能卡滞	卡滞
	化学药剂 1（雷管）	温度、湿度	受湿度影响严重，由于受潮而导致瞎火	含水量大于 0.03%
	化学药剂 2（传爆药）	温度、湿度	受湿度影响严重，由于受潮而导致瞎火	含水量大于 3%

1.9　试验

以样品数量为 30 发计，分成 5 组，每组 6 发，依 1.4 节内容实施（70 ℃，RH85%，81 天），按指标 15 年为例，从减小检测年限误差考虑，加速寿命试验周期分别定为 60 天、67 天、74 天、81 天和 88 天，试后检测相关性能参数或进行实弹射击试验。

1.10　贮存寿命评价

通过 54 天的加速寿命试验，根据温湿度耦合寿命模型计算出的自然贮存环境下的贮存寿命大于 10 年。

通过 81 天的加速寿命试验，根据温湿度耦合寿命模型计算出的自然贮存环境下的贮存寿命大于 15 年。

2　验证试验

选择某型无线电近炸引信 60 发，对其进行温湿度双应力加速寿命试验，试后进行实弹射击，并和经若干年自然贮存（30 发贮存 17 年，30 发贮存 11 年）后的实弹射击试验结果进行比较，将引信作用情况和炸高散布作为测量参数。

从试验结果看，自然贮存引信随着贮存时间的增加，炸高散布范围波动变大，说明引信电子头部件随着贮存时间的延长，其性能有所退化。经加速贮存的无线电引信，随着应力水平和时间的增加，其炸高散布范围也在变大，具有同自然贮存引信基本一致的变化规律。可以肯定，加速贮存引信所施加应力水平和时间引起引信固有性能的变化没有改变其原有的失效机理，这为失效模型有关参数和系数的确定提供了实际的数据支持。从引信作用情况看，自然贮存和加速贮存两者的结果比较接近，也说明了我们所建立的温湿度双应力耦合寿命模型和程式化试验方法的正确性和可行性。

3 结论

本文所建立的基于温湿度双应力耦合寿命模型和程式化试验方法，可直接应用于新产品设计定型试验中长贮性能的评价。而常规弹药引信贮存寿命试验方法的研究处于不断发展中，随着弹药装备发展和大量高新技术的应用，需要在实践中不断研究完善。本文介绍的试验程式化方法，在后续的实践中根据产品的具体结构特点，要不断修改试验方法、调整相关参数，使试验结果更加接近真实，客观反映产品实际，为部队贮存使用提供依据。

参考文献

[1] 费鹤良，王玲玲. 产品寿命分析方法［M］. 北京：国防工业出版社，1988.
[2] 张亚，赵河明. 无线电引信贮存寿命预测方法研究［J］. 探测与控制学报，2001，23（4）：26-29.

关于开展引信实战化试验的思考及对策

纪永祥

中国华阴兵器试验中心，华阴 714200

摘　要：本文阐述了对实战化试验的理解，针对引信专业的特点，从 11 个方面简要分析了引信专业开展实战化试验应考虑的因素，并提出了初步的应对策略。

关键词：引信；实战化；对策

0　引言

在常规兵器试验领域，每一项试验都或多或少地存在着其真实作战意图和作战背景。实战化试验就是要依据装备承担的作战使命任务，依据战技指标规定的能力，以部队实际使用，操作快捷方便，能用、好用、耐用、管用为出发点，组织开展相关试验，并积极挖掘装备潜能，以便其在战场上能发挥出最大作战效能，发现其设计缺陷，提出改进建议。

1　关于实战化试验的理解

实战化试验仍然是武器系统基地定型试验的一个组成部分，现在可以说是一个重要组成部分，它与部队适应性试验、热区试验、寒区试验、高原试验等共同组成装备设计定型试验。对于引信鉴定、定型设计开展实战化试验，就是根据装发下达的年度试验任务，根据基地现有条件和承试能力，最大限度地按照实战标准、打仗要求完成设计定型试验。

既然实战化试验是定型试验的一个组成部分，作为定型试验的组织单位，就应该从以下几个方面来理解实战化试验：

（1）实战化，强调一个“战”字。

战，就是有对手（对人），对装备来讲就是要有目标。对装备而言，目标是一个可以被毁伤（摧毁）的，或者在最大可能情况下被摧毁的。因此，目标的设置要有一定依据，这个依据就是战术技术指标规定的目标。此时，对目标设置要相对固定，不能随意改变。如：指标要求能够摧毁 C35/300 mm 厚的混凝土目标，就不能因为有作战要求，变为 C40/1 000 mm 厚目标，但我们可以确定在什么样条件下攻击这个目标，如距离、白天、晚上、雾天等，这是我们可以设置的条件。即设置目标就是要有一定依据，扩大或缩小都会延误装备进度。因此，设置目标一定要有一个度，不能随意拔高。

当然，也不是不可以适当摸一下武器性能扩展情况，这个只能是考查，不能是考核。而上面我们设置的情况，则可以作为考核内容。

（2）实战化，强调一个“实”字。

实，就是一切考核条件以实用、好用、管用为前提，以能打仗打胜仗为标准。战技指标规定对固定距离/目标的射击就是一个考核的最低要求。目前部分装备考核必须等到好天气（能见度），装备小心翼翼、攻击路线事先约定，这是一个最低标准，必须达到。

实的标准，就是部队怎么用，我们怎么试验。从弹药准备，实际训练，实战对抗，一切以“快、准、狠”为标准，设置真正敌情想定，进行策划。

根据指标作战任务规定的任务剖面设置定型试验攻击任务剖面，极端条件下的攻击剖面（极端温度、高原、大风、沙漠）等自然环境条件，预置电磁干扰、系统干扰等有源干扰条件等，开展试验。

（3）实战化，明确“化”的方法。

实战化的“化”，就是把“战”与“实”中主要因素主要矛盾抽丝剥茧分解出来，突出重点（主要因素、矛盾），删减次要矛盾。如对攻击目标射击主要考核威力，可以弱化瞄准的因素。不一定要风、雨、雪、沙漠等，这些条件可以视具体情况而定；而对距离、目标的条件要求（钢板厚度、倾角、混凝土目标、硬度大小）则不能放松要求，必须严格，也就是说松严有度。

在基地目前承担任务情况下，开展实战化试验应从简到难，从单体到系统逐步推进。

2 关于引信专业开展实战化试验的初步思路

引信是感觉和利用目标信息或环境信息，或者按照预定条件控制弹药适时爆炸点火的系统。从引信的定义可知，引信需要弹丸的运载才能到达目标区域，自身不具备独立飞行的能力。因此，引信实战化试验的考核应该针对所配武器系统的作战任务、主要战术技术指标，以及引信自身的特性开展进行。考虑其从后方仓库到前沿阵地所经历的一系列环境，如运输、跌落（跌落）、磕碰等，从引信包装开启、安装到弹丸上、装定方式的方便、快捷性等，夜间操作如何识别其装定方式的正确性等，到发射前的每个环节，如搬运、装填过程时，不能直接握住引信体，导致引信与弹丸结合出现松动或影响装定正确性等，均需要考虑。

引信实战化试验流程框图（可以根据需要随时扩展）如图 1 所示。

针对引信实战化试验，需要考虑以下方面的因素：

（1）武器平台、指挥、控制、通信等设备发射的电磁波对无线电引信的影响；敌方施放的人工有源干扰对引信的影响；电磁脉冲炸弹对引信的冲击影响。

在试验设计时须考虑在武器系统中引信的抗电磁干扰能力，尤其是在引信通电准备发射的过程中，引信与系统中其他分系统会发生信息交互，这时若受到阵地上适当频率、足够强度的电磁干扰，就有可能发生误启动。故在设计引信试验科目时，应将引信放在武器系统中进行考虑。

（2）战场烟尘、火光对陆军用引信的影响；水柱、海浪对海军用引信的影响；降雨、降雪及云雾等自然环境对引信的影响；敌方施放的人工无源干扰（金属箔条、角反射体）对引信的影响。

在试验设计时要更多地考虑实际战场环境，贴近实战设计试验环境。如某迫击炮用

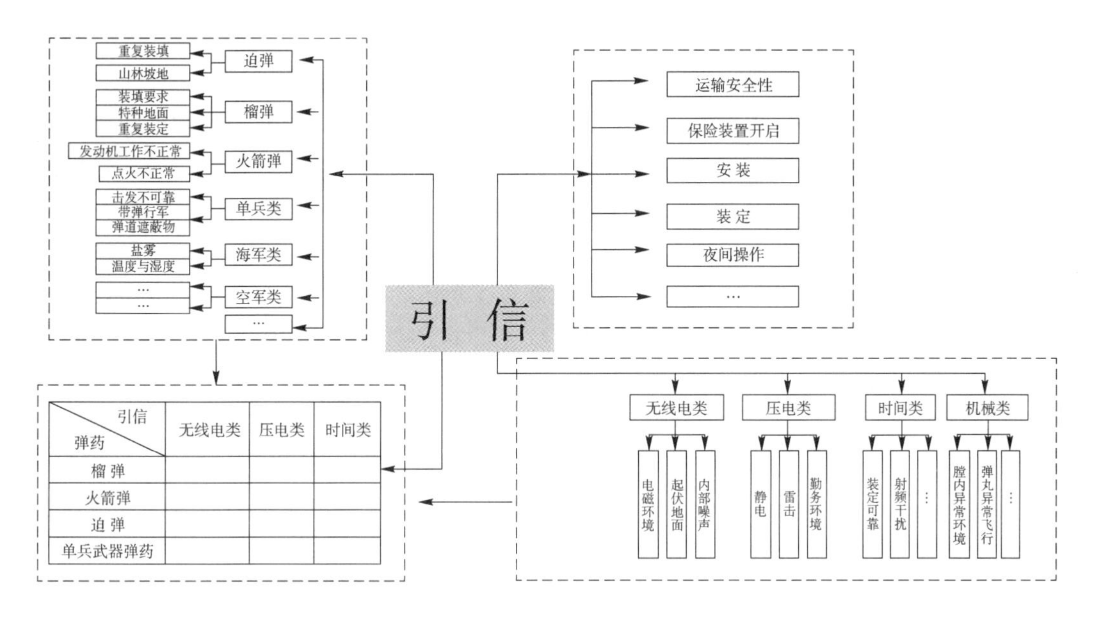

图 1 引信实战化试验流程框图

激光引信科研试验中，总是前几发引信炸高精度很高，后续几发精度很差，其原因就在于前几发弹丸爆炸扬起的尘土对后续激光引信的炸高造成了较大影响。所以在试验条件设置时不要局限于战术技术指标规定的理想目标背景条件，战场上典型目标背景特性均需要全面考虑。

（3）多炮、连发射击时，多发无线电引信之间互干扰的问题。

在试验设计时要考虑武器系统的使用情况来确定引信的抗干扰科目，比如武器系统的作战单元组成，一个连作战单元有几辆发射车，它们之间最小战位距离是多少，多发齐射时无线电引信之间是否会互相干扰而误启动，故在引信抗干扰试验科目设置时要充分考虑武器系统的使用情况。

（4）战场伪装（伪装网、隐藏于树林、灌木丛中的人员或武器装备）对引信作用性能的影响。

战场伪装可能会引起引信的误启动，从降低弹丸的杀伤效果，因此应设置相应的科目来考查引信反战场伪装能力，为引信作战效果评估提供参考。

（5）太阳辐射对长时间暴露于野外的引信安全性及作用性能的影响。

引信长时间暴露在太阳辐射之下，对引信火工品的安定性和电子元器件及连接件可靠性是一个考验，因此在适当时机应增加长时太阳辐射对引信影响的考查。

（6）夜晚无光条件下，引信装定方便性与准确性的问题；不同引信装定扳手的通用性问题。

引信能否在夜间进行准确装定，关系着引信的实战使用性，因此应考虑在夜间无光、微光等不同光照强度条件下引信的装定便捷性、准确性，为引信夜间使用提供参考。

（7）迫击炮连续射击时留膛弹药引信的安全性及影响。

在迫击炮连续射击时，由于战士高度紧张或高频度发射弹丸而疏忽大意等原因，可能会出现迫击炮中弹丸留膛而未发现，继续装弹的情况，故迫击炮用引信应设置引信留膛安全试验科目，以考核留膛弹药引信的安全性。

（8）磨损身管对引信膛内安全性及弹道安全的影响。

磨损身管使引信在火炮膛内的受力情况会发生较大变化，轴向应力会适当减小，但径向应力急剧增大，且引信在膛内的稳定性会变差，可能会导致引信的离心过载超负荷而发生引信膛炸、炮口炸等事故，同时引信在膛内稳定性差，出炮口后章动会较大，故应加强引信在磨损身管条件下膛内安全性及弹道安全性考核。

（9）高原环境下引信性能变化问题。

高原环境具有温差大、气压低、空气密度低等特点，对利用气动力解保的安全机构、利用涡轮发电机供电的电池机构的引信可靠性有较大影响，因此对利用气动力的引信应关注该引信的高原适应性能力。

（10）单兵火箭等武器发射后，炮口附近遮挡物（树枝等）对引信安全性的影响。

单兵火箭武器，携带方便，适宜山地丛林作战，因此在发射时会经常遇到炮口附近有树枝等遮挡物的情况，故单兵引信应加强对树枝等遮挡物钝感度的试验考核，确保在伤敌的同时更要保证射手安全。

（11）空投环境对引信安全性的影响。

对于有空投需求的引信，应增加引信空投安全性考核项目，应考虑伞降系统和缓冲系统的工作情况设置试验条件，考查引信在不同着陆情况下的安全性。

3　关于引信专业开展实战化试验的初步对策

3.1　引信专业实战化对策简要概况如下：

（1）在系统条件下考核引信性能。

随着现代科学技术尤其是信息技术在战场上的应用，战场环境变得越来越复杂，武器系统之间的相互作用及影响变得越来越难以分割，将引信从与其他子系统的相互作用、相互关联中剥离开来进行考核，不能深刻反映其真实作战能力，因此要把引信放到系统条件下进行考核。

（2）贴近战场环境选择目标背景。

战术技术指标规定的目标背景一般偏于理想化的典型目标背景，而实际战场目标环境复杂多变，因此在考核典型目标背景下的引信性能时，同时也要考查非典型、边界、极限目标背景下的引信性能。

（3）充分考虑引信的使用环境。

引信的使用环境不仅包括运输、跌落、磕碰等勤务，发射、弹道等环境，还应包括系统齐射、连射等战术使用环境，迫弹留膛装填等异常操作环境和夜间使用等环境，只有充分考虑引信的使用环境，才能确保定型后的引信安全、可靠、实用。

（4）有针对性地开展试验设计。

要针对引信的使用环境特点有针对性地设计试验科目，比如对单兵火箭引信，要重点考虑引信钝感度、灵敏度等试验项目；对近炸引信，要考虑战场伪装对近炸性能的影响；对于要适配高原环境的引信，要针对高原特点对引信的影响设计试验项目；对于迫击炮用引信，要考虑留膛重装对安全性的影响。

4 结束语

实战化试验，用一句时髦的话说，就是“永远在路上”。

随着现代战争的发展，作战模式的改变，作战环境的多样性，以及未来作战态势和对作战认识的变化，开展实战化试验既要遵循普遍性，又要关注特殊性，做到普遍性与特殊性相统一。

相对特殊性而言，不同引信进行不同的试验项目，不能把前面涉及的项目全部进行一遍，而是要有针对性地进行，就是针对引信的特点、配属的弹药武器系统平台、作战剖面，有重点、有选择性、有代表地开展，并给出使用情况。

普遍性就是将上述提到的项目，尽可能对试验条件进行相对标准化，如烟尘大小、干扰信号幅值强度、地面植被密度高度、卵石大小均匀程度等，进行相对标准化处理，使试验结果具有可比性。不能出现同一种引信，对同一类型目标（科目）试验，得出结果差异太大，不具有代表性，就失去试验本来应有的意义。

美军引信环境与性能试验标准内容分析及思考

刘刚，陈众，史金峰

中国华阴兵器试验中心　陕西华阴 714200

摘　要：本文对美军标 MIL-STD-331 的发展情况进行梳理研究，重点分析讨论 MIL-STD-331C 中有关新增或修订试验项目，并就如何应对这一变化及完善我国引信环境与性能试验方法提出了参考性建议。

关键词：美军标；引信；试验

0 引言

美军标 FUZE AND FUZE COMPONENTS, ENVIRONMENTAL AND PERFORMANCE TESTS FOR 内容涵盖了对引信寿命全过程安全性、可靠性和性能特性进行考核的环境和性能试验方法，其内容适用于所有引信及引信零部件，成为美军引信勤务试验最重要和最广泛的应用指南。从 MIL-STD-331 到 MIL-STD-331C，经多次修订，目前的 MIL-STD-331C 为最新版本，由美国国防部于 2005 年 1 月正式颁布，2009 年 6 月又颁布了第 1 份更改单。

我国的《引信环境与性能试验方法》等效采用 MIL-STD-331 制定，从 GJB 573—1988 到 GJB 573A—1998，随着 MIL-STD-331 的不断修订而修订，目前的 GJB 573A—1998 等效采用 MIL-STD-331B，是我国引信研制、鉴定阶段勤务试验最重要的军用标准之一。

对 MIL-STD-331C 进行分析和梳理，可以了解美军引信环境与性能试验思想和最新动态，对于今后我国相关标准的发展和修订，都具有指导意义。

1 MIL-STD-331 的发展情况

美军制定的 MIL-STD-331 FUZE AND FUZE COMPONENTS, ENVIRONMENTAL AND PERFORMANCE TESTS FOR 始于 20 世纪 70 年代，随着美军引信技术的不断发展，不断予以补充、改进，到 2005 年的 MIL-STD-331C 颁布，共有 4 个版本。

根据目前掌握的情况，MIL-STD-331B 主要对 MIL-STD-331A 在编辑形式上进行改动，如根据试验环境特性对试验项目进行重新分组、编号，对一些通用性不强、陈旧的试验项目予以删减，而技术层面上只做了微小的改动。

与 MIL-STD-331B 相比，MIL-STD-331C 的涵盖范围和技术内容均有重大调整，其范围由原来各版本的只适用于美军，通过法律协定扩展到 NATO（北大西洋公约组织），大大拓展了该标准的通用性，也从侧面说明 MIL-STD-331 的合理性已得到更广泛的承认。

MIL-STD-331C 的最突出变化在于增加了一些全新试验项目，如灌木冲击不发火、迫击炮弹双发装填、步进解除保险、太阳辐射、爆炸能量输出、窄电磁脉冲冲击等 6 项试验项目，另外还对引信防电磁辐射危害性能试验进一步修订完善，实用性增强。

由此可见，MIL-STD-331C 代表了美军引信环境试验理念的最新变化，体现了美军引信试验的发展方向，对于我国相关国军标具有较大借鉴和参考意义。

2 MIL-STD-331C 试验项目分析

MIL-STD-331C 内容包括范围、引用文件、定义、一般要求、详细要求、有关注解等 6 大部分，其中最引人关注同时也是实用价值最大的部分是详细要求，该部分通过引用附录的形式将所有试验项目包含其中，如表 1 所示。

表 1 MIL-STD-331C 试验项目一览表

组别	组名称	试验项目
Group A	机械冲击系列试验	振动试验
		磕碰试验
		12 m 跌落试验
		1. 5 m 跌落试验
		运输装卸试验
Group B	振动系列试验	运输振动试验
		战术振动试验
Group C	气候系列试验	温度与湿度试验
		真空、蒸汽压力试验
		盐雾试验
		浸水试验
		霉菌试验
		极端温度试验
		热冲击试验
		泄漏试验
		沙尘试验
		* 太阳辐射试验
Group D	保险、解除保险和作用系列试验	隔爆安全性试验
		解除保险距离试验
		空炸时间试验
		* 爆炸能量输出试验
		雨滴撞击试验
		* 灌木冲击不发火试验
		* 迫击炮弹双发装填试验
		* 步进解除保险试验

续表

组别	组名称	试验项目
Group E	航空弹药系列试验	投弃安全试验
		低空投放试验
		制动降落冲脱试验
		弹射起飞和制动降落试验
		模拟降落伞空投试验
Group F	电磁效应系列试验	静电放电试验
		* 窄电磁脉冲冲击试验
		** 电磁辐射危害试验
说明：表中试验项目加“ * ”的为新增项目，加“ ** ”的为改进项目		

MIL-STD-331C 通过上表具体试验内容及要求，规定了引信装卸、运输、贮存和使用期间等所有可能遭遇环境的试验与评估方法，全面反映了引信的设计水平和环境适应能力。本文对该标准没有改动的以往试验方法不再赘述（可参见 GJB 573A—1998），重点分析新增项目的科学性和合理性。

2.1 灌木冲击不发火试验

本项试验目的为模拟引信在实战条件下碰到灌木、伪装网等非目标时的作用性能，评估引信敏感度。其具体做法为对炮口前放置的 8 mm 厚、间隔 47 mm 的木条栅格靶进行射击，引信应在通过栅格靶之前、期间、之后不发火，并于穿透后对真实目标靶可靠发火。

从以上描述可看出，该项目类似于目前国内普遍采用的引信钝感度试验，战技指标的通常要求是引信对解除保险距离之外的 3 mm 胶合板靶射击时，应不发火。然而 MIL-STD-331C 做法更加合理和严格，表现在：

（1）灌木枝条之间、伪装网网孔通常是有空隙的，采用木条栅格靶更符合实际情况，真实性较高。

（2）考核更为严格，虽然是栅格形式，但 8 mm 厚木条对引信正向冲击的能量更大，引信更易发火；另外，该项目还要求引信在穿过栅格靶之后对目标靶可靠发火，有一定实战化考核意味。

2.2 迫击炮弹双发装填试验

本试验目的为确定双发迫击炮弹同时装填时引信的安全性能，共有 3 种程序可供选择：

（1）先装炮弹（记为 1 号）引信尖顶部是否能触发后装炮弹（记为 2 号）的底火，进而引燃发射药。

1 号弹置于迫击炮身管底部，全部由惰性部件组成（包括底火、发射药、弹丸及引信）；2 号弹除了底火和发射药外均为惰性部件，其中发射药为最大装药号。通过遥控装置施放 2

号弹，与 1 号弹引信相撞，如 2 号弹从膛内发射，则说明 1 号引信已引燃 2 号弹发射药，判为不合格，否则，等待 15 min 进行检查。

（2）1 号弹引信是否会由于 2 号弹的撞击而意外发火。

迫击炮改为手动击发式，1 号弹置于迫击炮身管底部，由全备引信、真底火、真发射药和惰性弹丸组成；2 号弹除底火和发射药外均为惰性部件，两者发射药均为最大装药号。将 2 号弹固定在炮口附近，发射 1 号弹与之撞击。试后检查 1 号弹引信是否作用及 2 号发射药是否被引燃。

（3）引信都对高温发射环境敏感而发火。

迫击炮改为手动击发式，1 号弹置于迫击炮身管底部，除全备引信外，其余均为惰性部件，2 号弹除底火和发射药外，其余均为惰性部件。2 号弹同样置于炮膛内，并与 1 号弹解除。遥控发射 2 号弹，试后对 2 发弹进行回收，检查 1 号弹引信是否已意外发火。

以上内容，可做如下理解：

对于前装式迫击炮弹，一般射程较小，用于近距离战斗支援，如出现第 1 种程序中的意外（即 1 号弹未能正常发射，2 号弹装填后发火），则 2 号弹即便在膛内能够确保安全，但由于 1 号弹的存在，其膛内运动时间大大缩短，初速必然与正常值偏差较大，极有可能出现严重近弹，危及友邻部队。

对于第 2、3 种程序，除非引信设计出现重大缺陷，导致在膛内已解除保险或其安全系统未能实现可靠隔爆，否则，出现意外发火的可能性极小。

另外，该项目试验具有一定破坏性，很可能对迫击炮造成物理损坏。因此，综合以上讨论认为，除程序 1 外，程序 2、3 可行性不强。

2.3 步进解除保险试验

本试验目的为确定引信隔爆机构的位置与传爆概率之间的关系，用于量化隔爆机构的可靠性。

一般来说，该类型试验不在靶场进行，由研制单位自行组织，因此，仅做了解。然而，其中蕴含的试验思想却值得注意，那就是序贯试验方法。MIL-STD-331C 中明确指出，该试验采用与引信解除保险距离同样的方法，即该标准中推荐的概率单位法、兰利法、OSTR 法及升降法，可对引信隔爆机构的可靠起爆及安全起爆位置做出估计，可见美军相当重视统计在引信试验中的应用。

相对于当前的 GJB 165.2—1986《引信隔爆安全性试验》，以上方法优势在于能够通过统计试验结果对隔爆机构的特性进行深入了解，数据分析更有支撑。

2.4 爆炸能量输出试验

本试验致力于通过测量特定钢锭或金属盘上的凹陷或孔径尺寸，确定引信爆炸部件输出能量的一致性和适宜性，该试验一般也由研制单位组织进行。

根据以往经验，研制单位进行较多的有关试验为爆炸完全性试验，其试验依据为 GJB

165.4—1986《引信爆炸完全性试验》，其试验理念与本试验项目类似，但其试验结果为定性评价，对于爆炸输出能量的一致性问题无法解决。也就是说，虽然引信爆炸完全，但能量是否散布较大，这有可能造成某些情况下主装药的半爆，需引起足够重视。

2.5 太阳辐射试验

本试验源自美军于1991年“沙漠风暴”行动中有关弹药安全及可靠性的考虑。当时数据显示，战场空气温度常常高达46 ℃，由于太阳辐射效应，弹药部件内部积聚温度更高。据澳大利亚在1983年的一项研究表明，当材料暴露于太阳照射下时，其温度将比周围空气温度高出33 ℃。太阳辐射中的红外线不仅造成弹药、引信部件的机械、电子、光学性能漂移、失效，其紫外线也会引起橡胶等物资的降解，进而影响弹药系统性能。

本试验操作性非常强，类似于常见的温度与湿度试验，由温度-阳光辐射循环及步进试验组成，要求试后引信安全并作用可靠。该试验虽然来自美军实践，但对我军颇具借鉴意义，可用于引信老化及贮存寿命试验。

2.6 电磁辐射危害试验

该试验明确要求引信必须能经受贮存、运输、处理、装填以及发射过程中可能遭遇的高能量电磁辐射，对试验时引信状态、方位、设备、评定准则做了详细规定。

从目前情况看，我国引信抗电磁辐射方面起步较晚，与外军差距较大。GJB 573A—1998作为引信主要标准之一，其中涉及电磁效应的只有静电放电试验。而电磁兼容方面，目前只能参照GJB 151A—1997《军用设备和分系统电磁发射和敏感度要求》执行，由于GJB 151A不是引信专业标准，侧重于舰船、飞机等大型系统，裁剪困难，操作性差，因此，制定一套适合我国实际的引信电磁效应试验标准迫在眉睫。

2.7 窄电磁脉冲冲击试验

该试验模拟核爆炸时产生的强大电磁脉冲对引信电火工品的影响，确定引信是否满足安全性及可靠性要求。

该试验能否顺利进行，关键在于要有窄电磁脉冲模拟器，其特点为短时间内能量大，因此要求设备功率极高。另外，需要一套合适的测量设备与引信相连，以便测试引信中耦合的电压/电流参数。

3 结束语

本文介绍了MIL-STD-331 FUZE AND FUZE COMPONENTS, ENVIRONMENTAL AND PERFORMANCE TESTS FOR的发展情况，重点对MIL-STD-331C中新增或修订项目进行讨论，并结合我国引信试验现状，提出自己的一些看法。

当前，引信面临着从传统技术向信息化转型的关键时期，相应地对引信安全性、电磁效应以及抗干扰性能要求越来越高。美军标作为我国相当一部分军用标准的等效采纳对象，应对其改进和发展情况及时跟踪，尽快将美军标合理部分增补到我国相关标准中去，为提高引信研制水平、试验技术打下基础。

参考文献

[1] MIL-STD-331C FUZE AND FUZE COMPONENTS, ENVIRONMENTAL AND PERFORMANCE TESTS FOR. 5 JANUARY 2005.

[2] MIL-STD-331B FUZE AND FUZE COMPONENTS, ENVIRONMENTAL AND PERFORMANCE TESTS FOR. 1 DECEMBER 1989.

[3] GJB 573A—1998 引信环境与性能试验方法.

[4] GJB 165.2—1986 引信隔爆安全性试验.

[5] GJB 165.4—1986 引信爆炸完全性试验.

[6] GJB 5292—2004 引信电磁辐射危害试验方法.

美军引信试验标准的最新进展和分析

刘刚，陈众，史金锋

中国华阴兵器试验中心，陕西华阴 714200

摘　要：本文对美军标 MIL-STD-331 FUZE AND FUZE COMPONENTS，ENVIRONMENTAL AND PERFORMANCE TESTS FOR 的发展情况进行研究，讨论并分析 MIL-STD-331C 中有关新增或修订试验项目，并就如何完善我国引信环境试验方法提出建议。

关键词：引信；试验；标准

0　引言

美军标 FUZE AND FUZE COMPONENTS，ENVIRONMENTAL AND PERFORMANCE TESTS FOR 内容涵盖了引信寿命全过程安全性、可靠性和性能特性的环境和性能试验方法，其内容适用于所有引信及引信零部件，成为美军引信勤务试验最重要和最广泛的应用指南。从 MIL-STD-331 到 MIL-STD-331C 经多次修订，目前的 MIL-STD-331C 为最新版本，由美国国防部于 2005 年 1 月正式颁布。

我国的《引信环境与性能试验方法》等效采用 MIL-STD-331 制定，从 GJB 573—1988 到 GJB 573A—1998，随着 MIL-STD-331 的不断修订而修订，目前的 GJB 573A—1998 等效采用 MIL-STD-331B，是我国引信研制、鉴定阶段勤务试验最重要的军用标准之一。

对 MIL-STD-331C 进行分析和梳理，可以了解美军引信环境与性能试验思想和最新动态，对于今后我国相关标准的发展和修订，具有重要意义。

1　MIL-STD-331 的发展情况

MIL-STD-331《引信及零部件环境与性能试验方法》系列标准始于 20 世纪 70 年代，随着美军引信技术的发展和试验需求，不断予以补充、改进，到 2005 年的 MIL-STD-331C 颁布，共有 4 个版本。

根据目前掌握的情况，MIL-STD-331B 主要对 MIL-STD-331A 在编辑形式上进行改动，如根据试验环境特性对试验项目进行重新分组、编号，对一些通用性不强、陈旧的试验项目予以删减，而技术层面上只做了微小的改动。

与 MIL-STD-331B 相比，MIL-STD-331C 的涵盖范围和技术内容均有重大调整，其范围由原来各版本的只适用于美军，通过法律协定扩展到 NATO（北大西洋公约组织），大大拓展了该标准的通用性，也从侧面说明 MIL-STD-331 的合理性已得到更广泛的承认。MIL-STD-331C 的最突出变化在于增加了一些全新试验项目，如灌木冲击不发火、迫击炮弹双发装填、步进解除保险、太阳辐射、爆炸能量输出、窄电磁脉冲冲击等 6 项试验项目，另外还对引信防电磁辐射危害性能试验进行修订完善，实用性和代表性进一步增强。

2009 年 6 月，美国国防部对 MIL-STD-331C 进行了首次修订，即 MIL-STD-331C w/ CHANGE 1，除对格式和印刷错误进行更改外，还对 MIL-STD-331C 原版部分试验内容进行了调整，最值得注意的是引信解除保险距离试验新增加了一项试验方法，即所谓的 Neyer D-最优化试验方法，本文也将对该方法做一分析。

从以上介绍可知，MIL-STD-331 系列标准代表了美军引信环境试验理念的最新变化，体现了美军引信试验的发展方向，我国相关国军标可从中得到借鉴和参考。

2 MIL-STD-331C 试验项目分析

MIL-STD-331C 内容有范围、引用文件、定义、一般要求、详细要求、有关注解等 6 大部分，其中最引人关注同时也是实际价值最大的部分是详细要求，该部分通过引用附录的形式将所有试验项目包含其中，如表 1 所示。

表 1　MIL-STD-331C 试验项目一览表

组别	组名称	试验项目
Group A	机械冲击系列试验	振动试验
		磕碰试验
		12 m 跌落试验
		1.5 m 跌落试验
		运输装卸试验
Group B	振动系列试验	运输振动试验
		战术振动试验
Group C	气候系列试验	温度与湿度试验
		真空、蒸汽压力试验
		盐雾试验
		浸水试验
		霉菌试验
		极端温度试验
		热冲击试验
		泄漏试验
		沙尘试验
		* 太阳辐射试验

续表

组别	组名称	试验项目
Group D	保险、解除保险和作用系列试验	隔爆安全性试验
		** 解除保险距离试验
		空炸时间试验
		* 爆炸能量输出试验
		雨滴撞击试验
		* 灌木冲击不发火试验
		* 迫击炮弹双发装填试验
		* 步进解除保险试验
Group E	航空弹药系列试验	投弃安全试验
		低空投放试验
		制动降落冲脱试验
		弹射起飞和制动降落试验
		模拟降落伞空投试验
Group F	电磁效应系列试验	静电放电试验
		* 窄电磁脉冲冲击试验
		** 电磁辐射危害试验
说明：表中试验项目加“ * ”的为新增项目，加“ ** ”的为改进项目		

MIL-STD-331C 通过上表具体试验内容及要求，规定了引信装卸、运输、贮存和使用期间等所有可能遭遇环境的试验与评估方法，全面反映了引信的设计水平和环境适应能力。本文对该标准没有改动的以往试验方法不再赘述（可参见 GJB 573A—1998），重点分析新增项目的科学性和合理性。

2.1 灌木冲击不发火试验

本项试验目的为模拟引信在实战条件下碰到灌木、伪装网等非目标时的作用性能，评估引信敏感度。其具体做法为对炮口前放置的 8 mm 厚、间隔 47 mm 的木条栅格靶进行射击，引信应在通过栅格靶之前、期间、之后不发火，并于穿透后对真实目标靶可靠发火。

从以上描述可看出，该项目类似于国内进行的引信钝感度试验，战技指标的通常要求是引信对解除保险距离之外的××mm 厚胶合板靶射击时，应不发火。然而 MIL-STD-331C 做法更加合理和严格，表现在：

（1）灌木枝条之间、伪装网网孔通常是有空隙的，采用木条栅格靶更符合实际情况，真实性较高。

（2）考核更为严格，虽然是栅格形式，但 8 mm 厚木条对引信正向冲击的能量更大，引信更易发火；另外，该项目还要求引信在穿过栅格靶之后对目标靶可靠发火，有一定借鉴意义。

2.2 迫击炮弹双发装填试验

本试验目的为确定双发迫击炮弹同时装填时引信的安全性能，共有 3 种程序可供选择：

（1）先装炮弹（记为 1 号）引信尖顶部是否能触发后装炮弹（记为 2 号）的底火，进而引燃发射药。

1 号弹置于迫击炮身管底部，全部由惰性部件组成（包括底火、发射药、弹丸及引信）；2 号弹除了底火和发射药外均为惰性部件，其中发射药为最大装药号。通过遥控装置施放 2 号弹，与 1 号弹引信相撞，如 2 号弹从膛内发射，则说明 1 号引信已引燃 2 号弹发射药，判为不合格；否则，等待 15 min 进行检查。

（2）1 号弹引信是否会由于 2 号弹的撞击而意外发火。

迫击炮改为手动击发式，1 号弹置于迫击炮身管底部，由全备引信、真底火、真发射药和惰性弹丸组成；2 号弹除底火和发射药外均为惰性部件，两者发射药均为最大装药号。将 2 号弹固定在炮口附近，发射 1 号弹与之撞击。试后检查 1 号弹引信是否作用及 2 号发射药是否被引燃。

（3）引信都对高温发射环境敏感而发火。

迫击炮改为手动击发式，1 号弹置于迫击炮身管底部，除全备引信外，其余均为惰性部件；2 号弹除底火和发射药外，其余均为惰性部件。2 号弹同样置于炮膛内，并与 1 号弹解除保险。遥控发射 2 号弹，试后对 2 发弹进行回收，检查 1 号弹引信是否已意外发火。

以上内容，可做如下理解：

对于前装式迫击炮弹，一般射程较小，用于近距离战斗支援，如出现第 1 种程序中的意外（即 1 号弹未能正常发射，2 号弹装填后发火），则 2 号弹即便在膛内能够确保安全，但由于 1 号弹的存在，其膛内运动时间大大缩短，初速必然与正常值偏差较大，极有可能出现严重近弹，危及友邻部队。

对于第 2、3 种程序，除非引信设计出现重大缺陷，导致在膛内已解除保险或其安全系统未能实现可靠隔爆，否则，出现意外发火的可能性极小。

另外，该项目试验具有一定破坏性，很可能对迫击炮造成物理损坏。因此，综合以上讨论认为，除程序 1 外，程序 2、3 可行性不强。

2.3 步进解除保险试验

本试验目的为确定引信隔爆机构的位置与传爆概率之间的关系，用于量化隔爆机构的可靠性。

一般来说，该类型试验不在靶场进行，由研制单位自行组织，然而，其中蕴含的试验思想却值得注意，那就是序贯试验方法。MIL-STD-331C 中明确指出，该试验采用与引信解除保险距离同样的方法，即该标准中推荐的概率单位法、兰利法、OSTR 法及升降法，可对引信隔爆机构的可靠起爆及安全起爆位置做出估计，可见美军相当重视统计在引信试验中的应用。

相对于当前的 GJB 165.2—1986《引信隔爆安全性试验》，以上方法优势在于能够通过统计试验结果对隔爆机构的特性进行深入了解，数据分析更有支撑。

2.4 爆炸能量输出试验

本试验致力于通过测量特定钢锭或金属盘上的凹陷或孔径尺寸，确定引信爆炸部件输出能量的一致性和适宜性，该试验一般也由研制单位组织进行。

根据以往经验，研制单位进行较多的有关试验为爆炸完全性试验，其试验依据为 GJB 165.4—1986《引信爆炸完全性试验》，其试验理念与本试验项目类似，但其试验结果为定性评价，对于爆炸输出能量的一致性问题无法解决。也就是说，虽然引信爆炸完全，但能量是否散布较大，这有可能造成某些情况下主装药的半爆，需引起足够重视。

2.5 太阳辐射试验

本试验源自美军于 1991 年“沙漠风暴”行动中有关弹药安全及可靠性的考虑。当时数据显示，战场空气温度常常高达 46 ℃，由于太阳辐射效应，弹药部件内部积聚温度更高。据澳大利亚在 1983 年的一项研究表明，当材料暴露于太阳照射下时，其温度将比周围空气温度高出 33 ℃。太阳辐射中的红外线不仅造成弹药、引信部件的机械、电子、光学性能漂移、失效，其紫外线也会引起橡胶等物资的降解，进而影响弹药系统性能。

本试验操作性非常强，类似于常见的温度与湿度试验，由温度-阳光辐射循环及步进试验组成，要求试后引信安全并作用可靠。该试验虽然来自美军实践，但对我军颇具借鉴意义，可用于引信老化及贮存寿命试验。

2.6 解除保险距离试验

笔者此前曾对 Neyer D-最优化试验法应用于引信保险与解除保险距离试验进行了探讨，并对 Neyer D-最优化试验方法和兰利法进行试验仿真分析，详见文献 [3]。

相比于兰利法，Neyer D-最优化试验法在一些方面如极端解除保险概率点的估计上占据优势，但该方法复杂度显著增加，主要表现在：

（1）刺激水平的计算较为复杂，涉及 Fisher 信息阵行列式的最大化问题，必须通过计算机才能完成。

（2）试验需要 3 个预估值，即除了上下限外，还要对总体标准差进行估计，但后者正是试验者所欲得到的，因此做到准确估计是不容易的，而一旦上下限与标准差估计同时不准确时，将带来试验结果的较大波动。

2.7 电磁辐射危害试验

该试验明确要求引信必须能经受贮存、运输、处理、装填以及发射过程中可能遭遇的高能量电磁辐射，对试验时引信状态、方位、设备、评定准则做了详细规定。

从目前情况看，我国引信抗电磁辐射方面起步较晚，与外军差距较大。GJB 573A—1998 作为引信主要标准之一，其中涉及电磁效应的只有静电放电试验。目前无线电引信战技指标中常用描述为“满足 GJB 151A—1997《军用设备和分系统电磁发射和敏感度要求》中有关电磁兼容的要求”，而 GJB 151A 不是引信专业标准，侧重于舰船、飞机等大型系统，操作性较差。因此，制定一套适合我国实际的引信电磁效应试验标准迫在眉睫。

目前，GJB 5292—2004《引信电磁辐射危害试验方法》已颁布，但参考 MIL-STD-331C

新修订内容，其考核方法、严格程度仍需完善。

2.8 窄电磁脉冲冲击试验

该试验模拟核爆炸时产生的强大电磁脉冲对引信电火工品的影响，确定引信是否满足安全性及可靠性要求。

该试验能否顺利进行，关键在于要有窄电磁脉冲模拟器，其特点为短时间内能量大，因此要求设备功率极高。另外，需要一套合适的测量设备与引信相连，以便测试引信中耦合的电压/电流参数。

3 讨论

本文简要介绍了 MIL-STD-331《引信及零部件环境与性能试验方法》的发展情况，重点对 MIL-STD-331C 中新增或修订项目进行讨论，并结合我国引信试验现状，提出自己的一些粗浅看法。

当前，引信面临着从传统技术向信息化转型的关键时期，相应地对引信安全性、电磁效应以及抗干扰性能要求越来越高。美军标作为我国相当一部分军用标准的等效采纳对象，应对其改进和发展情况及时跟踪，尽快将美军标合理部分增补到我国相关标准中，为提高引信研制水平、试验技术打下基础。

参考文献

[1] MIL-STD-331C FUZE AND FUZE COMPONENTS, ENVIRONMENTAL AND PERFORMANCE TESTS FOR. 5 JANUARY, 2005.

[2] MIL-STD-331B FUZE AND FUZE COMPONENTS, ENVIRONMENTAL AND PERFORMANCE TESTS FOR. 1 DECEMBER, 1989.

[3] 刘刚，陈众，王侠，等. Neyer-D 法用于解除保险距离试验可行性［J］. 探测与控制学报，2010，32（5）：34-37.

[4] GJB 573A—1998 引信环境与性能试验方法.

[5] GJB 165.2—1986 引信隔爆安全性试验.

[6] GJB 165.4—1986 引信爆炸完全性试验.

[7] GJB 5292—2004 引信电磁辐射危害试验方法.

无线电引信实战化考核环境因素探讨

刘刚，王侠，杨伟涛

中国华阴兵器试验中心，陕西华阴 714200

摘　要：本文从武器平台、飞行环境、勤务环境、终点弹道、干扰环境等几个方面分析了无线电引信实战化考核的出发点，通过具体实例阐述了个人思考，为进一步开展引信实战化考核提供了参考。

关键词：实战化；考核；试验

0　引言

引信实战化考核是一项复杂的系统工程，其难点是不仅要透彻理解引信设计特点和使用要求，而且必须将引信置于纷繁复杂的战场环境中，以系统的角度看待引信在战场中的位置。这样的内涵对引信试验鉴定一线技术人员的学识水平、业务能力要求非常高；同时，由于试验主持人获取部队战术战法、武器系统使用环境等信息的途径极为有限，这就造成在实战化考核过程中无所适从，在试验项目如何确定、试验项目合理性等方面存在疑虑，某种程度上有碍实战化考核的顺利推进。

本文从引信试验鉴定实践经验出发，提出了开展无线电引信实战化考核的若干思路，阐述了自己的意见建议，为下一步扎实推进引信实战化考核提供参考。

1　无线电引信实战化考核项目的若干出发点

1.1　从武器平台出发

长期以来，用以指导试验的国军标在描述对引信试验用火炮的要求常为“留存寿命75%以上”“堪用级”等。这种描述给人的直观印象是，火炮不能太旧，履历书中射弹数不能太多，越新越好——最好是全新的火炮，至少是全新的身管。然而，这一点在部队实际使用中无法保证。至少可以推测，在对抗激烈的作战过程中，火炮的射弹数是巨大的，高温、高压火药气体的烧蚀、冲刷和弹丸的冲击、摩擦，必然导致火炮内膛几何形状和尺寸的改变，包括火炮药室、坡膛、膛线等部位都将产生严重磨损。这种情况除了造成火炮射击精度偏差、直接影响武器系统毁伤效能外，更可怕的后果是磨损身管环境将造成弹丸膛内运动规律恶化，产生比正常身管环境复杂得多的应力条件，这些异常应力施加于引信及其零部件上，如果设计不当，产生膛炸、炮口炸等安全性事故，威胁己方人员和装备安全。

实战化考核启示：武器平台对引信的影响因素非常多，磨损身管只是其中一个例子，总体思路就是武器平台在战场环境下的特性会发生很多变化，进而对引信造成很多影响。我们的任务就是摸清引信在不同武器条件下的适应性。

1.2 从飞行环境出发

这里主要讨论引信已解除保险，各项功能处于待发状态的情况。

众所周知，在靶场开展各类试验，首要目的是获取试验数据。为了达到这个目的，势必要使用各种各样的测试设备，这就对气象条件提出了很多要求，诸如晴朗、无风、能见度高等。从测试的角度看这本无可厚非，问题是被试装备将来在战场上面临的是什么天气情况？在未来战场上，如果没有特殊使用要求，被试品必然将面临阴云密布、风雨交加、雾霾环绕等恶劣环境，因此，无线电引信在理想气象条件下的性能是否具有代表性，值得思考。下面以云层为例，探讨云层对无线电引信的影响。对于现代无线电引信，一般都具备远距离接电功能，即从出炮口到弹道中后段，引信电路不工作，不收发无线电信号，在此期间即使存在电磁干扰或云层干扰，引信也不可能出现早炸等异常情况。引信接电之后，由于测试条件限制，落弹区空域基本都处于晴朗状态，存在云层的可能性很小。这就带来一个后果，即多年来在基地试验引信很少遭遇云层环境，而实际上无线电引信在战场环境下频繁遭遇云层是不可避免的。众所周知，云是由半径为几微米到几十微米的水滴和尘埃晶体组成的，不仅会对引信辐射路径上的信号造成衰减，更关键的是由云层后向散射所形成的回波信号可能会引起引信探测系统的虚警。如果引信不能适应这种环境，就会出现大量早炸，丧失作战效能。从电磁散射理论分析，如果引信工作频率较低，其波长（米波、分米波、厘米波等）远远大于云层中微小颗粒的尺寸，那么云层对引信的影响可以忽略。然而，随着近年来引信工作频率的不断提高，云层对毫米波、激光、超宽带等体制引信的影响不可忽略。

从靶场实际操作角度考虑，由于引信正常工作时，在弹道末端遭遇云层的概率确实较小，可采取如下措施进行：首先对气象条件进行监测，靶道上方有云层出现时，调整射击诸元参数，确保引信穿越整个云层；同时，相应调整引信远距离接电时间，使得引信穿越云层时处于接电状态。考虑到引信弹道末端实际飞行速度，可调整发射装药，避免引信飞行速度与实际相差过大。

实战化考核启示：云层只是引信作战使用中可能遭遇的无数使用环境之一，本例仅探讨了如何发现靶场过于理想化的试验条件，以及如何利用靶场实际情况尽量营造接近实战的引信使用环境，更多环境因素有待进一步挖掘。

1.3 从勤务环境出发

引信勤务环境相当复杂，从装配出厂到送达阵地实弹射击，其间经历搬运、运输、贮存、装填甚至空投环境。在勤务处理过程中，难免出现意外跌落、磕碰、振动、温度冲击等情况。引信必须能够承受勤务环境施加的各种应力，而且必须保证安全和作用可靠。

关于跌落环境，根据国军标规定，主要跌落对象为钢板，实际上由于引信内部零部件特别是发射过载感应装置是针对配用弹种实际膛内受力环境而设计的，如果跌落环境与实际发射环境相差较大，则对引信无任何影响，只有当跌落环境与实际发射环境相似时，才使引信机构有误动作的可能。因此，对于加农炮、榴弹炮或加榴炮等火炮配用弹种来说，膛内运动时间短、直线加速度高，对钢板跌落更能模拟膛内引信受力过程；而对于迫击炮、火箭炮等火炮配用弹种来说，膛内运动时间长、直线加速度低，对木板、土地甚至沙地跌落更有针对性。

关于应力的施加过程，长期以来单独一发引信只施加一种环境应力，如振动、磕碰、12 m 跌落、1.5 m 跌落、运输振动等机械应力，或者温度与湿度、高低温贮存、热冲击等热应力，这种试验模式多年来发现了不少引信设计问题，如某火箭弹引信磕碰炸事故，某引信 1.5 m 跌落意外解除保险事故，然而如果对引信勤务环境进行深入分析，可发现实际上引信极少遭遇单独勤务环境，从出厂到实际使用，引信勤务环境都是串联的，跌落后引信可能在库房或阵地遭遇到了温度冲击，而遭遇温变之后的引信可能立即遇到运输振动环境。这就说明，靶场开展的引信勤务试验与实际勤务环境存在差异。从实战化角度出发，这种情况亟待解决，需开展引信勤务环境序贯试验，比如运输振动→热冲击、高低温贮存→运输振动等序贯环境试验，并将试后引信在近炸性能、碰炸性能试验项目中射击，目的在于考查被试引信在机械应力、热应力的综合作用下，内部器件及器件之间的相容性是否有潜在问题，是否对引信作用性能造成影响。

实战化考核启示：勤务环境关系到引信安全性和可靠性，必须高度重视。应继续发掘引信勤务环境中更多的实战化因素，引信环境试验必须向实战化因素靠拢。

1.4　从终点弹道出发

对于无线电引信，由于目标的介入，终点弹道是引信工作状态最复杂，也是对引信可靠性、作用性能影响最大的阶段。从目标特性看，主要涉及引信回波反射系数，靶场地面为可耕地，属于中等反射地面，但实战环境下目标地面是多种多样的，因此，必须考虑目标反射系数的波动。实际试验中，沙漠、可耕地面、水面反射系数基本上是从小到大的，在多种多样的目标中具有代表性。需要提醒的是，目标特性并不是一成不变的，例如，可耕地面上附着的树林、灌木丛对引信回波影响很大，再如水面的平静与否对引信近炸性能至关重要。

对于主要在山地作战的无线电引信，还必须考虑山地条件下目标的特点和复杂性。如山地条件下，砂石地、卵石地将影响触发引信的触发性能，一旦引信设计不当将可能造成大面积瞎火。再如，山地作战中将可能担负攻击山坡背面之敌的任务，由于山坡斜度的存在，使得引信与地面落角变得非常小，直接影响引信近炸性能。上述砂石地、卵石地面以及斜坡地面，都是靶场所不具备的。因此，从实战化考核出发，必须寻找这样的边界、极限试验条件，以获取引信性能的包线所在。

实战化考核启示：在进行引信实战化试验设计之前，需深入了解引信作战使命任务，在任务剖面中寻找作战对引信的需求，通过试验考核引信能否满足需求。

1.5　从干扰环境出发

随着现代电子对抗手段的不断升级，战场电磁环境趋于复杂化，在可以预料的未来，我方无线电引信必将遭受敌方施放的人工干扰。一旦引信被成功干扰，结果有两种，一种是引信早炸，完全丧失毁伤能力；另一种近炸转为触发，毁伤能力大大降低。以上两种情况都将导致引信无法完成预定作战使命，是必须极力避免的，因此，必须严格考核引信的抗干扰能力。

当前，引信抗干扰试验面临诸多矛盾，一方面无法获取国外干扰机参数，进而无法开展干扰机与引信实弹对抗试验；另一方面，抗干扰实验室试验的可信性不高，简单化、模式化的倾向长期存在。对于第一个问题，考虑到干扰机及其参数属于各国核心机密，因此预计该问题将长期存在，属于不可调和的矛盾。那么我们必须从解决第二个问题入手。实验室抗干扰性能试验的可信性之所以不高，有两个重要因素，第一是干扰波设计，当前干扰信号载波均为正弦波，调制波一般为正弦波、方波、锯齿波、三角波等常见波形，调制模式有两种，即调幅和调频。再加上载波、调制波频率的变化，这些简单因素的组合已经是一个很大的数字，考虑到试验周期因素，实际上能做的干扰波数量非常有限。即便引信能够抵御这些干扰波，也很难推测其在战场上的性能表现。第二是静态试验，实验室试验属于静态试验，引信静止，干扰天线静止，引信与干扰天线之间的距离静止，这与实际对抗环境差别很大的，实际对抗环境中引信与干扰机之间相对运动产生的信号压缩现象没有体现，引信高速旋转带来的信号方向性的快速变化没有体现。

面对以上情况，我们认为，首先引信抗干扰性能应将当前的“静态信号抽样干扰”改为“抗干扰能力余量考核”。应建立一种观念，即无线电引信必然存在失效波形，即总有一种或多种信号满足无线电引信目标判别标准，进而使得引信误认为遭遇到目标，产生爆炸输出。从这个角度出发，应在试验大纲中将引信干扰条件模糊化，根据引信工作体制，利用实验室灵活多变的试验条件，尽量模仿、逼近可使引信误动作的干扰波形及干扰模式。之后再分析这种干扰波形在战场出现的概率和难度，如干扰机的功率要求、带宽要求等，实现抗干扰能力的余量分析。其次，应考虑到引信实际工作过程中的弹道特性，在干扰信号中加入反映距离变化的多普勒频移，并认真考虑引信的旋转特性。

实战化考核启示：引信抗干扰性能的内涵应从“很多信号都干扰不了我”变为“哪些信号能干扰我”，只有这样才能更好贴近实战，进而推动引信抗干扰能力的不断提升。

2 结束语

作为弹药系统的“大脑”，引信在实战环境下的性能直接关系到能否实现高效毁伤；同时，由于引信担负安全性和可靠性的双重使命，其敏感的环境也异常纷繁复杂。从这个角度看，引信实战化考核方兴未艾，只有从引信任务剖面的不同角度切入，才能发现当前靶场试验的不足之处并加以改进。实际上，由引信任务剖面衍生的实战化因素远远不止文中提到的几种，本文仅做抛砖引玉。

再论引信实战化考核试验若干问题

刘刚

中国华阴兵器试验中心，陕西华阴 714200

摘　要：本文从武器平台、飞行环境、勤务环境、终点弹道、干扰环境等几个方面分析了引信实战化考核的出发点，通过具体实例阐述了个人思考，为进一步大力开展引信实战化考核提供了参考。

关键词：实战化；考核；试验

1　引言

引信实战化考核是一项复杂的系统工程，其难点是不仅要透彻理解引信设计特点和使用要求，而且必须将引信置于纷繁复杂的战场环境中，以系统的角度看待引信在战场中的位置。这样的内涵对引信试验鉴定一线技术人员的学识水平、业务能力要求非常高；同时，由于试验主持人获取部队战术战法、武器系统使用环境等信息的途径极为有限，这就造成在实战化考核过程中无所适从，在试验项目如何确定、试验项目合理性等方面存在疑虑，某种程度上有碍实战化考核的顺利推进。

本文从引信试验鉴定实践经验出发，提出了开展引信实战化考核的若干思路，阐述了自己的意见建议，为下一步扎实推进引信实战化考核提供参考。

2　设置引信实战化试验考核项目的若干出发点

2.1　从武器平台出发

长期以来，用以指导试验的国军标在描述对引信试验用火炮的要求常为“留存寿命75%以上”“堪用级”等。这种描述给人的直观印象是，火炮不能太旧，履历书中射弹数不能太多，越新越好——最好是全新的火炮，至少是全新的身管。然而，这一点在部队实际使用中无法保证。至少可以推测，在对抗激烈的作战过程中，火炮的射弹数是巨大的，高温、高压火药气体的烧蚀、冲刷和弹丸的冲击、摩擦，必然导致火炮内膛几何形状和尺寸的改变，包括火炮药室、坡膛、膛线等部位都将产生严重磨损。这种情况除了造成火炮射击精度偏差、直接影响武器系统毁伤效能外，更可怕的后果是磨损身管环境将造成弹丸膛内运动规律恶化，产生比正常身管环境复杂得多的应力条件，这些异常应力施加于引信及其零部件上，如果设计不当，产生膛炸、炮口炸等安全性事故，威胁己方人员和装备安全。

实战化考核启示：武器平台对引信的影响因素非常多，磨损身管只是其中一个例子。总体思路就是武器平台在战场环境下的特性会发生很多变化，进而对引信造成很多影响，我们的任务就是摸清引信在不同武器条件下的适应性。

2.2 从飞行环境出发

这里主要讨论引信已解除保险，各项功能处于待发状态的情况。

众所周知，在靶场开展各类试验，首要目的是获取试验数据。为了达到这个目的，势必要使用各种各样的测试设备，这就对气象条件提出了很多要求，诸如晴朗、无风、能见度高等。从测试的角度看这本无可厚非，问题是被试装备将来在战场上面临的是什么天气情况？在未来战场上，如果没有特殊使用要求，被试品必然将面临阴云密布、风雨交加、雾霾环绕等恶劣环境，因此，无线电引信在理想气象条件下的性能是否具有代表性，值得思考。下面以云层为例，探讨云层对无线电引信的影响。对于现代无线电引信，一般都具备远距离接电功能，即从出炮口到弹道中后段，引信电路不工作，不收发无线电信号，在此期间即使存在电磁干扰或云层干扰，引信也不可能出现早炸等异常情况。引信接电之后，由于测试条件限制，落弹区空域基本都处于晴朗状态，存在云层的可能性很小。这就带来一个后果，即多年来在基地试验引信很少遭遇云层环境，而实际上无线电引信在战场环境下频繁遭遇云层是不可避免的。云是由半径为几微米到几十微米的水滴和尘埃晶体组成的，不仅会对引信辐射路径上的信号造成衰减，更关键的是由云层后向散射形成的回波信号可能会引起引信探测系统的虚警。如果引信不能适应这种环境，就会出现大量早炸，丧失作战效能。从电磁散射理论分析，如果引信工作频率较低，其波长（米波、分米波、厘米波等）远远大于云层中微小颗粒的尺寸，那么云层对引信的影响可以忽略。然而，随着近年来引信工作频率的不断提高，云层对毫米波、激光、超宽带等体制引信的影响不可忽略。

从靶场实际操作角度考虑，由于引信正常工作时，在弹道末端遭遇云层的概率确实较小，可采取如下措施：首先对气象条件进行监测，靶道上方有云层出现时，调整射击诸元参数，确保引信穿越整个云层。同时，相应调整引信远距离接电时间，使得引信穿越云层时处于接电状态。考虑到引信弹道末端实际飞行速度，可调整发射装药，避免引信飞行速度与实际相差过大。

实战化考核启示：云层只是引信作战使用中可能遭遇的无数使用环境之一，本例仅探讨了如何发现靶场过于理想化的试验条件，以及如何利用靶场实际情况尽量营造接近实战的引信使用环境，更多环境因素有待进一步挖掘。

2.3 从勤务环境出发

引信勤务环境相当复杂，从装配出厂到送达阵地实弹射击，其间经历搬运、运输、贮存、装填甚至空投环境。在勤务处理过程中，难免出现意外跌落、磕碰、振动、温度冲击等情况。引信必须能够承受勤务环境施加的各种应力，而且必须保证安全和作用可靠。

关于跌落环境，根据国军标规定，主要跌落对象为钢板，实际上由于引信内部零部件特别是发射过载感应装置是针对配用弹种实际膛内受力环境而设计的，如果跌落环境与实际发射环境相差较大，则对引信无任何影响，只有当跌落环境与实际发射环境相似时，才使引信机构有误动作的可能。因此，对于加农炮、榴弹炮或加榴炮等火炮配用弹种来说，膛内运动时间短、直线加速度高，对钢板跌落更能模拟膛内引信受力过程；而对于迫击炮、火箭炮等火炮配用弹种来说，膛内运动时间长、直线加速度低，对木板、土地甚至沙地跌落更有针对性。

关于应力的施加过程，长期以来单独一发引信只施加一种环境应力，如振动、磕碰、12 m 跌落、1.5 m 跌落、运输振动等机械应力，或者温度与湿度、高低温贮存、热冲击等热应力，这种试验模式多年来发现了不少引信设计问题，如某火箭弹引信磕碰炸事故，某引信 1.5 m 跌落意外解除保险事故。然而如果对引信勤务环境进行深入分析，可发现实际上引信极少遭遇单独勤务环境，从出厂到实际使用，引信勤务环境都是串联的，跌落后引信可能在库房或阵地遭遇到了温度冲击，而遭遇温变之后的引信可能立即遇到运输振动环境。这就说明，靶场开展的引信勤务试验与实际勤务环境存在差异。从实战化角度出发，这种情况亟待解决，需开展引信勤务环境序贯试验，比如运输振动→热冲击、高低温贮存→运输振动等序贯环境试验，并将试后引信在近炸性能、碰炸性能试验项目中射击，目的在于考查被试引信在机械应力、热应力的综合作用下，内部器件及器件之间的相容性是否有潜在问题，是否对引信作用性能造成影响。

实战化考核启示：勤务环境关系到引信安全性和可靠性，必须高度重视。应继续发掘引信勤务环境中更多的实战化因素，引信环境试验必须向实战化因素靠拢。

2.4　从终点弹道出发

对于无线电引信，由于目标的介入，终点弹道是引信工作状态最复杂，也是对引信可靠性、作用性能影响最大的阶段。从目标特性看，主要涉及引信回波反射系数。靶场地面为可耕地，属于中等反射地面，但实战环境下目标地面是多种多样的，因此，必须考虑目标反射系数的波动。实际试验中，沙漠、可耕地面、水面反射系数基本上是从小到大的，在多种多样的目标中具有代表性。需要提醒的是，目标特性并不是一成不变的，例如，可耕地面上附着的树林、灌木丛对引信回波影响很大，再如水面的平静与否对引信近炸性能至关重要。

对于主要在山地作战的无线电引信，还必须考虑山地条件下目标的特点和复杂性。如山地条件下，砂石地、卵石地将影响触发引信的触发性能，一旦引信设计不当将可能造成大面积瞎火。再如，山地作战中将可能担负攻击山坡背面之敌的任务，由于山坡斜度的存在，使得引信与地面落角变得非常小，直接影响引信近炸性能。上述砂石地、卵石地面以及斜坡地面，都是靶场所不具备的。因此，从实战化考核出发，必须寻找这样的边界、极限试验条件，以获取引信性能的包线所在。

实战化考核启示：在进行引信实战化试验设计之前，需深入了解引信作战使命任务，在任务剖面中寻找作战对引信的需求，通过试验考核引信能否满足需求。

2.5　从干扰环境出发

随着现代电子对抗手段的不断升级，战场电磁环境趋于复杂化，在可以预料的未来，我方无线电引信必将遭受敌方施放的人工干扰。一旦引信被成功干扰，结果有两种，一种是引信早炸，完全丧失毁伤能力；另一种近炸转为触发，毁伤能力大大降低。以上两种情况都将导致引信无法完成预定作战使命，是必须极力避免的，因此，必须严格考核引信的抗干扰能力。

当前，引信抗干扰试验面临诸多矛盾，一方面无法获取国外干扰机参数，进而无法开展干扰机与引信实弹对抗试验；另一方面，抗干扰实验室试验的可信性不高，简单化、模式化的倾向长期存在。对于第一个问题，考虑到干扰机及其参数属于各国核心机密，因此预计该问题将长期存在，属于不可调和的矛盾。那么我们必须从解决第二个问题入手。实验室抗干扰性能试验的可信性之所以不高，有两个重要因素，第一是干扰波设计，当前干扰信号载波均为正弦波，调制波一般为正弦波、方波、锯齿波、三角波等常见波形，调制模式有两种，即调幅和调频。再加上载波、调制波频率的变化，这些简单因素的组合已经是一个很大的数字，考虑到试验周期因素，实际上能做的干扰波数量非常有限。即便引信能够抵御这些干扰波，也很难推测其在战场上的性能表现。第二是静态试验，实验室试验属于静态试验，引信静止，干扰天线静止，引信与干扰天线之间的距离静止，这与实际对抗环境差别很大的，实际对抗环境中引信与干扰机之间相对运动产生的信号压缩现象没有体现，引信高速旋转带来的信号方向性的快速变化没有体现。

面对以上情况，我们认为，首先引信抗干扰性能应将当前的“静态信号抽样干扰”改为“抗干扰能力余量考核”。应建立一种观念，即无线电引信必然存在失效波形，即总有一种或多种信号满足无线电引信目标判别标准，进而使得引信误认为遭遇到目标，产生爆炸输出。从这个角度出发，应在试验大纲中将引信干扰条件模糊化，根据引信工作体制，利用实验室灵活多变的试验条件，尽量模仿、逼近可使引信误动作的干扰波形及干扰模式。之后再分析这种干扰波形在战场出现的概率和难度，如干扰机的功率要求、带宽要求等，实现抗干扰能力的余量分析。其次，应考虑引信实际工作过程中的弹道特性，在干扰信号中加入反映距离变化的多普勒频移，并认真考虑到引信的旋转特性。

实战化考核启示：引信抗干扰性能的内涵应从“很多信号都干扰不了我”变为“哪些信号能干扰我”，只有这样才能更好贴近实战，进而推动引信抗干扰能力的不断提升。

3 结束语

作为弹药系统的“大脑”，引信在实战环境下的性能直接关系到能否实现高效毁伤；同时，由于引信担负安全性和可靠性的双重使命，其敏感的环境也异常纷繁复杂。从这个角度，引信实战化考核方兴未艾，只有从引信任务剖面的不同角度切入，才能发现当前靶场试验的不足之处并加以改进。实际上，由引信任务剖面衍生的实战化因素远远不止文中提到的几种，本文仅做抛砖引玉。

美军标 MIL-STD-331C 内容分析及启示

刘刚

中国华阴兵器试验中心，陕西华阴 714200

摘　要：本文对美军标 MIL-STD-331 的发展情况进行梳理研究，重点分析讨论 MIL-STD-331C 中有关新增或修订试验项目，并就如何应对及完善我国引信试验方法提出建议。

关键词：美军标；引信；试验

0　引言

美军标《引信及零部件环境与性能试验方法》内容涵盖了对引信寿命全过程的安全性、可靠性和性能特性进行考核的环境和性能试验方法，其内容适用于所有引信及引信零部件，成为美军引信勤务试验最重要和最广泛的应用指南。从 MIL-STD-331 到 MIL-STD-331C 经多次修订，目前的 MIL-STD-331C 为最新版本，由美国国防部于 2005 年 1 月正式颁布。

我国的《引信环境与性能试验方法》等效采用 MIL-STD-331 制定，从 GJB 573—1988 到 GJB 573A—1998，随着 MIL-STD-331 的不断修订而修订，目前的 GJB 573A—1998 等效采用 MIL-STD-331B，是我国引信研制、鉴定阶段勤务试验最重要的军用标准之一。

对 MIL-STD-331C 进行分析和梳理，可以了解美军引信环境与性能试验思想和最新动态，对于今后我国相关标准的发展和修订，都具有指导意义。

1　MIL-STD-331 的发展情况

美军制定的 MIL-STD-331《引信及零部件环境与性能试验方法》始于 20 世纪 70 年代，随着美军引信技术的不断发展，不断予以补充、改进，到 2005 年的 MIL-STD-331C 颁布，共有 4 个版本。

根据目前掌握的情况，MIL-STD-331B 主要对 MIL-STD-331A 在编辑形式上进行改动，如根据试验环境特性对试验项目进行重新分组、编号，对一些通用性不强、陈旧的试验项目予以删减，而技术层面上只做了微小的改动。

与 MIL-STD-331B 相比，MIL-STD-331C 的涵盖范围和技术内容均有重大调整，其范围由原来各版本的只适用于美军，通过法律协定扩展到 NATO（北大西洋公约组织），大大拓展了该标准的通用性，也从侧面说明 MIL-STD-331 的合理性已得到更广泛的承认。MIL-STD-331C 的最突出变化在于增加了一些全新试验项目，如灌木冲击不发火、迫击炮弹双发装填、步进解除保险、太阳辐射、爆炸能量输出、窄电磁脉冲冲击等 6 项试验项目，另外还对引信防电磁辐射危害性能试验进一步修订完善，实用性增强。

由此可见，MIL-STD-331C 代表了美军引信环境试验理念的最新变化，体现了美军引信试验的发展方向，对于我国相关国军标具有较大借鉴和参考意义。

2 MIL-STD-331C 试验项目分析

MIL-STD-331C 内容包括范围、引用文件、定义、一般要求、详细要求、有关注解等 6 大部分，其中最引人关注同时也是实用价值最大的部分是详细要求，该部分通过引用附录的形式将所有试验项目包含其中，如表 1 所示。

表 1 MIL-STD-331C 试验项目一览表

组别	组名称	试验项目
Group A	机械冲击系列试验	振动试验
		磕碰试验
		12 m 跌落试验
		1.5 m 跌落试验
		运输装卸试验
Group B	振动系列试验	运输振动试验
		战术振动试验
Group C	气候系列试验	温度与湿度试验
		真空、蒸汽压力试验
		盐雾试验
		浸水试验
		霉菌试验
		极端温度试验
		热冲击试验
		泄漏试验
		沙尘试验
		* 太阳辐射试验
Group D	保险、解除保险和作用系列试验	隔爆安全性试验
		解除保险距离试验
		空炸时间试验
		* 爆炸能量输出试验
		雨滴撞击试验
		* 灌木冲击不发火试验
		* 迫击炮弹双发装填试验
		* 步进解除保险试验

续表

组别	组名称	试验项目
Group E	航空弹药系列试验	投弃安全试验
		低空投放试验
		制动降落冲脱试验
		弹射起飞和制动降落试验
		模拟降落伞空投试验
Group F	电磁效应系列试验	静电放电试验
		* 窄电磁脉冲冲击试验
		** 电磁辐射危害试验
说明：表中试验项目加“ * ”的为新增项目，加“ ** ”的为改进项目		

MIL-STD-331C 通过上表具体试验内容及要求，规定了引信装卸、运输、贮存和使用期间等所有可能遭遇环境的试验与评估方法，全面反映了引信的设计水平和环境适应能力。本文对该标准没有改动的以往试验方法不再赘述（可参见 GJB 573A—1998），重点分析新增项目的科学性和合理性。

2.1 灌木冲击不发火试验

本项试验目的为模拟引信在实战条件下碰到灌木、伪装网等非目标时的作用性能，评估引信敏感度。其具体做法为对炮口前放置的 8 mm 厚、间隔 47 mm 的木条栅格靶进行射击，引信应在通过栅格靶之前、期间、之后不发火，并于穿透后对真实目标靶可靠发火。

从以上描述可看出，该项目类似于我基地采用的引信钝感度试验，战技指标的通常要求是引信对解除保险距离之外的 3 mm 胶合板靶射击时，应不发火。然而 MIL-STD-331C 做法更加合理和严格，表现在：

（1）灌木枝条之间、伪装网网孔通常是有空隙的，采用木条栅格靶更符合实际情况，真实性较高。

（2）考核更为严格，虽然是栅格形式，但 8 mm 厚木条对引信正向冲击的能量更大，引信更易发火；另外，该项目还要求引信在穿过栅格靶之后对目标靶可靠发火，有一定借鉴意义。

2.2 迫击炮弹双发装填试验

本试验目的为确定双发迫击炮弹同时装填时引信的安全性能，共有 3 种程序可供选择：

（1）先装炮弹（记为 1 号）引信尖顶部是否能触发后装炮弹（记为 2 号）的底火，进而引燃发射药。

1 号弹置于迫击炮身管底部，全部由惰性部件组成（包括底火、发射药、弹丸及引信）；2 号弹除了底火和发射药外均为惰性部件，其中发射药为最大装药号。通过遥控装置施放 2 号弹，与 1 号弹引信相撞，如 2 号弹从膛内发射，则说明 1 号引信已引燃 2 号弹发射药，判为不合格；否则，等待 15 min 进行检查。

（2）1 号弹引信是否会由于 2 号弹的撞击而意外发火。

迫击炮改为手动击发式，1 号弹置于迫击炮身管底部，由全备引信、真底火、真发射药和惰性弹丸组成；2 号弹除底火和发射药外均为惰性部件，两者发射药均为最大装药号。将 2 号弹固定在炮口附近，发射 1 号弹与之撞击。试后检查 1 号弹引信是否作用及 2 号发射药是否被引燃。

（3）引信都对高温发射环境敏感而发火。

迫击炮改为手动击发式，1 号置于迫击炮身管底部，除全备引信外，其余均为惰性部件；2 号弹除底火和发射药外，其余均为惰性部件。2 号弹同样置于炮膛内，并与 1 号弹解除保险。遥控发射 2 号弹，试后对 2 发弹进行回收，检查 1 号弹引信是否已意外发火。

对以上内容，可做如下理解：

对于前装式迫击炮弹，一般射程较小，用于近距离战斗支援，如出现第 1 种程序中的意外（即 1 号弹未能正常发射，2 号弹装填后发火），则 2 号弹即便在膛内能够确保安全，但由于 1 号弹的存在，其膛内运动时间大大缩短，初速必然与正常值偏差较大，极有可能出现严重近弹，危及友邻部队。

对于第 2、3 种程序，除非引信设计出现重大缺陷，导致在膛内已解除保险或其安全系统未能实现可靠隔爆，否则，出现意外发火的可能性极小。

另外，该项目试验具有一定破坏性，很可能对迫击炮造成物理损坏。因此，综合以上讨论认为，除程序 1 外，程序 2、3 可行性不强。

2.3 步进解除保险试验

本试验目的为确定引信隔爆机构的位置与传爆概率之间的关系，用于量化隔爆机构的可靠性。

一般来说，该类型试验不在靶场进行，由研制单位自行组织，因此，仅做了解。然而，其中蕴含的试验思想却值得注意，那就是序贯试验方法。MIL-STD-331C 中明确指出，该试验采用与引信解除保险距离同样的方法，即该标准中推荐的概率单位法、兰利法、OSTR 法及升降法，可对引信隔爆机构的可靠起爆及安全起爆位置做出估计，可见美军相当重视统计在引信试验中的应用。

相对于当前的 GJB 165.2—1986《引信隔爆安全性试验》，以上方法优势在于能够通过统计试验结果对隔爆机构的特性进行深入了解，数据分析更有支撑。

2.4 爆炸能量输出试验

本试验致力于通过测量特定钢锭或金属盘上的凹陷或孔径尺寸，确定引信爆炸部件输出能量的一致性和适宜性，该试验一般也由研制单位组织进行。

根据以往经验，研制单位进行较多的有关试验为爆炸完全性试验，其试验依据为 GJB 165.4—1986《引信爆炸完全性试验》，其试验理念与本试验项目类似，但其试验结果为定性评价，对于爆炸输出能量的一致性问题无法解决。也就是说，虽然引信爆炸完全，但能量是否散布较大，这有可能造成某些情况下主装药的半爆，需引起足够重视。

2.5 太阳辐射试验

本试验源自美军于 1991 年“沙漠风暴”行动中有关弹药安全及可靠性的考虑。当时数据显示，战场空气温度常常高达 46 ℃，由于太阳辐射效应，弹药部件内部积聚温度更高。据澳大利亚在 1983 年的一项研究表明，当材料暴露于太阳照射下时，其温度将比周围空气温度高出 33 ℃。太阳辐射中的红外线不仅造成弹药、引信部件的机械、电子、光学性能漂移、失效，其紫外线也会引起橡胶等物资的降解，进而影响弹药系统性能。

本试验操作性非常强，类似于常见的温度与湿度试验，由温度-阳光辐射循环及步进试验组成，要求试后引信安全并作用可靠。该试验虽然来自美军实践，但对我军颇具借鉴意义，可用于引信老化及贮存寿命试验。

2.6 电磁辐射危害试验

该试验明确要求引信必须能经受贮存、运输、处理、装填以及发射过程中可能遭遇的高能量电磁辐射，对试验时引信状态、方位、设备、评定准则做了详细规定。

从目前情况看，我国引信抗电磁辐射方面研究起步较晚，与外军差距较大。GJB 573A—1998 作为引信主要标准之一，其中涉及电磁效应的只有静电放电试验。目前无线电引信战技指标中常用描述为“满足 GJB 151A—1997《军用设备和分系统电磁发射和敏感度要求》中有关电磁兼容的要求”，而 GJB 151A 不是引信专业标准，侧重于舰船、飞机等大型系统，操作性较差，因此，制定一套适合我国实际的引信电磁效应试验标准迫在眉睫。

目前，GJB 5292—2004《引信电磁辐射危害试验方法》已颁布，但根据 MIL-STD-331C 新修订内容，其考核方法、严格程度仍需完善。

2.7 窄电磁脉冲冲击试验

该试验模拟核爆炸时产生的强大电磁脉冲对引信电火工品的影响，确定引信是否满足安全性及可靠性要求。

该试验能否顺利进行，关键在于要有窄电磁脉冲模拟器，其特点为短时间内能量大，因此要求设备功率极高。另外，需要一套合适的测量设备与引信相连，以便测试引信中耦合的电压/电流参数。

3 结束语

本文介绍了 MIL-STD-331《引信及零部件环境与性能试验方法》的发展情况，重点对 MIL-STD-331C 中新增或修订项目进行讨论，并结合我国引信试验现状，提出自己的一些看法。

当前，引信面临着从传统技术向信息化转型的关键时期，相应地对引信安全性、电磁效应以及抗干扰性能要求越来越高，美军标作为我国相当一部分军用标准的等效采纳对象，应对其改进和发展情况及时跟踪，尽快将美军标合理部分增补到我国相关标准中，为提高引信研制水平、试验技术打下基础。

参考文献

[1] GJB 573A—1998 引信环境与性能试验方法.
[2] GJB 165.2—1986 引信隔爆安全性试验.
[3] GJB 165.4—1986 引信爆炸完全性试验.
[4] GJB 5292—2004 引信电磁辐射危害试验方法.

外军引信安全性设计准则分析及思考

刘刚

摘　要：本文介绍了美军标 MIL-STD-1316 Fuze Design，Safety Criteria For 系列标准发展情况，重点对 MIL-STD-1316F 中新增或修订内容进行讨论，并结合我国引信安全性设计现状，提出了自己的一些看法。

关键词：美军标；引信；安全性

0　引言

美军标 MIL-STD-1316F Fuze Design，Safety Criteria For（引信安全性设计准则）内容涵盖了引信、安全和解除隔离装置的设计准则，从 MIL-STD-1316 到 MIL-STD-1316F 进行了多次修订，目前的 MIL-STD-1316F 为最新版本，由美国国防部于 2017 年 8 月 18 日正式颁布，是美国引信安全性设计思想和设计水平的最新体现，同时也是美军引信安全性设计最重要的应用指南。我国的《引信安全性设计准则》等效于 MIL-STD-1316 并结合我国引信技术的具体情况而制定的，从 GJB 373—1987 到 GJB 373A—1997，随着 MIL-STD-1316 的不断发展而修订。我国现行的 GJB 373A—1997《引信安全性设计准则》等效采纳 MIL-STD-1316D，于 1997 年颁布实施，距今已有 20 多年。

对 MIL-STD-1316 系列标准进行分析梳理，可以了解美军引信安全性设计思想及设计水平的发展进程，对今后我国相关标准的发展和修订乃至于我军引信安全性设计及安全性试验都具有指导意义。

1　MIL-STD-1316 的发展情况

美军制定的 MIL-STD-1316 Fuze Design，Safety Criteria For 系列标准始于 20 世纪 60 年代，随着美军引信技术的不断发展，不断予以补充、改进，到 2017 年的 MIL-STD-1316F 颁布，共有 7 个版本。

根据原文对照结果，MIL-STD-1316E 与 MIL-STD-1316D 基本一致，只在引用标准方面有所调整，有关技术内容基本没有变化。

与 MIL-STD-1316E 相比，MIL-STD-1316F 中关于引信安全性设计理念及技术内容出现了重大调整，重点改动部分多达 16 项，比较集中地展示了近年来美军引信安全性设计理念的变化。

2 MIL-STD-1316F 试验项目分析

MIL-STD-1316F 内容包括范围、引用文件、定义、一般要求、详细要求、有关注解等6大部分，相对于 MIL-STD-1316E，主要改动集中于“一般要求”“详细要求”两章，本文对该标准没有改动的以往试验方法不再赘述（可参见 GJB 573A—1998），重点分析一些新表述内容的科学性和合理性。

2.1 有关引信电子逻辑功能

在 MIL-STD-1316E 中，关于电子逻辑功能，只有一句话描述：“由引信执行的所有涉及安全性能的电子逻辑均应置入固件或硬件中，在引信能经受的可信环境下，固件不应被擦除或修改”，表述相对笼统；而在 MIL-STD-1316F 中，占用 5 个自然段对电子逻辑功能进行了深入论述，包括：

电子逻辑本身必须以安全的方式执行。

电子逻辑不仅不得被擦除或修改，而且不得重复装配。

必须对电子逻辑功能进行必要的试验（需满足联合武器试验程序、JOTPs、有关要求），同时要得到安全审查机构的认可。

电子逻辑功能中的逻辑状态必须可以识别和确认。

可以看出，MIL-STD-1316F 的以上新要求对电子逻辑在引信安全性设计中的应用限制更加严格，安全性标准更高。

2.2 关于引信非隔离型爆炸序列

关于引信非隔离型爆炸序列，MIL-STD-1316F 对 MIL-STD-1316E 进行了较大程度上的修改，不仅是行文描述上有差别，更重要的是要求更加严格，表现在：

MIL-STD-1316E 仅要求“对于不从发射后的环境聚积所有引发能的系统，在正常发射被引信识别且完成所要求的延期解除保险前，至少应有两套独立的能量隔离装置（其中每一套都由独立保险装置控制）防止引信解除保险”“对于从发射后的环境聚积所有引发能的系统，在正常发射被引信识别且完成所要求的延期解除隔离前，引信不应解除保险。在作战要求允许的解除隔离周期开始后，才可聚积引发能”。以上内容意味着只有那些采用弹簧、火药、雷管、作动器等能量不完全来自发射环境元器件的安全系统，才必须采用两套独立隔爆/隔火装置，对于那些采用涡轮发电机、火箭发动机燃气压力等能量完全来自发射环境元器件的安全系统，并不要求采用两套独立隔爆/隔火装置。

而在 MIL-STD-1316F 中，不再区分安全系统内采用何种能量器件，统一要求采用至少两套独立无关的能量隔离装置，防止引信在预定使用环境出现前解除保险。同时，MIL-STD-1316F 进一步要求应采用第三套保险机构及其附属的能量隔离装置，在确认解除保险预定的时序之前，必须防止引信意外解除保险。除此之外，当任何一个或全部能量隔断器出现静态故障时，其中至少一个能量隔断器应以动力学特性阻止意外解除保险。能量隔断器动力学特性的激活应依赖于建立在对射击环境的识别上。

可以看出，对于引信非隔离型爆炸序列，MIL-STD-1316F 规定了更为细致和严苛的允许引信解除保险的各种条件，可在 MIL-STD-1316E 基础上进一步提升非隔离型爆炸序列条件下引信的安全性。

2.3 关于引信未解除保险状态的保证

MIL-STD-1316E 中规定，关于引信未解除保险状态的保证，引信系统的设计应具备下列一项或多项特性：

(1) 防止引信系统装配成已解除保险状态的特性。

(2) 在装配、装配后以及装入弹药时，提供确定的方法确认引信系统未解除保险状态的特性。在引信系统装入弹药后仍可观测时，该方法亦应有效。

(3) 防止将已解除保险的全备引信系统安装到弹药上的特性。

在制造、检验或装入弹药前任何时候，若全备引信在试验中解除保险和恢复保险属于正常程序，除满足（1）项外，还需满足（2）或（3）项。

在 MIL-STD-1316F 中，主要增加了有关非隔离型爆炸序列条件下的内容，指出："对于采用非隔离型爆炸序列的引信系统，应在引信装于弹药之前，采取确定的方法防止引起引信解除保险的能量积聚"。同时，明确要求无论采取何种未解除保险状态的保证措施，均不得造成引信安全性能降级。

以上内容明显是为了解决越来越多采用非隔离型爆炸序列的引信意外解除保险的安全问题，同时明确不得造成引信安全性能降级，以杜绝由此产生的安全副作用。

2.4 关于电起爆装置不发火安全裕度

这是 MIL-STD-1316F 的全新要求，原文指出："如果一个引信系统的安全性主要是防止电起爆装置的意外作用，那么引信的最小安全裕度（不发火阈值与由电子/电磁干扰引起的刺激之间的差值）应向有关安全审查机构说明，得到批准后方可采用。"

以上内容意味着，如果电起爆装置本身的安全性决定了整个引信的安全性，那么必须充分估计该电起爆装置意外作用的可能性，最大限度降低电起爆装置意外作用引起的安全风险。

2.5 关于引信安全系统

在引信设计领域，关于引信安全性设计，大家耳熟能详的一句话就是"双环境力保险"，这句话源自 GJB 373A 及其等效美军标 MIL-STD-1316E，原表述为：

引信安全系统至少应有两套独立保险装置，其中每一套均应能防止引信意外解除隔离。这至少两套保险装置的解除保险激励应来自不同环境。引信的设计应尽量避免利用在发射周期开始之前引信可能经受的环境及其激励水平。至少有一套保险装置应依靠敏感发射周期内初始运动或发射后的环境，即敏感发射-投放环境而工作。如果启动发射的动作所产生的信号能够使弹药不可逆地完成发射周期，则该动作属于发射环境。

然而在 MIL-STD-1316F 中，有意无意地将这一概念弱化了。最新提法是：

引信系统至少应有两套独立保险装置，其中每一套均应能防止引信意外解除保险。设计上应将共因故障率降低至最低程度。保险装置的控制和操作过程应与弹药系统的其他工作过程相互隔绝，每一套保险装置都应能防止引信系统意外解除保险。用于激活引信保险装置包括软件在内的所有元件都应看成是引信系统的一部分，都必须符合本标准要求。不满足两套独立保险装置的产品，应提交有关审查机构批准。

关于子母弹子弹保险的解除问题，MIL-STD-1316F 提出子弹不得仅仅由于母弹的意外抛射过程而解除保险，必须经历母弹发射过程方可。

2.6 关于安全系统失效率

在 MIL-STD-1316E 中，其表述为：

在勤务处理和作战的所有阶段，包括从制造到安全分离或友军及其装备不再需要保护的位置，均应计算引信安全系统失效率。在引信评估过程中，应通过切实可行的试验和分析，对引信安全系统失效率进行验证，并且在下列各阶段不得超过规定的比率：

（1）在预定的解除保险-隔离流程开始前：防止引信解除隔离或作用，失效率 10^{-6}。

（2）出炮口前（身管发射的弹药）：防止引信解除隔离的失效率 10^{-4}，防止引信作用的失效率 10^{-6}。

（3）从启动解除保险-隔离流程或出炮口（若身管发射）到安全分离：防止引信解除隔离的失效率 10^{-3}。此期间引信的作用率应尽可能低，并应符合规定的弹药过早炸风险可接受水平。

MIL-STD-1316F 在以上内容基础上增加了一段话，笔者认为比较重要：

保险装置的设计应具有足够的鲁棒性，在不牺牲引信安全系统性能的条件下，应耐受引信系统寿命周期内产生的各种环境和操作应力。每一套保险装置的鲁棒性及其对引信系统全部安全性的贡献应通过理论分析和破坏性安全试验加以评估，其评估结果是否合格应由相应的审查机构决定。

这一段论述为今后开展新的引信安全性试验提供了依据，即不仅要通过试验设计验证引信安全性能，还要摸清其安全底线（最有可行性的是通过实验室方式完成），这是美军引信安全性试验理念的最新理念，对我军引信安全性试验有参考价值。

2.7 关于引信内贮能、材料相容性和电发火能量的耗散

在 MIL-STD-1316E 中，要求如下：

1）关于内贮能：

若从发射周期开始后的环境中获取能源可行，解除保险或解除隔离就不应利用内贮能。

2）关于相容性：

引信所有材料的选择都应考虑相容性和稳定性，使得未解除隔离的引信在全寿命周期内不发生以下现象：

（1）过早解除隔离。

（2）材料排出危险析出物。

（3）导爆管或传爆管爆燃或爆炸。

（4）爆炸序列元件感度增高，超出了供服役使用的水平。

（5）安全或绝火特性受损。

（6）有毒或其他危险物质达到不可接受的水平。

3）关于电发火能量的耗散：

对于电发火的引信爆炸序列，引信的设计应有措施使发火能量在引信已解除隔离或产生故障后 30 min 内耗散掉。耗散措施的设计应防止共模故障。

MIL-STD-1316F 对以上内容进行了不同程度的修改。

（1）关于内贮能：

重点强调了当必须采用内贮能时，系统安全性危害分析必须证明内贮能的失效模式不得提高系统安全失效率，同时要求尽可能不要用同一内贮能源同时负责保险与解除保险装置的闭锁和解除。

（2）关于相容性，做了较大修改：

不相容及危险化合物的产生，不应使用可能产生更易挥发和感度更高化合物的材料。使用的材料应经处理、限定位置或经包装，以防止形成有害化合物。

（3）关于电发火能量的耗散，也做了较大修改，不再提 30 min 的时间限制：

对于电起爆引信系统，引信的设计应有措施使发火能量在引信使用周期结束或失效之后耗散掉。耗散时间应满足不同的作战需求前提下，越短越好。耗散方式应防止单点、共模故障或共因故障，同时不得影响引信解除保险过程的安全性。

以上修改内容对我国引信设计颇具启发意义，有利于避免或解决一些因相容性、能量耗散等问题产生的事故和质量问题。

2.8 关于引信电磁环境

MIL-STD-1316E 中要求引信在暴露于某些电磁环境期间和之后，不应意外解除保险或作用，同时具有安全处理特性，包括六种电磁环境：

（1）电磁辐射。

（2）静电放电。

（3）电磁脉冲。

（4）电磁干扰。

（5）雷电作用。

（6）电源瞬变。

在 MIL-STD-1316F 中，将以上内容进行了修改细化：

（1）军械电磁辐射。

（2）人体静电放电。

（3）直升机静电放电。

（4）雨滴静电干扰。

（5）电磁脉冲。

（6）电磁干扰。

（7）雷电作用。

（8）电源瞬变。

总体来看，MIL-STD-1316F 更加突出强调了静电对引信安全性的影响，无论是引信设计者还是试验者对此应有充分认识。

3 对当前引信安全性设计的一些看法

在当前的引信安全性指标中，无论是何种体制、何种类型引信，满足 GJB 373A—1997《引信安全性设计准则》是普遍写法。相比其他性能指标的关注度和可能存在的激烈争论、寸步不让，在如何判断引信是否满足 GJB 373A—1997 要求这一点上，各方的观点罕见的一致，简单归结为一句话“由设计保证”。这一点既与研制单位对设计细节习惯性遮遮掩掩有关，同时也与审查专家对 GJB 373A—1997 重要程度的忽略有关。各方对实弹射击试验或测试结果更感兴趣，对 GJB 373A—1997 中大量的定性描述关注不够。仔细推敲下来，很多不符合 GJB 373A—1997 的引信从方案样机、初样机、正样机一直到定型，一路畅行无阻。举两个例子：

（1）GJB 373A—1997 要求引信设计应防止将已解除保险的全备引信系统安装到弹药上的特性。要注意是引信设计本身应具有这一特性，也就是说不可能通过人工检查的方式进行。据我所知，目前的弹引结合过程中，无论引信是否解除保险，在使用者看来都是一样的，安装过程没有任何不同，因此，完全没有满足这一要求。

（2）GJB 373A—1997 要求：对于电发火的引信爆炸序列，引信的设计应有措施使发火能量在引信已解除保险或产生故障后 30 min 内耗散掉。耗散措施的设计应防止共模故障。对于这一要求，研制单位一般也给出了相关的设计电路，问题是 30 min 的要求是否满足不得而知。前期发生的新疆多用途火箭处理过程中突然爆炸事件给我们敲响了警钟，可以设想在今后鉴定试验中设置专门的耗散时间试验项目，将引信相关火工品摘除，只保留必要的电路元件，考核其达标程度。

4 结束语

本文介绍了美军标 MIL-STD-1316 Fuze Design，Safety Criteria For 系列标准发展情况，重点对 MIL-STD-1316F 中新增或修订内容进行讨论，并结合我国引信安全性设计现状，提出了自己的一些看法。

当前，引信面临着从传统技术向信息化转型的关键时期，部队实战化训练强度日益增加，相应对引信安全性要求越来越高。美军标作为我国相当一部分军用标准的等效采纳对象，应对其改进和发展情况及时跟踪，尽快将美军标合理部分增补到我国相关标准中，为提高引信安全性设计、试验水平打下基础。

参考文献

[1] MIL-STD-1316F Fuze Design，Safety Criteria For. 18 August 2017.

[2] MIL-STD-1316E Fuze Design，Safety Criteria For. 10 July 1998.

[3] GJB 373A—1997 引信安全性设计准则.

[4] 卢建雁，郭占海. MIL-STD-1316 的发展情况和 GJB 373A—1997 的发展方向 [J]. 探测与控制学报，2002，24（2）：14-17.

第六篇

试验设计

谈谈子弹抛射内弹道

肖崇光

讨论子弹抛射内弹道的目的在于分析子弹二次弹道起始诸元的分布，为母弹的开舱可靠性提供依据。这对于前抛式子母弹来说，尤其必要。

1 子弹抛射内弹道的特点

子弹抛射内弹道，是从引信输出火焰开始，至子弹完全脱离母弹弹体的约束为结束点。在此期间的抛射弹道运动，存在以下三个特点：

（1）火药燃烧时间短。从引信输出火焰开始，至火药气体产生足够的压力，完成对弹底螺纹的剪切，实现母弹开舱，这一过程应在瞬间迅速完成。这是因为有的点火引信不是封闭式的，或引信上体没有足够的强度，如果火药燃烧时间过长，气体泄漏多，就会导致推力不足。要减少气体泄漏量，有效的办法是应尽可能缩短达到剪切弹底螺纹所需压力的时间，使用速燃药。

（2）药粒在燃烧过程伴随火药气体扩散产生二维运动。对于旋转弹来说，抛射药用药盒加以固定，以防止因弹丸的滚转使药粒移动到弹壁四周。但在火药燃烧过程中，子弹一旦开始运动，火药气体必然带着燃烧着的药粒发生径向和轴向二维运动。其空间的迅速增大，加剧了热损耗和压力下降。另外，当推板进入弹体刻槽部位之后，又发生较大的气体泄漏。

（3）没有后效期。对于旋转稳定的子母弹来说，底螺和子弹一旦脱离母弹弹体的约束，则在离心力的作用下，迅速朝侧向运动，不再承受来自沿弹轴方向的火药气体推力。也就是说，子弹抛射内弹道是没有后效期的。

2 抛射内弹道的特征截面

根据内弹道特征的划分，抛射内弹道同样可以分为前期、第一、第二时期。正如在前面所分析的那样，子母弹为了获得可靠的、符合要求的抛撒弹道分布，就必须严格控制抛射内弹道各个环节，由于药量小，“弹重”大，子弹位移后的空间迅速变大，要提高抛射内弹道参数的一致性，其关键在于使抛射药能迅速燃烧。因而不管什么抛撒方式，都要保证抛射药以集中点火、火药气体压力迅速上升为基本条件，即需要较稳定的前期。

对于剪切底螺的后抛式子母弹，其抛射内弹道前期结束的参数由方程组（1）确定：

$$\begin{cases} P_0 = P_B + \dfrac{f'\Delta\psi_0}{1-\dfrac{\Delta}{\delta}-\Delta\left(\alpha-\dfrac{1}{\delta}\right)\psi_0} \\ P_0 = 1.5\pi r h_c \tau / s \end{cases} \tag{1}$$

式中，$P_B=\dfrac{f'_B\omega_B}{\omega_0-\dfrac{\omega}{\delta}-\alpha_B\omega_B}$；$r$ 为弹底螺纹中径；h_c 为螺纹配合长度；τ 为螺纹剪切应力，一般 $\tau=0.5\sigma_s$；s 为推板面积。

对应在点火 t_0 后开舱的条件：

$$\begin{cases} P=P_B+\dfrac{f'\Delta\psi}{1-\dfrac{\Delta}{\delta}-\Delta\left(\alpha-\dfrac{1}{\delta}\right)\psi} \\ \dfrac{\mathrm{d}p}{\mathrm{d}t}=\dfrac{f'\omega}{s}\left(1+\dfrac{p}{f'\delta}\right)\dfrac{\mathrm{d}\psi}{\mathrm{d}t} \end{cases} \tag{2}$$

1）第一时期

当推板进入母弹的固定子弹刻槽部，则气体由此泄漏，设刻槽部的泄漏面积为 S_d，流速为 u，燃烧室内气体密度为 ρ，单位密度对应气体能量为 c_g，并假定无发射药泄漏，在忽略发射药药粒控体积时，泄漏量 m_g 和压力变化由下方程确定。

$$\begin{cases} \dfrac{\partial P}{\partial t}=\dfrac{\partial}{\partial t}\left[\rho\left(c_g+\dfrac{u^2}{2}\right)\right]+\dfrac{\partial}{\partial x}\left[\rho u\left(c_g+\dfrac{p}{\rho}+\dfrac{u^2}{2}\right)\right] \\ m_g=S_d\rho u \end{cases} \tag{3}$$

由于药量很少，剪切弹底螺纹消耗功不可忽略。因此，在第一时期的剪切过程中有

$$\begin{cases} P=\dfrac{f'\omega\psi-\dfrac{\theta\varphi m}{2}V^2-P_0Sh_c}{S(l_4+1)} \\ V=\dfrac{SI_k}{\varphi m}(Z-Z_0) \end{cases} \tag{4}$$

剪切结束后，P_0Sh_c 项消失。在选用 2/1 樟速燃药条件下，通过计算发现，第一层子弹还未与母弹分离时，发射药已燃烧结束。因其燃烧时间短，“弹丸”行程小，我们忽略气体泄漏的影响，即按照一般内弹道方程求解本时期参数。从式（4）还可看出，当 $\omega_0=Sl_4$ 较小时，随着弹丸行程增大，分母增加较快，压力下降迅速，对于已出现的几种子母弹，其 P_m/P_0 通常只有 1.20 ~1.30，即子弹一旦运动，压力略上升之后便迅速下降。

2）第二时期

在本时期内，子弹逐层分离和气体泄漏同时出现，而且由于子弹运动速度使母弹弹体加速运动同样要消耗能量，令：m_0 为弹底+支撑筒的质量；m_z 为每层子弹质量；m_d 为推板及附件质量；m_p 为母弹弹体质量，则母弹弹体“后坐”消耗功 E_p：

$$\begin{cases} m=m_0+nm_z+m_d \\ E_p=\dfrac{m^2}{2m_p}V_2 \end{cases} \tag{5}$$

泄漏气体消耗功 E_g：

$$E_g=S_A\int_0^1 P\mathrm{d}t \tag{6}$$

简化为子弹运动速度 V 及燃烧结束点 V_k 关系为

$$E_g=\varphi_z S_d I_k V/V_k \tag{7}$$

令药室缩径加上燃烧结束瞬间的子弹行程为 l_k，令 h 为子弹有效高度，把它们代入能量方程，得

$$P(l_k+ih)=f'\omega\left[1-E_g-E_p-\frac{\theta m}{2f'\omega}V^2\right] \tag{8}$$

为便于分析，当弹底分离后，把各变量前的常系数进一步简化为

$$P(l_k+ih)=A-B[(n-i)m_z+m_d]^2V-C[(n-i)m_z+m_d]V^2$$

$$i=1,2,3,\cdots,n(\text{子弹层数})$$

即

$$V=V\{P(n-1)m_2\} \tag{9}$$

至于前抛式，无剪切螺纹条件，在解法上只需以 t_0所对应的 P_0除去 m_0即可。

3　子母弹抛射可靠性分析

子母弹的抛射可靠性是指实现开舱，赋予子弹达到规定抛射诸元的程度。这里所讨论的主要是与抛射内弹道有关联的设计可靠性，包括抛射药引燃可靠性、燃烧压力稳定性、压力余度、子弹最佳分离速度等项，至于生产管理中出现的质量问题，因已有文献介绍，在此不予重复。

3.1　抛射药引燃可靠性

引信点火输出的设计是针对点燃黑药为主体的照明弹、宣传弹抛射药。抛射药仅由细布包裹，引信一旦发火，无论是停留在药包布上还是接触到药粒的热颗粒，因其受体接触部位的热容量小，温升快而被迅速引燃。子母弹的抛射药盒，目的在于防潮，但由于防潮膜为硝化棉片，在与热颗粒接触瞬间，必须使接触部位汽化，然后才能引燃。其结果增大了对热颗粒携带能量的要求，这种引燃感度的下降，带来了开舱可靠性的降低，尤其当被试品暴露在环境露点温度之下时，引信驻室内壁防潮膜上会附着薄层水珠，防潮膜上的护板又妨碍附着物分离，以及在防潮膜黏结时出现黏胶的附着等，更进一步降低了引燃感度。这种变化具体反映在引燃距离上，必然缩短引燃距离，降低引信火焰输出后传输过程中的损耗。点火动力学还未能提供确切的计算方法，因此，研制过程中必须通过在极端条件下的系列试验才能最终完成点燃可靠性的设计。

3.2　燃烧压力稳定性

压力余度，利用式（1），把 P_0、ψ_0 两变量符号的下标去掉，由燃速关系就可以对内弹道参数进行选择：P 上速度越快者，压力越稳定，可供选择的参数有 ω_0、χ、λ、f、ω_g、ω、t_0 等。对于抛射药在燃烧过程中，其固相或气相物质量呈径向流动的问题，在设计时，必须从药室结构上采取措施予以克服。由于径向运动的出现降低了压力的稳定性，致使在装药量较少的情况下，r_{v0}竟达 10 m/s 以上，甚至出现射弹留膛。对径向流动稍加限制之后，在同样的装药条件下，其 $r_{v0}\leqslant 1$ m/s，模拟发射器的改进成功，就是限制径向流动的一个范例。

压力余度是在燃烧稳定性为先决条件下的可靠性量化参数。如果在极端低温使用条件下式（10）成立：

$$
\begin{cases}
K=\dfrac{P_{\mathrm{m}}-P_0}{\sigma_p}>3 \\
\sigma_p=\sqrt{\sigma_{p_{\mathrm{m}}}^2+\sigma_{p_0}^2}
\end{cases} \tag{10}
$$

压力余度系数 K 即可保证开舱的可靠性。

3.3 最佳分离速度

对于前抛子弹的结构而言，子弹分离瞬间，子弹与母弹的速度关系由式（11）表示：

$$
\begin{cases}
V_i=\sqrt{V_{\mathrm{r}}^2+V_{\mathrm{z}_1}^2} \\
\alpha_i=\arctan\dfrac{V_{\mathrm{r}}}{V_{\mathrm{z}i}}
\end{cases} \tag{11}
$$

式中，V_{r} 为子弹沿母弹滚转方向的切向分离速度；$V_{\mathrm{z}i}$ 为第 i 层子弹在弹轴方向上的分离速度；α_i 为第 i 层子弹分离速度方向与母弹弹轴的夹角。

随着$V_{\mathrm{z}i}$变化，α_i亦相应改变，使子弹穿过母弹气流干扰区时，各层子弹的初始姿态有一定的差异，这种差异又在穿过气流干扰区后进一步增大，结合子弹在高速飞行时的不稳定性，有助于避免子弹在飞行中相互碰击和落点集中等失效的结果出现。

子弹抛射内弹道的这些特性，必然导致抛射时烟光信号弱到难于观测，不利于射击修正面而降低压制效力，必须增加附加抛射指示的措施才能克服其缺陷。

参考文献

[1] 陆珥. 炮兵照明弹设计［M］. 北京：国防工业出版社，1978.

再讨论子母弹试验技术

肖崇光

子母弹试验同子母弹一样，都是发展中的技术。试验必须针对被试对象在理论和设计中的缺陷或最敏感的部分展开，才能取得最佳的效果。下面就子弹评估、大威力子弹限制条件、子弹弹道以及测试方案等问题，再做一些讨论。

1　子母弹可用性评估的依据

所谓子母弹的可用性，是指子母弹所具有的杀伤效能的水平，破甲子母弹的可用性，是用子弹的覆盖面积 A_F 和破甲概率 Q_p 联合确定的。

子弹的覆盖面通常为椭圆状。子弹覆盖面积由抛射点参数（X_p、Y_p、θ_p、V_p、N_p）、子弹的气动参数和气象环境（主要是风 W）等因素确定。子弹覆盖面积的可用性，表现为子弹布撒的均匀性，由子弹落点坐标（X_z、Z_z）的分布决定。我们用两相邻子弹的距离在某个范围内（$R_L \sim R_u$）表示，对每个子弹 i 来说，总可以找到一个相距最近的子弹 j，称子弹 j 为子弹 i 的相邻子弹，其相邻距离为 R，应满足下式：

$$R_u^2 > R^2 > R_L^2 \tag{1}$$

子弹的破甲概率 Q_{z1} 由子弹的可靠性 Q_z 与破甲威力参数联合确定。子弹的可靠性包括飘带可靠性 Q_w、子弹引信可靠性 Q_{FU}。Q_{FU} 又由引信在解除保距离（X_{FU}）之后引信触发发火概率 Q_{FU1} 决定。子弹的破甲概率由子弹破甲速度限（V_Q）和着角限（α_Q）联合确定，在极限条件下，取 θ_C、α 共面，即 $\theta_C+\alpha$，有

$$Q_{z1} = Q\begin{cases} V_C < V_Q \\ (\theta_C+\alpha) < \alpha_Q \end{cases} \tag{2}$$

通常，$Q_{z1} = 0.90$，只要 $Q_{FU1} > Q_{z1}$ 就能满足破甲要求。

如果引信无自毁功能，当子弹的失效概率 $P_z = (l-Q_{FU}) \times (l-Q_w)$ 较高时，这些失效的子弹无异于布撒的“地雷”，将危及部队和场区附近居民的安全。我军装备中的几个弹种和地雷（含子母雷），均因瞎火率高或无自毁功能而被禁用。因此，子弹的自毁或综合发火概率（Q_{z2}）是评估子母弹可用性不可缺少的内容。试验证明，当自转速率低于 5 000 r/min 时，子弹的破甲威力并无显著性变化，因此，可不考虑子弹自转的影响。此外，母弹开舱可靠性 Q_m 是子弹完成使命的基础，因而也是首要条件。

综上所述，评估子母弹可用性的依据是

$$
\begin{cases}
Q_m > Q_m^B \\
R_U^2 > |(X_{z1}^2 + Z_{z1}^2) - (X_{zk}^2 + Z_{zk}^2)| > R_L^2 \\
X_{FU} < X_{FU}^B \\
Q_{FU} > Q_{FU}^B \\
Q_{z1} > Q_{z1}^B \\
Q_{z2} > Q_{z2}^B
\end{cases} \tag{3}
$$

式中，上标 B 代表指标要求。

2 大威力弹带来的新问题

在炮射子母弹子弹破甲性能试验中，曾使用改制的子弹，即把 V_Q 从 50 m/s 提高到 90 m/s，从而使子弹弹道减轻了风的影响，提高了试验结果的准确性。对于大威力子母弹，因子弹弹体增大，装药与药型罩的质量也随之增大，当弹着瞬间的冲击载荷较大时，其药柱在引信发火前就可能发生一定的位移，从而使子弹破甲威力下降，甚至丧失破甲能力。为此美军的一些大威力子弹，着速控制在 15～25 m/s。然而降低着速必然导致子弹在低速下飞行较长的时间，这时，风的影响又会增大，造成较大的风偏。

我们把子弹分解成光弹体和飘带部分，以便于分析子弹的受力状态。当存在横风 W 时，飘带沿子弹速度与风速之矢量和的反向展开，与子弹速度方向的夹角为 ψ。于是，飘带给子弹弹底一侧向力 R_w^z，该力形成的翻转力矩为 M_w^z，按照子弹的有关定义表示为

$$
\begin{cases}
R_w^z = 1/2 C_{xw} \rho S (V^2 + W^2) \sin \psi \\
M_w^z = R_w^z L_{BG}
\end{cases} \tag{4}
$$

W 加在光子弹上的侧向力 R_z^z 和力矩 M_z^z 为

$$
\begin{cases}
R_z^z = 1/2 C_{yz} \rho S (V^2 + W^2) \\
M_z^z = R_z^z L_{GP}
\end{cases} \tag{5}
$$

在子弹上形成的翻转力矩为

$$
M_z = M_w^z - M_z^z \tag{6}
$$

由于子弹质心到压心之距（L_{GP}）很小，在攻角 α 不很大时，对于可忽略自转的子弹，弹口要摆向迎风面；自转不可忽略时，子弹则绕速度章动。当子弹速度下降或风速升高时，ψ 增大，当使用增大阻力的飘带时，C_{xw} 增大；其结果都使子弹的 α 增大。如果高速自转的子弹，子弹的飘带又设计成必须跟随子弹旋转时，在离心力的作用下，必然形成飘带与弹轴的夹角 ψ'，使子弹的受力更为复杂。

以上讨论表明，风必然会导致子弹的飞行攻角增大，增大子弹飞行速度，选择适宜的飘带及与子弹连接方式，可以降低其影响。

3 子弹弹道特征的分析

子弹被抛出后，在抛射力的作用下，由于子弹飘带不能及时展开以及子弹本身在高速飞行时的不稳定性，因此子弹在其初始弹道段必然翻滚。对于前抛式子母弹，子弹还必须跨越母弹形成的干扰流场，使子弹运动变得更加复杂。在子弹飘带展开之后，随着飞行速度的下降，摆动角将逐渐减小直到进入不大的平衡攻角飞行段。如果有风存在，随着速度的下降及累积效应，其攻角将逐渐增大。

通过对子弹气动参数的整理，在 $\alpha<90°$时，子弹的C_{x1}、C_{y1}可用下列关系式表示：

$$\begin{cases} C_{x1}(\alpha)=C_{x1}(0)+C_{xk}\sin(K_1\alpha) \\ C_{y1}(\alpha)=C_{y1}(0)+C_{yk}\sin(K_2\alpha) \end{cases} \tag{7}$$

同C_{x1}、C_{y1}一样，C_{xk}、C_{yk}、K_1、K_2也是速度的函数。

式（7）告诉我们，在 $\alpha=0°$时，C_{x1}并不是最小，也不是最大，通常最大值出现在 $\alpha=25°\sim35°$；大多数子弹C_{y1}的极值发生在 60°。按气动力关系

$$\begin{cases} C_x=C_{x1}\cos\alpha+C_{y1}\sin\alpha \\ R_x=1/2C_x\rho SV^2 \end{cases} \tag{8}$$

以某子弹为例，当 $V=100$ m/s，α 分别为 20°、30°、40°时，C_x 的百分比增量分别达到 0.16、0.27 和 0.35。子弹在摆动周期内，其阻力系数的变化是十分显著的。子弹飞行攻角对子弹阻力的显著性影响，为判断子弹飞行的稳定性或者判断子弹具有破甲效能的弹道段提供了有效的判据。

4 子弹弹道的测量方案

在抛射后的自由飞条件下，子弹为集束型暗目标，为实现子弹弹道的测量必须将其转化为亮目标。在炮射子母弹试验中，利用现有摄影设备，在白天可于 400 m 外拍摄到曳光子弹的发光信号。利用第二代炮射子弹引信，可以实现让子弹抛出后 $t=0\sim20$ s 的任一时刻内发光，并使发光持续数秒之久，经此改造的子弹（曳光子弹）即成为可观测的亮目标。

曳光子弹因曳光剂的消耗，曳光气流对气动参数的影响可综合成 C_x 的变化，用 C_x^1 表示。由于在子弹的侧方开曳光孔，曳光体气流量极小，即使对C_x产生影响，也可认为用线性关系来处理，即

$$C_x^1=K(V)C_x$$

选择适当的开孔位置，保证曳光孔的对称性，以减小曳光气流对子弹摆动的影响。曳光子弹与子弹弹道的相似性可用模拟炮射击结果确定。

为了避免曳光的累积效应，控制曳光时间，即只在有限的弹道段上观测，通过不同的引信发火时间，就接力地完成了全弹道的测量。曳光时间的选择，同样可用模拟炮的比射结果确定。

CCD沿导轨做直线运动（v），而导轨做角运动（ω），于是，CCD可跟踪到视场任何位置。CCD的中心在视场中的位置坐标，可以用线移量 X 和角移量 ϕ 来合成。跟踪方式仍采用自适应闭环跟踪和理论值引导。

这一方案将增加成本，但可靠性将大大提高；另外，极坐控制跟踪方式，只需一个电动机，平台尺寸可以减小。

由以上分析可以看出；我们提出的CCD实时弹道相机的改造方案不仅是必需的，而且在采取一定措施后是完全可行的。目前，国际上CCD的应用技术正在突飞猛进地发展，它在弹道相机上的应用已成发展趋势。可以想象，在不远的将来，CCD实时弹道相机将作为一种新型的弹道测量系统展现在我们面前。

关于弹丸弹道飞行的探讨

尉进有，肖崇光

摘　要：本文对弹丸外弹道飞行过程和终点弹道运动过程中出现的一些问题进行了分析，对弹道理论提出疑议。本文对弹道研究有一定的参考价值。同时对引信研制试验中分析和处理问题有一定的参考价值。

1　问题的提出

关于弹丸外弹道飞行问题，多年来我们一直依据现有的外弹道理论进行研究。在对引信研制试验过程中，静态实验中根据外弹道理论对我们所能够考虑到的问题给予了充分的考虑，在认为没有问题的情况下进行实弹射击试验。然而射击结果并不理想，在这种情况下就要对其进行回收试验，以便分析其原因。在对地面的回收试验中（回收试验就是把引信部分火工品换成假火工品，实弹改成砂弹，对地面射击，回收弹丸引信，分解引信研究原因），我们发现，弹丸的落角与弹道计算不相符合，并且弹丸侵入地面的运动与以往所讲理论不相符合。那么是什么原因产生这种不同呢？是什么原因引起引信早炸呢？是否是目前的外弹道理论有不足之处呢？为此提出了对弹丸弹道飞行问题的探讨，以便争鸣，各抒己见，使理论推向深入。有不妥之处请批评指正。

2　外弹道理论简述

目前的外弹道理论认为，弹丸在外弹道飞行过程中，如图 1 所示，由于空气阻力等因素影响，产生弹道的不对称性。随着弹形系数的不同，不对称性也不同。

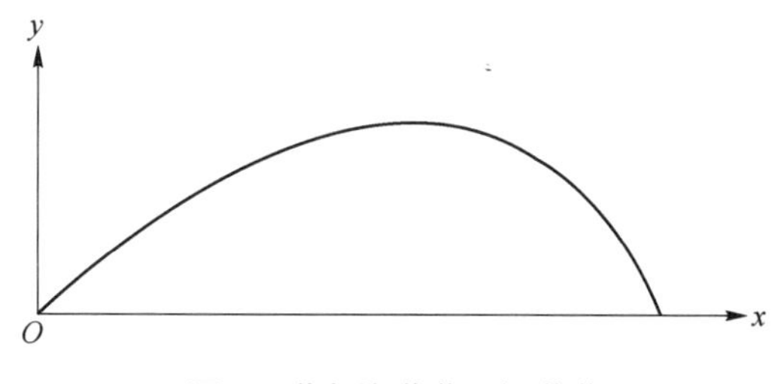

图 1　弹丸外弹道飞行弹道

弹丸在弹道飞行过程中，其质心运动方程组为

$$\frac{\mathrm{d}V}{\mathrm{d}t}=-C\times H(y)\times F(v,c)-\times g\sin\theta \tag{1}$$

$$\frac{\mathrm{d}\theta}{\mathrm{d}t}=-\frac{g\times\cos\ \theta}{V} \tag{2}$$

$$\frac{\mathrm{d}y}{\mathrm{d}t}=V\times\sin\ \theta \tag{3}$$

$$\frac{\mathrm{d}x}{\mathrm{d}t}=V\times\cos\ \theta \tag{4}$$

初抬弹道诸元为

$$t=t_0=0,v=v_0,\theta=\theta_0$$

$$y=y_0,x=x_0$$

式中，c 为弹形系数；θ 为弹丸质心速度矢量与地面夹角；v 为弹丸速度，g 为重力加速度，$g=9.8\ \mathrm{m/s^2}$；$H(y)$ 为比重函数；$F(v,c)$ 为空气阻力函数。

联立求解方程组求得每一点的速度、高度、距离、角度，此时把弹丸看作一个质点，不考虑质心的变化。

当考虑气象条件、弹重等因素的影响时：

（1）弹重的影响。由于

$$C=\frac{id^2}{G}\times10^3$$

弹形系数随着弹重 G 的增加而减少，使射程增加，射程改变量 ΔX_{g} 为

$$\Delta X_{\mathrm{g}}=100Q\frac{\delta G}{CG}\cdot\frac{\Delta G}{G}$$

式中，$Q\frac{\delta G}{C}=\left|\frac{\partial X}{\partial C}\right|\frac{C}{100}$。

（2）风偏修正。横风和纵风所引起的侧偏和射程偏差分别为

$$\Delta X_{\mathrm{w}x}=Q_{\mathrm{w}x}W_x$$

$$Z_{\mathrm{w}z}=Q_{\mathrm{w}2}W_z$$

只要将修正系数 $Q_{\mathrm{w}x}$、$Q_{\mathrm{w}z}$ 代入，利用高空分层法就可求得高空风速不同所引起的射程和方向偏差。

（3）气压修正：

$$\Delta xh=-100Q\frac{\delta c\Delta h_0}{ch_0}$$

（4）气温修正：

$$\Delta x_z=Q_z\Delta z_{\mathrm{B}}$$

式中，Q_z 为修正系数。

综上所述，综合修正就得到了目前的弹丸质心弹道。此外，外弹道理论认为，弹丸在出炮口处章动最大，距炮口一定距离后可不考虑章动的影响。

3 弹道飞行分析

3.1 试验方案设计

（1）选取一门存留寿命为90%的火炮，并测量火炮。

（2）选取一批标准砂弹，弹重符号为“±”。

（3）对标准弹药保温，温差±2 ℃。

（4）测量炮位坐标及高程。

（5）根据我们选定的射程，选定落弹区。以落弹中心为基准，平整一块落弹散布区，并且测量其高程。

（6）测量初速和高空、地面气象。

（7）选择高空、地面气象简单的晴天。

（8）根据当日气象，利用前述外弹道公式计算，并且在一定时间内将一组弹射击完毕。

（9）用保温车运送弹药。

3.2 试验实施

（1）架炮并定射向、射角，测量炮口距离地面高度。

（2）用雷达测量炮口初速。

（3）用最短时间将一组弹药射击完毕。每发射击完毕，检查射角、射向（射前根据气象条件计算）。

3.3 试验结果及分析

1）试验结果

本文以 59-1 式 130 mm 加农炮为例试验，根据测量的炮口坐标和落点坐标、射击诸元，利用外弹道公式用计算机计算弹道诸元，并且测量弹丸侵入地面剖的角度。弹丸侵入地面剖图如图 2 所示。

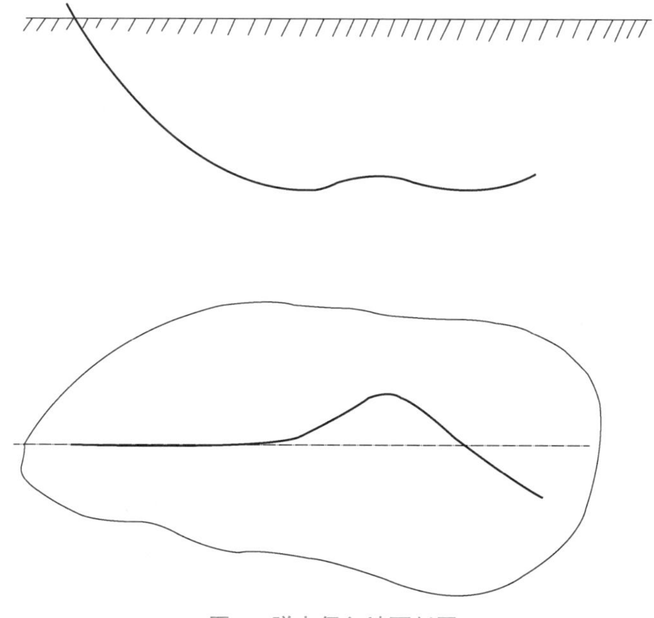

图 2　弹丸侵入地面剖图

2）外弹道计算机计算结果与射表对比

表 1 所示为计算机计算的射角 15°，初速 930 m/s 的计算结果。

表 1　试验结果表

射角 θ_0/（°）	实测距离 X/km	实测落角 θ_c/（°）
15	17.40	38
15.9	17.80	40
15.9	17.75	37
15.9	18.05	46
15.9	18.07	47
15.9	18.06	46
15.9	17.95	42
15.9	17.7	37
15.9	17.82	40

查射表（59-1 式 130 加农炮），射角 15°，初速 930 m/s 时，

射程 X=17.6 km；

最大弹道高 Y=1 710 m；

落角 θ_c=30°。

由表 1 知：

射程 X_1=17.562 km；

最大弹道高 Y_1=1 713 m；

落角 θ_{c1}=30.12°。

对比计算结果与射表结果（表 2~表 4），可以认为计算精度足够高，可以利用该计算公式计算。

表 2　V_0=930 m/s，θ_0=15°外弹道计算表

T	X	Y	U	θ_c
1.000	873.6	229.3	877.14	14.48
2.000	1 781.2	437.0	829.92	13.76
3.000	2 487.5	624.8	787.38	13.09
4.000	3 236.4	794.1	748.81	12.38
5.000	3 951.5	946.3	713.63	11.63
6.000	4 635.4	1 082.2	601.39	10.84
7.000	5 298.8	1 202.9	651.73	10.02
8.000	5 919.8	1 309.2	624.34	9.15
9.000	6 524.3	1 401.7	598.99	8.24

续表

T	X	Y	U	θ_c
10. 000	7 186. 0	1481. 2	575. 45	7. 30
11. 000	7 666. 4	1 548. 1	553. 56	6. 31
12. 000	8 206. 9	1 603. 1	533. 18	5. 29
13. 000	8 728. 7	1 646. 5	514. 16	4. 22
14. 000	9 232. 9	1 678. 9	496. 41	3. 11
15. 000	9 728. 5	1 700. 6	479. 83	1. 97
16. 000	10 192. 3	1 711. 9	464. 34	0. 78
17. 000	10 649. 4	1 713. 3	449. 85	-0. 45
18. 000	11 092. 3	1 785. 0	436. 32	-1. 71
19. 000	11 521. 9	1 607. 3	423. 68	-3. 02
20. 000	11 938. 7	1 660. 5	411. 87	-4. 36
21. 000	12 343. 5	1 624. 0	400. 05	-5. 73
22. 000	12 736. 7	1 580. 5	390. 59	-7. 14
23. 000	13 110. 8	1 527. 8	381. 00	-8. 58
24. 000	13 490. 3	1 467. 0	371. 95	-10. 05
25. 000	13 851. 5	1 398. 1	363. 60	-11. 55
26. 000	14 203. 0	1 321. 4	356. 07	-13. 07
27. 000	14 545. 5	1 237. 1	349. 39	-14. 61
28. 000	14 879. 5	1 145. 2	343. 56	-16. 17
29. 000	15 205. 7	1 045. 7	338. 54	-17. 74
30. 000	15 524. 6	938. 8	334. 28	-19. 33
31. 000	15 836. 8	824. 5	330. 69	-20. 91
32. 000	16 142. 6	702. 8	327. 71	-22. 49
33. 000	16 442. 5	573. 7	325. 29	-24. 07
34. 000	16 736. 8	437. 4	323. 34	-25. 64
35. 000	17 025. 6	293. 9	321. 82	-27. 19
36. 000	17 309. 3	143. 3	328. 68	-28. 74
36. 000	17 562. 6	0. 0	319. 93	-38. 12

表 3　$V_0 = 975$ m/s，$\theta_0 = 15°$外弹道计算表

T	X	Y	U	θ_c
1. 000	912. 1	242. 6	912. 13	14. 43

续表

T	X	Y	U	θ_c
2.000	1 769.5	450.4	856.82	13.81
3.000	2 578.5	652.5	807.64	13.16
4.000	3 344.2	826.7	763.54	12.46
5.000	4 071.1	982.5	723.70	11.73
6.000	4 762.7	1 121.3	687.49	10.95
7.000	5 422.1	1 244.0	654.43	10.13
8.000	6 052.1	1 351.7	624.12	9.26
9.000	6 655.0	1 445.2	596.24	8.35
10.000	7 232.7	1 525.2	570.51	7.48
11.000	7 707.1	1 592.4	546.72	6.41
12.000	8 319.9	1 647.4	524.60	5.37
13.000	8 832.4	1 698.8	504.23	4.28
14.000	9 326.0	1 722.9	485.24	3.15
15.000	9 801.9	1 744.2	467.58	1.97
16.000	10 261.0	1 755.2	451.17	0.75
17.000	10 704.5	1 756.2	435.91	−0.51
18.000	11 133.2	1 747.6	421.71	−1.82
19.000	11 547.8	1 729.6	408.53	−3.17
20.000	11 949.3	1 702.5	396.20	−4.56
21.000	12 338.2	1 666.7	384.92	−5.99
22.000	12 715.1	1 622.3	374.23	−7.45
23.000	13 080.5	1 569.6	364.33	−8.96
24.000	13 435.2	1 508.9	355.40	−10.49
25.000	13 779.8	1 440.2	347.52	−12.06
26.000	14 115.3	1 363.7	340.69	−13.65
27.000	14 442.3	1 279.5	334.85	−15.25
28.000	14 761.7	1 187.5	329.92	−16.88
29.000	15 074.0	1 087.9	325.82	−10.51
30.000	15 379.9	980.7	322.44	−20.14
31.000	15 679.7	865.9	319.70	−21.77
32.000	15 973.8	743.5	317.52	−23.39
33.000	16 262.6	613.7	315.83	−25.01

续表

T	X	Y	U	θ_c
34.000	16 546.3	476.5	314.55	−26.61
35.000	16 825.2	331.9	313.65	−28.20
36.000	17 099.3	100.1	313.06	−29.76
37.000	17 368.0	21.2	312.74	−31.31
37.128	17 402.5	0.0	312.73	−31.50

表 4　$V_0=975$ m/s，$\theta_0=15.9°$外弹道计算表

T	X	Y	U	θ_c
1.000	908. 2	256.9	912.83	15.33
2.000	1 761.9	486.2	856.69	14.72
3.000	2 567.6	693.0	807.54	14.06
4.000	3 330.4	879.3	763.49	13.37
5.000	4 054.7	1 046.7	723.72	12.64
6.000	4 744.1	1 196.4	687.61	11.86
7.000	5 401.7	1 329.7	654.65	11.04
8.000	6 030.1	1 447.6	624.44	10.18
9.000	6 631.7	1 550.8	596.65	9.28
10.000	7 208.5	1 640.2	571.02	8.33
11.000	7 762.3	1 716.5	547.32	7.34
12.000	8 294.8	1 780.2	525.36	6.30
13.000	8 807.2	1 832.0	504.99	5.22
14.000	9 301.0	1 872.2	486.07	4.09
15.000	9 777.3	1 901.4	468.48	2.92
16.000	10 237.2	1 920.0	452.12	1.78
17.000	10 681.6	1 928.4	436.91	0.44
18.000	11 111.3	1 926.8	422.76	−0.87
19.000	11 527.3	1 915.7	409.60	−2.21
20.000	11 930.2	1 895.3	397.38	−3.60
21.000	12 320.8	1 865.9	386.03	−5.03
22.000	12 699.5	1 827.7	375.40	−6.49
23.000	13 066.9	1 781.0	365.49	−8.00
24.000	13 423.7	1 726.1	356.58	−9.53

续表

T	X	Y	U	θ_c
25.000	13 770.4	1 663.0	348.52	-11.10
26.000	14 100.0	1 591.9	341.57	-12.69
27.000	14 437.3	1 513.0	335.60	-14.38
28.000	14 758.8	1 426.2	330.54	-15.92
29.000	15 073.2	1 331.6	326.31	-17.56
30.000	15 381.2	1 229.3	322.80	-19.20
31.000	15 603.1	1 119.3	319.95	-20.84
32.000	15 979.4	1 001.7	317.66	-22.47
33.000	16 270.4	876.5	315.87	-24.10
34.000	16 556.2	743.8	314.52	-25.71
35.000	16 037.2	603.6	313.54	-27.31
36.000	17 113.5	456.1	312.89	-28.89
37.000	17 385.1	301.3	312.52	-30.45
38.000	17 652.3	139.4	312.39	-31.98
38.825	17 069.1	-0.0	312.45	-33.23

3）结果分析

（1）外弹道分析。

从射击结果与表 2、表 3 对比可以看出，一组弹丸在落弹中心区形成了一个散布区，所测落角与外弹道计算落角相差较大。当考虑初速变化和弹重、气象条件后，单发所计算的射程与实测射程基本相符。取一组弹初速平均值、落弹中心散布平均值、实测落角平均值、计算射程与实测射程平均值也基本相符，而落角相差较大。

通过分析计算，提出了一个问题，为何落角相差较大而射程基本相符？

作者分析认为：

①目前的外弹道质点运动数学模型建立存在不足，有待进一步研究改进。

②弹丸在弹道上的运动并不像目前外弹道理论认为的那样，弹丸在炮口处章动最大，在距炮口一定距离后章动可忽略不计。而应该是随着高度的增加章动减小，即随着空气密度的减小章动减小。那么就存在弹道降弧段，随着弹丸的逐渐运动，章动增大，最后导致弹丸落角的变化，这也是引信设计由于没有考虑弹道章动而引起早炸、瞎火的原因之一。

③由前两个原因共同引起。

由于目前还不具备全弹道跟踪弹丸运动的条件，无法测出弹丸在整个弹道的飞行姿态，因此对前面的分析原因有待进一步的实践证明。

（2）终点弹道分析。

在我们研究弹丸触发射击时，弹丸依靠其动能碰击目标，使目标介质破坏，并且排开介质侵入内部，直到弹丸速度为零或弹丸爆炸为止，这一作用过程叫作碰击作用或侵彻作用，侵彻过程中弹丸质心的轨迹叫作侵彻弹道或终点弹道。

以往给出的弹丸在土壤中的终点弹道如图 3 所示。

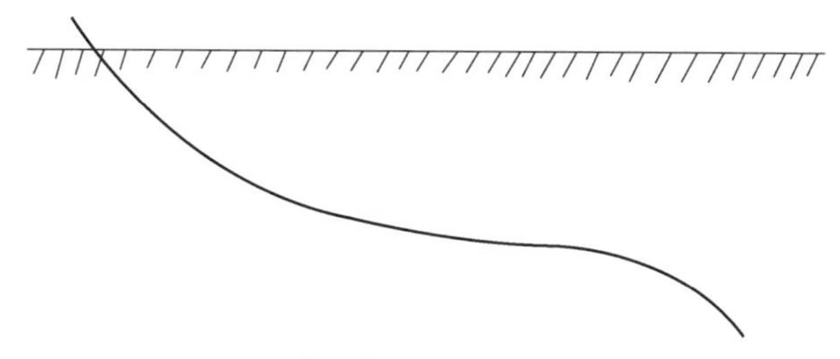

图 3　弹丸在土壤中的终点弹道

图 3 和图 2 比较，明显地发现其不完全相符。

弹丸在土壤中的运动由于介质阻力的作用，达到弹道最低点回升时，弹道并非像图 3 那样规律，而是首先左转然后右转而上升，对于这种现象产生的原因有待进一步的研究。

同时，由弹丸产生跳弹时，跳弹方向偏离原弹道而向右偏离这一点可以得到证实。

4　结束语

通过本文的分析，我们对弹丸的质心运动模型提出疑议，同时对弹道上弹丸的飞行姿态提出疑问，并且对终点弹道弹丸在土壤中的侵彻过程提出原理存在问题，有待研究改进。

对于本文所提到的问题，都是涉及前人多年来研究的成果，都是很复杂的问题。作者斗胆提出根据自己的研究实践发现的问题，希望能够有人对这些现象做出进一步的事实证明，这是作者写作的最大心愿。由于本人的水平有限，深感提出这样的问题的分量，但是又不希望这些现象永远埋在心里，故把它写于笔端。由于作者对此问题的研究不够深入，文中缺点和错误在所难免，殷切希望大家能够就此问题展开讨论。

弹药安全性试验分析

侯日升，肖崇光，杜文革

1 引言

弹药的安全性是弹药首先必须满足的重要性能指标，包括从生产、装卸、运输、贮存至射击各个环节上的安全性。在产品设计阶段、定型阶段及交验试验尤其是在定型试验中如何评价弹药的这些安全性，国际试验操作规程 ITOP4-2-504（1）《野战炮弹药的安全性试验》提供了有效的试验方法。

详细分析此规程，可以发现它在试验设计的科学性、环境应力的控制、可操作性和结果评定上都有许多值得我们借鉴的地方。

2 内容分析

2.1 规程的纵向分析

ITOP4-2-504（1）与 TOP4-2-504 比较，项目的设置有所变化，由 TOP 的 11 项改为 8 项，主要是将原来的 3 m 跌落试验、连续粗暴操作试验、（连续的）振动试验、高温-干燥条件下的贮存和操作及严寒条件下的贮存和操作合并及改进为序贯环境试验和初始安全性试验，而补充试验由 TOP 的 7 项增加为 11 项，如图 1 所示。

可见，ITOP4-2-504 较 TOP4-2-504 的项目设置更加系统，结构更加合理。

2.2 与我国现行国军标的比较

目前，在弹药试验的有关标准中，我国尚未制定专项的安全性试验标准。在 GJB 349.17—1989《常规兵器定型试验方法—榴弹》中，安全性试验主要是由弹体及零部件结构强度试验和弹体装药射击安全性试验的两个项目构成，而在 GJB 349.21—1989《常规兵器定型试验方法—炮用发射装药》中，也没有设置专门的安全性试验项目，而只在勤务及使用方便性试验项目中有所涉及。因此，在弹药的安全性试验水平上，GJB 349.17—1989 和 GJB 349.21—1989 与美国等发达国家相比是有很大差距的，对此，我们必须引起足够的重视。

2.3 ITOP4-2-504（1）试验设计的科学性分析

根据统计学原理，为使一个高置信水平与低失效率匹配，就会需要很大的样本量。例如，在 95%的置信水平下，检验 1/10 000 的失效率，就需要至少 30 000 发的样本量，显然

ITOP 的项目设置

1. 12 m 跌落试验
2. 序贯环境试验
3. 发射药的校验试验
4. 炮弹的制式装药安全性试验
5. 结构强度试验
6. 初始安全性试验
7. 炮管磨损性试验
8. 补充试验

(1) 频 (RF) 危险性
(2) 自燃
(3) 中间区域射击
(4) 装填掉弹
(5) 空投
(6) 高温高湿
(7) 冲击波超压
(8) 各种环境试验
(9) 残渣
(10) 靶道危险区域
(11) 冲击缓冲塞

TOP 的项目设置

1. 12 m 跌落试验
2. 3 m 跌落试验
3. 发射药的校验试验
4. 炮弹的制式装药安全性试验
5. 结构强度试验
6. 连续粗暴操作试验
7. 炮管磨损性试验
8. (连续的) 振动试验
9. 高温-干燥条件下的贮存和操作
10. 严寒条件下的贮存和操作
11. 补充试验

(1) 频危险性
(2) 引信
(3) 自燃
(4) 中间区域射击
(5) 装填掉弹
(6) 空投
(7) 高温高湿

图 1　ITOP 与 TOP 的项目设置比较

这在美国也是无法实现的。为此，对于安全性试验，美国安排了设计审查、安全性评定报告检查、初期失效检验、增加环境应力（类似于我们的过应力法）、对多种应力进行适当组合等多种手段实现在小样本量、高置信水平条件下对弹药的安全性评定。在初期失效检查阶段，提出要充分利用试验前、中、后各种详细的数据，包括弹丸静测、射线照相检验、裂纹磁粉探伤、高速射影和 $P-t$ 曲线各种数据。

2.4　环境应力的控制分析

TOP 及 ITOP 沿用了这样一个事实来实现安全性评估：安全性失效概率是施与应力的函数，当被试品均匀一致时，其安全性失效概率由施与的应力决定。下面分析一下 ITOP4-2-504（1）中几个主要项目的应力控制。

（1）ITOP4-2-504（1）将 12 m 跌落试验作为安全性试验的一个主要项目，它是用来模拟装/卸船期间的意外情况，当然，它也包括了装/卸车期间可能出现的意外情况。在 GJB 349.17—1989 和 GJB 349.21—1989 中没有类似项目。

（2）发射药校验试验。类似于 GJB 349.21—1989 的内弹道性能试验，但样本量分配及数据处理不同。GJB 349.17—1989 和 GJB 349.21—1989 每组 5 发或 7 发，有时一组也有 10 发的，而 TOP/ITOP 一律按一组 10 发计算。而在数据处理上，GJB 349.21—1989 要求的是初速的平均值、中间误差，最大膛压的平均值及单发最大、最小膛压，显然，在最大膛压的数据处理上，GJB 349.21—1989 缺乏统计的观念。在这一点上，发射装药试验不仅在概念上和数量上无法为弹丸试验时所需强装药（极端膛压条件）提供正确的发间膛压散布，更不用说组间和身管、场合的膛压散布数据，两者根本无法衔接。而 ITOP 对初速和最大膛压统一使用了平均值和标准差的概念，我国与 ITOP 在概念上的差异显而易见。不仅如此，ITOP 对起始负压差的平均值和标准差也列为弹药安全性评定的一个指标。ITOP4-2-504 是依据美 127 mm 海军炮，155 mm、175 mm、203 mm 口径火炮发生过早炸（炮尾断裂、膛炸、早炸）的惨痛教训之后总结出来的新要求，这些要求的出现也揭示了在此之前的 TOP 不可能揭示出弹药设计中不能确保射击安全的致命缺陷。因此，应该说，当被试对象存在着类似于 127~203 mm 口径的设计缺陷时，GJB 349. 17—1989 和 GJB 349. 21—1989 等因不具备这些试验内容和判断准则，而不可能揭示其缺陷的存在，即不可能保证武器装备的质量。

（3）强度试验。ITOP 的结构强度试验大体与 GJB 349. 17—1989 的强度试验相同，但是，ITOP 的强度试验将 20 发的样本分作高温（+63 ℃）时和低温（-51 ℃）时两个组，每组 10 发，在两种极端温度下以实弹 105%的峰值压力（PIMP）分别射击，这与 TOP 比较，变化较大，首先样本量由 TOP 的 1 组 10 发增加至 2 组 20 发；其次，由以前的环境温度条件下的射击改成+63 ℃和-51 ℃两个极端温度下的射击。这样，试验时将极端温度和峰值压力两种环境应力合并起来，大大增加了被试弹药的安全性评定的可靠度。这种改变，可能与各种复合结构、夹层结构弹丸的不断出现以及发射药低温时的脆值升高形成弹底局部高压等综合因素有关。我们认为，155 mm 口径火炮在低温小号装药下发生过早炸事故的反馈，是增加低温试验的主要因素。

（4）初始安全性试验。这是对被试弹药进行严酷的序贯性试验，将被试品可遭受的极端温度环境和剧烈的冲击、碰撞及跌落等应力进行适当串联后，再进行射击。这与 TOP 中的连续粗暴操作试验有许多相同之处。在 GJB 349. 17—1989 和 GJB 349. 21—1989 中没有类似项目的试验，只有勤务处理，而主要是指公路运输试验后的射击项目。

（5）炮管磨损。试验炮管过度磨损后，会出现导带剪断、初速下降、飞行稳定性变差等现象，而弹丸与身管壁的剧烈碰撞还会使弹丸变形及至破坏，扭力冲量可能破坏运载炮弹内的电子、机械元件。由于身管的磨损，最大限度地增大了药室，在装药结构上相当于增大了自由空间，这预示着在点火初期，发射药和附件冲向弹底的速度会比新炮和中等磨损身管条件下射击时更高，而被撞得更碎，形成更高的弹底局部高压，造成弹体结构、炸药底层应力甚至产生激波而导致安全性失效。美国 127 mm 海军炮正是由于自由空间过大而导致过早炸。而对于定装式弹药而言，则必然产生较高的挤进速度，造成在发射过程中施与弹丸引信以多个峰值的加速度载荷，诱使出现因导带提前削光的近弹和引信早炸等。ITOP 因此做出如下规定：弹道或发射状态时有过明显变化的火炮，要补充进行磨损炮管的射击试验。在 GJB 349. 17—1989 中没有类似项目，GJB 349. 21—1989 只规定在轻度磨损的身管下试验，这两项军标实际上是掩盖了弹药设计中属于弹炮适应性、全寿命期安全等方面的缺陷。这也反映了弹炮结合认识上，尚需进一步加强。

（6）序贯环境试验。ITOP 中对序贯环境规定了：

①后勤振动——从生产厂到渡海贮存的港口和弹药供应点的运输（陆、海、空运）。

②港口贮存——28 天湿热循环或 14 天低温贮存。

③散装运输——使用单位以散装货物运输。

④ 坠落——用户单位卸货。

⑤战术振动——在自动火炮发射架上或其他供应车上的运输。

⑥发射——使被试弹药经受恶劣的内弹道环境。

从①~⑤这五步序贯性预处理步骤及（4）的初始安全性试验都是很必要的，这是由于：

①高低温串联应力暴露爆炸装填物的缺陷及其与弹壁、弹底的间隙。

②序贯应力是扩大装填物缺陷的又一措施，它说明了当装填物存在缺陷的失效机理，尤其是对什么样的装填方式最敏感。

③ITOP 在这点上比 TOP 改进的地方是根据①和②对一些弹种必须进行此项目的试验，而某些弹种可以不予考虑。

ITOP 对序贯环境试验的评定规定，不仅用于评定安全性，也用于评定性能。与 TOP 比较，显得系统性更强了。在 GJB 349—1989 中，没有该项目的试验规定。

（7）补充性试验。TOP 的 11 项补充试验项目都是针对一些特种弹药规定的，例如，射频（RF）危险性就是针对带有电子线路（如电火帽或其他电发火器）的弹药可能会通过杂散辐射而引起意外的起爆，对这些弹药要按规定的射频谱段的电磁辐射进行起爆危险性试验。在 GJB 349. 21—1989 中，只有自燃、残渣、退壳、反复装填几个项目的试验，而在 GJB 349. 17—1989 中没有类似项目的规定。

2.5 可操作性与正确性

ITOP4-2-504（1）中各种项目的试验都具有较好的可操作性，例如在强度试验和发射药安全性试验中都规定了每组 10 发的样本量，而在 GJB 349. 17—1989 和 GJB 349. 21—1989 中，却是根据火炮的口径来划分样本量，而且，口径越大，样本量越少，使得出现膛压极端值的概率越小。例如，在强度试验中，对 57 mm 口径以下的为 30~40 发，对 57~160 mm 口径的为 20~40 发，对 160 mm 口径以上的为 15~20 发，似乎口径越大，安全要求就越低，造成结果估值的偏差增大。

2.6 结果评定

ITOP 对安全性试验结果的评定并不是给出一个 0-1 分布的合格或不合格的判断，而是综合所有试验结果和安全性数据对每一个危险情况确定适当的危险等级和概率，根据出现的每一个危险情况下的使用状况，说明需要进一步研究的某一特征，包括由于贮存可能会出现或加大的任一危险情况，同时说明为消除或避免潜在危险所应采取的措施和手段。

ITOP 对危险程度分类如表 1 所示。

表 1　ITOP 对危险程度分类

名　称	类别	事　故　定　义
严重损坏	Ⅰ	死亡或系统报废
临　　界	Ⅱ	严重损伤、严重职业病或主系统破坏
临界边缘	Ⅲ	小损伤、轻度职业病或轻微系统损伤
很 少 的	Ⅳ	较轻损伤、轻度职业病或轻的系统损伤

ITOP 没有规定对诸如主系统破坏、职业病术语的定义，但提出“设计师与试验主持人之间能有积极的理解”。

ITOP 对系统的寿命周期所出现危险的概率是以可能出现率来描述的，而对于可行性或设计方面的危险性给出一定量的危险率在设计阶段通常是不可能的，但可以从相似系统的历史安全性数据的研究、分析评定中给出定性的危险概率；另外，在危险性分析报告中应说明给定危险概率的基本理由，见表 2。

表 2　危险概率表

名　　目	等级	单 个 被 试 品	批 量 被 试 品
常　　见	A	可能经常出现	连续经历过
可 能 有	B	在被试品寿命期内可能经常出现	将经常发生
偶　　然	C	在被试品寿命期内可能有时出现	将出现几次
极 少 有	D	在被试品寿命期内不见得会出现，但也可能会出现	不见得，但有理由预料到出现
不可能有	E	其不可能性是可以假设会出现但未必遇到过	未必能出现，但也有可能

在 GJB 349. 17—1989 中，关于强度试验的评定，只能根据结果得出合格或不合格的结论，即“射击后弹体所测各有关尺寸的增大或缩小值未超过图纸要求，则弹体强度合格”，姑且不论“有关尺寸的增大或缩小值”的制定是否有效和合法，假如出现了尺寸略微超差就判定其不合格，这是否合理？即使是我们给出的合格产品的失效率是多少呢？不得而知。

当然，ITOP 仍存在着一定的缺陷，如按 ITOP4-2-504（1）执行，不可能诱发 56 式 82 mm 无后坐力炮破甲弹的近弹和膛炸，不可能发现 73 式 100 滑的近弹，也不可能诱发速射炮配用弹药的安全性设计缺陷的种种表象等。

3　小结

通过上节对 ITOP4-2-504（1）的简单分析及与 GJB 349. 17—1989 和 GJB 349. 21—1989 之比较，可以发现 ITOP 的安全性试验，覆盖了弹药从出厂到射击完毕可能遭遇到的各种环境应力，真正做到了系统、全面和可靠。而 GJB 349. 17—1989 和 GJB 349. 21—1989 在此方面却显得单一而简陋，基本停留在苏联试验法的水平上，为什么会存在 40 年不变的现象，而且 40 年来，我军装备中弹药因设计缺陷造成恶性事故并不比美军少，为什么在 GJB 上无反映，这是应该认真研究的。

这两年来，我们在对几个弹丸产品的设计定型试验中，都安排了一些 GJB 150 和 TOP4-2-504 中的一些项目试验，如在海双 37 mm 预制破磁片榴弹的设计定型试验中，安排了 12 mm 跌落试验，在 25 mm 钨合金脱壳穿甲弹的设计定型试验中安排了高低温贮存→跌落→粗暴勤务处理的序贯环境试验，在 PG87 式 25 mm 高炮榴弹设计定型试验中，安排了连续粗暴勤务处理试验。通过这些试验，有所突破，实际上是对 TOP 的合理剪裁。

因此，在今后的一段时间内，我们应当更加系统地分析、消化 ITOP4-2-504（1），结合中国国情和基地实际情况，在弹药的安全性试验方面，争取两三年的时间内上一个台阶。

子母弹抛撒特性的评价方法研究

庞常战

为了提高武器系统的作战效能，子母弹已成为现代弹药家族中的重要成员，不但大口径压制火炮、火箭炮装备了子母弹，而且战役战术导弹也装备了子母弹战斗部。今后，子母弹的子弹还将发展成为有制导的“子导弹”和“末敏子弹”。子母弹的试验与鉴定技术与其他常规弹种有很大不同，需要进行深入学习和研究。本文就子母弹抛撒特性的评价方法进行了探讨，不正确之处请批评指正。

1 抛撒准确性

所谓抛撒准确性是指实际抛撒点（开舱点）对应的时间和坐标相对于预期值的准确程度。

（1）时间准确度：实测开舱时间与引信装定时间之差，用时间散布的标准差 σ 来度量，其试验子样的估计值记为

$$\hat{\sigma}_t=\sqrt{\frac{\sum_{i=1}^{n}(t_i-t_0)^2}{n}}$$

式中，t_0为引信装定时间；t_i为每发弹实测开舱时间；n 为统计子样数。

（2）空间准确性：在同一引信装定条件和同一射击条件下，实际抛撒点与预期抛撒点的偏差量。设实测抛撒点坐标为 x_k、y_k、z_k，预期抛撒点（即理论弹道抛撒点或射表抛撒点）坐标为 x_m、y_m、z_m，则单发偏差量

$$\begin{cases}\Delta x_{km}=x_k-x_m\\ \Delta y_{km}=y_k-y_m\\ \Delta z_{km}=z_k-z_m\end{cases}$$

多发偏差量也以标准差的估计值作为评价参数。

$$\begin{cases}\hat{\sigma}_x=\sqrt{\dfrac{\sum_{i=1}^{n}(x_{ki}-x_m)^2}{n}}\\ \hat{\sigma}_y=\sqrt{\dfrac{\sum_{i=1}^{n}(y_{ki}-y_m)^2}{n}}\\ \hat{\sigma}_z=\sqrt{\dfrac{\sum_{i=1}^{n}(z_{ki}-z_m)^2}{n}}\end{cases}$$

2 子弹在地面的散布特性

2.1 单发母弹抛撒时子弹在地面的散布特性

1）子弹散布中心

设每个子弹的落点坐标为 x_{ci}、z_{ci}，共有 N 个子弹，则散布中心坐标值为

$$\begin{cases} \bar{x}_c = \dfrac{1}{N}\sum\limits_{i=1}^{N} x_{ci} \\ \bar{z}_c = \dfrac{1}{N}\sum\limits_{i=1}^{N} z_{ci} \end{cases}$$

散布中心相对于预期散布中心的偏差称为漂移量。所谓预期散布中心是指相对于预期抛撒点的子弹散布中心，其坐标为 X_m、$Z_m(Y_m=0)$。

偏差量为

$$\begin{cases} \Delta X_{cm} = \bar{X}_c - X_m \\ \Delta Z_{cm} = \bar{Z}_c - Z_m \end{cases}$$

2）子弹散布范围

子弹在地面的散布，随母弹开舱高度和弹种、子弹装配结构而变化。高速旋转弹在正常开舱高度条件下，一般子弹散布为近似圆周形，如 122 榴子母弹就是这种情况，子弹散布范围以散布圆的半径（或直径）来衡量。122 mm 火箭子母弹，从试验测得的数据看，散布形状很不规则，但在正常抛撒情况下，多数仍属圆散布，不过子弹落点不是分布在圆周上，而是在圆周内较均匀地分布。

对散布范围的评价参数：对圆形散布，以直径 D 来衡量；对矩形散布，以长×宽来衡量；对不规则形状，以覆盖面积 A 来衡量。

3）散布均匀性

从使用和设计角度看，希望子弹散布均匀为好，但实际散布不可能都很均匀。为比较评价其好坏，用均匀性或不均匀度来衡量。

（1）对近似圆形散布的情况，将散布区按扇形划分，如图 1 所示，扇面大小以每个面内有 5~10 个子弹为宜。每个扇面内子弹落点数为 m，共 k 个扇面，则 $N=k\cdot m$。

每个扇面内子弹所占比例为 m_i/N，分布图如图 2 所示。若子弹落点散布是完全均匀的，那么每个子面内子弹所占比例为 $1/k$，比如 122 火箭子母弹，$N=72$，$k=8$，若完全均匀分布，则 $m_1=m_2=\cdots=m_8=9$，每个子面内子弹落点比例为 1/8。实际上是不可能完全均匀的，其不均匀性用每个面内子弹所占比例与平均比例之差来衡量，差值越大，表示越不均匀，或者说均匀性差。

以 η 表示不均匀性，则

$$\eta = \sqrt{\frac{\sum\limits_{i=1}^{k}(m_i/N - 1/k)^2}{k}}$$

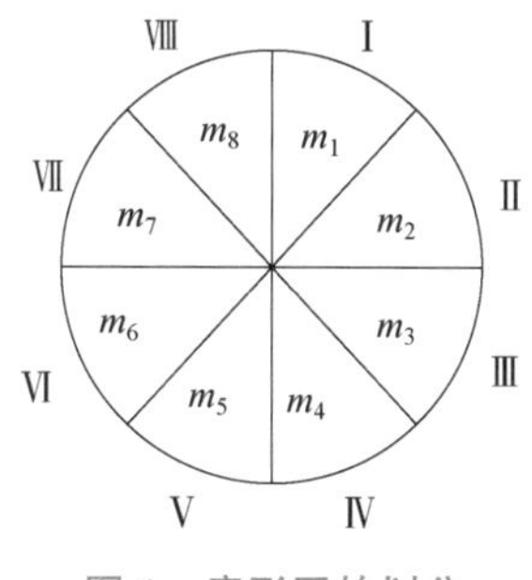

图 1　扇形区的划分

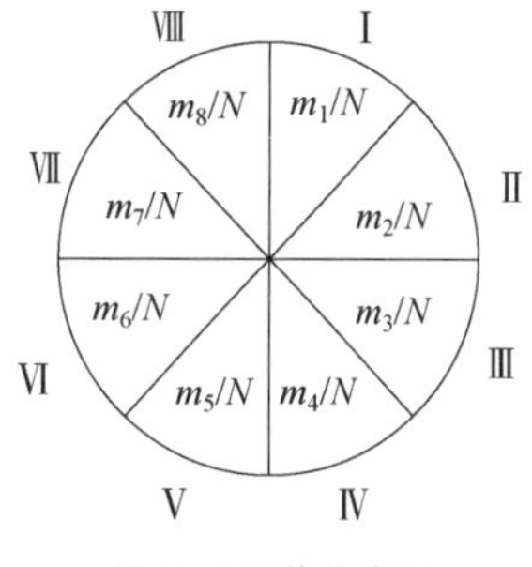

图 2　子弹分布图

（2）对矩形散布，用类似的方法把整个散布矩形分成若干等份，如图 3 所示。其不均匀性 η 的计算方法同圆形散布。

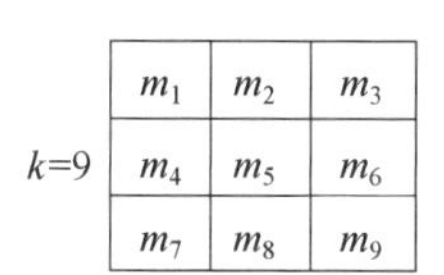

图 3　矩形分布时的划分

（3）其他形状的散布处理方法同（1）、（2）。

4）子弹分布密度

单位面积内平均子弹个数，用 ρ 表示。

$$\rho = N/A$$

5）散布范围随抛撒高度的变化

该参数为部队使用提供重要依据。122 榴子母弹试验证明，散布半径在开舱高度低时变化很大，当开舱高度超过 600 m 以后，变化很缓慢，如图 4 所示。

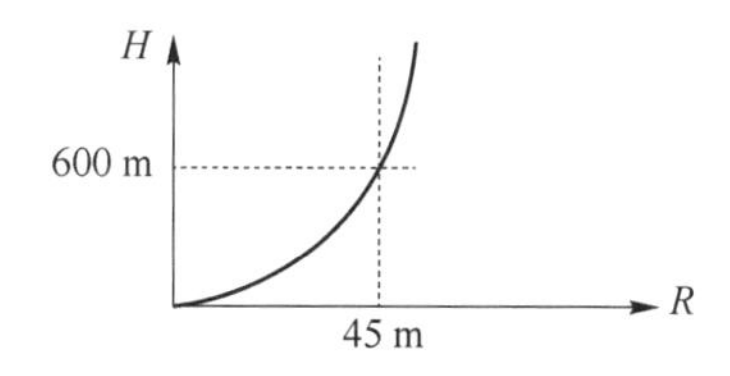

图 4　子弹散布半径随高度的变化曲线

另外，开舱高度过大，子弹散布受风的影响大，这是不利因素。因此最有利的开舱高度应在 800~1 200 m。

对于火箭子母弹，因其转速低，相应的离心力小，因而最有利的开舱高度要大，一般在 1 000~1 500 m。

2.2　同一条件下多发射击时子弹散布特性

1）散布中心

设每发母弹抛撒的子弹的散布中心为$\overline{X_{ci}}$、$\overline{Z_{ci}}$，则一组母弹所抛散子弹的平均散布中心记为$\overline{\overline{X_{ci}}}$、$\overline{\overline{Z_{ci}}}$。

$$
\begin{cases}
\overline{\overline{X_c}} = \dfrac{1}{n}\sum\limits_{i=1}^{n}\overline{X}_{ci} \\
\overline{\overline{Z_c}} = \dfrac{1}{n}\sum\limits_{i=1}^{n}\overline{Z}_{ci}
\end{cases}
$$

式中，n 为该组母弹数。

也可以将所有子弹坐标统一进行统计计算：

$$
\begin{cases}
\overline{\overline{X_c}} = \dfrac{1}{\sum Ni}\sum\limits_{j=1}^{M}X_{cj} \\
\overline{\overline{Z_c}} = \dfrac{1}{\sum Ni}\sum\limits_{j=1}^{M}Z_{cj}, M = N_1 + N_2 + \cdots + N_n
\end{cases}
$$

对于火箭炮连发射击时，这种方法最适合。

2）覆盖范围

（1）纵向、横向最大尺寸 $a\times b$。

（2）覆盖面积 $A=a\times b$。

3）子弹分布密度 ρ

所有的子弹数与覆盖面积之比，即

$$
\rho = \frac{\sum N_i}{A}
$$

3 子弹落速、落角

子弹兼有杀伤和破甲两种作用，所以要求子弹有一个好的落速和落角，以保证子弹引信正常作用和发挥最大威力。现在子弹落速一般控制在 30~50 m/s，落角控制在 90°±30°（与地平面夹角）为好。

若不能测得子弹落角，则以子弹引信发火率作为评价子弹落角好坏的参考标准。若引信发火率在正常发火率范围内，认为子弹落角符合要求；若引信发火率低于要求的正常发火率，排除引信本身的原因之外（可由其他试验项目确定子弹引信的正常发火率），则认为子弹落角不满足引信发火条件，不满足使用和设计要求。

4 抛撒可靠性

以上讨论均是在正常抛撒条件下进行的。但是，在试验中发现有的抛撒不正常，主要表现在：

（1）母弹引信未作用，未开舱。

（2）抛撒不完全，部分子弹留在母弹舱内，未抛撒出来（从回收的母弹体中发现）。

（3）抛撒不正常，子弹不是一次抛出，而是沿着飞行弹道断续抛出，表现在子弹散布上，为不连续的两堆或几堆。

（4）在同一引信装定时间和同一射击条件下，抛撒点（开舱点）偏离预期抛撒点过大

（按数理统计的异常结果判断）。

另外，在没有全部回收母弹体的情况下，当回收的子弹数少于全部子弹数的2/3时，认为该发母弹抛撒不完全。

引起抛撒不正常的原因是多方面的，如母弹引信不正常作用，抛射药量不足，子弹装填结构不合理，母弹飞行异常，子弹飞行不稳定，等等。应根据试验现象进行深入分析，找出确切的原因，并进行可靠性统计计算。

设整个试验共发射开舱母弹 N 发，抛撒不正常的母弹数为 K 发，则正常抛撒率（或叫抛撒可靠度）P 为

$$P = 1 - \frac{K}{N}$$

5 综合评价

（1）根据统计计算得出的抛撒准确性、抛撒范围、抛撒均匀性、抛撒可靠性及子弹引信发火率对子母弹的抛撒特性进行综合评价，以确定其是否达到战术技术指标和使用要求。

（2）根据试验中暴露的问题，对被试品设计及制造方面存在的缺陷进行分析并提出改进意见。

用 GTD+MM 法计算引信目标回波信号

张登江，纪永祥

摘　要：本文通过将几何绕射法和矩量法有机结合，克服了单独用几何绕射法和矩量法计算导弹电磁散射特性的局限性，较高精度地计算了某引信的导弹目标回波信号。

关键词：引信；目标特性

无线电近炸引信发现、识别空中目标主要是依赖于目标的回波信号特征。例如，连续波多普勒体制的无线电近炸引信的启动方程是

$$U_0=\frac{\lambda_0 S_A \sqrt{S_0 e}\,F^2(\phi)\,G_0 F(\psi)}{4\pi\sqrt{\pi r}^2}K(f_d)K_r$$

式中，U_0 为引信执行级门限电压；λ_0 为引信工作频率；S_A 为引信高频部分灵敏度；S_0 为目标有效反射面积；$F(\phi)$ 为引信天线方向性函数；G_0 为引信天线增益；$F(\psi)$ 为目标二次辐射方向性函数；r 为引信与目标的距离；$K(f_d)$ 为引信低频部分的传递函数，其中，$f_d=\frac{2V_r\cos\alpha}{\lambda_0}$；$f_d$ 为引信多普勒频率；V_r 为引信与目标的相对速度；α 为引信天线发射和接收时相对目标扫过的角度；K_r 为引信延迟电路的传递函数。

从上式可以看出，引信启动与目标有效反射面积、目标二次辐射方向性函数、引信与目标的距离、引信与目标的相对速度、引信天线发射和接收时相对目标扫过的角度有关。由于弹目距离近，目标形状复杂，所以，在引信通过目标过程中，目标回波信号变化很大。只有掌握了各种弹目交会条件下的目标回波，才能制定出科学的无线电近炸引信定型试验方案。

当前计算目标特性的主要方法是矩量法（MM）和几何绕射法（GTD）。矩量法是一种低频技术，可以应用于电尺寸与波长相比不很大的任意形状物体的辐射和散射问题。但是，巨大的计算量限制了它能解决问题的范围。目前，矩量法一般只能解决最大尺寸为几个波长以下的物体的电磁场问题，要有效地分析和计算与波长相比很大的电磁辐射和散射系统的问题，必须采用高频方法。几何绕射理论是一种高频技术，对飞机、导弹这一类复杂的辐射系统可以用一些简单的几何形体组合而成的数学模型来模拟，然后对各个局部几何形体分别用几何绕射理论求得其散射场，最后把各个局部几何形体的散射场叠加起来就求得了整个系统产生的总场。它可以并且已经成功地应用于结构尺寸远大于波长的许多电磁散射问题。但是，只有少量几何形体具有可供利用的绕射系数，因此，有许多复杂形体的理论模型不能用几何绕射理论求解。如果能把这两种技术有机结合起来，互相取长补短形成一种混合方法，就可把求解问题的范围扩大到用矩量法和几何绕射理论单独不能解决的问题。

摩列塔已经证明，可以把矩量法用于无穷大平面结构以提取与入射和反射场有关的面电流密度，只要先提取物理光学电流便可以在有限大结构上采用较少的抽样电流。根据这一研

究结果，我们就可以在不知道其绕射系数的某种几何构形的绕射点附近引入一些脉冲抽样电流，然后借助于矩量法步骤求出这种几何构形的绕射系数。

下面先分析平面波向导电劈入射的情况，如图 1 所示，用几何光学很容易求出场点(ρ,ψ)的入射场和反射场。

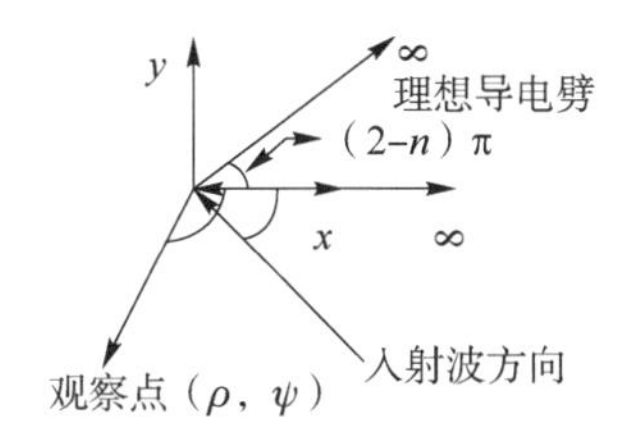

图 1　平面波向导电劈入射的情况

$$H_z^{\mathrm{i}}=\mathrm{e}^{\mathrm{j}k\rho\cos(\psi-\psi_0)},\ |\psi-\psi_0|<180^\circ$$

$$H_z^{ri}=\mathrm{e}^{\mathrm{j}k\rho\cos(\psi+\psi_0)},\ |\psi+\psi_0|<180^\circ$$

根据 GTD，绕射场为

$$H_z^{\mathrm{d}}=V_{\mathrm{B}}(\rho,\psi-\psi_0,n)+V_{\mathrm{B}}(\rho,\psi+\psi_0,n)$$

式中，

$$V_{\mathrm{B}}(\rho,\beta,n)=\frac{\frac{1}{n}\sin\frac{\pi}{n}\mathrm{e}^{-\mathrm{j}\left(k\rho+\frac{\pi}{4}\right)}}{\sqrt{2\pi k\rho}\left(\cos\frac{\pi}{n}-\cos\frac{\beta}{n}\right)}$$

如果场点不在阴影边界附近且ρ足够大时,绕射场可表示为

$$H_z^{\mathrm{d}}\approx[D(\psi-\psi_0,n)+D(\psi+\psi,n)]\frac{\mathrm{e}^{-\mathrm{j}k\rho}}{\sqrt{\rho}},\rho>\frac{\lambda}{4}$$

则总磁场可表示为

$$H_z^{\mathrm{t}}=H_z^{\mathrm{i}}+H_z^{\mathrm{r}}+C\frac{\mathrm{e}^{-\mathrm{j}k\rho}}{\sqrt{\rho}}$$

式中，$C=[D(\psi-\psi_0,n)+D(\psi+\psi,n)]$。

C 和距离ρ无关。利用边界条件可得导电面上的总面电流密度为

$$J=(\hat{n}\times\hat{z})H_z^{\mathrm{t}}$$

式中，$\hat{n}$是面上的外向法线单位矢量。利用总场的 GTD 解，可得沿劈面的总电流为

$$J=(\hat{n}\times\hat{z})(H_z^{\mathrm{i}}+H_z^{\mathrm{r}}+H_z^{\mathrm{d}})$$

$$\approx j^{\mathrm{i}}+j^{\mathrm{r}}+(\hat{n}\times\hat{z})C\frac{\mathrm{e}^{-\mathrm{j}k\rho}}{\sqrt{\rho}},\rho>\frac{\lambda}{4}$$

可以证明，只要知道了绕射电流的形式，则利用矩量法可以解出上式中的 C。

就劈绕射问题而言，这种方法可以推广到像平面和圆柱的结合部这样的结构不连续的二维绕射问题，因此这种不连续结构的绕射系数也可以写成 $C\frac{\mathrm{e}^{-\mathrm{j}k\rho}}{\sqrt{\rho}}$。

这种方法还可以扩展到求曲面上的电流。对于圆柱曲面（图 2）上的总电流为

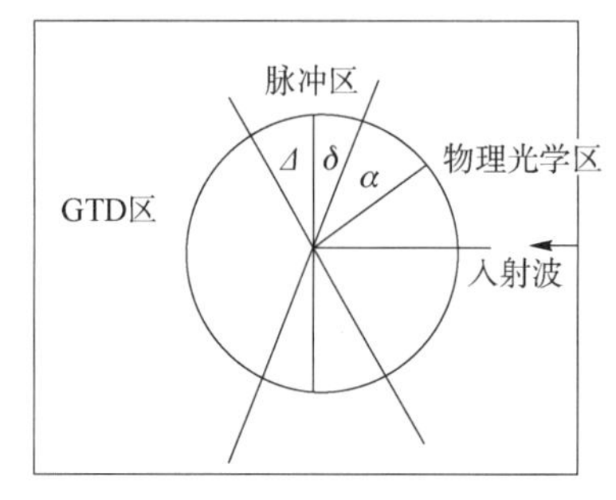

图2 圆柱曲面上的总电流

$$J'_{\phi}=\begin{cases}2\mathrm{e}^{\mathrm{j}ka\cos\phi},0°\leqslant\phi\leqslant90°-\delta,270°+\delta\leqslant\phi\leqslant360°\\ \sum_{m=1}^{N}a_mP_m(l-a\phi_m),\ 90°-\delta<\phi<90°+\delta,270°-\Delta<\phi<270°+\Delta\\ C_0\left\{\exp\left[-a(a_0+\mathrm{j}k)\left(\phi-\frac{\pi}{2}\right)\right]+\exp\left[-a(a_0+\mathrm{j}k)\left(\frac{3\pi}{2}-\phi\right)\right]\right\},90°+\Delta\leqslant\phi\leqslant270°-\Delta\end{cases}$$

式中，$a_m=\frac{q_1}{a}\mathrm{e}^{\mathrm{j}\pi/6}\left(\frac{ka}{2}\right)^{1/3}\left[1+\left(\frac{2}{ka}\right)^{2/3}\left(\frac{q_1}{60}+\frac{1}{10q_1^2}\right)\mathrm{e}^{-\mathrm{j}\pi/3}\right]$；$q_{\mathrm{q}}=1.018\ 79$。

图3所示为半径为2λ的圆柱总电流计算值与实测值的比较。不难看出，计算值和实测值吻合良好，表明使用该方法能够获得比较满意的结果。

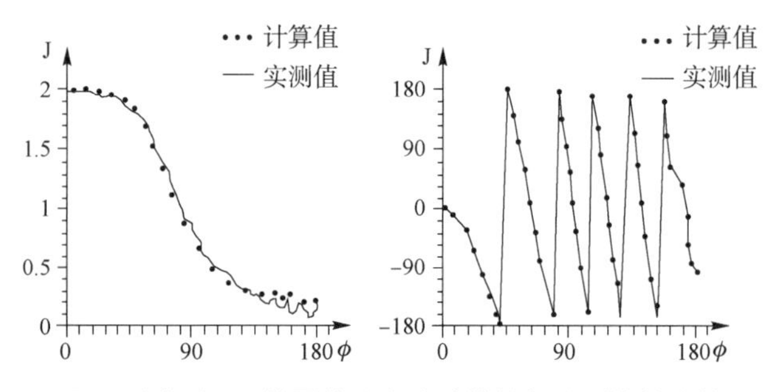

图3 半径为2λ的圆柱总电流计算值与实测值的比较

在此基础上，计算了某引信和某导弹弹道遭遇过程中引信上的回波信号 U-X 曲线，如图4所示。

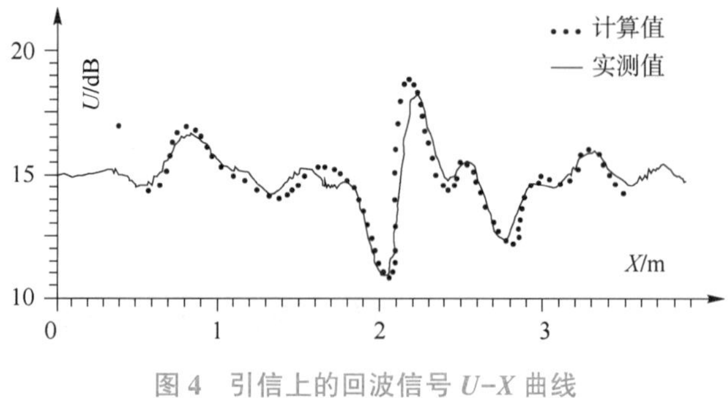

图4 引信上的回波信号 U-X 曲线

从图4可以看出，计算值和实测值比较接近，证明本方法可行，能满足使用要求。

子母弹子弹引信保险距离分析与试验设计

纪永祥

摘　要：本文通过对某新研制子弹引信保险距离的分析计算，提出了子弹引信炮口保险距离的试验方法，对子弹引信的设计有一定的指导作用。

关键词：子母弹；子弹引信；试验设计

0　引言

子母弹是常规弹药领域中一种典型的面杀伤弹药，能迅速大面积地毁伤敌有生力量和武器装备，在未来的地面战争中具有重要地位。

子母弹能否充分发挥战斗效能的关键因素是子弹引信的性能如何。子母弹到达目标区域上空，母弹引信作用，母弹开舱，子弹在抛撒药盒的作用下从母弹体中抛出，形成散布。子弹引信从母弹体中抛出后，经过一段时间后解除保险，处于待发状态，在碰到目标后完成对目标的毁伤作用。

母弹抛撒子弹时，由于子弹受到离心力作用相互磕碰，子弹就会以大的攻角摆动、翻滚，如果没有保险距离，则会在相互磕碰中自毁，从而严重地影响母弹系统的效率。

1　子弹引信解除保险距离分析

1.1　子弹引信工作原理

某子弹引信安全系统结构如图 1 所示。子弹引信工作过程如下：子弹引信随子弹一起装配在母弹体中，母弹在发射到预定区域后，母弹引信作用，子弹被抛出。子弹被抛出母弹体后，稳定装置（飘带）打开。阻力带开始承受拉力和极阻尼力矩，拉力保证差动轮系顶在引信上体上，极阻尼力矩带动主击针相对弹体转动，由于差动轮系的差动作用，主击针每相对弹体转 n_1圈，差动轮系相对弹体转 n_2圈（一般地，$n_1=n_2+1$），主击针相对差动轮转过 1 圈，主击针向弹尾方向运动 1 个螺纹导程。运动若干个导程后，主击针头部完全从滑块中拔出，该机构解除保险，引信处于待发状态。

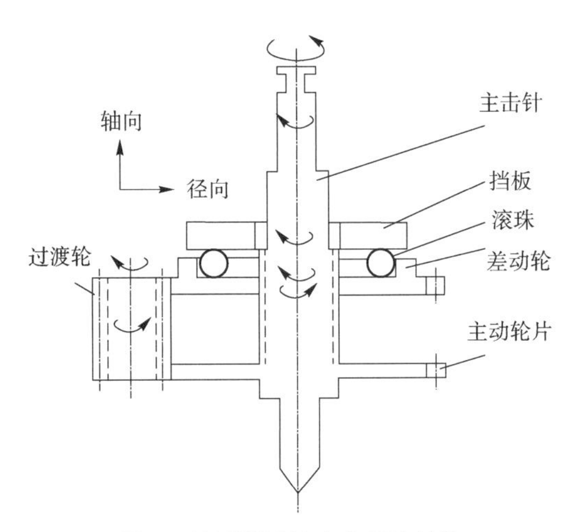

图 1　某子弹引信安全系统结构

1.2　母弹开舱时保险距离的计算

母弹到达预定目标开舱，区域子弹在开舱瞬间，受离心运动和上一层子弹的撞击，子弹必然出现弹轴与速度方向不一致即攻角飞行姿态。再加上在高速运动条件下子弹运动的非线性，导致子弹呈大的攻角、甚至翻滚飞行，即呈现一不稳定飞行段，如图 2 所示。

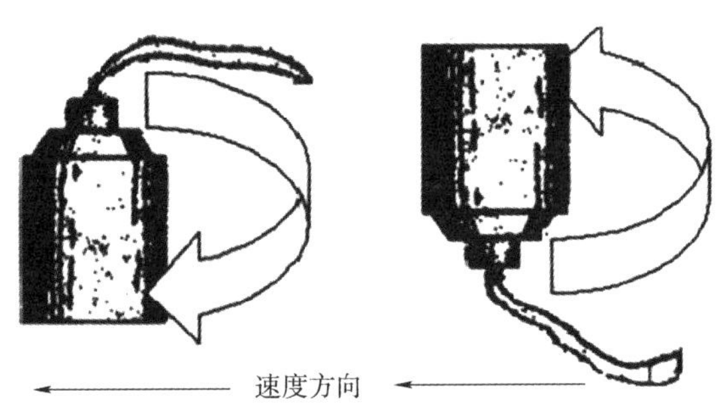

图 2　母弹抛撒后部分子弹飞行情况

由于飘带与子弹的连接为回转副，并且不允许存在有碍飘带旋转的较大摩擦力矩（否则引信将无法解除保险）。因而在弹道风的拉曳下，飘带应保持与来风（速度反向）相一致，并在此方向上做适度的抖动。

因此，子弹引信解除保险的计算关系式如下：

$$t=\frac{2\pi n_k}{\omega K_1 l}L \tag{1}$$

式中，n_k为主击针退出一个导程差动轮转数；ω 为子弹自转速率；K_1为差动轮相对子弹转速比；l 为击针螺旋副导程；L 为螺旋副约束长度。

在母弹开舱时，若母弹转速 6 000 r/min，根据子弹设计参数，击针退出一个导程差动轮转数为 13 转，差动轮相对子弹转速比 13 ∶ 14，击针螺旋副导程 1 mm，螺旋副约束长度 2 mm，利用式（1），可以计算出子弹引信解除保险的时间为 0.28 s，知道了子弹的运动速度，就可以计算出相应的解除保险距离。带旋翼的子弹的设计和研制试验表明，子弹在离开母弹体后，在极短的时间内，转速会急剧升高，会达到 10 000 r/min 以上，然后按一定规律下降。若转速按 12 000 r/min 计算，引信解除保险的时间缩短一半，为 0.14 s，保险距离变短，若按速度 284 m/s 计算，两种状态下的保险距离约为 78 m 和 39 m。子弹群在离开母弹体后一定时间分离，保险距离过短，子弹之间相互磕碰的情况是肯定会出现的，由于该子弹引信是利用离心力的突变实现自毁功能的，子弹之间相互磕碰、翻滚，就会导致子弹引信离开母弹体后出现空炸。

1.3 用模拟发射揭试验保险距离的计算

当用模拟发射器试验时，子弹不存在侧向的离心与上一层子弹撞击的弹道环境。飘带在旋转惯性、子弹自旋所施与的摩擦力矩以及空气动力的联合作用下，会拧成麻花状（子弹的飞行状态如图 3 所示），这将减小其旋转力矩系数 $C_{m\xi\omega}$，这时会得到一个较长解除保险时间结果：

$$m_{\omega\xi,\omega}=\frac{1}{4}\rho_{\infty}S_{m}v_{\infty}L_{\mathrm{B}}^{2}C_{m\xi\omega}\ (\omega_{0}-\omega)^{(1)} \tag{2}$$

式中，ρ_{∞} 为空气密度；S_m 为子弹弹体横截面积；v_{∞} 为弹速；l_{B} 为弹体总长度；$C_{m\xi\omega}$ 为阻力带极阻尼力矩系数。

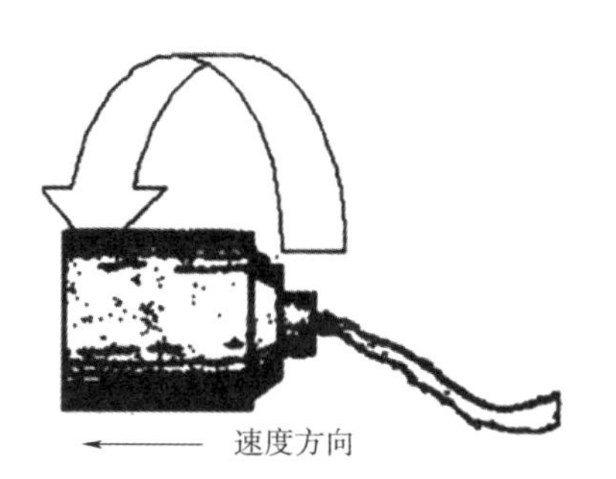

图 3　模拟发射器试验子弹飞行状态

依照式（2）进行的仿真计算结果，在转速约 9 000 r/min 时，保险距离约为 110 m。采用兰利法，用模拟发射器进行试验时，在转速 3 000 r/min 和 6 000 r/min 时，得到引信平均解除保险的距离分别约为 125 m 和 110 m。对比仿真计算结果和模拟发射器试验可以看出，仿真结果与模拟发射器试验结果符合较好。通过推算仿真结果可知，其计算结果是在转速约为 9 000 r/min、子弹速度为 284 m/s 条件下（时间 0.387 s）得到的。由于试验条件限制，目前模拟发射器还不可能达到如此高的转速。

对比上面两个公式，不难看出，式（2）中阻力带相对子弹弹体转速$(\omega_0-\omega)$在式（1）中是用 ω_0 表示的。明显地，$(\omega_0-\omega)\gg\omega_0$，模拟发射器得出的解除保险距离长，这是一个重要的原因。

另外，由于技术条件和其他因素的制约，模拟发射器的转速达不到母弹开舱时的最大转速，且模拟发射器无法模拟母弹开舱的弹道环境、子弹抛撒以及子弹之间相互磕碰等情况，即无法模拟母弹开舱时子弹真实的受力环境。因此，要得到子弹引信解除保险的真实距离，必须通过母弹开舱的方法对子弹引信解除保险距离进行考核。

2 解除保险距离试验设计

通过以上两种条件下，子弹引信解除保险距离的分析和计算，可以知道，该子弹引信解除保险的时间与母弹开舱瞬间的转速关系较大；另外，从保险距离结构的设计、历次试验结果与所配武器系统弹药参数推断保险距离（或时间）的分布情况，遵循在各武器弹药上确定获得最小保险距离的原则，采用以下试验设计：

（1）选用所配武器系统中能获得最大转速的装药条件进行射击。

（2）预计被试品的过渡应力区，取作用概率为 0.1～0.9 的相应应力水平（保险距离）$X_{0.1} \sim X_{0.9}$ 内确定试验应力水平 X_i，$i=1 \sim 5$；在每试验点上的试验数量 n 应大于 10，一般要求在每试验点上试验数量相同。

（3）测量母弹初速、开舱高度以及空中坐标，子弹落点坐标、母弹开舱至子弹落地时间。

（4）统计在每个试验点上子弹引信的作用情况以及失效数 f，计算失效率 $r=f/n$，将 r 暂作失效概率 P，采用 GJB 349.37—1990《常规兵器定型试验方法》附录 A 中的概率单位法进行数据处理。

（5）计算不同开舱高度时子弹引信的发火率以及不同高度时子弹的飞行距离 X，最后获得子弹引信的保险距离与解除保险距离。

3 结论

对比两种试验条件及方法，作者提出了子弹引信解除保险距离的试验方法。由于试验结果是通过实际母弹射击试验得到的，能够比较真实反映子弹引信保险距离的实际水平，对于解决子弹引信出现空炸等不正常作用时原因的分析及解决措施以及其他类似产品的试验、设计起到一定的指导作用。

参考文献

[1] 卢向红，谭惠民. 具有延期解除保险功能的子弹引信安全系统差动轮系动态特性研究［J］. 探测与控制学报，2000，122（2）：31-36.

[2] 国防科学技术委员会. GJB 349.37—1990 常规兵器定型试验方法［S］. 1990.

某型计转数引信炸点精度分析

陆军试验训练基地第二试验训练区　杨伟涛

摘　要：计转数引信炸点精度是决定空炸弹药对目标毁伤效能的关键因素。按照理论计算和试验结果，本文从初速、温度、章动、射角和射击方式等几个方面对某型计转数引信的炸点精度进行了分析。

关键词：计转数；引信；炸点精度；分析

0　引言

目前，引信的炸点主要有近炸、定时和定距三种方式来实现。定距方式是通过某种方式感知弹丸飞行的距离，在弹丸与发射平台之间的距离达到预定值时引爆弹丸的作用方式。这种方式由火控系统测出目标的方位和距离，然后解算出引信的最佳起爆距离并传输给引信，最后由引信控制弹丸在预定炸点起爆。定距方式不依靠目标的物理场工作，炸点控制更灵活，在拦截空中目标的防空反导弹药和杀伤地面有生力量的轻武器弹药上都能很好地发挥战斗部的威力，而且抗干扰能力强，因此是小口径空炸引信的理想作用方式。

炸点精度是定距引信的核心指标，其好坏直接决定着产品的性能。计转数是引信实现定距作用方式的一种较好的方法。

计转数引信炸点精度是决定空炸弹药对目标毁伤效能的关键因素，随着小口径空炸弹药在现代局部战争和世界反恐战争中的作用日益突出，如何提高炸点精度逐渐成为世界各国小口径引信技术研究热点。本文以我国某型计转数引信为应用背景，从初速、温度、章动、射角和射击方式等几个方面，对其炸点精度进行分析并提出了一些建议。

1　影响计转数引信炸点精度的因素

影响计转数引信炸点的因素有很多，可归结为两类：一类是射击前可知的，如射角、地面温度、弹丸质量、极转动惯量等，若影响较大，可以通过弹道计算机解算时修正，但弹丸质量、极转动惯量等不易实时测量；另一类是射击前未知的，如初速、最大章动角、弹形系数、转动衰减系数等。斜距离准确是定距引信追求的目标，因此主要分析各种因素对斜距离的影响。以下以某型近程反导的定距引信为例，用理论计算分析对定距精度影响的几个因素。

1.1 初速度变化对炸点精度的影响

初速度为(890±15)m/s，用两个极限初速分别进行斜距离计算及其精度分析，以射角30°、斜距离装定2 000 m、890 m/s为标准条件，875 m/s和905 m/s为极限速度，可得炸点精度变化量，见表1。

表1　初速度变化对炸点精度的影响

距离/m 初速/(m·s^{-1})	500	1 000	1 500	2 000
905	0.2	1.1	2.5	5.0
875	-0.3	-1.0	-2.8	-5.1

从表1可知，炸点误差的大小与速度的变化方向一致，速度偏大，则斜距离偏大；速度偏小，则斜距离偏小。

1.2 章动对炸点精度的影响

假设最大章动角变化为4°±1°，则用3°、4°和5°，以射角20°、斜距离装定2 000 m、初速890 m/s为标准条件，可得炸点精度变化量，见表2。

表2　章动对炸点精度的影响

距离/m 章动角/（°）	500	1 000	1 500	2 000
3	0.7	1.9	2.8	4.8
5	-0.8	-2.3	-3.9	-6.7

从表2可知，炸点误差的大小与章动角的变化方向相反，章动角偏大，则斜距离偏小；章动角偏小，则斜距离偏大。

1.3 射角对炸点精度的影响

当射角变化为0°~60°时，在相同距离（装定2 000 m）和初速890 m/s条件下，随着射角的增大斜距离变大，见表3。

表3　射角对炸点精度的影响

射角/（°） 内容	0	15	30	45	60
误差/m	-1.0	-0.3	0.4	1.2	1.7
说明：假定20°射角、斜距离2 000 m、初速890 m/s为标准条件					

可以看出，炸点精度误差的大小与射角的变化方向相同，即在相同转数条件下，射角偏大，则斜距离偏大；射角偏小，则斜距离偏小。

1.4 温度对炸点精度的影响

假设温度变化范围为-40~50 ℃，则用-40 ℃、15 ℃和50 ℃计算，以射角15°、斜距离装定2 000 m、初速890 m/s为标准条件，可得温度对炸点精度的影响，见表4。

表4 温度对炸点精度的影响

距离/m 温度/℃	500	1 000	1 500	2 000
-40	0.1	0.5	1.6	3.5
+50	-0.1	-0.4	-1.4	-2.4
说明：引信装定斜距离2 000 m				

从表4可知，炸点精度误差的大小与温度的变化方向相反，温度偏大，则斜距离偏小；温度偏小，则斜距离偏大。

1.5 影响因素综合分析

按对炸点精度的影响方向分成两个极限情况，进行综合斜距离精度分析，结果见表5。

表5 炸点综合精度分析

斜距离/m 分析类别	500	1 000	1 500	2 000
最大负误差/m	-0.69	-2.89	-7.01	-12.59
最大正误差/m	1.37	5.86	13.82	26.21

2 试验结果分析

计转数引信的最终目的是精确控制弹丸的飞行距离，以达到最佳的毁伤效果。炸点精度可以用理论飞行距离与实际飞行距离的误差来进行衡量，其中理论飞行距离是通过装定圈数的增减来进行调整，其装定可以使用手动或自动装定装置。

2.1 单发射击炸点精度

根据实际试验结果，经分析计算得出以下结果。

1）初速度变化对炸点精度的影响

初速度为(890±15) m/s，从实际试验结果推出以两个极限初速射击时的斜距离，以射角30°、斜距离装定2 000 m、890 m/s为标准条件，875 m/s和905 m/s为极限速度，可得炸点精度变化量，见表6。

表 6　初速度变化对炸点精度的影响

初速/（m·s⁻¹）＼距离/m	500	1 000	1 500	2 000
905	0.2	0.4	0.6	0.7
875	-0.3	-0.6	-0.8	-0.9

从表 6 可知，炸点精度误差的大小与速度的变化方向一致，速度变大，则斜距离变大；速度变小，则斜距离变小，其变化量和理论计算有所区别。

2）章动对炸点精度的影响

由于实际试验时章动角无法准确测量，所以对炸点精度的定量评估就无法进行。但有一点可以确定，即随着射击数量的增加，膛线的烧蚀，章动角会随之增大，弹带的残余变形量会发生变化，影响自转衰减系数，进而使得炸点偏近，即斜距离变小，炸点精度变差。

3）射角对炸点精度的影响

当射角变化范围为 0°~60°时，在相同距离（装定 2 000 m）和初速 890 m/s 条件下，随着射角的增大，斜距离变大，见表 7。

表 7　射角对炸点精度的影响

内容＼射角/（°）	0	15	30	45	60
误差/m	0	1.1	2.4	3.1	4.5
说明：引信装定斜距离 2 000 m					

可以看出，炸点精度误差的大小与射角的变化方向一致。在装定相同圈数条件下，射角变大，则斜距离变大，射角变小，则斜距离变小。

4）温度对炸点精度的影响

假设温度变化范围为-40~50 ℃，则用-40 ℃、15 ℃和 50 ℃计算，以射角 15°、斜距离装定 2 000 m、初速 890 m/s 为标准条件，可得温度对炸点精度的影响，见表 8。

表 8　温度对炸点精度的影响

温度/℃＼距离/m	500	1 000	1 500	2 000
-40	0.1	0.5	1.1	0.8
+50	-0.1	-0.7	-1.2	-0.4
说明：以上数据假定+15 ℃为标准条件				

从表 8 可知，斜距离误差的大小与温度的变化方向相反，温度偏大，则斜距离偏小；温度偏小，则斜距离偏大。2 000 m 的误差较小，情况与上节理论计算有所不同，值得研究。

2.2　连发射击炸点精度

连发射击试验分两种，一种是装定一个距离进行连发射击（单距连发）；另一种是装定多个距离（变距连发），每个距离装定多发进行射击。试验使用实弹，在晚间进行，这样炸点便于观察，测试设备成像后每个炸点分辨性好，能较容易地找到各个爆炸中心点，确保数据有效性。

1）单距连发试验结果

某型计转数引信30发（高温、低温、常温各10发），用自动装定器装定1 000 m，用战斗炮进行3次连发射击，每次射击10发。GD341炸点测量系统同步跟踪，最后得到炸点坐标，经数据处理后给出斜距离，试验结果如表9和图1所示。

表9　连发空中炸点试验结果（单距连发）

温度	1	2	3	4	5	6	7	8	9	10	偏差/m
高温	1 003	1 002	1 005	1 006	1 002	1 007	1 003	1 001	1 001	1 002	3. 2
低温	998	1 000	999	1 001	996	1 003	999	1 002	1 003	993	-0. 6
常温	1 001	1 003	998	1 005	1 000	1 002	999	998	1 002	1 001	0. 9
说明：使用自动装定器装定1 600圈，对应1 000 m距离											

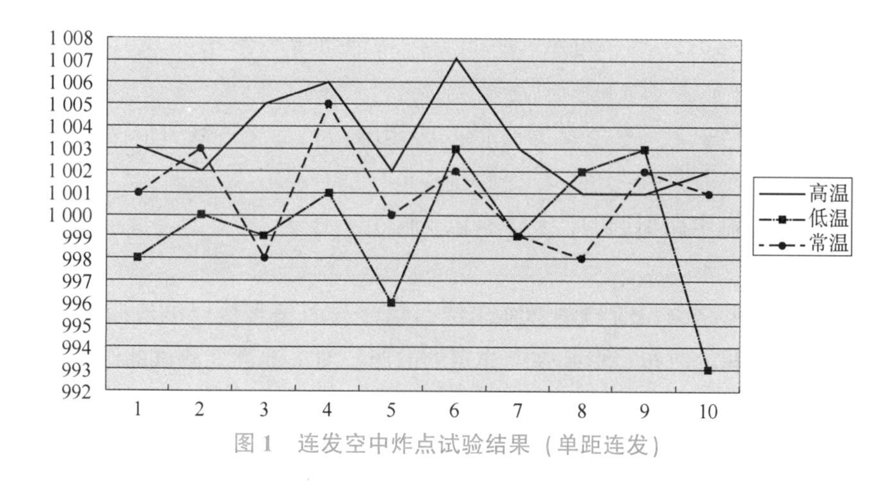

图1　连发空中炸点试验结果（单距连发）

2）变距连发试验结果

第二种试验：H型引信25发，用手工装定器装定5个不同的距离，分别为900 m、950 m、1 000 m、1 050m、1 100m，用战斗炮进行连发射击。炸点测量系统同步跟踪，最后得到炸点坐标，经数据处理后给出斜距离，试验结果如表10和图2所示。

表10　连发空中炸点试验结果（变距连发）

组别	装定/m	1	2	3	4	5	偏差/m
第一组	900	899	902	900	901	900	0. 4
第二组	950	948	952	950	949	951	0
第三组	1 000	998	1 000	1 001	1 003	1 002	0. 8
第四组	1 050	1 048	1 049	1 051	1 051	1 055	0. 8
第五组	1 100	1 098	1 100	1 101	1 102	1 102	0. 6
说明：使用自动装定器装定5个距离，每个距离5发，25发装成一串，连发射击							

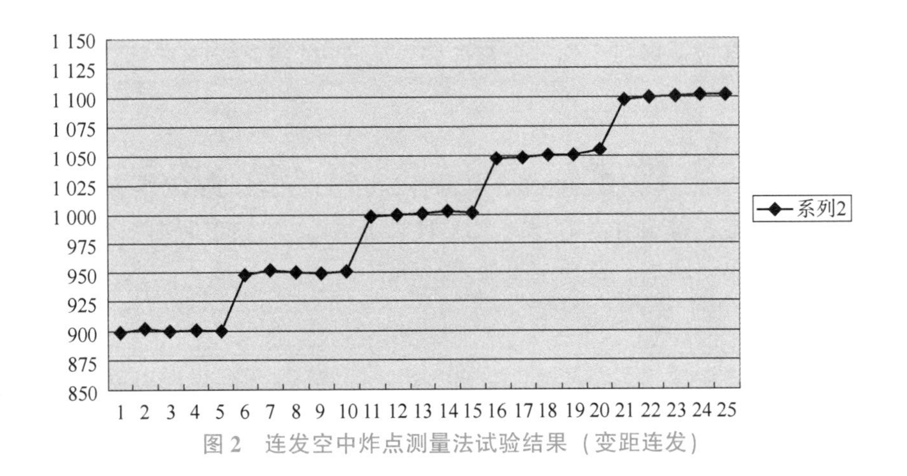

图 2　连发空中炸点测量法试验结果（变距连发）

2.3　原因分析

引起计转数引信炸点精度变化的原因有许多，主要集中在三个方面：

（1）由于每发弹丸的弹重、初速、质心、转动惯量等因素的差异引起了弹道特性不一致；

（2）射表的影响。射表对指导试验有很大的作用，对于计转数引信需用的这种特殊射表，编制起来有一定的难度；

（3）由于引信控制电路引起的，具体有以下两个：

①电池激活时间散布。

由于计转数引信电路中没有检测弹丸出炮口信号，而是直接以电池激活作为延时的起点，所以电池激活时间的散布将引起弹丸炸点的散布。对电池性能测试的结果表明，其激活时间的散布约为±1 ms，对应的炸点散布距离约为±1.2 m。

②计数分辨率的影响。

为了简化电路及程序的设计，计数的最小单位是 1 圈，因此计算延时期间的圈数时会有±0.5 圈的舍入误差，对应的炸点散布距离为±1.5 m。

3　结束语

弹炮一体武器系统是近程防空反导的发展方向，火炮采用小口径弹药，高射速，大密集度，形成对来袭导弹的“幕墙”式屏障，达到对其拦截的目的，其性能的优劣对整个武器系统的性能有着重大的影响。

完善、改进和提高引信的性能，往往能使整个武器性能大幅提高。有关方面可以继续开展工作，使计转数引信炸点控制更加完善，争取更多的应用。

（1）目前该型号计转数引信已经通过考核，但与理论精度还有一定差距。下一步可以进行改进，例如：①增加引信出炮口信号检测电路，消除因电源激活时间散布引起的随机定距误差；②研制新的电池，提高产品作战使用温度。

（2）开展基于 MEMS 技术的微型安全系统和全电子安全系统的研究，给引信节省空间，进一步提高引信的性能，提高其炸点精度。

（3）结合舰上火控系统改造，完善引信与自动装定器以及弹药的配合，制定精准并满足实际作战要求的射表。

参考文献

[1] 邱陵. 小口径火炮弹药在近程防空反导中的地位和作用 [C]. 中国兵工学会弹药专业委员会第二十九届学术年会，防空反导与远程弹药技术论文集. 南京，2001，9：58-63.

[2] 江小华. 小口径弹空炸引信计转数定距技术研究 [D]. 南京：南京理工大学，2003.

地球磁场对地磁计转数定距引信的炸点影响分析

杨伟涛

63871 部队

摘　要：本文介绍了地磁法计转数定距引信的作用原理，分析了地球磁场对定距引信炸点精度的影响。

关键词：地磁计转数；定距引信；炸点精度

0　引言

小口径弹药的发展方向是具备精确定点起爆能力和最大的毁伤威力，它可以通过新型引信，从与系统协调、信息快速实时装定、炸点精确控制等技术来实现。实质上，炸点控制就是控制炸点位置的精度，即在武器系统外部以及武器系统内部都有影响该精度的因素，只有控制好这些因素才能保证炸点的位置精度；在此基础上，同时能够保证弹药的高作用可靠性，是形成战斗力的前提。

1　地磁计转数法定距引信工作原理

地磁计转数法利用与引信固联的磁场传感器感应地磁场方向变化，传感器输出正弦波信号的一个周期对应着弹丸旋转一周。

如图 1 所示，地磁法采用线圈等作为地磁传感器，利用地磁场感应线圈感应地磁场方向变化，即设地磁场强度为 $\boldsymbol{B}$，线圈匝数为 N，线圈平面的面积为 S，法向单位矢量是 n，当闭合线圈平面法线与地磁线成一角度 θ，并以 ω 绕平面轴线旋转时，在线圈内将产生感应电动势 ε，且满足关系式

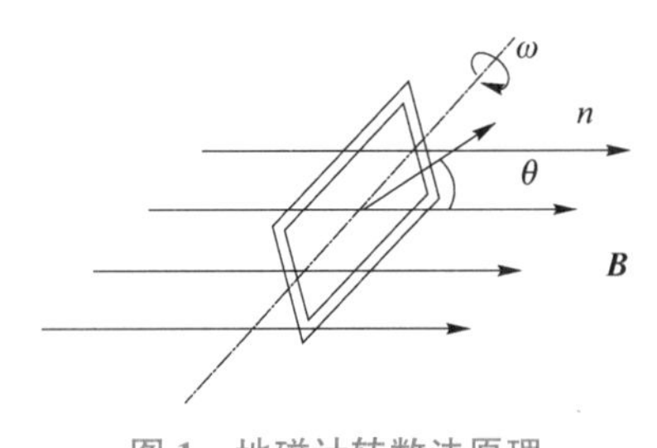

图 1　地磁计转数法原理

$$\varepsilon=-N\frac{\mathrm{d}B\cdot Sn}{\mathrm{d}t}$$

$$\varepsilon=-N\frac{\mathrm{d}B\cdot Sn}{\mathrm{d}t}=-NBS\frac{\mathrm{d}\cos\theta}{\mathrm{d}t}=NBS\sin\theta\frac{\mathrm{d}\theta}{\mathrm{d}t}=NBS\omega\sin\theta$$

由此可见，当弹丸旋转一周，对应着地磁传感器输出信号正弦波的一个周期。因此可以根据此正弦信号的周期数获得弹丸转过的圈数，转数又与弹丸前进的距离有绝对的对应关系，从而实现高精度空中定距作用，毁伤敌军目标。

2　地球磁场对定距引信炸点影响分析

2.1　地球磁场的组成

在地球表面上，观测到的地磁场$\boldsymbol{H}_T$实际上是几种具有不同来源的磁场的总和，可以用下式表示：

$$\boldsymbol{H}_T=\boldsymbol{H}_0+\boldsymbol{H}_m+\boldsymbol{H}_a+\boldsymbol{H}_e+\delta\boldsymbol{H}$$

也就是说，地磁场是由偶极子场$\boldsymbol{H}_0$、非偶极子场$\boldsymbol{H}_m$、异常场$\boldsymbol{H}_a$、外源场$\boldsymbol{H}_e$和变化场$\delta\boldsymbol{H}$构成。其中，$\boldsymbol{H}_0+\boldsymbol{H}_m=\boldsymbol{H}$构成了地球的基本磁场。通常，$\boldsymbol{H}_0+\boldsymbol{H}_m+\boldsymbol{H}_e=\boldsymbol{H}_n$，即把均匀磁化的偶极子场$\boldsymbol{H}_0$、世界异常场（非偶极子场）$\boldsymbol{H}_m$以及外源场$\boldsymbol{H}_e$的总和称为正常场$\boldsymbol{H}_n$。由于其中的外源场非常小，除非专门讨论，否则常可略去不计。因此，如果排除掉其中的变化磁场，观测到的地磁场就是基本磁场与异常场之和，也就是$\boldsymbol{H}_T=\boldsymbol{H}_m+\boldsymbol{H}_a$。

如果把在地球表面上和周围空间进行磁场测定所获得的有关磁场的现代试验数据全部总和起来，便可以把地磁场分为三个基本部分：基本磁场及其长期变化、异常磁场和外源磁场。基本磁场及其长期变化来源于地核的内部根源，基本磁场随时间的变化叫作长期变化；异常磁场则是由于地球表层里面所谓地壳里磁性活动源的总和所引起的；外源磁场是与近地空间的电流体系的外源相联系的。在地球表面所观测到的地磁场中，基本磁场占95%以上，异常场大约只占4%，而外源场的比例就更小了，小于1%。

2.2　地球磁场的变化

地磁场是一个弱磁场，在正常情况下，地磁要素在世界各地的分布有一定规律但差异非常大。而且纬度越高，磁倾角越大，$\boldsymbol{H}$越小。

在世界各地，地磁要素的分布具有一定的规律。地磁总量$\boldsymbol{H}_T$大体指向北方，在北半球向下，在南半球向上。地磁垂直分量在北磁极是0.634×10^{-4} T，在南磁极是-0.674×10^{-4} T，在磁赤道是0。水平分量在磁赤道处最大，是（0.34~0.35）$\times10^{-4}$ T，在磁极处为0。地球总磁场的最小值是0.28×10^{-4} T，位于巴西；最大值点位于澳大利亚的南部，值为0.71×10^{-4} T。

在我国境内，地磁要素也有较大的不同。Z、H、I和$\boldsymbol{H}_T$的等值线都大致与纬度线走向相同。由南到北，垂直分量Z由-0.10×10^{-4} T变为0.56×10^{-4} T；水平分量H由0.40×10^{-4} T变成0.20×10^{-4} T；地磁总量$\boldsymbol{H}_T$从0.4×10^{-4} T变成0.60×10^{-4} T；磁倾角I从$-10°$变成$+70°$；而等偏线大致与经度走向相同，从东至西磁偏角D从约$-11°$变成$+5°$。

2.3　地球均匀化磁场数学模型

科学观测表明地球表面的磁场大致类似于位于靠近地球中心并对地球自转轴倾斜11.5°的一个磁偶极子场。因为地球磁场的很大一部分，正如许多学者已经证明的那样，是均匀磁化球体的磁场，所以直到目前为止，在研究许多问题的时候，还是认为地球是一个均匀磁化的球体。将地球的磁场视为一个均匀磁化球体的磁场，与地磁两极连线相平行而又通过地球中心的直线就是这个均匀磁化球体的磁轴，如图2所示。

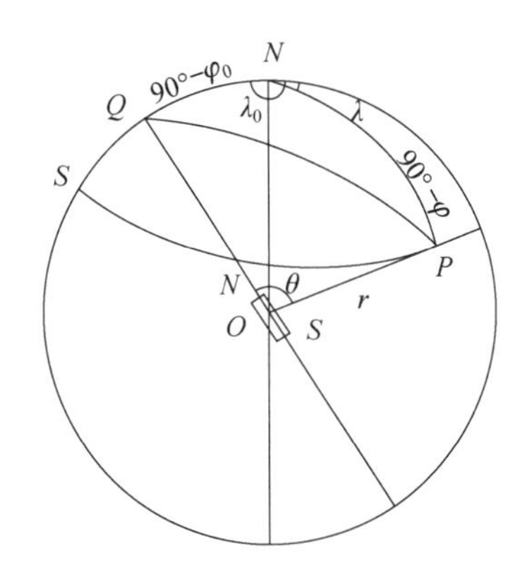

图 2　地球表面 P 点位置的磁位示意图

可以证明，均匀磁化球体在 P 点的磁位可用方程表示为

$$U=-\frac{M}{r^2}\cos\theta$$

式中，θ 是磁轴 OQ 与矢径 $OP=r$ 方向之间的夹角，同时，地球旋转轴 ON 与磁轴 OQ 组成的夹角为 $90°-\varphi_0$，以大圆弧连接 P，N，Q 三点，由球面三角形 PQN 即可得

$$\cos\theta=\sin\varphi\sin\varphi_0+\cos\varphi\cos\varphi_0\cos(\lambda-\lambda_0)$$

式中，φ 和 λ 是 P 点的纬度和经度；φ_0 和 λ_0 是 Q 点的纬度和经度。因此，

$$U=-\frac{M}{r^2}[\sin\varphi\sin\varphi_0+\cos\varphi\cos\varphi_0\cos(\lambda-\lambda_0)]$$

磁矩 M 可以用圆球的体积乘上磁化强度 J 来表示，即

$$M=\frac{4}{3}\pi R^3J$$

式中，R 为球半径。

引入下列符号：

$$\begin{aligned}g_1^0&=\frac{4}{3}\pi J\sin\varphi_0=\frac{M}{R^3}\sin\varphi_0\\g_1^1&=\frac{4}{3}\pi J\cos\varphi_0\cos\lambda_0=\frac{M}{R^3}\cos\varphi_0\cos\lambda_0\\h_1^1&=\frac{4}{3}\pi J\cos\varphi_0\sin\lambda_0=\frac{M}{R^3}\cos\varphi_0\sin\lambda_0\end{aligned}\tag{1}$$

即得

$$U=-\frac{R^3}{r^2}[g_1^0\sin\varphi+(g_1^1\cos\lambda+h_1^1\sin\lambda)\cos\varphi]\tag{2}$$

因为大圆弧 NP 是 P 点的子午线，所以在 NP 方向的分强度实际就是北向分量 X，而在小圆弧即纬度圈 SP 方向上的分量是东向分量 Y，在矢径 r 方向上的分量就是垂直分量 Z，因此，

$$X=-\frac{1}{r}\cdot\frac{\partial U}{\partial\varphi}$$

$$Y=-\frac{1}{r\cos\varphi}\cdot\frac{\partial U}{\partial\lambda}$$

$$Z=-\frac{\partial U}{\partial r}$$

将式（2）对 φ，λ 和 r 微分，并且因为 P 点是在地球表面，可令 $r=R$，即得到磁场各分量的如下关系：

$$X=-g_1^0\cos\varphi+(g_1^1\cos\lambda+h_1^1\sin\lambda)\sin\varphi$$

$$Y=g_1^1\sin\lambda-h_1^1\cos\lambda$$

$$Z=2[g_1^0\sin\varphi+(g_1^1\cos\lambda+h_1^1\sin\lambda)\cos\varphi]$$

式中，g_1^0，g_1^1 和 h_1^1 是一组常系数，与 P 点在地球表面上的位置无关；φ_0 和 λ_0 是磁轴与地球表面交点的坐标。如果把过该点的子午线取为初标子午线，那么 $\lambda_0=0$，且根据式（1）得$h_1^1=0$，则地磁场的各分量可以表示为如下形式：

$$X=-g_1^0\cos\varphi+g_1^1\cos\lambda\sin\varphi$$

$$Y=g_1^1\sin\lambda$$

$$Z=2(g_1^0\sin\varphi+g_1^1\cos\lambda\cos\varphi)$$

假如坐标轴与磁轴重合，那么，X，Y 和 Z 可取以下形式：

$$X=-g_1^0\cos\varphi,Y=0,Z=2g_1^0\sin\varphi$$

或

$$X=H=\frac{M}{R^3}\cos\varphi,Z=\frac{2M}{R^3}\sin\varphi \tag{3}$$

在赤道处，$\varphi=0°$，则

$$Z=0$$

$$H=H_T=\frac{M}{R^3}$$

在两极处，$\varphi=\pm90°$，则

$$H=0$$

$$Z=H_T=\pm\frac{2M}{R^3}$$

而比值$\frac{Z}{H}$就是倾角 I 的正切。因此，式（3）中两个方程式相除，即得

$$\tan I=2\tan\varphi$$

即倾角的正切等于磁纬度正切的 2 倍。

虽然根据这些公式对某些点计算的地磁要素的数值与实际数值的差异很大，可是从整体上看，就其一致的程度而论，在一级近似下可以认为地球均匀磁化的假说是正确的。譬如，在磁赤道上，磁场的总强度值大约为磁极处磁场的总强度值的一半（在磁极处 $H_T=0.65$ T，在磁赤道上 $H_T=0.35$ T）。既然均匀磁化球体的磁场与位于该球体中心的偶极子的磁场是一致的，那么，可以一级近似地把地球磁场看作是偶极子磁场。

2.4　不同高度地球磁场的变化对定距引信信号的影响

根据地球磁场为均匀磁化球体磁场的假设：

$$X=H=\frac{M}{R^3}\cos\varphi$$

$$Z=\frac{2M}{R^3}\sin\varphi$$

式中，φ 为纬度角；M 为磁矩，$M=\frac{3}{4}\pi R^3 J$，J 为磁化强度。把上面两式对 R 求偏导，得

$$\frac{\partial H}{\partial R}=\frac{-3M}{R^4}\cos\varphi=-\frac{3H}{R}$$

$$\frac{\partial Z}{\partial R}=\frac{-6M}{R^4}\sin\varphi=-\frac{3Z}{R}$$

$$\frac{\partial T}{\partial R}=\frac{-3M}{R^4}(1+3\sin^2\varphi)^{\frac{1}{2}}=-\frac{3T}{R}$$

则在距地面为 r 处相对于地面的变化为

$$\frac{T_r-T}{T}=\frac{\Delta T}{T}=-\frac{\frac{3T}{R_G+r}r}{T}=-\frac{3r}{R_G+r}$$

式中，地球半径 R_G 取 6 000 km，代入上式可见，即使高度 $r=10\ 000$ m 的高空，总磁场强度 T 也只变化 0.5%，可见高度对地磁强度的影响非常微小。

3 结束语

对于不同的地理位置，基本磁场的大小和方向的变化都比较明显，这对地磁计转数法定距引信的传感器测量信号的幅值将产生很大的影响。从电磁感应原理及地磁场的分布可知，对于低伸弹道的小口径炮弹，其弹道与水平面的夹角很小，所以，地磁场的垂直分量将肯定可以被感应。也就是说，对于低伸弹道，在地磁场的垂直分量不为 0 的地方，无论弹的水平射击朝哪个方向，都可以采用地磁计转数方法。但是，如果在地磁场垂直分量为 0 的地方，当弹丸的水平射击方向与地磁的水平分量的方向一致，或者弹丸的射击方向与地磁场的总场强方向一致时，地磁传感器的输出将很小甚至为 0，在此情况下，必须采取有效的补偿措施。然而，对于低伸弹道，我国仅在赤道附近的南海海域地磁场的垂直分量为 0，如果射击方向为南北向，才会出现这种情况，所以其失效概率极小。

参考文献

[1] Б. М. 扬诺夫斯基. 地磁学［M］. 北京：地质出版社，1982.
[2] 徐世浙. 古地磁学概论［M］. 北京：地震出版社，1982.
[3] James R. 维特. 大地电磁学［M］. 北京：地质出版社，1987.
[4] 沈波，陈荷娟，王志兴，等. 基于地磁传感器的计转数引信可行性研究［J］. 探测与控制学报，2001，23（4）：45-48.

基于柔性滑轨与旋转台的近炸仿真试验方法

陈维波，王侠

中国华阴兵器试验中心 制导武器试验鉴定仿真技术重点实验室，陕西华阴 714200

摘　要：针对单纯柔性滑轨仿真无法反映弹目交会速度对炸高的影响问题，本文提出一种基于柔性滑轨与旋转台的激光引信近炸性能仿真试验方法。首先利用柔性滑轨仿真试验获得引信静态启动距离，然后采用旋转台方法测出模拟交会速度与静态仿真条件下的启动延迟时间，最后用测得的启动延迟时间对引信静态启动距离进行修正，预测得到不同落速条件下引信炸高的散布范围，并在实弹射击试验中得到了验证，为激光引信近炸性能试验鉴定提供了参考。

关键词：激光引信；近炸性能；仿真试验

0　引言

激光引信配套的武器系统价格昂贵，定型试验飞行数量较少，不能满足激光引信的近炸性能指标评估需求，因此在试验鉴定中往往通过柔性滑轨试验、火箭橇试验等方法获取近炸性能仿真试验数据，作为飞行试验的必要补充，也为试验鉴定评估提供一定的参考。

激光引信定距一般采用脉冲法测距，即利用脉冲激光器发射一列很窄的光脉冲，利用测量回波与发射主波之间的脉冲延迟时间来测量距离。为了增强引信的抗干扰性能，避免一些偶发因素造成引信误启动，设计上采取在发现疑似目标后通过多次测距（一般设置一定数量的脉冲判别数）来判别是否是真实目标的方法，当超过设置的脉冲判别数则认为是真实目标，这极大地提高了引信抗自然干扰能力。由于引信发现目标后要多次判别，故存在启动延时，这也造成静态测量引信的启动距离与飞行试验时引信的启动距离的差异。若直接采用静态仿真试验代替，无法反映弹目交会速度等特征对引信启动距离的影响，存在仿真可信度偏低的问题。基于此，本文提出一种新的激光引信近炸性能仿真试验方法，以供参考。

1　常用近炸性能仿真试验方法

1.1　柔性滑轨试验

柔性滑轨试验，就是用模拟靶板模拟普通耕地、水泥地、低矮植被、雷达、直升机等目标，将被试引信激光探测系统固定在柔性滑轨车上，激光光束在滑轨平面内以与滑轨轴线成一定角方向探测，滑动装置运载引信系统以一定速度运行，受设备条件限制，一般速度小于

5 m/s，模拟较小的弹目交会速度及各种交会姿态进行试验，如图 1 所示。在此柔性滑轨试验条件下，利用自动记录设备测试激光引信近炸启动距离。

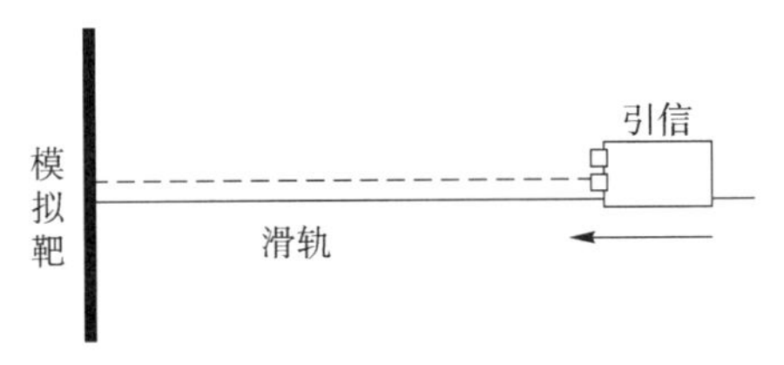

图 1　柔性滑轨试验示意图

柔性滑轨试验成本较低，可以对各种交会姿态进行大量试验；缺点在于交会速度低，与实弹射击时引信的启动特性有一定差异。

1.2　火箭橇试验

火箭橇试验与柔性滑轨试验的试验原理一样，这里不再赘述，区别在于火箭橇的最大速度可以达到 400~500 m/s，可以模拟多数情况下的弹目交会速度和典型交会姿态，与实际射击时条件更接近。但由于试验成本较高，所以不可能大批量地进行。

2　基于柔性滑轨与旋转台的近炸性能仿真试验方法

柔性滑轨试验与实弹射击试验的区别在于交会速度不一样，故只要测出激光引信不同交会速度相对于柔性滑轨试验时的延迟启动时间，就可以对柔性滑轨试验的启动特性结果进行精度修正处理，从而获得动态启动仿真试验数据，最后在典型试验条件下通过实弹射击试验对动态启动仿真试验数据进行验证，得出试验结论。仿真试验流程如图 2 所示。

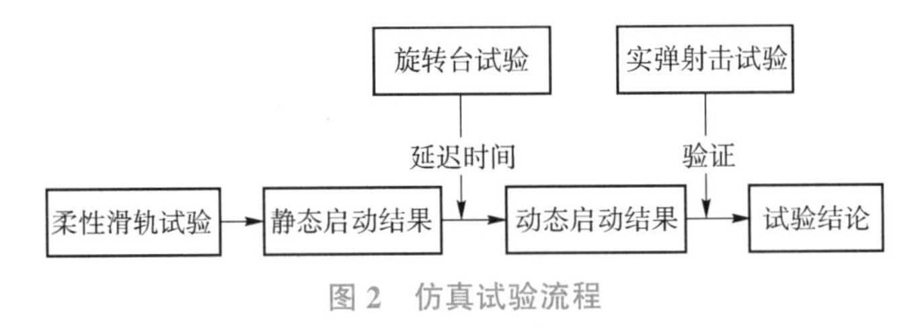

图 2　仿真试验流程

柔性滑轨试验方法已众所周知，本文主要研究旋转台试验部分。旋转台试验就是利用激光引信的高速旋转和墙面或靶板的激光反射，使激光引信探测距离变化速度与目标交会时速度相当。

图 3 所示为旋转台试验布局相对关系，设激光引信逆时针旋转 90°的时间为 Δt，激光引信旋转角速度为 ω，激光引信与靶板的距离为 d，激光引信探测距离为 M，探测距离的变化速度为 v，激光引信光轴与 Y 轴的夹角为 φ，靶板跨度对应夹角为 θ，使激光引信在一定的旋转速度条件下满足距离判距。

各参数的关系如下列各式：

$$\omega=\frac{\pi/2}{\Delta t} \tag{1}$$

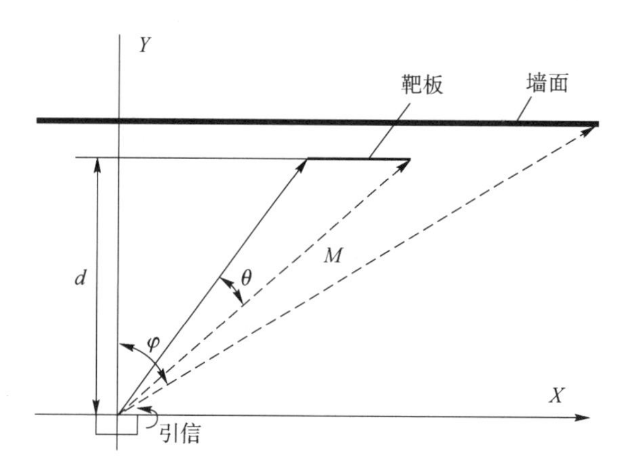

图 3　旋转台试验布局相对关系

$$\frac{\pi}{2}-\varphi=\omega \cdot t \tag{2}$$

$$M=\frac{d}{\cos \varphi} \tag{3}$$

由式（1）、式（2）、式（3）经微分变换得探测距离的变化速度 v 与 ω、d、φ 的关系如下式：

$$V=\frac{\mathrm{d}M}{\mathrm{d}t}=\frac{\omega \cdot d \cdot \sin \varphi}{(\cos \varphi)^2} \tag{4}$$

图 4 所示为旋转装置相对位置关系，图 5 所示为三路输出信号的时序示意图。两光耦相对于激光引信旋转中心成 90°夹角，激光引信旋转过程中顺序通过光耦 1、光耦 2，示波器记录的两光耦信号时间间隔为 Δt，利用 Δt 和 d 可以得到激光引信旋转时所模拟的弹目交会速度。我们需要找到探针在进入光耦 2 时，光耦信号的负跳变点（下降沿），并在探针上刻记号线，即当探针上的刻线进入光耦 2 的时刻对应其信号的下降沿，这一时刻将成为衡量引炸延迟时间的基准。

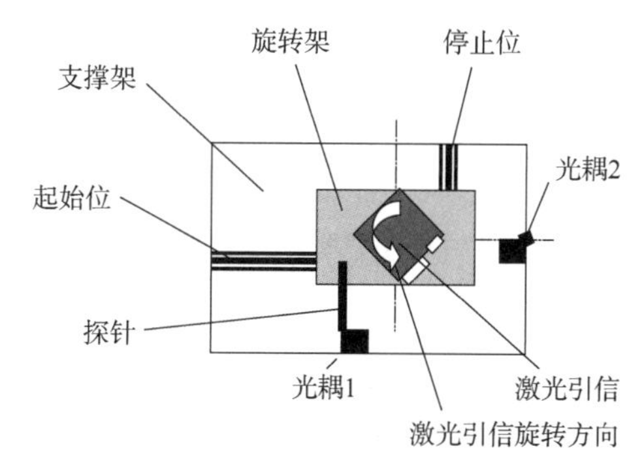

图 4　旋转装置相对位置关系

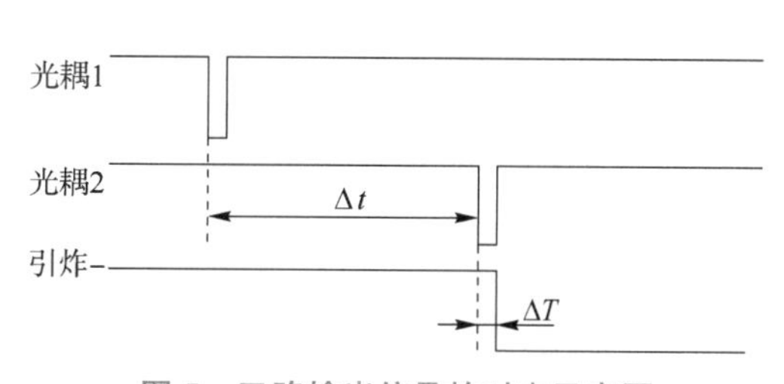

图 5　三路输出信号的时序示意图

找到基准后，调整激光引信的光轴，使探针上的刻线进入光耦 2 时，发射激光光轴对准靶板的右边缘；然后，手动旋转激光引信，使此位置也对应激光引信的静态引炸点，即激光引信的静态引炸点与光耦 2 的下降沿重合。最后，使激光引信回到旋转起始位置，开动旋转电动机，激光引信高速旋转，由示波器记录光耦 2 输出信号下降沿与引炸−信号下降沿的时间间隔 ΔT，即为静态引炸点与动态引炸点之间的延迟时间。

3 仿真应用

3.1 仿真准备

假设引信落速范围为 100～300 m/s，根据式（4）可得到旋转台转速与模拟落速对照表，如表 1 所示。

表 1 旋转台转速与模拟落速对照表（d=8 m）

φ/(°) \ ω/(rad·s^{-1})	28	26	24	22	20	18	16
45	316.7	294.1	271.5	248.9	226.2	203.6	181.0
44	300.7	279.2	257.7	236.2	214.7	193.3	171.8
43	285.6	265.2	244.8	224.4	204.0	183.6	163.2
42	271.4	252.0	232.6	213.2	193.8	174.4	155.0
41	258.0	239.5	221.1	202.7	184.2	165.8	147.4
40	245.3	227.8	210.3	192.7	175.2	157.7	140.2
39	233.4	216.7	200.0	183.3	166.7	150.0	133.3
38	222.0	206.2	190.3	174.4	158.6	142.7	126.9
37	211.3	196.2	181.1	166.0	150.9	135.8	120.7
36	201.1	186.7	172.4	158.0	143.6	129.3	114.9
35	191.4	177.7	164.1	150.4	136.7	123.0	109.4
34	182.2	169.2	156.2	143.1	130.1	117.1	104.1
33	173.4	161.0	148.6	136.2	123.8	111.5	99.1
32	165.0	153.2	141.4	129.6	117.8	106.1	94.3
31	157.0	145.8	134.5	123.3	112.1	100.9	89.7
30	149.3	138.6	128.0	117.3	106.6	96.0	85.3
29	141.9	131.8	121.6	111.5	101.4	91.2	81.1
28	134.8	125.2	115.6	105.9	96.3	86.7	77.0
27	128.0	118.9	109.7	100.6	91.4	82.3	73.1
26	121.5	112.8	104.1	95.5	86.8	78.1	69.4
25	115.2	107.0	98.7	90.5	82.3	74.0	65.8

按旋转台方法进行试验，假设测得引信延迟时间如表 2 所示。

表 2 延迟时间测试结果

序号	转速 /(rad·s^{-1})	延迟时间 ΔT/ms						
		样机 1	样机 2	样机 3	样机 4	样机 5	样机 6	样机 7
1	16	5.26	3.90	3.87	4.45	3.92	4.37	4.51
2	18	4.72	3.99	3.93	3.76	4.42	4.13	3.71
3	20	4.48	4.12	4.00	4.36	3.97	4.17	4.04
4	22	5.28	3.95	4.05	4.19	3.96	4.84	4.13

续表

序号	转速/(rad·s^{-1})	延迟时间 ΔT/ms						
		样机 1	样机 2	样机 3	样机 4	样机 5	样机 6	样机 7
5	24	5.17	4.17	4.15	4.07	3.72	3.56	4.34
6	26	4.73	4.15	3.24	4.14	3.93	4.91	3.71
7	28	4.35	3.66	4.01	3.61	4.01	4.34	4.35

根据表 2 数据可统计得到延迟时间的均值 $\bar{x}$ 为 4.18 ms，标准差 σ 为 0.43 ms。

3.2 仿真预测

假设引信可装定炸高范围为 2~5 m，采用柔性滑轨试验获得在引信光轴与靶板成 90°条件下的静态探测启动距离分别为 2.97 m、4.01 m、4.98 m、5.92 m。采用旋转台方法测得延迟启动时间如表 2 所示，延迟启动时间最大散布取 3σ 计算，则可得到该引信落速为 250 m/s 时动态炸高范围如表 3 所示，炸高随落速的变化范围如图 6 所示。在某激光引信的科研试验中共射弹 6 发，其实测炸高值均在图 6 所示预测炸高变化范围内，验证了本文所述方法的可行性。

表 3　预测炸高（落速 250 m/s）

序号	装定炸高/m	静态探测距离/m	预测动态炸高范围/m
1	2	2.97	[1.60　2.25]
2	3	4.01	[2.64　3.29]
3	4	4.98	[3.61　4.26]
4	5	5.92	[4.55　5.20]

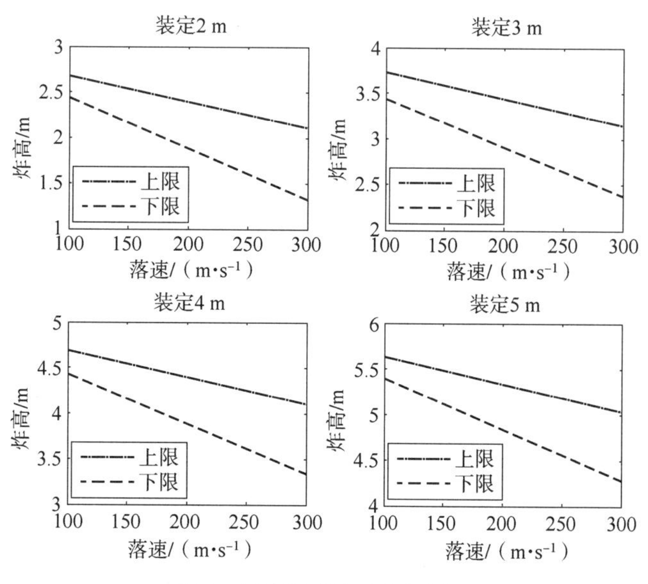

图 6　炸高随落速的变化范围

4 结论

本文提出了一种基于柔性滑轨与旋转台的激光引信近炸性能仿真试验方法。首先利用柔性滑轨仿真试验获得引信静态启动距离，然后采用文中建立的旋转台试验法测出模拟交会速度与静态仿真条件下的启动延迟时间，最后用测得的启动延迟时间对引信静态启动距离进行修正，预测得到了不同落速条件下引信炸高的散布范围，并在实弹射击试验中得到了验证，对激光引信近炸性能试验鉴定评估具有一定的参考价值。

参考文献

[1] 张正辉，陈守谦，许士文，等. 激光近炸引信距离控制精度测试技术分析［J］. 红外与激光工程，2007（5）：639-643.
[2] 张祥金，张河，陈炳林. 激光近炸引信的定距精度因素分析［J］. 弹箭与制导学报，2006（SA）：1233-1235.
[3] 宋会良，曹继东，李朝锋. 基于激光技术的引信测试装置分析［J］. 信息与电脑（理论版），2011（09）：29-30.
[4] 韩振江，张建平. 051 基地火箭滑车轨道设计要点分析［J］. 中国铁路，2004（11）：31-32.
[5] 杨兴邦. XB 高精度火箭橇试验滑轨［J］. 中国工程科学，2000（10）：98-104.

无线电引信抗干扰性能试验设计

刘刚，王侠，杨伟涛

中国华阴兵器试验中心，陕西华阴 714200

摘　要：本文介绍了无线电引信抗干扰性能实验室试验方法的技术思路，从硬件构成、计算方法、工作步骤等不同方面进行深入探讨，为更好考核引信抗干扰性能提供理论支撑，可以为开展类似试验提供参考。

关键词：无线电引信；抗干扰；试验

0　引言

随着现代电子对抗手段的不断升级，战场电磁环境趋于复杂化，在可以预料的将来，我方无线电引信必将遭受敌方施放的人工干扰。一旦引信被成功干扰，结果有两种，一种是引信早炸，完全丧失毁伤能力；另一种为近炸转为触发，毁伤能力大大降低。以上两种情况都将导致引信无法完成预定作战使命，是必须极力避免的。因此，引信的抗干扰能力非常重要。

目前，对于无线电引信来说，抗干扰尤其是抗人工有源干扰性能试验，国内尚无明确评定方法和标准。实际上，鉴于无线电引信工作频率以及工作体制的多样性，建立统一、具体评定方法的可行性和必要性均值得商榷。同时，研制总要求中关于引信抗干扰性能的有关要求相当笼统模糊，如指标中对引信抗干扰性能要求的典型描述为：在实验室有源干扰条件下，引信正常近炸或转化为触发的通过率不小于××%。

在以上背景下，如何开展引信抗干扰性能试验方案至关重要，不仅关系着回答指标要求，更迫切的是必须使试验结果具有代表性、可信性，从而为引信抗干扰性能的评估打下基础。

1　无线电引信实验室抗干扰试验系统

受多种因素制约，对于引信抗干扰试验，实弹对抗试验实际上很难操作，鉴于目前指标中有这样的提法：引信抗干扰试验“可用实验室方法验证”或是“在实验室条件下进行”，针对这样的情况，近年来在一些无线电引信的设计定型中，依托外单位的实验室条件，主持开展了一系列试验，丰富了实践经验。

图 1 所示为引信实验室抗干扰试验系统原理框图。

实施过程：在微波暗室中，首先给引信的探测控制系统通电，使引信的信号处理电路处

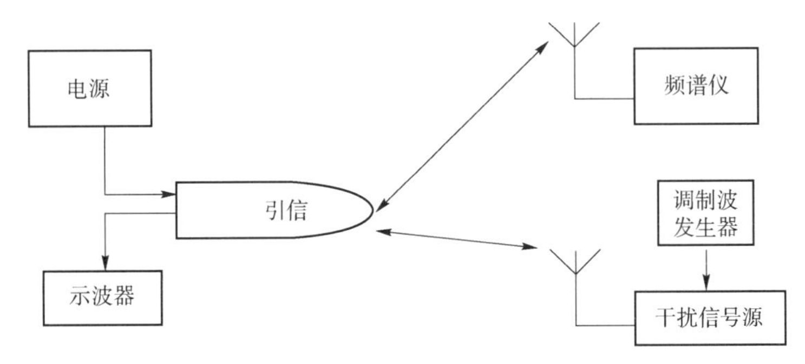

图 1　引信实验室抗干扰试验系统原理框图

于工作状态，引信开始向空间辐射电磁波，这时和引信相距一定距离的频谱仪接收到引信工作信号，对引信的工作信号进行分析，取得其中的频率信息。根据频谱仪的分析结果，通过人工调节，把干扰信号源的载波频率调到对应的引信工作频率上，这时根据干扰模式的不同，可以通过调制波发生器对干扰信号进行适当的波形调制，调制完成后通过天线辐射出去，引信接收到该含有干扰特征的信号，示波器对引信输出信号进行监视。如果示波器显示出引信输出点火信号，则说明该干扰信号能够使引信产生非正常作用，干扰成功；反之，则说明引信能够有效抵抗干扰信号，具备抗干扰能力。

目前，引信实验室抗干扰试验主要依托外单位硬件条件完成，其技术工作主要包括：

（1）参照能掌握的我军已装备的干扰机工作参数完成试验设计，主要是干扰模式的选定（回答式干扰、扫频式干扰、噪声干扰等），干扰频率的选定（根据引信工作频率而定），干扰波形的选定（正弦波、方波、三角波等），扫频范围（依据引信电路牵引振荡范围而定）等试验条件，确保试验科学可行。

（2）建立引信抗人工干扰的一般试验原则，通过对引信设计特点及干扰机功率的深入分析和计算，在实验室条件下选定干扰源与引信之间距离，实现干扰功率谱密度与实际干扰条件等效。

（3）通过对不同引信的电路特性计算及作战需求剖面分析，确定最大、最小干扰功率这两个重要参数，结合其他干扰参数，在不同干扰周期、循环次数下反复试验，诱发引信异常信号，确保试验既能最大限度符合实际情况，又能实现加严考核。

2　干扰参数的计算和选取

2.1　干扰功率的计算

实验室试验的中心思想是使得实际干扰机和实验室干扰信号源在引信处的功率谱密度相等。在实验室中，干扰信号源在引信处产生的功率谱密度（单位面积功率）为

$$\prod = \frac{P}{4\pi R^2}G \tag{1}$$

与上式类似，实际干扰机在引信处的功率谱密度可表示为

$$\prod{}_1 = \frac{P_1}{4\pi R_1^2}G_1 \tag{2}$$

式中，Π、Π_1 为实验室、实际条件下引信处功率谱密度；

P、P_1 为实验室干扰信号源、干扰机辐射功率；

G、G_1 为实验室干扰信号源天线增益、干扰机天线增益；

R、R_1 为实验室干扰信号源与引信间距离、干扰机与引信间距离。

令式（1）与式（2）相等，得到

$$P=P_1\frac{G_1}{G}\cdot\frac{R^2}{{R_1}^2} \tag{3}$$

从式（3）可看出，干扰信号源功率与实际条件下干扰机与引信之间距离的平方成反比。在干扰机辐射功率一定的条件下，如何选取实际条件下干扰机与引信之间距离呢？我们认为，可主要从实战角度考虑，其最小距离应接近可能使引信毁伤干扰机的距离。把最小干扰距离代入式（3），可算出对应的干扰信号源最大功率，即

$$P_{\max}=P_1\frac{G_1}{G}\cdot\frac{R^2}{{R_{1\min}}^2}$$

在实际应用中，还要考虑空气对干扰信号的衰减和损耗效应，尤其是毫米波段无线电信号损耗较大，可在以上公式中用损耗系数等方式反映出来。

对于自差式无线电多普勒引信来说，按照电路分析理论，不管是目标反射回波还是干扰信号，其对引信的影响可认为是外来信号在引信天线回路中产生的附加阻抗，该电阻和电抗分量都会随着距离的变化而进行周期性变化，形成自差机的调制振荡，对其进行检波就可得到多普勒信号。如果干扰信号产生的调制振荡与真实目标类似时，就意味着干扰的成功，可能使得引信非正常工作。然而，为了防止噪声以及外部干扰的影响，无线电引信一般都需要一个阈值才能启动，称之为高频或低频灵敏度。与高低频灵敏度对应的，可以计算出有可能使引信启动的最小干扰功率。

通过对引信电路的分析可以得出以下三个公式：

$$\sqrt{2\frac{PG}{4\pi R^2}}\cdot\frac{\lambda_0\sqrt{DR_\Sigma}}{\sqrt{\pi}}F(\varphi)=\Delta R_{\Sigma M}I_M \tag{4}$$

$$P_t=\frac{1}{2}{I_M}^2R_\Sigma \tag{5}$$

$$U_{\Omega M}\frac{R_\Sigma}{\Delta R_{\Sigma M}}=S_a \tag{6}$$

式中，λ_0 为引信工作波长；D 为引信天线方向系数；R_Σ 为引信天线辐射电阻；$F(\varphi)$ 为引信天线方向性函数；$\Delta R_{\Sigma M}$ 为干扰信号引起的引信阻抗变化电阻分量；I_M 为引信辐射电流振幅；P_t 为引信辐射功率；$U_{\Omega M}$ 为引信低频启动灵敏度；S_a 为引信高频灵敏度；P、R 的含义与前文一致。

式（4）为干扰信号源在引信天线中引起的附加电动势；式（5）为引信辐射功率；式（6）为引信高频灵敏度计算公式。

以上参数除干扰信号源辐射功率 P 外均为已知，因此联立式（4）~式（6）可算出可能使引信启动的最小干扰信号源功率。以某型自差式无线电多普勒引信为例，查阅其设计资料，可以获得其电路各具体参数，代入以上三个方程，可解算出最小干扰信号源功率。实际

操作中，干扰信号源的功率将被限定在最小和最大功率之间变化，加上适当的调制波形和时间参数，就可以模拟实际干扰机和引信的接近过程。

2.2 干扰频率的选取

对于回答式干扰、阻塞式干扰及瞄准式干扰来说，如果引信工作于点频（多普勒体制或普通调频体制），其干扰频率就处于引信工作频率附近，依靠频谱分析仪即可确定。但如果引信属于超宽带体制，其工作频率不再是一个点，而是一个较宽的频带，此时无法依靠频谱分析仪（因超宽带脉冲信号的宽频带及迅速衰减特性，无法侦测具体干扰频率），必须依靠试前对被试引信工作频带的充分掌握。由于超宽带信号的特殊性，一般实验室使用的信号发射天线很难直接辐射超宽带信号，由于超宽带信号具有中心频率，其主要能量集中于中心频率附近，因此，可以在超宽带信号中心频率附近取一范围，在此范围内再选取若干频率点开展试验。

对于扫频干扰，其干扰方式不依赖于对无线电引信工作频率的精确捕获，只需根据对被试品大致工作频率范围的了解，确保扫频范围能够覆盖引信工作频率即可。扫频干扰的主要控制参数为扫频速率，必须满足当干扰机载频扫过引信频带期间，滞留足够的时间使引信信号处理电路接收并处理干扰信号，否则，若引信尚未完全做出反应，干扰载频已经消失，将不会对引信构成有效干扰。同时，扫频速率也不宜设置过低，这样将直接影响干扰效率，即单位时间内可干扰的引信数量减少。

2.3 干扰波形的选取

以多普勒无线电引信为例，其对地射击时，回波信号频率为载频叠加多普勒频率，其振幅随着弹目的不断接近而不断增大。一般常采用规则波调制波形作为干扰信号，规则波形包括正弦波、三角波、锯齿波、方波，调制方式应同时涵盖调频、调幅以及调频加调幅。调制波的频率应充分考虑引信配用不同弹种时，在不同落速、不同落角条件下产生的多普勒频率数值。在以上调制波形完成后，为更准确模拟实际引信干扰机与引信之间的对抗过程，应对干扰波形进行增幅处理，增幅速率应与引信配用弹种落速相适应，具体地说就是应反映实际对抗条件下引信与敌方干扰机的接近过程。

在正弦波、三角波等各种规则调制波形之外，应充分考虑噪声干扰信号。噪声干扰主要模拟阻塞式干扰模式，可以在干扰载波的基础上非常方便地拓展干扰频带。噪声干扰一般可以从高斯分布噪声及均匀分布白噪声中选择，其调制方式也可以有调幅和调频两种。

必须注意的是，在选择调幅或调频调制方式时，应考虑控制干扰信号的调幅系数或调频指数。调幅系数越小，其信号振幅包络变化越小，与目标回波信号的相似度就越低；同时，调幅系数也不能无限制增大，其数值必须小于 1，否则，信号振幅的变化就不同于调制信号，这是不允许发生的。对于调频指数，虽然可以大于 1，也必须设置为合适的数值，否则，由于调频指数与干扰信号带宽正相关，如果与引信自身工作带宽不相匹配，干扰效果将大大降低。

2.4 其他干扰参数的选取

由于无线电引信天线的方向性，其在不同方向的信号辐射接收特性均有差异。为反映这种差异，在进行试验设计时，必须考虑引信轴线与干扰天线之间的夹角问题，可按无夹角、中间夹角、大夹角三种情形加以考虑。

一般情况下，为对付不同种类的敌方目标，对地无线电引信都有高、低两挡炸高可供选择，开展抗干扰试验时，应充分考虑炸高装定的不同，以更符合实际情况。但在某些情况下，为提高高炸高条件下的目标识别率，一些引信在高炸高装定时，增加一级放大电路，但同时其信噪比将会有一定损失，实弹射击时，高炸高装定容易转为瞬发，就是一个典型表现。对于这种情况，应在抗干扰试验中重点关注高炸高装定条件。

从以上论述可以看出，引信抗干扰试验中的因变量只有一个，即引信是否有异常输出，但其自变量非常多，不同干扰模式、不同干扰功率、不同扫频速率、不同信号增幅速率、不同调制波形、不同调制频率、不同调幅系数、不同调频指数、不同夹角，其试验条件组合有成千上万种，带来试验周期和试验消耗的直线上升。经验做法是将所有的条件进行随机组合，在控制试验周期的前提下，尽量满足试验便利性。

3 结束语

随着高新技术在军事领域的广泛应用，未来战场的电磁环境势必更加复杂，从某种意义上说，敌我常规武器毁伤与反毁伤之间的对抗就是引信之间的对抗，无线电引信的抗干扰能力越来越成为引信使命是否能够顺利完成的一项关键指标。受无线电引信体制和配用弹种的多样性影响，抗干扰性能实验室试验绝不可能千篇一律，必须深入了解引信工作原理，制定针对性强的抗干扰试验方案。

实验室抗干扰试验的优势是可以通过大量重复的试验，模拟不同功率、不同干扰模式甚至在未来模拟不同交会条件下干扰机对引信的影响，反映引信在各种极限条件下的抗干扰性能，进一步了解其设计特性，在试验消耗相对小很多的情况下，得到大量的信息。总的来说，目前关于引信抗干扰性能试验手段还处于起步阶段，一些基础性的理论问题尚未解决，一些试验想定尚未实现，一些比较复杂的因素还未考虑进去，与战场电磁环境相比，还有较大差距，许多问题值得深入研究。

引信抗干扰性能实验室试验方法探讨

刘刚，陈众，王侠

摘　要：本文介绍了无线电引信抗干扰性能实验室试验方法的技术思路，从硬件构成、计算方法、工作步骤等不同方面进行深入探讨，为更好考核引信抗干扰性能提供理论支撑，可以为开展类似试验提供参考。

关键词：引信；抗干扰；实验室试验

0　引言

随着现代电子对抗手段的不断升级，战场电磁环境趋于复杂化，在可以预料的未来，我方无线电引信必将遭受敌方施放的人工干扰。一旦引信被成功干扰，结果有两种，一种是引信早炸，完全丧失毁伤能力；另一种是近炸转为触发，毁伤能力大大降低。以上两种情况都将导致引信无法完成预定作战使命，是必须极力避免的。因此，引信的抗干扰能力非常重要。然而，如何对其引信实际具备的抗干扰能力进行考核呢？或者说，如何判定引信抗干扰能力是否满足有关战术技术指标呢？这就涉及引信抗干扰性能试验方法的研究工作。

目前，对于无线电引信来说，抗干扰尤其是抗人工有源干扰性能试验，国内尚无明确评定方法和标准。然而，研制总要求中又经常明确提出引信抗干扰性能的有关要求，如指标中对引信抗干扰性能要求的典型描述为：遇同频段干扰机干扰时，正常近炸或转化为触发的通过率不小于××%。从这一指标可衍生出两个内涵：第一，要有同频干扰机，这对于工作频率较低的无线电引信，基本可以满足要求。因为据我们所知，国内目前已有同频干扰机。然而问题在于，目前研制的引信其工作频率越来越高，比如毫米波引信，其工作频率高达几十GHz，对干扰机频率要求非常高，当前条件无法满足试验要求；第二，要有能够有效评价引信抵抗同频干扰机性能的试验方法，但是显而易见，这一条件当前也不具备。

为解决以上问题，我们设计了一套试验方案，其主要思想是用实验室条件替代实弹射击条件，对引信抗干扰性能进行评估。实践证明，该方法是行之有效的。

1　无线电引信干扰理论

1.1　无线电引信干扰因素的分类

广义地说，凡是影响无线电引信正常工作的因素都属于干扰，干扰可分为内部干扰和外部干扰。内部干扰主要是指引信工作过程中存在的内部噪声；外部干扰，顾名思义，是指来自引信外部的干扰因素。外部干扰可进一步细分为环境干扰和人工干扰两种。一般来说，环境干扰是杂乱无序的，没有特定的规律，而人工干扰具有很强的针对性，目的就是通过释放干扰使得引信早炸或转为碰炸，完全或部分的丧失作战能力。表 1 所示为引信人工干扰的分类。

表 1　引信人工干扰的分类

<table>
<tr><td rowspan="7">人工干扰</td><td rowspan="3">无源干扰</td><td>偶极子云</td></tr>
<tr><td>假目标</td></tr>
<tr><td>改变电介质性能</td></tr>
<tr><td rowspan="4">有源干扰</td><td>扫频干扰</td></tr>
<tr><td>阻塞式干扰</td></tr>
<tr><td>瞄准式干扰</td></tr>
<tr><td>回答式干扰</td></tr>
</table>

相比无源干扰，有源干扰对引信威胁更大，是目前抗干扰研究的主要对象，本文论述内容仅限于人工有源干扰。

1.2　人工有源干扰机理

人工有源干扰对无线电引信进行干扰的条件是：①必须事先侦测出引信的工作频率和信号特征；②能够产生相应的频率和特征的干扰信号，模拟真实目标的反射信号。只有同时具备以上条件，干扰机才有可能成功“欺骗”引信，获得预期效果。

我们选取两种典型干扰模式对其干扰机理进行阐述。

扫频干扰：干扰机发射等幅或调制射频信号，其载波频率以一定的速率在较宽频段内按某种规律来回扫描。当干扰机发射频率变化到与引信工作频率接近时，引信自差收发机频率将被迫跳跃变化到干扰信号频率上，进入所谓的“牵引振荡”状态，干扰信号频率继续变化，引信工作频率随之变化。在此“牵引”过程中，引信自差机将输出一个脉冲信号，该信号通过引信低频电路推动执行级，就有可能使得引信起爆。

回答式干扰：干扰机首先接收到引信工作信号，分析其载波频率，然后经放大、调制后作为模拟目标信号再发射出去。引信接收到干扰信号后，就有可能认为遭遇到真实目标，输出起爆信号，形成早炸。

1.3　无线电引信的抗干扰准则

在敌我激烈对抗的战场上，施放干扰的敌方力求使得干扰机效能发挥到最大，使我方无线电引信的作用效率降低到最低水平；同时，我方则力求保持引信的战术技术性能，最大限度地发挥毁伤能力。从此观点出发，无线电引信的抗干扰准则可以用干扰机成功完成干扰时的定量特性来评定。这个干扰的定量特性，对有源干扰来说就是其辐射功率，这是因为干扰机的质量、体积、价格等都和其功率大小有直接关系。也就是说，在一定距离上，为达到干扰无线电引信的某一成功概率，所需干扰机功率越大，引信抗干扰能力就越强；反之，在同等干扰机功率条件下，引信被干扰时所需功率越小，其抗干扰能力越弱。

2 引信抗干扰性能实验室试验方案的设计

2.1 引信抗干扰性能实验室试验的硬件组成

图 1 所示为引信实验室抗干扰试验原理框图。

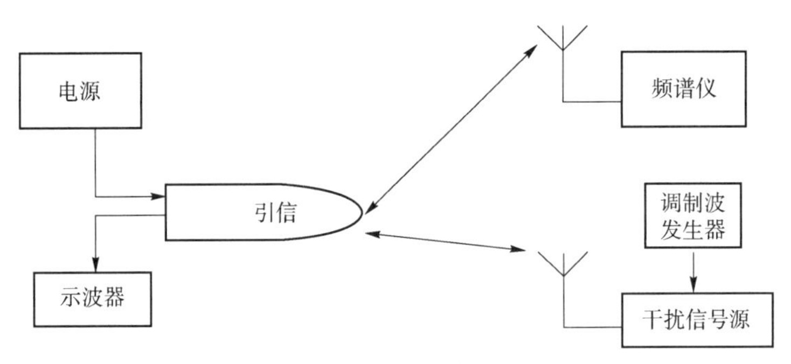

图 1 引信实验室抗干扰试验原理框图

实施过程：在微波暗室中，首先给引信的探测控制系统通电，使引信的信号处理电路处于工作状态，引信开始向空间辐射电磁波，这时和引信相距一定距离的频谱仪接收到引信工作信号，对引信的工作信号进行分析，取得其中的频率信息。根据频谱仪的分析结果，通过人工调节，把干扰信号源的载波频率调到对应的引信工作频率上来，这时根据干扰模式的不同，可以通过调制波发生器对干扰信号进行适当的波形调制，调制完成后通过天线辐射出去，引信接收到该含有干扰特征的信号，示波器对引信输出信号进行监视。如果示波器显示出引信输出点火信号，则说明该干扰信号能够使引信产生非正常作用，干扰成功；反之，则说明引信能够有效抵抗干扰信号，具备抗干扰能力。

2.2 引信抗干扰性能实验室试验的相关计算

在本文第二部分讨论内容的启示下，关于实验室试验，有以下几个问题值得考虑：

第一，如何确定干扰信号源功率？

1）干扰信号源最大功率的计算

实验室试验的中心思想是使得实际干扰机和实验室干扰信号源在引信处的功率谱密度相等，如图 2 所示。

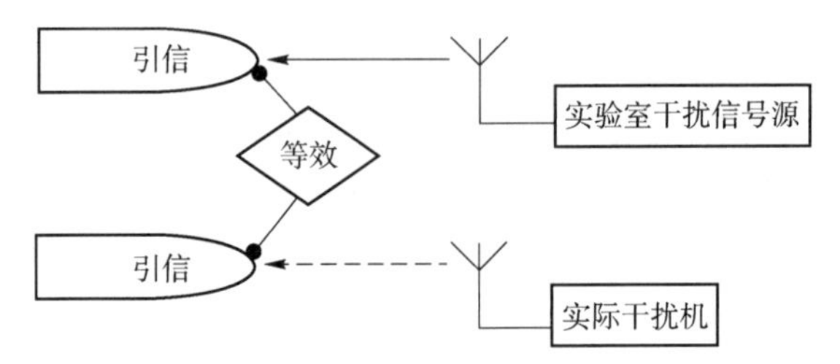

图 2 引信处功率谱密度等效示意图

在实验室中，干扰信号源在引信处产生的功率谱密度（单位面积功率）为

$$\prod = \frac{P}{4\pi R^2} G \tag{1}$$

与上式类似，实际干扰机在引信处的功率谱密度可表示为

$$\prod_1 = \frac{P_1}{4\pi R_1^2} G_1 \tag{2}$$

式中，Π、Π_1 为实验室、实际条件下引信处功率谱密度；P、P_1 为实验室干扰信号源、干扰机辐射功率；G、G_1 为实验室干扰信号源天线增益、干扰机天线增益；R、R_1 为实验室干扰信号源与引信间距离、干扰机与引信间距离。

令式（1）与式（2）相等，得到

$$P = P_1 \frac{G_1}{G} \cdot \frac{R^2}{R_1^2} \tag{3}$$

从式（3）可看出，干扰信号源功率与实际条件下干扰机与引信之间距离的平方成反比。如何选取实际条件下干扰机与引信之间的距离呢？我们认为，可主要从实战角度考虑，其最小距离应接近可能使引信毁伤干扰机的距离。把最小干扰距离代入式（3），可算出对应的干扰信号源最大功率。

在实际应用中，还要考虑空气对干扰信号的衰减和损耗效应，尤其是毫米波段无线电信号损耗较大，可在以上公式中用损耗系数等方式反映出来。本文内容以米波引信为例，损耗效应较小，因此暂不考虑。

以某型干扰机为例，该干扰机功率为 50 W，其方向增益 6 dB，又可知实验室干扰信号源方向增益 10 dB，与引信距离取 10 m。令干扰机与引信最小距离为 200 m，则干扰信号源最大功率为

$$P = 50 \times \frac{3.98}{10} \times \frac{10^2}{200^2} = 49.8(\mathrm{mW})$$

2）干扰信号源最小功率的计算

对于自差式无线电多普勒引信来说，按照电路分析理论，不管是目标反射回波还是干扰信号，其对引信的影响可认为是外来信号在引信天线回路中产生的附加阻抗，该电阻和电抗分量都会随着距离的变化而进行周期性变化，形成自差机的调制振荡，对其进行检波就可得到多普勒信号。如果干扰信号产生的调制振荡与真实目标类似时，就意味着干扰的成功，可能使得引信非正常工作。然而，为了防止噪声以及外部干扰的影响，无线电引信一般都需要一个阈值才能启动，称之为高频或低频灵敏度。与高低频灵敏度对应的，我们可以计算出有可能使引信启动的最小干扰功率。

通过对引信电路的分析可以得出以下三个公式：

$$\sqrt{2\frac{PG}{4\pi R^2}} \cdot \frac{\lambda_0 \sqrt{DR_\Sigma}}{\sqrt{\pi}} F(\varphi) = \Delta R_{\Sigma M} I_M \tag{4}$$

$$P_t = \frac{1}{2} I_M{}^2 R_\Sigma \tag{5}$$

$$U_{\Omega M} \frac{R_\Sigma}{\Delta R_{\Sigma M}} = S_a \tag{6}$$

式中，λ_0 为引信工作波长；D 为引信天线方向系数；R_Σ 为引信天线辐射电阻；$F(\varphi)$ 为引信天线方向性函数；$\Delta R_{\Sigma M}$ 为干扰信号引起的引信阻抗变化电阻分量；I_M 为引信辐射电流振幅；P_t 为引信辐射功率；$U_{\Omega M}$ 为引信低频启动灵敏度；S_a 为引信高频灵敏度；P、R 为含义与前文一致。

式（4）为干扰信号源在引信天线中引起的附加电动势；式（5）为引信辐射功率；式（6）为引信高频灵敏度计算公式。

以上参数除干扰信号源辐射功率 P 外均为已知，因此联立式（4）~式（6）可算出可能使引信启动的最小干扰信号源功率。以某型自差式无线电多普勒引信为例，查阅其设计资料，可以获得其电路各具体参数，代入以上三个方程，可解算出最小干扰信号源功率为(计算过程略)

$$P=0.2576\ \text{mW}$$

实际操作中，干扰信号源的功率将被限定在最小和最大功率之间变化，加上适当的调制波形和时间参数，就可以模拟实际干扰机和引信的接近过程。

第二，如何确定干扰模式?

实际上，目前无线电引信抗干扰的实验室方法与实战环境是有着一定区别的，原因如下：一方面，在实战情况下，由于引信大都采用远距离接电机构，加上落速较大，这样使得留给敌方干扰装置的反应时间较短，而实验室条件下我们可以设定较长的干扰时间，这实际上是某种程度上的加严考核；另一方面，由于各国装备的引信干扰机参数属于高度机密，不可能针对这些干扰技术来考核引信的抗干扰能力，因此我们只能采用几种目前已知的主要干扰机模式，加上一些必要的计算和分析，进行实验室条件的模拟抗干扰试验。

目前的无线电引信电路都具有抵抗一般的干扰信号的能力，对其威胁最大的还是扫频干扰和回答式干扰，在具体的实验室试验中，我们对这两种模式考虑较多。

第三，如何确定对试验结果进行评定?

当干扰功率和干扰模式确定之后，就可以进行实验室试验了。为了达到充分考核的目的，我们还设定干扰周期、循环次数，以大量的反复试验检验引信抗干扰能力。在干扰信号作用下，检测引信工作情况，每发出一次启动信号，就记为干扰成功一次，最后统计引信被干扰率或通过率。

3　结束语及有关问题的讨论

随着高新技术在军事领域的广泛应用，未来战场的电磁环境势必更加复杂，从某种意义上说，敌我常规武器毁伤与反毁伤之间的对抗就是引信之间的对抗，无线电引信的抗干扰能力越来越成为引信使命是否能够顺利完成的一项关键指标。

引信抗干扰性能实验室试验相比实弹对抗试验具备的优势是，我们能在实验室中通过大量重复的试验，模拟不同功率、不同干扰模式甚至在未来模拟不同交会条件下干扰机对引信的影响，反映引信在各种极限条件下的抗干扰性能，进一步了解其设计特性，在试验消耗相对要小很多的情况下，得到大量的信息。然而总的来说，目前关于引信抗干扰性能试验手段还处于简单化、理想化、模式化的阶段，一些比较复杂的因素还未考虑进去，与战场电磁环境相比，还有较大差距，特别是对作战环境模拟的真实性还不够，尚有许多问题值得深入研究。

为解决目前存在的问题，应立足现有试验条件，加强技术投入力度，从不同角度选取、模拟典型战场条件，为引信营造更加真实的电磁对抗环境，为得出更加科学可信的试验结论打下坚实的基础。

参考文献

[1] 崔占忠，宋世和. 近感引信原理［M］. 北京：北京理工大学出版社，1998.
[2] 张玉铮. 近炸引信设计原理［M］. 北京：北京理工大学出版社，1996.
[3] 杨亦春. 近程探测原理与应用［M］. 南京：南京理工大学出版社，1998.

贝叶斯方法在靶场试验中的应用

刘社锋，纪永祥，李国芳

中国华阴兵器试验中心，陕西华阴 714200

摘　要：本文基于贝叶斯统计理论设计了一个小子样试验方法，利用该方法可以设计出成败型武器产品试验方案，供成败型武器产品定型试验参考。

关键词：贝叶斯；试验；方案

0　引言

武器装备试验评估是评定其战术技术性能和作战效能的重要环节，近年来随着武器装备的飞速发展，其结构越来越复杂，造价也越来越高，所以如何减少试验用弹量、节约试验成本便成为一个重要问题。贝叶斯方法是小子样理论的一种，它是在保证决策风险尽可能小的情况下，尽量应用各种信息（总体信息、样本信息、先验信息）进行试验分析和评估的数据融合方法。它与经典统计学方法的主要差别就在于其利用总体信息、样本信息的同时还要用到先验信息，这就可以在一定程度上减少试验用弹量、提高试验效率。

1　贝叶斯方法简介

设参数 p 的先验分布为 $h(p)$，样本的分布列为 $g(x_1,x_2,\cdots,x_n \mid p)$，则 p 的后验分布为

$$h(p \mid x_1,x_2,\cdots,x_n) = \frac{g(x_1,x_2,\cdots,x_n \mid p)h(p)}{\int_\theta g(x_1,x_2,\cdots,x_n \mid p)h(p)\mathrm{d}p} \quad （\theta \text{ 为 } p \text{ 的取值范围}）$$

以 $h(p \mid x_1,x_2,\cdots,x_n)$ 为出发点，此时参数 p 的贝叶斯估计为

$$\bar{p} = \int_\theta ph(p \mid x_1,x_2,\cdots,x_n)\mathrm{d}p$$

在置信度为 $1-\alpha$ 下，令

$$\int_{\theta_1}^{\theta_2} h(p \mid x_1,x_2,\cdots,x_n)\mathrm{d}p = 1 - \alpha$$

则满足此式的 (θ_1,θ_2) 就是参数 p 的区间估计。

2　贝叶斯方法的应用

2.1　先验信息的获取

利用贝叶斯方法解决统计问题时，在利用总体信息、样本信息的同时要用到先验信息，

这正是贝叶斯统计学与经典统计学的主要差别所在。所以如何获取先验信息并将其以分布形式表示出来便成为运用贝叶斯方法首先要解决的问题。不同产品、不同特性的试验其先验信息的分布形式一般是不同的，本文重点讨论成败型产品试验，根据其特点可以认为其先验分布服从二项分布。

2.2 试验样本容量的确定

设 $X_1, X_2, \cdots, X_n$ 是参数为 p 的二项分布的样本，对于成败型产品试验，其成功的概率为[0,1]区间上的任意数，所以 p 可以看作在[0,1]上是均匀分布的，则 p 的先验分布密度为

$$h(p)=\begin{cases}1, & p\in[0,1]\\ 0, & \text{其他}\end{cases}$$

样本的分布列为

$$g(x_1,x_2,\cdots,x_n\mid p)=\begin{cases}p^{\sum\limits_{i=1}^{n}x_i}(1-p)^{n-\sum\limits_{i=1}^{n}x_i}, & x_i=0\text{ 或 }1\\ 0, & \text{其他}\end{cases}$$

则 p 的后验分布密度为

$$h(p\mid x_1,x_2,\cdots,x_n)=\frac{g(x_1,x_2,\cdots,x_n\mid p)h(p)}{\int_0^1 g(x_1,x_2,\cdots,x_n\mid p)h(p)\,\mathrm{d}p}=\frac{p^{\sum\limits_{i=1}^{n}x_i}(1-p)^{n-\sum\limits_{i=1}^{n}x_i}}{\dfrac{1}{\sum\limits_{i=1}^{n}x_i+1}-\dfrac{1}{n+1}}$$

在二次损失下，p 的估计值为

$$\bar{p}=\int_0^1 ph(p\mid x_1,x_2,\cdots,x_n)\,\mathrm{d}p=\frac{1}{n+2}\left(\sum_{i=1}^{n}x_i+1\right)\Rightarrow n=\frac{\sum\limits_{i=1}^{n}x_i+1}{\bar{p}}-2$$

在设计试验方案时，先假设试验样本总体满足产品设计指标 p_0，并假设在全部试验中满足这个指标的次数为 $\sum\limits_{i=1}^{n}x_i$，代入公式

$$n=\frac{\sum\limits_{i=1}^{n}x_i+1}{p_0}-2$$

求解即可得所需试验样本容量 n。

如果假设在全部试验中不满足这个指标的次数为 w，则

$$n=\frac{n-w+1}{p_0}-2$$

此时试验样本容量

$$n=\frac{2p_0+w-1}{1-p_0}$$

2.3 最大故障数的确定

故障数（N）就是在试验过程中出现的不合格数，在还没有确定试验样本容量 n 时，若 N 过大，则不能满足使用方要求，试验无须继续下去，应当立即停止，以避免不必要的浪费。

设 $X_1,X_2,\cdots,X_n$ 来自二项分布，为方便计算，做如下转换：$u=\dfrac{\sum_{i=1}^{n}x_i-np_0}{\sqrt{np_0(1-p_0)}}\sim N(0,1)$，进行近似计算：

$$u_{1-\alpha}\leqslant\frac{\sum_{i=1}^{n}x_i-np_0}{\sqrt{np_0(1-p_0)}}=\frac{n-N-np_0}{\sqrt{np_0(1-p_0)}}\Rightarrow N\leqslant n-np_0-u_{1-\alpha}\sqrt{np_0(1-p_0)}$$

此式确定了最大故障数 N。

2.4 双方风险的计算

设 p_0 为标准次品率，λ 为鉴别比，p_1 为使用方允许的最大次品率，N 为最大故障数，α 为使用方风险，β 为生产方风险，则有

$$p_1=\lambda p_0$$

$$\alpha=\sum_{d=0}^{N}\mathrm{C}_n^d p_0^d(1-p_0)^{n-d}$$

$$\beta=1-\sum_{d=0}^{N}\mathrm{C}_n^d p_1^d(1-p_1)^{n-d}$$

如果 $\alpha\approx\beta$，并且 α、β 均在双方满意的范围内，则此方案可行；否则须重新调整试验样本容量和最大故障数，重新计算，直到 α、β 值双方满意，从而制定出合理可行的试验方案。

2.5 指标实际值的计算

用上面确定的试验方案做完试验后，可用以下方法进行指标实际值的计算。

点估计法：根据下式

$$\bar{p}=\int_0^1 ph(p\mid x_1,x_2,\cdots,x_n)\mathrm{d}p=\frac{1}{n+2}\left(\sum_{i=1}^{n}x_i+1\right)$$

可得指标实际值 p 的点估计值 $\bar{p}$。

区间估计法：由

$$\int_p^1 h(p\mid x_1,x_2,\cdots,x_n)\mathrm{d}p=1-\alpha\qquad\Rightarrow\qquad p\text{ 的值}$$

则指标实际值落在区间 $[p,1]$ 的概率为 $1-\alpha$。

3 实例及结果分析

某引信发火可靠性试验，战技指标要求发火率不低于90%，可制定如表1所示试验方案。

表 1　试验方案

统计方法＼试验方案	瞎火数	用弹量	最大故障数	鉴别比	使用方风险	生产方风险
经典统计法	2	36			0.17	0.19
贝叶斯方法	2	28	2	1.03	0.25	0.26

从以上两种试验方案可以看出来，应用贝叶斯方法设计出的试验方案可以减少试验用弹量，降低试验成本，提高试验效率，但要承担较大的风险，这就需要方案设计者权衡当时的实际情况，做出正确的选择。

4　结论

本文以成败型产品试验为例介绍了贝叶斯方法在靶场试验中的应用，对于其他类型产品试验，也可类似地应用贝叶斯方法进行试验方案的设计，只是要注意其先验分布的分布形式。

参考文献

[1] 茆诗松. 贝叶斯统计 [M]. 北京：中国统计出版社，1999.
[2] 茆诗松，周纪芗. 概率论与数理统计 [M]. 北京：中国统计出版社，1999.
[3] 胡世祥. 制导武器试验鉴定技术 [M]. 北京：国防工业出版社，2003.

基于动静态数据融合的高试验成本引信解保距离算法研究

刘社锋，徐宏林，赵新

摘　要：本文针对当前高试验成本引信保险与解除保险距离难以科学合理考核评估的问题，以某型导弹引信为例，对影响其解保距离散布的主要因素进行深入分析，基于实验室静态模拟试验数据和实弹飞行弹道数据的融合处理，推导出计算引信解保距离的算法，对此类高成本引信保险与解除保险距离进行科学合理的评估。

关键词：引信；解保距离；算法

1　引言

在当前导弹试验中，对于引信解保距离的考核，主要是通过测试弹获得引信完全解除保险时刻所对应的弹道点坐标，计算出该弹道点距导弹发射点的距离 S，比较其中的最小值 S_{min}、最大值 S_{max} 是否在指标要求的“保险距离大于等于 S_1，可靠解除保险距离小于等于 S_2”的范围内，如图 1 所示，若满足 $[S_{min},S_{max}]\subset[S_1,S_2]$，则认为该导弹引信的保险与解除保险距离满足指标要求。

对于当前炮弹引信的解保距离考核，当前主要采用兰利法，其可以计算出引信在弹道上任意点解除保险的概率，给出“引信在×米以内解除保险的概率不大于×%，在×米以外解除保险的概率不小于×%”的结论，其判据方法如图 2 所示。

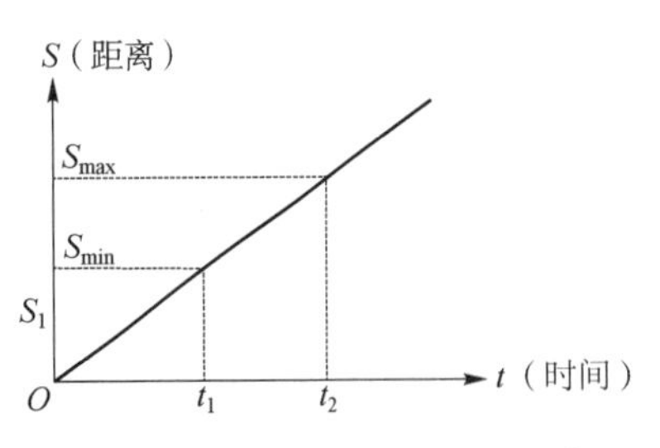

图 1　导弹引信解保距离判据示意图

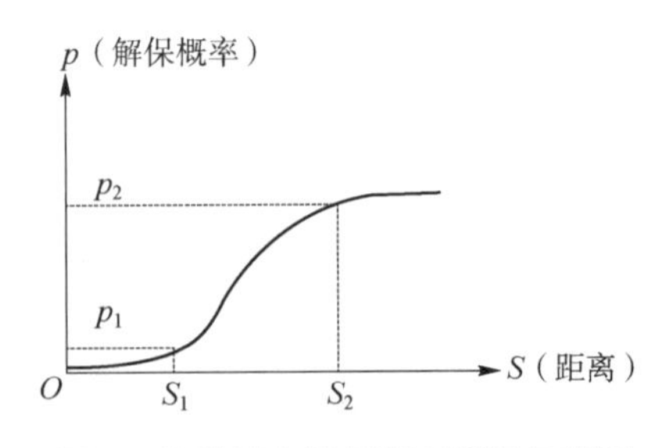

图 2　炮弹引信解保距离判据示意图

显然炮弹引信的这种考核评估方法更科学合理，考虑到导弹试验的成本问题，不可能采用兰利法直接对靶射击来考核，但可以通过深入分析导弹引信解保距离散布的产生机理和原因，充分利用实验室静态模拟试验数据和实弹飞行试验数据，对其进行融合处理，设计推导出一种算法来进行飞行弹道上各个点解保概率的计算。本文以某型导弹引信为例，进行这方面的研究。

2 影响解保距离散布的主要因素分析

对该型导弹引信的结构设计和工作原理进行深入分析，再综合考虑导弹飞行弹道因素，可以得出影响该引信解保距离散布的主要因素有以下两个方面：

2.1 钟表走时误差因素分析

该导弹引信共有3道保险机构，采用串联动作模式，每道保险的解除必须以前面保险的可靠解除为基础。所以影响其解保距离散布的主要因素应该是最后一道电保险机构中回转体转正的时间误差，这段时间的控制主要通过钟表齿轮转动来完成，简称钟表走时 Δt。由于受钟表齿轮生产制作工艺及引信装配工艺等影响，难免造成每发引信的钟表走时数据之间存在一定差异，从统计学原理及钟表走时具体工作原理分析，Δt 应服从正态分布。对于该数据的获取，可以通过实验室静态模拟试验测试得到 $\Delta t_1,\Delta t_2,\cdots,\Delta t_N$，对其进行样本统计分析，得样本均值 $\overline{\Delta t}$、方差 σ^2 分别为

$$\overline{\Delta t}=\frac{1}{N}\sum_{i=1}^{N}\Delta t_i \tag{1}$$

$$\sigma^2=\frac{1}{N-1}\sum_{i=1}^{N}(\Delta t_i-\overline{\Delta t})^2 \tag{2}$$

则

$$\Delta t\sim N(\overline{\Delta t},\sigma^2) \tag{3}$$

2.2 弹道随机误差因素分析

由于导弹飞行弹道受各种因素影响，即使在同一发射条件下，其每条飞行弹道也存在一定的差异，对于这些无法消除的弹道随机误差，势必会对引信解保距离的计算产生影响。在同一时间点（最后一道电保险机构接收到解保信号的时间点 t 加上钟表走时 Δt，即 $t+\Delta t$），即使是对相同发射条件下的若干条飞行弹道，由于弹道随机误差的存在，其所对应的弹道坐标点 $(x_1,y_1),(x_2,y_2),\cdots,(x_M,y_M)$ 也是不同的，所以由此计算其距导弹发射点 (x_0,y_0) 的距离 S_1，S_2，…，S_M 难免存在一定差异。由于导弹飞行弹道随机误差产生的复杂性，从统计学原理分析，很难说其服从某种分布形态，我们只能笼统地认为 S_1，S_2，…，S_M 满足

$$S=f((x_i,y_i),(x_0,y_0)) \tag{4}$$

最后，对于影响该导弹引信解保距离散布的其他因素，例如弹载计算机给出解保信号时间点的误差、电保险机构启动工作时间点的误差等，由于电子产品对时间点的控制是相当准确的，可以控制到微秒级，由此所产生的误差对引信解保距离的计算影响非常小，基本在毫米级，所以可以忽略不计。

3 解保距离算法研究

通过前面分析已知，影响该导弹引信解保距离散布的主要因素有引信安保机构钟表走时误差和导弹飞行弹道随机误差两部分，我们在解保距离算法的设计推导上以此作为着手点。

对实验室静态模拟试验测试得到的一系列钟表走时数据 $\Delta t_1,\Delta t_2,\cdots,\Delta t_N$ 进行样本统计分析，得到 Δt 的密度函数 $f(\Delta t)$

$$f(\Delta t)=\frac{1}{\sqrt{2\pi\sigma^2}}\mathrm{e}^{\frac{(\Delta t-\bar{\Delta t})}{2\sigma^2}} \tag{5}$$

从已有的若干条（设为 M 条）弹道数据中，查询获取各时间点 $t+\Delta t_1,t+\Delta t_2,\cdots,t+\Delta t_N$ 在每条弹道中所对应的弹道点坐标，计算出该坐标点距离导弹发射点的距离 S

$$\boldsymbol{S}=\begin{bmatrix} S_{11} & S_{12} & \cdots & S_{1M} \\ S_{21} & S_{22} & \cdots & S_{2M} \\ \cdots & \cdots & \ddots & \cdots \\ S_{N1} & S_{N2} & \cdots & S_{NM} \end{bmatrix} \tag{6}$$

则该导弹引信解保距离散布点的概率密度函数可以用下式表达：

$$f(S)=f(f(\Delta t),f((x_i,y_i),(x_0,y_0))) \tag{7}$$

对于式（7），由于弹道随机误差的不确定性以及 $f((x_i,y_i),(x_0,y_0))$ 与 Δt 的离散关联性，从理论弹道方程分析，其是一个关于 Δt、x、y 的复杂三维概率函数，计算起来非常复杂。对此，我们从式（7）的生成原理入手，设计推导出一种有效解决该问题的简化算法。

对于实验室静态模拟测试得到的钟表走时数据，将其由小到大依次排列，得到一组有序数列 $\Delta t_1\leqslant\Delta t_2,\cdots,\Delta t_{N-1}\leqslant\Delta t_N$。由于是通过各个离散时间点，在飞行弹道上获取其对应的坐标点，所以将连续概率密度函数 $f(\Delta t)$ 离散化，令

$$\begin{aligned} p(\Delta t_1)&=\int_{\Delta t_1}^{\Delta t_1+\frac{\Delta t_1+\Delta t_2}{2}}\frac{1}{\sqrt{2\pi\sigma^2}}\mathrm{e}^{\frac{(\Delta t-\bar{\Delta t})}{2\sigma^2}}\mathrm{d}\Delta t \\ p(\Delta t_i)&=\int_{\Delta t_i-\frac{\Delta t_{i-1}+\Delta t_i}{2}}^{\Delta t_i+\frac{\Delta t_i+\Delta t_{i+1}}{2}}\frac{1}{\sqrt{2\pi\sigma^2}}\mathrm{e}^{\frac{(\Delta t-\bar{\Delta t})}{2\sigma^2}}\mathrm{d}\Delta t,i=2,3,\cdots,N-1 \\ p(\Delta t_N)&=\int_{\Delta t_{N-1}+\frac{\Delta t_{N-1}+\Delta t_N}{2}}^{\Delta t_N}\frac{1}{\sqrt{2\pi\sigma^2}}\mathrm{e}^{\frac{(\Delta t-\bar{\Delta t})}{2\sigma^2}}\mathrm{d}\Delta t \end{aligned} \tag{8}$$

将 $p(\Delta t_i)(i=1,2,\cdots,N)$ 作为 Δt_i 的特征系数（表示样本数组中取 Δt_i 的概率）。设 $t+\Delta t_i$ 时刻在 M 条飞行弹道上对应的坐标点距发射点的距离分别为 $S_{i1},S_{i2},\cdots,S_{iM}$，将 $\frac{p(\Delta t_i)}{M}$ 分别作为 $S_{i1},S_{i2},\cdots,S_{iM}$ 的特征系数。这样就得到一组（$N\times M$ 个）引信解保距离散布数据 $S_{ij}(i=1,2,\cdots,N,j=1,2,\cdots,M)$，对于其中相等的数据，将其对应的特征系数合并相加，从而得到一系列特征系数 $\lambda_1,\lambda_2,\lambda_3,\cdots$，对应的解保距离数据为 $S_1,S_2,S_3,\cdots$。

将 $S_1,S_2,S_3,\cdots$ 和 $\lambda_1,\lambda_2,\lambda_3,\cdots$ 的对应关系进行曲线拟合，得到 λ 关于 S 的一元多项式

$$\lambda = f(S) \tag{9}$$

则 $f(S)$ 即为引信解保概率的近似拟合概率密度函数。从而就可以用下式计算导弹飞行弹道上任意点 s 引信解除保险的概率 $p(s)$，给出“引信在×米以内解除保险的概率不大于×%，在×米以外解除保险的概率不小于×%”的结论。

$$p(s) = \int_0^s f(S)\,\mathrm{d}S \tag{10}$$

式中，s 为该坐标点距导弹发射点的距离。

4 实例应用

对于某型导弹引信，假设实验室静态模拟钟表走时测试数据和导弹飞行弹道数据为

$\Delta t = (22\ \mathrm{ms}, 58\ \mathrm{ms}, 37\ \mathrm{ms}, \cdots, 32\ \mathrm{ms})$　　共 24 个 3 发导弹飞行弹道数据

将 Δt 的值由小到大依次排列，得

$$\Delta t = (19\ \mathrm{ms}, 22\ \mathrm{ms}, 23\ \mathrm{ms}, \cdots, 65\ \mathrm{ms})$$

$$f(\Delta t) = \frac{1}{\sqrt{2\times 3.14\times 6.9}}\mathrm{e}^{-\frac{(\Delta t-45.3)}{2\times 6.9}}$$

根据式（8），有

$$f(19) = \int_{19}^{19+\frac{19+22}{2}} \frac{1}{\sqrt{2\times 3.14\times 6.9}}\mathrm{e}^{-\frac{(\Delta t-45.3)}{2\times 6.9}}\mathrm{d}\Delta t = 0.031$$

$$f(22) = \int_{22-\frac{19+22}{2}}^{22+\frac{22+23}{2}} \frac{1}{\sqrt{2\times 3.14\times 6.9}}\mathrm{e}^{-\frac{(\Delta t-45.3)}{2\times 6.9}}\mathrm{d}\Delta t = 0.063$$

$$\vdots$$

$$f(65) = \int_{65-\frac{62+65}{2}}^{65} \frac{1}{\sqrt{2\times 3.14\times 6.9}}\mathrm{e}^{-\frac{(\Delta t-45.3)}{2\times 6.9}}\mathrm{d}\Delta t = 0.046$$

对于每个时间点，通过每发导弹飞行弹道数据，获取其所对应的弹道坐标点，计算出其距发射点的距离，并对相同距离的将其特征系数合并相加，得

$$S = (1\ 067, 1\ 081, 1\ 086, \cdots, 1\ 122)$$

$$\lambda = (0.031, 0.033, 0.034, \cdots, 0.046)$$

将 S 与 λ 进行曲线拟合，得引信解保概率的近似拟合概率密度函数

$$\lambda = f(S) = aS^3 - bS^2 - c$$

从而可以计算得到

$$p(1\ 217) = \int_0^{1\ 217} f(S)\,\mathrm{d}S = 0.01$$

$$p(1\ 387) = \int_0^{1\ 387} f(S)\,\mathrm{d}S = 0.99$$

即该型导弹引信在 1 017 m 以内解除保险的概率不大于 1%，在 1 187 m 以外解除保险的概率不小于 99%。

5 结束语

本文针对当前高试验成本引信保险与解除保险距离难以科学合理考核评估的问题，以某型导弹引信为例，对影响其解保距离散布的安保机构钟表走时误差和弹道随机误差两大因素进行深入分析，基于实验室静态模拟试验数据和导弹动态飞行试验数据的融合处理，推导出用于计算引信解保距离的算法，在不额外增加试验成本的前提下，对该型导弹引信解保距离给出更加科学合理的评估。这种通过实验室静态模拟试验数据和实弹射击（飞行）试验数据的融合处理，计算引信保险与解除保险距离的方法，同样适用于其他高试验成本引信保险与解除保险距离的考核评估。

参考文献

[1] 茆诗松，周纪芗. 概率论与数理统计［M］. 北京：中国统计出版社，2000.
[2] 闫章更，魏振军. 试验数据的统计分析［M］. 北京：国防工业出版社，2001.

基于正交设计的“一引多弹”试验样本量分配方法

刘社锋，陈众，王侠

摘　要：本文针对配用于多弹种的引信，在考核其某项性能时就如何科学合理确定各弹种样本量比例分配的问题，提出基于正交设计理念，从影响引信性能的薄弱环节入手，通过对正交设计中各指标值的分析处理，从而构建比例分配系数，从而有效解决这一问题。并从理论上证明了该方法的正确性和可行性，为试验设计中类似比例分配问题的解决提供参考，也从一定意义上使正交设计的应用得以合理拓展。

关键词：引信；比例分配；正交设计

0　引言

当前，随着引信技术的飞速发展，引信通用性（即一种引信可配用于多弹种）要求得到越来越广泛的满足和应用。引信通用性试验，就是考核一种引信配用于多种口径、用途的弹药时其性能是否满足指标要求。这里的“性能”，在兼顾考虑其配每一弹种性能的同时，主要考虑其配所有适配弹种时的综合性能。由于各适配弹种的状态参数有一定差异，引信配各弹种时的性能难免有好有差，进而影响综合性能的评判，因此，在引信通用性试验中，如何科学合理地进行各弹种比例分配成为急需解决的重要问题。在当前的鉴定试验中，在该通用引信配每一适配弹种时性能均满足指标要求的条件下，要考核其配所有适配弹种时的综合性能，本着从严考核的目的，一般利用以往的经验进行弹种比例分配，在以往的试验中配哪个弹种性能差些，该弹种所占的比例就稍大一些，配哪个弹种性能好些，该弹种所占的比例就小一些，但具体比例是多少，没有一个科学的、有理论基础的标准，基本还是以经验为主。对此，我们可以利用最优化设计方法中的正交设计来解决这一问题，从影响引信性能的薄弱环节入手，使各弹种的比例分配建立在对产品性能深入分析的基础上，采用优化设计方法使之数量化，做到有理有据，试验方案更加科学、更加有说服力。我们知道，当前用正交设计法安排试验主要是用于找出一种最优的试验条件，如果直接将该方法用于解决以上的比例分配问题显然是行不通的。对此，我们可以对该方法进行扩展应用来解决上述类似问题。本文就如何充分利用在正交设计分析过程中得到的大量有价值的指标分析值，对其进行分析处理建立弹种比例分配系数进行探讨研究。

1　弹种比例分配方法

1.1　正交设计简介

正交设计是一种最优化设计方法，该方法利用正交表来安排试验，通过对试验结果指标值的统计分析找出最优试验条件。在正交表中，各因素水平按照一定的顺序规律变化，各因素各水平出现的次数都相同，因此，其他各因素对测试结果的影响基本上相同或相近，最大限度地排除了其他因素的干扰，突出了被考察因素的效应，也便于比较因素各水平的效应。

1.2 利用正交设计进行弹种比例分配

利用正交设计进行引信通用性试验中的弹种比例分配，是建立在对影响产品各项性能因素的理论分析基础上的，而对于某型引信的某项性能的分析，由于各引信工作原理不同，影响该项性能的因素也不同，所以必须具体问题具体分析。下面我们以某型机械触发引信（配 a、b、c 三种弹）的作用可靠性试验为例，研究如何利用正交设计方法解决弹种比例分配问题。

对于该机械触发引信，要使其正常作用发火，一般情况下需同时满足以下几个主要条件：能够承受膛内高过载、能够可靠解除保险、发火机构动力源足够大，这三个条件缺一不可。在发射过程中，引信在膛内受到高过载离心力、后坐力等，可能导致引信零部件结构、装配等参数发生变化，从而出现机构动作异常，无法完成预定功能，导致引信瞎火；引信要可靠解除保险，其解除保险所需的环境激励必须足够大，且激励越大，越容易解除保险，引信瞎火的概率越低；引信碰击目标时，其发火机构运动的能源是碰击目标时的前冲惯性力，前冲惯性力越大，对引信发火越有利。我们可以对这三个环节分别利用正交设计来构建弹种比例分配系数，最后将三个环节的系数综合起来，得到总的比例分配系数。我们重点以发火机构动力这一环节为例，研究如何利用正交设计构建该环节的弹种比例分配系数，其整体思路就是：首先单独考虑每个因素，建立初步的比例分配系数，再分析各个因素对试验结果影响的大小，建立各因素影响系数，最后利用该影响系数对初步的比例分配系数进行加权处理，得到综合考虑各个因素时的该环节比例分配系数。

当该机械触发引信碰击目标时，引信零部件相对弹丸的前冲惯性力为

$$F=\frac{\lambda\pi mD^2(a+bv^2)}{4m_D} \tag{1}$$

从上式可以看出，在同一试验条件下，影响前冲惯性力大小的主要因素有弹径 D、弹丸质量 m_D、侵彻速度 v。

利用正交表安排的试验方案如表 1 所示。

表 1　利用正交表安排的试验方案

试验号	因　　素		
	因素 A	因素 B	因素 C
1	1	1	1
2	1	2	2
3	1	3	3
4	2	1	2
5	2	2	3
6	2	3	1
7	3	1	3
8	3	2	1
9	3	3	2

首先利用式（1）计算各试验号所对应的试验指标值 y_1，y_2，…，y_9。

计算出各因素 A、B、C 的第 i 个水平所在试验中对应试验指标值的平均值

$$K_{1A}=(y_1+y_2+y_3)/3,K_{2A}=(y_4+y_5+y_6)/3,K_{3A}=(y_7+y_8+y_9)/3$$

同法可以计算出 K_{1B}、K_{2B}、K_{3B}、K_{1C}、K_{2C}、K_{3C}的值。

在此,我们可以利用该指标值,分别单独考虑每一个因素建立初步的弹种比例分配系数。对该机械触发引信的发火性试验,该指标值越小,对引信发火来说条件越苛刻,本着从严考核的目的,其所对应的弹种比例应大一些,所以当仅考虑因素 A 时,可以建立如下的比例分配系数:

$$f_{1A}=\frac{\frac{1}{K_{1A}}}{\frac{1}{K_{1A}}+\frac{1}{K_{2A}}+\frac{1}{K_{3A}}},f_{2A}=\frac{\frac{1}{K_{2A}}}{\frac{1}{K_{1A}}+\frac{1}{K_{2A}}+\frac{1}{K_{3A}}},f_{3A}=\frac{\frac{1}{K_{3A}}}{\frac{1}{K_{1A}}+\frac{1}{K_{2A}}+\frac{1}{K_{3A}}}$$

同法可得到单独考虑因素 B 或 C 时，各弹种的比例系数 f_{1B}、f_{2B}、f_{3B}、f_{1C}、f_{2C}、f_{3C}。

令

$$\boldsymbol{f_K}=\begin{bmatrix} f_{1A} & f_{1B} & f_{1C} \\ f_{2A} & f_{2B} & f_{2C} \\ f_{3A} & f_{3B} & f_{3C} \end{bmatrix}$$

矩阵 $\boldsymbol{f_K}$ 的每一个列向量，表示单独考虑某一个对应因素时的初步比例分配方案，我们需要的是综合考虑所有因素时的比例分配系数，而每个因素对试验结果的影响有大有小。下面利用方差分析法研究各因素对试验结果的影响系数，并利用该系数对当前的初步比例分配方案进行加权综合，得到该环节综合考虑所有因素时的比例分配系数。

下面利用方差分析法分析各个因素对试验结果影响的大小。

影响试验结果的各因素（含误差因素）总变差平方和为

$$S=\sum_{i=1}^{9}y_i^2-\frac{\left(\sum_{i=1}^{9}y_i\right)^2}{9}$$

其自由度 f 为总试验次数减去 1。

因素 A 的变差平方和为

$$S_A=\frac{1}{3}\sum_{i=1}^{3}K_{iA}^2-\frac{\left(\sum_{i=1}^{9}y_i\right)^2}{9}$$

其自由度 f_A 为该因素的水平数减去 1。

同法可以计算出因素 B、C 的变差平方和 S_B、S_C，自由度 f_B、f_C。

误差平方和 S_e 为

$$S_e=S-S_A-S_B-S_C$$

其自由度 $f_e=f-f_A-f_B-f_C$。

下面计算各因素的 F 值，且值越小，对试验结果影响越大。

$$F_A=\frac{S_A/f_A}{S_e/f_e},F_B=\frac{S_B/f_B}{S_e/f_e},F_C=\frac{S_C/f_C}{S_e/f_e}$$

在此，我们可以利用各因素的 F 值建立各因素对试验结果的影响系数；

$$R_A=\frac{\frac{1}{F_A}}{\frac{1}{F_A}+\frac{1}{F_B}+\frac{1}{F_C}},R_B=\frac{\frac{1}{F_B}}{\frac{1}{F_A}+\frac{1}{F_B}+\frac{1}{F_C}},R_C=\frac{\frac{1}{F_C}}{\frac{1}{F_A}+\frac{1}{F_B}+\frac{1}{F_C}}$$

令

$$R=\begin{bmatrix}R_A\\R_B\\R_C\end{bmatrix}$$

利用各因素对试验结果的影响系数对前面得到的初步比例分配方案进行加权处理，得到如下比例分配系数：

$$F_1=\begin{bmatrix}F_{11}\\F_{21}\\F_{31}\end{bmatrix}=f_K\cdot R=\begin{bmatrix}f_{1A}&f_{1B}&f_{1C}\\f_{2A}&f_{2B}&f_{2C}\\f_{3A}&f_{3B}&f_{3C}\end{bmatrix}\cdot\begin{bmatrix}R_A\\R_B\\R_C\end{bmatrix}=\begin{bmatrix}f_{1A}\cdot R_A+f_{1B}\cdot R_B+f_{1C}\cdot R_C\\f_{2A}\cdot R_A+f_{2B}\cdot R_B+f_{2C}\cdot R_C\\f_{3A}\cdot R_A+f_{3B}\cdot R_B+f_{3C}\cdot R_C\end{bmatrix}$$

所以在考虑发火机构动力这一环节时，该引信所配适配弹种 a、b、c 三种弹的分配比例系数分别为 F_{11}、F_{21}、F_{31}。

同法可计算得到考虑膛内高过载环节时的分配比例系数 F_{12}、F_{22}、F_{32}，考虑可靠解除保险环节时的分配比例系数 F_{13}、F_{23}、F_{33}。

我们再对各环节的弹种比例分配系数进行加权处理，得到各弹种总的比例分配系数。如果是在科研摸底试验阶段，由于基本没有相同产品状态的试验结果可借鉴，可以认为这三个环节引起引信瞎火的概率相等，各弹种的比例分配系数直接取 $f_a=(F_{11}+F_{12}+F_{13})/3$、$F_b=(F_{21}+F_{22}+F_{23})/3$、$F_c=(F_{31}+F_{32}+F_{33})/3$。如果是在鉴定及定型试验阶段，我们可以对以前进行的相同产品状态下的试验结果进行统计分析，找出瞎火原因在每个环节中所占的比例，假设这三个环节引起瞎火的比例分别为 f_{10}、f_{20}、f_{30}，可以将此作为加权系数来计算试验中各弹种总的比例分配系数：

$$F_a=F_{11}\cdot f_{10}+F_{12}\cdot f_{20}+F_{13}\cdot f_{30}$$
$$F_b=F_{21}\cdot f_{10}+F_{22}\cdot f_{20}+F_{23}\cdot f_{30}$$
$$F_c=F_{31}\cdot f_{10}+F_{32}\cdot f_{20}+F_{33}\cdot f_{30}$$

这样，在该机械触发引信的作用可靠性试验中，若共射弹 N 发，则需 a 弹种 $N\times F_a$ 发、b 弹种 $N\times F_b$ 发、c 弹种 $N\times F_c$ 发。

1.3 可行性证明

下面我们来证明利用正交设计所建立的比例分配系数是否正确、可行。

对于 $f_K=\begin{bmatrix}f_{1A}&f_{1B}&f_{1C}\\f_{2A}&f_{2B}&f_{2C}\\f_{3A}&f_{3B}&f_{3C}\end{bmatrix}$，显然其每一个列向量的所有分量的和为 1。

对于 $R=\begin{bmatrix}R_A\\R_B\\R_C\end{bmatrix}$，显然有 $R_A+R_B+R_C=1$。

首先证明 $F_{11}+F_{21}+F_{31}=1$ 是否成立，即

$$(f_{1A}\cdot R_A+f_{1B}\cdot R_B+f_{1C}\cdot R_C)+(f_{2A}\cdot R_A+f_{2B}\cdot R_B+f_{2C}\cdot R_C)+(f_{3A}\cdot R_A+f_{3B}\cdot R_B+f_{3C}\cdot R_C)=1$$

$$\begin{aligned}&(f_{1A}\cdot R_A+f_{1B}\cdot R_B+f_{1C}\cdot R_C)+(f_{2A}\cdot R_A+f_{2B}\cdot R_B+f_{2C}\cdot R_C)+(f_{3A}\cdot R_A+f_{3B}\cdot R_B+f_{3C}\cdot R_C)\\&=(f_{1A}+f_{2A}+f_{3A})\cdot R_A+(f_{1B}+f_{2B}+f_{3B})\cdot R_B+(f_{1C}+f_{2C}+f_{3C})\cdot R_C\\&=1\cdot R_A+1\cdot R_B+1\cdot R_C=R_A+R_B+R_C=1\end{aligned}$$

故 $F_{11}+F_{21}+F_{31}=1$ 成立。

同理，$F_{12}+F_{22}+F_{32}=1$，$F_{13}+F_{23}+F_{33}=1$。

接着证明 $F_a+F_b+F_c=1$ 是否成立。

显然 $f_{10}+f_{20}+f_{30}=1$，故

$$\begin{aligned}F_a+F_b+F_c&=(F_{11}\cdot f_{10}+F_{12}\cdot f_{20}+F_{13}\cdot f_{30})+(F_{21}\cdot f_{10}+F_{22}\cdot f_{20}+F_{23}\cdot f_{30})+\\&\quad(F_{31}\cdot f_{10}+F_{32}\cdot f_{20}+F_{33}\cdot f_{30})\\&=(F_{11}+F_{21}+F_{31})\cdot f_{10}+(F_{12}+F_{22}+F_{32})\cdot f_{20}+(F_{13}+F_{23}+F_{33})\cdot f_{30}\\&=1\end{aligned}$$

所以，我们利用正交设计分析过程中的指标值所构建的弹种比例分配系数是正确的，具有一定的可行性。

2 结束语

本文针对“一引多弹”试验中，就如何科学合理确定各弹种样本量比例，从而全面综合考核引信某项性能的问题，提出可以充分利用正交设计分析过程中各种有价值的指标值，通过分析处理构建各弹种的比例分配系数，并以某型通用机械触发引信的作用可靠性试验为例，详细阐述了如何利用该方法科学合理地进行各适配弹种的比例分配，并且从理论上证明了利用该方法解决此类问题的正确性和可行性。该方法思路从一定意义上使正交设计方法的应用得以拓展，对试验设计中类似比例分配问题的解决具有一定的参考价值。

参考文献

[1] 陈魁. 试验设计与分析［M］. 北京：清华大学出版社，1996.
[2] 马宝华. 引信构造与作用［M］. 北京：国防工业出版社，1984.
[3] 吴翊. 应用数理统计［M］. 长沙：国防科技大学出版社，1995.

引信防雨试验中等效靶板厚度计算方法探讨

刘社锋，王侠，陈众

摘　要：本文对引信碰雨与引信碰靶板之间的等效方法进行了研究，按照动量等效原则推导出了等效靶板厚度的计算方法，为引信鉴定试验中防雨性能的考核提供了科学合理的试验方法。

关键词：引信；等效靶板；厚度

0　引言

为了确保引信的全天候作战性能，考核引信防雨性能是引信鉴定试验中的重要内容之一。由于世界各地自然降雨状况差别很大，既不能控制，又不能再现，试验所需的自然雨场并不能经常出现，而利用人工雨场则存在耗资大、难度高等问题。对此，可以利用等效靶板模拟的方法模拟等效引信碰雨效应，该方法不仅经济可靠，而且可行性高。根据一定的雨场如何推导出等效靶板的厚度，便是该方法的核心内容。本文按照动量等效的原则，推导出了等效靶板厚度的计算方法。

1　等效靶板厚度计算方法

1.1　引信碰雨仿真分析

为了科学合理地建立等效靶板，我们首先分析高速飞行的引信与雨滴碰撞的具体情况，主要研究在雨场中飞行的引信受到雨滴冲击的频率及作用形式，为后面研究等效靶板模拟方法打下理论基础。

设引信在雨场中的弹道长为 L，则引信头部触发区在弹道上扫过的雨场空间体积为

$$V=L\times S$$

式中，S 为引信头部触发区面积。

引信头部触发区碰雨频率 N 为

$$N=V\times R(D_1-D_2)$$

式中，$R(D_1-D_2)=\int_{D_2}^{D_1}N_0\mathrm{e}^{-\lambda D}\mathrm{d}D=\dfrac{N_0}{\lambda}(\mathrm{e}^{-\lambda D_1}-\mathrm{e}^{-\lambda D_2})$；$N_0$ 和 λ 的值与降雨强度 I 的关系如表 1 所示。

表 1 N_0 和 λ 的值与降雨强度 I 的关系

降雨强度	N_0	λ
$I \leqslant 15$ mm/h	30 000	$5.7\times I^{-0.21}$
15 mm/h<$I \leqslant 50$ mm/h	7 000	$4.1\times I^{-0.21}$
I>50 mm/h	1 400	$3.0\times I^{-0.21}$

则两雨滴间的平均间隔 ΔL 为

$$\Delta L=\frac{L}{N}$$

设在弹道上某一点的速度为 v_0，可近似求出雨场中飞行的引信碰两雨滴间的间隔时间 Δt 为

$$\Delta t=\frac{\Delta L}{v_0}$$

为了研究引信受到雨滴冲击的频率，我们取 $I=80$ mm/h，$L=46\ 521$ m，$v_0=1\ 000$ m/s，$R(D_1-D_2)=289$ 个/m^3，则计算可得 $\Delta t=0.16$ s。在弹道上，弹丸速度小于 300 m/s，取最大的雨滴直径 $D=6.5$ mm ，则理论上引信与雨滴碰撞时间最大为 $\Delta t_0=\dfrac{D}{v_0}=19$ μs，可以发现 Δt_0 远小于 Δt，而且在强降雨情况下如此，在其他较小降雨情况下更应如此，所以雨滴对引信头部触发区的撞击是相互独立的，这就为后面如何研究等效靶板模拟提供了理论依据，即将引信在雨场中的碰雨过程研究，转化为单个雨滴与引信的撞击问题研究。

1.2 等效靶板模拟及靶厚计算方法

等效靶板模拟，就是通过向确定的单层靶板（均质材料如纸板、铝板、胶合板等）垂直射击，模拟引信与单个雨滴的碰撞过程。

根据前面的分析可知，弹丸在雨场中飞行时，引起引信提前作用的主要原因是雨滴的单次碰撞，而不是多个雨滴的连续碰撞。对于单次碰撞而言，导致引信碰雨早炸的原因是碰撞过程中产生的作用力及其作用时间的综合影响，即作用力在作用时间上的积分（冲量 Ft），而 $Ft=\Delta P=mv_1-mv_2$，即冲量可以用动量来表示。如果我们能够使引信碰雨与碰靶板时的动量变化 ΔP 相等，则可以认为两种碰撞对引信系统的影响是等效的，这也就是按照动量等效的方法来研究等效靶板模拟。

为便于问题的研究，我们假设引信相对不动，雨滴和等效靶板碰撞引信头部触发区，按照动量等效的原则确定等效靶板的厚度。

对于雨滴，设密度为 ρ_1，直径为 d_1，质量为 m_1，引信在雨场中的平均相对速度为 v_1，则雨滴动量为

$$P_1=m_1v_1=\frac{1}{6}\pi\rho_1 d_1^3 v_1$$

对于等效靶，设密度为 ρ_2，厚度为 h，引信头部触发区直径为 d_2，引信和等效靶板碰撞前的相对速度为 v_2，则等效靶的靶片动量为

$$P_2=\frac{1}{4}\pi\rho_2 d_2^2 h v_2$$

按照动量等效原则，则有

$$P_1=P_2$$

即

$$\frac{1}{6}\pi\rho_1 d_1^3 v_1=\frac{1}{4}\pi\rho_2 d_2^2 h v_2$$

所以可推导出等效靶板厚度计算公式为

$$h=\frac{2\rho_1 d_1^3 v_1}{3\rho_2 d_2^2 v_2}$$

2 实例应用

下面我们以常见的铝合金作为等效靶板材料，利用前面推导出的计算方法，推导出在几种常见雨场中，所需等效靶板的厚度（见表 2）。取 $v_1=660$ m/s，$v_2=600$ m/s，$\rho_1=1$ kg/m^3，$\rho_2=2.8$ kg/m^3，表中单位均为 mm。

表 2　等效靶板的厚度　　mm

雨滴直径 \ 触发区直径	3	4	5	6	7	8	9	10
3	0.79	0.46	0.29	0.20	0.15	0.11	0.09	0.07
4	1.47	1.08	0.69	0.48	0.35	0.08	0.21	0.18
5	2.46	1.81	1.32	0.94	0.69	0.53	0.42	0.34

3 结束语

本文在对飞行引信碰雨情形进行仿真分析的基础上，利用动量等效原则对等效靶板厚度的计算方法进行了理论分析，并举例给出了几种常见情况下等效靶板厚度的计算结果，为引信鉴定试验中防雨性能的考核提供了科学合理的试验方法。并且按照动量等效原则进行等效靶板模拟，可以不用保证引信碰雨和引信碰靶板的速度一定要相等，这样可以方便地在实验室内进行模拟试验，大大降低了试验成本，提高了试验效率。

参考文献

[1] 胡风年. 引信技术实践 [M]. 北京：国防工业出版社，1989.
[2] 马晓青，韩峰. 高速碰撞动力学 [M]. 北京：国防工业出版社，1998.
[3] 高世桥. 引信着靶时动态分析与计算 [J]. 北京工业学院学报，1984：89-96.
[4] 黄晓毛. M739 引信防雨杆受雨滴冲击作用力实验研究 [J]. 弹道学报，1999：70-74.

激光近炸引信抗干扰性能试验方法探讨

王侠，刘社锋

中国华阴兵器试验中心，陕西华阴 714200

摘　要：本文通过分析激光引信的工作原理，结合某型激光引信设计定型试验提出了一种激光引信抗战场烟幕和自然环境干扰的实验室试验方法，希望能为后续类似试验提供参考。

关键词：激光引信；抗干扰；试验方法

0　引言

激光引信，利用激光照射目标，并接收部分反射激光而工作，与无线电引信相比，激光引信具有方向性强、相干性好、定距精度高、抗干扰性能突出的特点，使其在精确制导武器上得到大量应用。

在恶劣的战场环境下，引信保持良好的战术技术性能，对整个武器能否圆满完成作战任务至关重要。虽然激光引信在现代战争复杂电磁环境下能很好地工作，却容易受战场烟雾和其他离散性小物体的干扰而引发误动作。需要对其抗干扰性能做出科学合理的评估，目前没有相应成熟的试验方法可供借鉴。本文针对某型高价值激光引信提出一种实验室模拟试验方法，以供参考。

1　激光引信干扰条件分析

激光引信一般为主动式引信，它本身发射激光，光束到达目标发生反射，有一部分反射激光为引信接收系统所接收变成电信号，经过适当处理，使引信在距目标一定距离上起爆。其原理框图如图 1 所示。

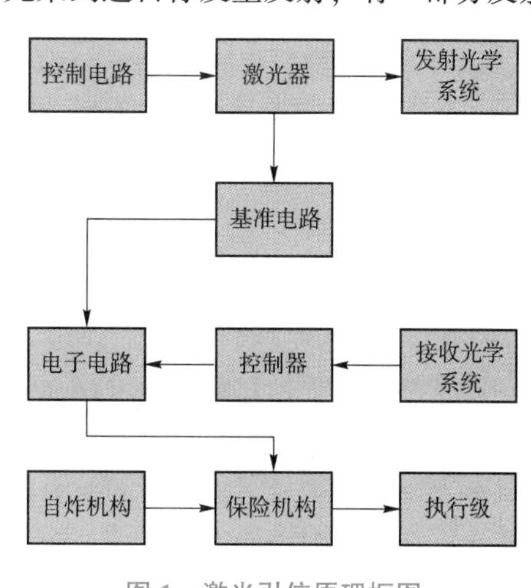

图 1　激光引信原理框图

激光引信的作用距离与接收系统和发射系统的性能有关，也与目标特性和背景有关。设目标对激光具有漫反射特性，接收机所接收到的激光功率可按下式计算：

$$P_r = \frac{4P_T A_r A_T \rho \tau_T \tau_r \tau_u^2}{\pi^2 R^4 \theta}$$

式中，P_r 为接收功率；P_T 为发射功率；A_r 为接收机有效孔径面积；A_T 为目标有效面积；τ_T 为发射光学系统透过率；τ_r 为接收光学系统透过率；ρ 为目标反射率；τ_u 为单向传播路径透过率；R 为作用距离；θ 为发射波束平面角。

对上述激光近炸引信工作原理进行分析，战场上其面临的干扰主要有人工干扰、战场烟幕、自然环境（阳光、雨、雪、雾）、地物背景等。这些因素在战场上相互交错、相互影响，构成复杂的战场干扰环境。

激光近炸引信与激光测距机相比，作用距离近，一般在几米至十几米，接收系统的灵敏度一般都很低。因此，对引信进行人工有源干扰要付出很大的能量/功率才能奏效。还可以通过技术手段，从激光工作波长、重频、码型等频域上尽量避开人为干扰。而战场烟幕、自然环境则是对激光引信的传输产生影响，且在实战中遭遇的概率较大，能够摸清引信在这些条件下的性能表现，对实战有很好的指导意义。

2 激光引信抗干扰试验方法

2.1 抗烟雾干扰试验

被试激光引信连接检测仪，在一定距离外与光路成 90°放置靶板，用气溶胶生成器布置人工烟雾，引信和靶标均处于烟雾中，试验布置如图 2 所示。打开激光引信电源，装定不同炸高，利用柔性滑轨使激光探测装置向靶标匀速运动，当输出启动信号时停止运动，记录能见度及激光探测装置与模拟靶标之间的距离。

能够得出在不同能见度条件下激光引信的性能表现，为实际使用时提供参考。

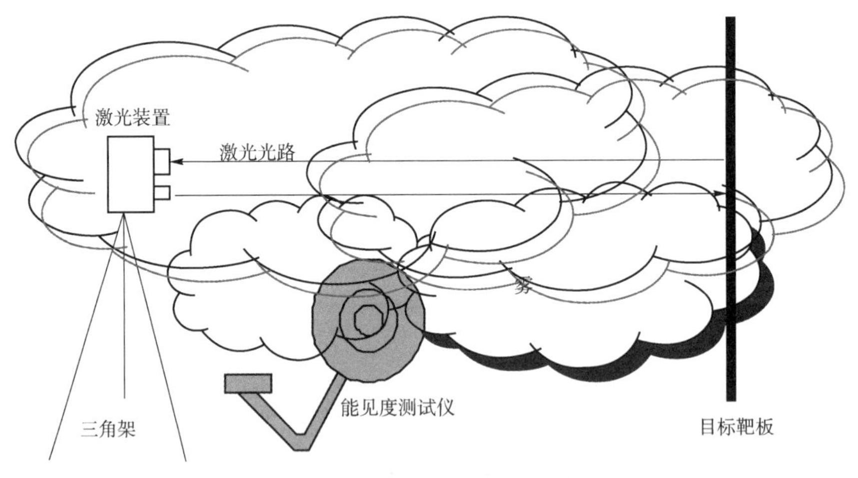

图 2　抗云雾、烟雾干扰试验布置

2.2 抗日光干扰试验

被试激光引信连接检测仪（图 3），打开电源，引信装定不同炸高，按以下条件进行试验：①太阳光直接照射激光探测镜头，记录太阳光强度及引信起爆信号输出情况；②太阳光以不同角度照射靶标，使靶标向激光探测装置慢速运动，当输出启动信号时停止运动，记录太阳光强度及激光探测装置与模拟靶标之间的距离。

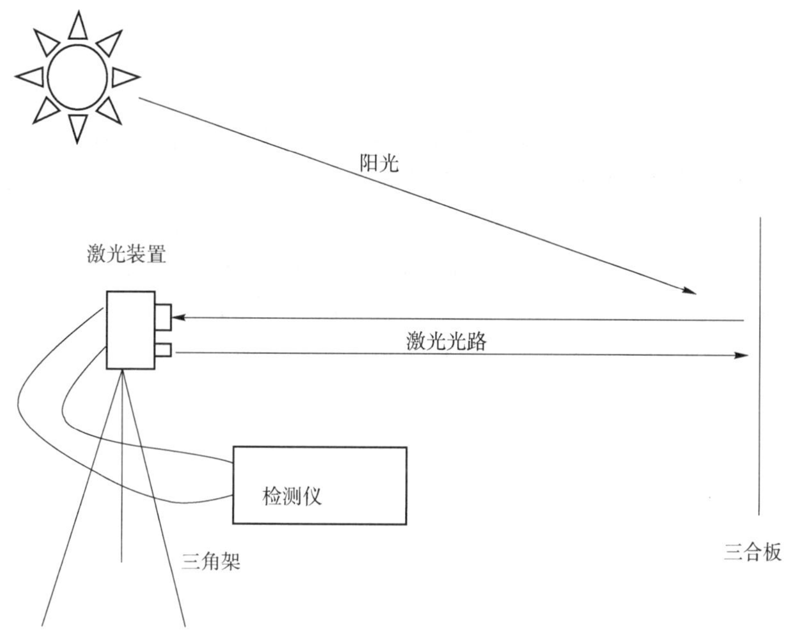

图 3　抗阳光试验布置

2.3　抗离散小物体干扰试验

被试激光引信连接检测仪，打开电源，引信装定不同炸高，在靶标和引信之间与光路成90°放置小物体，打开激光探测装置电源，引信装定不同炸高，使激光探测装置匀速 v_1 向靶标运动，当输出启动信号时停止运动，记录激光探测装置与模拟靶标之间的距离，如图 4 所示。

在实验室进行该试验时，需要对激光发射频率进行降频处理。可按下式计算：

$$f_1 = \frac{f_0 v_1}{v_0}$$

式中，f_1 为降频后激光发射功率；f_0 为激光引信正常发射频率；v_0 为实际弹目交会速度；v_1 为实验室激光引信运动速度。

通过调节小物体的尺寸可以得到激光引信抗离散性小物体的极限能力，为实际使用提供参考。

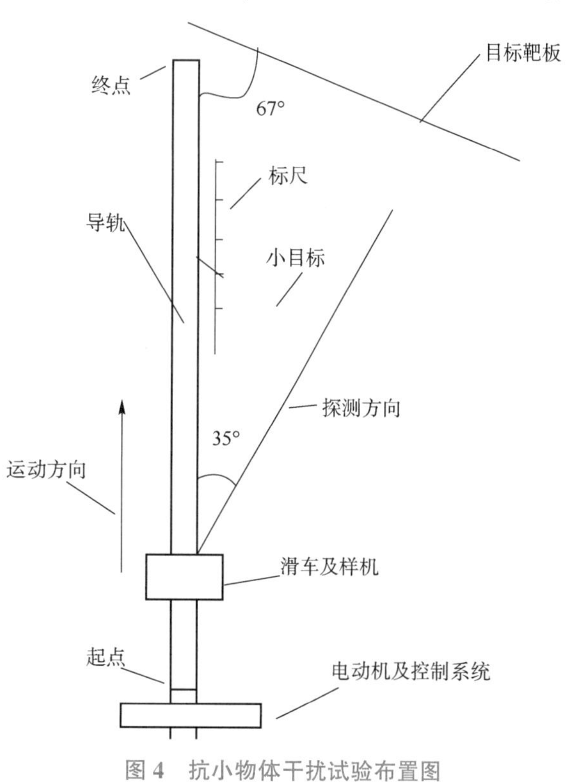

图 4　抗小物体干扰试验布置图

3 结束语

随着激光引信技术的发展，对抗各种干扰的需要促使其抗干扰地位越来越重要，其关乎到武器最终是否能完成其作战使命，因此抗干扰试验方法更需要全面、科学。引信的抗干扰性能是指“在各种干扰条件下，引信保持原有战术技术性能的能力”，这只是一个笼统的概念。我们认为，评定一种激光引信抗干扰能力，不能仅依据在指标规定的干扰条件下引信的作用率或早炸率，还应从实施干扰的难易度和有干扰条件下引信完成作战任务的能力两个角度进行评估。本文仅结合某型激光引信设计定型试验提出了一种抗云雾、烟尘、阳光和离散性小物体的实验室试验方法，所做工作还有很多不足，希望能够为后续类似试验提供参考，并在今后的工作中得到改进。

参考文献

[1] 崔占忠，宋世和. 近感引信原理［M］. 北京：北京理工大学出版社，1998.
[2] 张荫锡，张好军. 激光引信抗阳光、云烟干扰技术分析［J］. 航空兵器，2002（1）：1-5.
[3] 淦元柳. 对激光近炸引信的干扰技术［J］. 光电技术应用，2004（5）：7-10.

云爆战斗部威力测试与评价方法研究

邱有成，庞常战，李卫

中国华阴兵器试验中心，陕西华阴 714200

摘　要：本文根据云爆装药战斗部对目标的毁伤机理和作用特征，从试验工程的角度系统地介绍了云爆战斗部威力测试与评价的方法。

关键词：云爆战斗部；威力测试与评价

0　引言

云爆弹作为一种新型常规弹药，对目标的杀伤破坏作用不是依靠传统的动能破片，而是通过云雾爆轰波及由此引起的空气冲击波超压达到对大面积“软”目标毁伤的目的。其威力是通过规定距离上超压值的大小和有效作用面积来描述。针对威力指标的这一要求，近年来，国内同行围绕云爆弹的威力测试与评价方法进行了深入广泛的研究。但到目前为止，还没有建立起统一、合理、适用的云爆弹威力测试与评价方法。本文在借鉴相关专家及工程技术人员所做工作的基础上，结合某型火箭云爆弹试验，从冲击波超压和爆轰云雾半径测试入手，进一步明确提出测试与评价云爆弹威力的方法。

1　爆炸场超压预估

在针对云爆弹试验的多种实施手段中，冲击波超压测试技术都得到了较为普遍的认同和采用，该方法一直是确定云爆弹爆炸威力的有效手段。应用该方法，试前应根据云爆装药战斗部的有关设计参数和超压经验公式估算欲测距离上的理论超压值，为实际测试时传感器的标定提供参考数据或进行必要的修正，并为相关测试条件的控制提供指导。本文给出一种云爆弹超压威力场的理论计算方法，通过该方法，可以由战斗部中的猛炸药和云爆剂的装药量计算出超压场。某云爆战斗部装药简化模型如图 1 所示。其中心部位为猛炸药，外围包裹着云爆剂。参数如下：云爆剂内径 $R_e=15$ mm，外径 $R_{rm}=56$ mm；装药长度 $L=220$ mm；猛炸药密度 $\rho_e=1.7$ g/cm^3，威力 153%TNT 当量；云爆剂密度 $\rho_{rm}=1.18$ g/cm^3。由上述参数可知，猛炸药质量 $C=\pi R_e^2 L\rho_e=264.2$ g，云爆剂质量 $M_{rm}=\pi(R_{rm}^2-R_e^2)L\,\rho_{rm}=2\ 374.1$ g。猛炸药的爆炸能量 $E_e=7.42$ kJ/g，云爆剂爆炸能量 $E_{rm}=14.6$ kJ/g，所以云爆战斗部爆炸能量为

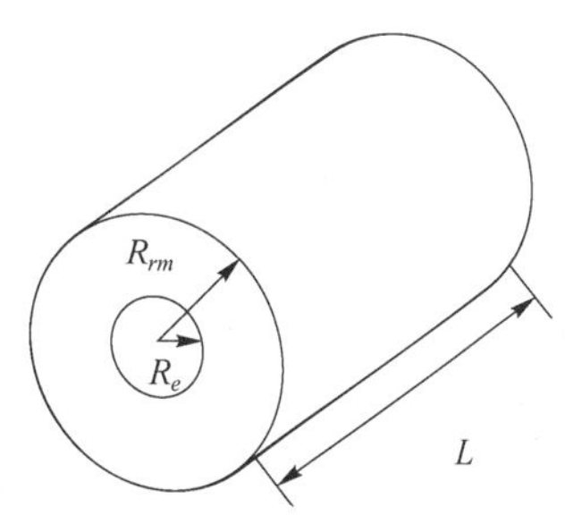

图 1　云爆弹计算模型

$$E_T = CE_e + \eta \cdot M_{rm} E_{rm} \tag{1}$$

云爆剂有效利用系数取 $\eta = 0.8$，由试验数据获得，计算得该云爆战斗部爆炸的理论总能量 $E_T = 29.74$ MJ，等效于猛炸药质量 $w = 4.01$ kg，折合 TNT 的质量为 6.132 kg。

爆炸压力场峰值压力计算公式：

$$P_m = \bar{A} w^{2/3} / R^2 \tag{2}$$

式中，P_m 为压力；$\bar{A}$ 为经验系数；w 为炸药质量；R 为距爆心的距离。

系数 $\bar{A}$ 通常在区间[6.0×10^5, 60.0×10^5]($\mathrm{Pa\cdot m^2\cdot kg^{-2/3}}$)内取值。上述算例中的云爆弹战斗部在试验中的实际装药静爆测试结果如图 2 中的“ * ”点。该装药云爆剂为 2.4 kg，猛炸药为 0.3 kg，可得到经验系数 $\bar{A}$ 的取值为 $13.0\times10^5\ \mathrm{Pa\cdot m^2\cdot kg^{-2/3}}$，式（2）的计算结果如图 2 中的曲线。通过图 2 中的拟合曲线，不但可以修正上述有关公式中的系数，还可以预估其他类似装药战斗部超压场。

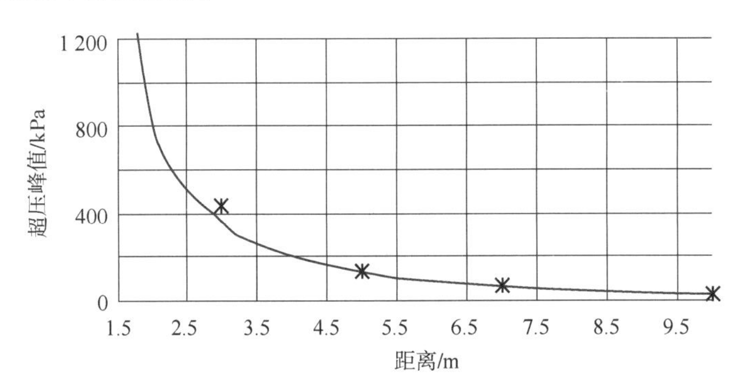

图 2 超压场峰值压力与距离关系

2 超压场测试方法

2.1 压力测试系统配置

1）传感器选型

传感器在整个测试系统中占有很重要的地位，直接影响测试的可信度及精度，因此，在冲击波超压场的测试中，如何正确选择传感器是一个很重要的问题。由于云爆弹超压场冲击波具有频率高、压力大的特点，一般的传感器如应变式和电容式因其高频性能差而不予采用。压阻式传感器为半导体材料，受温度和光强影响很大，且其固有频率一般在 250 kHz 以下，对于高频超压冲击波，来不及反映其峰值压力。压电式传感器动态特性好，具有良好的高频响应，自振频率可达 300 kHz 以上，比较适合 FAE 武器威力场超压测试使用。

目前，在云爆弹的超压场测试中，有自由场传感器和地面传感器两种。经试验验证，在试验测试中，宜选用地面传感器，这是因为自由场传感器在出厂时无法进行动态标定，使用中爆轰瞬间振动等外界干扰不能有效消除，增加了测试结果的不确定因素，给最终的威力评价带来一定的误差，而地面传感器则要好得多。

2）测试系统组成

根据设计定型试验测试要求，我们采用压电式传感器及相应的适配器组成测试系统，其系统组成框图如图 3 所示。选用传感器时，应注意其灵敏度、响应特性、线性范围、精确度等主要性能指标与测试要求相一致。

实施爆炸时，爆炸冲击波超压信号传到压力传感器，传感器将压力信号转为电荷信号，再经放大转换为相应的电信号，经数据采集系统采集存储，通过计算机对数据进行分析处理，得出相应的超压值随时间变化曲线以及冲击波的其他参数。

3）系统标定

为保证测试系统准确可信，每次试验时应对测试系统进行标定。标定有两种方法，一种是以信号源的标准信号模拟输入信号，虚拟仪器记录输出信号，得出整个系统的系统误差，其核心是修正传感器动态传递误差；另一种是整个测试系统建立后，在使用前用 TNT 药柱进行动态标定，这种方法在试验现场进行。系统经标定和修正后，整个测试系统误差可以控制在 10%以内。

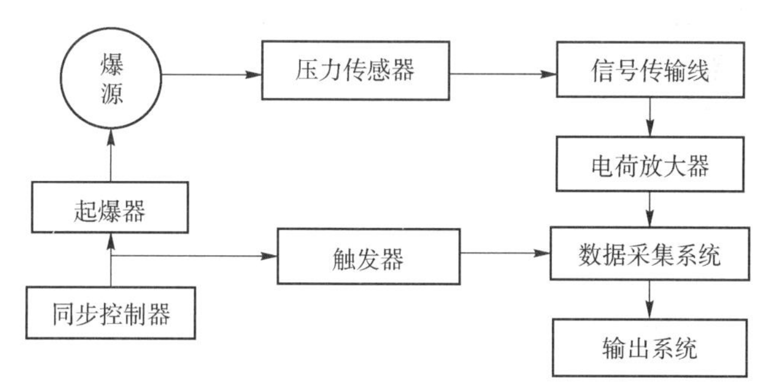

图 3　测试系统基本配置

2.2　现场布置与实施方法

1）测试布点方法

场地应选择平坦、无遮挡物的中等硬度地面，根据不同的测试目的，有同心圆式布点和沿直径直线式布点两种布点方法。这两种方法各有特点，从试验鉴定角度出发，可将二者结合使用，传感器布点如图 4 所示。

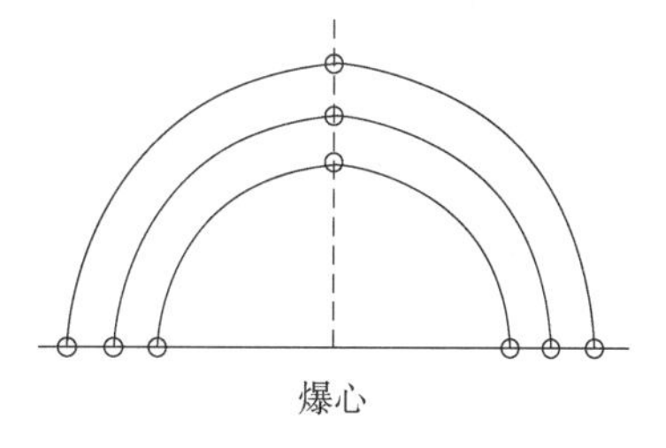

图 4　传感器布点示意图

云雾爆轰的超压值不像凝聚相炸药的那么稳定，因此其测试是一个复杂的过程。为保证可靠测量出超压值在一定范围内的变化趋势，具体实施时，应在距离爆炸点不同距离处布放传感器，从统计评价威力场超压考虑，在试验中最少需要 6 个测量点。布放原则是在战技指标规定的距离上沿圆周和直径方向布放，传感器探头的敏感面向上。

2）测试条件的控制

为确保测试的可信度及尽量消除外界环境的影响，应对以下测试条件加以控制：

（1）无降雪、降雨，风速小于 5 m/s；

（2）相对湿度不大于 85%；

（3）环境温度不超出测试系统的使用温度范围；

（4）环境温差大于 5 ℃时，每发战斗部测试后对测试系统进行标定或修正；

（5）在云雾区和冲击波区的测试信号线应浅埋或依其他方式加以保护，以防损坏，确保测试信号正常传输。

3）试验实施

云爆战斗部竖直（弹头向下）放置于要求的引爆高度上，测试用探头置于指定位置，其敏感面指向战斗部爆轰波阵面方向，并按要求固定好传感器保护装置，用 8#军用电雷管引爆战斗部。按照上面的方法，在某火箭云爆弹静爆试验中，分别在距离爆心 5 m 和 10 m 处进行了冲击波超压测试，数据见表 1。从表 1 中的测试结果可以看出，由于云雾爆轰的不对称性，使得爆炸场各点超压值散布较大，特别是在距离爆心较近处更为明显。所以，威力场超压测试布点采用同心圆式与沿直径直线式组合的方法能较好地反映爆炸场超压大小及分布变化，可以为最终评价云爆弹的威力提供准确可信的数据。

表 1　某火箭云爆弹地面超压测试结果　　MPa

距离/m	弹序 传感器	1	2	3	4	5
5	1	0. 165	0. 177	0. 162	0. 157	0. 160
	2	0. 143	0. 172	0. 141	0. 168	0. 140
	3	0. 138	0. 150	0. 162	0. 162	0. 157
10	1	0. 034	0. 036	0. 034	0. 031	0. 032
	2	0. 032	0. 034	0. 030	0. 031	0. 031
	3	0. 034	0. 036	0. 038	0. 036	0. 039

2.3　云雾半径测试

1）测试现场布点

测试爆轰云雾的半径应用高速录像和高速摄影机两种设备。高速录像系统布放在距离爆心 60 m 左右的位置，高速摄影机布放在距离爆心 100 m 左右的位置，或根据具体产品的爆炸威力布放在爆炸安全距离以外。高速录像系统和爆心的连线与高速摄影机与爆心的连线大体垂直，如图 5 所示，以确保胶片判读和图像处理的质量和一致性。

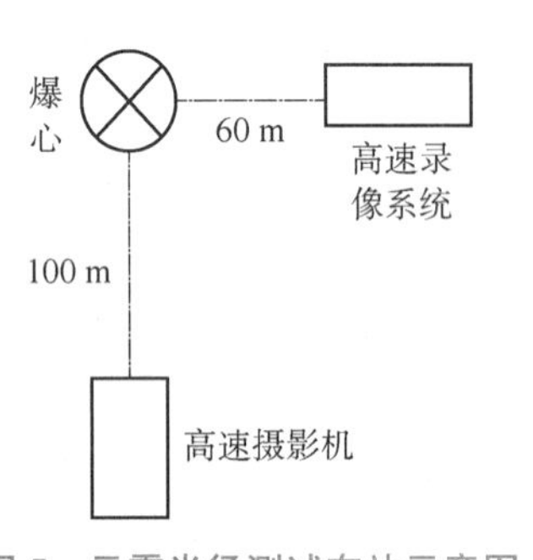

图 5　云雾半径测试布站示意图

2）试验实施

云雾半径测试可随威力场超压测试结合进行，高速摄影机测试时，采用 1 000 f/s 拍摄频率，高速录像采用 2 000 f/s 记录频率。摄影胶片经计算机扫描进行数字化图像处理。高速录像结果由设备自身判读处理系统进行实时处理，但无论采用哪种方法进行云雾半径的测试，都可以通过一定的设备把模拟图像信号转化为数字信号用计算机进行比较和分析，并处理云雾半径随时间的变化关系（$R\sim t$）及其他有关信息，就能对在视觉上往往不易观察明晰的云雾爆轰过程进行定量的分析与判断。

3 结果处理与评价

根据战术技术指标要求和爆炸作用特点，在云爆弹的设计定型试验中，我们认为用冲击波超压和有效作用面积相结合的方法评价云爆弹威力，是爆炸能源和装置性能的综合结果，既能满足指标要求的形式，又便于 FAE 与 HE 威力比较，具有普遍性。具体做法是，用规定距离上多发多点的平均超压值与战技指标的规定值比较做出判断。而用有效作用面积评价，则体现了云爆弹分布爆炸的特点，根据测量的爆炸参数，确定毁伤作用区域，它表征的是云爆弹毁伤作用威力圈。应用该方法应做以下处理，首先确定云爆战斗部对目标的毁伤半径 R：

$$R=R_F+\Delta R_s \tag{3}$$

式中，R_F为云雾区的半径；ΔR_s为云雾边界到冲击波衰减为有效毁伤超压（其取值为战技指标规定的最小毁伤超压）处的距离。

云雾区半径 R_F用实测值，云雾区外冲击波传播距离 ΔR_s 按下式计算：

$$\Delta R_s=\frac{(\overline{R_{eff}}-\overline{R_x})E^{1/3}}{P_0^{1/3}} \tag{4}$$

式中，$\overline{R_{eff}}$表示有效冲击波压力（战技指标要求的最小值）所对应的比例距离；$\overline{R_x}$表示冲击波初始压力 P_s所对应的比例距离；E 表示炸药能量；P_0表示环境大气压。$\overline{R_{eff}}$和$\overline{R_x}$可根据其炸药量查表得到。这样，根据式（4）就可以计算出 ΔR_s。因此战斗部有效毁伤面积

$$S_{FG}=\pi(R_F+\Delta R_s)^2 \tag{5}$$

从有效作用面积 S_{FG}的表达式可以看出，它不仅和超压一样可以反映出云爆弹威力的大小，更重要的是它能较好地反映出在一定的超压作用下对目标的毁伤范围。

4 结论与看法

（1）本文结合型号云爆弹的试验，所提出的威力测试方法经试验验证是可行的。其中超压场理论计算、传感器选用、测试系统配置与标定、现场布点方法及试验实现等对各类云爆战斗部的威力测试具有现实的指导意义。

（2）对云爆弹威力采用冲击波超压和有效作用面积法评价，是一种科学、适用的评价方法，既考虑了云爆弹自身威力特点，又是对战斗部实际爆炸效果的检验，具有工程使用的实际意义。

参考文献

[1] 李翼祺，马素贞. 爆炸力学［M］. 北京：科学出版社，1992.
[2] Baker W. E. 空中爆炸［M］. 北京：原子能出版社，1982.

不同传爆序列下引信输出对比研究

田红英，刘长劳，陈维波

摘　要：本文针对试验用起爆引信的传爆序列与 GJB 2425—1995《常规兵器战斗部威力试验方法》要求有差别的问题，建立了起爆引信输出威力理论计算模型，设计并进行了输出威力对比试验，考察了改装前后引信输出能量变化。理论分析计算和对比试验表明，保留一级传爆序列的起爆引信输出与制式引信基本相同，可满足试验要求。

关键词：引信；传爆序列；威力

0　引言

在导弹、雷达等武器装备设计定型试验时，需要在多个点同时起爆弹丸产生干扰源，以此来考察被试品被干扰或对多目标侦测的能力。如使用雷管直接起爆弹丸，则可靠性低，爆炸效果不好；若无适当的环境力，制式引信不具备用雷管直接起爆的能力。因此，目前试验中采用的方法是：将制式引信改为起爆引信，使用导爆管雷管首先引爆起爆引信，再由起爆引信引爆需起爆弹丸。

起爆引信改装的基本方法是，将制式引信的点火机构、保险结构和传爆序列拆除，保留最末级传爆管，在剩余引信体中轴上扩孔，加工一个 8 mm 的雷管舱，用于安装起爆雷管。GJB 4225—2001《榴弹定型试验规程》和 GJB 2425—1995《常规兵器战斗部威力试验方法》中规定：对试验引信的改装不得改变传爆序列的最末两级。对照标准要求，采用现在的方式改装的起爆引信是不满足要求的。但是通过多年的试验使用，未发现因此而带来的变化或者影响。为此本文从理论和实验两个方面对此问题进行研究，以期系统完整解决此难题。

1　起爆引信与制式引信理论对比分析

1.1　传爆序列结构匹配性比较

制式引信一般由触发（近炸）装置、安保机构、传爆序列（含雷管、导爆药、传爆药）等组成。部分制式引信的传爆序列为火帽、雷管、导爆药、传爆药，但也有部分引信的传爆序列由火帽、雷管、传爆药组成，如某型迫弹引信、某型榴弹引信即没有导爆药，相当于由雷管直接引爆传爆管。

改装得到的起爆引信，无延期机构、无安保机构拆除，无完整的传爆序列，只保留最后一级传爆管。使用雷管与传爆药组成传爆序列，由雷管引爆传爆管。这种结构与无导爆药的制式引信结构和作用过程基本类似，因此从结构上对比，起爆引信采取的结构匹配和作用过程是可行的。

1.2 对传爆管输入炸药当量的比较

如果对传爆管的输入有较大差异，则传爆管中的爆轰成长将有很大变化，由此将影响被起爆物的爆炸结果和效果。因此，必须研究制式引信和起爆引信，传爆管的输入是否有差异。这里以 A 型引信为例进行研究。

1.2.1 制式引信对传爆管输入的炸药当量

A 型引信的能量传输过程：击针戳击针刺雷管，雷管引燃导爆药，导爆药引爆传爆药，如图 1(a)所示。查引信手册，可知，对传爆管的输入为 0.184 g 钝化黑索今。

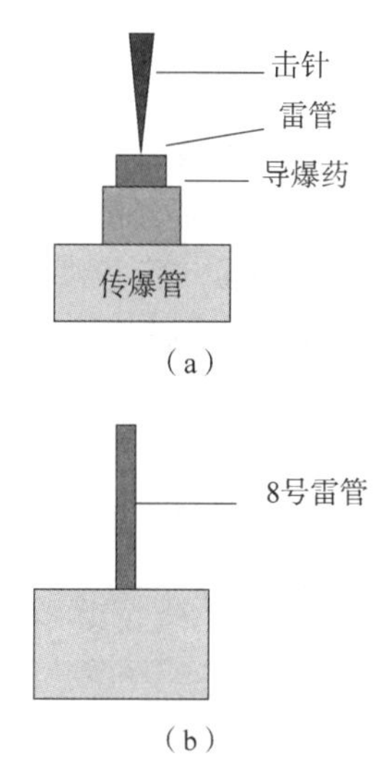

图 1 制式引信与起爆引信起爆序列示意图

(a) 制式引信意图；(b) 起爆引信示意图

1.2.2 起爆引信对传爆管输入的炸药当量

起爆引信的能量传输过程：8 号铝火雷管起爆，然后直接引爆传爆药，如图 1(b)所示。雷管中的起爆药为二硝基重氮酚，装药量标准是不低于 0.28 g；雷管中的猛炸药为黑索今，装药量为 0.60 g，加入不超过 7.5%钝化剂。有研究表明，雷管的输出主要以轴向输出为主，侧向输出很小。因此，雷管对传爆管的输入并非全部的炸药能量，而只是轴向部分能量输入到传爆药上。下面对雷管输入传爆管的能量做以计算。根据爆轰物理学知识可知，雷管有效装药可简化如图 2 所示。

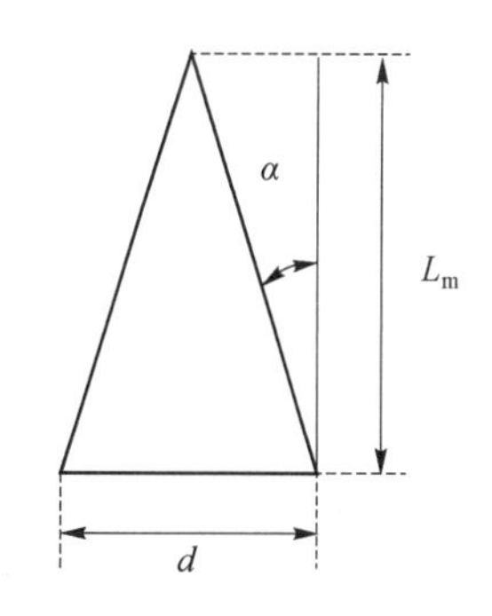

图 2 雷管有效装药示意图

计算雷管的有效装药，即有效装药高度 L_m 与外径 d、侧向角度 α 的关系为

$$L_m = \frac{d}{2\tan\alpha} \tag{1}$$

理论上，装药的径向稀疏波平均速度约等于装药爆速 D 的 1/2，因此 α 可以由下式决定：

$$\alpha = \arctan \frac{D}{2} / D = 26.6° \tag{2}$$

由式（1）、式（2）得出 $L_m = 7.3$ mm，则可根据 8 号雷管的装药参数计算得到有效装药约为 0.20 g 黑索今。

由以上计算分析可知，制式引信对传爆管的输入药量为 0.184 g 黑索今，起爆引信对传爆管的输入药量则相当于 0.20 g 黑索今。因此，从对传爆管的输入来讲，起爆引信与制式引信基本一致，满足要求。

1.3 雷管对传爆管起爆能力的分析

1.3.1 理论计算

雷管在爆炸时，其能量的传递方式有冲击波、破片等。当雷管与炸药面直接接触时，以冲击波作用为主；当雷管与炸药面有一定距离时，则以破片的作用为主。冲击波随距离衰减很快，一般只有几毫米的量级；破片先加速至一定速度，再由于空气阻力衰减，下降速度要比冲击波小。但是破片形成具有一定的不确定性和不可靠性，因此一般用雷管起爆炸药时，多采用接触式，主要依靠冲击波来起爆炸药。基于此，试验中采用的是雷管与传爆药接触式起爆，传递给传爆药的主要是冲击波。

梯恩梯球状炸药或形状近似的装药，在空气中爆炸时，冲击波的超压的公式为

$$\Delta P_m = \frac{84}{\bar{r}} + \frac{478}{\bar{r}^2} + \frac{862}{\bar{r}^3} \quad (0.05 \leqslant \bar{r} \leqslant 0.5) \tag{3}$$

$$\bar{r} = \frac{r}{\sqrt[3]{w}} \tag{4}$$

式中，ΔP_m 为入射超压（kN/m^2）；w 为梯恩梯装药质量（kg）；R 为至爆炸中心的距离（m）；$\bar{r}$ 为对比距离（m/kg）。

根据能量相似原理，将实际装药量换算成 TNT 当量，0.20 g 黑索今折合梯恩梯药量为 0.265 g。根据式（3）、式（4）可得出冲击波衰减与距离的关系，如图 3 所示。

当雷管与药面有一定距离时以破片起爆为主，破片运动的微分方程如下：

$$\frac{q\mathrm{d}v}{\mathrm{d}t} = -\frac{1}{2} c_x \rho s v^2 \tag{5}$$

式中，q 为破片质量（kg）；c_x 为破片迎面阻力系数；ρ 为当地的空气密度（kg/cm^3）；s 为破片垂直于飞行方向上迎风面积（m^2）；t 为破片飞行过程中的任一瞬时（s）；v 为破片任一瞬时的速度（m/s）。

式（5）给推导可得到

$$v_x = v_0 e^{-\alpha x} \tag{6}$$

式中，$\alpha = \dfrac{c_x \rho s}{2q}(m^{-1})$；$\alpha$ 为衰减系数；x 为破片在某瞬间离炸点的距离，m；v_x 为对应于 x 距离时的破片速度，m/s。

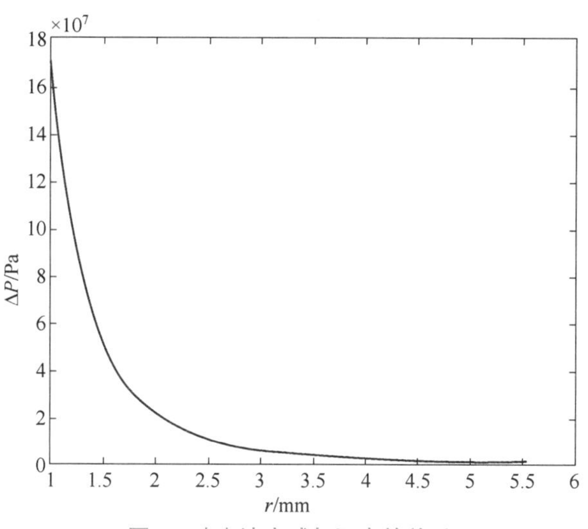

图 3　冲击波衰减与距离的关系

根据雷管破片质量和资料数据计算得，$\alpha=0.1337$，则有

$$v_x=v_0\mathrm{e}^{-0.1337x} \tag{7}$$

根据式（7）可得出雷管破片速度衰减与爆炸中心距离的关系，如图 4 所示。

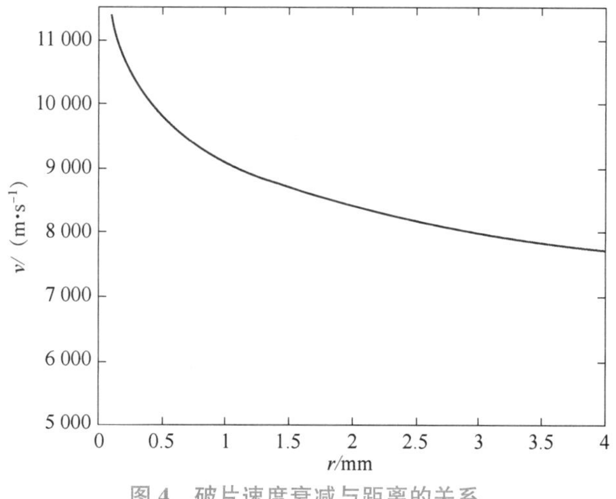

图 4　破片速度衰减与距离的关系

理论和实验研究表明，使用破片起爆黑索今时，破片的速度不能低于 8 200 m/s。从图 3 可以看出，冲击波衰减较快，在 2.5 mm 以外就完全没有起爆能力，其起爆作用就靠破片完成；由图 4 可以看出，破片的衰减速度较冲击波较慢，但在 3 mm 附近破片也不能可靠起爆传爆管。

1.3.2　仿真分析

利用 ANSYS 软件仿真对改装前后导爆药/雷管输出爆压进行仿真分析。基本条件为：榴-11A 引信，传爆序列改装前为导爆药引爆传爆药，其导爆药质量为 0.184 g 钝化黑索今，药柱尺寸为 ϕ6.0 mm×3.9 mm；传爆序列改装后为雷管引爆传爆药，其装药质量为 0.2 g 钝化黑索今；雷管尺寸为 ϕ6.0 mm×4.0 mm。

获得的对比曲线（距爆炸中心 4 mm 处）如图 5 所示，爆炸开始 1.5 μs 时改装前后导爆药/雷管输出爆压对比图如图 6 所示。从两图中比较可以看出，在距爆炸中心 4 mm 处改装后的最大爆压和改装前的最大爆压相近。

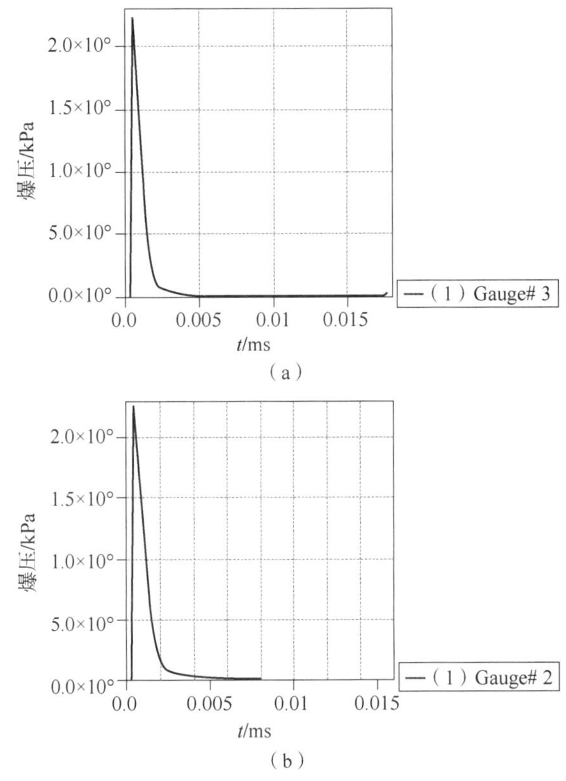

图 5　改装前后导爆药/雷管输出爆压对比曲线（距爆炸中心 4 mm 处）

（a）改装前；（b）改装后

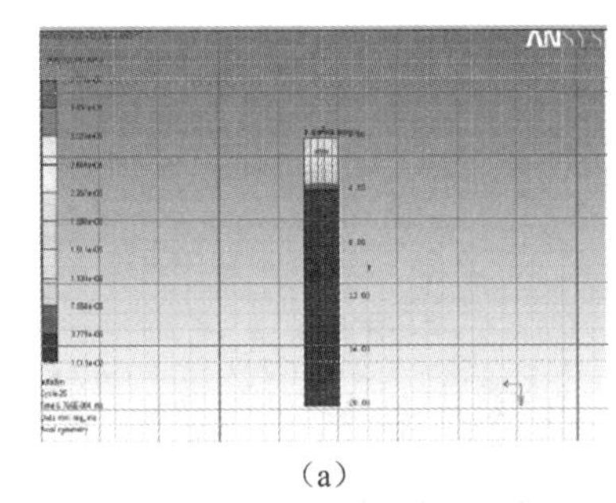

（a）

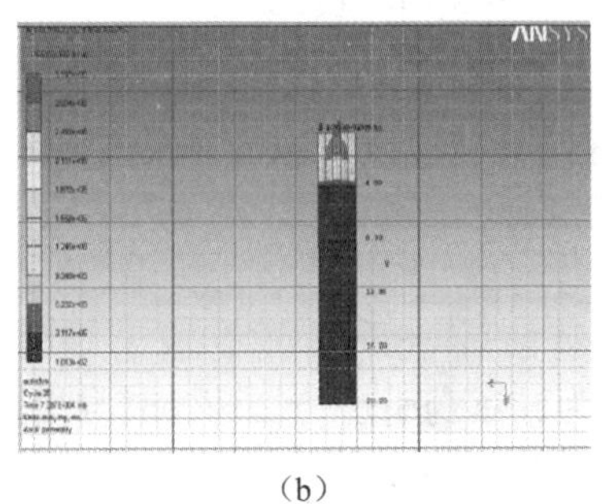

（b）

图 6　改装前后导爆药/雷管输出爆压对比图（爆炸开始 1.5 μs 时）

（a）改装前；（b）改装后

以上理论计算和仿真分析表明，采用雷管起爆传爆管的方式与采用导爆药起爆传爆管的方式，对传爆管的输入而言是基本相同的，也是足够的。只要雷管端面与传爆药面接触紧密，雷管就能可靠起爆传爆管。也就是说，从输入起爆能量上分析，起爆引信匹配方式也是可行的。

2 传爆管输出对比实验研究

前面分析研究了两种方式对传爆管的输入基本相同，为了研究两种方式下，传爆管输出是否有差异，依据 GJB 5309. 18—2004《火工品试验方法：第 18 部分：铅板试验》设计了钢板炸痕试验，以此来研究两种传爆序列下传爆管输出差异。

2.1 试验条件

试验用引信：B 型和 C 型。

试验方法：

（1）B 型引信 3 枚，改装为起爆引信，使用导爆管雷管起爆，测试引信作用后在其端面钢板上的炸痕尺寸；将 B 型引信 3 枚改装为解除保险但保留传火序列的引信，使用外物撞击力锤击，测试引信作用后在其端面钢板上的炸痕尺寸。

（2）对 C 型引信 6 枚也进行类似试验。

试验装置结构图如图 7 所示，试验获得的典型炸痕结果如图 8 所示。

图 7 钢板炸痕试验装置结构

图 8 钢板炸痕典型图

2.2 试验结果

不同传爆序列下钢板炸痕对比试验结果如表 1 所示。

表 1 不同传爆序列下钢板炸痕对比试验结果

引信类别	序号	引爆方式	钢板炸痕		
			最大直径/mm	最小直径/mm	炸痕深度/mm
B 型	1	锤击	34.00	32.97	4.56
	2	锤击	35.05	33.71	4.54
	3	锤击	34.82	33.97	4.36
	4	雷管	34.09	33.43	4.40
	5	雷管	33.88	32.83	4.12
	6	雷管	34.37	34.11	4.70
C 型	7	锤击	44.87	44. 74	4.60
	8	锤击	45.57	44.73	4.64
	9	锤击	45.35	44.17	4.76
	10	雷管	45.20	44.30	4.06
	11	雷管	44.45	44.15	3.86
	12	雷管	45.27	43.77	4.30

从表 1 中的数据可以看出，对于两种引信，传爆管爆炸输出的表征参数——炸痕直径和炸痕深度差异比较小，基本相同。因此，两种传爆序列下，引信的输出变化不大。即从传爆管输出角度分析，保留一级传爆序列的起爆引信是可行的。

3 结论

制式引信与起爆引信对最末级的传爆管所输入的炸药药量和能量基本相同，从输入端分析，起爆引信的传爆序列匹配是可行的。

钢板炸痕试验表明，改装后的起爆引信和制式引信的输出差异不大，说明起爆引信输出与制式引信输出是相近的，可以满足试验要求。使用雷管直接起爆传爆管时，雷管端面应与传爆管药面紧密接触，以利于雷管输出能量完全作用于引信传爆药，确保起爆可靠性。

参考文献

[1] 宁建国，王成，马天宝. 爆炸与冲击动力学 [M]. 北京：国防工业出版社，2010.

[2] 王凯民，严楠，蔡瑞娇. 传爆序列长通道冲击起爆的工程计算 [J]. 火工品，2001，04：17-20.

无线电引信对空靶近炸性能试验方法改进

赵新，纪永祥

中国华阴兵器试验中心，陕西华阴 714200

摘　要：无线电引信对空靶近炸性能考核时，我们只针对指标需求给出二维坐标（相对空靶 X/Y 坐标），没有考虑引信作用时与空靶前后距离（相对空靶 Z 轴）。这样给出的是引信过靶时的平面距离，可能导致引信过靶作用或距靶很远已作用，这样考核得到结论与实战化需求不相符。本文以实战化为出发点，结合对空靶近炸作用中存在的漏洞，分析现行的试验测试方法，提出设计改进方案，通过相应的计算，给出引信对空靶作用的三维坐标。

关键词：无线电引信；近炸；空靶；三维坐标

0　引言

二战期间，日本偷袭珍珠港时，炸沉了美国海军主力舰 5 艘，炸毁美军各种军用飞机 347 架。在日军空袭 5 min 后，美军高炮部队奋起还击，尽管高射炮火非常猛烈密集，但仅仅击落来袭 200 架日机中的 20 余架。

1942 年年初，德军出动了数十架轰炸机轰炸冰岛，冰岛盟军高炮部队虽全力反击，然而被击落的德机却寥寥无几。

此类战例不胜枚举，究其原因，皆因炮弹引信作用可靠性低。

因此，引信引爆弹丸对空袭的飞行器作用时，引信的起爆位置决定弹丸爆炸时对飞行器的威力。提高引信作用可靠性关系到能否有效对敌杀伤，占据主动优势，赢得局部战事。

1　基本情况

防空武器系统的任务是迎击敌方空袭的飞行器。作为防空武器中占有重要地位的引信，其作用可靠性如何，关系到是否能有效对敌方空袭飞行器造成有效打击。

目前基地拥有本区域内最高引信塔架，承担的引信空炸性能试验较多，测试方法完善。基地使用的测试系统为 ST602 声检靶系统，该系统采用 16 个微型声传感器固定在软靶架上。测试原理：测点布阵所在平面为声靶靶面，选择平面内任一点为原点，背向炮口，面向靶面，以水平向右方向为 X 轴方向，竖直向上方向为 Y 轴正向，过原点指向炮位方向为 Z 轴方向，建立直角坐标系，即声靶面坐标系。

采用平面布阵，设测量坐标为 $m_i(x_i,y_i)$，弹着靶坐标为 $M_0(x_0,y_0)$。在假设无风、弹

丸垂直射靶、弹道波为圆锥面的情况下，定位方程为

$$[(x_i-x_0)^2+(y_i-y_0)^2]^{1/2}=v_0(t_i-t_0) \quad i=1,2,\cdots,n \tag{1}$$

式中，n 为测点个数；t_0 为未知时间常数。式中有四个未知数，当 $n\geqslant4$ 时，方程有解。当 $n>4$ 时，式（1）为矛盾方程组，用最小二乘法求解。

v_0 是弹道波在靶面上传播的视速度。v_0 与弹速 v_p 和环境声速 c_0 满足下面关系式：

$$v_0=c_0/[1-(c_0/v_p)^2]^{1/2} \tag{2}$$

测量环境气温确定声速 c_0；弹速 v_p 事先给定，也可用其他测量弹丸着靶弹速的方法确定弹速，事后进行二次计算。

若采用水平线型布阵，设测量坐标为 $m_i(x_i,0)$，则定位方程变为

$$[(x_i-x_0)^2+y_0^2]^{1/2}=v_0(t_i-t_0) \quad i=1,2,\cdots,n \tag{3}$$

若采用竖直线型布阵，设测量坐标为 $m_i(0,y_i)$，则定位方程变为

$$[x_0^2+(y_i-y_0)^2]^{1/2}=v_0(t_i+t_0) \quad i=1,2,\cdots,n \tag{4}$$

为了提高定位精度，在定位计算中还要对弹道波的强度、环境温度、风以及弹丸着靶姿态的影响等进行修正。

上述方法精确地计算出弹丸对靶作用时 X、Y 轴的坐标。

该试验方法只针对指标提出问题进行答复，没有考虑当弹丸飞过空靶后引信作用，不会对空靶产生有效杀伤，因此引信的作用位置关系到弹丸对空靶的威力。同时现阶段国内外飞行器快速、高效发展，该试验方法已无法满足我军提出的实战化考核要求，以及提高战场命中敌方目标精度的需求。

2 解决方法

笔者通过目前本人掌握的知识和基地现状，认为可以采用 VISARIO 高速摄像系统补充上述方法中无法测量 Z 轴的缺陷。从而达到测试三维坐标的需求。

2.1 VISARIO 高速摄像系统情况

VISARIO 高速摄像系统的基本组成：摄像头、控制计算机、信号线、转换盒和软件系统等。

工作原理：外部的光信号通过 CMOS 传感器得到模拟量电压信号，传感器阵列得到的图像信息通过 A/D 转换器转换成数字量阵列数据格式并暂时存储在摄像机内部的缓冲存储器中，然后这些数字量图像数据通过摄像机与主机的信号线传送到主机的存储器内，内部集成的电子快门可根据需要调整摄像机的曝光时间，得到适合的图像。

电子快门最小曝光时间：15 μs，设置步长 1 μs。

2.2 仪器布阵

上面介绍了 VISARIO 高速摄像系统的基本情况，下边根据上述高速系统的特点设计试验任务中的布阵，如图 1 所示。

保持高速摄像机摄像头与空靶头部在一个平面内，保持适当的距离；

在空靶上刻出数条确定单位的刻线；

根据高速录像记录的引信起爆位置，求出弹丸作用位置与空靶距离。

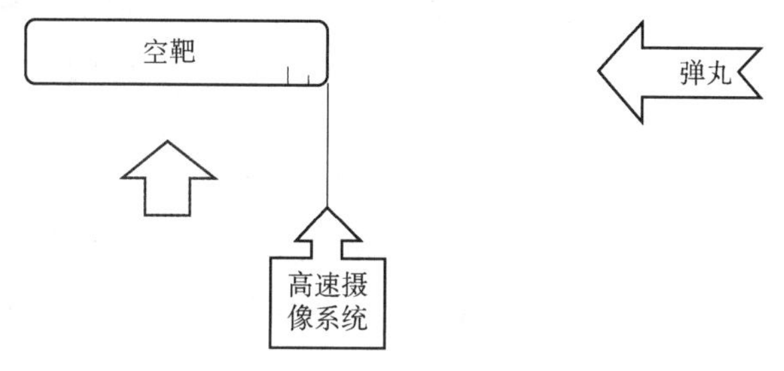

图 1　高速摄像系统布阵图

2.3　数值计算

试验布阵后，用高速摄像系统记录引信爆炸瞬间的图片，如图 2 所示，通过图片测量空靶标注尺寸与弹丸位置的比例，根据相应的比例公式，求得弹丸到空靶的距离。

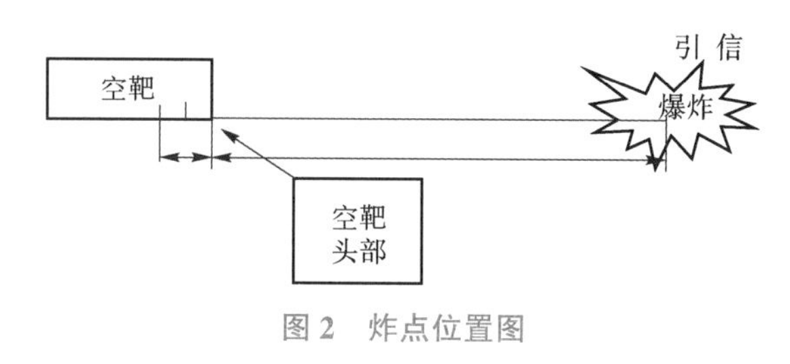

图 2　炸点位置图

通过观察可由图上测量得到 d 和 L 的长度，根据试验时在空靶上标记长度，计算引信爆炸位置与空靶头部的距离，公式如下：

$$L_0 = \frac{L \cdot d_0}{d} \tag{5}$$

式中，L 为炸点与空靶距离；d 为空靶标记长度；d_0 为实际空靶标记长度；L_0 为实际空靶标记长度。

由于上述公式在应用时存在随机误差，因此，应用如下公式对其进行修正。

设随机测量值 L_0 的分布列为

$$P = (L_0 = l_{0i}) = p(l_{0i}), i = 1, 2, \cdots, n \tag{6}$$

$$E(L_0) = \sum_{i=1}^{n} l_{0i} p(l_{0i}) \tag{7}$$

经过计算可以得到准确的位置数值。

2.4　试验结果

通过现有的测量技术，得到了二维坐标，结合上述试验方法可得到引信起爆点相对空靶头部的位置，获得较为准确的三维坐标。

3 结论

本文通过对测试现状与实战化考核需求之间存在的差异，提出了解决此问题的意义，通过增加测试设备高速摄像系统达到测量引信起爆位置的三维坐标的目的。

（1）为试验方法改进提供了有力的理论支撑。

（2）使基地试验设计与战场实际需求进行了有效结合，为部队使用时提供了有力的数据说明。

（3）下步拟对不同引信弹丸作用位置进行炸点模拟分析，得出最优炸点位置，为基地试验提供更为准确的数据支撑。

第七篇

性能底数

复杂地形对无线电引信近炸性能影响的分析

纪永祥

摘 要：本文通过对引信接近目标时，目标及目标背景回波信号的分析，得出造成无线电引信近炸功能失效的一个原因。

1 问题的提出

无线电引信是利用电磁波获得目标信息的非触发引信。引信在弹道飞行过程中，由其辐射源产生一定功率、一定频率及具有一定调制方式的射频信号，利用发射天线将射频能量向空间的某一方向辐射。若在该方向上有目标存在，电磁波的一部分能量将由目标返回，被引信的接收天线接收。由目标返回的回波信号的幅值与弹目距离 r 有关，r 越小，U_m 就越大。当 U_m 达到一定值，即进入弹丸杀伤区域，引信上的信号处理电路输出的多普勒信号的频率、幅值、增幅速率及信号持续时间均满足引信执行机构动作的要求时，执行机构便输出一点火脉冲起爆雷管，使弹丸爆炸。这就是无线电引信工作原理。

对于某些空中目标或特殊地形地貌，如山区丘陵地带、城市建筑群等，在引信接近目标过程中，不仅目标产生回波信号，目标周围的环境同样产生回波信号，引信接收机接收到的便是多个回波信号的叠加，经过引信信号处理电路后输出的就不是简单的多普勒信号。如果目标周围环境的反射信号足够强，经过引信信号处理电路输出的信号就可能不满足执行机构动作的要求，造成引信近炸功能失去作用。

本文针对这一问题做了分析。

2 背景信号分析

引信上有发射机和接收机。发射机发射的信号为

$$U_t(t)=A\cos(\omega_0 t+\psi) \tag{1}$$

式中，ω_0为角频率；ψ 为初相传；A 为幅值。

发射机发射的电磁波如果遇到目标便产生反射，接收机接收到的反射信号为

$$U_r(t) = K(R)U_t[t-\tau(R)] \tag{2}$$

式中，R 为弹目距离；τ 为电磁波在弹丸与目标间往返传播时间；K 是幅度变化的函数。显然，τ 和 K 都是弹目距离 R 的函数，将式（1）代入式（2）得

$$U_r(t) = K(R)A\cos\{\omega_0[t-\tau(R)]+\psi\} \tag{3}$$

实际引信在接近目标的过程中，发射机发出的电磁信号，一部分能量由目标和目标周围环境所反射，被引信接收机接收。假设引信在接近目标过程中，收到两个回波信号，一个为目标信号 $U_r(t_1)$，是有用信号；另一个为周围环境信号 $U_r(t_2)$，是干扰信号。

$$U_r(t_1) = K(R_1)A\cos\{\omega_0[t-\tau(R_1)]+\psi\} \tag{4}$$

$$U_r(t_2) = K(R_2)A\cos\{\omega_0[t-\tau(R_2)]+\psi\} \tag{5}$$

我们来看一下两个回波信号的相位。

记

$$\phi_1 = \omega_0[t-\tau(R_1)]+\psi$$

$$\phi_2 = \omega_0[t-\tau(R_2)]+\psi$$

则两回波信号相位差为

$$\phi_1-\phi_2 = \omega_0[\tau(R_1)-\tau(R_2)]$$

又知

$$\omega_0 = 2\pi f_0, \tau(R_1) = 2R_i/C \tag{6}$$

故

$$\phi_1-\phi_2 = 2\pi f_0 C^{-1}\cdot 2(R_2-R_1)$$

$$= 4\pi R_0/\lambda_0 \tag{7}$$

$$R_0 = R_2-R_1 \tag{8}$$

引信所接收的两个回波信号经过引信信号处理电路后，其增益 K_c 和相位差 $(\phi_1-\phi_2)$ 保持不变，结果得到两个多普勒信号的叠加值：

$$U_d = U_{d1}+U_{d2} \tag{9}$$

式中，

$$U_{d1} = 1/2K_cA_1AK(R_1)\cos(\omega_{d1t}) \tag{10}$$

$$U_{d2} = 1/2K_cA_1AK(R_2)\cos(\omega_{d1t}) \tag{11}$$

式中，K_c 为引信混频器增益；A_1 为引信本振信号幅值。

如果目标周围无任何干扰信号，引信只接收到目标反射的回波信号，信号处理电路只输出一个完整的多普勒倍号 U_{d1}，能满足执行机构动作所要求的频率、幅值、增幅速率及信号持续时间，引信能正常作用。但由于干扰信号 U_{d2} 的存在，使得引信信号处理电路输出的信号不再是简单的多普勒信号，而是变得比较复杂，没有规律，不能满足引信执行机构动作的要求，造成引信近炸功能失效。

某无线电引信在对普通地面进行射击试验时，炸高及作用率均满足要求；在对水面进行射击试验时，由于河滩周围大堤对引信的干扰，作用率特别低，而近炸作用的引信，由于干扰信号的存在，炸高散布较大。

下面给出引信作用情况。

普通地面引信作用情况如表 1 所示。

表 1　普通地面引信作用情况

序号	1	2	3	4	5	6	7	8
数据	0.018 2	0.031 2	/	0.013 4	0.014 5	0.023 4	/	/
序号	9	10	11	12	13	14	15	
数据	0.009 7	0.034 4	0.016 1	/	0.011 4	0.008 6	0.011 4	

注：没有数据的引信均正常作用。表中的数据为炸高与落速的比值。

水面引信作用情况如表 2 所示。

表 2　引信作用情况

序号	1	2	3	4	5	6	7	8
数据	/	0.026 8	0.023 7	/	0.040 5	/	/	0.046 3
序号	9	10	11	12	13	14	15	
数据	/	/	/	/	0.035 4	0.060 5	0.037 9	

注：没有数据的引信不是正常近炸。

该引信对普通地面炸高与落速比的平均值为 0.017 4，标准差为 0.008 6，正常作用率100%。对水面炸高与落速比的平均值为 0.038 7，标准差为 0.012 3，正常作用率不到 50%。

在相同的射击条件下，对不同目标射击时，结果差别这么大，主要是由于干扰信号引起的。下面我们给出无干扰时引信混频器输出信号和有干扰时输出信号的波形，如图 1 和图 2 所示。图 2 的相位差满足式（7）。

从图 1 中可以看出，无干扰信号时，混频器输出是单一的多普勒信号，信号的频率、幅值、增值速率和信号持续时间均满足执行机构动作的要求，引信能正常作用。而有干扰信号时，信号处理电路输出的不再是简单的增幅信号，变化起伏较大，频率也不在信号处理电路放大器的频带范围之内，信号就不能被真实放大，输出的信号不可预测。虽然某些时刻的幅值能满足执行机构动作的要求，但信号的频率、增幅速率和持续时间不能满足，而引信要求在频率、幅值、增幅速率和持续时间均满足的条件下执行机构才能正常作用，因而导致引信近炸功能失效，出现碰炸或瞎火。

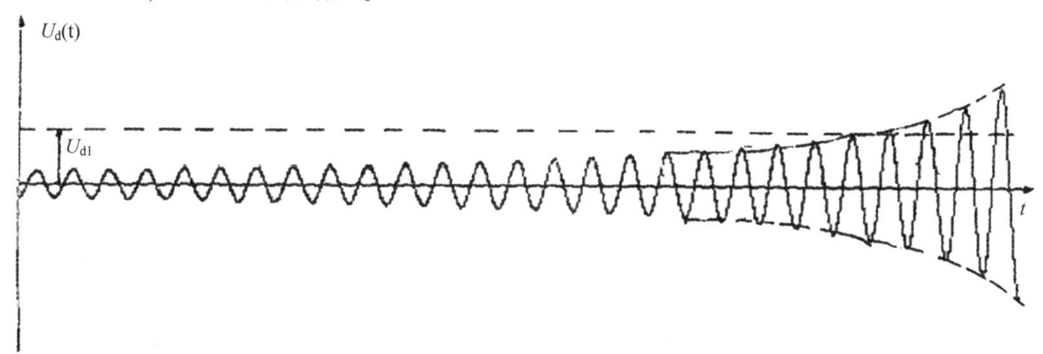

图 1　无干扰时引信混频器输出信号

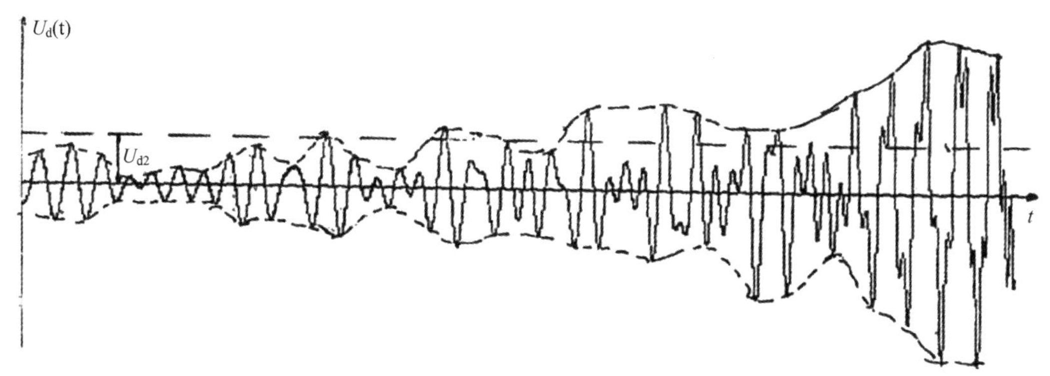

图 2　有干扰时引信混频器输出信号

3 结论

上述情况表明，无线电引信在对复杂地形射击时，由于干扰信号的存在，使得引信正常作用率降低，炸离散布大，弹丸威力不能正常发挥，达不到预定的毁伤效果。同时也向我们提出一个问题，即无线电引信在对复杂地形的目标进行射击时，如何克服背景信号的干扰，提高作用率，达到引战最佳配合，取得预定杀伤威力。

近炸引信引战配合效率仿真试验方法探讨

陈维波，纪永祥，陈众

中国华阴兵器试验中心，陕西华阴 714200

摘 要：本文提出了对引战配合效率试验方法进行探讨的必要性，并从利用蒙特卡洛法模拟交会弹道、脱靶参数和破片飞散参数、计算目标总体毁伤概率及确定最优作用距离等方面进行了仿真试验设计。

关键词：引信；引战配合；试验方法

0 引言

随着现代战争高精度毁伤的需要，引信技术和弹药技术的发展迅速，引信命中精度和弹丸爆炸威力都大幅提高，但引信和弹丸配合在一起时往往效果不能达到最佳，为满足高精度打击毁伤目标的要求，引战配合成为引信技术和弹药技术发展共同需解决的问题，而引战配合效率更成为靶场试验鉴定将来需要给出的评估结果。

在实战射击中，要获得最大终端效能，必须保证战斗部在实际弹道上最优起爆点处精确起爆。对目标的最大毁伤依赖于实际弹道上最优起爆点的确定与选择，这是武器终端威力发挥的关键一步，同时也是引战配合的中心内容。所以对引战配合效率进行研究，给出武器系统的最终毁伤效能评估，是部队使用的需要，同时也能为提高产品毁伤效能提供服务。

1 总体试验思路

以国内正在研制的某近炸引信为例，主要用于攻击某型武装直升机，由于弹药及攻击目标成本很高，不可能完全用实弹射击来考核引战配合效率。故我们采用已有的动、静态测试数据，建立引信的作用距离、弹丸静爆破片飞散、目标总体毁伤概率等模型，然后利用蒙特卡洛法模拟 N 次交会弹道、脱靶参数和破片飞散参数，运用计算机数字仿真技术，得到引战配合效率的评定信息。

2 用蒙特卡洛法模拟交会弹道、脱靶参数和破片飞散参数

对于弹目空间任意一次交会，引战配合系统中的各个参数都具有不确定性和随机性，引信起爆点和弹丸破片的飞散只能得到统计意义上的规律。因此，引战配合效率的评定最好用

随机统计模型进行，如统计试验方法，即蒙特卡洛法。

下面用蒙特卡洛法模拟交会弹道、脱靶参数和破片飞散参数。

2.1 弹目交会参数

弹目交会的参数：目标速度、目标航向角、目标飞行轨迹倾角、弹丸速度、弹丸偏航角、弹丸俯仰角等。

弹丸姿态参数的随机抽样为：设弹丸偏航角 ϕ_{m} 在$\left[-\dfrac{\pi}{2},\ \dfrac{\pi}{2}\right]$区间内均匀分布，弹丸俯仰角 θ_{m} 在$\left[-\dfrac{\pi}{2},\ \dfrac{\pi}{2}\right]$区间内均匀分布，则

$$\phi_{\mathrm{m}}=\pi\gamma_{1i}-\frac{\pi}{2} \tag{1}$$

$$\theta_{\mathrm{m}}=\pi\gamma_{2i}-\frac{\pi}{2} \tag{2}$$

弹丸速度参数的随机抽样为：设弹丸速度 v_{m} 在[300,600]区间均匀分布，则

$$v_{\mathrm{m}}=300\gamma_{4i}+300 \tag{3}$$

目标姿态参数：航向角 $\phi_t=\pi$；飞行轨迹倾角 $\theta_t=0$。

目标速度参数的随机抽样为：设目标速度 v_t 在[100,200]区间均匀分布，则

$$v_t=100\gamma_{3i}+100 \tag{4}$$

2.2 炸点脱靶参数

炸点脱靶参数：脱靶方位 θ 和脱靶量 ρ。

炸点脱靶方位参数的随机抽样为：设脱靶方位 θ 在[0,2π]区间均匀分布，则

$$\theta_i=2\pi\gamma_{5i} \tag{5}$$

炸点脱靶量参数的随机抽样：设脱靶量 ρ 服从正态分布，则

$$\rho_i=\rho_0+\sigma\sqrt{-2\ln\gamma_{6i}}\sin(2\pi\gamma_{7i}) \tag{6}$$

式中，ρ_0 为脱靶量均值；σ 为脱靶量标准差。

2.3 破片飞散参数

破片飞散参数：破片静态飞散初速 v_{p}、静态飞散方向角 ϕ、静态飞散方位角 ω_0 等。

破片飞散初速参数的随机抽样为：设破片飞散初速 v_{p} 在[500,600]区间均匀分布，则

$$v_{\mathrm{p}i}=100\gamma_{8i}+500 \tag{7}$$

破片静态飞散方向角 ϕ 服从正态分布，则

$$\phi_i=\phi_0+\sigma_{\mathrm{p}}\sqrt{-2\ln\gamma_{9i}}\sin(2\pi\gamma_{10i}) \tag{8}$$

式中，ϕ_0 为静态飞散中心方向角；σ_{p} 为静态飞散方向角标准差。

破片静态飞散方位角 ω_0 在[0,2π]区间均匀分布，则

$$\omega_{0i}=2\pi\gamma_{11i} \tag{9}$$

式中，$\gamma_{1i},\gamma_{2i},\gamma_{3i},\gamma_{4i},\gamma_{5i},\gamma_{6i},\gamma_{7i},\gamma_{8i},\gamma_{9i},\gamma_{10i},\gamma_{11i}$为(0,1)之间均匀分布的随机数抽样；$i$ 为抽样次数，$i=1,2,\cdots,N$。

3 引战配合常用坐标系

3.1 弹体坐标系

弹体坐标系用 $ox_my_mz_m$ 表示，在分析引战配合效率时，弹体坐标系的原点一般设在战斗部中心，ox_m 轴沿弹体纵轴向前，oy_m 轴取在对称平面内向上，oz_m 轴构成右手坐标系。弹体坐标系和地面坐标系的坐标通过弹体相对地面坐标系的三个姿态角实现。

$$\begin{bmatrix} x_m \\ y_m \\ z_m \end{bmatrix} = M_x[\gamma_m]M_z[\vartheta_m]M_y[\phi_m]\begin{bmatrix} x_g \\ y_g \\ z_g \end{bmatrix} \tag{10}$$

式中，ϕ_m、ϑ_m、γ_m 分别为弹体的偏航、俯仰及滚动角。

3.2 目标坐标系

目标坐标系用 $ox_ty_tz_t$ 表示，其原点一般设在目标几何中心，ox_t 轴沿目标纵轴为正方向，oy_t 轴取在对称平面内，向上为正方向，oz_t 轴构成右手坐标系。目标坐标系和地面坐标系的坐标通过下列关系式实现：

$$\begin{bmatrix} x_g \\ y_g \\ z_g \end{bmatrix} = M_y[-\phi_t]M_z[-\theta_t]M_x[-\gamma_t]\begin{bmatrix} x_t \\ y_t \\ z_t \end{bmatrix} \tag{11}$$

式中，ϕ_t、θ_t、γ_t 分别为目标航向角、飞行轨迹倾角、滚动角。

3.3 相对速度坐标系

相对速度坐标系是分析引战配合中采用的一种特有的坐标系，用 $ox_ry_rz_r$ 表示。其中坐标原点设在目标中心，ox_r 轴取与弹对目标相对速度矢量 v_r 平行，且取 v_r 正方向为正，oy_r 轴取在垂直平面内，oz_r 取在水平面内。

相对速度坐标系和地面坐标系的坐标旋转通过相对速度偏航角 ϕ_r 和倾角 θ_r 实现。

$$\begin{bmatrix} x_r \\ y_r \\ z_r \end{bmatrix} = M_z[\theta_r]M_y[\phi_r]\begin{bmatrix} x_g \\ y_g \\ z_g \end{bmatrix} \tag{12}$$

相对速度坐标系是研究遭遇点弹道、引战配合及杀伤效率时的主要参考坐标系。

4 目标总体毁伤概率计算

以直升机为例，破片对直升机的毁伤作用主要有击穿作用和引燃作用，由于破片对各部件的毁伤性质不同，因此建立毁伤准则时，分击穿毁伤和击穿引燃毁伤。同时，根据击穿和引燃的部件的重要性不同，乘以不同的加权系数，得到目标的毁伤概率。

4.1 直升机部件毁伤程度分级

将直升机部件分为A级毁伤部件和B级毁伤部件。A级毁伤部件包括驾驶舱、发动机、主燃油箱、前后辅助燃油箱、液压油箱和主减速器等6个部件，其余部件毁伤分为B级，在直升机中标记出来。直升机模型如图1所示。

图1 直升机模型

4.2 目标整体毁伤概率

对所有受损部件毁伤概率求和，得到目标的整体毁伤概率P：

$$P=1-\prod_{i=1}^{n}(1-f_iP_i) \tag{13}$$

式中，n为破片击中目标总数；f_i为加权毁伤系数；P_i为单发破片毁伤概率。

利用蒙特卡洛法可模拟产生成千上万次交会条件，进行仿真计算，可统计出平均命中数，目标整体毁伤概率等信息。

计算机仿真流程如图2所示。

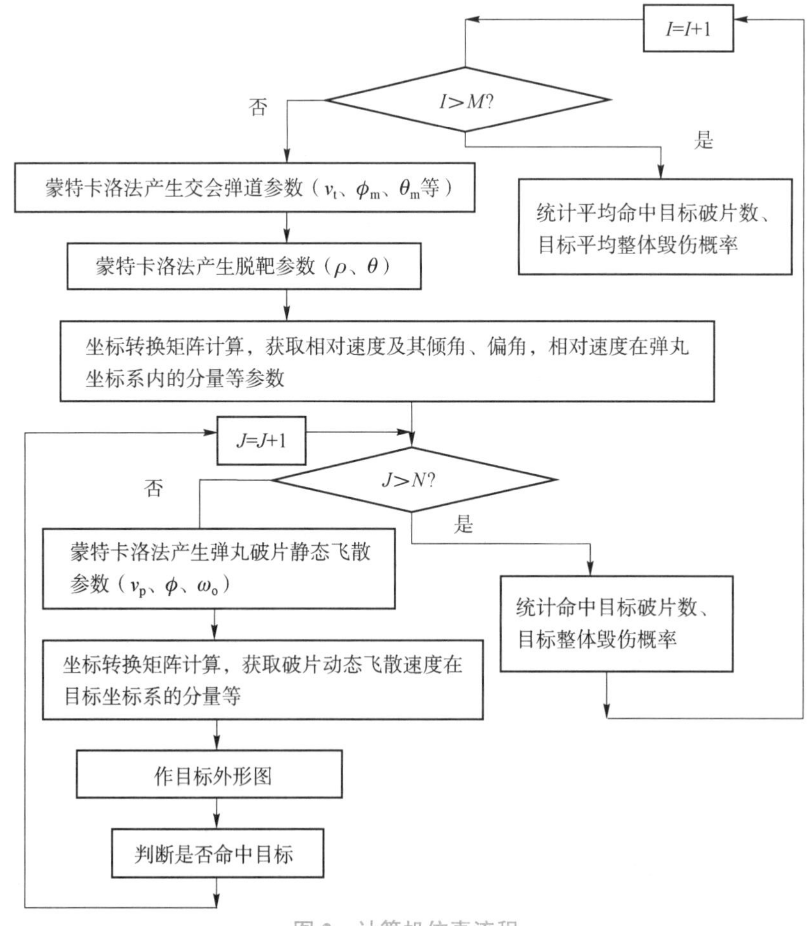

图2 计算机仿真流程

引信和战斗部的仿真参数都设为某型号的典型参数值，得到的仿真结果如表 1 所示。

表 1　两种靶机仿真毁伤结果

目标	X 型直升机	Y 型歼击机
仿真弹道总数	1 000	1 000
命中 0 枚破片的弹道数	34	70
平均命中破片数	12	7
A 级部件平均命中破片数	1	0. 6
B 级部件平均命中破片数	11	6. 4
目标整体平均毁伤概率	61%	36. 4%

5　最优作用距离区的确定

下面分别计算迎攻遭遇状态下，相对坐标系中引信作用区域范围。

迎攻时，即弹丸从目标的前半球来袭，交会参数按如下规律变化。

目标姿态参数：航向角 $\phi_t=\pi$；飞行轨迹倾角 $\theta_t=0°$，目标速度 v_t 在 300～500 m/s 范围内均匀分布的随机变量。

弹丸偏航角 ϕ_m 在$\left[-\frac{\pi}{2}, \frac{\pi}{2}\right]$区间内均匀分布，俯仰角 θ_m 在$\left[-\frac{\pi}{2}, \frac{\pi}{2}\right]$区间内均匀分布，弹丸速度 v_m 在 600～1 000 m/s 范围内均匀分布的随机变量。

用蒙特卡洛法对交会参数按上述分布进行样本容量 $N=1\ 000$ 的随机抽样，统计交会速度 $V=900$ m/s，1 100 m/s，1 300 m/s，1 500 m/s 时引信的作用距离范围。

比较图 3(a)、(b)、(c)、(d)，得到引信的作用的主要区域为 5～8 m。分别取 5 m、6 m、7 m、8 m 时，用蒙特卡洛法对交会参数按上述分布进行样本容量 $N=200$ 的随机抽样，统计 200 种交会条件下的引战配合效率情况，可以得到引信作用距离在一定散布范围内，引战配合效率最佳。

利用引战配合仿真程序计算得到引信作用距离分别为 5 m、6 m、7 m、8 m 时的引战配合效率情况，如表 2 所示。

表 2　不同作用距离下的引战配合效率统计表

引信作用距离/m	5	6	7	8
仿真弹道总数	200	200	200	200
命中 0 枚破片的弹道数	7	5	9	10
平均命中破片数	14	13	11	10
A 级部件平均命中破片数	0. 97	1	0. 98	0. 98
B 级部件平均命中破片数	13. 03	12	10. 02	9. 02
目标整体平均毁伤概率	61. 5%	62. 0%	59. 0%	58. 0%

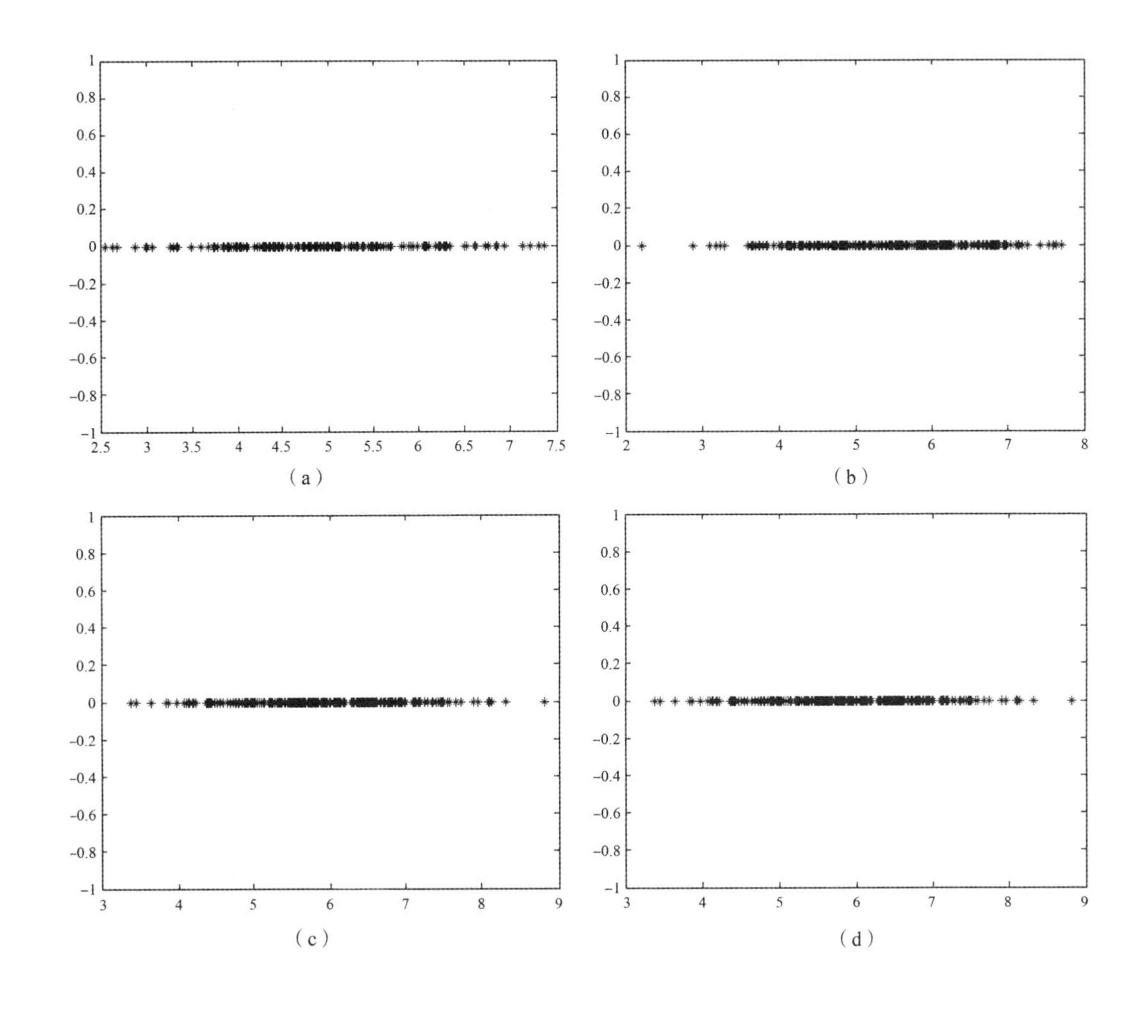

图 3　仿真结果

(a) V=900 m/s；(b) V=1 100 m/s；(c) V=1 300 m/s；(d) V=1 500 m/s

分析表 2 可知，在引信作用距离为 6~7 m 时，目标整体平均毁伤概率最高，即最优作用距离在 6~7 m。

6　结束语

本文基于蒙特卡洛法，建立了弹目交会等模型，设计了计算机程序，可进行近炸/复杂交汇姿态/交汇速度超高条件的模拟仿真计算，针对某型引信，利用仿真计算，获取了该引信的引信配合效率评估信息，并且计算出不同作用距离下的引战配合效率，确定了该引信的最优作用距离，为产品设计、改进和评定提供了参考依据。

参考文献

[1] 张志鸿，周申生. 防空导弹引信与战斗部配合效率和战斗部设计 [M]. 北京：宇航出版社，1994.
[2] 宗丽娜. 便携式反直升机火箭弹引战配合的计算机仿真研究 [D]. 南京：南京理工大学，2006.

基于杀伤破片有效覆盖面积的对地近炸引信最优炸高研究

陈维波，梁兴，陈众

中国华阴兵器试验中心，陕西华阴 714200

摘　要：本文通过对地近炸引信炸高战术技术指标的分析，提出了基于目标平面杀伤破片有效覆盖面积的最优炸高的概念，并建立了最优炸高的计算方法，根据该算法的计算结果分析得出了引战配合效率最高时系统的射击条件及引信应满足的炸高要求，为部队使用和科研提供了借鉴。

关键词：近炸引信；最优炸高；引战配合

0　引言

引战配合，国内在地空、空空导弹等精确打击单个目标的制导兵器领域已经进行了广泛研究[1-4]，但在压制性、面打击的常规武器领域尚未引起足够重视。随着近几年弹药引信技术的发展，如配用常规弹药的引信近炸控制技术从单挡发展到多挡，使得常规弹药的引战配合效率研究显得越来越具有军事价值。本文主要研究基于面打击的常规弹药引信的最优炸高。

炸高散布范围是常规弹药对地近炸引信的一项重要战术技术指标要求，在试验中可以通过测试获取，但是炸高为何值时，对目标的毁伤效果最佳，即引战配合效率最高，指标中往往未做要求，实际上这对客观评估引信的作战使用效能具有重要意义。基于此，本文提出了基于目标平面杀伤破片有效覆盖面积的最优炸高概念，建立了最优炸高的计算方法。

1　最优炸高的计算方法

1.1　最优炸高的概念

对杀伤敌方地面有生力量而言，引战配合效率最高，就是引信在一定炸高作用时，弹丸爆炸杀伤地面的人员数量最多，这里定义只要单个目标被至少一个破片击中即为杀伤。杀伤人员数量 n 可用以下关系式表示：

$$n=\rho_1(x,y)\times s_0 \tag{1}$$

式中，$\rho_1(x,y)$ 表示人员分布密度；s_0 表示目标平面杀伤破片有效覆盖面积，该有效覆盖面积不同于普通意义上的杀伤面积[5]，与炸高、落角、落速等参数相关，其表达式用下式表示：

$$s_0=\begin{cases}\iint\limits_D \mathrm{d}x\mathrm{d}y, & \rho_2(x,y)>\dfrac{1}{s_2(h,l)}\\ N(\Omega)\times s_2(h,l), & \rho_2(x,y)\leqslant\dfrac{1}{s_2(h,l)}\end{cases} \tag{2}$$

式中，$\rho_2(x,y)$为杀伤破片密度，即破片空间分布，由球形靶试验获得；$s_2(h,l)$为人体目标受弹面积；$N(\Omega)$为杀伤破片数量。

在人员分布确定的情况下，杀伤人员数量取决于目标平面杀伤破片有效覆盖面积，在相同条件下，随着炸高的增加，目标平面杀伤破片有效覆盖面积显然也增大，但是不是无限增大，当炸高增加到一定程度时，目标平面杀伤破片有效覆盖面积反而会减小。根据文献可知，对地面人员的杀伤条件为破片具有一定的动能，且具有一定的杀伤密度。随着破片飞行距离的增大，破片的动能会减小（空气阻力等影响），破片之间的间隔会增大，破片杀伤密度会降低。因此就单发弹丸而言，当炸高提高到一定程度后，目标平面杀伤破片有效覆盖面积反而会逐渐减小，所以就存在一个最优炸高的问题。故定义目标平面杀伤破片有效覆盖面积最大时对应的炸高为最优炸高，其表达式如下：

$$h'=\mathrm{supmax}s_0(h) \tag{3}$$

1.2 最优炸高的计算方法

1.2.1 最优炸高算法流程

最优炸高算法流程如下：

（1）根据弹丸静态威力数据和弹丸落速等参数，计算弹丸动态威力数据。

（2）根据弹丸动态威力数据和炸高、落角等参数，得到杀伤破片动态分布空间与目标平面的交会区。

（3）根据杀伤破片动态飞散角，将交会区分为若干飞散角区域，计算各个区域单位面积的有效杀伤破片数量是否大于破片杀伤密度下限（图1）。

（4）若大于破片密度下限，则将该面积作为该区域杀伤覆盖面积；若小于破片密度下限，则根据相应炸高对应的目标受弹面积与破片数的乘积作为该区域杀伤覆盖面积。

（5）对各飞散角区域的有效覆盖面积求和，得到目标平面总的有效覆盖面积。

（6）改变炸高，得到不同炸高条件下的有效覆盖面积，则有效覆盖面积最大时对应的炸高为最优炸高。

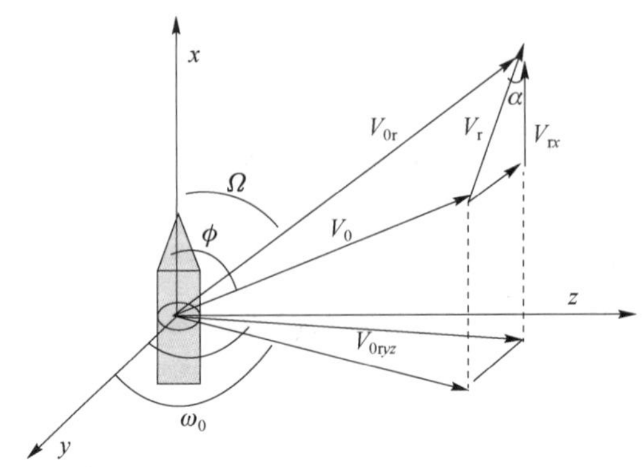

图1　破片动态飞散速度、飞散角示意图

$$v_{0\mathrm{r}}(\omega)=\sqrt{{v_{0\mathrm{r}yz}}^2+v_{0\mathrm{r}x}^2} \tag{4}$$

$$\tan\left(\frac{\pi}{2}-\Omega\right)=\frac{v_{0\mathrm{r}x}}{v_{0\mathrm{r}yz}} \tag{5}$$

$$v_{0\mathrm{r}yz}=v_\mathrm{r}\sin\alpha\cos\omega+\sqrt{(v_0\sin\varphi)^2-(v_\mathrm{r}\sin\alpha\sin\omega)^2} \tag{6}$$

$$v_{0\mathrm{r}x}=v_\mathrm{r}\cos\alpha+v_0\cos\varphi \tag{7}$$

1.2.2 杀伤破片分布空间与目标平面的交汇区计算

设破片的杀伤标准为 w（动能大于 98J 的破片为杀伤破片），对单个杀伤破片而言满足下式：

$$\frac{1}{2}mv_1^2\geqslant w \tag{8}$$

式中，破片质量 m 由破碎性试验获得。根据式（8）可计算得到杀伤破片必须满足的最小速度 v_1。

根据参考文献知，弹丸破片的运动方程为

$$m\frac{\mathrm{d}v}{\mathrm{d}t}=-\frac{1}{2}C_\mathrm{x}\rho S_\mathrm{p}v^2 \tag{9}$$

式中，m 为破片质量；C_x 为破片迎风阻力系数；ρ 为空气密度；S_p 为破片迎风面积；v 为破片速度。

已知飞散距离 $r=0$ 时，$v=v_{0\mathrm{r}}$，$v_{0\mathrm{r}}$ 称为杀伤破片初速，可通过试验获得。积分式（9）可得杀伤破片最远飞散距离 $r_{\max}$

$$r_{\max}=\frac{2m\cdot\ln\left(\dfrac{v_{0\mathrm{r}}}{v_1}\right)}{\rho C_\mathrm{x}\overline{S_\mathrm{p}}}=km^{\frac{1}{3}}\ln\left(\frac{v_{0\mathrm{r}}}{v_1}\right) \tag{10}$$

式中，k 为破片速度衰减系数。

由于近炸引信炸高一般不大于 20 m，而破片平均初速一般大于 1 000 m/s，故弹丸爆炸杀伤破片势能远小于杀伤破片动能对飞散距离的影响，故重力对杀伤破片最远飞散距离的影响可忽略不计。假定炸高为 h，落角为 θ，则根据上述方程，可求出爆炸杀伤破片分布空间与目标平面的交汇区如图 2 中阴影部分 AB 所示。

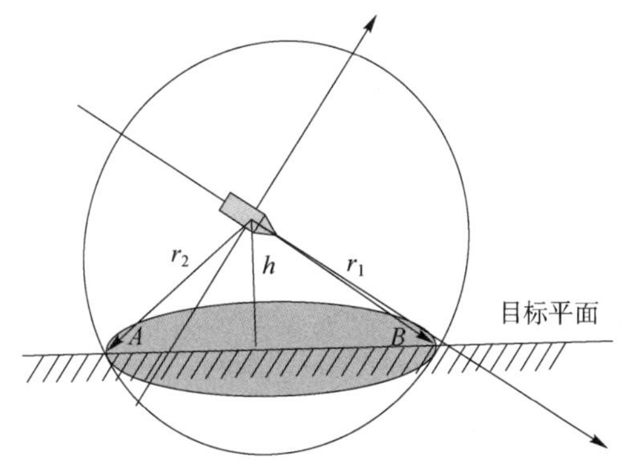

图 2　破片分布空间与目标平面的交汇面示意图

1.2.3 杀伤破片目标平面有效覆盖面积计算

根据文献中人体受破片伤模型，人体等效长方体尺寸为 1.450 m×0.351 m×0.182 m，则可计算得到人体立姿受弹面积 s_2 随炸高（人体离炸点水平距离 5 m 时）的变化如图 3 所示。

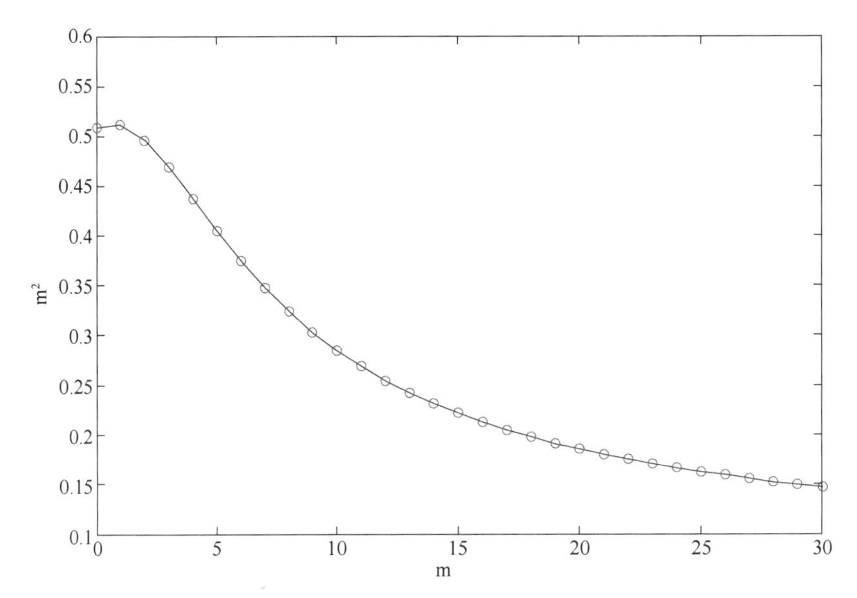

图 3 人体立姿受弹面积随炸高的变化曲线（人体距离炸高水平距离 5 m）

根据式（5）、式（6）、式（7）及破片密度与破片静态飞散角的关系曲线，可计算得到破片密度与破片动态飞散角的关系，进而得到交会区各单元的杀伤破片密度，若该单元的破片密度大于该距离上破片杀伤密度下限，则将该单元计入有效覆盖面积；否则，根据相应炸高对应的目标受弹面积与破片数的乘积作为该区域杀伤覆盖面积，具体计算见式（2）。

比较不同炸高时的有效覆盖面积，有效覆盖面积最大时对应的炸高为最优炸高，此时的引战配合效率最优。

2 举例应用

以某型预制破片弹为例进行说明。根据该弹球形靶试验数据，拟合出破片密度与破片静态飞散角的关系曲线如图 4 所示，计算得到该型弹有效破片平均质量为 4.4 g，平均初速为 1 226 m/s。某近炸引信配该型弹，装定近炸，在常用射击条件下对地射击，测得炸高 8.2 m、落角 45°、落速 316 m/s。

在计算时假定：

（1）所有杀伤破片的初速相等；

（2）所有杀伤破片均沿直线飞行。

根据式（5）、式（6）、式（7）及破片密度与破片静态飞散角的关系曲线，可计算得到破片密度与破片动态飞散角的关系曲线，如图 5 所示。

根据式（8），可求出该型弹杀伤破片最小平均速度为 211 m/s。

根据式（10），可求出不同破片飞散角和方向角的杀伤破片最远飞散距离。图 6 所示为方向角为 90°时不同飞散角对应的杀伤破片最远飞散距离。

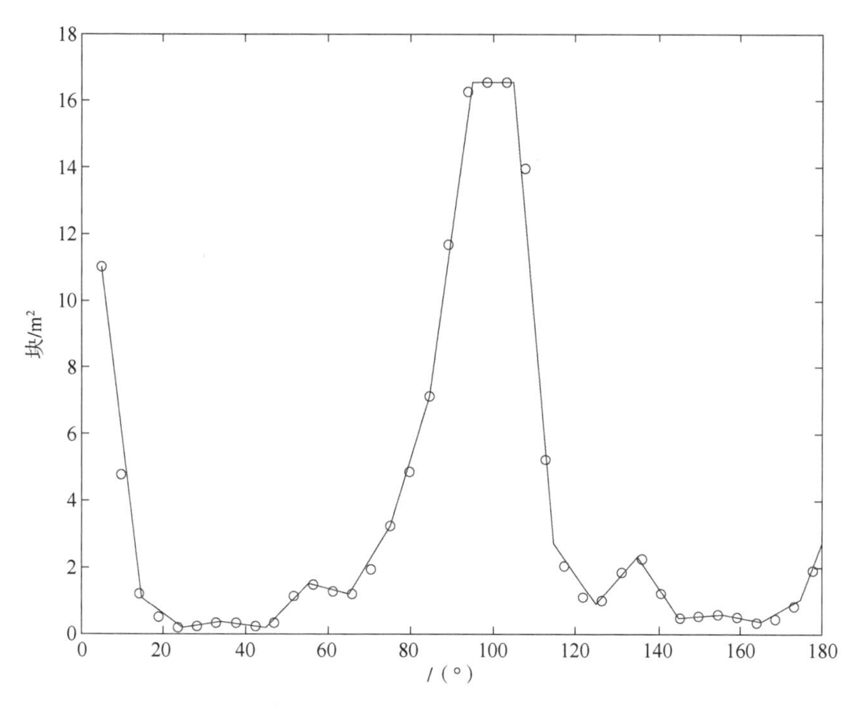

图 4　破片密度与破片静态飞散角的关系曲线

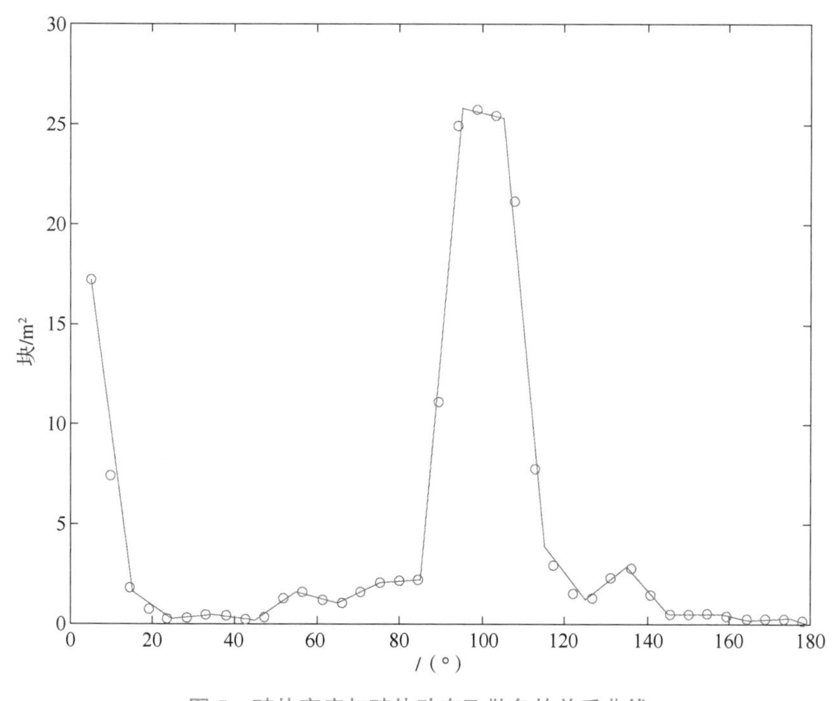

图 5　破片密度与破片动态飞散角的关系曲线

在常用射击条件下、不同炸高的有效覆盖面积如图 7 所示。从图 7 中可见，在炸高为 9. 8 m 时，目标平面杀伤破片有效覆盖面积最大，故在该试验条件下配用该型弹的近炸引信最优炸高为 9. 8 m。

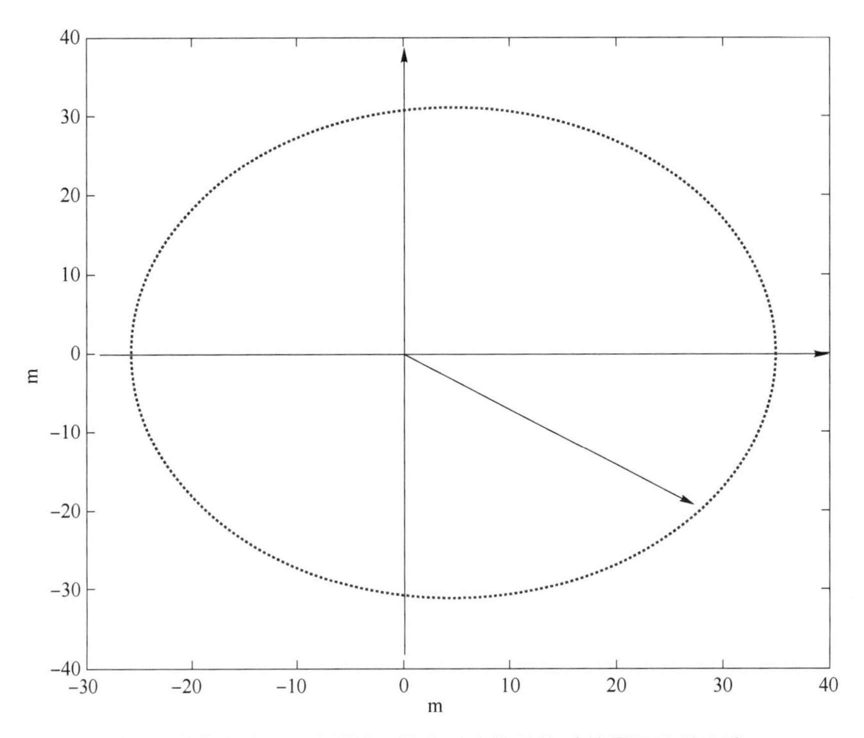

图 6 方向角为 90°时不同飞散角对应的杀伤破片最远飞散距离

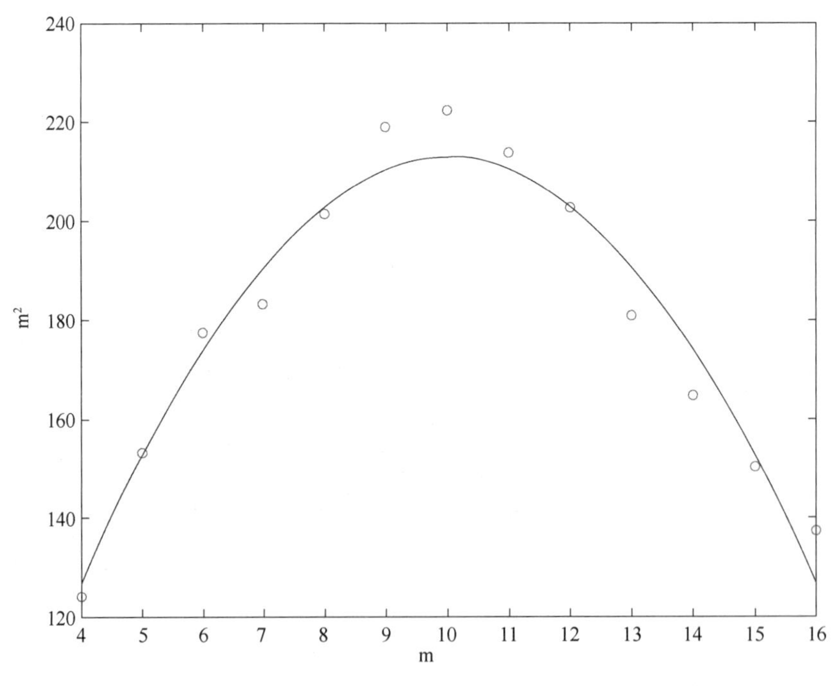

图 7 常用射击条件下炸高与目标平面杀伤破片有效覆盖面积的关系

落角与目标平面杀伤破片最大有效覆盖面积关系曲线如图 8 所示，落角与最优炸高的关系曲线如图 9 所示。

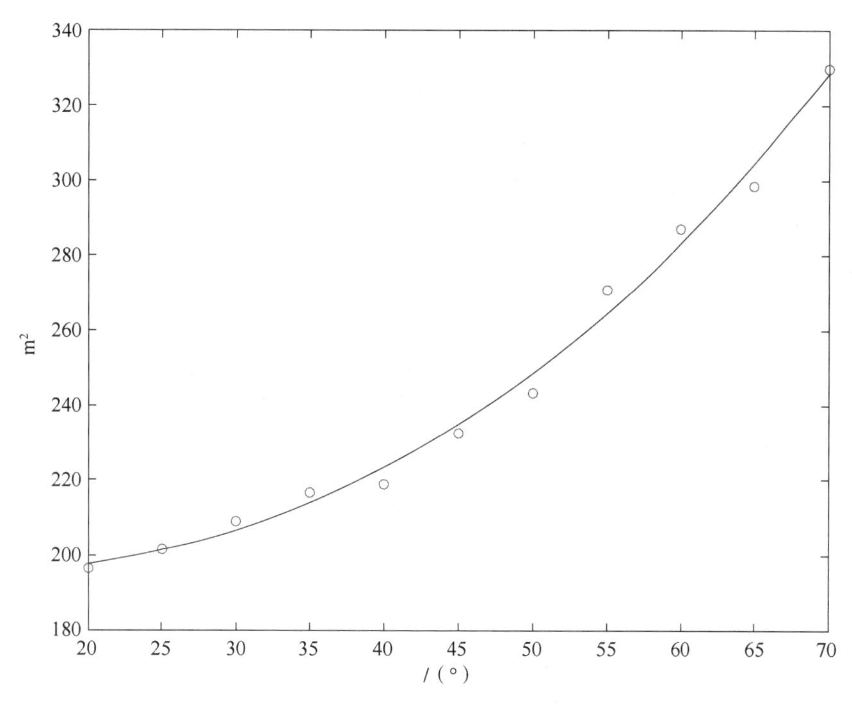

图 8　落角与目标平面杀伤破片最大有效覆盖面积关系曲线

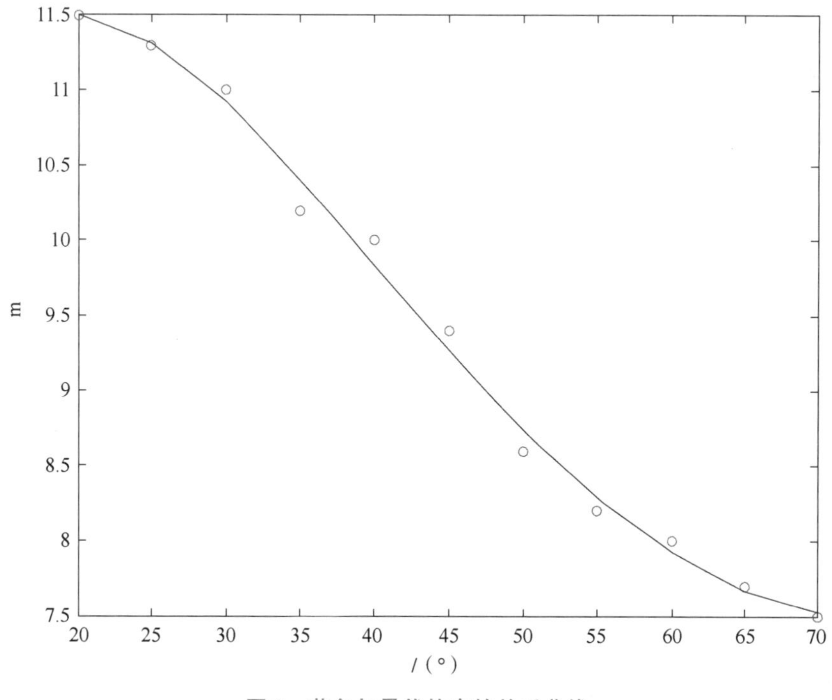

图 9　落角与最优炸高的关系曲线

由图 9 可以看出，一旦系统射击条件确定则弹丸的落角确定，在该落角条件下引信需装定的最佳炸高也随之确定。

3 结束语

本文提出了基于目标平面杀伤破片有效覆盖面积的最优炸高概念，建立了最优炸高的计算方法，通过该方法计算得到的结果可以看出：

（1）在系统射击条件一定的情况下，当引信具备多挡炸高（三挡及以上）功能时，引信应装定最优炸高附近的近炸挡，以达到最佳的引战配合，为部队实战使用提供借鉴。

（2）当引信仅具备 1~2 挡炸高功能时，在作战空间（安全距离）允许情况下，可根据引战配合效率确定射击条件，以达到较佳的引战配合，为部队实战使用提供借鉴。

（3）该方法得出了引战配合效率最高时引信应满足的炸高要求，为优化产品设计提供了参考。

参考文献

[1] 韩明，等. 地面防空导弹引战配合数字仿真研究［J］. 现代防御技术，2008（2）：39-43.

[2] 李合新. 基于虚拟样机的空空导弹引战模型［J］. 弹箭与控制学报，2011（3）：15-18.

[3] 李石磊，等. 防空导弹引战配合效率评估仿真方法与应用［J］. 火力与指挥控制，2005（4）：24-27.

[4] 史志中，等. 目标识别在防空导弹引战配合中的应用［J］. 制导与引信，2008（3）：22-26.

[5] GJB 5496. 12—2005 航空炸弹试验方法　地面性能试验　杀伤半径、杀伤面积试验 . 国防科学技术工业委员会，2006.

[6] 金丽，等. 预制破片对地面人员目标的杀伤威力分析计算［J］. 弹箭与控制学报，2006（4）：157-159.

[7] 史志中. 利用引信多普勒频率提高引战配合效率［J］. 制导与引信，2005（3）：38-42.

引信炸高和试验条件的多元线性回归分析

刘刚，王侠，赵新

中国华阴兵器试验中心，陕西华阴 714200

摘　要：本文采用 SPSS 软件对引信炸高和各试验条件进行了线性回归分析，得到了炸高与初速、射角、温度、弹道系数之间的线性回归方程。分析结果显示，该回归方程高度显著，可用于描述引信炸高与试验条件间的线性关系。

关键词：炸高；试验条件；回归分析；SPSS

0　引言

炸高是对地无线电引信作用性能的主要指标，理想条件下，炸高只与落角、落速以及引信本身特征参数有关。当然，引信还可能存在早炸、瞎火、近炸转碰炸等一系列非正常作用模式，但以上牵涉到引信作用可靠性问题，不在本文讨论范畴，本文中的引信炸高仅包括正常近炸。

在限定引信型号的基础上，引信炸高与试验条件有关，这一定性结论仅从引信配不同弹种表现出的炸高差异就可得出。而引信在靶场试验时的条件是多种多样的，除不同弹种外，往往还要考虑不同装药、不同温度、不同射角、不同预处理条件对引信炸高的影响。在以上多种因素的影响下，炸高数据表现出极大的散布，如何从定性结论中跳出来，获取炸高与多种试验条件之间的定量描述，是本文的中心目标。

SPSS 是世界著名的统计分析软件，集数据整理、分析过程、结果输出于一身，其突出优点是界面友好、操作简单、功能强大。在国际学术交流中，凡使用 SPSS 软件完成的计算，可不必说明算法。本文利用 SPSS 软件对某型引信炸高试验结果进行了分析，得出了炸高与试验条件之间的线性回归公式，为引信近炸性能试验设计提供参考。

1　试验数据的汇总和处理

1.1　试验数据汇总

表 1 中，射角在 $\theta_1 \sim \theta_8$ 变化，共 8 个射角；温度共有 3 种；弹种不一致且装药不同；引信炸高更是参差不齐。

表 1 试验数据汇总表

射角	温度	弹药	炸高数据/m
θ_1	G	弹种 1(X 装药)	a1～a9
θ_2	D	弹种 3(W 装药)	b1～b10
θ_3	C	弹种 5(V 装药)	c1～c10
θ_4	C	弹种 2(Y 装药)	d1～d10
θ_5	C	弹种 5(T 装药)	e1～e10
θ_6	C	弹种 2(Y 装药)	f1～f10
θ_7	G	弹种 4(U 装药)	g1～g8
θ_8	D	弹种 1(Z 装药)	h1～h10

1.2 试验数据处理

回归分析要求参与分析的数据均为定量数据，而从试验数据汇总表可看出，除射角、温度为定量变量外，弹药为定性变量，无法直接使用。

为满足回归分析要求，从弹药对引信的影响这一层面，将弹药这一变量转换为定量变量，一方面，特定的弹药在一定温度下赋予引信初速，且不同的弹药在不同的温度下差异显著，可作为一个可控制的变量，加入回归方程；另一方面，当引信配用于不同弹种时，由于弹道特性的差异，引信在全弹道上的减速度、旋转、落速等参数变化规律是不同的，而引信的旋转和落速将对炸高产生影响，因此，将反映弹药弹道差异的弹道系数也引入到回归方程中。至此，我们将弹药这一定性变量拆分为两个定量变量：初速和弹道系数。

处理后的回归参数表如表 2 所示。

表 2 自变量变化情况

射角	温度	弹药		炸高数据
		初速	弹道系数	

其中，初速变量具体取每发引信实测初速，弹道系数查资料可得。

需要说明的是，实际上，对于每一发具体的弹药来说，弹道系数是各不相同的，但由于每一发弹道系数难以测量，且相互差别较小，因此，本文把每一种弹药弹道系数设置为同一数值。

经过上述处理过程，参与回归分析的自变量从射角、温度、弹药 3 个变为射角、温度、初速、弹道系数 4 个，因变量为引信炸高。这样，每发引信均有明确的且一一对应的自变量和因变量取值，进行回归分析的初步条件已经具备。

2 回归模型的建立、统计检验和 SPSS 实现

2.1 回归模型

线性回归分析是侧重考察变量之间的数量变化规律，并通过一定的数学表达式，即回归方程，来描述这种关系，进而确定一个或几个变量的变化对另一个变量的影响程度，为预测

提供科学的数学依据。

一般线性回归分析的基本步骤是：

（1）确定回归方程中的自变量和因变量。

对于本文来说，自变量指的是射角、温度、初速、弹道系数 4 个影响引信炸高的变量，且均为定量变量。而因变量，显而易见指的是引信炸高，而且是单因变量。

（2）从收集到的样本数据出发确定自变量和因变量之间的数学表达式，即建立回归方程。

这是本文要开展的主要工作，目的是通过回归方程发现引信炸高和诸变量之间的线性关系。

（3）对回归方程进行各种统计检验。

主要进行回归方程和回归系数的显著性检验，关系到整个方程回归效果的优劣。

（4）利用回归方程进行预测。

这是建立回归方程的主要目的，用于给出一组自变量值时，对因变量进行预测。

线性回归方程一般利用最小二乘法，本着回归直线与样本数据点在垂直方向上的偏离程度最低的原则，进行回归方程的参数求解。最小二乘法的理论及算法可见相关统计书籍，本文不再赘述。

根据线性回归方程中自变量的个数，可以将回归方程分为一元线性回归方程和多元线性回归方程，由于本文中涉及的自变量为 4 个，因此，只讨论多元线性回归方程。

多元线性回归方程的经验模型是

$$\hat{y}=\hat{\beta}_0+\hat{\beta}_1x_1+\hat{\beta}_2x_2+\cdots+\hat{\beta}_px_p$$

式中，$\hat{y}$ 为因变量的回归值；x_p 为第 p 个自变量，对于本文，取 $p=4$；$\hat{\beta}_0$ 为回归方程常数；$\hat{\beta}_p$ 为偏回归系数，表示在其余自变量保持不变的情况下，x_k 变动一个单位所引起的因变量 y 的平均变动单位。

2.2 回归方程的统计检验

1）回归方程的拟合优度检验

回归方程的拟合优度检验是检验样本数据点聚集在回归线周围的密集程度，从而评价回归方程对全体样本数据的代表程度。拟合优度检验从因变量取值变化的成因分析入手，因变量观察值（即本文中的各引信炸高）之间的差异主要由两方面原因造成：一是各自变量取值的不同（射角、温度、初速、弹道系数的不同）造成的；二是由于其他随机因素造成的。

由于回归方程反映的是各自变量不同取值变化对因变量的线性影响规律，因此，本质上揭示的是上述第一个原因，由此引起的因变量的变差平方和也就称为回归平方和 SSA，即

$$\mathrm{SSA}=\sum_{i=1}^{n}(\hat{y}_i-\bar{y})^2$$

而由随机因素引起的因变量的变差平方和也就称为剩余平方和 SSE，即

$$\mathrm{SSE}=\sum_{i=1}^{n}(y_i-\hat{y})^2$$

且有下式成立：

$$\sum_{i=1}^{n}(y_i-\bar{y})^2=\sum_{i=1}^{n}(\hat{y}_i-\bar{y})^2+\sum_{i=1}^{n}(y_i-\hat{y})^2$$

式中，$\sum_{i=1}^{n}(y_i-\bar{y})^2$ 为因变量的总离差平方和 SST，即

$$\mathrm{SST}=\sum_{i=1}^{n}(y_i-\bar{y})^2$$

由上述公式可推知，如果在 SST 中，SSA 所占的比例远大于 SSE，则回归方程能够解释的变差所占比例较大，那么回归方程的拟合优度就会较高。多元线性回归方程的拟合优度检验采用 $\bar{R}^2$ 统计量，称为修正判决系数，定义为

$$\bar{R}^2=1-\frac{\dfrac{\mathrm{SSE}}{n-p-1}}{\dfrac{\mathrm{SST}}{n-1}}$$

从上式可看出，$\bar{R}^2$ 取值在 0~1，$\bar{R}^2$ 越接近 1，说明回归方程对样本数据点的拟合优度越高；反之，则越低。

2）回归方程和回归系数的显著性检验

多元线性回归方程显著性检验的原假设是所有偏回归系数与 0 同时无显著差异，检验的出发点与拟合优度检验相似，采用 F 统计量：

$$F=\frac{\sum_{i=1}^{n}(\hat{y}_i-\bar{y})^2/p}{\sum_{i=1}^{n}(y_i-\hat{y})^2/(n-p-1)}$$

F 统计量服从 $F(p,n-p-1)$ 分布，计算检验统计量对应的 P 值，若 P 值小于给定的显著性水平 α，则拒绝原假设，认为全部偏回归系数与 0 存在显著差异，因变量与全部自变量的线性关系显著，可用线性模型描述；反之，则接收原假设。

至于回归系数的显著性检验，其主要目的是研究回归方程中的每个自变量与因变量之间是否存在显著的线性关系，也就是研究自变量是否能够保留在线性回归方程中。回归系数显著性检验围绕偏回归系数估计值的抽样分布展开的，由此构造某种检验统计量，并进行检验。多元线性回归系数显著性检验的原假设为第 i 个偏回归系数与 0 无显著差异，意味着 x_i 无法解释因变量的线性变化，两者之间不存在线性关系。多元线性偏回归系数的检验采用 t 统计量：

$$t_i=\frac{\hat{\beta}_i}{\dfrac{\hat{\sigma}}{\sqrt{\sum_{j=1}^{n}(x_{ji}-\bar{x}_i)^2}}},i=1,2,\cdots,p$$

t 统计量服从 $t(n-p-1)$ 分布，计算检验统计量对应的 P 值，若 P 值小于给定的显著性水平 α，则拒绝原假设，认为每个偏回归系数 $\hat{\beta}_i$ 与 0 存在显著差异，因变量与 x_i 间线性关系显著；反之，则接收原假设。

2.3 SPSS 实现过程

按照 SPSS 软件数据录入规则，首先设置 chushu、xishu、wendu、shejiao 为自变量，

zhagao 为因变量，以上均为数值型变量，如表 3 所示。之后，将各数据录入，数据界面略。

表 3　变量信息一览表

变量	标签	变量类型
chushu	初速	数值型
xishu	弹道系数	数值型
wendu	温度	数值型
shejiao	射角	数值型
zhagao	炸高	数值型

绘制对应的数据散点图，如图 1 所示。

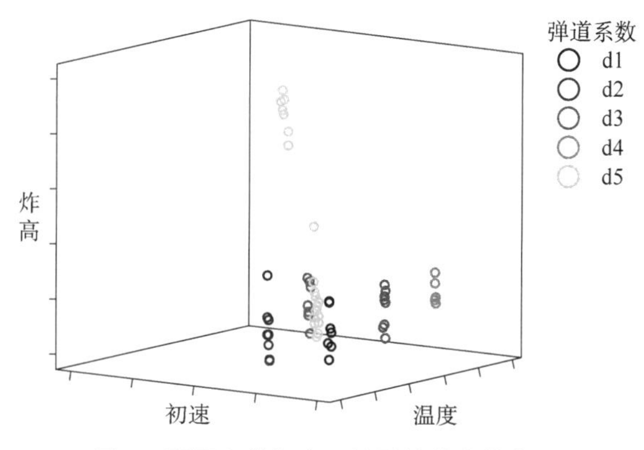

图 1　不同条件组合下的引信炸高散点图

图 1 中，每一个小圆圈代表每发引信炸高数据点，初速、温度与引信所代表的三个坐标轴形成一个三维立体图，而不同的弹道系数由图中小圆圈的不同颜色予以区分。

运行 SPSS 中 Analyze→Regression→Linear，将炸高移入 Dependent 栏，将初速、弹道系数、温度、射角移入 Independent 栏，回归方法选择 Stepwise，即步进法，同时设置其余参数，运行程序，如图 2 所示。

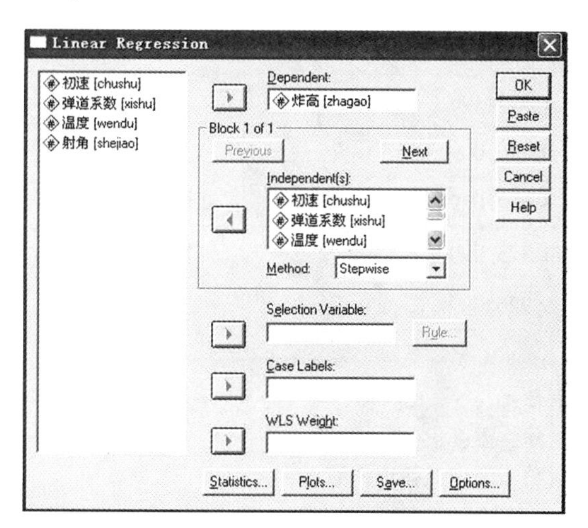

图 2　回归过程参数设置

最终分析结果如表 4 所示。

表 4　回归模型概述

模型	相关系数	判决系数	修正判决系数	估计标准误差
1	0.818	0.669	0.664	6.621 99
2	0.911	0.830	0.825	4.781 98
3	0.920	0.847	0.841	4.558 89
4	0.928	0.862	0.854	4.368 43
1 预测因子：常数，初速； 2 预测因子：常数，初速，射角； 3 预测因子：常数，初速，射角，温度； 4 预测因子：常数，初速，射角，温度，弹道系数				

从表 4 中可看出，随着自变量从初速 1 项直到初速、射角、温度、弹道系数 4 项全部引入，修正判决系数值不断增大，从 0.664 变化到 0.854，意味着模型可解释的变异占总变异的比例越来越大，即回归方程对试验数据的拟合程度越来越好。

表 5 所示为采用不同自变量回归的显著性检验，其中的 Sig 值即统计学上的 P 值，当 Sig 值较小时，认为回归是显著的。表 5 第 4 行 F 统计量 Sig 值为 0.000，远小于显著性水平，因此，可认为 4 项自变量全部参与分析时回归是显著的。

表 5　回归模型显著性检验

方差分析						
模型		总平方和	自由度	均方和	F 统计量	Sig 值
1	回归项	6 637.203	1	6 637.203	151.359	0.000
	残差项	3 288.806	75	43.851		
	合计	9 926.009	76			
2	回归项	8 233.827	2	4 116.913	180.035	0.000
	残差项	1 692.182	74	22.867		
	合计	9 926.009	76			
3	回归项	8 408.813	3	2 802.938	134.864	0.000
	残差项	1 517.196	73	20.784		
	合计	9 926.009	76			
4	回归项	8 552.019	4	2 138.005	112.036	0.000
	残差项	1 373.990	72	19.083		
	合计	9 926.009	76			
1 预测因子：常数，初速； 2 预测因子：常数，初速，射角； 3 预测因子：常数，初速，射角，温度； 4 预测因子：常数，初速，射角，温度，弹道系数						

表 6 所示为针对回归方程中各偏回归系数的显著性检验，可见初速、射角、温度、弹道系数回归系数 t 统计量 Sig 值均远小于显著性水平，因此，可认为诸偏回归系数是显著的。

表 6　回归系数显著性检验

系数				
变量	未标准化系数	标准化系数	t 统计量	Sig 值
常数	Δ	/	5. 829	0. 000
初速	B_1	b_1	−8. 079	0. 000
射角	B_2	b_2	8. 378	0. 000
温度	B_3	b_3	−3. 756	0. 000
弹道系数	B_4	b_4	−2. 739	0. 008

根据分析结果，写出引信炸高与试验条件的回归方程：

$$炸高=\Delta+B_1\times \text{chushu}+B_2\times \text{shejiao}+B_3\times \text{wendu}+B_4\times \text{xishu}$$

上式清楚给出了引信炸高与试验条件间的线性关系，即引信炸高随初速、温度、弹道系数增加的变化情况，同时也显示出各自变量变化时，对炸高的变化贡献率。

从表 6 中还可以看出，对于初速、射角、温度、弹道系数 4 项自变量，其标准化系数分别为 b_1、b_2、b_3、b_4，因此可根据标准化系数数值大小，对影响引信炸高程度的自变量进行排序。

3　回归模型诊断

上述回归方程建立后，虽然修正判决系数、回归模型显著性检验、回归系数显著性检验结果均较为理想，但由于回归分析有其自身严格的适用条件，因此，仍有必要对回归模型进行相关诊断，以进一步证明模型的正确性。

图 3 所示为回归方程预测值与实际样本数据之间的标准化残差分布图，其出发点为：如果建立的回归方程能够较好地反映因变量的变化规律，则残差中不应具备明显的趋势性，标准化残差应围绕 0 随机散布。

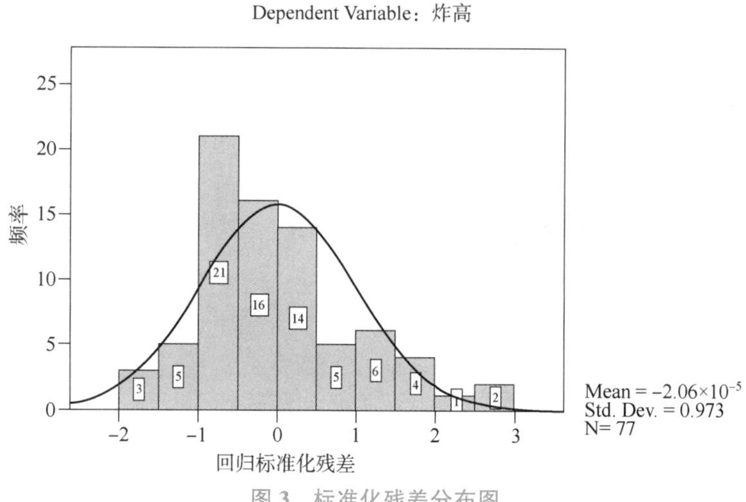

图 3　标准化残差分布图

从图3中可看出，本文建立的回归方程残差基本符合标准正态分布，进一步证明了回归方程的可信性。

对于回归模型，除上述标准化残差应满足一定要求外，回归分析还要求各自变量之间不能有线性关系，也就是不能存在所谓的共线性问题。对此，我们采用容忍度（Tolerance）和方差膨胀因子（Variance Inflation Factor）两个指标予以衡量。计算结果如表7所示。

表7　回归模型共线性诊断

参数	容忍度	方差膨胀因子
常数	/	/
初速	0.374	2.673
弹道系数	0.477	2.098
温度	0.584	1.711
射角	0.688	1.453

对于容忍度指标来说，有学者认为容忍度小于0.1时，预示着自变量之间存在严重的共线性问题；而对于方差膨胀因子指标，当方差膨胀因子大于5时，共线性问题也较大。从表7中的计算结果可看出，本文建立的回归模型各自变量容忍度均大于0.1，方差膨胀因子均小于5。

综上所述，通过标准化残差分析和共线性诊断，进一步证明本回归模型统计上无误，具有可信性。

4　应用实例

本文中回归方程的依据是各实际试验条件下的引信炸高数据，那么对于实际试验中未涉及的试验条件，或者对试验条件进行修改后，引信炸高分布区域在什么范围呢？

以引信配某型弹为例，回归方程建立时用到的试验条件为：θ_1射角、G温度，而在A射角、W温度条件下，无现成数据，此时，本文建立的回归方程可对这种情况下的引信炸高进行预测。

令某型弹初速V、射角A、温度W、弹道系数C等参数代入回归方程：

$$炸高=\Delta+B_1\times V+B_2\times A+B_3\times W+B_4\times C=H$$

也就是说，利用回归方程计算，引信配某型弹在射角A、温度W下的炸高预测值为H m，当然，由于引信生产及弹道条件之间存在差异，引信实际炸高必然有一定散布，但“平均”来说，引信炸高应在H m附近。

5　结束语

本文采用SPSS软件对引信炸高和各试验条件进行了线性回归分析，得到了炸高与初速、射角、温度、弹道系数之间的线性回归方程。分析结果显示，该回归方程高度显著，可用于描述引信炸高与试验条件间的线性关系。本文建立的线性回归方程同时可用于对影响引信炸高程度的自变量进行排序，可作为设计试验条件时的参考。

实际上，对于本文所提出的引信炸高回归方程，客观上还有一些关系紧密的变量，如不同目标的散射系数、落角、落速、转速直至引信自身的发射功率，但以上参数或者数据不交叉，或者无法测量，在现阶段还无法纳入回归方程中去，有待开展进一步的研究。

参考文献

[1] 周纪芗. 回归分析［M］. 上海：华东师范大学出版社，1991.
[2] 高祥宝，董寒青. 数据分析与 SPSS 应用［M］. 北京：清华大学出版社，2007.
[3] 苏金明. 统计软件 SPSS12.0 for Windows 应用及开发指南［M］. 北京：电子工业出版社，2004.
[4] 张文彤，董伟. SPSS 统计分析高级教程［M］. 北京：高等教育出版社，2004.

后　记

本论文集是从公开发表的期刊、会议及内部交流中精选出来的，包含了 50 年来重要的技术、理论等。由于时间跨度长、论文数量多，增加了收集和筛选的难度，但在各位同仁的共同努力下，耗时近一年完成了论文的整理工作。在论文的收集过程中虽然艰辛，但论文集的顺利出版对我们是最大的鼓励，同仁们的辛勤付出是我们最大的财富。在此由衷感谢同仁们的贡献，特别是资料室负责档案管理张晶工程师提供的大量帮助，为论文收集整理提出宝贵的意见和建议。

另外，我们也收集了部分武器系统、弹药专业与引信（性能）相关的文章，便于大家参考分析学习。

以前在编辑整理《试验鉴定的本质——认知方法》时一些没有收集到的论文，本次也一起整理编辑，与引信专业关系密切的文章一起出版。

由于年代久远，论文收集难免遗漏，部分作者与论文没有收集到，敬请理解。并请与我们保持联系，我们尽可能采取补救措施。

靶场的发展，没有同仁们的艰辛付出，也就没有现在常规兵器试验发展的巨大成就。感谢你们！祝愿诸位同仁无论在任何岗位都能坚守初心，不忘使命，不忘共同奋斗的岁月，不忘引信技术发展有你的一份奋斗，愿你出走半生，归来仍是少年。